中国科学院科学出版基金资助出版

超大规模集成电路
先进光刻理论与应用

韦亚一 著

U0249564

科学出版社
北京

内 容 简 介

光刻技术是所有微纳器件制造的核心技术。特别是在集成电路制造中，正是由于光刻技术的不断提高才使得摩尔定律（器件集成度每两年左右翻一番）得以继续。本书覆盖现代光刻技术的主要方面，包括设备、材料、仿真（计算光刻）和工艺，内容直接取材于国际先进集成电路制造技术，为了保证先进性，特别侧重于 32nm 节点以下的技术。书中引用了很多工艺实例，这些实例都是经过生产实际验证的，希望能对读者有所启发。

本书可供高等院校的高年级本科生和研究生、集成电路设计和制造人员、微纳器件研发和制造工程师参考。

图书在版编目 (CIP) 数据

超大规模集成电路先进光刻理论与应用/韦亚一著. —北京：科学出版社，2016.5
ISBN 978-7-03-048268-6

Ⅰ．①超… Ⅱ．①韦… Ⅲ．①超大规模集成电路－光刻系统－研究 Ⅳ．①TN305.7

中国版本图书馆 CIP 数据核字 (2016) 第 100705 号

责任编辑：王 哲 / 责任校对：桂伟利
责任印制：霍 兵 / 封面设计：迷底书装

科 学 出 版 社 出版
北京东黄城根北街 16 号
邮政编码：100717
http://www.sciencep.com

北京中科印刷有限公司印刷
科学出版社发行 各地新华书店经销

*

2016 年 6 月第 一 版 开本：720×1 000 1/16
2024 年 9 月第十三次印刷 印张：36 插页：10
字数：780 000

定价：**359.00** 元
（如有印装质量问题，我社负责调换）

前　　言

集成电路(芯片)(integrated circuit)是现代日常生活中不可缺少的。手机、电脑，以及所有日常家电中都有芯片在默默地工作。正是由于芯片功能的升级，才使得手机实现了 3G 和 4G 功能；平板电脑可以集成全球定位系统(global positioning system，GPS)、数字相机、网络电视等多项功能，音频/视频处理芯片及通信等嵌入式芯片是不可或缺的幕后功臣。光刻是集成电路制造中的关键技术，也是所有微纳器件制备过程中必不可少的一道工艺。正是由于光刻设备、材料和工艺的发展，才使得集成电路上的器件越做越小，芯片的集成度越来越高，单个晶体管的平均造价越来越低。

光刻(photolithography)是利用光化学反应原理把事先制备在掩模版(简称掩模，mask)上的图形转印到一个衬底(substrate)上的过程。光刻于 20 世纪60～70 年代开始被应用于电子工业，电路板上的复杂线路就是用光刻技术做出来的。那时的光刻基本上都是接触式曝光(contact exposure)，即：曝光时，掩模与涂了光刻胶(photo-resist)的衬底是相接触的。从 80 年代开始，投影式曝光(projection exposure)被广泛应用于集成电路制造中。掩模作为一个光学元件嵌入在光学系统中，曝光光线透过掩模版，经过投影光学系统(projection optics)投射在衬底表面；掩模不需要与衬底直接接触(这种掩模又有了一个新的英文名称"reticle")。从此，光刻技术的发展就和集成电路技术节点(technology node)的推进(摩尔定律)密不可分。一方面，光刻技术的发展为生产更高集成度的芯片提供了技术保证；另一方面，市场对新技术节点器件的期望又促进了光刻技术的快速发展和产业化。

本书作者长期从事半导体光刻工艺、材料和专用设备研究。在国外先后参与和领导过 10～180nm 多个技术节点的光刻设备、工艺和材料的研究及其产业化。在本书中，作者把国外光刻研究和产业化的最新结果进行归纳、总结，系统性地介绍给国内同行，其中包括作者多年来研究先进光刻工艺的经验和体会。根据这些经验和体会，作者首次系统地提出一个先进光刻工艺研发的方法论，即：光刻技术的研发进入了一个以计算光刻为中心的时代；光刻技术研发的进度是以计算光刻和邻近效应修正(optical proximity correction，OPC)学习循环(learning cycle)来引导和驱动的。这一方法论的贯彻可以把光刻技术的各个方面有效地协调整合起来，缩短光刻工艺的研发周期。现代光刻工艺的研发是一个系统工程，它需要其他工艺单元的支持和协调一致的动作。

本书覆盖现代光刻技术的各个方面，包括设备、材料、仿真(计算光刻)和工艺。第 1 章是概述，对光刻技术涉及的各个方面进行简要介绍，目的是为以后各章内容的展开奠定基础。读者在看完这一章后，可以有选择地阅读随后的章节。对于只希望了解光刻技术一般知识的读者，这一章的内容也就够了。第 2～3 章介绍设备部分，包括匀胶显影机(track)和光刻机(scanner)及其应用。匀胶显影机和光刻机是光刻的核心设备,它们协同合作完成晶圆的涂胶、曝光、烘烤和显影工艺。这两章的内容包括设备的内部结构、功能单元、工作原理以及使用方法。作为集成电路制造的核心设备,匀胶显影机和光刻机在进厂时必须完成验收,在日常使用中其性能必须受到严格的监控,以保证符合技术指标的要求。按照业界通行的规范,这两章对验收和监控的技术指标(specification)及其方法都进行了介绍。第 4 章介绍光刻工艺中使用的材料,包括光刻胶、抗反射涂层(anti-reflection coating)、抗水涂层(topcoat)和使用旋涂工艺的硬掩模(spin on hard mask)等。这些材料都是有机聚合物,该章介绍它们的分子结构、使用方法、功能以及必须达到的性能指标。第 5 章介绍掩模版及其管理,包括各种类型掩模的结构和工作原理、作为一个光学元件掩模对成像质量的影响、掩模发展的技术路线图、设计图形在掩模上的摆放。掩模是晶圆上所有图形的来源,对其进行质量控制尤为重要,为此,该章还介绍了掩模上缺陷的种类、检测和修补的方法,以及如何有效地管理掩模版。第 6 章介绍对准(alignment)和套刻误差(overlay)控制。现代集成电路工艺对套刻误差的要求已经在纳米量级,如何控制套刻误差是光刻中公认的技术难点。套刻误差的控制是由三个部分来协同完成的:光刻机的对准系统、套刻误差的测量系统、模型计算和修正反馈系统;该章对这些部分逐一加以讨论,分析误差的来源,针对性地提出解决方案。第 7 章介绍光学邻近效应修正与计算光刻(computational lithography)。193nm 浸没式光刻机的投影透镜停留在 1.35NA,无法进一步增大,光刻分辨率的进一步提高完全依赖于所谓的分辨率增强技术(resolution enhancement technology, RET),包括光源优化(illumination optimization)、邻近效应修正、添加辅助图形(assistant features)等,这些都必须依靠仿真计算来找到解决方案。该章按照仿真技术发展的顺序,系统介绍基于经验的光学邻近效应修正(rules-based OPC)、基于模型的光学邻近效应修正(model-based OPC)、亚分辨率的辅助图形(sub-resolution assistant features)、光源-掩模协同优化技术(source-mask co-optimizations)和反演光刻技术(inverse lithography technology)。第 8 章介绍如何根据产品的要求设置光刻工艺。作为一个工艺单元,光刻是为工艺集成服务的。该章介绍如何对一个特定的光刻层做工艺参数的设置、优化;对工艺的稳定性(process stability)进行日常监测(daily monitoring),并及时解决出现的技术问题。

　　光刻工艺完成后,对不符合要求的晶圆,可以将其表面的光刻胶去掉,清洗干净,重新进行光刻,即晶圆返工(rework)。第 9 章专门讨论晶圆返工与光刻材料清洗工艺,包括各种晶圆返工的方法、返工对晶圆衬底的不良影响、如何通过分析返工率(rework rate)发现光刻工艺中的问题。第 10 章介绍双重和多重曝光技术(double and multiple patterning)。目前最先进的 1.35NA 的 193nm 浸没式光刻机能够提供 36~40nm 的半周期(half-pitch)分辨率,能满足 28nm 逻辑技术节点的要求。小于这个尺寸,就需要双重或多重曝光技术,即把原来一层光刻的图形拆分(pattern split)到两个或多个掩模上,拆分后图形对光刻分辨率的要求大大下降。用多次光刻和刻蚀来实现原来一层设计的图形。该章介绍各种方式的多重曝光以及掩模图形拆分技术，包括两次曝光(double exposure)、光刻‒刻蚀‒光刻‒刻蚀(litho-etch-litho-etch)、光刻‒冻结‒光刻‒刻蚀(litho-freeze-litho-etch)和自对准的双重/多重成像技术(self-aligned double/multiple patterning)。同时对多重图形拆分中的问题进行了重点讨论。第 11 章介绍极紫外光刻技术(extreme ultra-violet，EUV)。极紫外光刻的波长是 13.5nm，这么短的波长可以提供极高的分辨率。然而，极紫外光刻技术仍然处于研发阶段，目前的产能还不能满足量产的需要。该章首先介绍极紫外光刻的基本原理，包括光学系统的设计、反射式掩模版的结构、极紫外光刻胶的性能；然后讨论光学模型的特殊之处，及其对光源优化和掩模修正的影响；最后对其使用现状进行评估。

现代光刻技术起源于国外，很多专业词汇目前尚没有确定的汉语译法。同一个英文词汇，中国大陆和台湾地区、新加坡的译法都不一致。例如，"mask"在台湾通常被称为"光罩"，而大陆则称为"掩模版"或"掩模"。为了避免混淆，作者专门编写了一个中英文专业词汇对照表，供读者参考，也希望借这个对照表来规范英文光刻专业词汇的译法。国内的集成电路生产厂是和国际接轨的，即使是在做内部工作汇报时，工程师也习惯使用英文词汇。为此，本书在容易引起歧义的关键词汇旁边附上英文，以便于读者参照。有些英文词汇已经在业界得到了广泛应用，有其特定的含义，翻译成中文则显得很啰嗦。例如，"footing"和"scumming"是指由于显影不充分导致光刻胶图形底部宽大的现象。对这一类英文词汇，本书直接使用而不做翻译。

光刻是一门实用技术，在进行技术讨论时，无法回避具体的设备和材料。目前光刻工艺中所使用的主流设备和材料非常集中：光刻机由荷兰 ASML、日本 Nikon 和 Canon 公司垄断；匀胶显影设备由日本 TEL 和 Sokudo 把持；光刻胶由日本 JSR、TOK、ShinEtsu 等公司垄断。本书尽量抽取共性的技术来讨论，然而，太抽象的话又不符合读者的需要，不能有效地指导实际工作。解决的办法是，作者在书中提供了很多实例分析，这些实例使用的是最主流的设备和材料。集成电路生产和研发人员可以直接对照这些实例来调整自己的光刻工艺。光刻又是一门交叉学科，其内容涉及微电子学、光学、光化学、高分子材料和物理学。光刻设备还涉及机械设计、光机电一体化和自动控制。显然，本书无法涵盖所有这些学科。作者以集成电路制造中的光刻工艺为主线，对涉及的内容进行一些介绍。鉴于作者的专业方向所限，对有些学科内容的描述可能不够严谨，请读者谅解。

光刻技术的发展速度是惊人的，这种快速发展的动力来源于社会对高性能芯片的追求。然而，任何一种新型光刻技术必须首先得到业界大多数的认可后，才可能被应用于新产品的研发，这是集成电路光刻技术研发的一个特征。因为光刻设备和材料都非常昂贵，没有业界的共识，任何一项新技术都无法得到设备、材料和软件供应商足够的支持。一旦研发失败，就意味着一个技术节点产品的延误。光刻界通常的做法是互相做比对，即所谓的"benchmarking"，尽量使自己的技术路线与业界保持一致。国际光学工程学会(society of photo-optical instrumentation engineers，SPIE)每年一度的先进光刻会议(SPIE advanced lithography conference)为这种技术交流提供了一个理想的平台。技术人员在这个会议上互相交流研究成果，达成共识。本书中的许多内容都是来自于这个会议的文集。

光刻是一门综合技术，是光学、化学、微电子制造、电路设计等各类学科的交集，同时，它又是一门较为边缘化的技术，其应用范围专而精。目前国内针对光刻的专门著作比较少，尤其是融合了目前主流光刻工艺以及计算光刻等内容的专著，鲜有问世。一面是当前国内集成电路设计和制造蓬勃发展的现状，一面是光刻类技术专著的匮乏，由此，笔者萌生了结合自己多年业界经验，写一本专门针对光刻领域，供广大集成电路制造从业人员以及光刻研究人员研读的综合光刻论著的想法。这正是作者撰写本书的初衷，希望能借此普及和推广国内集成电路从业人员对光刻技术的认知，同时为我国集成电路的发展略尽绵薄之力。

本专著得以顺利完成，首先要感谢中共中央组织部"千人计划"(海外高层次人才引进计划)。正是在"千人计划"的召唤下，作者于2013年回国工作，参与到国内集成电路的研究中，也有了机缘来撰写这本专著。其次要感谢国家02科技重大专项"极大规模集成电路制造技术及成套工艺"。"02专项"为我国集成电路制造技术的跨越式发展做出了令人瞩目的贡献，也为我回国的工作提供了一个非常理想的平台。正是在"02专项"的资助下，我的光刻技术研究得以继续，并被国内集成电路企业大量采用。

特别感谢中国科学院微电子研究所的叶甜春研究员，"02专项"的组长和技术总师，本书的成文和出版离不开他对先进光刻工艺重要性的肯定和对研发工作的支持。感谢沈阳芯源微电子设备有限公司的宗润福研究员、武汉新芯集成电路制造有限公司的杨士宁博士、北京东方晶源微电子科技有限公司的俞宗强博士对作者工作的支持，没有他们的帮助，本书就不可能这么快与读者见面。感谢中国科学院微电子研究所的赵超研究员、朱慧珑研究员、闫江研究员、王文武研究员、李俊峰研究员、谢玲研究员和殷华湘研究员，跟你们在工作中良好的互动和合作，为本书提供了灵感和素材。

在准备书稿的过程中，作者的朋友、同事和学生都给予了很多帮助。粟雅娟参与了版图设计部分的讨论；郭沫然帮助整理了参考文献；董立松帮助编辑了书中的公式；段英丽、苏晓菁、陈颖、刘艳松、宋之洋帮助绘制了图表和曲线；于丽贤帮助编辑了化学反应式；张利斌帮助调研了多重曝光技术；孟令款参与了刻蚀内容的讨论；陈文辉、赵利俊、何建芳、马乐校对了部分文稿。在此一并表示感谢。

韦亚一
2016年5月于北京

目　　录

前言

第1章　光刻技术概述 ………………………………………………………… 1

1.1　半导体技术节点 …………………………………………………………… 1

1.2　集成电路的结构和光刻层 ………………………………………………… 3

1.3　光刻工艺 …………………………………………………………………… 4

1.4　曝光系统的分辨率和聚焦深度 …………………………………………… 6

　　1.4.1　分辨率 ……………………………………………………………… 6

　　1.4.2　聚焦深度 …………………………………………………………… 9

　　1.4.3　调制传递函数 ……………………………………………………… 11

1.5　对设计的修正和版图数据流程 …………………………………………… 12

1.6　光刻工艺的评价标准 ……………………………………………………… 14

1.7　去胶返工 …………………………………………………………………… 15

1.8　光刻工艺中缺陷的检测 …………………………………………………… 16

　　1.8.1　旋涂后光刻薄膜中缺陷的检测 …………………………………… 16

　　1.8.2　曝光后图形的缺陷检测 …………………………………………… 18

1.9　光刻工艺的成本 …………………………………………………………… 18

1.10　现代光刻工艺研发各部分的职责和协作 ……………………………… 20

　　1.10.1　晶圆厂光刻内部的分工以及各单位之间的交叉和牵制 ……… 20

　　1.10.2　先导光刻工艺研发的模式 ……………………………………… 22

　　1.10.3　光刻与刻蚀的关系 ……………………………………………… 23

参考文献 …………………………………………………………………………… 24

第2章　匀胶显影机及其应用 ………………………………………………… 26

2.1　匀胶显影机的结构 ………………………………………………………… 26

2.2　匀胶显影流程的控制程序 ………………………………………………… 28

2.3　匀胶显影机内的主要工艺单元 …………………………………………… 29

　　2.3.1　晶圆表面增粘处理 ………………………………………………… 29

　　2.3.2　光刻胶旋涂单元 …………………………………………………… 31

　　2.3.3　烘烤和冷却 ………………………………………………………… 36

　　2.3.4　边缘曝光 …………………………………………………………… 39

　　2.3.5　显影单元 …………………………………………………………… 40

2.4 清洗工艺单元 ·· 45
    2.4.1 去离子水冲洗 ·· 46
    2.4.2 晶圆背面清洗 ·· 47
2.5 匀胶显影机中的子系统 ··· 49
    2.5.1 化学液体输送系统 ··· 49
    2.5.2 匀胶显影机中的微环境和气流控制 ··· 57
    2.5.3 废液收集系统 ·· 58
    2.5.4 数据库系统 ··· 59
2.6 匀胶显影机性能的监测 ··· 59
    2.6.1 胶厚的监测 ··· 59
    2.6.2 旋涂后胶膜上颗粒的监测 ·· 60
    2.6.3 显影后图形缺陷的监测 ··· 62
    2.6.4 热盘温度的监测 ··· 64
2.7 集成于匀胶显影机中的在线测量单元 ··· 65
    2.7.1 胶厚测量单元 ·· 66
    2.7.2 胶膜缺陷的检测 ··· 67
    2.7.3 使用高速相机原位监测工艺单元内的动态 ······································ 68
2.8 匀胶显影机中的闭环工艺修正 ·· 68
2.9 匀胶显影设备安装后的接收测试 ·· 70
    2.9.1 颗粒测试 ·· 70
    2.9.2 增粘单元的验收 ··· 71
    2.9.3 旋涂均匀性和稳定性的验收 ··· 71
    2.9.4 显影的均匀性和稳定性测试 ··· 72
    2.9.5 系统可靠性测试 ··· 72
    2.9.6 产能测试 ·· 72
    2.9.7 对机械手的要求 ··· 74
2.10 匀胶显影机的使用维护 ··· 74
参考文献 ··· 75

第3章 光刻机及其应用 ··· 78
3.1 投影式光刻机的工作原理 ·· 79
    3.1.1 步进-扫描式曝光 ·· 79
    3.1.2 光刻机曝光的流程 ·· 80
    3.1.3 曝光工作文件的设定 ··· 81
    3.1.4 双工件台介绍 ·· 82
3.2 光刻机的光源及光路设计 ·· 83

　　　3.2.1　光刻机的光源 ··· 83
　　　3.2.2　投影光路的设计 ··· 86
　　　3.2.3　193nm 浸没式光刻机 ·· 89
　3.3　光照条件 ·· 90
　　　3.3.1　在轴与离轴照明 ··· 90
　　　3.3.2　光刻机中的照明方式及其定义 ··· 92
　　　3.3.3　光照条件的设置和衍射光学元件 ·· 95
　　　3.3.4　像素化和可编程的光照 ·· 96
　　　3.3.5　偏振照明 ··· 97
　3.4　成像系统中的问题 ·· 102
　　　3.4.1　波前畸变的 Zernike 描述 ·· 103
　　　3.4.2　对成像波前的修正 ··· 108
　　　3.4.3　投影透镜的热效应 ··· 109
　　　3.4.4　掩模版形状修正 ··· 111
　　　3.4.5　掩模热效应的修正 ··· 111
　　　3.4.6　曝光剂量修正 ··· 113
　3.5　聚焦系统 ·· 115
　　　3.5.1　表面水平传感系统 ··· 115
　　　3.5.2　晶圆边缘区域的聚焦 ·· 117
　　　3.5.3　气压表面测量系统 ··· 118
　　　3.5.4　聚焦误差的来源与聚焦稳定性的监控 ·································· 119
　3.6　光刻机的对准系统 ·· 120
　　　3.6.1　掩模的预对准和定位 ·· 120
　　　3.6.2　晶圆的预对准和定位 ·· 121
　　　3.6.3　掩模工件台与晶圆工件台之间的对准 ·································· 122
　　　3.6.4　掩模与晶圆的对准 ··· 123
　　　3.6.5　对准标识的设计 ··· 127
　3.7　光刻机性能的监控 ·· 131
　　　3.7.1　激光输出的带宽和能量的稳定性 ·· 131
　　　3.7.2　聚焦的稳定性 ··· 131
　　　3.7.3　对准精度的稳定性 ··· 132
　　　3.7.4　光刻机停机恢复后的检查 ·· 134
　　　3.7.5　与产品相关的测试 ··· 134
　参考文献 ·· 135
第 4 章　光刻材料 ··· 137

4.1 增粘材料 ··· 138

4.2 光刻胶 ·· 139

    4.2.1 用于 I-线 (365nm 波长) 和 G-线 (436nm 波长) 的光刻胶 ·········· 139

    4.2.2 用于 248nm 波长的光刻胶 ·· 141

    4.2.3 用于 193nm 波长的光刻胶 ·· 144

    4.2.4 用于 193nm 浸没式光刻的化学放大胶 ······························ 145

    4.2.5 193nm 光刻胶的负显影工艺 ·· 155

    4.2.6 光刻胶发展的方向 ·· 157

    4.2.7 光刻胶溶剂的选取 ·· 162

4.3 光刻胶性能的评估 ··· 164

    4.3.1 敏感性与对比度 ··· 165

    4.3.2 光学常数与吸收系数 ··· 168

    4.3.3 光刻胶的 Dill 参数 ··· 169

    4.3.4 柯西系数 ··· 170

    4.3.5 光刻胶抗刻蚀或抗离子注入的能力 ···································· 171

    4.3.6 光刻胶的分辨率 ··· 176

    4.3.7 光刻胶图形的粗糙度 ··· 177

    4.3.8 光刻胶的分辨率、敏感性及其图形边缘粗糙度之间的关系 ········ 183

    4.3.9 改善光刻胶图形边缘粗糙度的工艺 ···································· 185

    4.3.10 光刻胶旋涂的厚度曲线 ·· 185

    4.3.11 Fab 对光刻胶的评估 ·· 186

4.4 抗反射涂层 ·· 188

    4.4.1 光线在界面处的反射理论 ··· 189

    4.4.2 底部抗反射涂层 ··· 191

    4.4.3 顶部抗反射涂层 ··· 196

    4.4.4 可以显影的底部抗反射涂层 ·· 197

    4.4.5 旋涂的含 Si 抗反射涂层 ··· 202

    4.4.6 碳涂层 ·· 205

4.5 用于 193nm 浸没式光刻的抗水涂层 ·· 209

    4.5.1 抗水涂层材料的分子结构 ··· 210

    4.5.2 浸出测试和表面接触角 ·· 211

    4.5.3 与光刻胶的兼容性 ·· 212

4.6 有机溶剂和显影液 ··· 213

4.7 晶圆厂光刻材料的管理和规格要求 ·· 217

    4.7.1 光刻材料的供应链 ·· 217

    4.7.2 材料需求的预报和订购 ·· 217

4.7.3　光刻材料在匀胶显影机上的配置 ················· 217

4.7.4　光刻材料供应商必须定期提供给 Fab 的数据 ·········· 218

4.7.5　材料的变更 ····································· 220

参考文献 ··· 220

第5章　掩模版及其管理 ···································· 225

5.1　倍缩式掩模的结构 ······································ 225

5.2　掩模保护膜 ·· 227

5.2.1　掩模保护膜的功能 ······························· 227

5.2.2　保护膜的材质 ····································· 228

5.2.3　蒙贴保护膜对掩模翘曲度的影响 ···················· 229

5.2.4　保护膜厚度对掩模成像性能的影响 ·················· 230

5.3　掩模版的种类 ·· 232

5.3.1　双极型掩模版 ····································· 232

5.3.2　相移掩模 ··· 234

5.3.3　交替相移掩模 ····································· 238

5.4　掩模的其他技术问题 ···································· 242

5.4.1　衍射效率及掩模三维效应(M3D) ··················· 242

5.4.2　交替相移掩模上孔径之间光强的差别 ················ 243

5.4.3　交替相移掩模用于光学测量 ······················· 244

5.4.4　掩模版导致的双折射效应 ························· 246

5.5　掩模发展的技术路线 ···································· 248

5.6　掩模图形数据的准备 ···································· 249

5.7　掩模的制备和质量控制 ·································· 253

5.7.1　掩模基板 ··· 254

5.7.2　掩模上图形的曝光 ································· 256

5.7.3　掩模版刻蚀工艺 ··································· 257

5.7.4　掩模的规格参数 ··································· 259

5.7.5　掩模缺陷的检查和修补 ····························· 261

5.8　掩模的缺陷及其清洗和检测方法 ·························· 263

5.8.1　掩模缺陷的分类和处理办法 ························· 263

5.8.2　清洗掩模的方法 ··································· 268

5.8.3　掩模缺陷检测的方法 ······························· 270

5.8.4　测试掩模的设计 ··································· 273

5.8.5　掩模缺陷对成像影响的仿真评估 ···················· 274

5.9　晶圆厂对掩模的管理 ···································· 276

　　5.9.1　晶圆厂与掩模厂的合作 ···················· 276
　　5.9.2　掩模管理系统 ························· 276
参考文献 ······································· 281

第6章　对准和套刻误差控制 ···························· 285
6.1　光刻机的对准操作 ···························· 287
　　6.1.1　对准标识在晶圆上的分布 ···················· 288
　　6.1.2　曝光区域网格的测定 ······················· 289
　　6.1.3　曝光区域网格的修正 ······················· 289
　　6.1.4　光刻机的对准操作 ······················· 291
6.2　套刻误差测量 ····························· 293
　　6.2.1　套刻误差测量设备 ······················· 293
　　6.2.2　套刻误差测量的过程 ······················· 294
　　6.2.3　常用的套刻标识 ························· 296
　　6.2.4　曝光区域拼接标识 ······················· 299
　　6.2.5　基于衍射的套刻误差测量 ···················· 300
6.3　套刻误差测量结果的分析模型与修正反馈 ················· 303
　　6.3.1　测量结果 ··························· 303
　　6.3.2　套刻误差的分析模型 ······················· 304
　　6.3.3　对每一个曝光区域进行独立修正 ················· 308
6.4　先进工艺修正的设置 ··························· 310
6.5　导致套刻误差的主要原因 ························· 311
　　6.5.1　曝光时掩模加热变形对套刻误差的影响 ·············· 313
　　6.5.2　负显影工艺中晶圆的热效应对套刻误差的影响 ··········· 314
　　6.5.3　化学研磨对套刻误差的影响 ···················· 315
　　6.5.4　厚胶工艺对套刻误差的影响 ···················· 315
　　6.5.5　掩模之间的对准偏差对晶圆上套刻误差的影响 ··········· 316
6.6　产品的对准和套刻测量链 ························· 316
　　6.6.1　曝光时的对准和套刻误差测量方案 ··············· 316
　　6.6.2　对准与套刻测量不一致导致的问题 ··············· 318
　　6.6.3　单一机器的套刻误差与不同机器之间的套刻误差 ·········· 321
参考文献 ······································· 323

第7章　光学邻近效应修正与计算光刻 ····················· 325
7.1　光学模型 ······························· 325
　　7.1.1　薄掩模近似 ·························· 326
　　7.1.2　考虑掩模的三维效应 ······················· 328

  7.1.3　光学模型的发展方向 ································ 330
7.2　光刻胶中光化学反应和显影模型 ····················· 331
7.3　光照条件的选取与优化 ····························· 333
  7.3.1　分辨率增强技术 ······························· 333
  7.3.2　光源-掩模协同优化 ···························· 338
7.4　光学邻近效应修正(OPC) ·························· 343
  7.4.1　基于经验的光学邻近效应修正 ·················· 344
  7.4.2　基于模型的光学邻近效应修正 ·················· 347
  7.4.3　与光刻工艺窗口相关联的邻近效应修正(PWOPC) ·· 357
  7.4.4　刻蚀对OPC的影响 ····························· 358
  7.4.5　考虑衬底三维效应的OPC模型 ·················· 359
  7.4.6　考虑光刻胶三维效应的OPC模型 ················ 360
7.5　曝光辅助图形 ·································· 360
  7.5.1　禁止周期 ···································· 360
  7.5.2　辅助图形的放置 ······························· 362
  7.5.3　基于经验的辅助图形 ·························· 363
  7.5.4　基于模型的辅助图形 ·························· 366
7.6　反演光刻技术 ·································· 368
7.7　坏点(hot spot)的发现和排除 ······················ 368
7.8　版图设计规则的优化 ····························· 370
  7.8.1　设计规则优化原理及流程 ······················ 370
  7.8.2　设计规则优化实例 ···························· 371
  7.8.3　设计和工艺的协同优化(DTCO) ················· 373
7.9　先导光刻工艺的研发模式 ························· 374
  7.9.1　光学邻近效应修正学习循环 ···················· 374
  7.9.2　光刻仿真软件与OPC软件的区别 ················ 375
  7.9.3　掩模制备工艺对OPC的限制 ···················· 375
参考文献 ·· 376

第8章　光刻工艺的设定与监控 ··························· 379
8.1　工艺标准手册 ·································· 379
8.2　测量方法的改进 ································ 382
  8.2.1　散射仪测量图形的形貌 ························· 382
  8.2.2　混合测量方法 ································ 383
  8.2.3　为控制而设计测量图形的概念 ·················· 384
8.3　光刻工艺窗口的确定 ····························· 385

　　　8.3.1　FEM 数据分析 ·· 385

　　　8.3.2　晶圆内与晶圆之间线宽的稳定性 ······························ 390

　　　8.3.3　光刻胶的损失与切片检查 ······································· 392

　　　8.3.4　光刻工艺窗口的进一步确认 ··································· 393

　　　8.3.5　工艺窗口的再验证 ··· 394

　　　8.3.6　工艺窗口中其他关键图形的行为 ························· 395

　8.4　工艺假设与设计手册 ·· 396

　8.5　使用 FEM 晶圆提高良率 ·· 398

　8.6　掩模误差增强因子 ·· 404

　　　8.6.1　掩模误差增强因子(MEEF)的定义与测量 ············ 404

　　　8.6.2　减少 MEEF 的措施 ·· 406

　　　8.6.3　掩模成像时的线性 ··· 406

　8.7　光刻工艺的匹配 ··· 408

　　　8.7.1　光刻机之间光照条件的匹配 ·································· 408

　　　8.7.2　掩模之间的匹配 ·· 412

　　　8.7.3　光刻胶之间的匹配 ··· 413

　8.8　工艺监控的设置与工艺能力的评估 ··································· 413

　　　8.8.1　工艺监控的设置 ·· 413

　　　8.8.2　工艺能力指数 C_p 和 C_{pk} ···································· 414

　8.9　自动工艺控制的设置 ·· 415

　　　8.9.1　线宽的控制 ··· 416

　　　8.9.2　晶圆内线宽均匀性的控制 ····································· 418

　　　8.9.3　套刻误差的控制 ·· 419

　8.10　检查晶圆上的坏点 ··· 420

　参考文献 ··· 420

第 9 章　晶圆返工与光刻胶的清除 ·· 423

　9.1　晶圆返工的传统工艺 ·· 423

　9.2　三层光刻材料(resist/SiARC/SOC)的返工工艺 ················· 424

　　　9.2.1　"干/湿"工艺 ·· 425

　　　9.2.2　去除空白晶圆上的 SiARC 或 SOC ······················ 427

　　　9.2.3　三层材料中只去除光刻胶 ····································· 429

　　　9.2.4　工艺失败后晶圆返工的分流处理 ························· 430

　9.3　后道(BEOL)低介电常数材料上光刻层的返工 ················· 430

　　　9.3.1　双大马士革工艺流程 ··· 431

　　　9.3.2　返工导致 SiO_2(TEOS)损失 ······························· 432

9.3.3　高偏置功率的等离子体会导致衬底受伤 ················ 433

9.4　光刻返工原因的分析 ······ 433

9.4.1　返工常见原因的分类 ······ 435

9.4.2　快速热处理和激光退火导致晶圆变形 ······ 436

9.5　晶圆返工的管理 ······ 437

9.6　离子注入后光刻胶的清除 ······ 438

9.6.1　技术难点 ······ 438

9.6.2　"干/湿"法去除光刻胶 ······ 439

9.6.3　"湿"法去除光刻胶 ······ 440

9.6.4　一些新进展 ······ 440

参考文献 ················ 441

第 10 章　双重和多重光刻技术 ················ 443

10.1　双重曝光技术 ······ 443

10.1.1　X/Y 双极照明的双重曝光 ······ 444

10.1.2　使用反演计算设计双重曝光 ······ 445

10.2　固化第一次图形的双重曝光(LFLE)工艺 ······ 447

10.2.1　形成表面保护层的固化技术 ······ 447

10.2.2　使用高温交联光刻胶的固化技术 ······ 449

10.2.3　通孔的合包与分包 ······ 450

10.2.4　其他的固化方案 ······ 451

10.3　双重光刻(LELE)工艺 ······ 451

10.3.1　双沟槽光刻技术 ······ 451

10.3.2　使用负显影实现双沟槽 ······ 454

10.3.3　双线条光刻技术 ······ 456

10.3.4　含 Si 的光刻胶用于双线条工艺 ······ 458

10.3.5　双线条工艺中 SiARC 作为硬掩模层 ······ 458

10.3.6　"LE+Cut"工艺 ······ 460

10.3.7　光刻机对准偏差和分辨率对 LELE 工艺的影响 ······ 461

10.4　三重光刻技术(LELELE) ················ 463

10.5　自对准双重成像技术(SADP) ······ 464

10.5.1　a-C 做"mandrel"/SiN 或 SiO_2 做"spacer"/SiO_2 或 SiN 做硬掩模 ······ 468

10.5.2　光刻胶图形做"mandrel"/SiO_2 做"spacer"/a-C 做硬掩模 ······ 469

10.5.3　SiO_2 做"mandrel"/TiN 做"spacer"/SiN 做硬掩模 ······ 471

10.5.4　自对准技术在 NAND 器件中的应用 ······ 472

10.5.5　自对准的重复使用(SAQP,SAOP) ······ 473

10.5.6　SADP 和 LE 结合实现三重成像 ······················· 476

10.5.7　自对准实现三重图形叠加 ······························· 477

10.5.8　"SAMP+Cut"工艺 ····································· 478

10.6　掩模图形的拆分 ·· 480

　　10.6.1　适用于 LELE 工艺的图形拆分 ······················· 480

　　10.6.2　适用于 LELELE 工艺的图形拆分 ····················· 484

　　10.6.3　适用于 SADP 的图形拆分 ··························· 486

10.7　双重显影技术 ·· 489

参考文献 ··· 490

第 11 章　极紫外（EUV）光刻技术 ································ 494

11.1　极紫外光刻机 ·· 495

　　11.1.1　EUV 反射镜 ··· 495

　　11.1.2　EUV 光刻机的曝光系统 ····························· 497

　　11.1.3　光照条件的设置 ······································ 498

　　11.1.4　EUV 光刻机研发进展及技术路线 ····················· 499

　　11.1.5　更大数值孔径 EUV 光刻机的技术挑战 ················· 500

11.2　极紫外光源 ··· 502

　　11.2.1　EUV 光源的结构 ····································· 502

　　11.2.2　光源输出功率与产能的关系 ··························· 504

　　11.2.3　波段外的辐射 ·· 505

11.3　EUV 掩模版 ·· 507

　　11.3.1　EUV 掩模缺陷的控制 ································· 510

　　11.3.2　EUV 掩模的清洗 ····································· 512

　　11.3.3　EUV 掩模保护膜的研发 ······························ 514

　　11.3.4　EUV 空间像显微镜 ··································· 516

　　11.3.5　EUV 相移掩模 ······································· 517

11.4　极紫外光刻胶 ·· 519

　　11.4.1　光刻胶的放气检测 ···································· 519

　　11.4.2　EUV 胶的分辨率、图形边缘粗糙度和敏感性 ············· 521

　　11.4.3　吸收频谱外辐射的表面层材料 ························· 526

　　11.4.4　底层材料 ·· 526

11.5　计算光刻在 EUV 中的应用 ·· 528

　　11.5.1　EUV 光源与掩模的协同优化 ·························· 529

　　11.5.2　OPC 方法在 EUV 与 DUV 中的区别 ··················· 532

11.6　极紫外光刻用于量产的分析 ·· 535

　　11.6.1　极紫外光刻技术的现状 ·· 535

　　11.6.2　EUV 光刻中的随机效应 ·· 535

　　11.6.3　EUV 与 193i 之间的套刻误差 ····································· 537

　　11.6.4　实例分析 ·· 537

参考文献 ··· 540

中英文光刻术语对照 ··· 546

彩图

第 1 章　光刻技术概述

光刻是集成电路制造中的一道关键工艺，它是利用光化学反应(photo-chemical reaction)原理把事先制备在掩模上的图形转印到一个衬底(晶圆)上，使选择性的刻蚀和离子注入成为可能。光刻是微纳器件制备过程中的一个至关重要的环节；不管是半导体器件、光电器件，还是微米/纳米机电系统(micro/nano-electro-mechanical systems，M/NEMS)的制备都离不开光刻工艺。特别是在超大规模集成电路的制造中，正是因为光刻设备、材料和工艺的发展，才使得集成电路上的器件能越做越小，芯片的集成度越来越高，单个晶体管的平均造价越来越低。本章对光刻技术涉及的各个方面进行简要概述，目的是为以后各章内容的展开奠定基础。

1.1　半导体技术节点

在半导体领域，集成电路上器件的尺寸是用所谓的技术节点来描述的。技术节点定义的权威文件是国际半导体技术路线图(international technology roadmap for semiconductors，ITRS)[1]。它是由国际半导体制造技术联盟(semiconductor manufacturing technology initiative，SEMATECH)和全球集成电路生产商共同制定的，意在指导行业内的技术开发。半导体设备和材料供应商可以通过这个路线图了解集成电路制造技术的发展方向和下一步的需求，从而提前安排新设备和新材料的研发。国际半导体技术路线图每两年发布一个新版本，并保持不断的补充和更新。

不同种类集成电路的设计是有很大区别的，制造时的工艺流程也不太一样。逻辑器件(logic devices)主要是指以互补金属氧化物半导体(complementary metal oxide semiconductor，CMOS)为基础的数字逻辑器件，它包括高性能(high performance)器件与低功耗(low power)器件。高性能器件设计复杂，功耗较大。台式电脑中的微处理器(microprocessor unit，MPU)就属于高性能器件。低功耗器件主要用于移动通信设备中。逻辑器件的结构比较复杂，在制造流程中一般需要更多的光刻层。逻辑器件的发展方向是在栅极使用高κ值的介电材料(high-κ gate dielectric)和金属栅极(metal gate electrodes)，以及采用鳍式场效应晶体管(fin field-effect transistor，FinFET)[2]。存储器件包括动态随机存储器(dynamic random access memory，DRAM)和闪存器件(flash memory)。存储器件的设计相对简单，制造时所需要的光刻层较少[3]。

逻辑器件与存储器件对各光刻层的线宽要求是不一样的，因此，其技术节点的定义也有差别。逻辑器件一般使用其栅极(gate)的长度(gate length)作为技术节点的标志。例如，32nm 技术节点逻辑器件，其栅极的长度是 32nm 左右，栅极层的周期(contacted poly pitch，CPP)则是 130nm 左右。随机存储器和闪存器件也使用器件中栅极的长度作为技术节点的标志，然而，与逻辑器件不同的是，存储器件的栅极是由密集(线宽与线间距是 1 : 1)线条构成的，它代表了整个器件中最小的周期。例如，制造 32nm 技术节点随机存储器，光刻工艺必须要能实现 32nm 半周期的图形。在逻辑器件中，第一层金属(Metal 1)具有类似于存储器件的等间距密集线条，即逻辑器件第一层金属中的线宽(line width)和线之间的间隔(space)是相同的。但是，逻辑器件密集图形的周期(pitch)一般要远大于同一技术节点的存储器件。例如，32nm 逻辑器件第一层金属的周期是 100nm 左右，而不是 64nm。

　　这里再进一步讨论存储器件光刻图形的特色。一般来说，存储器件掩模的中心区域是存储单元部分(cell)，它是一块规则的一维图形，其线宽就是这一层的最小线宽。围绕着存储单元的是周边图形(periphery)，它实现存储单元的读写功能。周边图形是二维结构，比较复杂，与逻辑器件的设计图类似，但其线宽要比存储单元大。

　　从一个技术节点到下一个技术节点，器件的关键线宽(critical dimension，CD)是按 0.7 倍缩减。32nm 节点的下一个节点就是 $32nm \times 0.7 \approx 22nm$ 节点。从集成电路发展的历史来看，一般需要 18 个月至 2 年的时间完成一个新技术节点的研发，这就是所谓的摩尔定律(Moore's law)。摩尔定律是由美国英特尔(Intel)公司的创始人之一 Moore 于 1965 年提出，其一直能比较好地预测新技术节点到来的时间。摩尔定律的本质是市场对高性价比芯片的不懈追求。随着集成度的不断提高，单个晶体管的平均造价一直以每年 30%～35%的速度下降[4]。

　　新技术节点产品的研发一般需要新的设备和材料，这些新设备和新材料通常都是与新工艺的研发同步进行、逐步成熟的。为了尽早地生产出更高性能的器件并推向市场，集成电路生产商在新技术节点成熟之前，总是设法利用现有的设备来研发和生产比现有技术节点更小的产品，即所谓的"半节点"产品。"半节点"的关键线宽缩减达不到 70%，但能较早地投入市场。例如，介于 45nm 和 32nm 节点之间的 40nm 逻辑器件；介于 32nm 和 22nm 节点之间的 28nm 逻辑器件。表 1.1 列出了这些技术节点所代表的器件中的关键线宽。同一技术节点不同功能的集成电路，其关键线宽会和表 1.1 中所列的值略有偏差。

表 1.1　各技术节点逻辑器件中的关键线宽[5]

逻辑器件节点(logic node)	45nm	40nm	32nm	28nm	22nm	20nm	16nm	14nm	10nm
衬底材料(substrate)	SOI	Bulk	SOI	Bulk	SOI	Bulk	Bulk	Bulk	Bulk
栅极周期(CPP)	185nm	165nm	130nm	115nm	90nm	90nm	64nm	64nm	54nm
第一层金属周期(MI Pitch)	150nm	120nm	100nm	90nm	80nm	64nm	64nm	48nm	36nm
等价的半周期节点(DRAM/flash node)	75nm	60nm	50nm	45nm	40nm	32nm	32nm	24nm	18nm

　　注：SOI 指 Silicon on insulator；Bulk 指 Si 体材料

1.2　集成电路的结构和光刻层

集成电路是依靠所谓的平面工艺一层一层制备起来的。对于逻辑器件，简单地说，首先是在 Si 衬底上划分制备晶体管的区域(active area)，然后是离子注入实现 N 型和 P 型区域，其次是做栅极，随后又是离子注入，完成每一个晶体管的源极(source)和漏极(drain)。这部分工艺流程是为了在 Si 衬底上实现 N 型和 P 型场效应晶体管，又被称为前道(front end of line，FEOL)工艺。与之相对应的是后道(back end of line，BEOL)工艺，后道实际上就是建立若干层的导电金属线，不同层金属线之间由柱状金属相连。目前大多选用 Cu 作为导电金属，因此后道又被称为 Cu 互联(interconnect)。这些铜线负责把衬底上的晶体管按设计的要求连接起来，实现特定的功能。前道(器件)与后道(Cu 互联)之间是中道(middle of line，MOL)，通常使用金属钨(W)把晶体管的源(S)、栅(G)、漏(D)与后道的第一层金属相连。随着器件密度的提高，在极小区域实现器件之间的连接变得非常困难，因此，中道的制备也变得越来越复杂；20nm 逻辑器件的良率问题往往发生在中道。图 1.1 是一个逻辑器件的剖面示意图。

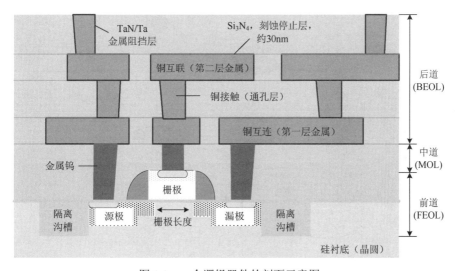

图 1.1　一个逻辑器件的剖面示意图

在集成电路制造的完整流程中，需要进行很多次光刻。有些光刻层的图形尺寸较大，例如，栅极之前的离子注入层；而有些光刻层的图形较小，例如，栅极层和第一个金属层。这些较小图形光刻层的工艺水平通常决定了集成电路的性能和器件的良率，因此，又被称为关键光刻层(critical layer)。例如，在逻辑器件中确定晶体管区域的光刻层(shallow trench insulate，STI)、栅极光刻层、实现前后道连接的光刻层(contact)和实现第一层金属的光刻层(Metal 1)具有较小的图形，光刻工艺比较复杂，通常被认为是关键光刻层。在研发一个新技术节点的光刻工艺时，非关键层基本上可以继续沿用上一个节点的工艺，而关键层则需要研发新的工艺。

1.3　光刻工艺

　　光刻工艺的基本流程(process flow)如图 1.2 所示。首先是在晶圆(或衬底)表面涂上一层光刻胶并烘干。烘干后的晶圆被传送到光刻机里面。光线透过一个掩模把掩模上的图形投影在晶圆表面的光刻胶上，实现曝光，激发光化学反应。对曝光后的晶圆进行第二次烘烤，即所谓的曝光后烘烤(post-exposure bake，PEB)，后烘烤使得光化学反应更充分。最后，把显影液喷洒到晶圆表面的光刻胶上，使得曝光图形显影(develop)。显影后，掩模上的图形就被存留在了光刻胶上。涂胶、烘烤和显影都是在匀胶显影机中完成的，曝光是在光刻机中完成的。匀胶显影机和光刻机一般是联机作业的，晶圆通过机械手在各单元和机器之间传送。整个曝光显影系统是封闭的，晶圆不直接暴露在周围环境中，以减少环境中有害成分对光刻胶和光化学反应的影响。

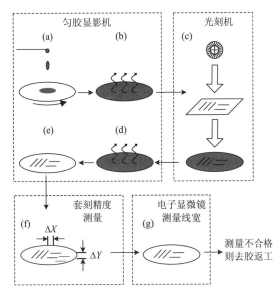

图 1.2　现代光刻工艺的基本流程和光刻后的检测步骤
(a)涂胶；(b)软烘；(c)曝光；(d)后烘；(e)显影；(f)光刻胶图形套刻误差测量；(g)测量光刻胶图形线宽

　　光刻之后是对光刻胶上的图形做检测(metrology)，看其是否符合要求。第一是测量图形的套刻误差(overlay)，即光刻胶上的图形和晶圆衬底里前面工序留下的图形是否对准。第二是测量图形的尺寸，一般是依靠高分辨率的电子显微镜(scanning electron microscope，CD-SEM)来测量光刻胶图形的尺寸。测量合格的晶圆将被送到下一道工序，而不合格的晶圆将被送去返工(rework)。返工是用化学的办法把晶圆表面的光刻胶清除掉，然后重新开始光刻工艺。根据实际工艺的需要，以上流程可以增加也可以简化，例如，在晶圆上添加抗反射涂层的涂布和烘干。在生产线上并不是每一片晶圆都需要做套刻误差与线宽测量的。一般来说，在一盒晶圆(称为一个"lot")中只需要抽取两片来进行套刻误差和线宽测量。特别是对于成熟的光刻工艺，晶圆的抽样数可以进一步减少。

整个光刻工艺需要使用许多专用设备和材料。专用设备包括匀胶显影机、光刻机、套刻误差测量仪、扫描电子显微镜以及晶圆返工时用到的去胶清洗机。专用材料包括各种抗反射涂层、光刻胶、抗水顶盖涂层、显影液以及各种有机溶剂等。在光刻工艺中，掩模、曝光系统和光刻胶这三者及其相互作用最终决定了光刻胶上图形的形状。掩模供应商不断提高掩模制备技术，并对掩模上的图形做各种修正，使得掩模上的图形在晶圆上能更好地成像。光刻机供应商不断降低曝光系统的像差(aberration)、优化光照条件(illumination conditions)，使得曝光分辨率不断提高。光刻胶供应商则对光化学反应的机理进行不断探索，新型光刻胶甚至能把相对模糊的像转换成具有陡峭侧壁的光刻胶图形。

光刻工艺完成后，有时还需要对光刻胶再做一次烘烤。这次烘烤的目的是使得光刻胶图形更加的坚硬，为后续工艺提供方便。这次烘烤又被称为坚膜烘烤(hard bake)。坚膜烘烤的温度必须控制好，不能高于光刻胶的玻璃转变温度(glass transition temperature，Tg)；否则光刻胶会软化，导致形状的破坏。坚膜烘烤大多用于 I-线(365nm 波长)的光刻工艺，在 248nm 以后已经很少使用。图 1.3 是 I-线胶的形状随坚膜烘烤温度变化的电镜照片。

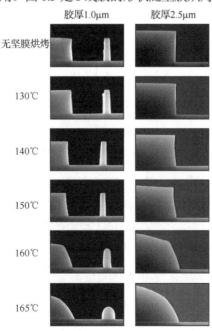

图 1.3 不同烘烤温度后光刻胶(I-线)的电镜照片(切片以便看清楚形状的变化)

1.4 曝光系统的分辨率和聚焦深度

1.4.1 分辨率

集成电路生产中使用的投影式光刻机的曝光系统可以等效地用所谓的科勒 (Koehler)光学模型来描述，如图 1.4 所示[6]。光源位于会聚透镜(condenser lens)的焦平面上。通过会聚透镜后，光线照射在掩模上，产生衍射光束 0, ±1, ±2, …。投影透镜组(projection lens)的大小将决定多少衍射光将被收集并聚焦到晶圆表面，在晶圆表面形成掩模图形的像。较大的镜头将有更大的分辨能力，因为它能够收集到更多的衍射光线。掩模上的图案和晶圆上图像尺寸的比例可以通过光学系统来调节，目前先进光刻系统中的比例是 4 : 1。在 193nm 浸没式光刻机中，晶圆与投影透镜之间填充了水，其他光刻机仍然是空气。

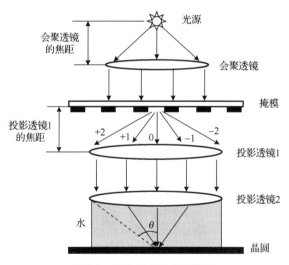

图 1.4 曝光系统光路示意图

考虑掩模上两个相邻的点 A 与 B，它们在晶圆表面成的像是 A' 与 B'，如图 1.5 所示。A 与 B 之间的距离最小必须是多少，A' 与 B' 才能被清晰地分辨出来？瑞利(Rayleigh)早在 1879 年就给出了这个问题的答案，即所谓的瑞利判据(Rayleigh criterion)：A、B 之间的最小距离是埃利(Airy)图形的第一极小值，即

$$\text{Resolution} = \frac{1.22\lambda f}{d} = \frac{1.22\lambda f}{n(2f\sin\theta)} = \frac{0.61\lambda}{n\sin\theta} = k_1\frac{\lambda}{\text{NA}} \qquad (1.1)$$

式中，d 是光瞳的孔径；f 是透镜的焦距；k_1 是一个常数；λ 是光源的波长；NA 是投影透镜的数值孔径(numerical aperture, NA)，定义为 $n\sin\theta$。θ 是曝光光线在晶圆表

面的最大入射角，如图 1.4 所示。对于 193nm 浸没式光刻机，$n = 1.44$（水在 193nm 波长时的折射率）。其余光刻机，透镜和晶圆之间都是空气，$n = 1$。

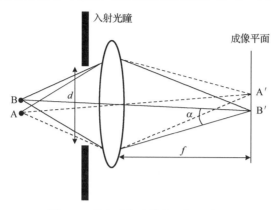

图 1.5　曝光系统分辨率分析示意图

　　式（1.1）表明，光刻机分辨率的提高可以通过减小曝光光源的波长（λ）和增大投影透镜的数值孔径（NA）来实现。事实上，光刻机的波长已经经历了从 435nm（G-线）、365nm（I-线）、248nm（深紫外，DUV），到目前的 193nm（ArF）的发展历程。具有 13.5nm 波长的极紫外（EUV）光刻机也已投入使用。投影透镜的数值孔径也经历了从 0.4 到 0.93 的发展。在 193nm 浸没式光刻机中，由于晶圆和透镜直接填充了水，数值孔径可以高达 1.35。入射光透过掩模后发生衍射，有多少衍射束能够被投影透镜收集在晶圆表面成像是与投影透镜的大小密切相关的。透镜直径越大（即 NA 越大），收集的衍射束就越多，成像的分辨率就越高。表 1.2 列出了光刻机波长减小和数值孔径增大的历史数据，及其对应分辨率（半周期线宽）。除了波长和透镜的数值孔径，光刻系统分辨率的提高还可以通过优化工艺参数来实现。例如，光照条件的设置、掩模版的设计和光刻胶的工艺。这些工艺因素对分辨率的影响都包括在 k_1 因子中，因此 k_1 又被称为工艺因子。

表 1.2　光刻机波长减小和数值孔径增大的历史数据[7]

年份	分辨率/nm(hp)	波长/nm	数值孔径/NA
1986	1200	436	0.39
1988	800	436/365	0.44
1991	500	365	0.50
1994	350	365/248	0.56
1997	250	248	0.62
1999	180	248	0.67
2001	130	248	0.70
2003	90	248/193	0.75/0.85
2005	65	193	0.93

续表

年份	分辨率/nm(hp)	波长/nm	数值孔径/NA
2007	45	193	1.20
2009	38	193	1.35
2010	27	13.5	0.25
2012	22	13.5	0.33
2013	16	13.5	0.33

　　在已知设计图形尺寸的情况下，k_1 因子可以被用来粗略地评估光刻工艺的困难度以及需要什么样的光刻机。较大的 k_1 因子意味着光刻工艺控制相对容易，工艺的良率(yield)较高。在批量生产时，为了保证足够的工艺稳定性，一般要求 k_1 大于 0.30。在理论上，k_1 不可能小于 0.25[6]。k_1 介于 0.25 和 0.30 之间时，光刻的工艺窗口(process window)很小，一般需要分辨率增强技术(resolution enhancement techniques，RET)。这种小 k_1 因子的情况通常会出现在工艺的早期研发阶段，例如，0.85NA 的 ArF 光刻机用于 90nm 节点产品的批量生产，其对应的 $k_1 = 0.396$。同时它也用于 65nm 节点工艺的研发，其对应的 $k_1 = 0.286$。一旦 0.93NA 的光刻机出现，65nm 的光刻工艺就会被转移到新的光刻机上去，直至批量生产。这种研发模式已经被业界广泛接受[8]，其优点是保证最先进的机台首先被用于先进产品的批量生产，昂贵的光刻机能尽快为集成电路生产创造价值。图 1.6 给出了 k_1 的历史发展数据，图中 k_1 的计算是与同一时间的技术节点相关联的。

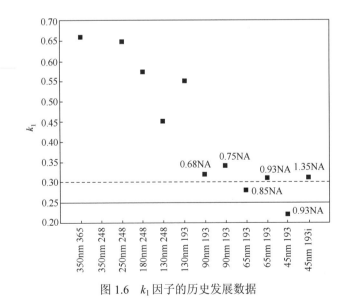

图 1.6　k_1 因子的历史发展数据

　　分辨率增强技术是指对掩模和光照系统做改进，以增强在晶圆上成像的分辨率。分辨率增强技术包括对掩模上的图形进行邻近效应修正(optical proximity correction，

OPC)和添加亚分辨率的辅助图形(sub-resolution assistant feature，SRAF)，使用具有相移的掩模(phase-shift mask，PSM)，以及使用离轴照明(off-axis illumination，OAI)。随着光刻技术的发展，分辨率增强技术的内涵和外延都在不断增大，各种新型增强技术不断被提出并用于生产实际，例如，在 20nm 节点开始投入使用的像素式光照。表 1.3 列出了一些典型的分辨率增强技术。

表 1.3　一些典型的分辨率增强技术

技术名称	应用位置	分辨率(k_1)	意　义
OPC	掩模版	0.5	改善工艺窗口，可与任意其他 RET 技术配合使用
OAI	照明系统	0.25	为特定周期图形提供最优的照明角度
Attenuated PSM	掩模版	0.5(传统照明下) 0.25(离轴照明下)	利用干涉效应改善成像保真度；改善 OAI 的曝光宽容度
SRAF	掩模版	0.5(传统照明下) 0.25(离轴照明下)	扩大适用于某种 OAI 的周期图形范围；降低掩模图形对像差的敏感度
Alternating PSM	掩模版	0.25	利用干涉效应提高成像保真度，可将分辨率提高一倍

1.4.2　聚焦深度

聚焦深度(depth-of-focus，DOF)是另一个衡量曝光工艺窗口的重要参数，它标志了曝光系统成像的质量和晶圆表面位置的关系。在聚焦深度范围之内，曝光成像的质量是可以保证的。经过许多工艺处理后，晶圆表面一般是不平整的，会有各种图形和结构。即使现代工艺添加了化学研磨技术(chemical mechanical planarization，CMP)，这种表面不平整度仍然存在。因此，曝光时的聚焦深度必须要远大于晶圆表面的不平整度，只有这样才能保证光刻工艺的良率。

为了简化计算，这里我们只考虑来自掩模版的第 0 级和第 1 级衍射光通过投影透镜在晶圆上成像(见图 1.4)。图 1.7 是一个球形波面，代表成像时的波前。波前聚焦于 P_0，即 R_0P_0(第 0 级衍射光)=RP_0(第 1 级衍射光)。在非聚焦点 P，第 0 级衍射光和第 1 级衍射光之间的光程是不同的，即 $R_0P \neq RP$。因此光线到达 P 时的相位是不同的，导致成像模糊。假设 $P_0P = \delta$(晶圆表面偏离最佳聚焦点的距离)，两束光的光程差(optical path difference，OPD)为

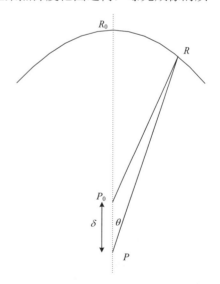

图 1.7　球形波面的光程计算
P_0 是波面的聚焦点，即 $R_0P_0=RP_0$

$$OPD = R_0P - RP = \delta - (RP - RP_0) \approx \delta(1-\cos\theta) \tag{1.2}$$

在成像时所能容忍的最大光程差是 $\lambda/4$，这时这两束光有 $90°$ 的相差。聚焦深度定义为

$$\text{DOF} = 2\delta = \frac{k_2}{2} \cdot \frac{\lambda}{1 - \cos\theta} \tag{1.3}$$

式中，k_2 是一个常数因子。注意，式 (1.3) 中的 λ 是光在透镜和晶圆之间介质中的波长。在 193nm 浸没式光刻机中，$\lambda = \lambda_0/n$，λ_0 是真空中的波长。θ 是曝光时的入射角，可以用 NA 来表示。因此式 (1.3) 可以变化为

$$\text{DOF} = \frac{k_2}{2} \cdot \frac{\lambda_0}{n - \sqrt{n^2 - \text{NA}^2}} \tag{1.4}$$

式中，λ_0 是真空中的波长，n 是透镜和晶圆之间介质的折射率。

在数值孔径比较小的情况下 ($\sin\theta \ll 1$)，我们可以使用近轴近似 (paraxial approximation)。在近轴的情况下，$\sin\theta \approx \theta$，式 (1.4) 可以简化成

$$\text{DOF} = k_2 \cdot \frac{n\lambda}{\text{NA}^2} = k_2 \cdot \frac{\lambda_0}{n\sin^2\theta} \tag{1.5}$$

光照条件、掩模、光刻胶对聚焦深度的影响包括在因子 k_2 中。即使有相同的 NA 与 λ，聚焦深度也可以通过使用离轴光照来增大。

从式 (1.1) 可以看出，波长的减小可以提高曝光系统的分辨率。但是，波长的减小又会导致聚焦深度变小。分辨率的提高和聚焦深度的增大似乎是矛盾的，这个问题一直困扰着光刻界。193nm 浸没式光刻的引入改变了这一趋势。与 193nm "干" 光刻机相比，浸没式光刻不仅提高了分辨率而且增大了聚焦深度。

假设 193nm "干" 光刻机和 "湿" 光刻机的 NA 及 k_2 因子是相同的。由式 (1.5) 可以计算出它们的聚焦深度之比为

$$\frac{\text{DOF}_{193i}}{\text{DOF}_{dry}} = \frac{1 - \sqrt{1 - \text{NA}^2}}{n - \sqrt{n^2 - \text{NA}^2}} = \frac{1 - \sqrt{1 - \text{NA}^2}}{n\left[1 - \sqrt{1 - (\text{NA}/n)^2}\right]} \tag{1.6}$$

对式 (1.6) 做数值计算发现，浸没式的聚焦深度大约是 "干" 式的 1.44 倍。这种聚焦深度的改善对于小尺寸图形的曝光尤为明显[7]。例如，文献 [9] 分别使用了 0.75NA 的 193nm 光刻机和 0.75NA 的 193nm 浸没式光刻机来曝光 90nm 1:1 的密集线条。浸没式的焦深大约是 "干" 式曝光的 1.4～1.5 倍。

在实际光刻工艺中，焦深一般是通过测量曝光聚焦-能量矩阵 (focus-energy matrix, FEM) 数据来确定的 (参见 1.6 节)。在 32nm 技术节点以下，掩模的三维效应 (mask 3D effect) 越来越明显。掩模的三维效应导致同一掩模上不同尺寸图形之间的最佳聚焦值不一样，例如，密集线条与独立线条的最佳聚焦值之间有一个偏差。这就要求曝光系统必须保证掩模上所有的图形都在聚焦范围之内，即曝光系统必须有足够的聚焦深度。

1.4.3　调制传递函数

调制传递函数(modulation transfer function，MTF)用来描述系统成像时的对比度
(aerial image contrast)。在掩模处，光强的分布基本上是一个理想的阶跃函数，如图 1.8
所示。经过掩模，透光处的光强是 1，不透光处的光强是 0。由于曝光系统的非完善性
(失真)，投影到晶圆表面的像不再是理想的台阶函数，而是一个平滑了许多的图形，
如图 1.8 所示。曝光系统的调制函数定义为

$$MTF = \frac{I_{max} - I_{min}}{I_{max} + I_{min}} \tag{1.7}$$

式中，I_{max} 和 I_{min} 是投影在晶圆表面光强的极大值与极小值，MTF 的值介于 0 与 1 之
间。显然，MTF 不仅与曝光系统的分辨率有关而且与所考察的图形尺寸有关。对于掩
模版上较大的图形，MTF 接近 1。

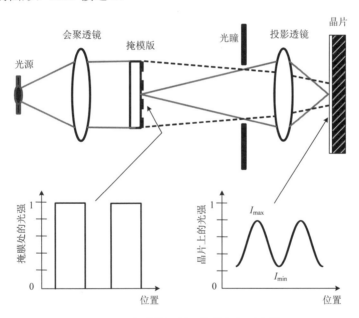

图 1.8　曝光系统调制函数的定义示意图

影响曝光系统分辨率和调制函数的一个重要因素是光刻机内部的杂散光(stray
light)。光刻机的光学系统是由很多透镜和光瞳组成的。这些透镜和光瞳之间存在着很
多界面，光线在这些界面处必然存在散射。这些散射光在系统内形成杂散光，并最终
被投射到晶圆上，对主光线产生干扰。因此，提高透镜的加工质量，减少杂散光，也
是提高光刻分辨率的一个重要手段。

1.5　对设计的修正和版图数据流程

光刻工艺的最终目的是在晶圆上实现集成电路设计所要求的图形。整个过程实际上包括两部分:第一部分是把设计图形制备到掩模上;第二部分是把掩模上的图形制备到晶圆上,也就是前面讨论的光刻工艺。这里侧重讨论第一部分,即从设计图形到掩模的过程。

掩模是由掩模厂(mask house)生产的。一般使用高分辨率的电子束曝光把设计图形制备在掩模衬底上[10]。大尺寸的设计图形(250nm 以上技术节点)一般不需要修正,可以直接发送给掩模厂,经过电子束图形产生器(pattern generator)写在模版的衬底上。掩模上的图形和设计图形是一致的(这里暂不考虑模版制备工艺中的偏差)。由于图形尺寸大于光刻机的曝光波长,曝光过程中图形的畸变较小,掩模上的图形可以较准确地投影到晶圆表面。然而,从 180nm 技术节点开始,器件中的最小线宽已经小于光刻机的曝光波长(见表 1.2)。曝光时相邻图形的干涉和衍射效应会导致像的畸变,即所谓的光学邻近效应(optical proximity effect,OPE)。光学邻近效应使得晶圆上的图形和掩模上的图形差别较大,例如,线条宽度会变窄、窄线条端点会收缩、图形拐角处变圆滑,如图 1.9(a)所示。对掩模上的图形做适当修正可以补偿这种效应,从而在晶圆上得到和设计相同的图形,如图 1.9(b)所示。这种修正被称为光学邻近效应修正(OPC)。

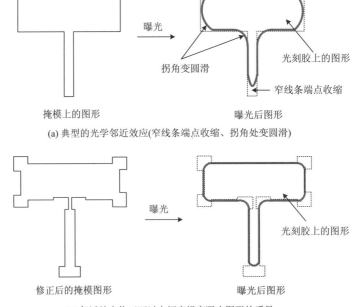

掩模上的图形　　　　　　　　曝光后图形

(a) 典型的光学邻近效应(窄线条端点收缩、拐角处变圆滑)

修正后的掩模图形　　　　　　　曝光后图形

(b) 邻近效应修正可以大幅度提高曝光图形的质量

图 1.9　典型的光学邻近效应及其修正

现在，光学邻近效应修正是光刻中不可缺少的一步。设计的版图(layout)必须首先经过修正处理才能发送给掩模厂。图 1.10 是版图数据的流程示意图，其中，数据处理包括邻近效应修正和边缘设计(kerf design)。边缘设计是把光刻工艺所必需的对准标识(alignment marks)、套刻误差测量标识(overlay marks)以及关键线宽测量标识等放置到设计图形的外围。这些标识只用于工艺过程的控制，在集成电路中没有任何电学功能。

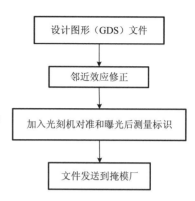

图 1.10　版图数据的流程示意图

进行邻近效应修正时，还可以在掩模版上增加一些曝光辅助图形。它们被放置在稀疏设计图形的周围，使得稀疏图形在光学的角度上看起来像密集图形。这些辅助图形必须小于光刻机的分辨率。在曝光时，它们只对光线起散射作用，而不应该在光刻胶上形成图像。因此，曝光辅助图形也称为亚分辨率的辅助图形(sub-resolution assistant feature，SRAF)或散射条(scattering bar，SB)。辅助图形的添加使得适用于密集图形曝光的光照条件也能适合稀疏图形的曝光，增大共同的光刻工艺窗口(common process window)。

传统的做法一般是设计公司拿出版图，集成电路生产厂(Fab)的光刻工程师设法将这些版图实现在晶圆上。随着技术节点的缩小，即使是使用了各种分辨率增强技术，有些版图仍然无法顺利曝光，或者说光刻的工艺窗口太小。这时，Fab 的光刻工程师不得不要求设计工程师改变设计版图，使之便于光刻(litho-friendly design)。具体的做法是：Fab 为设计工程师设定一些规则(restricted design rules)，设计版图必须符合这些规则。以栅极为例，在 65nm 逻辑节点以前，栅极光刻产生的图形不仅包括栅极本身而且还包括它们之间的互连(gate routing)，如图 1.11 (a)所示。在 65nm 节点以下，实现这种二维图形的曝光非常困难。因此，在 45nm 节点，光刻对栅极之间互连图形的放置提出了限制，即"constraint gate routing"。在 32nm 及以下节点，栅极光刻则完全不提供栅极之间的互连，栅极之间的互连通过其他光刻层来实现[11]。

在 20nm 节点以下，这种限制更为严格。栅极掩模上只允许有一维的线条，而且线条必须在规定的网格上。这种设计规则又被称为网格化的设计(gridded design rules)[12]。这些线条完成后，再进行一次光刻来"切割"这些线条，实现所要的图形[13]，如图 1.11 (b)所示。这种等间距线条的设计不仅大大降低了光刻的难度，而且非常适合使用自对准的双重或多重成像技术(self-aligned double/multiple patterning，SADP/SAMP)来制备。实验结果表明使用自对准的多重成像技术可以实现半周期小于 10nm 的密集线条[14]。"线条+切割"的方法已经被业界广泛应用于许多关键光刻层，包括鳍式场效晶体管中鳍(fin)的制备、10nm 节点以下金属层的制备[15]。

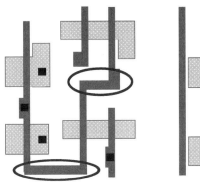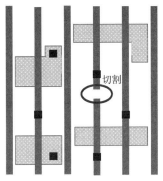

(a) 常规设计的栅极光刻图形(图中深色),
其中圈内的部分是为了实现栅极之间的互连

(b) 网格化设计的栅极

图 1.11　常规设计的栅极光刻图形和网格化设计的栅极

1.6　光刻工艺的评价标准

　　一个集成电路的制造过程(process flow)是由许多工艺单元(unit process)构成的,每一个工艺单元的输出就是下一个工艺单元的输入。工艺单元之间的衔接和整合是由工艺集成(process integration, PI)部门负责的。光刻工艺的输出就是光刻胶上的图形。工艺集成部门对光刻胶上的图形有严格要求, 如图 1.12(a)所示。首先是图形的线宽,一般是在目标值的±(8 ~ 10)%之内。其次是套刻误差,光刻胶上的图形必须与衬底上的参考层对准, 如图 1.12(b)所示, 其 X/Y 方向的偏差必须小于一个规定的值。通常 KrF 光刻能达到小于±15nm 的套刻误差,ArF 光刻能达到小于±7nm 的套刻误差。第三,

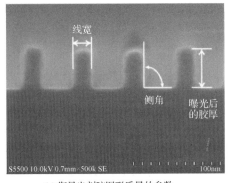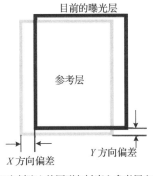

(a) 衡量光刻胶图形质量的参数
(标注在光刻胶切片图中)

(b)光刻胶上的图形与衬底上参考层之间
存在对准偏差(图中只标出了平移偏差)

图 1.12　对光刻胶上的图形要求

晶圆表面胶的厚度。光刻后的下一道工艺通常是反应离子刻蚀(reactive ion etch，RIE)。尽管反应离子刻蚀有很高的选择性，但光刻胶必须有一定的厚度才能保证在刻蚀的过程中不被全部消耗掉。第四，光刻胶剖面侧角(side wall angle)必须大于 85°。

随着技术节点的缩小，即线宽的缩小，对晶圆上线宽均匀性(CDU)和套刻误差的要求也相应地提高。ITRS 曾经建议，CDU(3σ)必须不能超出线宽的 7%，套刻误差不能大于线宽的 20%。对于 20nm 半周期节点，CDU 必须小于 1.4nm，套刻误差必须小于 4nm[16]。

集成电路生产厂光刻工程师的职责就是要保证光刻后光刻胶上的图形符合以上各项要求。为了实现这个目标，光刻工艺中的各项参数都必须控制在一个较小的范围，被称为工艺窗口(process window)。光刻工艺的窗口一般是通过曝光聚焦-能量矩阵(focus-energy matrix，FEM)数据来确定的。曝光时，在一个方向以固定的步长改变聚焦值，另一个方向以另一个固定的步长改变曝光能量，如图 1.13(a)所示。曝光显影完成后，测量晶圆上图形的尺寸，得到所谓的"Bossung"图，如图 1.13(b)所示。假设所要的图形的目标线宽(target CD)是 56nm，允许的范围是 ±3nm(在图 1.13 中用方框标出)，那么在曝光能量等于 17.6mJ/cm² 时的焦深大约就是 100nm。

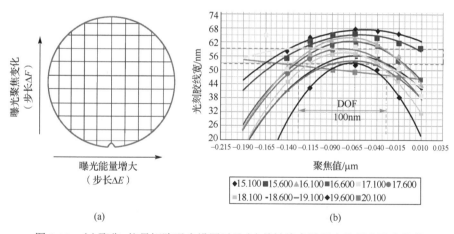

图 1.13　(a)聚焦-能量矩阵曝光设置以及(b)关键线宽随曝光能量和聚焦值的
变化曲线——"Bossung"图(图中能量的单位是 mJ/cm²)(见彩图)

1.7　去胶返工

如果光刻胶上图形的线宽或者套刻误差不符合要求，可以使用化学的办法把曝光后的光刻胶清洗掉，重新涂胶再做曝光。去胶返工(rework)给光刻工艺提供了修改工艺错误的机会，但是去胶的化学反应不能对衬底有损伤。研发和优化适合各种不同衬底的去胶工艺是集成电路生产中的重要部分，一般由光刻、刻蚀和清洗部门共同负责。

传统的去胶工艺是使用 H_2SO_4 和 H_2O_2 的混合液(sulfuric peroxide mixture，SPM)。它们的配比是 4L 98%的 H_2SO_4：1L 30%的 H_2O_2，这种混合液又叫"Piranha"。硫酸会先把有机物中的 H 和 O 去除，使其迅速碳化，然后双氧水参与反应生成挥发性的 CO_2 或 CO，最后是去离子水冲洗。随着光刻技术的不断发展，各种新材料被引入光刻工艺中，例如，含 Si 的抗反射涂层(SiARC)，使得传统的去胶工艺不再有效。去胶工艺必须针对不同的光刻材料来设计。除此之外，晶圆上的介电材料越来越薄，去胶工艺中使用的强化学品很容易伤害其性能。特别是后道工艺中使用的低介电常数材料(low k material)，一般最多只能承受 2~3 次去胶清洗。

光刻胶还可以用等离子体反应的方法来去除，即所谓的干法去胶工艺。有光刻胶的晶圆被放置在一个真空腔中，腔中产生等离子体并引入 O_2(或 O_3)。在等离子体的作用下，O 和胶中的 C 反应，生成 CO_2 或 CO 被真空抽走。去胶后的晶圆再用湿法清洗，去除残留的颗粒。

1.8 光刻工艺中缺陷的检测

随着光刻图形尺寸的不断缩小，缺陷对器件良率的影响越来越明显。光刻图形中的缺陷是指任何对目标图形的偏离。如果缺陷的尺寸小于图形中最小尺寸的 40%，其对器件性能的影响可以忽略。缺陷的来源主要分为三种：一是材料中带来的，例如，光刻胶过期形成的悬浮颗粒；二是设备中产生的，例如，旋涂时匀胶显影机内的颗粒掉在晶圆表面；三是不完善的工艺产生的，例如，曝光条件偏离了最佳点，导致图形质量下降，出现图形丢失(missing pattern)。为了确保工艺中尽量少地出现缺陷，在光刻中一般分两个部分来监测。一是旋涂后光刻胶薄膜中颗粒的监测，即所谓旋涂缺陷(coating defects)。设备应用组负责匀胶显影机的工程师每天都要对各种光刻材料进行旋涂后颗粒的检测，以保证旋涂后的胶膜均匀无缺陷。二是曝光后图形的缺陷检测。

1.8.1 旋涂后光刻薄膜中缺陷的检测

光刻材料旋涂后缺陷的检测设备是空白晶圆缺陷检测仪(blank wafer inspection tool)，如 KLA-Tencor 的 SP2/SP3^{TM}。这时，晶圆表面只有一层均匀的光刻材料，没有图形。检测设备的工作原理如图 1.14 所示。一束激光从侧上方照射在晶圆表面，在缺陷处产生散射光被一个探测器收集，并转换成电信号。晶圆在样品台上旋转，样品台沿径向平移。这样激光束的照射可以覆盖整个晶圆表面。晶圆表面缺陷(如颗粒、划伤等)所在的位置也同时被记录下来。

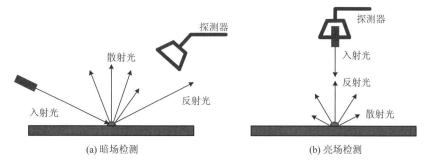

(a) 暗场检测　　　　　　　　　　　(b) 亮场检测

图 1.14　空白晶圆表面缺陷检测仪工作示意图

空白晶圆表面缺陷检测给出的结果是缺陷的总数、分布及其位置。测出的颗粒数必须小于一定数值，一般是小于 $0.01/cm^2$。高分辨率的电子显微镜或原子力显微镜 (AFM) 可以根据缺陷检测文件提供的坐标方便地找到该缺陷，对该缺陷做进一步的形貌与成分分析[17]，如图 1.15 所示。

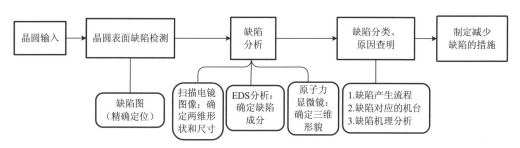

图 1.15　表面缺陷检测的工作流程

高分辨电子显微镜或原子力显微镜根据缺陷检测提供的坐标，可以很快地找到缺陷并做进一步分析

图 1.14 中收集散射光的探测器可以安装在不同的立体角，这样收集到的光线就不一样。如图 1.14(a) 所示，透镜的立体角大于入射光的立体角，晶圆表面的反射光束被回避，只有缺陷处的散射光到达透镜。这时晶圆表面的视场是暗的，即没有缺陷的地方一片黑暗，缺陷处有散射光亮。这种工作模式被称为暗场检测 (dark-field inspection)，其对于检测晶圆表面的颗粒与表面缺陷非常灵敏。为了增大探测的灵敏度，探测器可以是环状的。与之对应的是亮场检测 (bright-field inspection)，这时探测器同时接收反射光和散射光，如图 1.14(b) 所示。由于探测器总能接收到反射光，视场中一片明亮。亮场检测使用差分干涉技术从反射信号中分辨出散射信号，对于较大的扁平缺陷有很高的灵敏度[18]。在使用激光作为光源时，还可以对入射光的极性做调制，提高探测的信噪比 (signal to noise ratio，SNR)[19]。

随着技术节点的缩小，对缺陷检测设备灵敏度的要求也越来越高。对于暗场检测设备，提高其灵敏度的途径主要有两个：一是调节光照的方式来抑制背景散射；另一个是使用较短波长的光源，短波长的光也可以增大信噪比。文献[20]设计了一个多方位角光照系统(multi-azimuth illumination)，大大地提高了探测的灵敏度。使用 532nm 波长的光源，新系统可以使探测极限由 59nm 提高到 42nm；使用 193nm 波长的光源，可以使探测极限进一步提高到 18nm。

1.8.2　曝光后图形的缺陷检测

对曝光显影后的光刻胶图形也要做检测，保证没有缺陷。光刻胶图形的缺陷检测是在另一个专用设备上完成的，如 KLA-Tencor 的 Puma^{TM} 系列。其探测原理非常简单，检测设备在每一个曝光区域(exposure field)获取光刻胶的图像，并与相邻的曝光区域做对比，不一致的地方就是缺陷。在摄取光刻胶图像时，照明光束与晶圆表面垂直，其反射光和图形的散射光一起被探测器收集。视场是明亮的，这种工作方式是亮场检测(见图 1.14(b))。如果照明光束倾斜入射在晶圆表面，其在晶圆表面的反射光不被正上方的探测器所接收。探测器只接收光刻胶图形造成的散射光，视场内大部分是黑暗的，只有图形边缘有散射光(见图 1.14(a))。亮场检测具有较高的灵敏度，并且可以探测到埋在光刻材料里的颗粒。暗场模式只对浮在表面的缺陷敏感。有图形的缺陷检测与空白晶圆缺陷检测仪不同，晶圆不需要旋转，只是从一个曝光区域平移到下一个区域。

在缺陷检测中经常会出现一种情况：缺陷检测系统发现的缺陷，在电镜分析系统中(defect review system)看不到。这些"不可见缺陷"(non-visible defects)通常深埋在衬底上的介质层中，如 SiO$_2$ 层。缺陷检测系统是一个光学探测系统，探测光可以穿透介电材料，"看"到介质层中的缺陷；而缺陷分析系统是电子显微镜，电子束无法穿透介电材料，只能"看"到表面结构，无法"看"到介质层中的缺陷[21]。

晶圆图形上的缺陷直接关系到器件的良率，是集成电路制造中关注的重点。新技术节点也需要有更高灵敏度的检测设备。目前发展的趋势是，缺陷检测不仅要能够发现工艺引入的缺陷，而且要能够发现设计引入的缺陷，即通过对晶圆上的缺陷检测发现设计中不足之处[22]。新的检测技术也在不断地探讨和研究之中，例如，使用原子力显微镜来检测缺陷，为了提高检测的效率，这种原子力显微镜具有多个探头并行工作[23]；使用软橡胶(soft template)把晶圆上的缺陷拓印下来，使软橡胶膨胀和放大，然后检测软橡胶上的图形[24]。

1.9　光刻工艺的成本

一个在研的新光刻工艺最终能否被生产线采纳用于量产，不仅取决于其技术指标是否达到要求，更重要的是它能否为芯片生产带来足够的经济效益。芯片造价的 30%～40% 是花费在光刻部分的，包括光刻设备、掩模、光刻材料以及与之相关联的测量。为此，光刻工艺的成本计算一直是业界的一个热点。

国际半导体制造协会(SEMATECH)提出了一个模型来定量计算光刻工艺的成本 (cost of ownership，CoO)[25]。根据 SEMATECH 的模型，用一层掩模完成一片晶圆曝 光的成本是

$$C_{pwle} = (C_e + C_l + C_f + C_c + C_r Q_{rw} N_c) / N_g + C_m / N_{wm} \qquad (1.8)$$

式中，C_e 是每年光刻机、匀胶显影机的成本(包括折旧费、设备维护费和安装调试费用)；C_l 是每年光刻技术人员工资；C_f 是每年光刻设备占用的净化间成本；C_c 是每年光刻耗材的成本；C_r 是光刻胶的单价；Q_{rw} 是每片晶圆耗费的光刻胶数量；N_c 是一年中旋涂的晶圆数；N_g 是一年中曝光的晶圆数；C_m 是掩模版的花费；N_{wm} 是掩模版所能曝光的晶圆数。式(1.8)把光刻工艺中设备、材料、场地、维护及人员工资做了综合考虑。使用式(1.8)可以推算出光刻工艺的成本与光刻设备价格、产能、掩模版的造价、晶圆返工率等的关系，结果如图 1.16 所示。

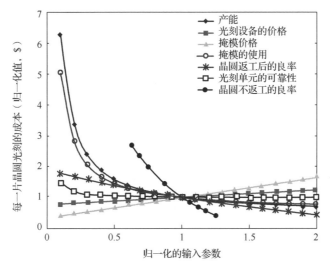

图 1.16　光刻工艺的成本(做一次光刻的成本)与光刻设备价格、掩模版价格及产能等的关系[25](见彩图)

在没有晶圆返工的情况下，随着晶圆上器件良率的提高，光刻工艺的平均成本大幅下降。在设备材料成本方面，掩模和光刻设备的造价是构成光刻工艺成本的两个主要方面。在 32nm 技术节点中，假设每一块掩模版可以用于 50000 片晶圆的曝光，或只能用于小于 1000 片晶圆的曝光。前一种情况对应大批量的生产(例如，Intel 的 MPU 量产)；后一种情况对应小批量的晶圆代工。光刻工艺中各项成本(掩模版、光刻材料、激光器、人工、设备折旧)所占的比重如图 1.17 所示。小批量生产中掩模版成本所占的比重大幅度上升。大批量生产中光刻设备的折旧占主要部分。因此在制造工艺中，第一是要提高晶圆上器件工艺的良率，保证光刻工艺不返工；第二是要设法降低掩模版和光刻设备的成本，要尽量延长掩模版和光刻设备的使用寿命。

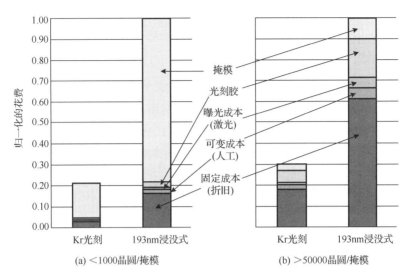

图 1.17　32nm 技术节点大批量与小批量生产中，光刻各项花费所占的比重

1.10　现代光刻工艺研发各部分的职责和协作

从最早被用于电路制造，光刻技术的发展已经走过了半个多世纪。在这过去的半个多世纪中，除了光刻设备、材料和工艺的不断发展以外，光刻工程技术人员工作的职责和方式也在不断演化。首先是光刻机越来越复杂和昂贵，仅靠 Fab 的光刻工程师，已经不能完全运行和维护光刻设备并充分发挥其产能，Fab 离不开光刻设备供应商对光刻机使用的支持。这种技术支持超越了传统的使用培训、故障维修，而是深入参与到光刻工艺研发中，为工艺中的难点提供解决方案。

光刻材料也已经不再局限于光刻胶，而是包括抗反射涂层、含 Si 的抗反射涂层、旋涂的有机碳等众多新型材料。这些新型材料在使用过程中很容易出现各种问题，例如，旋涂后产生较多的颗粒和缺陷，何种过滤器最有效。这些问题的解决都必须有材料供应商的参与。在测量方面，电子显微镜一直被用于光刻胶上关键线宽的测量。高能量的电子束会损伤光刻胶，使光刻胶线条收缩，一般会导致 4～5nm 的测量偏差。这一偏差在 32nm 技术节点以下是不能接受的。如何改进测量程序、修正这种测量偏差也不是晶圆厂计量工程师（metrology engineer）独自能完成的，需要测量设备生产商专业技术人员的参与。

1.10.1　晶圆厂光刻内部的分工以及各单位之间的交叉和牵制

Fab 的光刻部门分为研发（technology development，TD）和生产（manufacturing）。这里侧重讨论光刻研发部门。Fab 光刻研发部门内部一般分为若干个工作小组，这是按工作任务来划分的。表 1.4 是晶圆厂光刻研发部门内部的组织机构。对于光刻生产部门，其主要精力是维持生产，其组织机构和表 1.4 略有不同。

表 1.4　晶圆厂光刻研发部门内部的组织机构

工作小组	职　责
设备应用 (equipment applications)	1. 负责光刻机和匀胶显影机的性能监控。发现问题及时停机，并协调设备供应商解决 2. 建立光刻机工作文件 (scanner job file) 和匀胶显影机菜单文件 (track recipe) 3. 协助工艺工程师发现和解决工艺中与设备相关联的问题
光刻材料 (materials)	1. 和光刻材料供应商直接接触，引进新材料并评估其性能，然后推荐给工艺工程师 2. 协助工艺工程师发现和解决工艺中与材料相关联的问题
光刻工艺 (process)	1. 光刻工艺研发 (layer owner)、向工艺集成提供符合要求的光刻工艺 2. 收集晶圆数据、工艺窗口评估。对 OPC、新材料、新设备提出要求
测量 (metrology)	1. 负责 CD-SEM 和套刻误差测量仪的监控。发现问题及时停机，并协调设备供应商解决 2. 研发和优化测量程序中的参数、校准测量值、寻找最佳测量方法 3. 帮助 layer owner 建立测量程序
工厂系统 (factory system)	1. 负责光刻内部设备之间的数据通信管理、协调工厂系统 2. APC (automatic process control) 系统的设置和监控 3. 协助 layer owner 发现和解决工艺中与 APC 系统相关联的问题
Layout 数据处理 (OPC/tapeout)	1. 负责建模、OPC、验证 OPC 结果、向 layer owner 提供 hotspot 及 PV-band 等数据 2. 协调和领导 OPC 学习循环 (OPC learning cycle) 3. 和 layer owner 及工艺集成工程师讨论，做出 kerf 设计，于 tapeout 掩模版
掩膜管理 (mask-management)	1. 协调订购、接收掩模版。对掩模版供应商的质量做评估 2. 管理生产线上的掩模版，并负责掩模版的清洗和替换
光刻预研 (pre-development/ path finder)	负责前期预研，比正常研发一般提前 1～2 个节点 1. 确定技术路线图，包括下一个技术节点使用什么设备(配置)、光刻材料、工艺、OPC 解决方案等 2. 和业界交流对比，确保本部门的光刻技术符合主流并走在前列

光刻是一个工艺单元，其工作的重心是支持工艺集成，为工艺集成提供图形解决方案 (patterning solutions)，争取及早实现器件的产额 (yield)。根据支持工艺集成的直接和间接程度，光刻部门内的工作分成一、二、三线，如图 1.18 所示。第一线的部门以工艺组为主，也包括掩模管理组和测量组。工艺组中的工程师就是所谓的 "layer owner"，即每人负责几个光刻层，一般是工艺技术类似的几个光刻层。"layer owner" 协调内部资源、负责光刻工艺的设置、支持工艺集成。掩模管理和工艺集成的交集也很多，因为一个工艺流程中需要多少层掩模版、每一层掩模什么时候需要都是由工艺集成工程师掌握的。测量组也需要时常直接支持工艺集成，因为在工艺流程中测量是作为独立的步骤存在的。二线部门的主要任务是为一线部门提供设备、材料和数据系统使用方面的支持。在日常工作中，工艺工程师通常可以解决大多数制程中出现的问题。存在一小部分问题需要比较深入的设备、材料、数据系统的支持，这时二线的工程师们就必须参与，甚至通过二线工程师把设备或材料供应商的专业技术人员引入讨论。三线是先导研发或者叫预研，为下一个技术节点寻找光刻的技术方向。

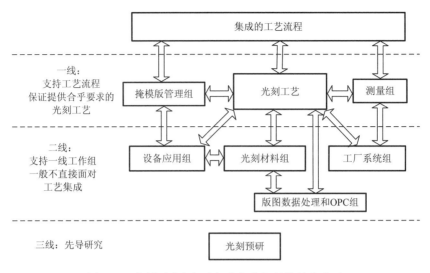

图 1.18　光刻研发部门内部各组之间的衔接和交叉

1.10.2　先导光刻工艺研发的模式

　　一个新的技术节点确定后，先导工艺集成（预研）部门会首先和光刻预研部门沟通，协调确定整个工艺流程的大致结构（architecture），其中包括有多少层光刻，每一层光刻工艺需要实现的线宽与允许的套刻误差。光刻预研部门根据这些要求，确定这些光刻层的光刻工艺需要使用的光刻设备型号、材料和技术路线。例如，22nm SOI器件的 M1 层要求 X 和 Y 两个方向的分辨率都是 40nm 1:1 图形。预研提出的解决办法是在 1.35NA 的 193nm 浸没式光刻机上，使用 X-双极照明和 Y-双极照明做两次曝光。预研的结果直接确定了下一步光刻工艺研发的方向，因此不能有偏差。在初步确定了光刻方案后，通常还需要在业界与同行做比对（benchmarking），以保证该技术方案与主流技术一致。

　　在预研完成的基础上，开始进入到实质性的光刻工艺研发。研发的核心是所谓的光学邻近效应修正学习循环。首先是先建立光学模型（来模拟光刻机的光学系统）和光刻胶模型（来模拟曝光时的光化学反应）。光刻工艺中的参数，如曝光的光照条件、光刻胶和抗反射涂层的厚度及其折射率 (n, k)、硬掩模（hard mask）的厚度及其折射率等，都包含在了这些模型中。然后，根据这些模型对设计做邻近效应修正，并制备出掩模。掩模到达 Fab 后，工艺工程师按照模型中确定的条件设置工艺，并采集实验数据和模型计算出的结果比对。这就完成了第一个循环。根据比对的结果对模型修正，完成第二个循环，直至最终结果符合工艺要求。图 1.19 是光刻工艺的研发和 OPC 学习循环的示意图。

　　任何光刻工艺的变动都会导致与现有模型的偏差或失效。然而，在研发一个新光刻工艺的过程中,不断会有更新(更好)的光刻胶出现,胶的厚度和硬掩模的厚度也会随着集成技术(integration technology)的改进而做相应的调整。另外,随着研发过程的不断深入,原来确定的线条宽度的目标值也可能需要改动。这些改动都会导致原模型的失效,从而需要重新做修正,并制备新的掩模版(即使原设计没有变化)。一个行之有效的方法是设立一个 OPC 循环专项经理(project manager),来专门领导和推动学习循环的进度。一旦 OPC 模型确定,新的掩模到达晶圆厂后,光刻工程师所能调整的工艺参数是很有限的,主要也就是曝光能量和聚焦值。任何其他参数的变动都会影响到 OPC 模型的准确性,因此,先导光刻工艺的研发是围绕着 OPC 进行的,称之为 OPC 学习循环。经验表明,一个新技术节点的光刻工艺一般需要 3～4 个 OPC 循环才能逐步成熟。

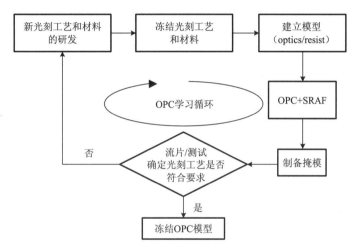

图 1.19　光刻工艺的研发和 OPC 学习循环

1.10.3　光刻与刻蚀的关系

几乎所有关键光刻层的下一道工序都是等离子体刻蚀(RIE),依靠等离子体刻蚀工艺把光刻胶上的图形转移到衬底上。刻蚀工作的质量直接关系到最终衬底上的结果。光刻胶上图形的尺寸与刻蚀后衬底上图形的尺寸通常是不一样的,它们存在着一个偏差,被称为刻蚀偏差(etch bias)。刻蚀偏差的大小不仅与衬底的材料有关,还与图形的尺寸有关;沿垂直方向的刻蚀速率也与图形的尺寸有关。如图 1.20 所示,在 Si 衬底上,沟槽的线宽越小,刻蚀的速率就越低。

为了保证刻蚀在衬底上的图形与设计的要求一致,光刻工程师就必须对掩模上的图形做刻蚀偏差的补偿。这一补偿应该是在邻近效应修正之前。然而,这一补偿工作并不简单,因为刻蚀补偿量是随图形尺寸而变化的。针对各种尺寸的图形,刻蚀工程师必须提供一个完善的补偿方案,又叫刻蚀偏差表格(etch bias table)。近来,业界也有尝试使用模型来根据图形尺寸计算出补偿量的。鉴于刻蚀与光刻之间的紧密联系，从 45nm 逻辑技术节点以下，大型 Fab 已经把刻蚀部门合并到光刻中，形成一个大的部门，又称为"patterning solutions"。

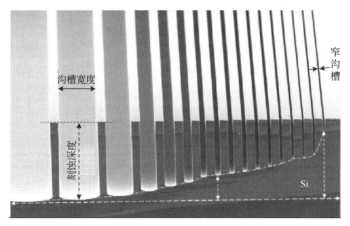

图 1.20　不同线宽图形刻蚀后的切片电镜照片[26]

参 考 文 献

[1]　International Technology Roadmap for Semiconductors. http://www.itrs.net/.

[2]　Front end Processes. International Technology Roadmap for Semiconductors, 2011.

[3]　Process Integration, Devices, and Structures. International Technology Roadmap for Semiconductors, 2011.

[4]　Xiao H. Introduction to Semiconductor Manufacturing Technology, Second Edition. Bellingham: SPIE Press, 2012.

[5]　Lin B. Optical Lithography: Here Is Why. Bellingham: SPIE Press, 2010.

[6]　Born M, Wolf W. Principles of Optics. Oxford: Pergamum Press, 1980.

[7]　Advanced Lithography. http://web.eng.fiu.edu/npala/EEE4996/EEE5996_Class3_Advanced%20Lithography.pdfEEE5996_Class3.

[8]　Borodovsky Y. Marching to the beat of Moore's Law. Proc of SPIE, 2006, 6153-615301.

[9]　Suzuki K, Smith B W. Microlighography: Science and Technology. Second Edition. New York: CRC Press, 2007.

[10]　Fujimura A, PangL, Su B, et al. Trends in mask data preparation. Proc of SPIE, 2014, 9235-923508.

[11]　Vandewalle B, Chava B, Sakhare S, et al. Design technology co-optimization for a robust 10nm metal1solution for logic design and SRAM. Proc of SPIE, 2014, 9053-90530Q.

[12]　Smayling C, Axelrad V. 32nm and below logic patterning using optimized illumination and double

patterning. Proc of SPIE, 2009, 7274-72740K.

[13] Axelrad V, Smayling M, Tsujita K, et al. OPC-Lite[TM] for gridded designs at low k1. Proc of SPIE, 2014, 9235-92350C.

[14] Owa S, Wakamoto S, Murayama M, et al. Immersion lithography extension to sub-10 nm nodes with multiple patterning. Proc of SPIE, 2014, 9052-90520O.

[15] Smayling C, Tsujita K, Yaegashi H, et al. 11nm logic lithography with OPC-Lite. Proc of SPIE, 2014, 9052-90520M.

[16] International Technology Roadmap for Semiconductors, 2007. http://www.itrs.net/ITRS%201999- 2014%20Mtgs,%20Presentations%20&%20Links/2007ITRS/Home2007.htm.

[17] Ota H, Hachiya M, Lchiyasu Y. Scanning surface inspection system with defect-review SEM and analysis system solutions. Hitachi Review, 2006, 55(2): 78-82.

[18] Lin L, Cheng M, Han T. Detecting and classifying DRAM contact defects in real time. MICRO, 2003.

[19] Alexis N, Bencher C, Chen Y, et al. Tracking defectivity of EUV and SADP processing using bright-field inspection. Proc of SPIE, 2014, 9050-905030.

[20] Walle P, Hannemann S, Eijk D, et al. Implementation of background scattering variance reduction on the rapid nanoparticle scanner. Proc of SPIE, 2014, 9050-905033.

[21] Boye C, Penny C, Connors J, et al. Use of 22 nm Litho SEM non-visual defect data as a process quality indicator. IEEE ASMC, 2012, 379-382.

[22] Ahn J, Seong S, Yoon M, et al. Highly effective and accurate weak point monitoring method for advanced design rule (1x nm) devices. Proc of SPIE, 2014, 9050-905018.

[23] Sadeghian H, Dool T, Crowcombe W, et al. Parallel, Miniaturized scanning probe microscope for defect inspection and review. Proc of SPIE, 2014, 9050-90501B.

[24] Morita S, Yoshikawa R, Hirano T, et al. New inspection technology for observing nanometer size defects using expansion soft template. Proc of SPIE, 2014, 9050-90501A.

[25] Lithography. International Technology Roadmap for Semiconductors, 2007.

[26] Hudek P, Choleva P. Litho-resist-etching process chain. BEA Meeting, 2013.

第 2 章　匀胶显影机及其应用

匀胶显影机(track)承担着除了曝光以外的所有光刻工艺,包括光刻材料的涂布、烘烤、显影、晶圆背面的清洗,以及用于浸没式工艺的晶圆表面的去离子水冲洗等。最新的发展是把测量单元也集成到匀胶显影机中,形成所谓的在线检测。在工艺流程中,在线检测单元可以放在旋涂烘干以后,进行胶厚及缺陷的检测;也可以放在显影之后,进行晶圆上光刻胶图形质量的监测。在线检测可以更快地知道晶圆上图形的质量,从而及时调整工艺参数,减少工艺中晶圆的返工率。新型功能材料的出现为匀胶显影机提供了另一个广阔的应用领域。一些需要化学气相沉淀(chemical vapor deposition,CVD)实现的薄膜材料,也可以用旋涂(spin coating)的办法来实现,例如,高碳(C)含量的聚合物(>80%的 C 含量)可以旋涂在晶圆表面,代替 CVD 非晶碳(amorphous carbon,a-C)用作刻蚀的硬掩模。旋涂工艺不仅成本低,还有许多 CVD 工艺所不具备的优点。因此,在集成电路生产厂中,匀胶显影机不仅和光刻机联机,而且以独立机台(standalone track)的形式大量存在。

2.1　匀胶显影机的结构

匀胶显影机一般由四部分构成,如图 2.1 所示。第一部分是晶圆盒工作站(wafer cassette station),晶圆盒在这里装载在机器上。机械手(robot arm)从晶圆盒中把晶圆抽出来,传送到工艺处理部分(process block)(第二部分)。工艺处理部分是匀胶显影机的主体,增粘模块(adhesion enhancement)、热盘(hot plate)、冷盘(chill plate)、旋涂、显影等主要工艺单元都安装在这里,一个或两个机械手在各单元之间传递晶圆。第三部分是为浸没式光刻工艺配套的单元,包括晶圆表面水冲洗单元、背清洗单元等。第四部分是和光刻机联机的接口界面(interface),包括暂时储存晶圆的缓冲盒(buffer)、晶圆边缘曝光(wafer edge exposure,WEE)和光刻机交换晶圆的接口等。

不同型号的匀胶显影机中,各工艺单元的布局可以设计得和图 2.1 有所不同,但基本理念都是一致的,即晶圆在机器内各单元之间的传送必须简洁、快速。不同光刻工艺需要使用的材料不一样,其对应的匀胶显影机配置也有差别。图 2.2 是一个典型的 193nm 浸没式光刻工艺流程,它需要旋涂三种光刻材料,支持这一流程的匀胶显影机必须具备至少三个旋涂单元。另外一个决定配置的因素是产能,多个重复单元可以使设备具有多个晶圆并行处理的能力,可大大提高其产能。

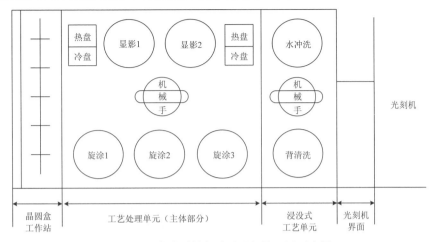

图 2.1　一个典型的匀胶显影机的配置示意图
图中光刻机配置在匀胶显影机的右边，也可以根据 Fab 空间的安排配置在左边

图 2.2　一个典型的 193nm 浸没式光刻工艺流程

　　除了图 2.1 中的几个部分之外，匀胶显影机还配置有几个独立的机柜，分别是电力柜、温湿度控制器、化学品柜等。这些机柜分别通过电缆、微环境控制系统、化学品输送管路、水管、废液收集管路和匀胶显影机中的工艺单元连接，提供工艺保证。图 2.3 是匀胶显影机及其配套机柜和化学品柜在晶圆厂内的一个典型布置。匀胶显影

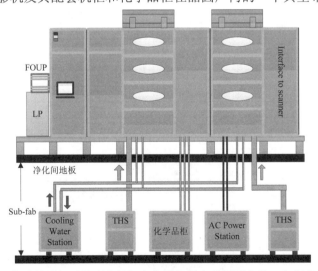

图 2.3　匀胶显影机及其配套机柜和化学品柜在晶圆厂内的一个典型布置
Sub-fab 是指标准净化厂房的底层，一般用来放置对环境洁净度要求不高的辅助设备，
如：真空泵、电源箱、温湿度控制系统(THS)等

机的主体放在 Fab 的净化间工作层面,而温湿度控制器、化学品柜等辅助设备安置在净化间的底层(sub-fab)。这样的配置可以节省净化间工作层面的空间。用于量产的匀胶显影机台的体积越来越大,目前最新的匀胶显影机体积可达 6 米长、2.4 米宽、3 米高,这已经超出了大多数光刻机的尺寸。

2.2 匀胶显影流程的控制程序

晶圆在匀胶显影机里的工艺流程由一个程序来控制,称为流程控制程序(track flow recipe)。这个程序确定晶圆经过哪些工艺单元,在每一个工艺单元内部应该使用哪一个单元程序(module recipe)。表 2.1 是一个流程控制程序,它实现了图 2.2 中的流程。首先是三次光刻材料(抗反射涂层、光刻胶、抗水涂层)的旋涂和对应的烘烤;然后是晶圆背面清洗及送到光刻机做曝光;曝光之后是去离子水冲洗(以消除曝光时留下的水渍)和后烘烤(PEB);最后是显影。流程在每一个工艺单元都指定了所要使用的单元程序,详细的工艺参数由单元程序设定。例如,表 2.1 流程中的抗反射涂层使用的程序 R1-A940-350 中设定了喷嘴(对应材料 A940)、旋转速度(对应旋涂后的厚度是 350Å)等。

表 2.1 一个流程控制程序,它实现了图 2.2 中的流程

序号	单元	单元菜单	功能
1	start stage		开始
2	transition stage		传送晶圆
3	chill plate	22C-17S	把晶圆温度确定在 22℃
4	BARC coater	R1-A940-350	旋涂抗反射涂层
5	hot plate	220C-60S	220℃烘烤 60s
6	chill plate	22C-30S	把晶圆温度确定在 22℃
7	coater	R2-7210-1000	旋涂光刻胶
8	hot plate	110C-60S	110℃烘烤 60s
9	chill plate	22C-30S	把晶圆温度确定在 22℃
10	immersion top coater	R3-TCX41-900	旋涂防水涂层
11	hot plate	90C-60S	90℃烘烤 60s
12	chill plate	22C-30S	把晶圆温度确定在 22℃
13	backside treatment	STD-BST	晶圆背面清洗
14	chill plate	22C-17S	把晶圆温度确定在 22℃
15	exposure interface		晶圆传送到光刻机曝光
16	post immersion rinse	STD-PIR	曝光后表面冲洗
17	chill plate	22C-17S	把晶圆温度确定在 22℃
18	hot plate	110C-60S	曝光后 110℃烘烤 60s
19	chill plate	22C-30S	把晶圆温度确定在 22℃
20	develop	NLD-60S	显影 60s
21	transition stage		传送晶圆
22	end stage		结束

除了晶圆流程控制程序之外,匀胶显影机还需要设置定期喷淋程序(dummy

dispense recipe)和旋涂单元内的清洗程序(wash recipe)。定期喷淋是让光刻胶喷嘴每隔一个固定时间,如 1min,喷淋一次;这样可以保证喷嘴的湿润,避免光刻胶干在喷嘴上形成颗粒。清洗程序是针对旋涂单元的使用情况,定期对单元内部(coater cup)喷淋有机溶剂,清洗旋涂单元的内壁。这样可以清除粘附在内壁上的光刻材料,降低旋涂单元的颗粒污染。另外,在流程控制程序中还有一个非常特殊的子程序,就是系统程序(system recipe),它对系统的控制参数进行设定。

2.3　匀胶显影机内的主要工艺单元

整个光刻工艺中,除了曝光,其余所有的工艺步骤都是在匀胶显影机内完成的。一个用于量产的匀胶显影机台内可以有多达 60～70 个工艺单元。光刻工程师必须对匀胶显影机内每一个工艺单元的结构和工作原理有清楚的理解。

2.3.1　晶圆表面增粘处理

有些晶圆的表面是亲水(hydrophilic)的,这不利于光刻胶的涂覆。在这种情况下,通常先对晶圆表面做增粘处理,这是在匀胶显影机的增粘单元(adhesion unit)中进行的。它是一个真空腔,晶圆装入后,腔体封闭。晶圆在腔体内加热到一定的温度,同时六甲基二硅胺(hexamethyldisilazane,HMDS)气体被引入到腔内。HMDS 吸附在晶圆表面,使其由亲水性变成疏水性(亲油性)(hydrophobic)。图 2.4 是增粘单元的结构示意图,HMDS 可以气相引入(见图 2.4(a)),也可以直接喷淋在晶圆表面(见图 2.4(b))。增粘处理完后,晶圆要立即被传送到涂胶单元做涂胶处理,否则,长期暴露在空气中会导致亲油性的逐步丧失。

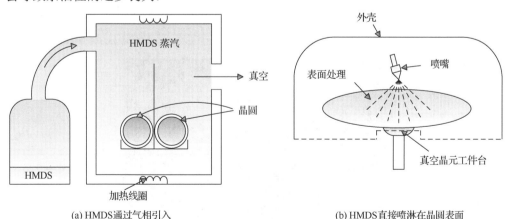

(a) HMDS通过气相引入　　　　　　　　　(b) HMDS直接喷淋在晶圆表面

图 2.4　增粘单元的结构示意图

增粘处理的效果可以通过测量晶圆表面的水接触角(contact angle)来验证。测量时晶圆水平放置。经增粘处理后,晶圆表面的水接触角一般要求大于 65°;在 300mm 晶圆表面不同点测量的接触角数值变化范围不能超过±5°(这是增粘工艺均匀性的要求)。如果晶圆表面先涂覆的不是光刻胶而是抗反射涂层,那么就没有必要做增粘处理。因为抗反射涂层可以直接被涂覆在亲水的表面,它和衬底的亲和性较好。

增粘单元控制程序(adhesion recipe)的设定比较简单,就是设置增粘处理的温度和时间。温度一般控制在50～180℃,晶圆上温度的起伏不能超过2℃;增粘的时间一般设置为60s。晶圆加热的温度越高,处理后表面的疏水性就越好,加热温度和晶圆表面的接触角基本上是线性关系。随着加热时间的延长,表面疏水性增加,然后趋于饱和。图 2.5 是在硅衬底上测得的参考实验数据。另外,腔体内的压力对增粘的效果也有影响。技术人员可以通过调节排气(exhaust)的流量来控制腔体中的压力。优化增粘腔中的压力有利于提高其工艺洁净度,使得增粘处理后晶圆上的颗粒数大幅下降。增粘材料的消耗也是一个重要的工艺指标,一般要求每 300mm 晶圆的 HMDS 消耗量要小于 0.5ml。

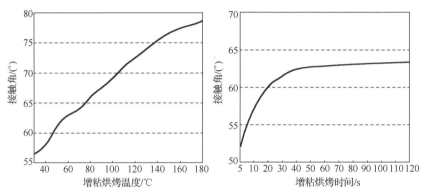

图 2.5　晶圆表面疏水性(接触角)随晶圆在增粘单元中的加热温度和时间的变化曲线

HMDS 是有毒材料,其运输和安装过程要特别小心。图 2.6 是 HMDS 压力容器的

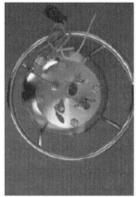

侧面照片　　　　　　俯视照片

图 2.6　HMDS 压力容器的侧面和俯视照片

侧面和俯视照片。容器有四个接口：HMDS 输出的接口（HMDS-out），一般是白色的斯伟洛克（Swagelok®）接头；放压阀（pressure-relief-valve）；压力 N_2 的入口，一般是黑色的斯伟洛克接头；液面传感器接口（level sensor connector）。

2.3.2　光刻胶旋涂单元

光刻胶的涂布是在匀胶显影机的涂胶单元（coating unit）中完成的。旋涂单元是匀胶显影设备中比较复杂的一个单元。它负责对晶圆表面做光刻胶涂覆，实现指定的厚度和均匀性；边缘清洗（即去边），把边缘多余的光刻胶清洗掉；晶圆背面的冲洗，把溢流到晶圆背面的光刻胶和其他原因污染的颗粒冲洗干净。单元中多个机械部件必须在程序控制下联动，以保证按顺序，在指定的位置，完成规定的动作。

2.3.2.1　旋涂单元的结构

涂胶单元包括一个可以旋转的样品台（spin table）和几个喷嘴（nozzle）。转台用来放置晶圆，几个喷嘴用来供应光刻胶和各种有机溶剂，每一个喷嘴对应一种材料，并有专用的管路和胶泵。有机溶剂用来冲洗晶圆表面使之湿润，易于随后的光刻胶涂布。系统必须对转台的转速控制得极为精准，一套典型的指标如下：

（1）转速可调的范围是 10～4000rpm；

（2）转速控制的精度是±1.0rpm（在 10～4000rpm 范围）；

（3）转台加速度可调的范围（acceleration range）是 100～30000rpm/s，调整的步长（acceleration increment）可达 100 rpm/s。

图 2.7 是一个涂胶单元的示意图。胶喷嘴和输送管道外是一个水套管，用来保持胶恒温。涂胶单元不仅仅局限于光刻胶的旋涂，也可以用于旋涂抗反射涂层和 193nm 浸没式光刻的防水顶盖涂层（topcoat）。本部分的讨论是围绕光刻胶旋涂进行的，但其结论对其他材料的旋涂一样适用。EBR 是指 "edge bead remove" 喷嘴，其喷淋溶剂，清洗晶圆的边缘。背冲洗喷嘴也用来喷淋溶剂，在离心力的作用下，喷淋的溶剂清洗晶圆背面的边缘区域。

图 2.8 是晶圆在涂胶单元中的一个典型流程。晶圆被固定在转台上之后（要求晶圆的中心与转台中心的偏移量≤±0.3mm），有机溶剂喷嘴在机械臂的带动下移动到晶圆中心的上方，喷淋一定容量的有机溶剂。转台慢速转动，使溶剂在离心力的作用下全部覆盖晶圆的表面。在有机溶剂挥发掉之前，光刻胶立即被喷涂到晶圆中间。转台旋转，使光刻胶均匀覆盖晶圆表面。之前喷涂的有机溶剂使得晶圆表面湿润，帮助光刻胶均匀地覆盖晶圆表面，节省光刻胶。但是有机溶剂的选用必须谨慎，不能对晶圆上已有的材料造成损伤。

涂胶前对衬底的预湿处理不仅可以节省光刻胶，而且可以减少胶膜上的缺陷。研究表明，胶膜上的微气泡（resist micro-bubble）与预湿工艺相关联[1]。图 2.9(a) 是胶膜上微气泡的电镜照片，其直径一般在 0.1μm 左右。由于其尺寸很小，在工艺监测时不容易被发现。文献[1]提出了微气泡形成的机理（见图 2.9(b)）：晶圆表面局部存在沾污，光刻胶与晶圆的粘合受到破坏，旋涂时形成微气泡。有效地预湿晶圆表面，可以改善光刻胶与衬底的附着，减少微气泡。

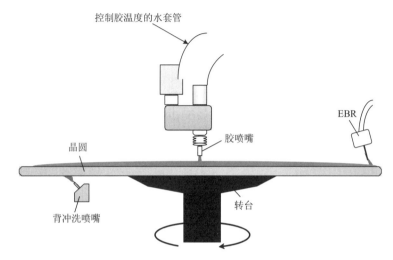

图 2.7　匀胶显影机中涂胶单元的工作示意图

图 2.8　晶圆在涂胶单元中的一个典型流程
溶剂去边和背冲洗一般是在胶旋涂后同时进行的

(a) 光刻胶上微气泡的电镜照片

(b) 微气泡形成的机理示意图

图 2.9　胶膜上的微气泡[1]

2.3.2.2　胶的喷涂量和省胶的方法

喷胶时如果晶圆是静止不动的，称为静态喷胶(static dispense)；如果晶圆是旋转的，则称为动态喷胶(dynamic dispense)。胶是通过胶泵从胶瓶中抽到喷嘴处的。每一次喷胶的容量可以通过胶泵控制程序(pump recipe)来设定。对于 300mm 晶圆，喷胶量一般介于 0.5～4ml。喷胶后，晶圆先做低速旋转，使得光刻胶能覆盖整个晶圆，然后高速旋转，得到所要的厚度和均匀性。图 2.10 是涂胶时设定转速的一个例子。喷胶时的转速是 100rpm，喷胶量是 3ml。胶喷完后，转速提升到 500rpm 并保持3s，然后再加速到 1750rpm 并保持 45s。最后得到的胶厚度是 220nm，均匀性 3σ 是2.5nm。

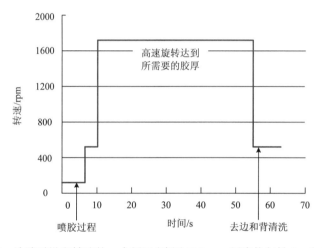

图 2.10　涂胶时设定转速的一个例子(胶厚 220nm，厚度均匀性 3σ 为 2.5nm)

如何用尽量少的胶来均匀地覆盖晶圆是光刻工程师一直努力的方向。胶的使用量与旋涂方式及工艺参数均有关。事实上，光刻胶旋涂工艺的一个最大缺点就是光刻胶的利用率低。旋涂工艺中，需要喷涂过量的胶，以保证在离心力的作用下有足够的胶流到晶圆边上。一个典型的旋涂工艺，一般只有 20%～50%的胶保留在晶圆表面，其余的 80%～50%在高速旋转时被甩离晶圆，流到废液收集槽里[2]。涂胶前使用有机溶剂湿润晶圆表面可以有效地减少光刻胶的消耗。这是目前最常用的节省光刻材料的方法。例如，在旋涂抗水顶盖涂层(TCX041™)时，一般需要的喷胶量是每块 300mm 晶圆 3.0ml。在先喷涂 2.5ml 的有机溶剂后，只需要 1.0ml 左右的 TCX041™就可以实现均匀涂覆[3]。曝光结果证明，所获得的胶膜的厚度、均匀性以及光刻性能都很好。

胶泵供应商也努力设计新型胶泵，以减少胶的消耗量。Entgris 设计了一种新的光刻胶喷淋系统[4]。这一喷胶系统使用双级胶泵技术(two-stage technology)，使得胶的过滤和喷淋可以分开操作。在调节喷胶量时，不会影响到过滤的效率；喷胶量的精度(3σ)

可以达到±0.02ml。系统还可以对喷胶量进行实时监控,并把结果上传到 SPC(statistical process control)中。使用了实时喷胶监控,可以把光刻胶的使用量降低到原来的 17%,即节省 83%。其他的省胶办法还包括使用小口径的喷嘴。通常喷嘴的内径是 1.5mm,其最小喷胶量是 0.6~0.75ml。换装 0.5mm 内径的喷嘴可以使最小喷胶量减低到 0.4ml[2]。改变喷胶的方式也可以省胶,文献[5]提出了所谓的 "UCP(ultra casting pre-dispense technique)" 方法。胶分两次喷涂在晶圆上,每次喷涂的量都少于 1ml。第一次喷胶时晶圆高速转动。在离心力的作用下,胶被快速甩开,覆盖在晶圆表面。第二次喷胶时晶圆低速转动,这时少量的胶就可以实现均匀的涂覆。两次喷胶的时间间隔大约是 1.0s。节省光刻材料对于大批量生产尤为重要。一个典型的集成电路制造厂每周平均流片是 30000 片(wafer starts: 30000/week)。每个晶圆平均要经过 30 道光刻工艺。如果每次涂胶节约 0.5ml,就意味着每周节省 450L 的光刻胶。

Fab 在购买匀胶显影设备时,一般都会对光刻胶的使用量和喷嘴的设置提出严格要求。一组典型的参数如下:

(1)喷胶量的控制范围是 0.5~10ml,控制精度 0.1ml;

(2)当光刻胶的粘度小于 10cP 时,300mm 晶圆的耗胶量不能大于 1.5ml(可以使用预湿润);

(3)喷胶量的稳定性必须控制在 ±0.05ml 之内;

(4)光刻胶在喷嘴处的温度必须能控制在 20~24℃,控制精度 ±0.05℃;

(5)喷嘴定位的精度必须在 ±0.2mm 之内。

为了避免喷胶完成后,喷嘴上胶的滴漏。供胶管线一般要求配备有回吸系统(suck back)。喷胶完成后,回吸阀自动运作,使得胶液在喷嘴处缩回 2~3mm,以避免胶漏滴在晶圆上。回吸量的大小是可以调整的。

2.3.2.3 胶的粘度和胶膜的厚度

光刻胶的粘度(viscosity)是一个重要参数,它对胶的厚度及其均匀性都有直接的影响。对于 300mm 晶圆,旋涂时的转速一般控制在 800~3000rpm。转速太高容易导致晶圆破碎,转速太低又会导致胶膜的均匀性不好。光刻胶粘度的选定有一个经验定律:在 1500rpm 时,旋涂后胶的厚度对应所要求的目标厚度(target thickness)。例如,用于 300mm 晶圆的一种 ArF 光刻胶,其粘度是 1.8cP。在 1500rpm 时,它能实现的厚度是 200nm。

旋涂时胶在晶圆表面的流动主要受三个因素的影响:一是旋转产生的离心力,二是胶的粘度,三是胶中溶剂的挥发速率。胶一旦喷到晶圆表面,其溶剂的挥发就开始了,挥发的速率决定了光刻胶以多快的速度失去流动性,变成固体。溶剂挥发的速率并不是一个常数,它受转速和附近气流(exhaust flow)的影响。高转速和大的气流量都会导致溶剂挥发速率增大。对于一个选定的光刻胶和涂胶单元,胶膜厚度(t)和晶圆转速(ω)有如下关系:

$$t = c \cdot 1 / \sqrt{\omega} \tag{2.1}$$

式中，c 是一个常数。在设置涂胶工艺时，式(2.1)使用得很广泛。它对各种旋涂材料，包括光刻胶、抗反射涂层材料、顶盖涂层都适用。

在实际工作中，工艺工程师要根据具体要求灵活地设置工艺参数。一个好的涂胶程序不仅要能够达到所要求的胶厚和均匀性，而且要消耗尽量少的胶。胶厚的均匀性一般要求 3σ 小于胶平均厚度的 1.5%～2.0%。各个晶圆厂可以根据自己的工艺，提出光刻胶厚度的均匀性要求。一组典型的厚度均匀性要求如下：

(1)胶厚度平均值范围在 1.1～1.8µm 时，300mm 晶圆表面厚度变化的 3σ 必须小于 30Å；

(2)胶厚度平均值范围在 0.4～1.1µm 时，300mm 晶圆表面厚度变化的 3σ 必须小于 20Å；

(3)胶厚度平均值范围在 0.15～0.4µm 时，300mm 晶圆表面厚度变化的 3σ 必须小于 15Å；

(4)胶厚度平均值范围在 0.02～0.15µm 时，300mm 晶圆表面厚度变化的 3σ 必须小于 10Å。

2.3.2.4　去边和晶圆背面冲洗

在光刻胶旋涂的过程中，多余的胶会被离心力推到晶圆的边缘，大部分被甩离晶圆，有一部分残留在晶圆边缘。在晶圆边缘，气流的相对速度很大，导致残留的胶很快固化，形成隆起的边缘(edge bead)。在表面张力的作用下，少量的胶甚至沿着边缘流到晶圆背面，对晶圆背面造成污染，如图 2.11 所示。

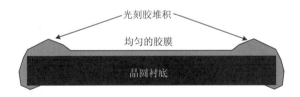

图 2.11　多余的胶在晶圆边缘堆积，甚至在表面张力的作用下流到晶圆背面

边缘堆积的胶会在烘烤时脱落，污染热盘、机械手和其他后续工艺所使用的设备。堆积在晶圆背面的胶会导致晶圆在曝光机台上无法水平放置，干扰晶圆表面位置的测量，无法准确聚焦，在曝光时形成坏点(hot spots)。因此，边缘堆积的胶一般要在旋涂结束后立即去掉，即光刻胶去边(edge bead removal，EBR)。涂胶单元中专门装备有一个去边溶剂喷嘴(EBR nozzle)。有机溶剂从去边喷嘴中倾斜向外喷在晶圆的边缘，同时晶圆以一定的速度旋转。固化的胶在溶剂和离心力的双重作用下从边缘脱落，如图 2.7 所示。为了增强去边的效果，去边溶剂并不是单纯采用光刻胶的溶剂，而是在其中添加了其他成分[6]。对晶圆背面的冲洗和去边冲洗是同步进行的。做背面冲洗的

喷嘴安装在转台下方，一般是一个或多个，如图 2.7 所示。背面清洗使用和去边相同的溶剂，如 VT7000™、PGMEA（propylene glycol monomethyl ether acetate）、Ethyl Lactate、MIBC。

去边和背面清洗都是涂胶单元的一部分，其控制参数也是在涂胶程序中设定的。工艺参数主要包括喷嘴的角度和位置、溶剂的流量与持续的时间、晶圆的转速等。随着 193nm 浸没式光刻机的使用，晶圆边缘的洁净度对良率的影响变得极其重要。因为

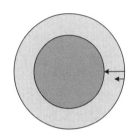

图 2.12　双 EBR 工艺示意图
（第一次 EBR 设置 0.5mm，
第二次 EBR 距离边缘 1mm）

曝光头带着水从晶圆边缘通过时，可以把边缘的颗粒带到晶圆中间，形成缺陷，所以，EBR 必须非常有效地清除边缘残留的光刻材料。光刻工程师设计了不同的 EBR 工艺，图 2.12 是双 EBR 工艺的示意图，第一次 EBR 距离晶圆边缘较小，第二次 EBR 距离边缘较大。这种两次 EBR 工艺可以提供更洁净的边缘。

在整个旋涂、去边和清洗过程中，涂胶单元内的温度、湿度和风流必须精准控制，以保证胶厚的稳定性和均匀性。一般要求，旋涂单元内的温度必须能控制在 20～24℃ 范围，控制精度要能达到 ±0.1℃；湿度必须能控制在 40%～50% 范围，控制精度要能达到 ±0.5%。单元的排风（exhaust）是影响单元内温湿度的一个重要参数，排风量必须可控，且控制的精度要能达到 ±1L / min。对旋涂单元的排风量和压力值优化，不仅可以提高胶厚的稳定性和均匀性，而且可以有效地减少沉积在胶膜上的颗粒数。

2.3.3　烘烤和冷却

光刻胶旋涂完成后，下一道工序就是烘干（post-apply bake，PAB），又叫软烘（soft bake）。烘干是在匀胶显影机内的热盘（hot plate）上进行的。热盘的结构如图 2.13 所示。涂好光刻胶的晶圆由机械手传送到热盘附近的冷臂（cold arm）上，再由冷臂把晶圆传

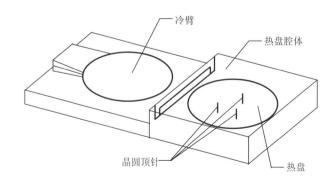

图 2.13　热盘的结构示意图（晶圆和热盘盘体之间可以有一个 25～100μm 的间隙）

送到热盘的正上方，同时热盘内置的三个顶针(pins)升起来承载晶圆。冷臂退出后，顶针下降，使晶圆和盘体接触，烘烤开始。烘烤结束后，顶针把晶圆升起，以便冷臂把晶圆取走。冷臂的作用不仅是传送晶圆，而且能在第一时间把晶圆的温度降至室温。

热盘温度的均匀性直接会影响到曝光后线条宽度的均匀性(CD uniformity)。烘烤时一般要求晶圆上各点的温度偏差小于±0.5℃。除了热盘本身温度的不均匀性外，晶圆通常会有细微的弯曲(warpage)，这就导致了晶圆和盘体的热接触不好。为此，晶圆烘烤有时并不与盘体直接接触，而是保持一个 25～100μm 的间隙。这种非直接接触有利于改善烘烤温度的均匀性。热盘的烘烤程序(hot plate recipe)的设定比较简单，一般只有两个参数：烘烤的温度和时间。

曝光后晶圆需要立即被传送到匀胶显影机内的热盘上，进行烘烤。这一步又叫曝光后烘烤，或后烘烤(PEB)。曝光时，光子在光刻胶内激发了光化学反应，产生了酸 H^+(photoacid)。只有在一定的温度下，这些酸才能激发所谓的去保护反应(de-protection reaction)，使光刻胶能溶于显影液。特别是对于化学放大胶(chemically-amplified resist)，后烘还能产生更多的酸，使光化学反应被放大。因此，后烘的温度与时间对光刻胶的性能影响很大。热盘温度的不均匀会导致晶圆上不同区域的化学反应程度不一样，从而使得线条宽度不均匀。大量实验表明，热盘烘烤温度的起伏是影响线宽均匀性的主要因素之一。在设置后烘工艺时，对热盘温度均匀性的要求一般比软烘的要求更高。

在有些生产线上，光刻机和匀胶显影机是不联机(inline)的。曝光后晶圆得不到立即烘烤，存在后烘延迟(PEB delay)的现象。环境中的胺(Amines)会和光刻胶中曝光时产生的酸反应，破坏曝光结果。对于化学放大胶，这种破坏更明显，因为曝光时产生的酸是激发进一步反应的种子。后烘延迟通常会导致显影后光刻胶成 T 型(因为表面的酸损失得最多)和图形尺寸变大。图 2.14(a)是测量得到的线宽随曝光后烘延误(post exposure delay，PED)的曲线。这种延误效应与光刻胶的种类以及周围的环境有很大关系。I-线胶的线宽随曝光后烘延误不明显，但 KrF/ArF 胶的线宽变化很明显；且环境中的 NH_3 含量越高，线宽变化的幅度越大。图 2.14(b)是光刻胶图形的切片，由于后烘的延迟，显影液无法把晶圆上曝光区域的光刻胶充分溶解掉。

烘烤后的晶圆可以在冷盘(chill plate)上冷却。冷盘上配置有三个可以活动的顶针用来承载晶圆，这和热盘顶针的工作原理一样。冷盘内部有电制冷片，把晶圆上多余的热量带走，使冷盘的温度固定在设定的温度(一般是室温附近)。冷盘底部是连接有冷却水(process cooling water，PCW)的底座。

烘烤中经常存在的一个问题是材料的放气(outgassing)。放气中的主要成分是溶剂，也包含一些易挥发的光刻胶组份，如光致酸发生剂(PAG)等。这些成分会凝结在烘烤单元的顶部和排气管道中，积累到一定程度会掉落在晶圆表面，形成颗粒污染。这一问题在进行抗反射涂层烘烤时，尤为明显，因为抗反射涂层烘烤的温度一般较高(200℃左右)，放气量也较多。图 2.15 是使用过的烘烤单元拆卸后的照片，照片中的白色粉末状附着物就是来源于抗反射涂层烘烤时的放气。这个问题的解决办法是优化单元的排气设计,使得烘烤时释放的气体及时排尽。另外,烘烤时热盘的顶盖也需要加热,以避免"冷阱"(cooling trap)效应。

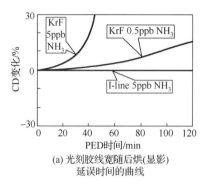

(a) 光刻胶线宽随后烘(显影)
延误时间的曲线

(b) 后烘不及时的光刻胶,
显影后图形的切片

图 2.14　后烘延迟的影响

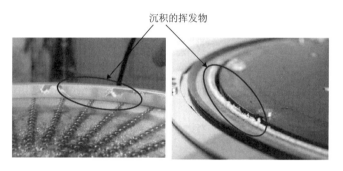

图 2.15　使用过的烘烤单元,拆卸后的照片

为了满足工艺的需要,匀胶显影机上配置有工作在不同温区的热盘和冷盘。这些冷热盘必须具有极高的温度准确性和均匀性。一组典型的技术参数如下:

1) 冷盘(chill plate)
(1) 必须能设置的温度范围是 15~30℃,温度设置的准确度必须在 ±0.1℃ 之内;
(2) 晶圆上(300mm)温度的起伏范围必须 ≤ 0.2℃;
(3) 在 30s 之内应该能把 100℃ 的晶圆降到 22℃。

2) 热盘(50~350℃)
(1) 温度设置的准确必须在 ±0.5℃(或 ±0.2℃)之内;
(2) 热板上温度的起伏范围(R)与设定的温度值有关。一组参考数值如下:
$R \leqslant 1.5℃$　(50~120℃)
$R \leqslant 2.0℃$　(120.1~150℃)

$R \leqslant 2.5℃$　（150.1～200℃）

$R \leqslant 5.0℃$　（200.1～250℃）

$R \leqslant 7.0℃$　（250.1～350℃）

PEB 烘烤完成后，必须快速地把晶圆的温度降到室温，尽量缩短降温过程，使 PEB 过程可控。为此，匀胶显影设备中专门设置有冷却功能的热盘 (chilling hot plate)，即把冷盘安装在烘烤单元中，对烘烤完成的晶圆做原位冷却。一般要求，这种有冷却功能的热盘能在 15s 之内把 150℃的晶圆降到 50℃。

随着技术节点的推进，工艺集成中不断使用各种新型材料。这些新型材料沉积在晶圆表面，在晶圆表面形成应力，导致晶圆翘曲。翘曲的晶圆无法与热盘密切接触，导致晶圆烘烤不均匀，影响线宽均匀性。如何实现翘曲晶圆 (warpage wafer) 的均匀烘烤是一个挑战。目前的做法是在热板上添加真空吸附装置，利用吸力使晶圆与热盘实现密切接触。

2.3.4　边缘曝光

晶圆边缘多余的光刻胶还可以通过光学的办法来清除，称为晶圆边缘曝光 (wafer edge exposure，WEE)。在涂胶和烘烤完成后，晶圆被传送到边缘曝光单元。边缘曝光单元也是匀胶显影机的一部分。晶圆的边缘部分被曝光，激发光化学反应。这样在最后显影时，边缘的光刻胶就与曝光图形同时溶解在显影液里。

图 2.16 是边缘曝光单元的结构示意图。机械手把晶圆放置到可以旋转的样品台上，样品台开启真空固定晶圆。样品台旋转，边缘传感器测定晶圆边缘和缺口 (notch) 的位置。边缘曝光的光源来自于一个高压汞灯，汞灯安装在一个盒子里 (lamp house)，通过一根光纤把光线输送到晶圆边缘。曝光光源的开关由盒子里的一个挡光板控制。光纤输出的光通过一个透镜聚焦在晶圆的边缘，晶圆转动实现曝光。光纤的输出端和聚焦透镜安装在一个可以沿 X/Y 方向移动的导轨上，以便调整曝光位置。

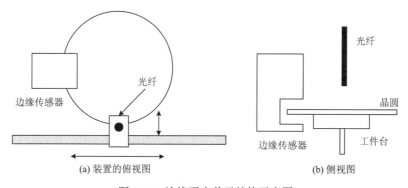

(a) 装置的俯视图　　　　　　　　　(b) 侧视图

图 2.16　边缘曝光单元结构示意图

对 WEE 的技术指标要求包括定位精度和曝光强度两个方面。要求确定晶圆缺口

位置的精度在 ±0.2° 之内，边缘曝光位置的精度可以控制在 ±0.3mm 之内。边缘曝光的功率应该大于 400mW/cm^2。

值得注意的是，边缘曝光并不能够去除边缘多余的抗反射涂层，因为抗反射涂层不是光敏感的。化学去边则没有这个问题，只要去边的溶剂选择恰当，它也能去除边缘的抗反射涂层。化学去边最大的缺点是喷出的溶剂会产生溅射。如果喷嘴的角度、溶剂的流量、晶圆的转速调整不当，喷出的溶剂会溅射到晶圆中间，在胶膜上形成缺陷[7]。

2.3.5　显影单元

显影是在匀胶显影机的显影单元 (develop unit) 中进行的。显影单元包含一个转台用于承载晶圆，几个喷嘴分别用于喷洒显影液、去离子水 (DI water) 以及表面活化剂 (surfactant)。机械手把晶圆放置在转台上，喷嘴把显影液喷洒到晶圆表面，显影开始。规定的显影时间结束后，用去离子水冲洗晶圆。最后，转台高速旋转甩干晶圆。

2.3.5.1　显影液的喷淋

显影液的喷淋分为两种方式：静态喷淋和动态喷淋。静态喷淋显影液时，晶圆是静止不动的；而动态喷淋时，晶圆缓慢转动。在这两种显影方式中，显影液与光刻胶接触的时间就是显影时间。显影液的喷淋方式与喷嘴的设计有关，不同供应商的显影喷嘴的设计有较大的差别，但其基本原理是类似的。显影液喷嘴可以分成三类。第一是扫描式细长喷口，如图 2.17 (a) 所示，显影臂底部有一个细长的开口。显影臂从晶圆上方移过，同时显影液从底部的开口流出，在表面张力的作用下覆盖晶圆表面。显影臂可以从晶圆上方移过一次，也可以移过两次，即一次显影液覆盖 (single puddle) 或二次显影液覆盖 (double puddle)。喷淋过程中晶圆保持静止，因此是静态喷淋。第二种是多个喷嘴的动态喷淋，如图 2.17 (b) 所示，显影臂底部有多个小喷嘴。显影臂移动到晶圆中心后，喷淋显影液，同时晶圆缓慢转动，使得显影液覆盖整个晶圆。第三种最简单，就是一个喷嘴，如图 2.17 (c) 所示，它在机械臂的带动下移动到晶圆正上方，喷淋显影液，同时晶圆以一定的速度旋转。在离心力的作用下，显影液沿径向向外稳定流动，覆盖整个晶圆。

显影方式的选取和光刻胶的性能有很大关系。例如，为了避免曝光时产生水渍 (water mark)，193nm 浸没式光刻胶被设计得很不亲水。如果使用静态喷淋，显影液无法均匀地覆盖晶圆表面。在表面张力的作用下，喷淋到晶圆上的显影液会收缩团聚在一起，导致线宽不均匀。动态喷淋就可以很好地解决这个问题。

目前最新的显影喷嘴设计，一般是把几个不同的喷嘴集成在一个机械臂上。同一个机械臂上安装有：①氮气 (N_2) 喷嘴；②去离子水喷嘴；③显影液喷嘴；④活化剂喷嘴 (FIRM)。氮气用于吹干晶圆中间的区域。在高速旋转甩干晶圆时，晶圆中心区域的线速度很小，不能产生足够的离心力。必须依靠干燥的 N_2 来吹干。在喷淋显影液之前，使用去离子水喷嘴对晶圆表面喷淋去离子水，可以改变光刻胶表面的亲水性，使随后喷淋的显影液对晶圆表面覆盖得更好，从而增强显影的均匀性。

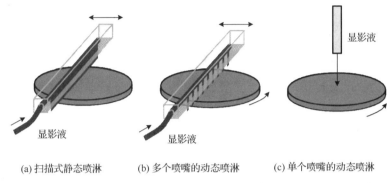

(a) 扫描式静态喷淋　　(b) 多个喷嘴的动态喷淋　　(c) 单个喷嘴的动态喷淋

图 2.17　三种典型的显影液喷淋方法

2.3.5.2　显影参数的优化

不管是 248nm 还是 193nm 光刻，所用的显影液都是标准的 2.38% TMAH 水溶液（tetramethylammonium hydroxide，TMAH）。显影参数的选取与光刻胶的性能相关，必须优化。文献[8]报道了一个优化实验。他们选用的是室温下的静态显影，工艺参数就是显影时间。首先，对若干个晶圆做相同的 FEM 曝光，然后使用不同的显影时间。测量并画出不同显影时间下的"Bossung"曲线，如图 2.18 所示。在最佳的显影条件下，曝光能量的涨落不应该导致线宽有很大的变化。也就是说，在这个显影条件下，即使曝光能量出现涨落，所得到的线宽也基本不变。如果选用动态喷淋显影，就有更多的参数需要优化，例如，显影液喷淋的流量、晶圆转动的速度等。

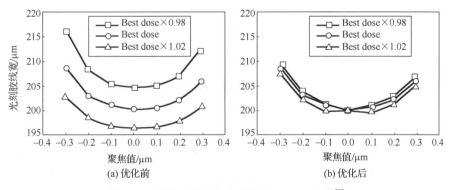

(a) 优化前　　　　　　　　　　　(b) 优化后

图 2.18　显影参数优化前后的"Bossung"图[8]

使用优化后的显影工艺，CD 对曝光剂量的敏感度明显降低，使得工艺更稳定

　　为了保证显影工艺的可控性和重复性，显影单元必须符合一系列技术指标。一组典型的参数如下：

　　(1)显影样品台的转速可以在 0～3000rpm 范围调节，转速控制的精度必须在 ±1.0rpm 之内(10～3000rpm)；

　　(2)转台的加速值(acceleration)可以在 100～20000rpm/s 范围内调节，控制的精度必须在 100rpm/s 之内；

　　(3)显影液的消耗量必须小于 200ml(每 300mm 晶圆)；

　　(4)显影液流量可以在 0～40ml/s 范围调节，显影液喷涂量的控制精度必须在 ±1.0ml；

　　(5)显影液温度可以在 15～40℃ 范围调节，控温精度必须在 ±0.2℃ 之内。

　　匀胶显影设备必须要保证显影后图形线宽的均匀性。为了避免光刻机曝光能量的不均匀性对评估匀胶显影设备性能的影响，这些考察的线宽均匀性是指曝光区域之间的线宽均匀性，即"inter-field CDU"。目前先进光刻工艺要求：

　　(1)对于 248nm 光刻，匀胶显影设备必须保证 $3\sigma \leqslant 7nm$ (130nm 线宽和 270nm 周期)；

　　(2)对于 193nm 光刻，匀胶显影设备必须保证 $3\sigma \leqslant 5nm$ (100nm 线宽和 200nm 周期)。

2.3.5.3　去离子水冲洗

　　显影时间达到后，应立即使用去离子水冲洗晶圆。去离子水不仅使显影过程终止，而且把显影过程产生的光刻胶颗粒等冲洗掉。在冲洗的过程中，晶圆旋转产生的离心力也帮助去除表面颗粒。图 2.19 是一个典型的去离子水冲洗工艺。为了得到更好的显影后清洗效果，有时可以使用更灵活的水冲洗工艺。例如，在水冲洗时，晶圆旋转的速度忽高忽低，并重复多次。实验数据显示，这种"转速振荡"可以更有效地冲洗掉晶圆表面显影时产生的颗粒。

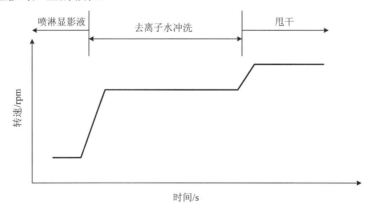

图 2.19　去离子水冲洗工艺中转速的典型设置

2.3.5.4　光刻胶线条倒塌及其解决办法

冲洗晶圆表面的去离子水具有一定的表面张力。在干燥的过程中，水的表面张力会施加在光刻胶线条上，可能导致光刻胶线条的倒塌。

1.　线条倒塌的机理

线条倒塌是指光刻胶线条在晶圆表面弯曲、折断或与衬底失去粘连(peeling from the substrate)，这主要是由于显影时水的表面张力作用在光刻胶线条上导致的。关于水表面张力的详细理论分析可以参考文献[9]～[11]。这里使用一个简化的模型来分析，如图 2.20 所示。有两个光刻胶线条，它们之间填充了水，由于水表面张力的存在，施加在光刻胶线条上的作用力为

$$\Delta P = \frac{2\gamma\cos\theta}{S} \tag{2.2}$$

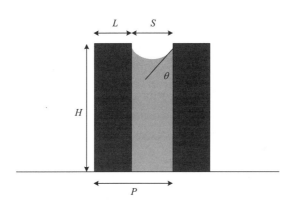

图 2.20　光刻胶线条中水表面张力作用模型
两个相邻的光刻胶线条之间填充了水

式中，γ 是水的表面张力，θ 是表面接触角，S 是光刻胶线条的间距。这个作用力的效果是把光刻胶线条向内弯曲，它在光刻胶上产生的应力为

$$\sigma = \frac{6\gamma(H/L)^2\cos\theta}{P} \tag{2.3}$$

式中，H/L 是光刻胶线条的高宽比，P 是线条的周期($S+L$)。

式(2.3)表明，光刻胶线条内的应力随高宽比、水的表面张力增大而增大，随表面接触角的增大而减小。因此，疏水的光刻胶中的应力较小(由于水在其表面的接触角较大)，不易发生线条倒塌。水在室温下的表面张力是 0.072N/m。光刻胶的力学强度可以用杨氏模量(Young's modulus)表示，一般在 2～6GPa。具有较高玻璃转变温度(Tg)的胶一般有较大的杨氏模量值。I-线胶的力学强度大于 KrF 胶的力学强度，而 KrF 胶

的力学强度又大于 ArF 胶的力学强度；因此，线条倒塌的现象在 ArF 工艺中广泛存在。尤其是在使用亮掩模(bright-field mask)曝光时，掩模大部分是透光的，显影后残留在晶圆上的光刻胶相对较少，形成一些孤立的图形，更容易发生倒塌[12]。

2. 使用表面活化剂来减少线条倒塌

显然，可以通过减小光刻胶线条的高宽比来减少线条显影后倒塌的危险，但这样做带来的负面影响是光刻胶图形太薄，不能提供足够的刻蚀保护。有报道显示，缩短显影时间也可以减少线条倒塌。因为，线条倒塌的一个原因是显影液扩散进入光刻胶/衬底的界面，降低了光刻胶的附着力。缩短显影时间可以避免显影液在此界面的扩散。

减少线条倒塌最有效的办法是减小水的表面张力和增大接触角。在冲洗晶圆的水中添加少量的活化剂可以达到这个目的[13]。图 2.21 是水的表面张力随活化剂浓度变化的实验曲线。在水中加了少量的活化剂后，其表面张力大幅度下降。再进一步添加活化剂，表面张力减少的幅度变缓，最后停留在纯水的 0.4 倍处。

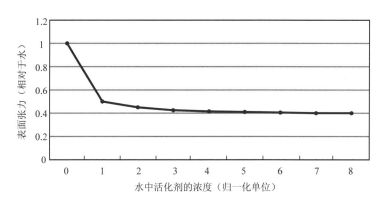

图 2.21　水表面张力随其中活化剂浓度的变化曲线

使用添加了活化剂的水冲洗晶圆必须紧跟在去离子水冲洗之后。这时去离子水仍然覆盖晶圆表面，尚未干燥，对光刻胶图形并未造成伤害。添加了活化剂的水喷淋在晶圆表面取代去离子水填充在光刻胶图形之间，然后，晶圆做干燥处理。有实验报道，添加了活化剂的水可能对光刻胶图形造成其他危害，例如，它会扩散到 ArF 光刻胶中，导致图形膨胀[13]。因此活化剂的使用必须经过认真的评估。

与纯去离子水相比，添加了活化剂的水对光刻胶线条倒塌的改善，可以用如下方法来评估。首先，分别在相同条件下曝光两片晶圆。曝光时使用最佳聚焦值，但是，曝光能量不断增大(energy meander)，如图 2.22 所示。在显影工艺中，一片晶圆使用纯去离子水冲洗，另一片晶圆使用添加了活化剂的水冲洗。随着曝光剂量的增大，晶圆上光刻胶图形的线宽越来越窄，高宽比越来越大。在某一个剂量时，线条倒塌就会发生，在图 2.22 中以黑色标出。使用添加活化剂的水冲洗后的晶圆，其线条倒塌发生在更高的曝光剂量处。

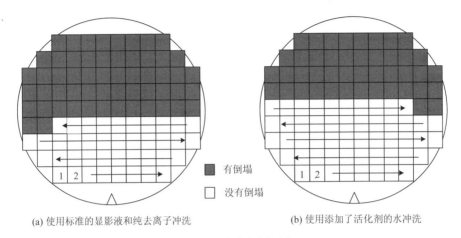

有倒塌

没有倒塌

(a) 使用标准的显影液和纯去离子冲洗　　　　　　　(b) 使用添加了活化剂的水冲洗

图 2.22　线条倒塌测试
图中的箭头表示曝光时剂量增大的方向

2.4　清洗工艺单元

随着 193nm 浸没式光刻机的大量使用，浸没式曝光对匀胶显影机提出了新的要求。浸没式光刻是在纯净水下对光刻胶进行步进-扫描式曝光，曝光后经常会有水滴残留在晶圆表面。在后烘(PEB)之前，这些水滴必须被清除掉。否则，在高温烘烤时，水滴会和胶中的成分反应，形成缺陷。为此，在用于浸没式工艺的匀胶显影机中就添加了一个去离子水冲洗单元(DI water rinse module)，专门用于清除晶圆表面的水滴。这个去离子水冲洗单元也可以在曝光前使用，把光刻胶中容易释放(leaching out)到水中的化学成分先冲洗掉。前清洗(pre-rinse)和后清洗(post-rinse)能降低光刻图形缺陷，提高产品良率，是现代浸没式光刻工艺制程必须具备的。

由于大量新材料的使用，晶圆背面经常有颗粒污染，如图 2.23(a)所示。颗粒的尺寸可达微米量级。晶圆被传送到光刻机中，这些颗粒夹在工件台和晶圆之间，导致晶圆表面局部凸起。凸起的高度可能超出了曝光时的聚焦深度，因为 32nm 技术节点关键层的聚焦深度只有 100nm 左右，而 20nm 节点关键层的聚焦深度则只有 60nm 左右。这些凸起的位置形成"坏点"(hot spots)，如图 2.23(b)所示。而且这些颗粒还会残留在光刻机的样品台上，污染下一个晶圆。为此，在 32nm 技术节点以后，匀胶显影机中添加了背面清洗(back-side cleaning)单元。晶圆在送到光刻机曝光之前，先做背清洗。

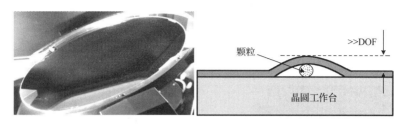

(a) 可以使用专用设备把晶圆翻过来，目测检查背面的污染　　(b) 晶圆背面的颗粒导致晶圆局部凸起，曝光时形成"坏点"

图 2.23　晶圆背面的颗粒与曝光时形成的"坏点"

2.4.1　去离子水冲洗

去离子水冲洗单元的结构如图 2.24(a) 所示。三个顶针用于接收机械手送来的晶圆，然后下降，把晶圆放置在转台上。整个转台都被一个罩杯包围，以防止旋转时水滴外溅。晶圆被真空固定在转台上。机械臂把喷嘴移动到晶圆的正上方，喷淋去离子水，同时晶圆以一定的速度转动，如图 2.24(b) 所示。最后，喷淋停止，晶圆高速转动，甩干。为了提高去除水渍的效果，在机械臂上还可以安装一个 N_2 喷嘴。晶圆甩干时，可以同时开启 N_2。

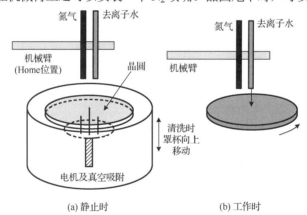

(a) 静止时　　　　　　　　　　(b) 工作时

图 2.24　去离子水冲洗单元在静止时和工作时的示意图

冲洗单元中的工艺参数包括水的流量和持续的时间、晶圆的转速设置、N_2 的压力和喷气的时间等。表 2.2 是冲洗单元的一组典型的参数设置。

表 2.2　冲洗单元中一组典型的工艺参数

步骤	时间/s	转速/rpm	加速度/(rpm/s)	喷嘴
1	3.5	0	3000	水开启
2	0.5	200	3000	
3	8.5	200	3000	N_2 开启
4	12.0	2000	3000	
5	1.0	0	3000	

2.4.2　晶圆背面清洗

进行晶圆背面清洗的技术难点有两个：一是如何夹持晶圆，因为晶圆正面要保持无污染，所以夹持时不能触碰到晶圆正面；二是在清洗过程中，如何保护晶圆正面不被清洗液污染。不同型号的匀胶显影机都有各自独特的设计，这里进行简要介绍。

2.4.2.1　边缘夹持技术

边缘夹持是一个比较直接的方法。整个单元大致分成上下两个部分，如图 2.25 所示。上部分包括一个晶圆夹持架和 N_2 喷嘴。机械手把晶圆送到中间位置，夹持架上的三个夹杆向中间移动，锁住晶圆。夹杆锁定晶圆后，可以使晶圆随夹持架转动。下部分包括一个可以旋转的海绵状聚乙烯(polyvinyl acetate，PVA)刷子和一个喷嘴。刷子除了可以自转外，还可以沿轨道左右移动。刷子中心设有一个喷孔，它为刷子转动时提供清洗液。整个下部机构被包围在一个罩杯中。

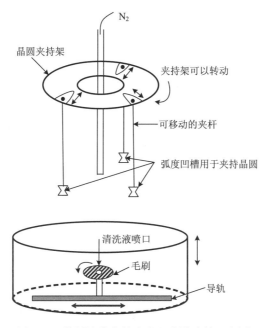

图 2.25　使用边缘夹持来实现背清洗的示意图

晶圆传送到本单元后被锁定在夹持架上。晶圆在夹持架的带动下可以整体向下移动，使得刷子和晶圆背面接触。清洗前，晶圆下方的罩杯向上升起，晶圆的周围被罩杯包围。刷子转动并左右往返运动，实施清洗；同时晶圆也在架子的带动下旋转，N_2 喷嘴工作。晶圆转动产生的离心力使得背面的液体甩离晶圆。喷嘴喷出的 N_2，在晶圆表面沿径向向外流动，进一步防止清洗液从晶圆边缘污染正面。清洗完成后，刷子脱离和晶圆背面的接触，晶圆高速转动甩干。

2.4.2.2 分区域背面清洗

把晶圆的背面分成不同的区域，按顺序清洗。首先是清洗晶圆背面的中心部位，其次是清洗非中心部位，然后是做边缘清洗，最后是高速甩干。单元的结构设计就是为了支持这种清洗方式。图 2.26 是单元的示意图，罩杯(cup)、接触垫(pad)和喷嘴(nozzle)是固定在一起的，可以整体前后移动。转台只能在原位旋转，其周围的三个顶针可以上下移动承载晶圆，刷子可以转动和左右摆动。

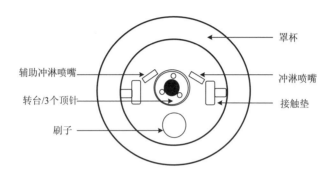

图 2.26　单元结构的示意图

晶圆由机械手传送到本单元。顶针升起承载晶圆，然后下降，晶圆被搁置在接触垫上，如图 2.27(a)所示(图 2.27 中没有画出冲淋喷嘴)。接触垫的真空开启，晶圆被固定在接触垫上。罩杯和晶圆一起向后移动，使得晶圆中心区域对准刷子，如图 2.27(b)所示。喷嘴喷淋清洗液，刷子旋转并摆动，清洗中心区域，如图 2.27(c)所示。中心区域清洗完成后，晶圆移回原位。接触垫和晶圆脱离，转台和晶圆接触，真空开启，如图 2.27(d)所示。晶圆转动，刷子旋转并摆动清洗非中心区域，如图 2.27(d)所示。这时刷子和晶圆边缘仍然保持有 2～3mm 的距离。完成非中心区域清洗后，边缘清洗喷

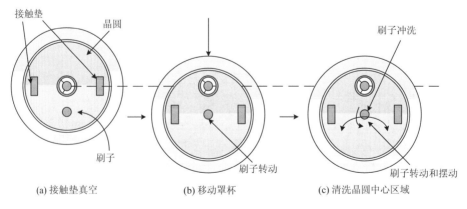

(a) 接触垫真空　　　　　　　　(b) 移动罩杯　　　　　　　　(c) 清洗晶圆中心区域

图 2.27　背清洗工作原理

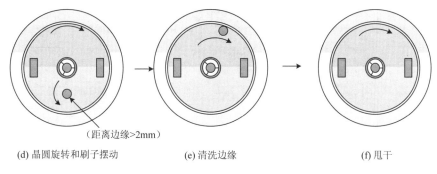

(距离边缘>2mm)

(d) 晶圆旋转和刷子摆动　　　　(e) 清洗边缘　　　　　　　(f) 甩干

图 2.27　背清洗工作原理(续)

嘴开启,刷子移动到晶圆边缘做边缘清洗,如图 2.27(e) 所示。喷嘴向外喷淋清洗液,晶圆旋转,在离心力的作用下清洗液甩离晶圆。整个清洗完成后,刷子脱离与晶圆的接触,晶圆高速甩干。这种背清洗技术涉及很多个步骤,需要设定的工艺参数也比较多。在清洗一定数量的晶圆后,毛刷的磨损会导致清洗效果的下降,因此,定期更换毛刷、调整其和晶圆背面的接触强度是优化背清洗工艺的关键。

2.5　匀胶显影机中的子系统

以上介绍的各个工艺单元直接和晶圆接触,在流程中完成指定的工艺步骤。为了使这些工艺单元能正常工作,匀胶显影机中配置了一系列的子系统为工艺单元服务。这里介绍与工艺设置相关的子系统。

2.5.1　化学液体输送系统

工艺单元中需要使用多种化学液体,这些化学液体包括光刻胶、抗反射涂层、溶剂、显影液等。化学液体由专用的泵从存储容器中抽出,经管路输送到工艺单元。管线中还有一系列的过滤器与阀门。本节以光刻胶输送系统为例进行讨论,结论对其他化学液体也基本适用。

2.5.1.1　液体输送系统结构

光刻胶的输送系统负责把光刻胶从胶瓶抽出来,沿管道输送到喷嘴,并按设定好的容量喷淋到晶圆上。图 2.28 是光刻胶输送系统的一个示意图。N_2 保持胶瓶内有一定的压力。胶从胶瓶中先流到一个缓冲容器中,经过过滤器,由胶泵抽到喷嘴喷出。喷胶的容量由胶泵设置。除此之外,系统还要保证不间断供胶、不产生气泡、易于清洗与易于更换配件等。实际系统的设计比较复杂,还包括一系列的电磁阀(solenoid valve)、压力控制管线等。

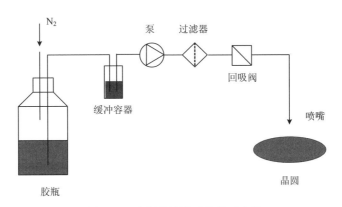

图 2.28　光刻胶输送系统的示意图

首先讨论胶瓶。胶瓶的设计必须便于储运、保证胶的洁净度。在使用时，必须保证供胶的连续性。这些主要体现在胶瓶的特殊设计上。先进匀胶显影机一般都使用NOWPak®胶瓶，胶瓶外壳是硬度较高的塑料，内部有一个软的内胆；瓶盖上有供胶管

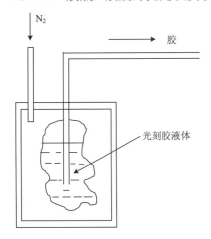

图 2.29　压力胶瓶内部结构示意图[14]

线的接头。胶瓶安装连接一旦完成后，光刻胶从胶瓶至喷嘴都不与外界直接接触，避免污染。胶瓶可以重复使用，内胆在灌装新材料时必须更换。使用时，N_2 压力施加在内胆上，而不直接和液面接触，如图 2.29 所示。在 N_2 压力的作用下，胶液由管线流出。这种胶瓶设计可以提高光刻胶的使用率。封闭的系统可以避免胶的挥发；内胆式的设计避免了胶中气泡的形成；98%～99%的胶可以被喷涂在晶圆上。胶瓶的容积可以有 1L、4L 和 10L 等。

光刻胶输送系统的关键部件是胶泵（pump）。胶泵分两种：单级泵（single stage pump）和双级泵（two-stage pump）。单级泵工作的原理如图 2.28 所示，泵放置在过滤器之前，抽取胶瓶中的光刻胶，

通过过滤器，送达喷嘴。这种泵的优点是结构简单、体积小、造价低；缺点是喷胶的稳定性较差、胶的用量较大、容易在胶中形成微气泡（micro-bubble）。双级泵的原理如图 2.30 所示，过滤器两边分别放置一个泵，每个泵体内可以存储一定量的胶。喷胶时，泵 2 关闭与过滤器的连接，施加压力使光刻胶从喷嘴流出；过滤时，泵 1 关闭和胶瓶的连接，施加压力使胶通过过滤器进入泵 2 的存储空间；从胶瓶吸胶时，泵 1 关闭与过滤器的连接，利用负压把胶从胶瓶中吸入泵 1 的存储空间。双级泵的优点是喷胶的量可以精确控制、过滤器的部分阻塞不立即影响喷胶量、具有很好的重复性。由于使用的压力较小，不容易形成微气泡；其缺点是结构复杂、体积较大、造价也昂贵。泵

的选用与光刻胶的粘度及工艺要求有关，目前先进光刻工艺使用的匀胶显影机大都使用双级泵。

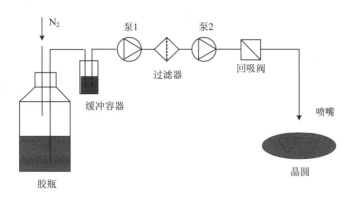

图 2.30 双级泵工作原理简图
这些泵都是依靠压缩 N_2 驱动的，泵中的 N_2 管道没有画出

图 2.31 是一种实际的双级泵工作原理示意图。双级泵一般有前后两个小的储胶容器、一个过滤器及一系列管线构成。前储胶器用于临时储存过滤后的胶，后储胶器用于临时储存过滤前的胶。工作时分四个步骤：

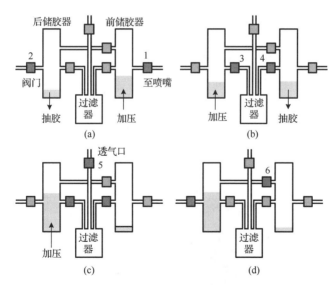

图 2.31 双级泵工作原理示意图

(1) 第一个步骤是"dispense/fill"。喷嘴打开(即阀 1 开启)，其他阀门关闭；在压力作用下，前储胶器中的胶经喷嘴吐出(见图 2.31(a))。喷胶量与喷胶的速率可以由压力和喷嘴阀门开启的时间来调节。同时，阀 2 开启，把适量的胶抽入后储胶器。

(2) 第二个步骤是过滤 (filtration)。阀 3 和 4 开启，其他关闭；对后储胶器加压，使胶流过过滤器，把前储胶器充满 (前储胶器同时抽取胶–联动) (见图 2.31 (b))。

(3) 消除气泡 (vent to eliminate bubble)。保持阀 3 和 4 开启，打开阀 5，使过滤器透气 (vent)。后储胶器继续加压，使少量的液体伴随着气泡由透气口 (vent) 逸出 (见图 2.31 (c))。

(4) 前储胶器释放气泡。阀 2 和 6 打开，其他阀关闭；前储胶器稍微加压，使前储胶器中的气泡伴随着少量的胶，经过阀 6，回流到后储胶器 (见图 2.31 (d))。完成后，阀门全部关闭。

(5) 系统可以重新开始喷胶。

2.5.1.2　过滤器

光刻胶管路中的过滤器必须定时更换，这样才能保证涂胶的质量。过滤器的选取主要是考虑过滤膜的材质和过滤孔径的尺寸。过滤膜可以是尼龙 (nylon)、聚乙烯 (polyethylene，PE) 或聚四氟乙烯 (PTFE)。不同过滤膜对胶中颗粒的过滤性能不一样，例如，尼龙过滤膜的表面是亲水的，对光刻胶中的不溶性树脂有较强的吸附作用[15]。不溶性树脂是导致曝光后光刻胶邻近图形连接 (micro-bridge defects) 的一个重要原因。因此，使用尼龙过滤器可以有效地减少这种缺陷。图 2.32 是三种主要过滤膜的分子结构。HDPE 是高密度聚乙烯 (high density PE)。

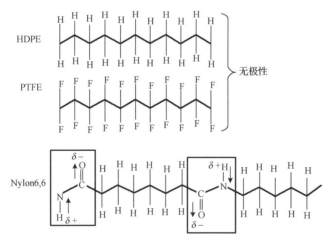

图 2.32　尼龙、聚乙烯、聚四氟乙烯的分子结构及其极性

在尼龙 6,6 的结构中特别标注出了分子正 (δ+) 负 (δ–) 电荷的极性，而聚乙烯与聚四氟乙烯分子则没有电荷极性

过滤膜是多孔结构的，其孔径的大小是决定过滤效果的一个重要参数。一般来说，小技术节点的光刻工艺需要较小的过滤孔径。细小的孔径就能保证过滤后的光刻胶符合光刻工艺要求。在安装过滤器时，要考虑到过滤器所能承受的最大输入压力和所需要的流量。太小的过滤孔径会导致流量的损失与过滤器前后压差的增大。大多数过滤

器所能承受的最大输入压力一般是 0.35MPa 左右,而流量和输入/输出的压力差一般呈线性关系。图 2.33 是一组典型的流量和压差曲线。使用小孔径的过滤器,就需要较大的压差来获得相同的流量。

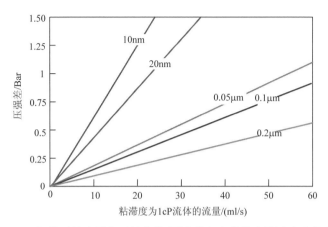

图 2.33　一组典型的流量和压差曲线(图中线条上的数字是过滤器的孔径)

在 32nm 技术节点以下,小于 10nm 过滤孔径的过滤器被大量使用。为了提高过滤效率,过滤膜也使用了所谓的不对称设计,即过滤孔径沿流体流动的方向不断减小。图 2.34 是这种过滤膜的剖面电镜照片。较大的入口孔径使得大颗粒被阻挡/吸附在入口附近。光刻胶在透过过滤膜的过程中,其中的颗粒从大到小逐步被过滤膜所吸附。另外一种类似的设计是使用双层过滤膜,例如,超高分子量的聚乙烯膜(UPE)和尼龙(polyamide)膜的组合。尼龙膜(有较大的孔径)在入口处,UPE 在出口处(具有较小的孔径)。

过滤器不仅被用于光刻胶输送系统,而且还被广泛用于匀胶显影机中所有液体的输送系统,包括显影液和去离子水等。图 2.35 是一个典型的光刻工艺流程,包括抗反射涂层和光刻胶的旋涂及烘烤、曝光、显影等。整个过程需要使用 7 个过滤器,分别为抗反射涂层、有机溶剂、显影液、

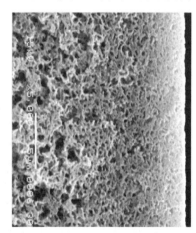

胶的流动方向

图 2.34　不对称过滤膜剖面的电镜照片
(入口处孔径大,出口处孔径小)[15]

去离子水提供过滤。根据工艺技术节点的要求,不同液体所选用的过滤膜和过滤孔径不一样。对于 ArF 光刻工艺,匀胶显影机上所使用的过滤器孔径一般是 20nm;对于 KrF 和 I-线光刻工艺,一般使用 50nm 孔径的过滤器。表 2.3 是一组用于 20nm 节点 193nm 浸没式工艺匀胶显影机的过滤器配置。

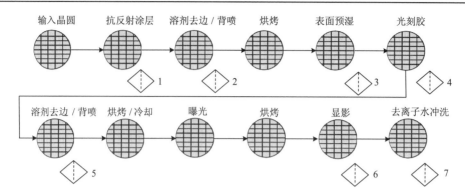

图 2.35　一个典型的光刻工艺流程需要用到的过滤器

过滤器 1：抗反射涂层材料；过滤器 2、5：强有机溶剂用于清洗晶圆边缘和背面；过滤器 3：光刻胶溶剂；
过滤器 4：光刻胶；过滤器 6：显影液；过滤器 7：去离子水

表 2.3　一组用于 20nm 节点工艺的过滤器配置

所在的位置	用途	孔径/μm	材质
抗反射涂层旋涂单元	BARC	0.005	DUO
	Solvent Main	0.005	UPE
	Solvent RRC Pre-for metal	0.05	Ion exchange PE/UPE
	Solvent RRC Pre-for purifier	0.01	UPE
光刻胶旋涂单元	Resist	0.005	Nylon
	Solvent Main	0.005	UPE
	Solvent RRC Pre-for metal	—	—
	Solvent RRC Pre-for purifier	—	—
抗水涂层旋涂单元	Top coat resist	0.005	DUO
	Solvent Main	0.005	UPE
	Solvent RRC Pre-for metal	—	—
	Solvent RRC Pre-for purifier	—	—
显影单元	Developer	0.02	UPE
	Rinse	0.02	UPE
	Back rinse	0.02	UPE
	FIRM	0.02	UPE
负显影单元	Developer	0.003	UPE
	Rinse	0.003	UPE
	Back rinse	0.003	UPE
水冲洗	PIR	0.02	UPE
背清洗单元	For Brush	0.02	UPE
	Bevel rinse	0.02	UPE

注：UPE 是超高分子量聚乙烯，DUO 是具有 Polyamide 和 UPE 组合过滤膜的过滤器

　　大量的实验结果证明，选择合适的过滤器对于减少"micro-bridge"缺陷特别有效。文献[16]做了细致的对比实验。测量了使用不同孔径和材质过滤器前后，光刻胶图形的缺陷密度，结果如图 2.36 所示，所检测的"micro-bridge"缺陷的电镜照片也附在图中。10nm 孔径的尼龙 6,6 比 10nm 的 HDPE 能更有效地过滤掉"micro-bridge"缺陷，

去除的有效率达 98% 以上。进一步的研究发现，"micro-bridges"产生的机理是光刻胶和金属离子的相互作用；光刻胶中金属离子的一个重要来源就是过滤器本身[17]。在选择过滤器时，不仅要考虑到其过滤效率，而且要检查其材质。过滤器的材质必须不含金属，过滤器材质的成分在光刻胶溶剂中不会析出。

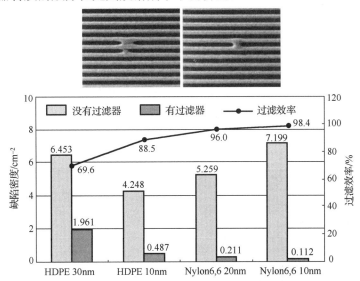

图 2.36 使用了不同孔径和材质过滤器前后，光刻胶图形的缺陷密度

过滤效率=过滤前后的缺陷密度之差÷过滤前的缺陷密度。每次实验之前都首先使用了 1500ml 的胶冲洗管路（dummy purge），做缺陷检测的图形具有 71nm 线宽/89nm 的线间距[16]。图中的两个电镜照片是典型的"micro-bridge"缺陷

在实际工作中，过滤的效果不仅与过滤器的孔径有关，而且与过滤器的材质以及光刻胶种类有关[18]。图 2.37 是对同一种 193i 光刻胶过滤的试验结果。测量了安装不同过滤器后,光刻胶旋涂颗粒数随时间的变化。可见,过滤器安装后需要一定的时间(弛豫时间)，旋涂的颗粒数才能下降到一个稳定的值[19]。不同过滤器所需要的弛豫时间是不一样的。对于复合型过滤器(DUO)，孔径越小弛豫时间就越短。对这种光刻胶,尼龙(10nm 孔径)过滤器的效果最好，其次是 HDPE(10nm 孔径)。

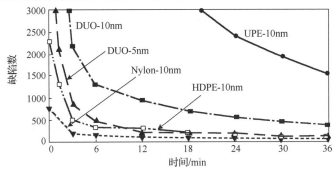

图 2.37 不同过滤器过滤效果的对比实验结果(实验中使用同一种光刻胶)

反复多次过滤，也可以有效地降低光刻胶中的缺陷；对于一次过滤效果不理想的过滤器，可以使用反复过滤的办法。有实验报道了使用 UPE(5nm 孔径)对同一种光刻胶做一次和三次过滤后的曝光实验结果。曝光图形是 45nm 1∶1 的线条，对显影后的光刻胶图形做缺陷检测，侧重测量"micro-bridge"缺陷。发现三次过滤可以使这种缺陷减少一半左右。

2.5.1.3　管线的清洗与光刻胶的安装

负责匀胶显影机的工程师做得最多的工作可能就是冲洗管路和更换新的光刻胶。当旋涂后胶膜上的颗粒总是超出规定数值时，一般都需要做管路冲洗。冲洗管路时也要更换管路中的过滤器。以光刻胶为例，管路的冲洗和新材料安装的步骤如下：第一步，使用比较强的有机溶剂反复冲洗管路，一般使用富士的 QZ3501™。也就是把装有溶剂的容器代替胶瓶安装到管路中(见图 2.38)，反复做喷淋(dummy dispense)。然后把喷淋出

图 2.38　装有清洗溶剂的瓶子被
连接到光刻胶管线上

的溶剂像光刻胶一样旋涂到干净的晶圆上，并对晶圆做颗粒检测。当晶圆上的颗粒数小于一定数值时(如小于 500 个颗粒)才认为第一步的冲洗完成了。这个过程一般需要 2～4L 的溶剂。溶剂种类的选取很重要，既要能有效地清洗掉管线中残留的光刻材料，又不能对即将安装的新材料的性能产生负面影响。之后使用干燥的 N_2 把管路吹干。第二步，使用和光刻胶相同的溶剂反复冲洗管路。这种有机溶剂一般是 PGMEA 或 PGME，如安智的 EBR73™。第三步，安装过滤器，使溶剂充满管路及过滤器，浸泡 12 小时以上，再反复喷淋。最后把喷淋出的溶剂像光刻胶一样旋涂到干净的晶圆上，并对晶圆做颗粒检测。当晶圆上的颗粒数小于一定数值时(如小于 100 个颗粒)才认为这一步的冲洗完成了。第四步，用 N_2 吹干管路，把新的光刻胶瓶连接到管路中。反复做光刻胶的喷淋数次，并再做旋涂后晶圆上颗粒的检测。

对于抗水涂层，其管路冲洗和新材料安装的步骤和上述步骤一样。但是，由于抗水涂层材料的溶剂和光刻胶完全不同，其清洗所用的溶剂也不一样。目前所用的抗水涂层都是能溶于显影液的(develop-soluble topcoat)，其溶剂是酒精类有机溶剂。因此，第一次冲洗所使用的溶剂一般是异丙醇(IPA)，第二次冲洗所使用的溶剂是去离子水。

所有的光刻胶在安装完成后都必须先做若干次的喷淋，以保证管路中的溶剂和残留物完全被光刻胶冲掉。这种喷淋对光刻胶材料是一种浪费，被称为"dummy dispense"。安装一次，一般需要使用掉 2～4L 的光刻胶。只有在充分的"dummy dispense"后，晶圆上的颗粒数才达到稳定。图 2.39 是新光刻胶安装后，晶圆上的颗粒数随旋涂晶圆数

量的变化。可见，在旋涂完 100 片晶圆后，颗粒数才趋于稳定。因此，尽管浪费材料，"dummy dispense"也是必需的。

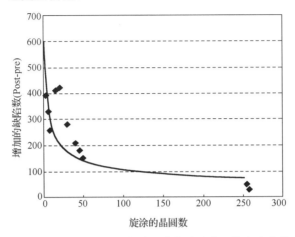

图 2.39　晶圆上的颗粒数随旋涂的晶圆数目的实验曲线
旋涂的晶圆数从新光刻胶安装完后起算

2.5.2　匀胶显影机中的微环境和气流控制

生产线周围的空气中不可避免地会存在各种微量化学成分，如氨气。这些微量的化学成分可能是由于其他设备材料的放气，也可能来自于工作人员。有些化学成分可以和光刻材料反应，破坏其性能。特别是曝光后的光刻胶，其中含有光化学反应生成的酸(H^+)。空气中的碱性成分会中和掉这些酸，破坏光刻胶表面的敏感性，使显影后的图形出现 T 型(T-topping)。因此匀胶显影机内部必须是一个封闭的环境，进入机器内的空气必须通过一个过滤系统，如图 2.40 所示。过滤器的主要成分是经过特殊处理的活性炭，它能中和或吸附空气中的氨气、各种酸性与碱性成分[20]。经过过滤器处理，匀胶显影机内部空气中有害成分的含量能小于 0.5ppb。不同技术节点的工艺，对匀胶显影机内环境中允许的有害成分含量都有规定。对于 32nm 以下技术节点，一般要求小于 0.5～1ppb。

匀胶显影机的整个机台不可能做得完全气密，而且在接收和送出晶圆时，机台内外气流是相通的。为了防止机台外的有害成分扩散进入机台内部，机台内部的气压设置比大气压稍大一点，即机台内部保持正压(又称为阳压)。进入机台内部的空气除了必须经过过滤器外，还必须经过温度和湿度控制系统(见图 2.40)。保证机台内部环境温度和湿度恒定，及时更换匀胶显影设备上的空气过滤器，可以有效地减低晶圆上缺陷的密度。文献[21]统计了 KrF 光刻设备空气过滤器更换前与更换后曝光的晶圆上的缺陷数目。更换过滤器前晶圆上的缺陷数分布在 20～250 之间，平均值是 100。更换后，缺陷数全在 30 以下。

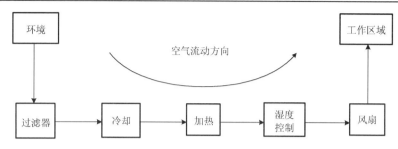

图 2.40　匀胶显影机内环境控制系统示意图

机器内部有很多工艺单元。为了防止气流的互相干扰，通风路径应该做相应的隔离。热盘在工作时可能会有热量泄漏，如果这些热量被气流带到旋涂单元，就会导致胶膜厚度不稳定，使得晶圆之间的厚度有差异。为此，流经烘烤单元的气流必须沿一个独立的路径排出机器。鉴于胶的旋涂对周围的微环境非常敏感，每一个旋涂单元的底部都设置有可调节的气流通孔，以保证气流的稳定。

如何监测匀胶显影机内部环境中有害化学成分的浓度？必须监测的有害成分包括空气中的酸性和碱性分子(acidic and basic airborne molecular contamination，AMC)，而且这种浓度监测的精度必须达到 PPT(parts-per-trillion)级别。目前通用的做法是使用收集容器(sample traps)，定时在机台内收集空气样品，然后分析收集的样品。例如，把盛有去离子水的空气收集容器(impringer)放置在机台内部，收集空气中的可溶性酸或碱分子，然后分析水样。这种办法的优点是探测灵敏度高，缺点是监测数据不连续。文献[22]报道了一种新的空气取样器，它不使用任何液体，便于操作，每次取样只需要 4~6 个小时。这种取样器中介质的表面涂有 $NaHCO_3$(用来捕捉酸分子)和 H_3PO_4(用来捕捉碱分子)；取样完成后，把介质表面捕捉的分子溶解到去离子水中，然后使用离子气相色谱仪(ion chromatography)分析水样。最方便的当然还是实时监测(real-time monitoring)，它能提供连续的测量数据，对环境中的有害成分实时监测。然而，实时监测的灵敏度还不够高(只能达到 1ppb 级别左右)，且造价昂贵。一般一个 Fab 中安装一套这样的系统，对整个 Fab 的环境进行宏观监控[23]。

2.5.3　废液收集系统

匀胶显影机中使用多种化学液体。这些化学液体在处理完晶圆后，都会流入专门的管道，分别收集起来。涂胶单元的废液有光刻胶(连接到单元中的几种光刻胶)、预湿润溶剂(pre-wet solvent)、去边和背清洗溶剂，这些液体脱离晶圆后流到收集容器中。收集管道和容器中的废液实际上是这些液体的混合，因此，它们必须化学性质兼容，不能起反应，导致管道堵塞。显影单元的废液有显影液、活化剂、水，它们一般不和涂胶单元的废液混合。Fab 通常有专用的管道收集这类水溶性的废液。

2.5.4　数据库系统

作为集成电路生产线上的关键设备，匀胶显影机必须具有完善的数据库系统。数据库实时记录设备的重要状态参数，如压缩空气(clean dry air，CDA)的压力和流量、设备的报警。每一个晶圆在每一个工艺单元中处理时，单元的状况和工艺参数也都记录在数据库里。数据库可以随时查阅，也可以远程登录(remote access)。一般来说，匀胶显影机上数据库包括：

(1)设备使用状态的实时记录，包括连接在匀胶显影设备上的压缩空气的压力和流量、显影液的流量和压力、N_2的流量和压力、各种溶剂的流量和压力；机台发生异常报警的时间和原因。

(2)每片晶圆经过设备中每一个工艺单元时的实际工艺参数，例如，在涂胶时选用的单元号、胶管线号、转速等。由于匀胶显影设备一般不具备检读晶圆上号码(wafer ID)的能力，因此晶圆是按其在晶圆盒中的位置来区分的。匀胶显影机的晶圆输入口(loading port)可以读取晶圆盒的号码(lot ID)。

2.6　匀胶显影机性能的监测

一套光刻设备正常运作时，一天可以完成几千片晶圆的曝光，匀胶显影机必须保证工艺的稳定性。为此，匀胶显影机专门设置了工艺性能参数的定期监测。监测的参数包括涂胶的厚度随时间的稳定性、胶膜中的缺陷数(颗粒数)、热盘温度的均匀性及随时间的稳定性、显影后光刻胶图形的缺陷数等。

2.6.1　胶厚的监测

把胶按当前的工艺条件旋涂在空白晶圆(bare-Si 或 blank Si)上，然后使用椭偏仪测量光刻胶在晶圆上厚度的分布，最后计算出平均厚度和标准误差(σ)。对每一种光刻材料，这种测量每天都要做一次，得到的结果记录在系统(statistical process control，SPC)中，如图 2.41 所示。平均厚度要求在目标值上下一定范围内(Spec)，这个范围由工艺要求确定。图 2.41 中平均厚度的目标值是 1200Å，范围是 ±25 Å。同样，对厚度的均匀性(σ)也有要求，图 2.41 中是必须小于 10Å。

图 2.41 中也标出了控制范围(control limit)。如果测量的厚度超出这个范围但还在"Spec"之内，可以认为监测是通过的。工程师需要行动起来找出偏离目标的原因，防止胶的厚度进一步偏离。当监测的结果超出"Spec"时，工程师一般要再做一遍测试，确认结果。然后调整工艺参数(如转速)，使得胶厚和均匀性重新符合要求。

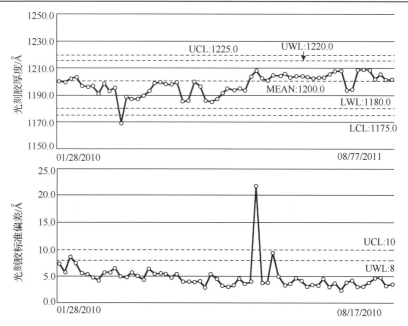

图 2.41　光刻胶厚度的 SPC 曲线

MEAN 是测量的平均值，UCL/LCL 是测量值的上下限，UWL/LWL 是控制的上下限

2.6.2　旋涂后胶膜上颗粒的监测

旋涂后的胶膜除了厚度要达到要求外，还必须保证干净没有颗粒污染。颗粒的污染源可能来自于过期的过滤器、旋涂单元内壁残留的干了的胶或管线污染。胶膜上颗粒监测的步骤如下：

(1)选取干净的晶圆，一般是使用新的没有用过的晶圆。使用高探测灵敏度的非图形晶圆表面颗粒探测系统(unpatterned wafer inspection system)，如 KLA-Tencor 的 SP2™ 和 SP3™，检测晶圆表面，记录下空白晶圆表面已有的颗粒数。

(2)按照设定的工艺旋涂上需要监测的光刻胶(抗反射涂层或抗水涂层)，烘干。

(3)使用相同的晶圆表面颗粒探测系统检测涂胶后晶圆表面(即胶膜表面)的颗粒数。

(4)胶膜表面的颗粒数减去涂胶前晶圆表面的颗粒数就是涂胶/烘烤工艺中引入的颗粒数，又叫做"adder"。

检测的结果也要记录在 SPC 系统中，如图 2.42 所示。图中也标注了允许的最大值是 40 个。表面颗粒探测系统探测时的灵敏度设置在 75nm，也就是说这一涂胶工艺只允许引入少于 40 个 75nm 以上的颗粒。显然，这一标准随着技术节点的变小，也会不断提高，以适应工艺需求。胶膜上颗粒监测的频率一般是每种材料一周进行 1~2 次。

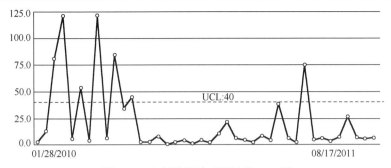

图 2.42　光刻胶旋涂后颗粒的 SPC 图

UCL 是 40，即旋涂后胶上的颗粒数必须小于 40，否则必须查找原因

如颗粒检测的结果超出规定的范围，匀胶显影机应用工程师需要立即停止这一材料的使用，并寻找原因。表面颗粒探测系统可以提供颗粒在晶圆上的位置，如图 2.43(a)所示。根据颗粒探测系统提供的位置，我们可以在电子显微镜中对这些颗粒做进一步的分析。图 2.43(b)就是放大后的电镜照片，这种缺陷被称之为彗星(comet)。在旋涂过程中有颗粒吸附在晶圆表面，它的存在干扰了胶在离心力作用下在晶圆表面沿径向的流动，形成了彗星似的缺陷。这些颗粒的尺寸一般在几十到几百纳米，可能来自于前道工艺、环境或者光刻胶的沉淀等。光刻胶内部的化学成分也会在一定条件下反应、分凝、沉淀，进而形成颗粒。在过滤器设置不好的情况下，这些颗粒就会被喷淋到晶圆上。

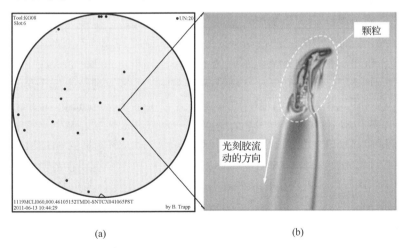

(a)　　　　　　　　　　　　　　　　　(b)

图 2.43　(a)检测出来的缺陷(颗粒)在晶圆表面的分布和(b)一个缺陷的高分辨电镜照片

另外一种在旋涂时产生的缺陷是镶嵌或埋在薄膜中的，被称为"in-film defects"。这类缺陷在光学检测设备中可以被发现，可是在用电镜做缺陷分析(defects review)时却无法看到。因此，它们常被归为"看不见的缺陷"(non-visible defects)或是噪声，而被忽略掉。文献[24]对这一类缺陷的检测做了专门的探讨，结果表明：对薄膜做适当的刻蚀，可以使这类缺陷更容易被观察到。

2.6.3　显影后图形缺陷的监测

上述胶膜上颗粒数的监测方法不适用于显影单元,它只能对匀胶显影机旋涂和烘烤单元的洁净度进行监控。对曝光显影后光刻胶图形上缺陷的监测,又叫做设备的工艺监控(process tool monitoring,PTM),可以发现匀胶显影机显影单元的异常。监测的步骤如下:

(1)选取干净的晶圆,一般是使用新的没有用过的晶圆。按照设定的工艺旋涂上需要监测的光刻材料,包括抗反射涂层、光刻胶等,烘干。

(2)晶圆传送到光刻机曝光。曝光的掩模是特别设计的,它只有等距离的线条。这种等距离线条的设计是为了使后面的缺陷检测有更高的分辨率。掩模版上线条的半周期一般略大于光刻系统的最小分辨率,这是为了保证有足够的曝光工艺窗口。这种掩模版又被称为 PTM 掩模版。用于 0.8NA KrF 光刻工艺的 PTM 模版上图形的周期一般是 280nm 左右(线宽:线间距=140nm:140nm);用于 1.35NA ArF 浸没式光刻工艺的 PTM 掩模版的周期是 90nm 左右(45nm:45nm)。

(3)对显影后的晶圆做缺陷检测。由于光刻胶图形的对比度比较差(相比较于刻蚀在 Si 衬底上的图形而言),如何优化检测程序从而提高探测灵敏度是检测成功的关键。一般是使用亮场探测(bright-field inspection,BFI)的方法。

(4)对探测出的缺陷做电镜分析,并把电镜照片发送给光刻工艺工程师(一般是给对应的"layer owner")做进一步分析。

晶圆上一些典型缺陷的电镜照片如图 2.44 所示。对这些电镜照片的分析有助于发现缺陷的来源,从而采取相应的措施。图 2.44(h)的缺陷构成非常有趣的图形,就像一圈卫星围绕着行星一样。这种缺陷被叫做"卫星缺陷"(satellite defect),又叫"blob defect"。这一类缺陷广泛存在于 KrF 和 ArF 工艺中,大多发现位于低图形密度区域的光刻胶上,其直径是 1 至几十个微米[25]。对缺陷中心做 EDX(energy dispersive X-ray spectrometry)分析和 Raman 光谱分析发现其成分和光刻胶一致。目前一般认为,它是没有完全溶解在显影液中的光刻胶。当去离子水冲洗时,显影液的 pH 值陡然变化(被称之为"pH 值震荡"),这些没有完全溶解的光刻胶析出,沉积在晶圆表面。在表面电化学势的作用下,这些析出的光刻胶成分倾向于沉积在没有曝光的光刻胶表面[26-28]。

如果在检测中发现有大量的卫星类缺陷,那么就要从显影单元入手解决。一般来说,曝光后在显影液中有较高溶解度的光刻胶不容易产生卫星缺陷。优化显影后的去离子水冲洗工艺也可以很有效地减少卫星缺陷。文献[29]建议使用循环显影工艺。每一个循环包含一个完整的显影过程:显影、去离子水冲洗、甩干。结果显示,对于 KrF 胶,3 次循环显影可以减少一半的卫星缺陷;对于 ArF 胶,3 次循环显影几乎可以完全去除卫星缺陷。另外,延长去离子水冲洗的时间也能有效地减少卫星缺陷。图 2.44(g)是线条倒塌缺陷(line-collapse),其产生的机制已经在本章的前面部分进行了探讨。

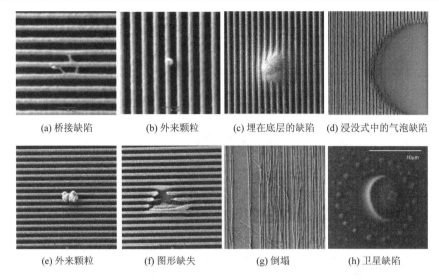

(a) 桥接缺陷　　　　(b) 外来颗粒　　　　(c) 埋在底层的缺陷　　(d) 浸没式中的气泡缺陷

(e) 外来颗粒　　　　(f) 图形缺失　　　　(g) 倒塌　　　　　　(h) 卫星缺陷

图 2.44　一些典型缺陷的电镜照片

2.6.3.1　PTM 的频率

PTM 做得越多，光刻设备和工艺的监控就越及时，从而越能及早发现问题，减少晶圆上的缺陷；但是，带来的问题是光刻产能的浪费。Fab 必须根据工艺的成熟度来确定 PTM 的频率和范围。对于成熟度不高的设备和工艺，对应的 PTM 可以有较高的频率，监测的参数可以更多。较多的 PTM 一般会导致较高的工艺良率。Fab 必须在PTM 花费与良率损失之间找到一个平衡点。

2.6.3.2　PTM 掩模的设计

PTM 掩模上的图形是专门设计的,缺陷监测设备对这些图形有较高的灵敏度。图 2.45

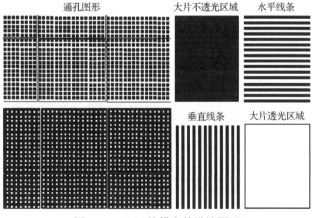

图 2.45　PTM 掩模上的设计图形
白色为透光部分，黑色不透光

是一个典型的 PTM 设计版图，整个掩模版分成几个大的区域，分别对应密集的通孔、1∶1 密集的水平线条和垂直线条，大块的透光(没有 Cr)和不透光区域(有 Cr)。掩模版上还会故意设计一些缺陷，用来检查缺陷测量系统的灵敏度。图 2.46 是这些故意设计的缺陷在光刻胶上的电镜照片。

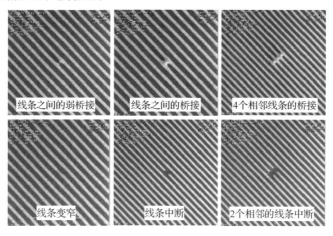

图 2.46　掩模上设计的缺陷在光刻胶上的电镜照片

2.6.4　热盘温度的监测

热盘温度的精确性和分布的均匀性对光刻胶的烘烤很重要。在 PAB 烘烤时，烘烤的温度直接影响胶中溶剂的挥发。PEB 对于温度的精确性和均匀性要求更高。因为光刻胶的去保护(de-protection)反应是在 PEB 时完成的，它对温度非常敏感。PEB 温度的不均匀会直接导致线条宽度均匀性变差。一般来说，300mm 晶圆的 PEB 热盘的温度起伏不能超过 0.5℃。因此，匀胶显影机上热盘的温度也需要做定期检测。

热盘温度检测的基本思路是把晶圆放置在热盘上，然后用热电偶(thermal couple)接触晶圆表面各处，测得温度的分布，如图 2.47(a)所示。但是，这样做就必须要把热盘盒拆开，很不方便，也不符合原位检测的要求，因为拆开后的温度分布和原来的可能不一样。KLA-Tencor 的无线集成晶圆检测系统可以很好地解决这个问题[30]，它被广泛应用于匀胶显影机上热盘的在线监测。该系统包括一片特制的晶圆、一个特制的晶圆盒和软件系统。特制的晶圆中包含有多个高精度的电阻温度探测器(resistance temperature detector, RTD)，它们均匀地分布在晶圆内。这些探测器距离晶圆表面大约 0.5mm，这和实际晶圆的厚度类似，提高了测量的准确性。测量的结果存储在内嵌在晶圆中的存储器内，晶圆自带的内嵌电池为整个系统供电。图 2.47(b)是这种特制晶圆的照片。特制的晶圆盒设计和标准晶圆盒(FOUP)类似，探测晶圆可以放置在其中充电并和外界通信；通过晶圆盒的接口，计算机可以把晶圆中储存的温度数据读取出来。

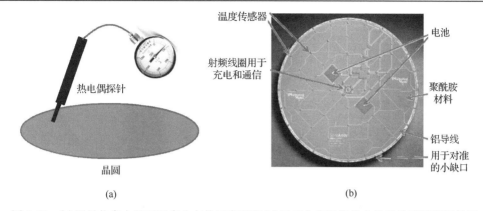

图 2.47　(a)测量热盘上晶圆温度分布的示意图和(b)用于热盘温度分布监控的无线探测晶圆

　　在使用之前先用软件对探测晶圆进行测量设置，设置包括选用哪些探测点、测量的时间间隔等。然后，探测晶圆被传送到匀胶显影机指定的热盘，测量完后探测晶圆又被传送回晶圆盒。计算机通过晶圆盒和探测晶圆的接口连接，下载测量数据。探测晶圆在匀胶显影机内的传送就和普通晶圆一样，根本不需要影响其他晶圆的运行。由于温度探测器和电池等都是内嵌式的，探测晶圆的热容量及其动力学和普通晶圆都是类似的，其探测精度在 15～145℃范围能达到±0.05℃[30]。探测晶圆可以记录下每一个探测点的温度随时间的变化，通过简单计算，可以得到热盘的平均温度和标准偏差。这种热盘温度的监测一般是每个热盘每周做一次，监测结果记录在图 2.48 中。图中热盘平均温度的目标值是 110℃，允许的误差范围是±1℃；3σ 允许的最大值是 0.5℃。一旦超出范围，这个热盘就要被从系统中脱离出来进行检查、维修。

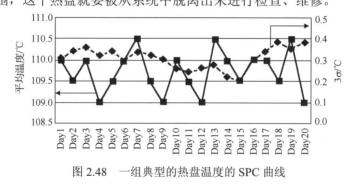

图 2.48　一组典型的热盘温度的 SPC 曲线

2.7　集成于匀胶显影机中的在线测量单元

　　前面介绍的对光刻结果的测量都是在专用的测量设备上完成的。晶圆在匀胶显影机上完成相关的工艺后，被送到测量机台做检测。从 90nm 技术节点开始，有一个技术趋势，即把这些检测功能集成到光刻工艺中去。也就是说，在匀胶显影机中增加一些检测单元，实现所谓的在线检测(inline metrology and inspection)。晶圆在显影后，由机械手直接送到检测单元做检测。这样，晶圆在离开光刻设备之前就能知道光刻胶图形是否符合要求，图形的质量是否有问题。这样做的优点是能尽早发现光刻工艺的异常，增加产能和提高光刻工艺的良率。目前国际上用于 45nm 及以下技术节点的先进匀胶显影机均提供这些在线检测单元，供晶圆生产厂家选用。本节简要介绍这些在线检测单元。

2.7.1　胶厚测量单元

匀胶显影机中的胶厚测量单元(resist thickness monitor)可以实现对光刻胶厚度(软烘后、曝光前)的连续监测，对涂胶的异常及时提供报警。测量的工作原理就是椭偏仪。涂胶后的晶圆被放置在一个样品台上，样品台移动使晶圆上要测量的位置对准测量探头，如图 2.49 所示。测量探头与晶圆表面垂直，发射宽谱的探测光(474～800nm)，束斑直径大约为 1.2mm。晶圆表面的反射光强和相位被探测器接收，并做信号数据分析，计算出晶圆表面光刻胶的厚度。在设置测量程序时，光刻工程师要提供所测光刻胶的柯西(Cauchy)参数，这是系统做数据分析时所必需的。Cauchy 参数($n_0, n_1, n_2 \cdots$ 和 $k_1, k_2, k_3 \cdots$)一般由光刻胶供应商提供，用来定量描述材料的折射率(n, k)随波长的变化：

$$n = n_0 + \frac{n_1}{\lambda^2} + \frac{n_2}{\lambda^4} + \cdots \tag{2.4}$$

$$k = k_0 + \frac{k_1}{\lambda^2} + \frac{k_2}{\lambda^4} + \cdots \tag{2.5}$$

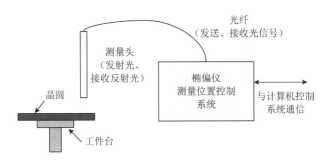

图 2.49　胶厚测量单元结构示意图

通过样品台的移动，系统可以对晶圆表面做多点测量。图 2.50(a)中的 49 个测量点能较好地覆盖整个晶圆。图 2.50(b)是测量结果的三维图。值得指出的是，这种测量是无接触和无损的，测量后的晶圆可以继续进行下一道工艺。每一个点厚度的测量精度可以达到 0.1nm，测量时间大约是 1s/测量点。

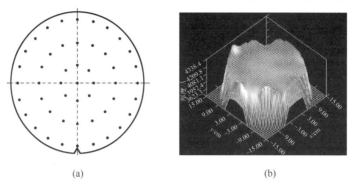

(a)　　　　　　　　　　　　　　　(b)

图 2.50　(a)晶圆表面 49 个测量点和(b)测量结果的三维图

2.7.2　胶膜缺陷的检测

各种各样的原因会导致涂胶和曝光失败。例如，匀胶时温度、湿度的变化，显影液喷涂得不均匀；曝光时掩模不对，曝光剂量太大或太小等。这些因素都会导致曝光图形的大面积失败。在传统工艺中，这些缺陷只有在后续工艺中才能被发现。可是，等到发现时，已经有很多的晶圆在此不好的工艺条件下通过了。在匀胶显影机中加入胶膜缺陷检测单元，对显影后的晶圆做在线检测，就能够及时发现问题。

胶膜缺陷检测单元的设计思路是用高分辨率 CCD 相机对晶圆拍照，然后将拍的照片与参考照片对照，不同之处就是缺陷，如图 2.51 所示。参考照片是事先在好的晶圆上获得的，又叫 "golden image"。不同型号的设备中，晶圆表面图形的获取方式不一样。有沿一个方向扫描晶圆获取图形的，也有旋转晶圆沿径向获取图形的。对获得的图形做拼接、处理，形成完整的晶圆图形，再和标准图形比对。通常在晶圆的边缘区域存在着各种颗粒、EBR 导致的非完整性以及图像噪声，因此在测量程序中可以设置一个阈值把边缘结果扣除出去。反之，也可以把边缘的图形抽取出来，专门分析边缘区域的缺陷。该系统不仅能发现缺陷而且能记录下缺陷所在的位置，以便进一步的分析。受 CCD 相机分辨率和产能要求的限制，这种在线缺陷测量的分辨率一般只能达到 20～30μm。检测一片 300mm 晶圆的时间大约 30s。

旋涂后的晶圆照片　　　　　　晶圆的参考图　　　　　　　缺陷图

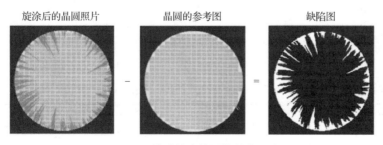

图 2.51　胶膜缺陷检测的基本思路

2.7.3 使用高速相机原位监测工艺单元内的动态

对匀胶显影机中工艺单元的动态监测,并把动态监测的结果与最终的缺陷检测结果做对比,是确定缺陷来源的一个重要技术手段。可以把高速相机安装在工艺单元附近,对晶圆在该单元内的运动做原位(in-situ)动态监测[31]。例如,把高速相机安装在旋涂单元内,记录下喷嘴吐胶和晶圆旋转的过程,可以发现旋涂单元的异常行为,从而做相应的调整。高速相机有多种型号可供选择,例如:Photron 的 FASTCAM-1024PCI™;记录时的设置是 4000～6000 帧画面/秒(frame/s)。图 2.52(a)是高速相机记录下的正常喷胶时的照片,得到的胶膜厚度均匀;图 2.52(b)是记录下的不正常喷胶时的照片,得到胶膜的厚度均匀性不好。还可以把高速相机安装在显影单元内,记录显影的全过程,从中发现异常的情况。

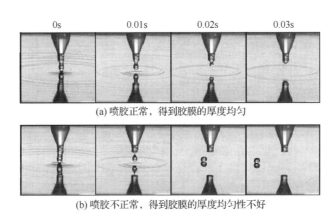

(a) 喷胶正常,得到胶膜的厚度均匀

(b) 喷胶不正常,得到胶膜的厚度均匀性不好

图 2.52　高速相机记录下的喷胶过程[31]

2.8　匀胶显影机中的闭环工艺修正

光刻胶上线条宽度的均匀性(CD uniformity)是考核光刻工艺的一个重要指标。线条宽度均匀性测量的办法如下:测量不同曝光区域(exposure field,又称为一个"shot")中相同位置的线条宽度,例如,图 2.53 中晶圆上所有不同曝光区域中的 CD1,计算其平均值和标准误差 σ。3σ 值一般被定义为线条宽度的均匀性(CDU),也被称为"inter-field"的均匀性,因为它考察的是晶圆中曝光区域之间的线条误差。还有一种CDU 指的是每一个曝光区域内部线条的均匀性,又被称为"intra-field CDU"。它是选取同一个曝光区域内线宽设计相同的线条,测量其胶线的线宽,例如,图 2.53 中晶圆中心曝光区域中的 CD1、CD2 等,计算其平均值和标准误差 σ。本节只讨论"inter-field"的均匀性,简称为 CDU。

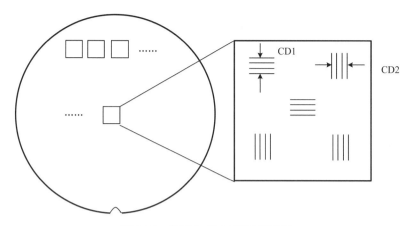

图 2.53 晶圆上 CDU 测量示意图

很多工艺因素可以影响 "inter-field CDU"，其中最重要的就是 PEB 热盘温度的均匀性。反过来看，通过调整 PEB 热盘的温度分布可以补偿工艺中其他因素导致的线条宽度的不均匀性。这一思路已经被光刻界普遍接受，并用于 28nm 技术节点以下。匀胶显影机生产商也已经推出了温度分布可以调控的热盘，如 Sokudo 的 cdTune™ 系统。具体的做法是：在显影后的晶圆盒中抽取 1~2 片做 CDU 测量，结果如图 2.54(a) 所示；根据事先测定的 CD 和 PEB 温度的关系（见图 2.54(b)），计算出补偿 CD 的 PEB 温度分布。计算出的温度分布被软件反馈到 PEB 热盘，实现温度补偿。通常热盘上独立控温区域的数目是有限的，图 2.54(c) 中的热盘有 6 个控温区域。较多的控温区域可以使温度补偿更具灵活性，但是也加大了热盘设计的难度。

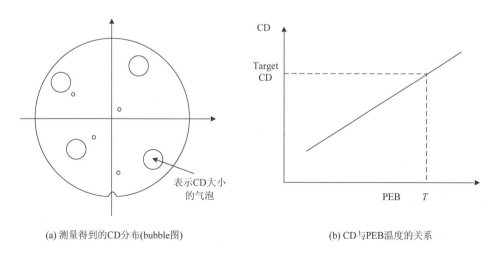

(a) 测量得到的CD分布(bubble图)　　　　　(b) CD与PEB温度的关系

图 2.54 温度分布可以调控的热盘

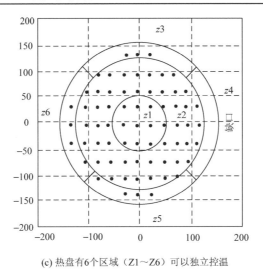

(c) 热盘有6个区域（Z1～Z6）可以独立控温

图 2.54　温度分布可以调控的热盘(续)

2.9　匀胶显影设备安装后的接收测试

　　作为一台大型贵重的微电子专用设备，匀胶显影机在安装完毕交付使用时，光刻工程师必须要做接收测试(acceptance test)，以保证该设备能符合工艺的各项指标要求。这个测试比较特殊而且细致，虽然不同晶圆厂的测试指标并不完全一致，但业界基本上有一个共同的规范和测试方式。本节将进行详细介绍。

2.9.1　颗粒测试

　　用来测试匀胶显影机中与晶圆直接接触的工艺单元的清洁程度。测试所用的晶圆一般是 P 型、符合 SEMI 标准的、双面抛光(double side polished)的 300mm 晶圆。测试步骤如下：

　　(1)建立一个完整的，包括匀胶显影机中各测试单元的工作程序，例如，晶圆盒→冷板→旋涂→热板→冷板→显影→晶圆盒。但是，这个工作程序只是"dry run"，并没有光刻胶或显影液等液体喷淋在晶圆上。

　　(2)选择 10 片干净的晶圆，先用晶圆表面颗粒探测系统(如 KLA-Tencor 的 SP2^{TM})，检测出晶圆表面已有的颗粒数 N_0。

　　(3)使用前面建立的工作程序，使这 10 片晶圆在匀胶显影机中运行，再返回到晶圆盒。

　　(4)再用晶圆表面颗粒探测系统，检测出晶圆表面的颗粒数 N。匀胶显影机本身对晶圆表面的污染导致运行后晶圆表面的颗粒数增大，即 $\Delta N = N - N_0 > 0$。ΔN 是添加的颗粒数(adder)。

(5)匀胶显影机在晶圆表面添加的颗粒数必须小于一定的值,该设备才能符合要求。各个晶圆厂可以根据该设备所要运行的工艺来确定标准,例如,对于 32nm 节点工艺,必须考察大于 90nm 的颗粒,每片晶圆上平均增加的颗粒数密度必须小于 $0.007/cm^2$。

设备对晶圆背面造成的污染也要检查。检查的办法和上述类似,只不过在运行前后晶圆表面颗粒探测系统测量的颗粒数是晶圆背面的。由于晶圆背面是直接和样品台接触的,因此测试所要通过的标准比较低。例如:对于 32nm 工艺,必须考察尺寸大于 200nm 的颗粒,每片晶圆背面增加的颗粒数密度必须小于 $6/cm^2$;另外,增加的大于 $1\mu m$ 尺寸的颗粒数不能多于 100 个。

前面的颗粒测试没有涉及溶剂、光刻胶、显影液等液体。晶圆厂有时还要求在接收时做"wet"颗粒检测。具体的步骤如下:

(1)建立一个包括涂胶、烘干、曝光、后烘、显影的工作程序。使用晶圆厂提供的或匀胶显影机供应商推荐的化学品。工作程序经匀胶显影机供应商的应用工程师调试和优化。

(2)选择 10 片干净的晶圆,使用前面建立的工作程序,使这 10 片晶圆完成曝光,再返回到晶圆盒。曝光使用的掩模版是前面提到的 PTM 模版,它有等距离的线条。这种等距离线条的设计是为了使后面的缺陷检测有更高的分辨率。掩模版上线条的半周期一般略大于系统的最小分辨率,这是为了保证有足够的曝光工艺窗口。

(3)对曝光完成后的晶圆做有图形的缺陷检测。10 片晶圆上图形中的缺陷必须小于一定值。各个晶圆厂可以根据过去的经验和该设备所要运行的工艺来确定标准,例如,32nm 节点工艺,必须考察大于 90nm 的缺陷,图形中的缺陷增加量必须小于 20 个。

在有液体供应的情况下,也可以检测设备对晶圆背面的污染。在运行前后用颗粒探测系统测量晶圆背面的颗粒数,并对比结果。一般要求无明显的颗粒吸附在背面。

2.9.2　增粘单元的验收

增粘单元的工作条件由设备供应商调至最佳。选两块干净的晶圆,经过增粘单元处理。测量晶圆表面的接触角。每片晶圆上测量均匀分布的 25 点,接触角要求在 $60°\sim 70°$ 范围内(即 $65\pm 5°$)。

2.9.3　旋涂均匀性和稳定性的验收

选取 5 盒干净的晶圆,每盒 25 片。做旋涂及烘干,可以选用生产线上使用得最多的胶,旋涂后的去边(EBR)设置为 1mm。对于 KrF 光刻的匀胶显影机,胶厚设定为 300nm;对于 ArF 光刻,胶厚可以设定为 170nm。测试分五天进行,每天一盒晶圆。晶圆旋涂烘干后,测量光刻胶的厚度。每一片晶圆上测量 49 点,其平均值与目标值的差别必须在目标值的±1%范围,49 点厚度值中最大和最小之间的差必须小于±1%×目标值。同一盒内晶圆之间平均厚度的误差要小于±1%×目标值。在不同日期旋涂的胶的平均厚度误差必须在目标值的±1%范围内。

所有的晶圆必须在显微镜下检测去边的洁净度。边缘必须整齐、清洁，看不到明显的颗粒。

2.9.4　显影的均匀性和稳定性测试

设备在安装和优化完成后，进行此测试。选取 5 盒干净的晶圆，每盒 25 片。使用优化后的工艺程序，对晶圆做涂胶、曝光及显影等工艺。显影液选用标准的 2.38% TMAH 水溶液。光刻胶的厚度及烘烤温度等工艺都可以使用一组典型的参数，例如：对于 248nm 波长的光刻，90nm 的 AR13™ 作为抗反射涂层，300nm 的 JSR M91Y™ 光刻胶，光刻胶曝光后烘烤的温度是 130℃；对于 ArF 193nm(dry) 光刻，85nm 的 EB18B™ 或 AR40A™ 作为抗反射涂层，240nm 的 JSR AM2073J-17™ 光刻胶，光刻胶曝光后烘烤的温度是 120℃；对于 ArF 浸没式光刻，85nm 的 EB18B™ 或 AR40A™ 作为抗反射涂层，170nm 的 JSR AM2073J-17™ 光刻胶，90nm 的 TCX041™ 抗水涂层。以 193nm 浸没式为例，掩模版是 60nm : 60nm 的 L/S 图形，曝光的能量和聚焦值由 FEM 事先测定。

对晶圆上每一个曝光区域内的 60nm 1:1 图形做 CD 测量，计算出平均值和标准偏差 σ。每一片晶圆的 CD 平均值必须在 60±1nm 之内，CDU(3σ) 必须小于 2nm。注意，这里检查的是 inter-field CDU，因为显影的均匀性及重复性和 inter-field CDU 相关联。这个测试需要连续做三天，以验证显影单元工作的稳定性。对于有多个显影单元的匀胶显影机台，还需要验证不同显影单元之间的一致性(matching)。验证的方法是，把一盒晶圆分成多个部分，分别通过不同的显影单元，对比晶圆上 CDU 的差别。

2.9.5　系统可靠性测试

机台安装完毕后，要连续运行 90 天，以检测其运行的可靠性。要求：MTBA(机器出现两次故障之间的时间)≥100h；MTTR(平均维修时间)≤2h；设备的有效运行时间≥95%；连续运行 25000 晶圆中碎片不能超过 1 片。每天设备的维护时间小于 0.3h；每周小于 1h；每月小于 4h。

2.9.6　产能测试

产能测试的结果和所选用的流程有关。一般采用只旋涂一层光刻胶来测试产能，即：晶圆输入→增粘→冷却→旋涂光刻胶→烘烤(PAB)→冷却→边缘曝光(WEE)→光刻机曝光→烘烤(PEB)→冷却→显影→坚膜烘烤→冷却→输出晶圆。用这个流程运行一盒(25 片)晶圆，记录下所需要的时间，就可以计算出产能。

产能是晶圆厂要求的一个重要指标。除了实际测量，从匀胶显影机的内部配置、单元工艺需要的时间以及机械手反应的时间等参数也可以计算出一台匀胶显影机在一个特定工艺流程下的产能。表 2.4 是增粘再涂 BARC 和光刻胶的流程产能计算。以此为例，这里详细介绍一下匀胶显影机产能的计算方法。

表 2.4　产能计算的表格 (工艺流程是增粘再涂 BARC 和光刻胶)

No.	Wafer Flow	1	2	3	4	5	6	7	8	9	10	11	12	13	14	15	16	17	18	19	20	21	22	23	24	25	CST	T.P.
2	Module	FUNC	TRS	CPL	BCT	CPHP	CPL	COT	CPHP	CPL	WEE	SBU	SBU	CPL	EIF	EIF	TRS	CPHP	CPL	DEV	LHP	WCPL	CDM	TRS	TRS	FUNC		
3		1	1	2	2	5	3	3	5	2	1	1	1	2			1	6	2	5	3	1	1	1	1			
4	MUT			48	57	128	54.4	72	120	35.4	24			29.6				123.2	36	112	67	23.4						
5	MUT Cycle			24.0	28.5	25.6	18.1	24.0	24.0	17.7	24.0			14.8				24.1	18.0	22.4	22.3	23.4					28.5	126.3
6	CRA AST	4.5	4																							4	16.5	218.2
7	PRA1 AST		2.5	4	3.5	3.5	2.5																	2.5	2.5		21	171.4
8	PRA2 AST						3	3.5	3.5													2.5	4.5	2.5			19.5	184.6
9	PRA3 AST									2.5								2.5	4	3.5	3.5	2.5					18.5	194.6
10	IRAM AST									3.4	5.2	3	3.2	2.9			2.8	3.2									23.7	151.9
11	IRAS AST													3.5	3.5	3.5	3.5										14	257.1
12	RSLT																										28.5	126.3

(1)首先是确定这个流程中晶圆按顺序需要经过的工艺单元(见表 2.4 中的第 1～2 行),其中的有些单元是重复配置的,如 BCT(抗反射材料旋涂单元)有 2 个。重复单元的数目也列在表 2.4 的第 3 行中。

(2)确定晶圆在每一个单元的时间,这个时间包括工艺需要的时间和晶圆进出单元所需要的时间(见第 4 行,单位是 s)。由于存在重复的单元可以同时进行同一个工艺步骤,实际上晶圆在这个单元花费的时间是第 4 行除以单元的重复数(见第 5 行,单位是 s)。

(3)量产时,所有工艺单元同时在工作,即并行处理晶圆。取第 5 行中的最大值,得到整个流程在工艺单元上花费的时间(见第 5 行/CST 格子:28.5,单位是 s)。每个小时,工艺单元可以处理的晶圆数是 3600/28.5 = 126.3WPH(见第 5 行/T.P.格子)。

(4)在工艺单元之间,晶圆是由机械手来传送的。在产能的计算中,必须考虑到晶圆的传送时间。这台匀胶显影机共使用了 5 个机械手(表 2.4 中 CRA AST、PRA1～3 AST、IRAM AST、IRAS AST),它们顺序操作,把晶圆从晶圆盒中取出,在工艺单元之间传送,然后送到光刻机界面(EIF);曝光完成后,机械手从光刻机界面处取得晶圆,再在工艺单元之间传送,最后送回晶圆盒。每传送一次晶圆,机械手必须取晶圆、送晶圆、放置晶圆;因此,机械手花费的时间必须包括做这些动作的时间(见表 2.4 中第 6～11 行)。在整个流程中,每一个机械手只需要在规定的几个单元之间传送晶圆;机械手的工作时间就是这几个单元之间传送时间之和(见表 2.4 中的第 6～11 行/CST 列)。每个小时,机械手可以传送的晶圆数就是 3600s 除以其工作时间(见表中的第 6～11 行/T.P.列)。

(5)对比每小时工艺单元可以处理的晶圆数和机械手可以传送的晶圆数,可以发现该设备产能的瓶颈。表 2.4 中的工艺单元的产能只有 126.3WPH,远小于 5 个机械手的产能。整个机台的产能就是由这个瓶颈产能决定的(见表中第 12 行/T.P.列)。

2.9.7　对机械手的要求

机械手在匀胶显影设备中担负着传送晶圆的任务。在传送晶圆时,机械手必须定位准确。例如,晶圆在旋涂单元,其中心必须与转台的中心吻合,否则高速旋转时产生的离心力是不对称的,会影响胶膜的均匀性;而且,晶圆与转台的离心还会导致去边清洗的不对称。一般要求,机械手定位的精度和重复性小于±0.3mm。为了避免机械手接触晶圆时对晶圆的污染,一般要求机械手接触晶圆的部分是特殊的非金属件。

2.10　匀胶显影机的使用维护

和 Fab 里的其他设备一样,光刻设备工程师必须对匀胶显影机做定期的维护,这种维护是为了防止设备出故障,保证其持续工作在一个健康状态。业界通常把这种定期的设备维护称为预防维护(preventive maintenance，PM)。匀胶显影机供应商会提供一个 PM 的手册给 Fab，这个手册建议了 PM 的内容、时间间隔以及所要达到的指标。

　　PM 一般分为每周、每月、每季度、每半年和每年必须完成的项目，它们分别被称为 weekly PM、monthly PM、quarterly PM、half-yearly PM 和 yearly PM。做 PM 时，设备工程师必须根据安全规定的要求准备好所要使用的工具和化学药品、停止机台的运作、穿戴上相应的保护衣服和用具。实际上 PM 的主要工作是清洁机台和检查运动部件，如果不按规定的程序操作或防护不到位，工程师很容易被化学药品和机台的运动部件伤害。除了匀胶显影设备供应商建议的 PM 内容外，各个 Fab 也可以根据自己的工艺需要做调整。进行 PM 时，工程师可能对设备内部的硬件做了清洗和调整，这可能导致工艺条件的改变，例如，原来在 1500rpm 时旋涂得到的胶厚是 200nm，PM后可能偏离到了 210nm。为此，PM 完成后机台还不能立即投入生产，必须先经过测试，保证各项主要指标符合要求。

　　除了 PM 之外，工程师还必须每天检查记录设备上的各仪表参数，与规定值作对比，发现参数的漂移和异常情况。更专业的做法是结合工艺的实际情况，客制化 Fab自己的常规检查项目，以及随之的异常排除方案(action plan)。

参 考 文 献

[1] Yang X, Zhu X, Cai S. Wafer surface pre-treatment study for micro bubble free of lithography process. Proc of SPIE, 2014.

[2] Li X, Lehmann T, Greene W. Stability of photo resist coating performance of small dispense nozzle size in photolithographic spin coating process. Proc of SPIE, 2006, 6153-61533A.

[3] Nakagawa H, Goto K, Shima M, et al. Process optimization for developer soluble immersion topcoat material. Proc of SPIE, 2007, 6519-651923.

[4] Braggin J, Entegris B, Couteau T, et al. Lithography cost savings through resist reduction and monitoring program. ASMC IEEE, 2011.

[5] http://www.erc.arizona.edu/Education/MME%20Course%20Materials/MME%20.Modules/VOC%20 Emissions%20Module/VOC%20-%20Photolith.ppt.

[6] Oberlander J, Sison E, Traynor C. Development of an edge bead remover (EBR) for thick films. Proc of SPIE, 2001, 475-483.

[7] Randall M, Linnane M, Longstaff C, et al. A universal process development methodology for complete removal of residues from 300mm wafer edge bevel. Proc of SPIE, 2006.

[8] Ito S, Hayasaki K, Monitor and control for development technology. J Vac Sci Technol, 2003, 3177-3180.

[9] Mack C. Pattern collapse. Microlithography World, 2006, 16-17.

[10] Tanaka T, Morigami M, Atoda N, et al. Mechanism of resist pattern collapse during development process. Jap J Appl Phys, 1993, 32(12B): 6059-6064.

[11] Simons J, Goldfarb D, Angclopoulos M, ct al. Image collapse issues in photoresist. Proc of SPIE, 2001, 4345: 19-29.

[12] Lim J, Son J, Park E, et al. The feasibility of the additional process for improving pattern collapse in develop process. Proc of SPIE, 2014, 9235-92351N.

[13] Masuda S, Kobayashi M, Kim W, et al. Effect of the rinse solution to avoid 193 nm resist line collapse: A study for modification of resist polymer and process conditions. Proc of SPIE, 2004, 819-829.

[14] 高级技术材料公司. 具有空检测能力的基于衬里的液体储存和分配系统: 中国, CN102423665B, 2015. http://epub.sipo.gov.cn/patentoutline.action.

[15] Mesawich M, Sevegney M, Gotlinsky B, et al. Microbridge and e-test opens defectivity reduction via improved filtration of photolithography fluids. Proc of SPIE, 2009, 7273-72730O.

[16] Umeda T, Tsuzuki S, Numaguchi T. Defect reduction by using point-of-use filtration in a new coater/developer, Proc of SPIE, 2009, 72734B.

[17] Kuo T. The Metal ions from track filter and its impact to product yield in IC manufacturing. Proc of SPIE, 2014, 9050-90501Z.

[18] Umeda T, Tsuzuki S. Adsorption characteristics of lithography filters in various solvents using application-specific ratings. Proc of SPIE, 2014, 9051-90511G.

[19] Umeda T, Morita A, Shimizu H, et al. Wet particle source identification and reduction using a new filter cleaning process. Proc of SPIE, 2014, 9051-90511F.

[20] Mesawich M, Sevegney M, Gotlinsky B, et al. Microbridge and e-test opens defectivity reduction via improved filtration of photolithography fluids. Proc of SPIE, 2009, 7273.

[21] Pic N, Martin C, Vitalis M, et al. Defectivity decrease in the photolithography process by AMC level reduction through implementation of novel filtration and monitoring solutions. Proc of SPIE, 2010.

[22] Moulton T, Zaloga E, Chase K, et al. An analytical method for the measurement of trace level acidic and basic AMC using liquid-free sample traps. Proc of SPIE, 2014, 9050-90502B.

[23] Hayeck N, Maillot P, Vitrani T, et al. In cleanroom, sub-ppb real-time monitoring of volatile organic compounds using proton-transfer reaction/time of flight/mass spectrometry. Proc of SPIE, 2014, 9050-905021.

[24] Kiyotomi A, Dauendorffer A, Shimura S, et al. Investigation of a methodology for in-film defects detection on film coated blank wafers. Proc of SPIE, 2014, 9050-90502H.

[25] Ng L, Lim H. Defect density control on "satellite spots" or chemical stains for DUV resist process. Proc of SPIE, 2002, 4690-679-689.

[26] Ono Y, Shimoaoki T, Naito R, et al, Behavior of chemically amplified resist defects in TMAH solution. Proc of SPIE, 2004, 5376: 1206-1214.

[27] Skordas S, Burns R, Goldfarb D, et al. Rinse additives for defect suppression in 193nm and 248nm lithography. Proc of SPIE, 2004, 5376: 471-481.

[28] Mirth G, Reduction of post-develop residue using optimal developer chemistry and develop/rinse processes. Proc of SPIE, 1995, 2635: 268-75.

[29] Harumoto M, Yamaguchi A, Hisai A. Mechanism of post develop stain defect and resist surface condition. Proc of SPIE, 2007, 6519-65193F.

[30] http://www.kla-tencor.com/lithography/integrated-waferprocesses.html.

[31] Harumoto M, Stokes H, Tamada O, et al. In-situ analysis of defect formation in coat develop track processes. Proc of SPIE, 2014, 9051-90510P.

第3章　光刻机及其应用

曝光是在光刻机内进行的。曝光时，光源照射在掩模上，再通过透镜把掩模上的图形投射在光刻胶上，激发光化学反应。随着技术的进步，光刻机从一开始的接触式曝光(contact exposure)发展到了步进-扫描(step-and-scan)式曝光。接触式曝光是掩模和晶圆表面直接接触，掩模上的图形被 1∶1 的直接投射在晶圆表面的光刻胶上，如图 3.1(a)所示。和晶圆的直接接触很容易导致掩模的污染和损坏，因此在晶圆和模版之间通常会保留一个几至十几微米的缝隙。这种形式的曝光又叫邻近式曝光(proximity exposure)。

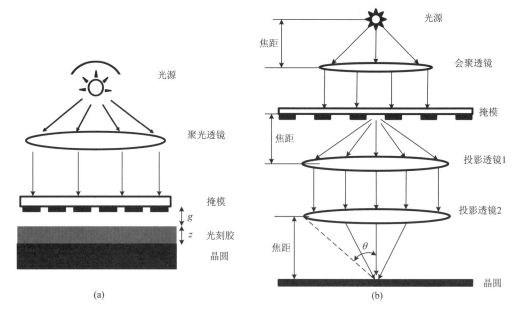

图 3.1　(a)接触式(邻近式)曝光示意图和(b)投影式曝光示意图

邻近式曝光的分辨率(resolution)可以表示为

$$\text{resolution} = \frac{3}{2}\sqrt{\lambda\left(g + \frac{z}{2}\right)} \tag{3.1}$$

式中，λ 是曝光波长，g 是掩模和光刻胶之间的距离，z 是晶圆表面光刻胶的厚度，如图 3.1(a)所示。式(3.1)中，$g = 0$ 对应接触式曝光。邻近式曝光的间隙 g 必须很小，以满足近场成像条件(Fresnel diffraction)，即

$$\lambda < g < \frac{w^2}{\lambda} \tag{3.2}$$

式中，w 是掩模上透光孔径的尺寸，即掩模上图形的最小尺寸。式(3.2)表明，掩模上的图形越小，掩模版必须距离晶圆越近才能满足邻近式曝光的条件。

步进-扫描式光刻机使用投影式曝光系统。它在掩模和晶圆之间加装了一个透镜组，称为投影透镜(projection lens)，如图 3.1(b)所示。掩模上的图形通过这个透镜组聚焦在晶圆表面。投影透镜的插入使得投射到晶圆上的图形和掩模版上的图形尺寸对比不再是 1 : 1。目前基本采用的是 1 : 4，即掩模版上的图形被缩小到 1/4 投射在晶圆表面。现代光刻机基本上都是步进-扫描式的，本章着重讨论这一类光刻机。

3.1　投影式光刻机的工作原理

3.1.1　步进-扫描式曝光

投影式光刻机一般采用步进-扫描式曝光。光源并不是一次把整个掩模上的图形投射在晶圆上，曝光系统通过一个狭缝式曝光带(slit)照射在掩模上，如图 3.2(a)所示。载有掩模的工件台(reticle stage)在狭缝下沿一个方向移动，等价于曝光系统对掩模做了扫描，如图 3.2(b)所示。与掩模的扫描同步，晶圆沿相反的方向以 1/4 的速度移动。现代光刻机中，掩模扫描的速度可以高达 2400mm/s，对应的晶圆移动速度是 600mm/s。较高的扫描速度可以缩短曝光时间，从而提高光刻机的产能。

曝光扫描结束后，曝光系统步进式移动到下一个位置。图 3.2(c)是曝光系统做步进和扫描运动的示意图。为了尽量减少晶圆等待曝光的时间，步进移动一般是按照一个蛇形路径进行的。完成一次扫描以后，曝光系统并不复位，而是在下一位置反方向扫描。目前先进光刻机都是步进-扫描式的，简称"scanner"。光刻机的供应商主要有荷兰的 ASML，日本的 Nikon 与 Canon。

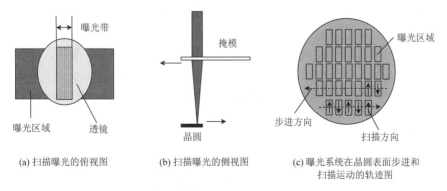

(a) 扫描曝光的俯视图　　　(b) 扫描曝光的侧视图　　　(c) 曝光系统在晶圆表面步进和
　　　　　　　　　　　　　　　　　　　　　　　　　　　　　扫描运动的轨迹图

图 3.2　步进-扫描式光刻机曝光方式示意图

先进步进-扫描式光刻机所能支持的最大曝光区域(exposure field)面积是 26mm× 33mm[1];步进式光刻机(stepper)的曝光区域只有 22mm×22mm。然而,实际芯片可能小于这个尺寸,光刻机的曝光区域必须能够随之做调整。也可以把几个不同的版图放在同一张掩模版上,这样一个曝光区域中就可以有几个不同的器件设计(又称为"die"),最终制备成几个不同功能的芯片,如图 3.3 所示。这里有几个概念需要特别澄清一下:

(1)网格(grid),按照曝光区域把晶圆表面分成若干大小相同的矩形区域的网格;

(2)每一个网格内的区域被称为一个单元(cell);

(3)每一个 cell 里有一个曝光区域,曝光区域的面积比 cell 略小一些。每一次曝光又称为一个"shot"。

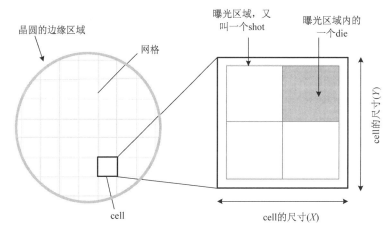

图 3.3　cell、曝光区域、die 在晶圆上的分布示意图

晶圆的边缘一般都经过倒角处理,边缘区域的平整度与晶圆中间不一样(见图3.3),导致光刻机聚焦系统在边缘区域无法正常工作。为此,光刻机中可以分别做两种设置:一是避免对边缘区域曝光(又称为 round edge clearance),即在离边缘一定的距离内停止曝光。第二种设置是,曝光系统在边缘区域不做聚焦(又称为 focus edge clearance),使用附近(非边缘)区域的聚焦值做边缘曝光。

一个好的扫描式曝光过程必须精确地控制以下三方面:第一,曝光区域的位置;第二,承载晶圆的工件台(wafer stage)与承载掩模的工件台(reticle stage)的移动速度;第三,两个工件台之间的同步(stage synchronization)。

3.1.2　光刻机曝光的流程

晶圆在光刻机里的工艺流程如图 3.4 所示。晶圆经过涂胶和烘烤后被传送到光刻机里,放置在晶圆工件台上;同时,掩模被放置在光刻机的掩模工件台上。光刻机的晶圆对准系统首先会调整晶圆的位置,使之与晶圆工件台初步对准;掩模对准系统也会调整掩模的位置，使之与掩模工件台初步对准。然后，光刻机的对准系统(alignment system)做掩模与晶圆的对准。这一对准过程一般可以分成两步来做：先是粗对准(coarse alignment)，然后是精细对准(fine alignment)。粗对准只需要使用 2 个对准标记，一般是选取晶圆上两个相距较远的对准标记。精细对准则需要测量多个对准标记，一般至少是 20 个。通过对多个对准标记的定位，对准系统可以计算出曝光时的准确位置，以实现极小的套刻误差(overlay)。光刻机的对准系统还可以接受外部输入的参数，对曝光位置做进一步的校正。

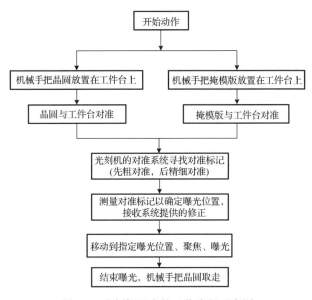

图 3.4　光刻机曝光的工作流程示意图

对准完成后，曝光系统移动到指定曝光区域先做聚焦。聚焦系统测量晶圆表面高低，确定聚焦位置。曝光系统按事先设置好的曝光能量开始曝光。整个晶圆的曝光完成后，机械手把晶圆取走，送回匀胶显影机做后烘和显影。以上流程中的各项参数都需要事先在光刻机工作文件(scanner job file)中设定。

3.1.3　曝光工作文件的设定

光刻机通常提供有比较好的图形界面(GUI)给工程师编制工作文件。光刻机工作文件内容很丰富，牵涉曝光各方面所需要的参数，包括掩模上曝光区域的设定、如何曝光(能量和光照条件)、如何对准晶圆、曝光时需要做哪些修正等。设置光刻机工作文件是一项非常细致的工作。在实际产生光刻机工作文件时，工程师一定要参考光刻机的使用手册。下面就以一款典型的光刻机工作文件为例，来介绍其内容。

(1)一般曝光信息(general)

提供晶圆的类型和晶圆上缺口(notch)形状的参数，以便光刻机辨认。单元的大小

X/Y(cell size)也在这里提供。根据芯片大小,光刻机可以确定 X 和 Y 方向步进的尺寸。这些一般信息对于同一个产品的不同光刻层都是相同的(即所谓的"product-specific")。

(2)成像信息(image)

使用哪一层的何种对准标记来对准,这些对准标识在晶圆上的坐标。曝光区域的尺寸(image size),即"shot/exposure field"的尺寸。

(3)曝光区域在晶圆上的分布(wafer layout)

这里确定曝光时晶圆的边界。由于 WEE 和 EBR 的作用,通常距离晶圆边界 1～3mm 内是没有光刻胶的,因此这一边缘区域不需要曝光。从这里可以确定曝光区域在晶圆上的排布,设定那些横跨晶圆边界的区域是否需要曝光。

(4)光刻层曝光设置(layer)

这里确定光照条件(illumination condition)、数值孔径(NA)、曝光的能量值以及自动聚焦出现异常的监控。自动聚焦监控(focus monitoring)是指聚焦值超出一个设定的阈值时,系统就报警,并作为坏点(hot spots)记录下来。

(5)掩模信息(reticle definition)

提供掩模标识号码(ID)及其对应的光刻层名称。掩模版上一些特殊标识的位置,如掩模版形状修正标识(reticle shape correction marks)。

(6)对准方法(alignment strategy)

设定哪些对准标记用于粗对准,哪些用于精细对准,以及它们所在的位置。对准操作时需要测量多少对准标识。曝光位置网格的修正(wafer grid correction)和曝光区域内部的修正(intra-field correction)参数设置。

有些型号的光刻机(如 ASML 系列的机台)还需要设置各种子程序(sub-recipe),用来调用某些特殊的功能。工程师必须要搞清楚每一个子程序的适用范围,保证正确地链接到光刻机工作文件中。例如,曝光剂量分布子程序(dosemapper recipe)和曝光网格修正子程序(gridmapper recipes)都必须指明在哪一台光刻机上使用于哪一个产品的哪一个光刻层,即所谓的 tool、product 或 layer-specific。曝光时可以只使用掩模的一部分,其余部分用遮光片(blades)阻挡。遮光片有四块,分别位于上、下、左、右。四块遮光片可以在掩模平面内分别沿 X 和 Y 方向移动,保证掩模只有局部区域透光。假设曝光区域的面积是 5mm×5mm,遮光片的设置一般比这个区域略大一些。

3.1.4　双工件台介绍

双工件台最早由 ASML 于 2000 年推出,被称为 TWINSCAN^{TM},即在一台光刻机内有两个承载晶圆的工件台。两个工件台互相独立,但同时运行。一个工件台上的晶圆做曝光时,另一个工件台对晶圆做测量等曝光前的准备工作。当曝光完成后,两个工件台交换位置和职能,如此循环往复实现光刻机的高产能。图 3.5(a)是双工件台工作流程的示意图,晶圆在测量位置完成上片、三维形貌测量后,通过两个工件台的位置交换进入曝光位置,再与掩模对准后,完成步进-扫描曝光。

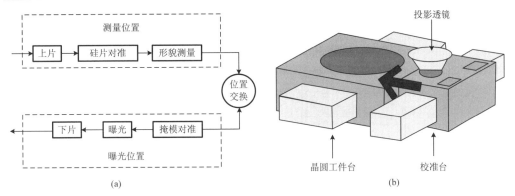

图 3.5　(a) 双工件台工作流程的示意图和 (b) Nikon Tandem^{TM} 双工件台的示意图

Nikon 公司推出了另一种双工件台设计，以提高其浸没式光刻机的产能。Nikon 光刻机的双工件台与 ASML 的设计有所不同，一是晶圆工件台，用于晶圆曝光；另一个是校准台，用于完成对准和晶圆形貌测量。这种设计被称为 "tandem stage"，如图 3.5 (b) 所示。当曝光完成后，晶圆工件台与校准对接整体移动，使投影透镜位于校准台的正上方。机械手从晶圆工件台取走晶圆，并放置下一个晶圆。当晶圆工件台进行上下片操作时，校准台完成对准系统的校正和照明均匀性测量等操作。然后，晶圆台与校准台分离，投影透镜移动到晶圆台上方，完成对准和曝光。

双工件台的发明使得光刻机的产能有了大幅度的提高。传统的光刻机中只有一个工件台，晶圆的上下片、测量、对准、曝光都是顺序进行的；而在双工件台光刻机中，大部分测量、校正工作可以在另一个工件台上平行进行。先进光刻机要求有极高的对准精度，而对准精度 (alignment precision，AP) 与所需要测量的对准标记数目 (N) 成反比，即测量的标识越多，所能达到的对准精度越高：

$$AP \propto \frac{1}{\sqrt{N}} \tag{3.3}$$

大量的测量必然导致单工件台光刻机产能的进一步下降。一般曝光的时间要大于测量和校正的时间，因此，在双工件台设计中系统可以做更多更复杂的测量，而不影响产能[2]。传统的单工件台光刻机很难实现其产能超过 100WPH，而基于双工件台的 ASML 浸没式光刻机的产能已经能超过 200WPH。

3.2　光刻机的光源及光路设计

3.2.1　光刻机的光源

I-线 (365nm 波长) 及以上波长光刻机使用的光源是高压汞灯。高压汞灯能提供 254~579nm 波长的光，其谱线强度分布如图 3.6 所示。使用滤波器可以选择性的使用 I-线 (365nm)、H-线 (405nm) 或 G-线 (436nm) 为光刻机提供照明光源。

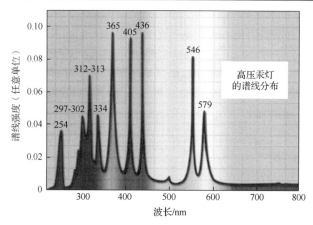

图 3.6　高压汞灯谱线强度低的分布(见彩图)[3]

　　KrF(248nm 波长)和 ArF(193nm 波长,包括 193nm 浸没式)光刻机使用准分子激光器(excimer)作为光源。准分子激光器工作的原理是:惰性气体(Kr,Ar)在电场和高压环境下与活泼的卤族元素气体(F₂,Cl₂)反应生成不稳定的分子(准分子)。这些不稳定的处于激发态的准分子又不断分解成惰性气体和卤族元素,并释放深紫外(DUV)的光子。不同准分子材料就决定了发射光子的波长,KrF 释放 248nm 波长的光子,ArF 释放 193nm 波长的光子。准分子激光是脉冲式的,其关键的技术参数有脉冲的频率(repetition rate)和持续时间(pulse duration)、每一个脉冲的能量(pulse energy)及其稳定性(energy dose stability)、输出功率(output power)、波长的稳定性(wavelength stability)、谱线宽度(spectral bandwidth,FWHM)。用于 ArF 和 KrF 光刻机的准分子激光器的典型技术指标如表 3.1 所示[4]。除了对光源的选用有严格的要求外,光刻机内部还设计有各种反馈系统,保证光源工作的稳定性。较强的输出功率就意味着曝光时间的缩短和光刻机产能的提高,因此,高功率的 ArF 准分子激光器一直是业界追求的目标。Cymer 已经报道有输出功率达到 120W 的 ArF 光源,脉冲的频率是 6000Hz,脉冲持续的时间(temporal duration)在 100～150ns。这一光源的输出功率(单位为 W)与输入功率(单位为 kW)之比已经达到了 4.55[5]。这种大功率的光源保证了两次和多次曝光工艺的产能,也为将来 450mm 晶圆的光刻工艺奠定了基础。

表 3.1　用于 ArF 和 KrF 光刻机的准分子激光器的典型技术指标(1pm=10⁻¹² m)

性能参数	ArF	KrF
脉冲频率/Hz	4000	2000
脉冲能量/W	20	30
能量稳定性(30 个脉冲内)/%	< ±0.3	< ±0.5
谱线宽度(FWHM)/pm	< 0.35	50
脉冲持续时间/ns	40	30

　　降低功耗和延长激光腔体的使用寿命是减少光刻机光源运行成本的重要因素。文献[6]

提出，可以通过三个方面的努力来降低功耗和延长激光腔使用寿命。第一个方面是改善腔体内部件的绝缘度，避免在低气流时的反常放电。气体在腔体内电极之间的流动是由风扇驱动的，这个风扇被称为 CFF(cross flow fan)。在正常稳定放电时，气流在电极之间高速流动。通过改善腔体内部件的绝缘度可以降低功耗 19%。第二个方面是增强气体的预电离(pre-ionization)。电极之间的间距大约有 10mm 左右，腔体内的气压大约是 400kPa，如果不对气体作预电离，很难在电极之间形成稳定的放电，也会增加电极的损耗。为此，激光腔必须有对气体做预电离的功能。电极的损耗是限制激光腔使用寿命的关键因素，电极的损耗是与所产生的激光脉冲数(laser pulse count)成正比的。电极一般是由金属制成的，在放电时，气体中的 F 会不断腐蚀电极。为了进一步的延长电极使用寿命，文献[6]提出对电极表面做特殊处理，这种特殊处理后的电极被称为 G 电极。G 电极的抗腐蚀和抗离子溅射能力大大提高，能够有效地延长使用寿命。通过增加预电离和使用表面特殊处理的电极，可以使激光腔的使用寿命增大到 600 亿次脉冲以上。

激光光源在工作时，其状态参数会实时地反馈给光刻机，并记录在系统中。这些状态参数包括：输出能量、波长、频宽、束斑的形状(beam profile)、束斑的位置和发散度(divergence)等。还可以把这些参数有选择地输入到工厂的设备错误报警系统(fault detection and classification，FDC)中，与设定的指标对比，发现问题及时报警[7]。

光源的频宽和波长及其稳定性直接影响到光刻的性能和工艺窗口。文献[8]研究了频宽对邻近效应(proximity effect)的影响，即不同周期线条的宽度随光源频宽的变化(掩模上线条的宽度不变)，结果如图 3.7 所示。光源的频宽用 E95 来表征，它定义为包含95%输出能量的频谱范围，单位是 fm($1\text{fm} = 1 \times 10^{-15}\text{m} = 1 \times 10^{-6}\text{nm}$)。可见随着 E95 的增大(即输出激光频谱变宽)，线宽的邻近效应更加明显，密集线条与独立线条宽度的

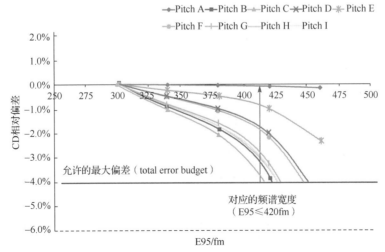

图 3.7 不同周期线条的宽度随光源频宽的变化(见彩图)[8]

掩模上线条自身的宽度不变：Pitch A 是 1∶1 的密集线条，从 Pitch A 到 Pitch I 周期不断增大，Pitch I 是独立线条

差别增大。结合实验结果，文献[8]建议：E95 必须小于 420fm 才能够保证 CDU 不超过目标 CD 的 4%。

　　文献[9]还进一步研究了光源频宽对其他关键图形成像的影响，例如，沟槽的宽度 (trench width)、端点之间的距离 (tip-to-tip)、端点与沟槽之间的距离 (tip-to-trench)，实验结果如图 3.8 所示。沟槽的目标宽度分别是 45nm、47nm 和 50nm；端点之间距离的目标值是75nm 和 77nm；端点与沟槽距离的目标值是 50nm。可见，光源的频宽越大，这些图形与目标值的偏离就越大。只有严格控制光源的频宽和波长才能保证光刻工艺的稳定性[10]。

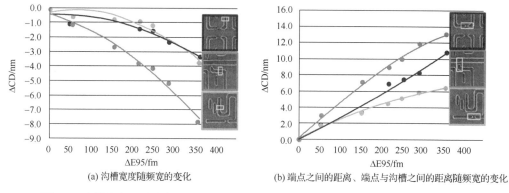

(a) 沟槽宽度随频宽的变化　　　　　　　　(b) 端点之间的距离、端点与沟槽之间的距离随频宽的变化

图 3.8　沟槽宽度、端点之间、端点与沟槽之间的距离随频宽 (E95) 的变化[9] (见彩图)

3.2.2　投影光路的设计

　　光源发出的光照射在掩模上。掩模和晶圆之间的光路被称为光刻机的投影光路 (projection optics)。投影光路的设计主要分两类，一类是反射式设计 (catoptric)，即光路中主要使用反射镜；另一类是折射式设计 (dioptric)，即光路中主要使用透镜。折射式光路是目前大型光刻机的主流设计。

3.2.2.1　反射式光路设计

　　图 3.9 是一种反射式设计，由 Offner 等完成，被称为 Offner 设计。这种光路可以实现掩模版和晶圆之间 1∶1 的投影式曝光。曝光扫描时，掩模版和晶圆沿同一个方向运动。Perkin Elmer 生产的 1× 扫描式光刻机就是这种光路设计。Offner 光刻机使用的掩模版也可以被用于接触式 (邻近式) 曝光。

　　另外一种常见的反射式光路设计如图 3.10 所示，又称为 Wynn-Dyson 设计。Ultratech 的 1× 光刻机就是使用的这种光路。这一光路的关键是使用了一个分裂棱镜 (field-splitting prism)，它的优点是像差小、光学元件少、造价低；缺点是分辨率低 (约 0.5μm)、线宽控制和对准控制比较困难[11]。

　　图 3.11 是实现 4× 缩小的光路设计。它最早出现于 0.35NA 的光刻机，一直能延伸到 0.75NA。这一设计的关键是使用了一个光束分离器 (beam splitter)，使得能量损失很少。

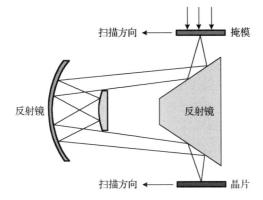

图 3.9 Offner 反射式光路设计

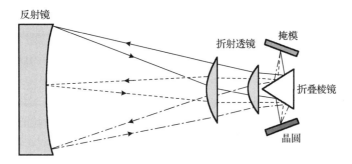

图 3.10 Wynn-Dyson 反射式光路设计

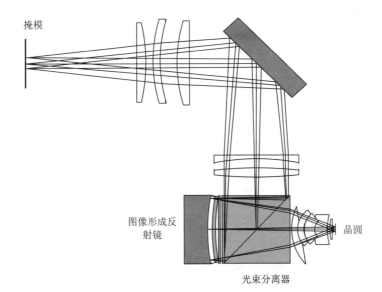

图 3.11 实现 4×缩小的反射式光路设计

3.2.2.2　折射式光路设计

1975 年 Canon 提出了一个 4×缩小的光刻机光路，NA=0.31，曝光区域是 10mm×10mm。这是一种步进-重复(step-and-repeat)的设计，即曝光时，掩模是被一次投影在晶圆上，如图 3.12 所示。放置晶圆的工件台由干涉仪来精确定位(interferometer-controlled stage)，可以实现较高的对准精度。

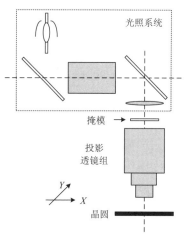

图 3.12　4×缩小的步进-重复光刻机光路示意图[11]

晶圆工件台沿 X 和 Y 方向都是做步进；使用干涉仪对晶圆工件台精确定位，工件台的侧面安装有供干涉仪使用的反射镜

目前流行的步进-扫描式光刻机的光路结构与图 3.12 类似，也是采用折射式设计。图 3.13 是步进-扫描式光刻机投影光路的示意图，这种设计可以实现 NA 一直到 0.93。0.93NA 已经是"干"光刻机所能实现的最大数值孔径了。投影光学系统设计的另一个方向是减少像差；在 20 世纪 80 年代，投影光学系统的像差（RMS）大约是 $\lambda/20$，而目前新型 ArF 光刻机投影系统的像差只有 $\lambda/400$，即 0.5nm 左右[12]。

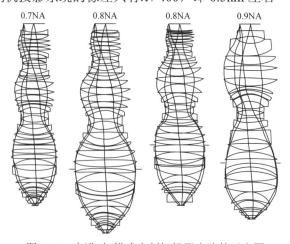

图 3.13　步进-扫描式光刻机投影光路的示意图

3.2.3　193nm 浸没式光刻机

　　浸没式光刻机采用折射和反射相结合的光路设计(catadioptric)。这种设计可以减少投影系统光学元件的数目，控制像差和热效应，实现 1.35NA[11]。图 3.14(a)是一种浸没式光刻机投影光路的示意图。如果投影光路中添加了奇数个反射元件，那么投影在晶圆表面的像与掩模版上的图像是反对称的；只有添加了偶数个反射元件后，投影在晶圆表面的像与掩模版上的图像才是一致的，如图 3.14(b)所示。

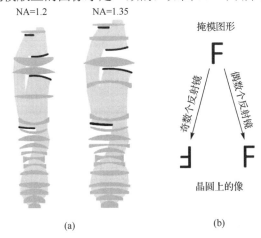

图 3.14　(a)一种浸没式光刻机投影光路的示意图和(b)投影光学系统中安置
反射镜会导致掩模图形翻转

　　浸没式光刻机工作时并不是把晶圆完全浸没在水中，而只是在曝光区域与光刻机透镜之间充满水。光刻机的曝光头(exposure head)必须特殊设计，以保证：①水随着光刻机在晶圆表面做步进-扫描运动，没有泄漏；②水中没有气泡和颗粒。在 193nm 波长下，水的折射率是 1.44，可以实现 NA 大于 1。图 3.15 是浸没式光刻机曝光头的设计示意图。去离子水经过进一步去杂质、去气泡(degassing)、恒温之后流入曝光头，填充在晶圆与透镜之间，然后流出光刻机。除了表面张力，曝光头还设计有特殊的风流(air knife)，保证水不易从侧面泄漏出去。

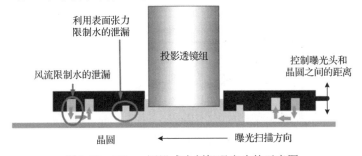

图 3.15　193nm 浸没式光刻机曝光头的示意图

3.3　光　照　条　件

从光源发出的束斑经光学系统增宽和均匀化后，以一定的形式照射在掩模上，该光学系统被称为光照系统或照明系统。图 3.16 是一个光刻机光路的示意图[13]。光源发出的光经过光路到达照明系统，照明系统对光强的分布做空间变换，使之以一定的方式照明在掩模上。光刻机成像的分辨率与光线照射在掩模上的方式非常相关。在设置光刻工艺时，光刻工程师必须根据掩模版上图形来调整光照条件，使得曝光时所有图形都有最大的工艺窗口（common process window）。从实用的角度，光照条件是光刻工程师在光刻机上调节得较多的参数，也是光刻工艺中的关键。

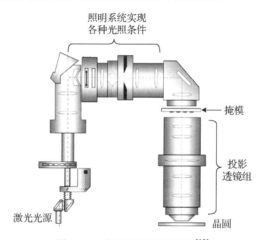

图 3.16　光刻机光路示意图[13]

3.3.1　在轴与离轴照明

假设一个点光源位于会聚透镜（condenser lens）的焦平面上，如图 3.17 所示。光线透过会聚透镜后成为平行光，照射在掩模上。这种点光源发出的光又被称为空间相干的光（coherent light）；与之相对应，一个无限大光源发出的光线是空间不相干的（incoherent light）；一个有限尺寸光源发出的光是空间部分相干的（partially coherent）。

点光源在焦平面上的具体位置直接影响到曝光的分辨率和聚焦深度。图 3.17(a)是点光源位于焦平面的主轴上，被称为在轴照明（on-axis illumination）；图 3.17(b)是点光源位于焦平面上但离开主轴，被称为离轴照明（off-axis illumination）。这两种光照设置中，除了光源的位置不一样，透镜的大小（NA）及其余设计都是相同的。

离轴照明实际上是一种两束光成像技术（two-beam imaging technique），即通过调整光线在掩模上的入射角，只有两束（0, +1 或–1）衍射光被投影透镜收集，并在晶圆表面成像（见图 3.17(b)）。离轴照明的特点是没有沿主光轴方向传播的光。与之相反，在轴照明的情况下(见图 3.17(a))，沿主光轴传播的光参与成像；三束衍射光(−1，0，+1)同时照射在投影透镜上，因此，在轴照明又被称为三束光成像(three-beam imaging)。

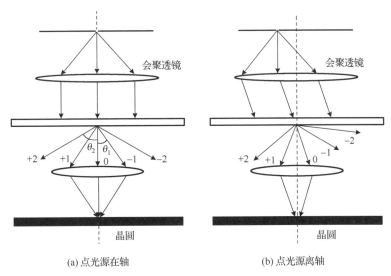

(a) 点光源在轴   (b) 点光源离轴

图 3.17   两种照明方式的光路对比

  理论上来说，如果所有的衍射光束都被投影透镜收集并会聚在晶圆表面，那么掩模上的全部图形信息就可以准确地复原在晶圆上。然而，透镜是有一定尺寸的，不可能无限大，因此高等级的衍射光束必然不能被透镜所收集。掩模上的图形越小，衍射角就越大，衍射光束就越向外发散。假设掩模版上图形的周期是 P，在轴照明(见图 3.17(a))所能分辨的极限就对应 $P \cdot \sin\theta_1 = \lambda$ (λ 是波长)。这时，±1 级衍射光束照射在投影透镜的边缘，正好被收集。在离轴照明的情况下(见图 3.17(b))，同样尺寸的透镜，却有可能收集更多的衍射光束，因为包含重复信息的衍射束 −1，−2，⋯ 不参与成像。因此，在离轴照明的设置下，更多的衍射光束可能参与成像，可以提供更高的成像分辨率。

  离轴照明最大的优点是能提高聚焦深度。聚焦深度的详细定义和计算方法参见第 1 章，它定量地描述了在偏离最佳聚焦位置处成像的质量。在聚焦位置，各成像光束之间的相位差是 0；偏离了聚焦位置，各成像光束之间的相位差不再是 0。相位差越大，成像质量就越差。在聚焦深度范围内，成像光束之间的相位差小于 $\pi / 2$，可以保证成像质量。图 3.18 是掩模分别在在轴和离轴情况下的衍射光束成像。假设成像位置偏离聚焦点的距离是 DOF。在轴成像设置时，聚焦点与偏离点之间的光程差是 $\mathrm{DOF} \cdot \sin\theta_1 = \mathrm{DOF} \cdot \lambda / P$；而离轴成像设置下的光程差是 $\mathrm{DOF} \cdot \sin(\theta_1' / 2) < \mathrm{DOF} \cdot \lambda / P$。因此，在同样偏离聚焦点的位置，离轴照明下的相位差较小。较大的聚焦深度可以有效地增大光刻工艺窗口。

  离轴照明最大的问题是，所收集的衍射光束的光强是不对称的。0 级衍射光的光强要远大于±1 级衍射光。而且掩模上不仅有密集图形还有稀疏图形，它们成像的特征不一样，离轴照明会导致稀疏图形成像质量下降。这些问题目前都有了很好的解决办法：第一是对掩模上的图形做修正(OPC)，使得稀疏图形在光学的角度看起来像密集图形；第二是对离轴照明做适当修改，使之包含一部分在轴光线。

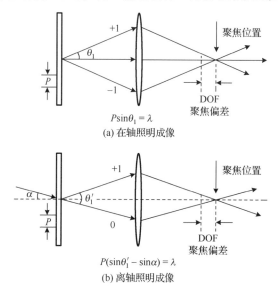

$$P\sin\theta_1 = \lambda$$
(a) 在轴照明成像

$$P(\sin\theta_1' - \sin\alpha) = \lambda$$
(b) 离轴照明成像

图 3.18　在轴和离轴照明成像时，聚焦深度的对比

3.3.2　光刻机中的照明方式及其定义

考虑到照明的对称性，实际光刻机中的照明都是对称设置的。最常见的是所谓的常规(conventional)照明，如图 3.19(a)所示。它就是位于主光轴上的一个圆盘形光源。光源的大小由其角半径 σ 定义，$0 < \sigma < 1$。常规照明的光源越大(σ 越大)，离轴照明的成分就越多。最极端的离轴照明是所谓的双极(dipole)照明，双极照明又分为水平双极(X-dipole)和垂直双极(Y-dipole)，如图 3.19(b)、(c)所示。使用两个参数来定量描述双极照明：σ_c 和 σ_i。σ_c 定义光源中心和主光轴之间的距离；σ_i 定义光源的大小。σ_c 越大表示光源离主光轴越远，离轴照明的效应就越明显。水平双极照明对于垂直的密集线条有很高的分辨率，但是对于水平线条的分辨率很差。与之相反，垂直双极照明对于水平的密集线条有很高的分辨率，但是对于垂直线条的分辨率很差。

双极照明的分辨率和线条取向的关系可以用图 3.20 来说明。当双极的取向和掩模上线条的取向垂直时，如图 3.20(a)所示，在垂直于线条的方向上(X 方向)光源实现了离轴照明，即光源沿 X 轴方向偏离了主光轴。这时，曝光系统对 X 方向图形的细节有最佳的分辨率，也就是说，掩模版上沿 X 方向的周期变化图形可以在晶圆表面成像。而在平行于掩模版线条的方向上(Y 方向)，光源和主轴的距离是 0；也就是说，在 Y 方向光源并没有实现离轴照明，对掩模版上 Y 方向图形的分辨率不够。如果此时掩模

版上的线条是沿 X 方向的，如图 3.20(b)所示，沿 Y 方向变化的周期结构就不能被曝光系统很好地分辨。

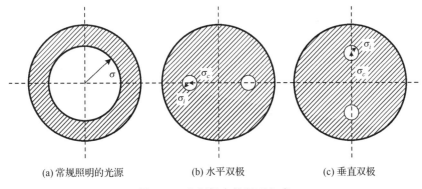

(a) 常规照明的光源　　　　　(b) 水平双极　　　　　(c) 垂直双极

图 3.19　光刻机中的照明方式

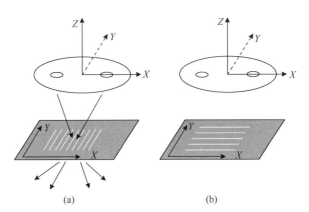

(a)　　　　　　　　　　(b)

图 3.20　双极照明的分辨率和线条取向的关系

曝光系统可以很好地分辨和双极取向垂直的线条；对和双极取向平行的线条分辨率不够

　　为了同时获得对掩模上水平线条和垂直线条的分辨率，可以把水平双极和垂直双极组合起来。这种照明被称为四极照明(quadra illumination)，如图 3.21(a)所示。四极照明的光源对称地位于 X 轴和 Y 轴上，它由两个参数来定量描述：σ_c 和 σ_i。这种对称的四极照明可以为 X 方向和 Y 方向的线条提供等价的分辨率。对四极照明做小的改动，就可以得到所谓的 C-QUARSAR 照明，如图 3.21(b)所示；有三个参数来定量地描述 C-QUARSAR 照明：θ、σ_i 和 σ_o。这也是用得比较多的一种照明方式，特别是在 ASML 的光刻机上。把图 3.21 中的四极照明旋转 45°，就可以得到另外两种照明方式，如图 3.22 所示。显然，这种照明方式对旋转了 45° 的密集线条(见图 3.22(c))具有最好的分辨率。

　　如果掩模版上有各种取向的图形，那么就应该选择环形照明(annular illumination)，如图 3.23 所示。环形照明由两个参数来定量描述：σ_i 和 σ_o，$0 < \sigma_i < \sigma_o < 1$，它们分别

表示圆环的内径和外径。σ_i 和 σ_o 越大表示光源的离轴程度越高,其对应的曝光分辨率和聚焦深度越大。环形照明对掩模版上各种取向的图形都能提供比较好的分辨率。

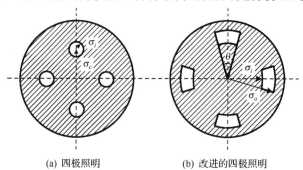

(a) 四极照明   (b) 改进的四极照明

图 3.21   四极照明和改进的四极照明(C-QUARSAR)

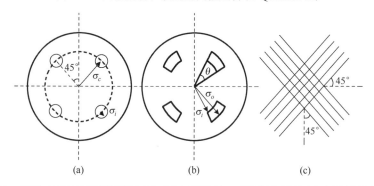

(a)   (b)   (c)

图 3.22   旋转 45° 后的四极照明(a)与(b)对于旋转 45° 的密集线条(c)有最好的分辨率

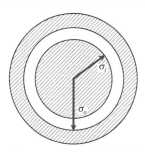

图 3.23   环形照明示意图

除了以上介绍的各种照明设置之外,不断有光刻工程师提出新的照明设置。例如,有专利[14]提出了不对称的四极照明,如图 3.24(a)所示;专利[15]提出了另外一种 X 方向和 Y 方向不对称的照明,如图 3.24(b)所示。这些照明方式都和掩模版上特定的图形设计有关。其实,照明方式选取的关键是要保证为掩模上各种不同图形提供最佳分辨率和最大的共同工艺窗口。因此,不同的掩模版所对应的最佳照明方式必然是不一样的。

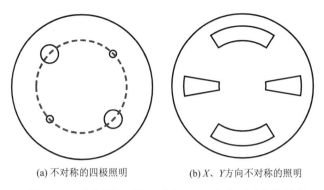

(a) 不对称的四极照明   (b) X、Y 方向不对称的照明

图 3.24 不对称的四极照明和 X、Y 方向不对称的照明

3.3.3 光照条件的设置和衍射光学元件

离轴照明从 20 世纪 90 年代起就引起了广泛重视。起初,这些光源的孔径都是由不锈钢薄片制作的。也就是在一块不锈钢薄片上,按事先计算好的尺寸打孔,制作出所需要的光瞳(pupil);然后,再把其放置在会聚透镜的前焦平面上,实现所需要的照明方式。这种做法的最大缺点是能量损失,光源的大部分能量被光瞳阻隔,不能照射在掩模上参与成像。

在 90 年代中期,衍射光学元件(diffractive optical elements,DOEs)被引入到光刻机的照明部分,有效地解决了这一能量损失问题。准分子激光器(excimer laser)发射出的激光,首先通过一个准直系统变成平行光,投射在衍射光学元件上。衍射光学元件把这些平行光折射到指定的位置,形成所需要的光照条件。75%~85%的入射光可以被衍射元件折射到指定的位置。衍射光学元件的使用不仅减少了形成光照条件时的能量损失,而且能减少光线的相干性,使得光刻工艺窗口和产能都有所提高。随着掩模上图形复杂性的不断提高,衍射光学元件的复杂程度也大幅度提高。

图 3.25 是如何使用一系列 DOE 来实现环形照明和常规照明的示意图。DOE1 是一个透镜组,它们首先把高度准直(highly collimated beam)的入射光束折转成向外扩散的,扩散角为 5° 左右的出射光;然后,再使之折转成平行光。通过 DOE1 后,光源束斑的直径得到了扩大。较大的束斑直径可以有效地降低光照的能量密度,提高 DOE元件的使用寿命。DOE2 对来自 DOE1 的平行光做进一步的折转,使之放大向外发散,照射在 DOE3 上。DOE3 是复合透镜,它把来自 DOE2 的发散光再折转成平行光,形成常规照明,如图 3.25 (c) 所示。通过调节 DOE2 与 DOE3 之间的距离,可以改变最终光斑的直径,实现不同尺寸(σ)的常规照明,如图 3.25 (d) 所示。把 DOE3 中的透镜分离,并调节它们之间的距离,可以实现不同 σ_i 和 σ_o 的环形照明,如图 3.25 (a)、(b) 所示。

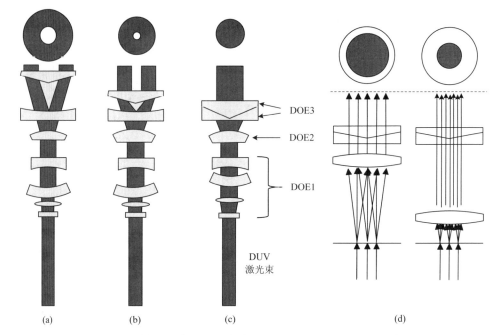

图 3.25   使用一系列 DOE 来实现环形照明和常规照明的示意图

3.3.4   像素化和可编程的光照

如前面提到的，光照条件应该根据掩模版上的图形来设置，这样才能对掩模上所有的图形实现最佳分辨率，共同的光刻工艺窗口才能达到最大。为此，在 2010 年左右提出了光源–掩模协同优化技术（source-mask optimization，SMO），并投入到 20nm 及以下技术节点的实际应用中[16]。光源–掩模协同优化技术的基本概念就是根据掩模版上的设计图形计算出最佳的光照条件，包括光源的形状和光强的分布——被称为光源图（source map）。这种计算出来的光源图通常不再是前面介绍的规则图案（环形、四极等），而是像素化的光照，而且孔径中光强的分布不再是均匀的了，如图 3.26 所示。这种光照又被称为自由形式的光照（freeform illumination），光照中每一个像素处的光强都是可以调整的。这种像素化（pixelated）的光照就需要依靠光刻机中可编程的光照系统（programmable illumination source）来实现。

像素式光照是通过使用小反射镜的阵列来实现的。阵列包含上千个小反射镜，每一个反射镜的倾斜角度都是可以独立调整的，它们可以把光线投送到指定的位置，形成所需的强度分布，如图 3.27 所示。反射镜沿 X 和 Y 方向的倾斜角通过静电来驱动（electrostatic actuation）。曝光时，系统不断监控每一个反射镜的位置状态，并提供反馈修正。由于使用反射镜调整光强的分布，光照系统中损失的能量很少。反射镜阵列中的反射镜数目有足够的余量，少量的反射镜不工作并不影响整个光照系统的正常功能。像素式光照不仅能够实现 DOE 光照，而且更加灵活。光刻机供应商都提供有像素式光照系统作为光刻机配置的选项。ASML 的像素式光照系统被称为 Flexray^{TM}，Nikon 的像素式光照系统被称为 Intelligent illuminator^{TM}。

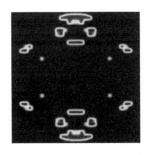

图 3.26 用 SMO 方法计算出的一个像素化的光照强度分布图（见彩图）

图 3.27 像素式光照形成的示意图（每一个镜子的取向都可以独立调整）

3.3.5 偏振照明

光是一种电磁波，其电场分量（E）是有方向的（在光刻中不考虑磁场分量的效果）。光波电磁场分量的方向总是与其传播的方向垂直的，如图 3.28(a) 所示。一般光源发出的光来自于无数电子的能级跃迁，它们的电场分量（在垂直于传播方向的平面内）沿各个方向都有，即光线是非极化的，如图 3.28(b) 所示。在光路上添加一个偏振器件（polarizer）可以使非极化的光转换成极化光。偏振器件只允许一个极化方向的光线通过，其他极化方向的光被过滤掉。

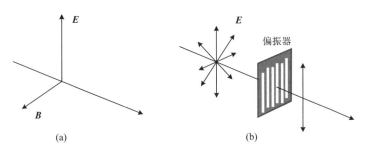

图 3.28 (a)光播的电场分量在垂直于其传播方向上和(b)非光线的电场分量（在垂直于传播反向的平面内）沿各个方向都有

3.3.5.1 偏振照明对成像的影响

在传统的光刻成像中，光的极化特性其实并不是一个需要考虑的因素。这时，掩模版上图形的 CD（即 $P/2$）远大于曝光光源的波长，曝光光线在晶圆表面的入射角（$\theta = \arcsin(\lambda / P)$）很小。极化与非极化光线之间的成像差别可以忽略。在 40nm 技术节点以下，掩模版上的 CD 接近 160nm，已经小于曝光光源的波长（193nm）。通过在透镜和晶圆之间注入水，193nm 浸没式光刻机的数值孔径已经达到 1.35。较大的数值孔径意味着曝光时光线在晶圆表面的入射角很大。以 NA=1.35 曝光为例，曝光光束在晶圆表面的最大入射角是 $\theta_{\max}$，$\theta_{\max} = \sin^{-1}(N\Lambda / n) = 69.6°$。这时，光线的极化特性对成像的影响必须考虑。

图 3.29 是两束光入射在晶圆表面。入射光束（电磁波）的电场强度 E 可以被分解成两个互相垂直的分量：一个在入射面内，称为 TM 模式（E_{TM}）；另一个垂直于入射面，称为 TE 模式（E_{TE}），如图 3.33 所示。$E_1 = E_{1\_TE} + E_{1\_TM}$；$E_2 = E_{2\_TE} + E_{2\_TM}$。这两束光会聚在晶圆表面后，总光强为

$$I = \left| E_1 + E_2 \right|^2 = \left| E_{1\_TE} + E_{2\_TE} \right|^2 + \left| E_{1\_TM} + E_{2\_TM} \right|^2 \tag{3.4}$$

式中，TE 分量（E_{1_TE} 和 E_{2_TE}）互相平行，它们的叠加与入射角没有关系。然而，TM 分量（E_{1_TM} 和 E_{2_TM}）之间有一个夹角 $(180° - 2\theta)$，它们的叠加与入射角有关，需要乘以一个因子 $\cos(2\theta)$。在大 NA 曝光的情况下，$\cos(2\theta)$ 远小于 1，TM 分量无法形成有效的成像对比度。为此，在使用较大 NA 曝光时（NA>1），光源应该选用 TE 极化的照明（TE polarized illumination）。

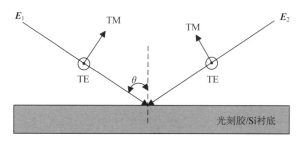

图 3.29　两束光线干涉成像（入射光的电场强度 E 可以被分解成两个垂直的分量——TE 和 TM）

假设成像时的对比度定义为 $(I_{\max}-I_{\min})/(I_{\max}+I_{\min})$，TE 分量所形成的成像对比度不随入射角的增大而变化；TM 分量的对比度随入射角的增大而减少。图 3.30 是不同极化条件下成像对比度随入射角的变化曲线。在入射角达到 45° 时，TM 分量的成像对比度等于零。非极化光含有 TE 和 TM 分量，随着入射角的增大 TM 的成像对比度逐步消失，而 TE 的成像对比度仍然保留，因此，非极化光的成像对比度介于 TE 和 TM 之间。较高的成像对比度，有利于提高光刻图形的质量，增大光刻的工艺窗口。

使用仿真软件可以计算出不同极化照明下的空间像（aerial image），从而可以在理论上评估极化对成像质量的影响。图 3.31 是一个仿真计算的结果[17]，图形是 68nm 的通孔阵列，X 和 Y 方向的周期均为 136nm。曝光波长是 193nm，NA=0.75，光照参数已经根据图形做了优化。使用仿真软件（Dr. LiTHO）计算了三种极化光照射下在晶圆表面成的像。结果表明，TE 极化光（azimuthal polarization）给出最佳的像；TM 极化光（radical polarization）不能成像；非极化的光介于两者之间。一般来说，当掩模版上图

形的周期(已经折算到晶圆的尺寸)小于 0.75λ 时,即 140~150nm 左右,光源的极化效应必须考虑。对于孤立图形(isolated)的成像,光源极化与否没有区别。

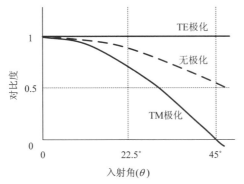

图 3.30　不同极化条件下成像对比度(($I_{max}-I_{min}$)/($I_{max}+I_{min}$))随入射角(θ)的变化曲线

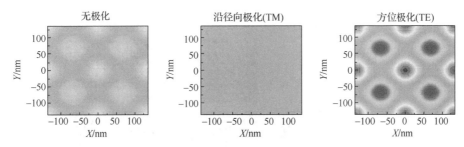

图 3.31　三种极化光照射下在晶圆表面成的像(见彩图)

无极化时成像的对比度是 0.453021,径向极化(radial polarization)时得到的成像对比度是 0.000005,
方位极化(azimuthal polarization)时得到的成像对比度是 0.906036[17]

引入一个物理量 IPS(intensity in preferred state)来描述所需的偏振光占总照明光强的百分比[18]。IPS 越高得到的图像对比度就越好,一般要求 IPS 大于 95%。图 3.32 表示了各种光线的极化方式,包括有 X-线偏振、Y-线偏振、方位的偏振。显然,对于 Y-双极照明,应该使用 X-线偏振(见图 3.32(a));对于 X-双极照明,则应该使用 Y-线偏振(见图 3.32(b));对于四极照明与环形照明,使用方位极化(azimuthal polarization)最有利(如图 3.32(c))。

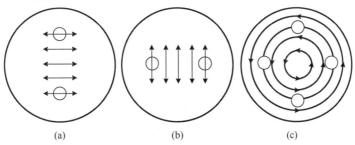

图 3.32　照明光线的各种极化方式

极化照明对光刻工艺窗口的影响已经在实验中得到了广泛验证。文献[19]使用 X-双极照明来做曝光实验。照明光线的极化方式分别设置为无极化、X 极化、Y 极化（见图 3.33(a)），测量了这些极化方式下的工艺窗口，结果记录在图 3.33(b) 中。可以看到，使用 Y 极化光时的工艺窗口最大。在这种配置下，Y 极化方向是 TE 模式。极化照明提供较高的成像对比度，因此显影后光刻胶图形的侧壁也比较陡直。图 3.33(c) 是在 5%EL 处获得的光刻胶切片图。

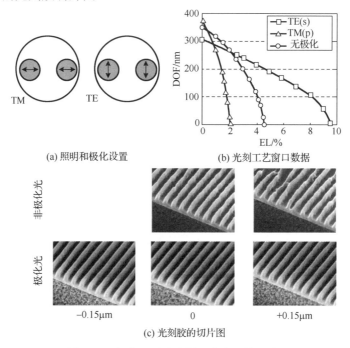

(a) 照明和极化设置　　　　(b) 光刻工艺窗口数据

(c) 光刻胶的切片图

图 3.33　极化照明对光刻工艺窗口的影响

3.3.5.2　掩模对光线极性的影响

以上的讨论中都是假设掩模对光线的极化性质没有影响。实际上，当掩模上图形的尺寸很小时，它们对光波极化性质的影响不能忽略。

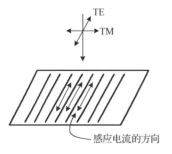

图 3.34　入射光中的 TE 分量在掩模版金属线条中感应电流

假设掩模上的图形是一维的密集线条，入射光中 TE 分量的方向是与线条的取向一致的，TE 分量会在掩模（金属）线条中沿线条的方向产生感应电流，如图 3.34 所示。入射的 TE 总能量的一部分转化为金属中的热能，一部分被反射回去，剩下的透过掩模版。TM 分量则与掩模版上线条垂直，它在金属线条中感应的电场方向是垂直于线条的。由于线条很窄，无法有效地形成感应电流，因此，TM 分量可以基本上不受影响地透过金属栅格[20]。

掩模上的图形对入射光极化性质的影响类似于一个偏振器(wire-grid polarizer)，透过掩模版的 TE 分量受到削减，而 TM 分量几乎不受影响。

定量地说，决定掩模行为的关键参数有掩模上线条的间距和周期，以及线条的材质。如果掩模线条的周期远大于波长，那么掩模的行为可以看成是一个衍射光栅，而不是一个偏振器。这时，掩模版对 TE 和 TM 分量分别做衍射(但衍射的效率并不一定相同)。如果掩模线条的周期远小于波长，那么掩模版的行为就是一个偏振器，它只允许 TM 分量透过。这两种行为的转换区域，对应掩模上线条的周期(P)介于了 $\lambda/2$ 和 2λ 之间。在这一区域，随掩模上线条周期的减少，TE 分量的透射率急剧下降、反射率急剧上升；而 TM 分量的透射率则急剧增大。掩模上(Cr)线条的厚度和形状也对光线的极化性质有影响[21]。

文献[20]定量地研究了转换区域中，TE 和 TM 透射率随掩模版图形周期的变化。假设掩模版上图形的线宽与线间距之比都是 $1:1$，入射波长是 193nm。使用严格耦合波法(rigorous coupled wave analysis, RCWA)分别计算 100% TE 与 100% TM 时的 0 级和 ± 1 级衍射光的透射率(即衍射级光强与入射光强的比例，$T_{TE0,\pm 1}$ 和 $T_{TM0,\pm 1}$)，然后计算出对应的极化度(degree of polarization, DOP)，$DOP_{0,\pm 1} = (T_{TE0,\pm 1} - T_{TM0,\pm 1})/(T_{TE0,\pm 1} + T_{TM0,\pm 1})$，随图形周期的变化。如果 DOP 等于 -1 (-100%)，就意味着掩模相当于一个 TM 偏振器；如果 DOP 等于 0，就意味着掩模对于 TE 和 TM 的透过率是同等的。图 3.35 是 Cr 双极型掩模的计算结果，假设入射光是垂直于掩模的(on-axis illumination)。在掩模版上图形周期较大时，0 和 ± 1 级衍射光的 DOP 接近 0，也就是说，掩模版对 TE 和 TM 分量没有选择性。如果入射光是非极化的，那么其 0 级衍射束占入射能量的 25%左右，± 1 级衍射束占入射能量的 8%左右。随着掩模版上线条的周期缩短至 0.2μm 以下时，0 级衍射束的 DOP 急剧下降，也就是说，掩模版对 TM 分量表现出了极强的选择性；而 ± 1 级衍射束的 DOP 一开始略有增大，然后在小于 0.2μm 处急剧下降。随掩模版上线条周期的减少，衍射束的强度不断下降，在周期等于 0.2μm 附近，陡降到小于 15%(0级)和 0(± 1 级)。

图 3.35 中揭示的透射率陡变最早由 Wood 观测到，因此被称为 Wood 反常(Wood's anomalies)[22]。假设光线的入射角是 θ，掩模上密集线条的周期是 P，那么 Wood 反常点可以通过如下公式计算：

$$P = \frac{m \cdot \lambda}{n \pm \sin\theta} \tag{3.5}$$

式中，n 是折射率；m 是对应的衍射级次。在图 3.35 的设置中 $\theta = 0$，$n = 1$，$m = 1$，Wood 反常发生在 $P = \lambda = 193$nm 处。

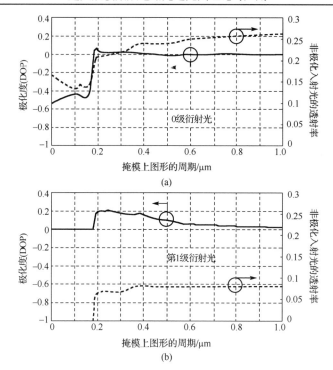

图 3.35　Cr 双极型掩模对入射光的偏振行为[20]

非极化入射光的透射率是指衍射的光强占入射光强的比例

3.4　成像系统中的问题

　　光刻机的成像系统是由一系列的光学元件构成的，虽然很复杂，但是仍然可以用 Kohler 光路来等价描述。在光路中对成像影响最大的是投影透镜。假设透镜是理想的，掩模版处主轴上的点光源发出的光是球面波，经过投影透镜后，仍然是理想的球面，汇聚在晶圆上，如图 3.36(a) 所示。然而，实际的透镜总是存在像差的(aberration)，导致通过透镜后的球面波前的畸变，如图 3.36(b) 所示。波前的畸变严重影响成像的性质，必须尽量避免或修正。

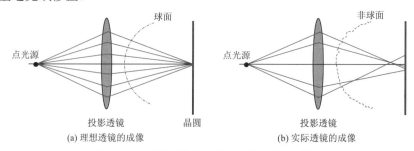

图 3.36　理想透镜的成像和实际透镜的成像

3.4.1　波前畸变的 Zernike 描述

定量考察投影透镜后波前的畸变，一个没有畸变的理想波前是球面，畸变后的波前与理想波前之间存在相位差。在出瞳处（Z_0）的球面上，考察波前与理想球面的光程差（OPD），这个差别可以用 Zernike 多项式来表示，如图 3.37 所示：

$$W(Z_0,\rho,\theta) = \sum_m C_m(Z_0) \cdot Z_m(\rho,\theta) \tag{3.6}$$

式中，$Z_m(\rho,\theta)$ 是 Zernike 多项式，C_m 是 Zernike 系数（$m=1,2,3,\cdots$），(ρ,θ) 是出瞳平面的极坐标。

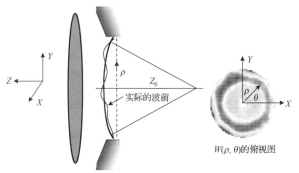

图 3.37　波前畸变 Zernike 描述的示意图

一般业界习惯用图形来表示 Zernike 多项式（见图 3.38），而多项式前面的系数则

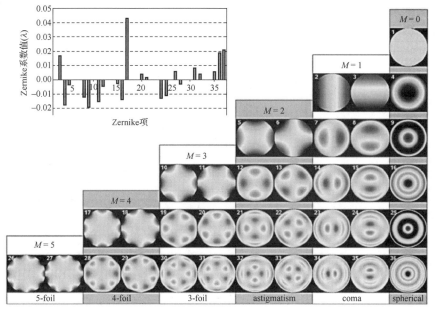

图 3.38　Zernike 项的图形表示及其系数的（相对于波长）的表示方法

用与波长的相对值（OPD／λ）来表示（见图 3.38 内的插图）。Zernike 多项式中的每一项代表了成像时的一种像差（aberration），具有特定的含义，表 3.2 对此进行了归纳。总体来说，所有的像差都会导致成像对比度下降，但是，不同的像差对掩模版上图形的成像影响是不一样的。例如，独立线条成像时，基本上使用的是透镜的中心区域；对应透镜中心区域的像差对独立线条成像结果影响较大。而密集线条的成像，基本上使用的是透镜的边缘区域；透镜边缘区域的像差对密集线条的成像结果影响较大。

表 3.2　Zernike 项的物理含义

序号	奇偶类别	像差	对成像的影响
Z1		Constant	None
Z2	Odd	x tilt	IPS X
Z3	Odd	y tilt	IPS Y
Z4	Even	defocus	BFS
Z5	Even	Third order astigmatism 0°/90°	BFS XY
Z6	Even	Third order astigmatism ±45°	BFS ±45°
Z7	Odd	Third order coma x	IPS X
Z8	Odd	Third order coma y	IPS Y
Z9	Even	Third order spherical	BFS
Z10	Odd	Fifth order three foil rotated 30°	IPS X
Z11	Odd	Fifth order three foil	IPS Y
Z12	Even	Fifth order astigmatism 0°/90°	BFS XY
Z13	Even	Fifth order astigmatism ±45°	BFS ±45°
Z14	Odd	Fifth order coma x	IPS X
Z15	Odd	Fifth order coma y	IPS Y
Z16	Even	Fifth order spherical	BFS
Z17	Even	Seventh order four foil	BFS XY
Z18	Even	Seventh order four foil rotated at 22.5°	BFS 22.5°
Z19	Odd	Seventh order three foil rotated at 30°	IPS X
Z20	Odd	Seventh order three foil	IPS Y
Z21	Even	Seventh order astigmatism 0°/90°	BFS XY
Z22	Even	Seventh order astigmatism ±45°	BFS ±45°
Z23	Odd	Seventh order coma x	IPS X
Z24	Odd	Seventh order coma y	IPS Y
Z25	Even	Seventh order spherical	BFS
Z26	Odd	Ninth order five foil rotated at 18°	IPS X
Z27	Odd	Ninth order five foil	IPS Y
Z28	Even	Ninth order four foil	BFS XY
Z29	Even	Ninth order four foil rotated at 22.5°	BFS 22.5°
Z30	Odd	Ninth order three foil rotated at 30°	IPS X
Z31	Odd	Ninth order three foil	IPS Y

续表

序号	奇偶类别	像差	对成像的影响
Z32	Even	Ninth order astigmatism 0°/90°	BFS XY
Z33	Even	Ninth order astigmatism ±45°	BFS ±45°
Z34	Odd	Ninth order coma x	IPS X
Z35	Odd	Ninth order coma y	IPS Y
Z36	Even	Ninth order spherical	BFS

注：为了便于和国际文献对照，表中使用英文说明。BFS（best focus shift），即最佳聚焦值偏移；BFS XY 表示 X 和 Y 方向最佳聚焦值偏移；BFS ±45° 表示在 ±45° 方向上最佳聚焦值偏移。IPS（intensity position shift），即像的光强分布偏移；IPS X 表示像的光强分布沿 X 方向偏移；IPS Y 表示像的光强分布沿 Y 方向偏移

图 3.38 中对 Zernike 项做了奇偶分类（图中的 M 代表奇偶项，它不是 Zernike 多项式中的 m），表 3.2 中也做了标注。$M = 0, 2, 4, \cdots$ 是 Zernike 偶项，$M = 1, 3, \cdots$ 是 Zernike 奇项。偶项的像差是 X 和 Y 方向对称的，它的存在会导致聚焦点的偏移，使 CD 出现偏差。奇项的像差只沿 X 或 Y 对称，它的存在会导致图形沿 X 或 Y 方向移动，形成放置误差（placement error），增大曝光后图形的套刻误差（overlay）。下面是 Zernike 前面几项对成像的影响分析：

（1）Z2 和 Z3 表示波前沿 X 或 Y 方向平移，如图 3.39 所示，导致投影在晶圆表面的像沿 X 或 Y 方向平移。

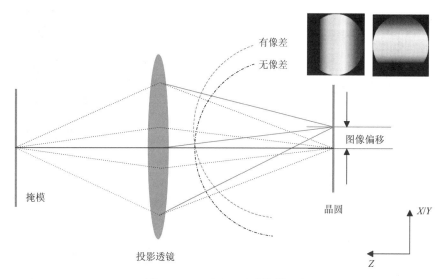

图 3.39　Z2 和 Z3 对成像的影响

（2）Z5 和 Z6 表示透镜存在散光（astigmatism）。Z5 表示散光发生在 X 和 Y 方向，即 X 方向成像的聚焦点与 Y 方向的不一样；Z6 表示散光发生在 +45° 和 –45° 的方向，即沿这两个方向成像的聚焦点不一样，如图 3.40 所示。Z5 和 Z6 的存在会导致不同取向线条在晶圆上 CD 的不同。

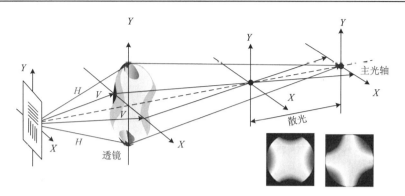

图 3.40　Z5 和 Z6 对成像的影响

(3) Z7 和 Z8 代表的是彗差(coma)。彗差的存在使得聚焦点沿 X 方向(对应 Z8)或 Y 方向(对应 Z7)移动，而且偏离晶圆表面所在的平面，如图 3.41 所示。如果掩模版上有两个沿 Y 方向的平行线条(设计线宽相同)，Z8 的存在就导致这两个线宽在晶圆上不一样，如图 3.41 中电镜照片所示。

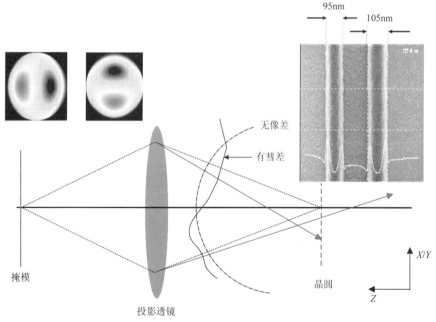

图 3.41　Z7 和 Z8 对成像的影响

图中的电镜照片表示了 Z8 导致的线宽不均匀性，两个线条的设计宽度均为 100nm

(4) Z9 是球差(spherical aberration)。它的产生是由于离轴距离不同的光线在透镜表面形成的入射角不同而造成的。当光线由透镜的边缘通过时，它的焦点位置比较远离透镜；而由透镜的中央通过的光线，它的焦点位置则比较靠近透镜，如图 3.42(a)所示。数值孔径愈大(NA 越大)的透镜，球面像差愈明显。球差的存在使得成像对比度相对于最佳聚焦点(best focus，BF)是不对称的，即大于 BF 或小于 BF 处的成像对比度不同，如图 3.42(b)所示。这就意味着，光刻机聚焦的偏差会导致晶圆上图形线宽的变化，如图 3.42(c)所示。

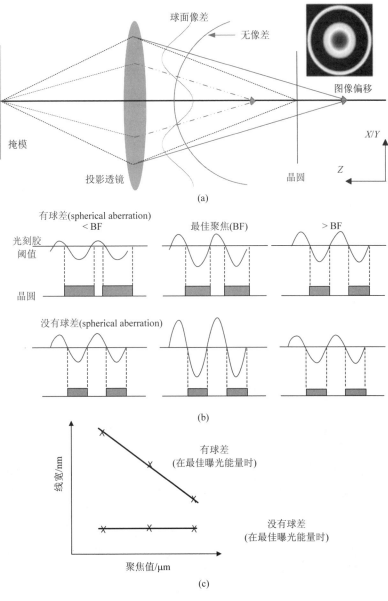

图 3.42　Z9 对成像的影响

　　这里特别要说明一下，上述讨论的相位差是在整个出瞳(pupil)平面内的，即考察的是整个透镜的像差。而在步进-扫描式光刻机中，曝光只使用投影透镜的中间部分，如图3.2(a)所示。掩模版和晶圆同步运动，实现对掩模版的扫描。因此，我们真正关心的是曝光光线通过的透镜区域的像差，即狭缝(slit)对应的狭长区域。为此，光刻工程师一般侧重考察Zernike沿曝光狭缝的分布值。

3.4.2　对成像波前的修正

　　先进光刻机都具备一定的像差修正功能。最初步的修正是使用电缸(actuators)来实现的。电缸给最关键的透镜施加压力，调节其形状，以达到修正光程差的目的。这种办法只能对低阶Zernike做修正，如Z5、Z9、Z12。进一步的修正是通过添加两个多余的透镜来实现的。这两个透镜的位置和取向可以调整，用来补偿像差，可以实现对Z25以下的畸变做修正。这种修正是与所需要曝光的图形(即掩模)没有关系的，目的是为了保证透镜系统本身的像差最小，以及同一型号光刻机透镜之间的一致。因此，这种调整又叫LSC(lens specific calibration)。

　　ASML在其先进的193nm浸没式光刻机中安装了FlexWave^{TM}系统。FlexWave^{TM}是在投影光路中修正投影光的波前(wave front)，补偿投影透镜的畸变(aberration)，特别是高阶畸变(high order aberrations)；真正实现了对64个Zernike畸变的控制和补偿。FlexWave^{TM}对波前的修正是通过电热元件(heating element)来实现的，如图3.43所示。这个电热元件被插入在投影光路中，电热元件可以精确地控制每一个区域的温度，从而调整通过此区域的光线的光程，达到修正畸变的目的[23]。假设使用的是双极照明(见图3.43(a))，光源投射在一个电热元件上，电热元件上的每一个区域都安装有独立的电热丝，可以独立控温(见图3.43(b))。经过电热元件后，平面波的波前就可以被调制，如图3.43(c)所示。

　　在实际使用中，FlexWave^{TM}不仅可以用来修正透镜产生的像差，而且可以修正掩模三维效应和透镜加热效应(lens heating effect)导致的像差，增大光刻的工艺窗口和线宽的均匀性。

　　正是基于FlexWave^{TM}，ASML还进一步开发了光照条件、掩模和波前的协同优化(SMO FlexWave^{TM})。SMO FlexWave^{TM}把光照条件/掩模协同优化算法(SMO)与FlexWave^{TM}波前修正模型结合起来，对光刻层中的一组关键图形(critical clips)做联合优化计算，可以寻找出最佳的光照条件、掩模OPC修正以及波前修正。在这些光照条件、OPC修正和波前修正下，这一组关键图形的共同光刻工艺窗口最大。正是由于FlexWave^{TM}的使用，波前才成为了一个可以调整的工艺参数。在计算结束后，软件会产生一个FlexWave^{TM}修正的子程序(sub-recipe)，这个子程序可以直接上传到光刻机上，与光刻机工作文件(scanner job file)配合使用。有评估结果显示，FlexWave^{TM}可以在原来SMO的基础上增大35%左右的工艺窗口。

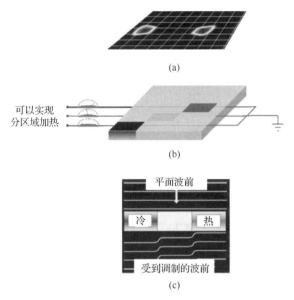

图 3.43　电热元件调制波前的工作原理

3.4.3　投影透镜的热效应

　　较大的激光功率有利于实现较高的产能，然而，其带来的问题是在透镜中产生的热效应。特别是在 20nm 技术节点以下，负显影技术被广泛采用。负显影工艺所使用的掩模基本上都是亮场的，其透光率可以高达 90%以上。这些光线透过掩模后，由投影光学系统收集，汇聚在晶圆表面。透镜对光通量的吸收取决于透镜及其表面的涂层材料和透镜的安装方式。透镜吸收的光转化成热量使得透镜局部的温度升高，导致两个后果：一是透镜材料膨胀，改变了透镜的局部几何形状；二是透镜的折射率等光学参数发生变化。这些变化在透镜上的分布是不均匀的，取决于照明的方式、掩模上图形的结构以及投影光学系统的设计，这是因为来自于掩模的衍射光束照射在透镜上的具体位置由这几个因素决定，如图 3.44 所示。

　　透镜热效应导致附加的像差，使得曝光时的成像对比度和对准精度进一步下降，损失光刻工艺窗口。而且，透镜的热效应还会逐步积累，使得工艺参数随时间变化，导致第一片晶圆与第 n 片晶圆之间线宽的差别。在 32nm 技术节点之前，透镜的热效应并不明显，因为那时掩模的透射率还不够大、尚不需要使用负显影工艺、光刻机的产能还不够大。从 20nm/14nm 技术节点开始，像素式的光照和高透射率的掩模相继投入使用，透镜的热效应就必须考虑了。

　　通过测量波前的变化可以对透镜的热效应做修正，这种修正是与曝光图形（即掩模）相关联的，又被称为 ASCAL（application specific calibration）。使用光刻机上的波前测量装置（ILIAS）监测透镜的行为随时间的变化，该监测过程必须从冷的透镜开始一直到透镜达到热稳定为止。根据监测的结果产生一个修正子程序供正式曝光时使用。该监测过程大约需要占用光刻机 2 个小时左右，而且对每一台光刻机上的不同掩模都必须做这种测量。因此，整个测量过程会占用光刻机大量时间。随着 FlexWave™ 的出现，ASML 提出了基于计算的 ASCAL，被称为 cASCAL(computational application specific calibration)。cASCAL 修正的数据流程如图 3.45 所示：①根据掩模版图形和光照条件计算出透镜上光强的分布；②针对透镜上光强的分布结合透镜的热力学模型和曝光的产能模型，计算出热效应在透镜上的分布及其导致的波前相位差；③使用 FlexWave 的模型计算出修正量[24]。由于 cASCAL 是基于理论计算的，可以避免大量占用光刻机的时间。

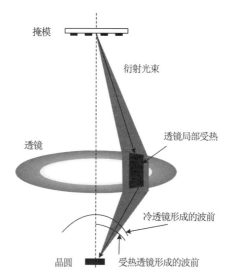

图 3.44 曝光导致的透镜加热是不均匀的，其分布与光照条件、掩模图形、透镜的位置有关

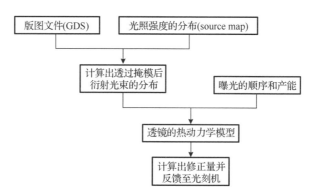

图 3.45 cASCAL 修正数据产生的流程(用于计算的服务器及其软件是 LithoTuner™)

先进光刻机中一般都配备有测量掩模透射率的功能，被称为 ARITM(automatic

reticle image transmission measurement)。它可以实时测量掩模版的透射率(T），测量的结果可以被透镜热效应修正模型使用。

文献[25]还研究了亮掩模的三维效应，结果表明，虽然亮掩模导致的透镜热效应很明显，必须予以补偿，但是，其掩模的三维效应并不明显。这一行为与暗掩模正好相反，暗掩模不会导致透镜的热效应，然而，其掩模的三维效应非常明显。图 3.46 是亮掩模和暗掩模上不同图形的最佳聚焦值对比。掩模上图形的线宽不变(50nm)，周期不断增大。亮掩模上不同图形的最佳聚焦值非常接近，而暗掩模上不同图形的最佳聚焦值变化较大，这意味着掩模的三维效应。

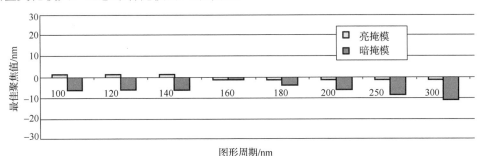

图 3.46　亮掩模和暗掩模上不同图形的最佳聚焦值[25]

3.4.4　掩模版形状修正

掩模安装在光刻机的工件台上(reticle stage)后，由于重力和机械作用会有稍许弯曲。掩模的弯曲导致投影在晶圆表面的像平面的偏离(image plane deviation，IPD)。光刻机通过测量掩模上的一系列标识(RSC 标识)的位置就可以定量地确定掩模相对于参考平面的偏离和翘曲，然后在扫描(曝光)时予以修正。

掩模形状修正(reticle shape correction，RSC)是通过添加一个 RSC 子程序来实现的。为了比较精确地确定掩模的形状，RSC 一般需要测量掩模版上的 20 个标识。然后，选用 5 个修正参数：二阶曲率(2nd order curvature)、线性楔型修正(linear wedge)、线性卷动(linear roll)、二次楔型修正(quadratic wedge)、二次卷动(quadratic roll)，来拟合这个曲面。曝光时，光刻机根据该拟合的结果来调整扫描(曝光)过程。一般来说，光刻机只需要对新的掩模做一次 RSC 数据收集，拟合得到的曲面供以后多次曝光使用。

3.4.5　掩模热效应的修正

在大剂量曝光时，掩模也会吸收一部分光子，产生热量。如果掩模大部分是不透光的(即暗掩模，透过率小于 1.2%)，这种热效应就更加明显。实验观测到，完成一盒晶圆(25 片)曝光后，掩模的温度可以升高 4℃。图 3.47(a)是完成 1 片、10 片和 25 片晶圆曝光之后，掩模表面的温度分布。整个掩模的受热是不均匀的，中心区域接受的光照最强，膨胀最多；而边缘区域没有光照，温度较低，就没有膨胀。中心区域膨胀向外扩张，但受到四周的约束。这样在掩模内部形成应力，导致掩模上图形的畸变是桶状的(barrel-shaped distortion)，如图 3.47(b)所示(图中的箭头表示畸变的方向和大小)。

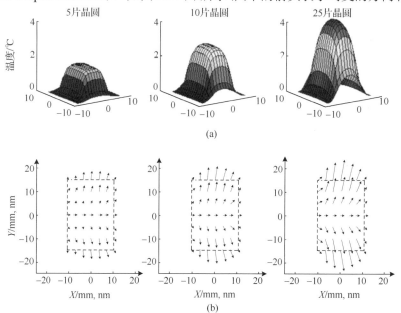

图 3.47　掩模在完成 5 片、10 片和 25 片晶圆曝光之后的温度分布及其对应的畸变

掩模的热膨胀，使得掩模承载的图形发生微小的位移，增大曝光后晶圆上图形的套刻误差。由于掩模形变导致的晶圆上图形形变只是局限于曝光区域之内，而不影响曝光区域之外的位置，因此掩模热效应只影响曝光区域内的套刻精度(intra-field overlay)。

ASML 的 TOP RC^{TM}(TOP reticle correction)是专门用来修正掩模的热效应，从而减少曝光的套刻误差。首先使用一个热传感器阵列(thermal sensor array)测量一次曝光对掩模上温度分布的影响，然后使用事先建立的理论模型计算出掩模的膨胀量分布，最后根据光刻机的模型来确定曝光时的补偿量(透镜和工件台工作参数)。对一个新的掩模只需要做一次测量和补偿计算，计算出的修正量作为一个子程序配合光刻机工作文件(scanner job file)使用。这些修正量是对光刻机曝光区域内部对准的修正，其基本概念与 iHOPC 一样(参见第 7 章)，即把复杂的对准偏差拆分成简单偏差，便于修正。图 3.48 显示了如何把掩模热效应的桶状对准偏差拆分成沿 Y 方向的放大(mag Y)和 Y 方向的桶状形变(barrel Y)。

什么情况下需要考虑掩模的热效应，什么情况下需要考虑透镜的热效应？文献[26]对此作了一个归纳，如图 3.49 所示。总体来说，高透射率的掩模，大剂量曝光时，必

须考虑光刻机透镜的热效应；低透射率的掩模，大剂量曝光时，必须考虑掩模本身的
热效应。

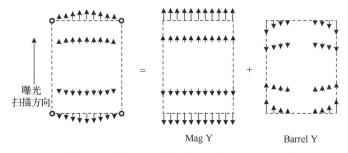

图 3.48　掩模热效应的桶状对准偏差可以拆分成沿 Y 方向的放大和
Y 方向的桶状形变，分别对这两个分量做修正

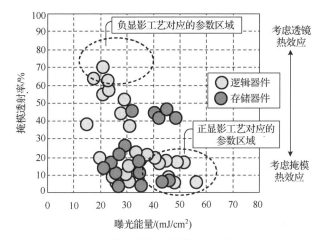

图 3.49　曝光能量和掩模透射率对掩模和光刻机透镜热效应的影响[26]

3.4.6　曝光剂量修正

曝光剂量修正(dosemapper，DOMA)是 ASML 光刻机的另一项功能，它能对曝光剂量做修正，提高曝光区域之间和曝光区域内部的线宽均匀性(inter-field CDU 和 intra-field CDU)。具体的做法是，首先测量整个晶圆上的线宽数据，然后把这些数据上载到光刻机 dosemapper 服务器。服务器根据事先设定的(线宽-曝光能量关系)参数，计算出曝光剂量的修正值在晶圆表面的分布。这一曝光剂量的修正以子程序(dosemapper sub-recipe)的方式链接在下一次的曝光文件中。

曝光剂量的修正包括两个部分：一个是不同曝光区域之间的修正，即根据平均线宽的不同，对曝光区域加一个剂量修正(见图 3.50 (a))。另一个是曝光区域内部的修正，这个比较复杂。导致曝光区域内部 CD 不均匀的原因可能有两个：一个是沿曝光缝隙

(exposure slit)曝光能量的不均匀,即 X 方向 CD 的不均匀性;另一个是曝光扫描时能量的不均匀,即 Y 方向 CD 的不均匀性(见图 3.50(b))。X 方向的线宽不均匀性可以通过调整光强沿缝隙的分布来补偿,这种光强修正被称为"Unicom"。Y 方向的线宽不均匀性可以通过调整扫描的速度来补偿,这种修正被称为"Dosicom"。

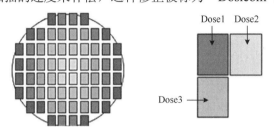

(a) 曝光区域之间的能量不一样(inter-field修正)

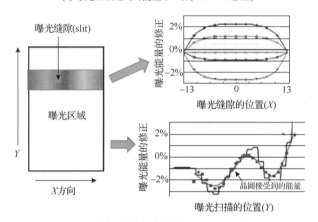

(b) 曝光区域内部的能量修正(intra-field修正)

图 3.50 整个区域的曝光剂量修正(不同的曝光区域具有不同的曝光能量)和曝光区域内部的能量修正

为了精确地确定沿曝光缝隙的光强分布,一般要求沿缝隙(X 方向)测量 11 个点,而扫描方向(Y 方向)测量 33 个点。然后,对 Y 方向测量的点做平均,得到光强沿缝隙的分布,如图 3.51 所示。

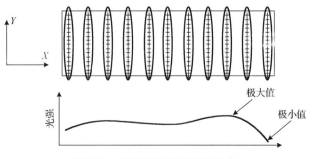

图 3.51 光强沿曝光缝隙的分布

3.5　聚　焦　系　统

晶圆表面存在各种图形结构，并不是平整的。在曝光时，光刻机的聚焦系统要保证在晶圆表面曝光区域的聚焦。特别是在晶圆移动时，聚焦系统要时刻调整晶圆在 Z 方向的位置，保证曝光光线在光刻胶表面的聚焦。

3.5.1　表面水平传感系统

表面水平传感系统(leveling system)用于测定晶圆表面的位置，它的基本结构如图 3.52(a)所示。一束激光以较大的入射角照射在晶圆表面，其反射光被一个传感器接收。激光束斑的直径大约控制在 1～2mm。这也就确定了表面水平传感系统沿晶圆表面的分辨率。晶圆表面在 Z 方向很小的偏差，就会导致反射束斑在传感器接收面上较大的移动，如图 3.52(b)所示。传感器有两个探测单元，沿 Z 方向平行错开放置，如图 3.52(c)所示。当反射信号偏上或偏下时，两个探测单元的输出信号强度都是不一样的。两个探测单元输出信号的差用来驱动晶圆平台沿 Z 方向移动。输出信号差等于 0 时，晶圆表面处于聚焦位置。这样就可以通过反馈系统来保证透镜和晶圆表面的距离不变。表面水平传感器的设置必须调整好，使得在聚焦位置附近，输出信号与位置的偏离(Z)呈线性关系。

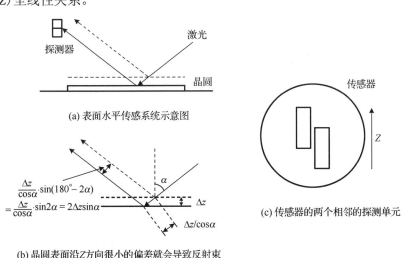

(a) 表面水平传感系统示意图

$$\frac{\Delta z}{\cos\alpha}\cdot\sin(180^\circ - 2\alpha)$$
$$=\frac{\Delta z}{\cos\alpha}\sin2\alpha = 2\Delta z\sin\alpha$$

(b) 晶圆表面沿Z方向很小的偏差就会导致反射束
在探测器平面上有较大的移动

(c) 传感器的两个相邻的探测单元

图 3.52　表面水平传感系统

晶圆表面位置的测量一般分成两步。首先是整个晶圆水平度的测量，系统在晶圆表面选择 3 个点，测量出晶圆表面的位置。它们的平均值就确定为晶圆表面的平均位置，表面水平传感系统根据这个平均位置来调整工作点设置。曝光之前，对每一个曝光区域还要做表面位置测量和调整。由于曝光是扫描式的，曝光区域内的表面位置的测量和修正不能是静态的。一般的做法是对曝光区域先做表面位置的扫描测量，然后再做扫描曝光。也有　边做表面位置的测量和修正，　边曝光，这样可以提高产能。图 3.53 能够帮助说明这种动态的测量和修正。曝光扫描沿 Y 方向进行，曝光缝隙(slit)的尺寸是 8mm×26mm，如图 3.53(a) 所示。表面位置的测量也是沿 Y 方向进行，先于曝光完成，如图 3.53(b) 所示。曝光时，随缝隙的移动，系统修正晶圆表面位置，如图 3.53(c) 所示。

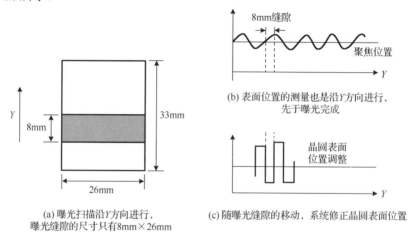

(a) 曝光扫描沿Y方向进行，曝光缝隙的尺寸只有8mm×26mm

(b) 表面位置的测量也是沿Y方向进行，先于曝光完成

(c) 随曝光缝隙的移动，系统修正晶圆表面位置

图 3.53　晶圆表面位置的动态测量和修正示意图

为了进一步的提高产能，ASML 双工件台光刻机把晶圆表面的测量完全与曝光分开。晶圆表面的平整度在双工件台的测量位置首先完成，测量的结果记录在系统中。曝光时，不再做测量，系统直接使用前面的结果作曝光。图 3.54 是表面水平传感器测量的晶圆表面平整度(wafer map) 的二维和三维图。

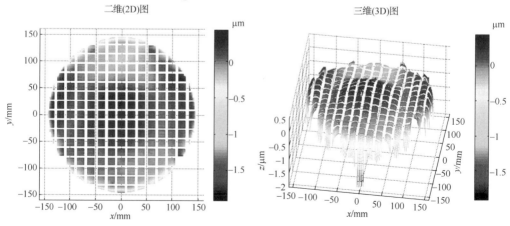

图 3.54　光刻机表面水平传感器(leveling sensor)测量得到的晶圆表面的形貌(wafer map) (见彩图)

表面位置的测量是光刻机中最关键的部分之一。在 20nm 技术节点的关键光刻层，聚焦深度只有 60nm 左右，因此，曝光时的聚焦精度必须控制在 10nm 以下。这对光刻机生产商是一个挑战。技术人员对表面位置测量系统不断做改进，如使用不同波长的激光。除了 820nm 的红外激光外，还引入了其他波长的激光探测系统；多个系统共存，互相校准等。使用更短波长的紫外光(200~400nm，UV)做表面平整度测量是一个发展的趋势。较短波长的光不容易穿透光刻胶，可以尽量减少衬底表面起伏对光刻胶表面平整度测量的影响。曝光时的聚焦是以晶圆表面光刻胶平面作为参考的，因此短波长水平传感器测量的结果更加准确可靠。不同型号光刻机的表面位置测量系统不完全一致。

3.5.2　晶圆边缘区域的聚焦

晶圆的边缘区域是不平整的，而且可能存在光刻胶的堆积。在做表面聚焦时，一般是把边缘区域排除在外；也就是说，表面水平传感器不在边缘区域做测量。这个边缘区域的大小可以在光刻机曝光程序中设定。设定的格式是距离边缘多少毫米之内被认定为边缘区域，即 FEC(focus edge clearance)区域。对于表面水平传感器来说，做晶圆表面测量时的半径就是 300mm/2-FEC(300mm 晶圆)。

使用 FEC 的缺点是放弃了晶圆的边缘区域，而有些晶圆厂仍然希望在边缘区域有所收获。特别是对于设计面积较小的器件，2~3mm 的边缘区域几乎可以容纳一个小芯片的宽度。图 3.55(a)是横跨晶圆边缘的一个曝光区域的示意图。曝光区域之内设计有 15 个功能独立的芯片(die)。为了提高工艺的产能和节省花费，晶圆厂不愿意放弃整个曝光区域，而是希望其中的 12 个小芯片仍然有用。为此，光刻机供应商专门开发了边缘区域的聚焦技术。对于横跨晶圆边缘的曝光区域，只选择有用的 die 区域的测量结果来设置曝光时的聚焦值，如图 3.55(b)所示。这一功能又被称为 CDFEC(circuit-dependent focus edge clearance)。

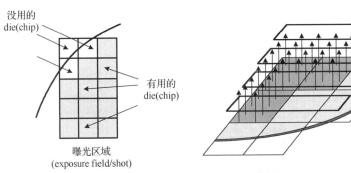

(a)横跨晶圆边缘的一个曝光区域的示意图　　(b)对于横跨晶圆边缘的曝光区域，只选择有用的 die 区域的测量结果来设置曝光时的聚焦值

图 3.55　横跨晶圆边缘的曝光区域

3.5.3 气压表面测量系统

上节介绍的表面测量系统使用的是光学方法。使用较长波长的激光做表面位置测量的优点是可以避免晶圆表面的光刻胶被曝光。但是长波长的光很容易透过光刻胶，照射在非常不平整的衬底表面，导致表面定位不准确，如图 3.56 所示。为了弥补这个缺点，ASML 提出了使用气流压力测量晶圆表面的方法，称为 AGILE™(air gauge improved leveling)。

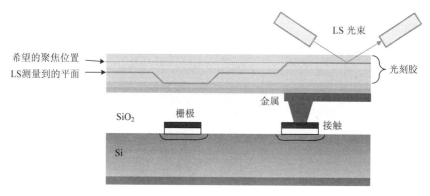

图 3.56 水平传感系统(LS)的探测光束能透过光刻材料，照射到不平整的
衬底表面，导致聚焦面的测量误差

AGILE™ 在晶圆表面附近垂直放置一个小的喷嘴，喷口距离晶圆表面只有 $100\mu m$ 左右，如图 3.57 所示。喷嘴向晶圆表面喷 N_2。喷管中 N_2 的压力和喷口距离晶圆表面的距离是相关的。如果这个距离变小，喷嘴中的 N_2 就不容易流出，压力就会升高；反之，喷嘴中的压力就会降低。通过测量喷管中 N_2 的压力变化，就可以推算出晶圆表面的凸凹。喷嘴的直径是 1mm 左右，因此，这种 AGILE 系统沿晶圆表面的分辨率大约是 1mm 左右。

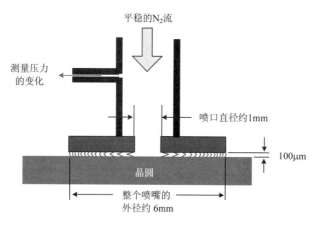

图 3.57 AGILE™ 的构造和工作原理

AGILE 测得的晶圆表面位置和水平传感系统测得的结果结合使用。同样的产品，其工艺流程是相同的，晶圆表面的凹凸也是相同的。一般在每一盒中只需要抽取 1～2 片晶圆，测量晶圆上几个曝光区域内的表面位置，然后平均得到 AGILE^{TM} 图。在以后的每一次曝光时，这个 AGILE^{TM} 图叠加到水平传感系统的结果中，对曝光区域表面位置做修正。在使用 AGILE^{TM} 测量晶圆表面位置之前，可以对 AGILE^{TM} 和 LS(leveling sensor) 做校准。在晶圆工件台上选择一个参考区域(表面平整、没有光刻胶)，对比 LS 和 AGILE^{TM} 的输出信号，使其测得的表面位置相同。

3.5.4　聚焦误差的来源与聚焦稳定性的监控

一个成功的光刻工艺必须要求曝光时晶圆表面的不平整度(高低起伏)小于聚焦深度。只有这样，光刻机在对晶圆做步进-扫描式曝光时，晶圆的表面始终在聚焦范围之内。在 20/14nm 节点，关键光刻层的聚焦深度已经只有 60nm 左右。为了保证工艺的成功，第一，必须控制晶圆表面的不平整度。这里所说的不平整度指的是光刻材料旋涂后晶圆表面的不平整度，因为抗反射涂层和光刻胶具有一定的平滑功能，它们可以很大程度地把衬底上的沟槽抹平。必须保证晶圆表面的不平整度能够在聚焦系统能补偿的范围之内。第二，必须控制系统聚焦时的误差。

光刻机聚焦系统的稳定性非常重要，必须定期监测。首先是要确认水平测量系统 (leveling system) 的重复性。使用特别平坦的监测晶圆(ultra flat wafer)，每次水平测量的结果必须一致。其次是双工件台之间的一致性。使用监测晶圆，在两个工件台上分别做水平测量，测量结果之间的差别必须稳定。图 3.58 是对光刻机两个工件台的监测结果的趋势图(trend chart)，监测的量包括整个晶圆表面聚焦的平均值(mean)、3σ(标准偏差)以及 $|mean|+3\sigma$。

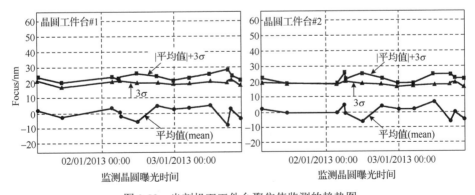

图 3.58　光刻机双工件台聚焦值监测的趋势图

3.6　光刻机的对准系统

光刻机的对准系统(alignment system)负责把掩模上的图形和晶圆上已经有的图形对准,以保证曝光后图形之间的准确套刻。从硬件角度来看,对准操作涉及三个部分:掩模工件台(reticle stage)、晶圆工件台(wafer stage)和光学探测系统。晶圆上和掩模上用于对准的对准标识(alignment marks)必须位于一定的范围之内,光刻机的对准系统才能够捕捉得到。通常这个捕捉的窗口是 X/Y 两个方向±50μm 左右,因此晶圆和掩模上的对准标识必须位于这个窗口之内。这是由晶圆传输中的预对准系统(wafer pre-alignment)和掩模传输中的预对准系统(reticle pre-alignment)负责完成的。

3.6.1　掩模的预对准和定位

掩模版的预对准系统包括两个发光二极管及其对应的光探测器。在掩模上固定的位置,设计有预对准标识。图 3.59 是用于 ASML 光刻机的掩模,其中标出了为预对准系统专门设计的两个预对准标识。预对准标识是透光的,其周围是不透光的。发光二极管在掩模的预对准标识上方照明,光线透过对准标识,被探测器接收,如图 3.60(a)所示。每个探测器分为对称的四个区域,可以分别探测光信号,用来判断其相对位置。如图 3.60(b)所示,探测器中第 2 区的信号远强于第 4 区,则表示对准标识偏右上位置。只有当探测器和对准标识正对时,四个区域的信号才一样。通过对两个探测器信号的对比,就可以计算出掩模版 X 方向的修正量、Y 方向的修正量和旋转修正量。机械手根据修正量调整掩模版的位置,完成预对准。这种预对准系统一般可以达到±5μm 左右的对准精度。

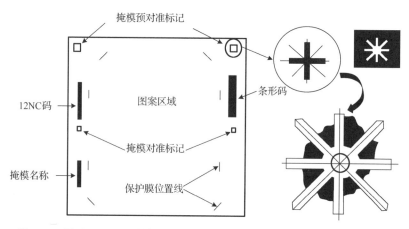

图 3.59　用于 ASML 光刻机的掩模版,在固定的位置设计有预对准标识

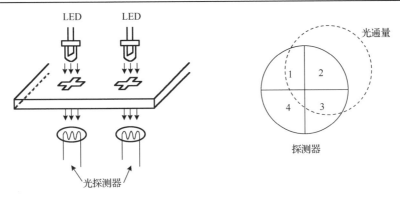

(a) 二极管在掩模版的预对准标识上方照明， (b) 每个探测器分为对称的四个区域，可以分别
光线透过对准标识，被探测器接收   探测光信号，并判断出标识偏离的相对位置

图 3.60　掩模版预对准系统的工作原理示意图

3.6.2　晶圆的预对准和定位

　　晶圆的预对准是通过对其边缘的测定来实现的。根据 SEMI 标准，晶圆边缘必须有一个小缺口(notch)。这个缺口可以是圆弧形的也可以是直线形的。图 3.61 是晶圆边缘位置测量装置示意图，包括转台、发光二极管和 CCD 传感器。假设晶圆偏离了中心，转动时，CCD 传感器的输出信号如图 3.62(a)所示。由于晶圆偏心，转动时边缘的遮光不对称。除了缺口效应外，CCD 的信号呈现周期性变化，变化的周期就是晶圆旋转的周期。根据 CCD 的输出信号，系统可以计算出晶圆偏离中心的修正量和缺口相对于探测器的位置。机械手根据计算出的修正量调整晶圆位置，直到 CCD 测出的信号如图 3.62(b)所示。这种机械定位的精度可以达到 $10\sim100\mu m$ 和 $0.1\sim1mrads$ 左右。

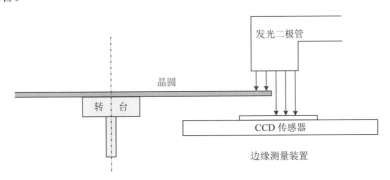

图 3.61　晶圆边缘位置测量装置

　　为了达到一定的定位精度，有时还需要再用光学的办法做预定位，方法是使用 CCD 相机识别晶圆上的对准标识。光学定位的精度可以达到$\pm5\mu m$ 左右。

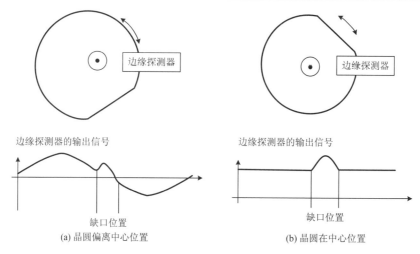

(a) 晶圆偏离中心位置　　　　　　　　　　(b) 晶圆在中心位置

图 3.62　CCD 输出信号和晶圆位置的关系

3.6.3　掩模工件台与晶圆工件台之间的对准

　　掩模工件台与晶圆工件台之间的对准是依靠所谓的 TIS(transmission image sensor)系统来实现的。TIS 系统包括三个部分，如图 3.63 所示。一是设置在掩模工件台上的

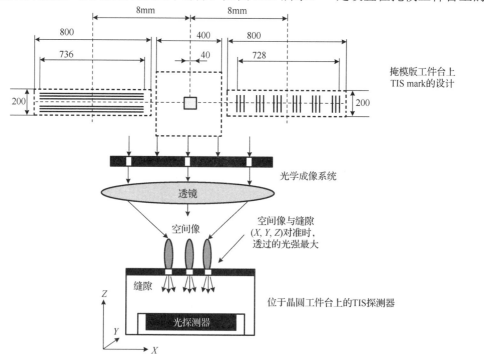

图 3.63　TIS 对准系统示意图

TIS 标识(TIS mark)，它们是一系列透光的密集线条；二是光刻机的光学成像系统；三是晶圆工件台上的 TIS 传感器。在光源的照射下，TIS 标识通过光学成像透镜系统，投射在晶圆工件台表面。安置在晶圆工件台上的 TIS 传感器随工件台的移动可以测量出 TIS 标识像强度的空间(X, Y, Z)分布。根据测得的 TIS 像分布，可以计算出掩模工件台上 TIS 标识相对于晶圆工件台的位置$(\Delta X, \Delta Y, \Delta Z)$。

　　TIS 标识中设置有沿 X 和 Y 方向的一系列等间距线条。通过测量这些线条在晶圆工件台上所成像的位置和间距，TIS 系统不仅能精确确定掩模版相对于晶圆工件台的位置，而且可以进一步确定投影透镜系统的像差和成像时的畸变。

3.6.4　掩模与晶圆的对准

　　掩模与掩模工件台、晶圆与晶圆工件台以及掩模工件台与晶圆工件台的(预)对准完成后，晶圆和掩模就已经有了一个初步的对准，下一步就是掩模与晶圆的精确对准操作。掩模和晶圆对准的方法有多种：按识别对准标识时光学系统的工作方式来划分，可以分为亮场、暗场或衍射模式；按对准操作时光线的传输方式及其与曝光系统之间的关系，可以分为透过曝光系统(through-the-lens，TTL)、在轴和离轴，如表 3.3 所示。TTL 是指对准光线透过曝光系统的透镜，用于对准的激光束照射在晶圆上，其反射束经过曝光系统的透镜，汇聚在掩模上成像。

表 3.3　掩模版与晶圆的对准方式[27]

对准方法分类	类型
按光学系统工作方式	亮场
	暗场
	衍射
按光线传输方式与曝光系统关系	在轴或 TTL
	离轴
按对准位置数目	全硅片
	增强型全硅片
	曝光区域之间对准

　　图 3.64 是主流光刻机(ASML)中对准系统(离轴 TTL)的示意图。对准系统使用 He-Ne 激光(633nm)，激光束经镜子反射后，照射在晶圆表面。激光的束斑很大，照射在对准标识上。对准标识是刻蚀在晶圆上的一组平行线条，其周期是 16μm 左右[28]。633nm 波长的激光照射在这些平行线条上形成反射式的衍射，衍射级通过投影透镜在掩模表面成像。这正好和曝光过程相反：曝光时，掩模图形产生的衍射光束，透过投影透镜在晶圆表面成像；对准操作时，晶圆表面对准标识产生的衍射光束，透过投影透镜在掩模表面成像。晶圆对准标识在掩模上所形成的像的位置和掩模上对准标识的位置之间的偏差，就是对准偏差。调整晶圆平台的位置(也就是调整晶圆的位置)，使得测量到的偏差为最小。

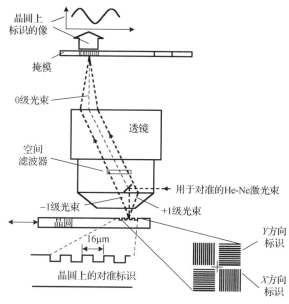

图 3.64　光刻机中对准系统示意图[29]

　　在实际光刻工艺中，这种对准操作需要进行两次。第一次是所谓的粗对准(coarse alignment)，即在晶圆上选取一个区域中的两个对准标识和掩模版上的两个对准标识对准。第二步是精细对准(fine alignment)。一般是选择多个曝光区域中的对准标识分别和掩模上的标识对准，计算出修正量。这部分(如何算、算什么等)在第六章详细讲解。一般来说，测量两个对准标识，可以修正晶圆在 X/Y 平面内旋转的误差、X 和 Y 方向平移的误差以及各向同性的收缩或膨胀误差(isotropic expansion)。测量 3 个或 3 个以上的对准标识，就可以分别修正沿 X 和 Y 方向的收缩或膨胀误差。

　　在整个对准操作过程中，掩模工件台和晶圆工件台的位置都是由干涉仪来精确测定的，如图 3.65(a)所示。激光束入射在工件台侧面的反射镜上，反射光与入射光之间存在相位差。这一相位差对工件台侧面位置的移动非常敏感，因此，通过测量两个光束之间的干涉就可以精确地得到工件台沿光束方向的位置。为了确定工件台在三维空间中的位置，在每一个方向上，设计有三个激光干涉仪($X_1 \sim X_3$ 和 $Y_1 \sim Y_3$)，如图 3.65(b)所示。六个干涉仪不仅可以测量工件台沿 X/Y/Z 方向的平移误差，还可以得到旋转(rotation，以 Z 为轴)和倾斜(tilt，以 X/Y 为轴)误差：

　　(1)X_1 和 X_2 测量值的平均确定了工件台的 X 位置；

　　(2)X_1 和 X_2 测量值之差确定了工件台绕 Z 轴的旋转误差 R_Z；

　　(3)Y_1 和 Y_2 测量值的平均确定了工件台的 Y 位置；

　　(4)Y_1 和 Y_2 测量值之差确定了工件台绕 Z 轴的旋转误差 R_Z；

　　(5)X_1 和 X_2 的平均值与 X_3 之差确定了工件台沿 Y 轴的倾斜误差 R_Y；

　　(6)Y_1 和 Y_2 的平均值与 Y_3 之差确定了工件台沿 X 轴的倾斜误差 R_X。

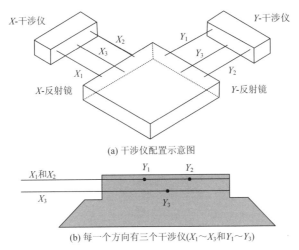

(a) 干涉仪配置示意图

(b) 每一个方向有三个干涉仪($X_1 \sim X_3$和$Y_1 \sim Y_3$)

图 3.65 掩模工件台和晶圆工件台的位置由干涉仪来精确测定

以上介绍的是 ASML 光刻机的对准操作流程。不同型号光刻机的对准程序并不完全一样，但基本原理是一样的。Nikon 光刻机的对准过程分两步，确定掩模的位置是一个独立的过程，确定晶圆的位置又是另一个独立的过程。其对准原理是，在晶圆工件台上有一基准标记，可以把它看作坐标系的原点，所有其他的位置都相对该点来确定。分别将掩模版和晶圆与该基准标记对准就可确定它们的位置。在确定了二者的位置后，掩模上的图形转移到晶圆上就完成了对准过程。对准系统是通过探测晶圆上对准标识的位置来确定晶圆的位置的，图 3.66 对准标识探测光学系统的示意图。由 He-Ne 激光器发出的激光被分光镜分割成 X/Y 方向分开的狭长的两束光斑，每束光经安装在掩模版下方的反光镜所折转，当激光照射到周期性的对准标识上时，将发生衍射和散射。衍射光和散射光将沿原入射光的光路返回，在返回的路上，部分光被分光镜反射，空间滤波器将 0 级衍射光滤去，探测器接收含有主要信息的±1 级衍射光，根据光强进行光电转换，得到电信号[29]。这种对准方式被称为激光步进对准方式(laser step alignment，LSA)。

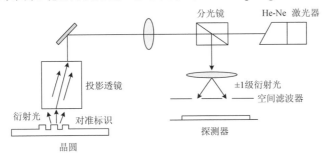

图 3.66 Nikon 光刻机对准标识探测光学系统的示意图

除了 LSA 对准系统之外，Nikon 还有 FIA(field image alignment)和 LIA(laser interference alignment)对准方式。FIA 是指场像对准方式，它以图像方式读取晶圆上的

对准标识并对图像进行处理，检测标识的位置。与 LSA 不同，FIA 的光源为宽带的相干性差的卤素灯，波长范围在 550～800nm。其原理图如图 3.67 所示，宽带卤素灯照明光通过分光镜照到晶圆上的对准标识，对准标识通过 CCD 摄像输出视频信号，由图像处理单元(image processing unit)计算出晶圆对准标识的精确位置。

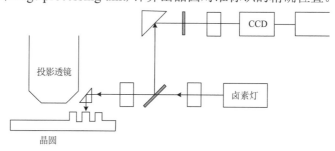

图 3.67　FIA 对准系统的示意图

　　LIA 是指激光干涉对准方式。它利用两束频率相差不大的激光束从两个方向照射晶圆，在晶圆上相干形成外差干涉条纹，干涉条纹扫描晶圆上的对准标识发生衍射，特定级次的衍射光相干产生外差干涉条纹，经光电探测和处理电路得到对准信号，与参考标记的信号进行对比，根据二者的相位差得到晶圆对准标识相对于参考标记的位置偏移量。LIA 对准方式具有重复性高、对空气扰动和信号强度变化不敏感等优点。图 3.68

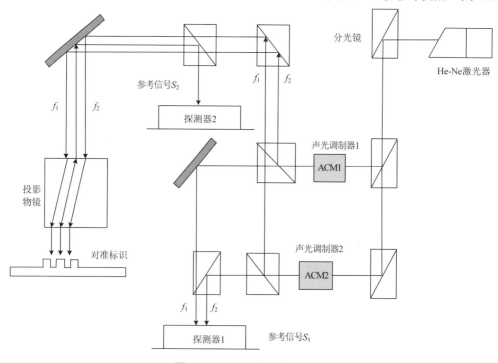

图 3.68　LIA 对准系统光路图

是 LIA 对准系统的示意图：He-Ne 激光器经声光调制后产生两束频率为 f_1 和 f_2（二者频率相差很小）的激光，经过分光镜，两束激光在探测器 1 产生参考频率信号 S_1。另一部分光经投影物镜入射到晶圆表面的对准标识上发生衍射，对准标识形貌为与 FIA 相似的条状光栅。同方向返回的衍射光重合相干，经探测器 2 产生对准信号 S_2。通过测量对准信号 S_2 和参考信号 S_1 的相位差，就可以得到对准标识相对于参考光栅的位移量。

3.6.5　对准标识的设计

理论上来说，能在对准激光照射下产生衍射的周期性结构都可以用作对准标识。然而，在实际工艺条件下，对准标识还必须满足其他条件：第一，晶圆上的标识必须不容易被工艺损坏；第二，便于放置在掩模版上，不影响器件；第三，能有效地被对准光学系统探测到，并提供最大的信号强度。不同型号的光刻机可能使用不同的对准标识。这里就几种主要的对准标识进行讨论。

3.6.5.1　ASML 的标准标识（standard periodic marks）

图 3.69 是 ASML 标准标识的设计图。晶圆上的标识和掩模上的标识相似。水平的周期性线条是用于测量晶圆和掩模垂直位置的偏差；垂直的线条是用于测量水平方向的偏差。对准标识是 8μm 线宽/8μm 间隔（周期=16μm）和 8.8μm 线宽/8.8μm 间隔（周期=17.6μm）的密集线条。晶圆上的标识在对准激光的照射下，产生衍射，衍射光束透过投影透镜在掩模表面处成像。晶圆标识的像和掩模上的对准标识重叠在一起，被对准探测器探测到，如图 3.70(a) 所示。

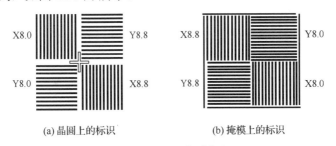

(a) 晶圆上的标识　　　　　　　　　　(b) 掩模上的标识

图 3.69　ASML 标准标识

对准探测器扫描这两个对准标识[见图 3.70(a)]，其中晶圆的标识只是成的像。8μm 的线条产生一个周期为 8μm 的正弦信号；8.8μm 的线条产生一个周期为 8.8μm 的正弦信号，如图 3.70(b) 所示。当两个标识中的线条正对时，该处的总信号强度最大，总信号强度变化的周期是 88μm。通过对比探测信号强度的变化，可以确定晶圆和掩模之间的位置偏差。

整个标准周期标识图形约 400μm×400μm，占用的面积较大，一般无法放置在芯片(die)之间的非器件区域（即划片槽，又叫"scribeline"）。通常，它们被放置在掩模的角落区域。

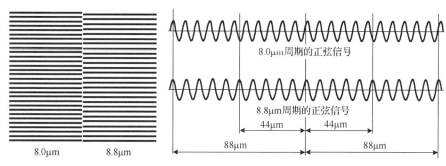

(a) 探测器在掩模版表面处捕捉到的图像　　　　　(b) 两套对准标识产生的信号

图 3.70　探测器在掩模版表面处捕捉到的图像和两套对准标识产生的信号

3.6.5.2　能放置在划片槽区域的对准标识(scribeline prime marks, SPM)

把标准标识中的 X 部分和 Y 部分拆分开来，形成 SPM-X 和 SPM-Y 标识，这样便于放置在划片槽区域，如图 3.71 所示。SPM-X 在 Y 方向的宽度只有 80μm 左右，比较容易被放置在掩模的底部；这个位置对应到晶圆上就是上下两个曝光区域之间的划片槽。SPM-Y 比较容易被放置在掩模右边；这个位置对应到晶圆上就是左右两个曝光区域之间的划片槽。为了进一步缩小对准标识在掩模版上占用的面积，ASML 又做了进一步的改进，推出了缩短的 SPM(short SPM，SSPM)和变窄的 SPM 标识，如图 3.72 所示。

　　＋　　

8.0μm周期的密集线条　　　　　　　　8.8μm周期的密集线条

图 3.71　能放置在划片槽区域的对准标识 SPM-X(图形旋转 90°就得到 SPM-Y 标识)

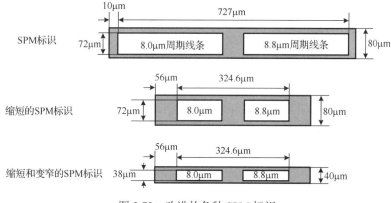

图 3.72　改进的各种 SPM 标识

3.6.5.3　高阶对准标识的设计

为了增强晶圆上对准标识衍射光束的对比度，可以对标识的周期做改动，形成所谓的高阶对准标识(higher order marks)。图 3.73(a)是标准的 8μm/8μm 的对准标识，在对准激光的照射下，形成衍射束 1、3、5、7。图 3.73(b)是周期和线宽缩小 5 倍的对准标识，在同样的对准激光照射下，衍射束 1 的角度与(a)中衍射束 5 的角度相同。如果把(a)和(b)两种设计结合起来，形成新的标识(c)。那么在同样的对准激光照射下，衍射束 1 和 5 就得到了加强。

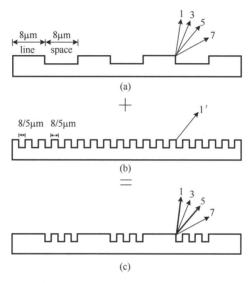

图 3.73　高阶对准标识的设计

3.6.5.4　SMASH^{TM} 对准标识

SMASH^{TM}(smart alignment sensor hybrid)标识的设计如图 3.74 所示。它是一系列旋转了 45° 的等间距线条构成的。这些线条不一定都是实线条，也可以是由点阵构成。

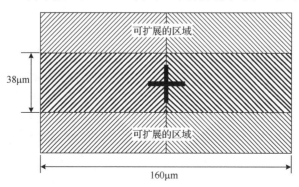

图 3.74　SMASH^{TM} 对准标识的设计

SMASH™标识的最大优点是，一次扫描可以同时确定 X 和 Y 方向的偏差。前面介绍的对准标识又叫 ATHENA™标识，ATHENA-X 和-Y 方向的标识是分开的，必须分别测量。使用 ATHENA™对准，选取了 16 个曝光区域，每个区域中 X 和 Y 方向对准标识的测量是分开的，因此必须做 32 次对准测量。而使用 SMASH™对准，每一次测量能同时得出 X/Y 方向的偏差，32 次测量就实现了 32 个区域的对准，比 ATHENA™对准多一倍。

3.6.5.5　Nikon 的对准标识设计

Nikon 有两种对准标识的设计：LSA 标识和 FIA 标识。LSA 可以使用 FIA 的标识。图 3.75(a)是 LSA 的设计，图 3.75(b)是 FIA 的设计图形。它们用于确定晶圆 X 方向的位置。把 3.75(a)、(b)旋转 90°，用于确定晶圆 Y 方向的位置。

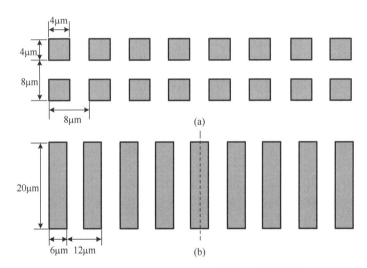

图 3.75　Nikon LSA 和 FIA 对准标识的设计图
只是用于确定 X 方向晶圆位置；Y 方向的标识是把(a)、(b)旋转 90°

3.6.5.6　Canon 对准标识

Canon 光刻机使用的对准标识如图 3.76(a)所示。用于对准照明的光源可以是 He-Ne 激光(632.8nm 波长)或具有较宽波段的可见光(590±60nm)。不同波长的光照射在对准标识上，所得到的图像对比度是不一样的，必须针对工艺要求做优化选择。图 3.76(b)、(c)是两种不同对准照明下(Mode 1 和 Mode 2)对准标识的像及其对比度曲线，图中的对比度曲线是沿垂直方向获得的。可见，在 Mode1 照明下，对准标识的对比度更高，可以获得较高的对准精度。

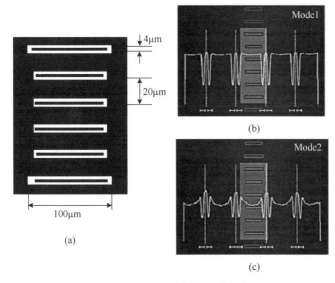

图 3.76 Canon 光刻机对准标识

(a) 是 Canon 光刻机使用的一种对准标识(图中是 Y 方向的标识，旋转 90°就是可以作为 X 方向的标识)[30]；(b) 和 (c) 是两种不同对准照明下对准标识的像及其对比度(图中的曲线)。对比度曲线是沿垂直方向测得的

3.7 光刻机性能的监控

光刻机是一个复杂和高精度的光、机、电一体化系统。为了保证光刻机能稳定地提供曝光服务，其性能要受到监控。如果发现某个参数偏离了标准值，就要立即找出原因，并做出相应的调整，使机器始终保持在最佳工作状态。

3.7.1 激光输出的带宽和能量的稳定性

作为光刻机的光源，准分子激光(excimer laser)必须具备如下条件：第一，其输出能量必须很稳定。在 20ms 的测量时间范围，一般要求能量涨落小于±0.5%。第二，输出光的波段宽度必须很窄，且很稳定。对于 ArF 激光，一般要求波段宽度(FWHM)小于 0.5pm[4]。

3.7.2 聚焦的稳定性

光刻机聚焦的稳定性要长期监测，特别是在做硬件的维护之后。一般是记录下每天晶圆曝光时的实际聚焦值和标准偏差(σ)，如图 3.77(a)所示。这些数据可以从光刻机数据记录中调出来[31]。当平均聚焦或 3σ 超出规定值时，光刻机工程师必须停机检查，并通知工艺工程师。光刻机一般也提供聚焦值在整个晶圆上的分布数据，如图 3.77(b)所示。

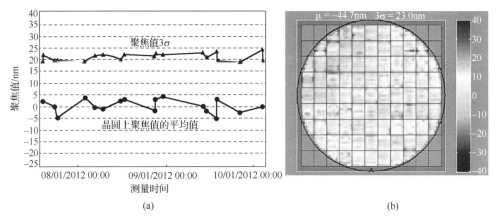

(a)　　　　　　　　　　　　　　　　　　　　(b)

图 3.77　(a) 不同日期从晶圆上测得的最佳聚焦值及其 3σ 和 (b) 最佳聚焦值在晶圆表面的分布

　　光刻机中还具有 FSM（focus spot monitor）功能。在晶圆表面聚焦时，FSM 测量晶圆表面的高度，并记录下来。图 3.78 是一个 FSM 记录的原始数据。如果测得的高度值超出事先设定的阈值，光刻机可以把这块晶圆退回晶圆盒。对过去同类晶圆的 FSM 数据做进一步的分析，可以帮助确定导致聚焦反常的原因。通常这意味着晶圆背面或光刻机晶圆工作台有较大的颗粒污染。

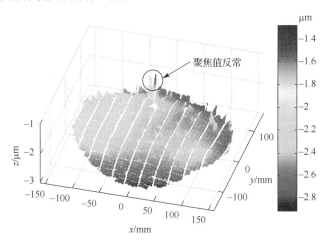

图 3.78　ASML 光刻机记录的一个晶圆的 FSM 图（见彩图）

3.7.3　对准精度的稳定性

　　曝光时的对准精度也必须连续监测，工程师可以从光刻机的曝光记录中调出这些数据来分析[31]。每次曝光时，光刻机都会把对准系统无法修正的偏差记录下来，供工程师使用。除了光刻机每次曝光时记录下的对准精度数据外，光刻工程师还必须对机器做日常监控和维护，保证其对准性能不发生漂移（alignment drift）[32]。目前业界通行的做法如下：

(1)选择一个性能较好的光刻机作为参考机台(golden tool),使用这一机台制备参考晶圆(golden wafer)。注意,使用空白的 Si 晶圆,以回避其他工艺导致的晶圆变形。

(2)参考晶圆涂胶,并送到需要监控的光刻机上曝光。测量曝光后图形的套刻误差。根据测量的结果对需要监控的光刻机做对准参数的调整,使得套刻误差为最小。

这个校准程序完成后,被监控机台的对准性能就和参考机台做到了尽量一致。一般这种校准需要每周一次。参考晶圆经返工后,还可以下次继续使用。

光刻机对准精度的调整还可以使用供应商提供的专用掩模来做,例如,ASML 的 BA-XY-13×19 掩模版。这个掩模上设计有 13×19 阵列的对准标识,如图 3.79 所示,第 1 行是掩模上的对准标识,第 2~3 行是晶圆上的对准标识,不断重复。第一次曝光显影以后,掩模上的对准标识阵列图形被转移到光刻胶上;然后把晶圆再放置在光刻机的工件台上,掩模版沿 Y 方向平移 640μm。晶圆上的第二行对准标识透过光刻机在掩模上第一行对准标识处成像,通过对比这两组图形的偏差,可以确定光刻机的对准误差。

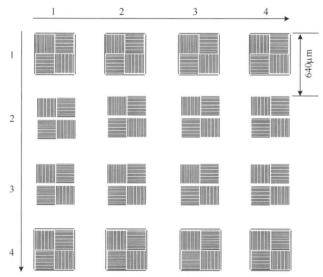

图 3.79　ASML 的 BA-XY-13×19 掩模示意图

这里有个概念要强调一下:通过测量对准标识,光刻机知道晶圆参考层里若干个曝光区域中心的位置,然后根据模型计算出本次曝光的每一个曝光区域中心的位置。光刻机对准系统还可以计算出本次曝光与参考层中图形的偏差,即光刻机对准系统确定的套刻误差。光刻工艺完成后,每一个曝光区域的套刻误差还可以由专用的套刻误差测量设备测量得到。这两种套刻误差有联系,也有区别;虽然它们描述的是相同的物理量,然而它们获得的方式是完全不同的。图 3.80 中把这两种套刻误差以矢量的方式表示在晶圆上,可见它们并不完全相同。

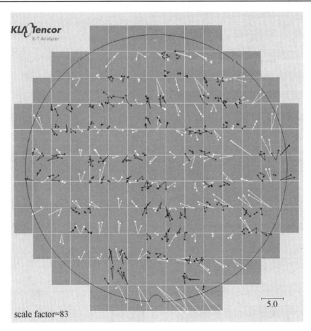

图 3.80　光刻机对准系统确定的套刻误差（白色箭头）与套刻误差测量
系统测得的套刻误差（黑色箭头）对比图[32]

3.7.4　光刻机停机恢复后的检查

在集成电路生产线上，光刻机一般是连续工作的，但是，各种原因可能会导致停机（shut down），如机台需要定期维护（preventive maintenance，PM）。停机会导致光刻机的工作参数发生漂移，因此，机台在重新投入生产之前必须经历一个合格检查（re-qualification），以保证主要工作参数与停机之前一致。根据停机的原因、时间的长短及其对光刻机系统的影响，合格检查的内容可以有一定的增减。光刻机工程师必须有一个详细的检查内容列表，它规定了不同情况停机后所需要检查的项目。

假设停机的原因是对晶圆工件台做维护（physical work on wafer stage），那么机台完成维护后投入生产前的检查必须包括如下几项：

（1）机台聚焦的情况，要保证机台的聚焦与维护前一致；

（2）机台对准的情况，要保证机台的对准与维护前一致；

（3）做机台的缺陷监测，可以做 PTM 或 PWP，保证机台维护后的清洁度。

这些检查都是针对维护可能导致的工作参数偏差而设计的。

3.7.5　与产品相关的测试

光刻机性能的监测必须在与实际生产情况尽量相近时进行，为此提出了与产品相关的测试（product-like test，PLT）的概念。光刻机按照生产产品时的要求来设置曝光，如光照条件、掩模版；也使用真正的产品晶圆。与正常生产不同的是测量（metrology）部分，PLT 要求对晶圆做全面细致的测量，从而得到光刻工艺的性能评估结果。

与其他集成电路专用设备类似，光刻机也必须做定期维护。根据保养频率和内容的不同，分为每天、每周、每月、每季度和每年一次的保养。每一次保养的内容一般由光刻机供应商提供。

参 考 文 献

[1] Lithography Section. International Technology Roadmap for Semiconductors, 2007.

[2] 李金龙, 胡松. ArF 浸没光刻双工件台运动模型研究. 博士学位论文. 北京: 中国科学院研究生院, 2013.

[3] http://zeiss-campus.magnet.fsu.edu/articles/lightsources/mercuryarc.html.

[4] Burdt R, Duffey T, Thornes J, et al. Flexible power 90W to 120W ArF immersion light source for future semiconductor lithography. Proc of SPIE, 2014, 9052-90522K.

[5] Saito T, Matsunaga K, Mitsuhashi, et al. Ultra-narrow bandwidth 4-kHz ArF excimer laser for 193nm lithography. Proc of SPIE, 2001.

[6] Tsushima H, Katsuumi H, Ikeda H, et al. Extremely long life and low-cost 193nm excimer laser chamber technology for 450mm wafer multipatterning lithography. Proc of SPIE, 2014.

[7] Moriya M, Ochiai H, Watabe Y, et al. Technology for monitoring shot-level light source performance data to achieve high optimization of lithography processes. Proc of SPIE, 2014, 9052-90522E.

[8] Peng R, Wu T, Liu H. Estimation of 1D proximity budget impacts due to light source for advanced node design. Proc of SPIE, 2014.

[9] Alagna P, Zurita O, Rechtsteiner G, et al. Improving on-wafer CD correlation analysis using advanced diagnostics and across-wafer light-source monitoring. Proc of SPIE, 2014, 9052-905228.

[10] Conley W, Dao H, Dunlap D, et al. Improvements in bandwidth & wavelength control for XLR 660xi systems. Proc of SPIE, 2014, 9052-90521H.

[11] Lin B. Marching of the microlithography horses: Electron, ion, and photon: Past, present, and future. Proc of SPIE, 2007.

[12] Flagello D G, Renwick S P. Evolving optical lithography without EUV. Proc of SPIE, 2015, 9426-942604.

[13] Voelkel R. Micro-optics: Enabling technology for illumination shaping in optical lithography. Proc of SPIE, 2007, 6520-652002.

[14] Wang H C, Hsieh H C, Wang S C, et al. Double dipole lithography method for semiconductor device fabrication: US, 20130188164 A1, 2013.

[15] Stanton W A, Mackey J L. Optimized optical lithography illumination source for use during the manufacture of a semiconductor device: US, 7046339, 2006.

[16] Bekaert J, Laenens S, Verhaegen L, et al. Freeform illumination sources: An experimental study of source-mask optimization for 22-nm SRAM cells. Proc of SPIE, 2010, 7640-764007.

[17] http://www.drlitho.com/cms/website.php?id=/en/research/ımaging.html.

[18] Stach M, Chang E, Yang C, et al. Post-lithography pattern modification and its application to a tunable wire grid polarizer. Nanotechnology, 2013, 115306.

[19] Sato T, Endo A, Mimotogi A, et al. Impact of polarization on an attenuated phase shift mask with ArF hyper-numerical aperture lithography. J Micro/Nanolith, 2005, 5(4): 043001.

[20] Estroff A, Fan Y, Bourov A, et al. Mask induced polarization. Proc of SPIE, 2004, 5377.

[21] Smith B, Zavyalova L, Estroff A. Benefiting from polarization: Effects on high-NA imaging. Proc of SPIE, 2004.

[22] Honkanen M, Kettunen V, Kuittinen M, et al. Inverse metal-stripe polarizers. Applied Physics B, 1999, 68: 81-85.

[23] Finders J, Hollink T. Mask 3D effects: Impact on imaging and placement. Proc of SPIE, 2011.

[24] Halle S, Crouse M, Jiang A, et al. Lens heating challenges for negative tone develop layers with freeform illumination: A comparative study of experimental vs. simulated results. Proc of SPIE, 2012, 8326.

[25] Jia N, Yang S, Kim S, et al. Study of lens heating behavior and thick mask effects with a computational method. Proc of SPIE, 2014.

[26] Nishinaga H, Hirayama T, Fujii D, et al. Imaging control functions of optical scanners. Proc of SPIE, 2014, 9052-90520B.

[27] Levinson H J. Overlay//Principles of Lithography, SPIE, 2005.

[28] Wei Y Y, Kelling M. Overlay control beyond 20 nm node and challenges to EUV lithography. Future Fab Intl, 2013, 39.

[29] 何峰, 吴志明, 王军, 等. Nikon 光刻机对准系统概述及模型分析. 电子工业专用设备, 2009, 38(4): 8-12.

[30] Sumiyoshi Y, Sasaki R, Hasegawa Y, et al. The solution to enhance i-line stepper applications by improving mix and match process overlay accuracy. Proc of SPIE, 2014, 9052-90520H.

[31] Egashira H, Uehara Y, Shirata Y, et al. Immersion scanners enabling 10 nm half pitch production and beyond. Proc of SPIE, 2014, 9052.

[32] Chung W, Kim Y, Tristan J. Run time scanner data analysis for HVM lithography process monitoring and stability control. Proc of SPIE, 2014, 9050-90502J.

第4章 光刻材料

光刻材料是指光刻工艺中用到的增粘材料、抗反射涂层、光刻胶、化学溶剂和显影液，还包括193nm浸没式光刻中用到的抗水涂层。这些材料都被安装在匀胶显影机上，根据工艺流程的安排，旋涂或喷淋在晶圆上。光刻材料中最主要的是光刻胶，它是一种光敏感的聚合物。在一定波长的光照下，光子激发材料中的光化学反应，改变其在显影液中的溶解度。抗反射涂层被涂覆在光刻胶底部或顶部，吸收或抵消来自晶圆衬底的反射光，消除驻波效应。化学溶剂可以用于清洗晶圆边缘和背面，使之洁净，不污染机台。在193nm浸没式光刻中，涂覆在光刻胶上的抗水涂层可以隔绝水和光刻胶的直接接触，既避免水对光刻胶性能的破坏，也避免光刻胶中的成分析出污染光刻机的镜头。

图4.1是根据工艺归纳出来的光刻材料在晶圆表面的膜层结构。最简单的情况是对晶圆表面做增粘处理后，把光刻胶直接旋涂在晶圆表面，如图4.1(a)所示。曝光时，晶圆表面会反射曝光光束，反射光会导致光刻胶的再曝光，影响图形的分辨率。为了降低这种反射效应，对于有高分辨率要求的光刻工艺，通常在光刻胶底部涂覆一层抗反射涂层，如图4.1(b)所示。抗反射层也可以涂覆在光刻胶顶部，实现入射光和反射光

(a) 光刻胶/晶圆衬底(增粘处理只是在衬底表面形成一个单分子膜，有利于光刻胶的附着，图中没有画出)

(b) 光刻胶/抗反射涂层(bottom anti-reflection coating，BARC)/晶圆衬底

(c) 顶部抗反射层(top anti-reflection coating，TARC)/光刻胶/晶圆衬底

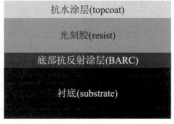

(d) 抗水涂层/光刻胶/抗反射涂层/晶圆衬底

图4.1　光刻材料在晶圆表面的配置

的相消干涉(destructive interference)，如图 4.1(c)所示。图 4.1(d)是 193nm 浸没式光刻中常用到的配置，抗水涂层覆盖在光刻胶上。

4.1 增 粘 材 料

集成电路光刻工艺中使用的增粘剂是六甲基二硅氮烷(hexamethyldisilazane，HMDS)，其分子式是$(Si(CH_3)_3)_2NH$，为无色澄清的液体。半导体工业所用的 HMDS 要求纯度大于 99.7%。HMDS 是光刻区域毒性比较大的材料，而且易燃，必须密封使用。在室温下，HMDS 的比重是 $0.774g/cm^3$；沸点是 126℃；在 233℃时发生自燃。

Si 衬底在空气中极易氧化，在表面形成一个单原子的 SiO_2 层。该 SiO_2 层是亲水的，空气中的水分子随之吸附在衬底表面。而大多数光刻胶是疏水的，这就造成光刻胶和硅片的粘和性较差，如图 4.2(a)所示。为了避免这种情况发生，晶圆必须经 HMDS 处理后(即增粘工艺)，再旋涂光刻胶。在高温下(约 120℃)，HMDS 与衬底表面的氧化层形成键合，把 H_2O 置换出来。HMDS 中的疏水基可以很好地与光刻胶结合，起着偶联剂的作用，将硅片表面由亲水变成疏水，如图 4.2(b)所示。高掺杂的衬底、多晶硅等与光刻胶粘附有困难的材料都可以使用 HMDS 工艺。

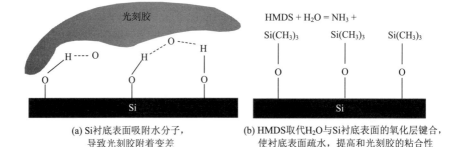

(a) Si衬底表面吸附水分子，
导致光刻胶附着变差

(b) HMDS取代H_2O与Si衬底表面的氧化层键合，
使衬底表面疏水，提高和光刻胶的粘合性

图 4.2 Si 衬底表面的增粘处理

增粘处理效果的好坏不仅与增粘剂有关，还与衬底表面的性质以及涂覆的材料有关。HMDS 一般只适用于 Si 衬底，并且衬底表面必须没有大量水分子吸附。对于其他衬底(如玻璃、Cu、TiOx、GaP 等 III-V 半导体)，如果需要旋涂酚醛树脂或环氧树脂类光刻胶(novolac and epoxy resin based resist series)，文献[1]建议使用另外一种增粘剂(SurPass^TM)。这种增粘剂是一种水溶性的、无害的有机阳离子表面活性剂(cationic organic surface active agent)，它通过改变衬底材料的表面能来达到增粘的目的。SurPass 可以被旋涂或喷淋在衬底表面；然后，使用水或异丙醇(isopropanol，IPA)冲洗衬底；最后，用 N_2 吹干或甩干。

4.2 光 刻 胶

光刻胶是光刻工艺中最关键的材料。掩模版上的图形被投影在光刻胶上，激发光化学反应，经烘烤和显影后形成光刻胶图形。光刻胶图形作为阻挡层，用于实现选择性的刻蚀或离子注入。本节分成两部分，第一部分介绍各种光刻胶的化学成分及其合成的方法；第二部分介绍光刻胶的性能参数及其测量方法。

4.2.1 用于 I-线（365nm 波长）和 G-线（436nm 波长）的光刻胶

光刻胶是针对曝光波长来设计的。用于 I-线（365nm 波长）和 G-线（436nm 波长）的光刻胶主要成分有聚合物树脂（resin）、光敏化合物（photoactive compound，PAC）和溶剂。溶剂的增减可以改变光刻胶的粘度，从而在合理的转速范围内得到所要的厚度。光敏化合物决定了光刻胶的光敏感度：在光子的作用下，光敏化合物分解，激发光化学反应，使得受光区域的光刻胶溶于显影液（这是指正胶，负胶则正好相反）。

图 4.3（a）是 I-线胶中常用的酚醛树脂（novolac resin）的单体（monomer）分子结构；（b）是合成后的酚醛树脂结构；（c）是常用的一种光敏化合物二氮醌（diazoquinone，DNQ）分子结构。以酚醛树脂和二氮醌为主要成分的光刻胶被称为 "novolac/DNQ" 胶，目前绝大多数的 I-线胶和 G-线胶都是 novolac/DNQ 胶，其中 DNQ 可以占总质量的 20%～50%。

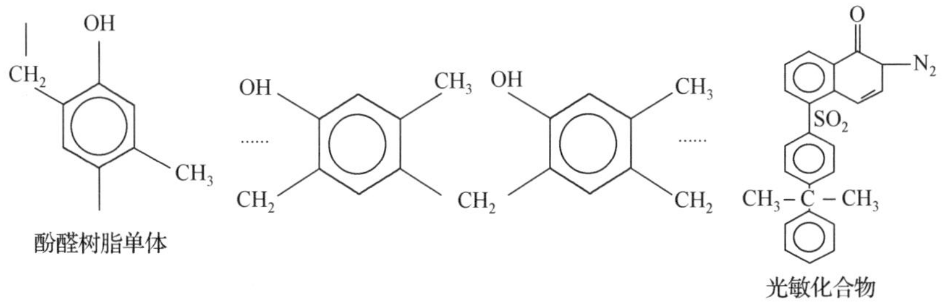

酚醛树脂单体 (a)　　　(b)　　　光敏化合物 (c)

图 4.3　（a）酚醛树脂的单体分子结构、（b）酚醛树脂（novolac resin）和（c）常用的一种光敏化合物分子结构

酚醛树脂的基本结构单元是一个 C-H 环加 2 个甲基分子团（methyl group）和 1 个 OH 分子团。DNQ 是不溶于标准的 TMAH 显影液的；加入 DNQ 后可以使酚醛树脂在显影液中的溶解度进一步降低几个数量级。没有经过曝光的 novolac/DNQ 胶在显影液里的溶解速率只有 1～2nm/s。曝光时，光子把 DNQ 中连接 N_2 的化学键打断，一个 C 原子从 C-H 环中自动分离出来，使得结构更加稳定。显影时，显影液中 H_2O 离化出的 OH 分子团与 C 原子键合，生成羧酸（carboxylic acid），羧酸是溶于 TMAH 显影液的。整个反应过程如图 4.4 所示。反应中需要 H_2O 的参与，这些 H_2O 分子来自于显影液。

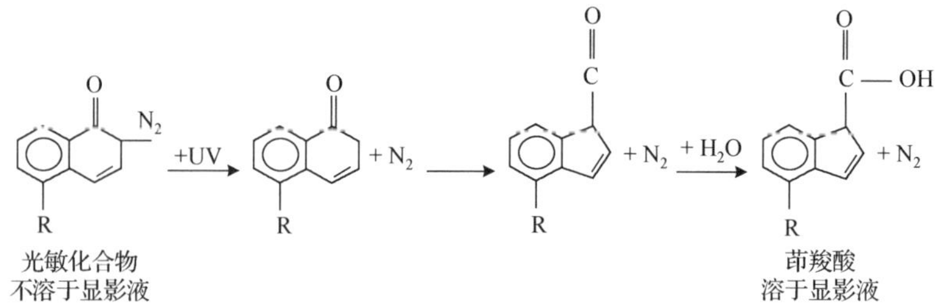

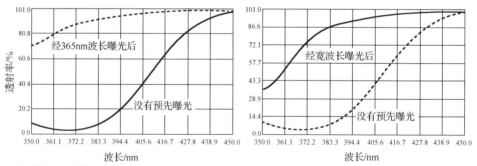

光敏化合物　　　　　　　　　　　　　　　　　　　　　　　　芐羧酸
不溶于显影液　　　　　　　　　　　　　　　　　　　　　　　溶于显影液

图 4.4　光致化学反应的过程
DNQ 分解成可溶于显影液的羧酸，其中 R 表示可以替换的分子基团

在 novolac/DNQ 胶的基础上，对聚合物分子结构做改进，可以开发出具有更高曝光对比度的胶。例如，使用两种分子量分布不同的酚醛树脂(bi-modal novolac molecular-weight distributions)来制备光刻胶；还可以使用分子量分散性较小(low-polydispersity)和在显影液中溶解度较低(highly inhibiting)的酚醛树脂来制备光刻胶。

在 I-线和 G-线光刻工艺中，还经常用到一种对比度增强材料(contrast enhance layer，CEL)。CEL 是被旋涂在光刻胶表面(这时光刻胶已经烘烤固化)的一层有机材料。在没有光照或很小光照强度的情况下，CEL 是不透明的；在较强的光照下，充足的光子激发材料中的光化学反应,使其变得透明。图 4.5 是一种 CEL 材料(CEM-365iS™)经 I-线与宽带波长曝光前后透射率的变化曲线。在使用掩模的情况下，掩模透光区域的光照强度较大，CEL 转变为透明状态的速度很快；在掩模不透光的区域，只有少量的散射光，CEL 层保持不透明。通过对 CEL 材料的光敏感性(bleaching dynamics)优化，可以使光刻胶和 CEL 的敏感度实现最佳匹配，即在"暗区"的 CEL 变成透光之前，"亮区"的光刻胶已经实现了完全曝光。CEL 的使用可以有效地去除杂散光(flare)对图形质量的影响，提高光刻胶的对比度。

(a) 经I-线(365nm波长)曝光前后CEM-365iS™的光透射率谱　　(b) 经宽带波长曝光前后CEM-365iS™的光透射率谱

图 4.5　经 I-线(365nm 波长)曝光前后 CEM-365iS 的光透射率谱和经宽波长
曝光前后 CEM-365iS 的光透射率谱[2]

通常引入量子效率(quantum efficiency)来描述光刻胶对光子的敏感程度。量子效率(Φ)定义为

$$\Phi = \frac{发生光化学反应的PAC分子数}{被光刻胶吸收的光子数} \tag{4.1}$$

G-线和I-线光刻胶的量子效率一般小于1,大多数是0.3左右。为了提高光刻胶的量子效率,从248nm波长开始,引入了基于化学放大原理的光刻胶(chemically-amplified resist,CAR)。Novolac/DNQ 胶又被称为非化学放大胶(non-chemically amplified resist,Non-CAR)。

4.2.2 用于 248nm 波长的光刻胶

酚醛树脂对250nm以下波长的光有较强的吸收率,因此novolac/DNQ胶无法用于248nm波长的光刻工艺。使用novolac/DNQ胶曝光时,一个光子最多只能激发一次光化学反应,这样的光敏感度也不能满足248nm曝光的要求。化学放大光刻胶的原理最早于20世纪80年代由Ito、Willson和Frechet提出[3-4]。化学放大胶的主要成分是聚合物树脂、光致酸产生剂(photo acid generator,PAG)以及相应的添加剂(additives)和溶剂。聚合物树脂的分子链上悬挂有酸不稳定基团(acid labile functional group),它的存在使得聚合物不溶于显影液。光致酸产生剂是一种光敏感的化合物,在光照下分解产生酸(H+)。在曝光后烘烤(PEB)过程中,这些酸会作为催化剂使得聚合物上悬挂的酸不稳定基团脱落,并产生新的酸。悬挂基团的脱落改变了聚合物的极性,有足够多的悬挂基团脱落后,光刻胶就能溶于显影液。

第一个用于集成电路生产的化学放大胶是tBOC胶,它首先由IBM研发,用于248nm光刻工艺[5]。tBOC胶的聚合物树脂是聚4-叔丁氧基羰氧基苯乙烯(4-tert-butoxycarbonyloxystyrene,PBOCST),混合了4.65 wt%的光致酸产生剂三苯基六氟化硫(triphenylsulfonium hexafluoroantimonate,TPS-SbF6)。聚合物PBOCST上悬挂的酸不稳定基团是亲脂性的叔丁氧基羰(lipophilic tert-butoxycarbonyl,tBOC)。具有光放大功能的tBOC胶的光化学反应过程,如图4.6所示。它包括两个反应,图4.6(a)是光致酸产生剂在光子作用下产生酸;在PEB过程中,酸导致悬挂基团脱落,并生成一个新的酸分子(见图4.6(b))。tBOC悬挂基团脱落后,聚合物树脂PBOCST就变成了亲水的PHOST。

这种PBOCST化学放大胶的光敏感度比novolac/DNQ胶高两个数量级,而且能制备成正胶和负胶;其分辨率能满足130~180nm工艺的要求。但是,化学放大胶对于环境非常敏感,特别是环境中胺(amine)的含量。环境中的胺会与曝光产生的 H+ 发生化学反应,导致曝光区域光刻胶灵敏度的损失。光刻胶曝光后暴露在空气中的时间(post-exposure delay)越长,这种环境的影响就越明显。把晶圆放置在密封的环境中,并使用空气过滤器,可以有效地减小和消除这种曝光后的延误效应。248nm光刻胶还可以使用其他的树脂来制备,例如,苯丙氨酸-乙缩醛(PHS-acetal)、苯丙氨酸-非-乙缩醛(PHS-non-acetal)和ESCAP。这些树脂的分子结构如图4.7所示。

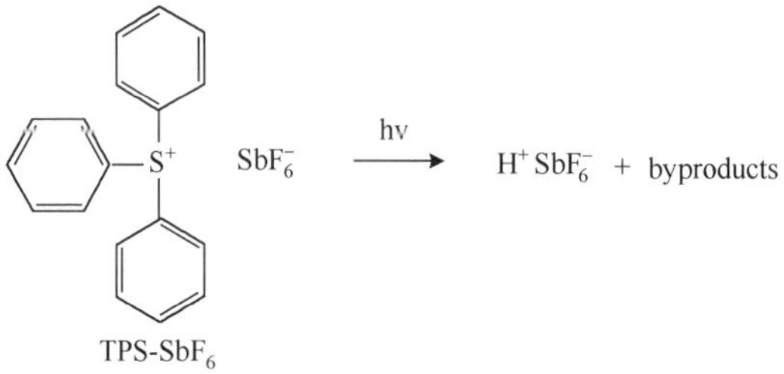

(a) 光致酸产生剂在光子作用下生产酸

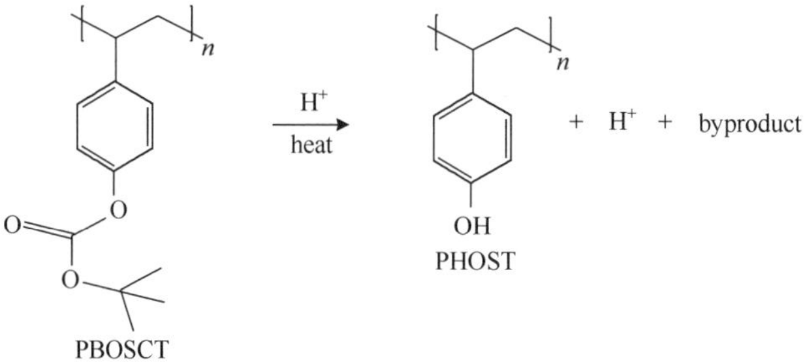

(b) 在PEB温度下，酸导致悬挂基团脱落，并产生一个新的酸分子

图 4.6　tBOC 胶中的光化学反应

图中的"byproduct"是指反应生成的其他分子

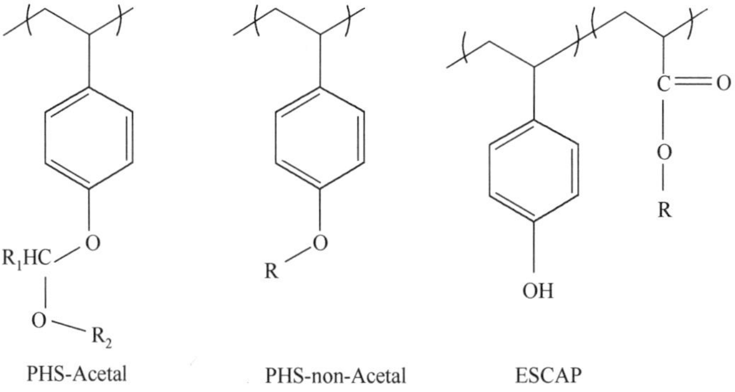

PHS-Acetal　　PHS-non-Acetal　　ESCAP

图 4.7　三种常用于制备 248nm 光刻胶的树脂分子结构

图中 R、R_1 和 R_2 都代表不同的分子基团

　　所有化学放大胶的基本工作原理都可以用图 4.8 来描述。光子被 PAG 吸收，PAG 分解释放酸（H^+）；烘烤时，酸与树脂上的不溶性悬挂基团（protective group）反应，使聚合物能溶于显影液，并释放一个新的 H^+。酸分子在化学放大胶中的作用还可以由 TGA 实验来验证（不曝光）：胶中加了酸分子后，当温度升高到 110℃ 左右时，酸分子激发化学反应，生成挥发性副产物，胶的总质量减少。没有加酸分子的胶，只有当温度升高到 200℃ 左右，类似的反应才发生。这充分说明了酸分子在不溶性基团分解反

应中起到了催化剂的作用。正是这种化学放大的反应模式使得化学放大胶对光照非常敏感，很小的剂量就可以完成整个区域的曝光。化学放大的概念已经被广泛地使用到光刻胶的设计中，目前所有的 248nm、193nm 以及 193nm 浸没式光刻胶都是化学放大胶。

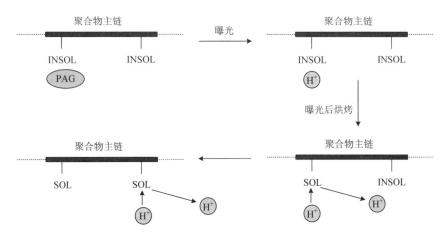

图 4.8　化学放大胶的一般工作原理（INSOL：不溶性基团；SOL：可溶性基团）

　　在化学放大胶中，通常还需要添加碱性的中和剂（quencher），例如，含胺的分子。中和剂可以中和掉一部分曝光生成的酸，有利于提高光刻胶的对比度（dt/dD，t 是显影后光刻胶的厚度；D 是曝光的剂量）。图 4.9 是同一种光刻胶中添加不同浓度胺后，其在显影液中的溶解速率随曝光剂量变化的曲线。实验中胺的浓度用一个相对值 k 来表示，

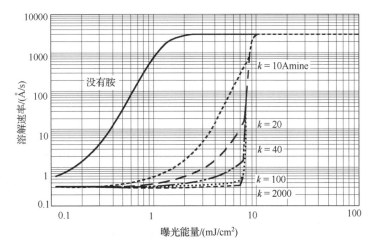

图 4.9　光刻胶中添加不同浓度的胺后，其在显影液中的溶解速率随曝光剂量变化的曲线
图中 k 表示胶中胺的浓度，k 越大表示添加的胺越多

k 越大表示添加的胺浓度越高。随着胺浓度的增高，光刻胶在显影液中的溶解速率随曝光剂量的变化行为变得陡峭，即光刻胶的对比度（$\mathrm{d}t/\mathrm{d}D$）增大。缺点是光刻胶变得不敏感，即需要更人的剂量才能实现曝光。

4.2.3　用于 193nm 波长的光刻胶

　　193nm 光刻胶的设计理念与 248nm 胶是类似的，其主要成分有聚合物树脂、光致酸产生剂、中和光致酸的碱性中和剂（base quencher），另外还有功能添加剂（additives）。这些添加剂会对光刻胶的性能做微调，使之能符合特定工艺的要求。例如，在 193nm 负胶中，一般需要添加交联剂（crosslinker）；在用于浸没式工艺的胶中，一般需要添加脱水剂（water shedding agent）；为了增强酸的扩散作用，还可以添加高沸点的溶剂（high boiling point solvent）；添加一些低分子量的化合物（low molecular weight compound）有助于改善光刻胶图形边缘的粗糙度。

　　几乎所有具有芳香结构（aromatic structures）的分子对 193nm 波长的光都有较强的吸收，因此，PBOCST 类聚合物不能用于 193nm 光刻胶。目前用于 193nm 光刻胶的树脂主要有以下几类：甲基丙烯酸甲酯（methyl methacrylate，MMA）、环烯烃-马来酸酐（cycloolefine-maleic anhydride，COMA）、环烯烃（cycloolefin）和乙烯基醚-马来酸酐（vinyl ether-maleic anhydride，VEMA），它们的分子结构如图 4.10 所示。也可以使用 2～4 种树脂的混合物，即三元共聚物（ter-polymer）或四元共聚物（tetra-polymer）来制备 193nm 光刻胶。

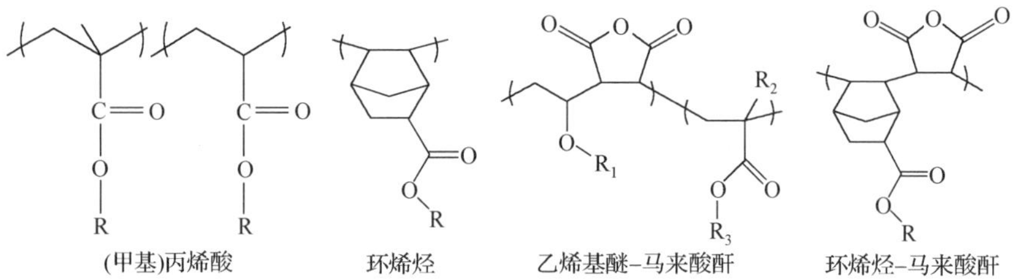

(甲基)丙烯酸　　　　环烯烃　　　　乙烯基醚-马来酸酐　　　环烯烃-马来酸酐

图 4.10　193nm 光刻胶常用的树脂分子结构（其中 R、R_1、R_2、R_3 是不同的分子基团）[6]

　　常用的光致酸产生剂主要有两类，一类是碘盐（iodonium salts），即叔丁基苯基碘鎓盐全氟辛烷磺酸（tert-butylphenyliodonium perfluorooctanesulfonate，TBI-PFOS）；另一类是硫盐（sulfonium salts），即三苯基锍全氟丁烷磺酸（triphenylsulfonium perfluorobutanesulfonate，TPS-PFBS）、三苯基锍全氟丁基（triphenyl sulfonium nanoflate，TPS-Nf）或三苯基锍三氟磺酸（triphenylsulfonium trifluorosulfonate，TPS-TF）。在光刻胶中加入碱性的中和剂可以有效地控制曝光产生的酸的扩散，增大光刻胶的对比度。常用的碱性中和剂有四丁基氢氧（tetra butylammonium hydroxide，TBAH）、三乙醇胺（triethanolamine，TEA）、三戊胺（tripentylamine，TPA）、三正十二胺（tri-n-dodecylamine，TDDA）。

光刻胶的溶剂用于溶解树脂、光致酸产生剂等,形成均匀的液体,便于旋涂工艺。在烘烤过程中,溶剂挥发掉,聚合物材料均匀地覆盖在晶圆表面。常用的光刻胶溶剂有丙二醇甲基醚乙酸酯(propylene glycol methyl ether acetate,PGMEA)、乳酸乙酯(ethyl lactate,EL)、甲基戊基酮(methylamylketone,MAK)、丙二醇单甲基醚(propylene glycolmonomethylether,PGME)。

4.2.4 用于 193nm 浸没式光刻的化学放大胶

193nm 浸没式(193i)光刻中,光刻胶是浸没在水中曝光的。这对 193i 光刻胶提出了一些特殊要求。第一,光刻胶的有效成分必须不溶于水;在与水接触后,光刻胶的光化学性质不变。第二,光刻胶必须对水有一定的抗拒性,水扩散进入光刻胶不会导致胶体的膨胀和光敏感性的损失。

4.2.4.1 光刻胶成分的浸出测试

浸出测试(leaching test)是在水的浸泡下,测量光刻胶溶解在水中的成分及数量。水样的采集可以有不同的方法,但基本思路是一样的。使光刻胶和去离子水实现接触,在规定的接触时间后,收集水样。William Hinsberg 等提出了一个提取水样的特殊装置,被称为水萃取分析装置(water-extraction-and-analysis apparatus,WEXA),被业界广泛应用。图 4.11(a)是 WEXA 装置的示意图,它实际上是一个扣在晶圆表面的盖子。在真空的作用下,盖子和晶圆表面实现紧密接触。晶圆表面有光刻胶。去离子水从一端流入,和光刻胶接触一段时间后,从另一端流出。水和光刻胶接触的时间可以通过调整流速和通道的宽度来改变。另一个比较常用的提取水样的方法是由 IMEC 研究人员设计的,如图 4.11(b)所示。一定体积的水从管道中流出和晶圆表面接触。在表面张力的作用下,这些水被限制在管口和晶圆之间。水管沿晶圆表面移动,调整移动的速度就可以改变水样和光刻胶接触的时间。这种设计实际上是仿照 193i 光刻机的曝光头(exposure head),又叫动态浸出方法(dynamic leaching procedure,DLP)。

可以用多种方法来分析水样,不同的化学分析方法对水样中的成分有不同的测量灵敏度。例如,PAG 是硫化物(sulfonates),可以使用液相色谱(liquid chromatography mass spectroscopy)来测量水样中硫的含量,其探测的极限是 0.2ng/ml(ppb)。如果有一系列不同接触时间的水样,就可以测量得到水样中化学成分随光刻胶接触时间的变化曲线,从而计算出浸出的速率(leaching rate,单位是 ng/cm^2/s)。图 4.12 是一种 193nm 胶的浸出测试结果,检测的三种浸出物(triflate、PFOS、PFBuS)都是光致酸产生剂中的成分[7]。不同成分浸出的速率是不一样的。

大量的实验结果表明,浸出是一个非线性过程。与水刚接触时,浸出的速率最大,浸出的主要成分是光致酸产生剂(PAG)。接触数秒后,浸出就会饱和。水样中 PAG 的浓度(C)与接触时间(t)的关系可以近似地用指数来表示,即

$$C = C_\infty \cdot (1 - e^{-\beta t}) \tag{4.2}$$

式中，C_∞ 是水样中饱和时的 PAG 浓度，β 是时间常数。在 $t=0$ 时，浸出的速率是 $dC/dt\,|_{t=0}=C_\infty\cdot\beta$。它描述了光刻胶和水刚接触时，其化学成分浸出的速率。

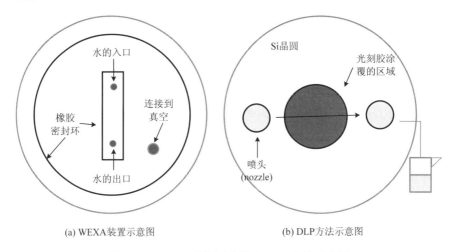

(a) WEXA装置示意图　　　　　　　　(b) DLP方法示意图

图 4.11　　WEXA 装置示意图和 DLP 方法示意图

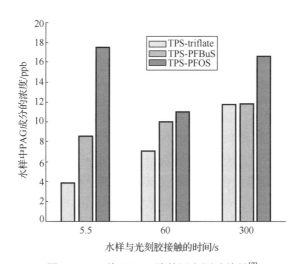

图 4.12　　一种 193nm 胶的浸出测试结果[7]

　　193i 光刻机曝光头处的水是不断流动的。从光刻胶中浸出的化学成分，一部分会被流动的水带走，剩余的可能污染 193i 光刻机的镜头。浸出的速率越大，对光刻机造成污染的可能性就越大。光刻机供应商分别提出了其光刻机所能承受的浸出速率，如表 4.1 所示。不同光刻机曝光头水流的设计是不一样的，因此对光刻胶化学成分浸出的容忍度是不一样的。Nikon 对浸出成分中的胺还提出了要求。

表 4.1　193i 光刻机供应商对光刻胶浸出速率限制

	ASML/(mol/cm²/s)	Nikon/(mol/cm²/s)
光致酸产生剂浸出速率	1.6×10^{-12}	5×10^{-12}
胺浸出速率	—	2×10^{-12}

4.2.4.2　193i 光刻胶的表面接触角

用于 193i 的光刻胶除了必须有较小的浸出速率外，其表面必须不亲水。图 4.13 是 193i 曝光的示意图。曝光时水随着曝光透镜在晶圆表面快速扫过，移动的速度可达 500～700mm/s。在表面张力的作用下，水在晶圆表面形成动力学接触角，即前接触角（advancing contact angle，θ_a）与后接触角（receding contact angle，θ_r）。假设静态时，晶圆表面（光刻胶）的接触角是 θ_s（static contact angle），那么 $\theta_a > \theta_s > \theta_r$。

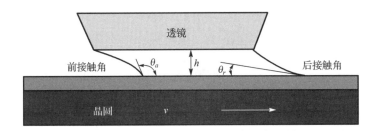

图 4.13　193i 曝光时水在晶圆表面形成的动力学接触角（dynamic contact angle）

从工艺角度出发，如果 θ_r 太小（即光刻胶亲水），曝光时水就容易附着在晶圆表面，形成水滴残留。大量实验结果建议，光刻胶表面水的后接触角（θ_r）必须大于 70°，才能保证在曝光时没有水滴残留。这就要求光刻胶表面非常不亲水（$\theta_s > 90°$）。但是，非常不亲水的表面必然具有更大的前接触角（θ_a），曝光头在移动过程中就容易把空气引入到水中，形成气泡影响曝光质量。另外，光刻胶非常不亲水，也会带来显影的困难。标准 TMAH 显影液的主要成分是水（>99%），它不容易均匀覆盖不亲水的表面。

光刻机的产能与曝光时的扫描速度关联程度很大，扫描速度越快产能就越高。以 ASML 的浸没式光刻机为例，假设每块晶圆上有 125 个曝光区域，对应 600mm/s 的曝光扫描速度，光刻机的产能大约是 180WPH；而当扫描速度升高到 700mm/s 时，光刻机的产能则可以达到 200WPH 左右。为了保证晶圆和透镜之间的水能随着曝光头在晶圆表面以约 700mm/s 的速度移动而没有泄漏，晶圆表面的光刻胶必须不亲水。ASML 光刻机一般要求浸没式光刻胶的表面接触角（静态）必须大于 75°。

实际上，回顾光刻胶发展的历史，从 365nm（MUV）、248nm、193nm 到 193nm 浸

没式，光刻胶的疏水性越来越强。光刻胶的这一发展趋势，可以用图 4.14 来形象地描述。这也是为什么我们要不断开发新的显影喷嘴，以满足越来越疏水的光刻胶的显影需求。

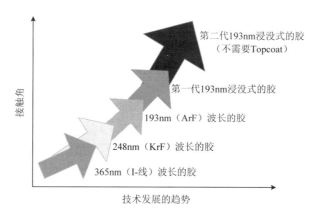

图 4.14　光刻胶发展的趋势

4.2.4.3　193i 光刻胶的设计

193i 光刻胶的设计受 157nm 光刻胶的影响极大。在 2003 年之前的技术路线图（technology roadmap）上，193nm 光刻之后是 157nm 波长的光刻。为了适应 157nm 光刻的需要，业界已经研发了在 157nm 波长下吸收率很低的含 F 的树脂（fluoropolymer），积累了丰富的经验。由于诸多的原因，工业界于 2003 年正式放弃了 157nm，转向 193nm 浸没式光刻。含 F 的树脂随之被广泛应用于 193i 光刻胶。基本思路是对含 F 的树脂进行改进使之满足浸没式光刻浸出和表面接触角的要求。

光刻胶成分在水中的浸出率与树脂的亲水性、树脂上保护基团的激活能（activation energy of the protective agent）等有很强的关联性。使用不亲水的树脂和较高激活能的基团可以有效地降低浸出率。较高分子量或体积较大的光致酸产生剂在水中的浸出率也较低[8]。光刻胶中树脂和酸产生剂的详细分子结构仍然是光刻胶供应商的技术秘密。这里对公开的信息做一分析。

文献[9]公开了一个配方过程。他们使用单环含 F 的树脂（monocyclic fluoropolymers，FUGU），如图 4.15（a）所示。FUGU 树脂比一般的 193nm 树脂具有更强的疏水性，但是，其抗刻蚀性能较差。193nm 光刻胶中的含金刚烷的甲基丙烯酸酯（methacrylates containing adamantyl moiety）具有较强的抗刻蚀性能。文献[9]尝试着把它们结合到一起，用作 193i 的树脂。使用 FUGU 单体（FUGU monomer）和金刚烷基甲基丙烯酸乙酯（ethyl adamantyl methacrylate，EAdMA）合成了新的聚合物 FGEAM，如图 4.15（b）所示。

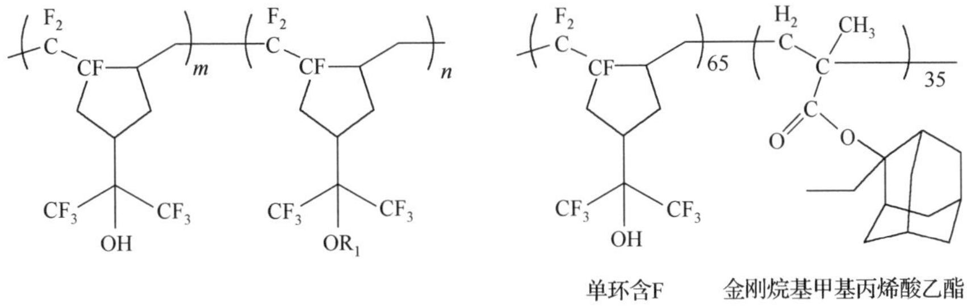

(a) 单环含F的树脂结构(其中的保护基团是R₁)　　　(b) 新合成的FGEAM树脂的分子结构

图 4.15　单环含 F 的树脂结构(其中的保护基团是 R_1) 和新合成的 FGEAM 树脂的分子结构

选取了三种光致酸产生剂(PAG)做配方试验：三苯基锍三氟甲磺酸(triphenylsul-fonium trifluoromethanesulfonate)(实验代号 P1)、双(对-甲苯磺酰)重氮甲烷(bis(p-toluenesulfonyl)diazomethane)(实验代号 P2)、二(环乙基磺酰)重氮甲烷(bis(cyclohex-ylsulfonyl)diazomethane)(实验代号 P3)。这些 PAG 的分子结构如图 4.16 所示。这三种光致酸产生剂的酸性强度(acidity)依次为 P3<P2<P1。分别将它们按不同的比例(2%和 5%)混合到树脂中，最后形成的光刻胶样品做曝光性能评估。

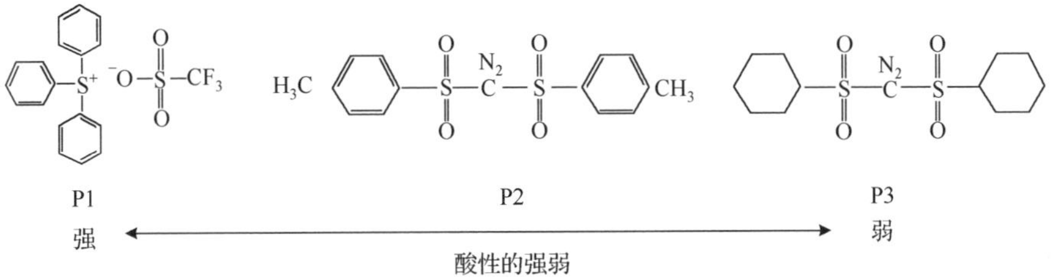

P1　　　　　　　　　　　　　P2　　　　　　　　　　　　　P3
强　　　←————————————————————————→　　　弱
酸性的强弱

图 4.16　试验用的三种光致酸产生剂的分子结构

文献[10]提出了使用聚合物分子自分凝(self-segregating)的原理来设计 193i 光刻胶。自分凝可以比较好地解决既要光刻胶表面不亲水又要求显影均匀的矛盾。其思路是在 193nm 胶中添加不亲水的添加剂(如含 F 的聚合物)，这些不亲水的添加剂具有较小的表面能量。在旋涂和烘烤过程中，它们会自动地迁移到光刻胶表面，如图 4.17 所示。不亲水添加剂在光刻胶表面的富集，使得光刻胶与水接触后具有良好的抗浸出性能和较大的接触角。这层添加剂很薄，在显影过程中能很快地溶解在显影液中，裸露出比较亲水的光刻胶本体。

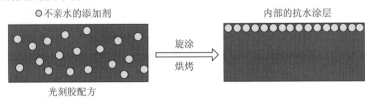

图 4.17　自分凝 193i 光刻胶的设计原理

　　自分凝开辟了一条把 193nm 胶直接转换成 193i 胶的简单途径。一般来说，只需要在 193nm 胶中添加 0.5%～5%（相对于胶的固体质量）的不亲水添加剂，就可以达到目的。当然，这些添加剂必须要能溶于光刻胶的溶剂。如何合理地选取不亲水添加剂是这一方法成功的关键，表面能量越小的添加剂越容易实现自分凝。添加剂沿光刻胶深度的分布（depth profile）可以用电子谱仪（ESCA）来测量。

　　文献[11]在 193nm 光刻胶中分别添加了六种不同的含氟的添加剂（A～F），测量了氟在光刻胶中的深度分布（也就反映了添加剂的深度分布），结果如图 4.18(a) 所示。添加剂 E 的表面能量最小，因此具有最大的表面浓度。作为对照，也测量了这些含有不同添加剂的光刻胶的表面水接触角，结果如图 4.18(b) 所示。同样，添加了 E 的光刻胶具有最大的表面水接触角，即最不亲水。

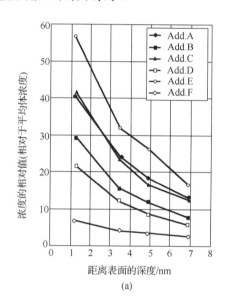

(a)

添加剂	静态接触角	前接触角	后接触角
A	79.3°	89.2°	57.5°
B	70.6°	91.0°	34.1°
C	80.2°	89.6°	67.0°
D	79.7°	90.4°	62.9°
E	100.7°	103.0°	94.1°
F	69.0°	82.0°	44.0°
None	66.1°	78.5°	44.9°

注：None 是指原始光刻胶没有添加剂

(b)

图 4.18　光刻胶混合了不同添加剂（A-F）后，其中 F 沿深度的分布(a) 和表面接触角(b)[11]

4.2.4.4 光可以分解的中和剂

常规化学放大胶中添加有碱性的中和剂，这些中和剂均匀地分布在光刻胶中，中和剂本身对光不敏感。在光刻胶受光的区域，中和剂中和掉一部分曝光产生的酸。在这个过程中，中和剂的作用就是提高了曝光光强的阈值，抵消掉散射光对成像的影响，从而增大光刻胶的化学成像对比度。常规中和剂在化学放大胶中的作用可以形象地用图 4.19(a)来表示。

光可以分解的中和剂(photo decomposable quencher，PDQ)是一种碱性的有机分子，但是，在受光后会分解而失去碱性，因此，它又叫光可以分解的碱(photo decomposable base，PDB)[12]。在胶中添加 PDQ 可以进一步改善曝光产生的酸在光刻胶中的分布，提高光刻胶的分辨率。在曝光区域，光子不仅激发 PAG 产生光致酸，而且激发 PDQ 分解使这一区域中中和剂的碱性下降；在非曝光区域，PDQ 的碱性仍然维持在较高的水平。随曝光剂量的增大，光刻胶中酸性分子不断增多，而与之中和的碱性分子则不断减少。综合的结果就使得曝光区域与非曝光区域之间酸浓度的差别进一步拉大，提高光刻胶的对比度，如图 4.19(b)所示。

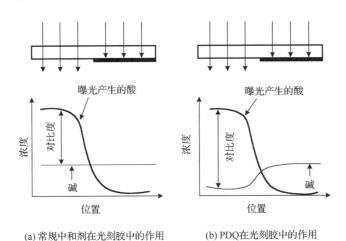

(a) 常规中和剂在光刻胶中的作用   (b) PDQ在光刻胶中的作用

图 4.19 常规中和剂在光刻胶中的作用和 PDQ 在光刻胶中的作用

PDQ 的添加使得曝光区域中光致酸的浓度有了较大的增加，酸的扩散长度也有了明显增大。反之，在非曝光区域，酸不断被 PDQ 中和掉，其扩散长度受到极大的削减。PDQ 导致的这种酸扩散长度的变化也是其能提高光刻胶分辨率的一个重要因素[13]。文献[14]设计了两种 PDQ 的分子结构，如图 4.20 所示。他们建议把 PAG 与 PDQ 分子合成在一起，形成双功能的分子团(bi-functional molecule or compound)。两个分子之间的连接可以通过极性键、氢键或共价键。图 4.20 中还提供了这种双功能分子团的合成步骤。

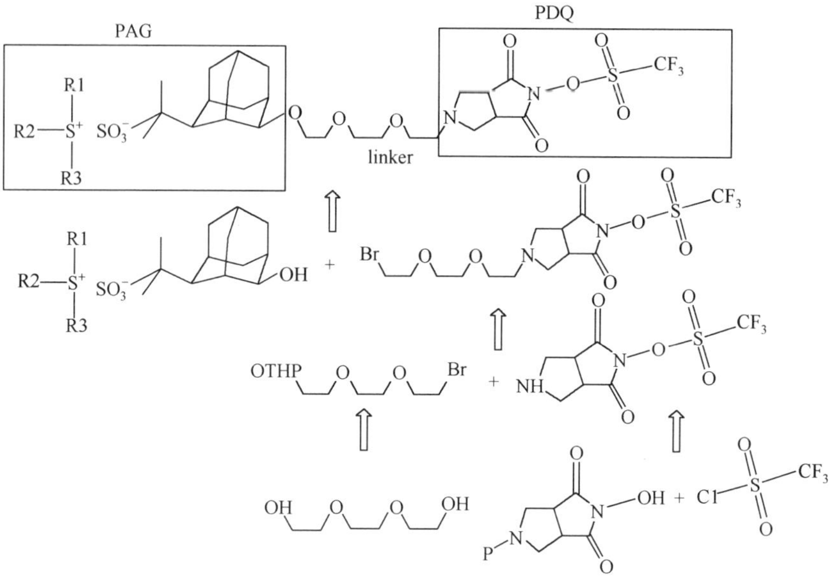

(a) 第一种PAG-PDQ分子团及其合成的步骤

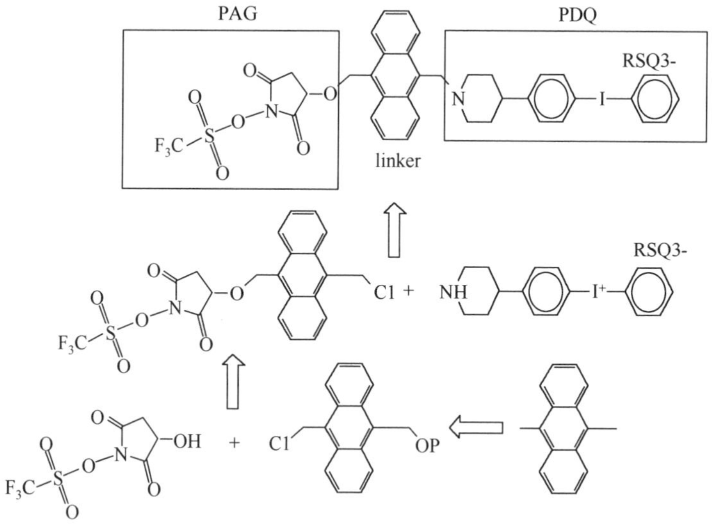

(b) 第二种PAG-PDQ分子团及其合成的步骤

图 4.20　两种 PAG-PDQ 分子团及其合成的步骤[14]

PAG 与 PDQ 分子之间是通过链接分子 (linker) 组合在一起的

4.2.4.5　用于 193nm 浸没式 (193i) 光刻的负胶

负胶 (negative tone resists) 曾广泛用于 I-线和 248nm 波长的光刻中。193nm 波长

的光刻工艺中很少使用负胶，主要是因为负胶的分辨率不够高，还存在"footing"和"scumming"问题。然而，在 20nm 技术节点以下，双重曝光技术(double exposure)被广泛应用。双重曝光技术要求每一次曝光能在光刻胶上实现宽度是 1/4 个周期的窄沟槽，例如，20nm 逻辑器件的第一层金属(M1)需要实现 32nm 宽的沟槽和 128nm 周期的图形。使用常规的正胶工艺，掩模上透光部分的宽度只有不透光部分宽度的 1/3，即掩模版大部分是不透明的。使用这种暗掩模(dark-field mask)曝光来实现窄的沟槽是非常困难的，因为成像的空间对比度(aerial image contrast)很小。与之相反，如果掩模上不透光的线宽是透光部分线宽的 1/3，即掩模大部分是透明的。使用这种亮掩模(bright-field mask)，却能够得到较高的成像对比度。图 4.21 是这两种掩模空间成像对比度的计算结果。结果显示，在相同的光照条件下，亮掩模可以提供更高的成像对比度。

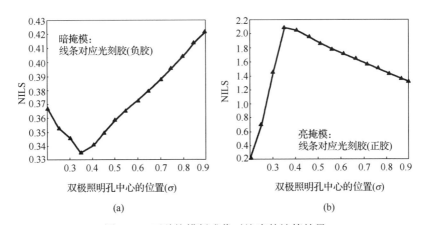

(a)   (b)

图 4.21　两种掩模版成像对比度的计算结果

掩模(a)上的图形是 32nm 线宽(透光)/96nm 线宽(不透光)；掩模(b)上的图形与(a)相反，32nm 线宽(不透光)/96nm 线宽(透光)；周期都是 128nm。光照条件是 NA=1.2，双极照明小孔的 $\sigma = 0.1$。
NILS(normalized image log slope)是描述图形边缘处光强变化的归一化斜率

使用亮掩模在光刻胶上实现窄沟槽的条件是必须使用负胶。为此，光刻胶供应商做了大量的研发工作，相继推出了符合 193nm 浸没式工艺要求的负胶[15]。193i 负胶设计的思路是，仍然使用 193nm 正胶的树脂，添加酸(acid source)和光致碱产生剂(photo base generator，PBG)。其工作原理如图 4.22 所示：胶旋涂在晶圆表面后，酸均匀分布在光刻胶中，不烘烤，因此不激发去保护(de-protection)反应。曝光时，PBG 吸收光子释放碱，中和掉附近的酸。曝光后烘烤时，酸在没有受光的区域激发去保护反应，使光刻胶溶于标准的 TMAH 显影液。图 4.23 是测量得到的一个 193i 负胶样品在显影液中的溶解速率(dissolution rate，DR)随曝光剂量的变化曲线。为了对比，图 4.23 还展示了使用同样树脂的正胶的溶解速率曲线。结果显示，这两种胶在标准 TMAH 显影液中的最大溶解速率基本相同，大约为 4000～4500nm/s。

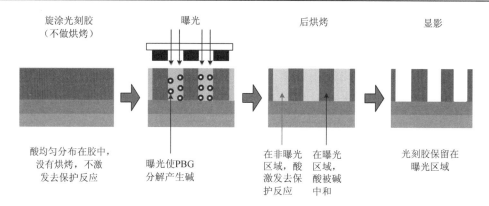

旋涂光刻胶
（不做烘烤）
曝光
后烘烤
显影
酸均匀分布在胶中，没有烘烤，不激发去保护反应
曝光使PBG分解产生碱
在非曝光区域，酸激发去保护反应
在曝光区域，酸被碱中和
光刻胶保留在曝光区域

图 4.22　193i 负胶的工作原理

10000
1000
100
10
1
0.1
0.01
0.001
ArF正胶
ArF负胶
显影速率/(nm/s)
0.1
1
10
100
曝光剂量/(mJ/cm²)

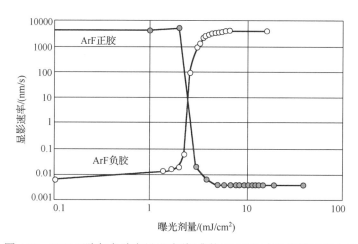

图 4.23　193i 正胶与负胶在显影液(标准的 TMAH)中的溶解速率曲线

193i 负胶中必须引入大量的酸和 PBG，而且还需要添加其他的添加剂，如粘合剂(binding reagents/binder)，因此，对 193i 负胶样品必须做仔细的浸出测试(leaching test)，确认其长期使用不会对光刻机镜头造成影响。193i 负胶中常用的粘合剂分子结构如图 4.24 所示。如今，研究者们在 193i 负胶的研发中已取得了明显的进展，文献[15]报道，使用 1.07NA 的光刻机，实现了 50nm 线宽 1∶1 的图形。在此基础上，使用两次曝光技术，实现了 50nm 1∶1 的通孔图形。

粘合剂-1
OCH3
N
O
粘合剂-2
NH
H3CO

图 4.24　193i 负胶中常用的两种粘合剂的分子结构

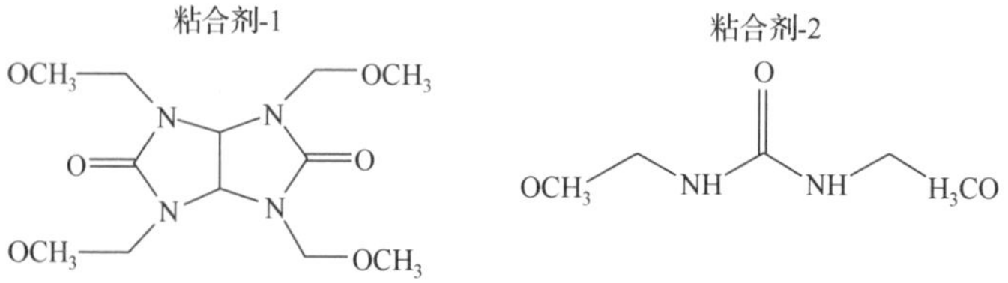

4.2.5　193nm 光刻胶的负显影工艺

　　尽管对 193i 负胶的研发已经倾注了很大的努力，但是其性能仍然与正胶有差距。为此，业界提出了负显影(negative tone develop，NTD)的概念，即使用正胶曝光，负显影液(而不是标准的 TMAH 水溶液)来实现和负胶显影相同的效果。负显影工艺的采用也使得亮掩模在正胶上能实现较窄的沟槽。图 4.25 是常规的显影工艺(正显影)与负显影工艺对比的示意图。在过去的光刻工艺中，显影液都是 TMAH(1%~2%)的水溶液，显影完成后使用去离子水进行冲洗。NTD 工艺使用的显影液是有机溶剂，显影完成后的冲洗液也是有机液体。目前 NTD 工艺已经被业界广泛用于 20nm 及其以下技术节点的量产中。

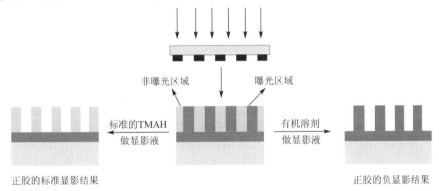

非曝光区域　　　曝光区域

标准的TMAH　　　有机溶剂
做显影液　　　　做显影液

正胶的标准显影结果　　　　　　　　　　　　　　　　　正胶的负显影结果

图 4.25　常规的显影工艺与负显影工艺对比

　　负显影的原理是：光刻胶曝光之前是不亲水的聚合物(hydrophobic polymer)，能溶解于有机溶剂(NTD 显影液)，但不能溶于碱性溶液(TMAH 显影液)；曝光激发光化学反应，产生了酸，经烘烤后(de-protection reaction)聚合物的极性发生了变化，成为亲水的聚合物(hydrophilic polymer)，不再溶于 NTD 显影液(但能溶于碱性溶液)。因此，未曝光区域能够被 NTD 显影液洗去，而曝光区域则在显影后留下，实现了类似负胶的曝光特性。一个好的 NTD 显影液必须对曝光前后光刻胶的溶解率有较大的不同,这可以通过显影对比度曲线(显影后残留的光刻胶随曝光剂量变化的曲线)来评估。图 4.26 是同一种光刻胶在 TMAH 和 NTD 显影液中测得的对比度曲线；为了对比，也测量了光刻胶只烘烤(PEB)而不显影的厚度变化。可以看到在曝光剂量等于 4~6mJ/cm^2 的区域，光刻胶的极性发生了转变(de-protection reaction)。即使不浸泡在显影液中，光刻胶的厚度也有所减少。

　　寻找合适的有机溶剂作为 NTD 显影液是一个艰巨而细致的过程。第一批测试的样品是现有的 193nm 光刻胶的各种溶剂。这些现有的光刻胶溶剂不能提供显影对比度，因此都不能作为 NTD 显影液。第二批测试的样品是烷基脂(C_{7-8})(alkyl esters)和烷基酮 C_9(ketones)，它们也不能提供足够的显影对比度，因此也不能作为 NTD 显影液。最终，有三种有机溶剂：乙酸正丁脂($C_6H_{12}O_2$，n-butyl acetate)、3-乙氧基丙酸乙酯(C$_7$H$_{14}$O$_3$，ethyl-3-ethoxy propionate)、2-庚酮(C$_7$H$_{14}$O，2-heptanone)表现出了比较好的显影对比度，结果如图 4.27 所示。这三种溶剂的物理参数也附在图 4.27 中供参考。目前业界用得最多的 NTD 显影液还是乙酸正丁酯(n-butyl acetate，NBA)。为了进一步优化显影的性能，光刻胶供应商还会在这些有机溶剂中加入少量的添加剂，形成自己的 NTD 显影液产品。

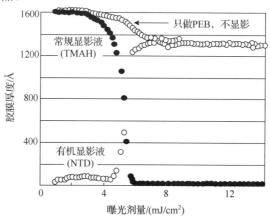

图 4.26　同一种光刻胶在 TMAH 和 NTD 显影液中测得的显影对比度曲线[16]
图中"只做 PEB，不显影"指的是光刻胶只烘烤(PEB)而不显影的厚度变化

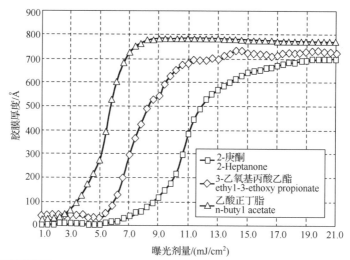

有机溶剂	分子式	分子量	沸点/℃	闪点/℃	表面张力/dyn·cm	介电常数
乙酸正丁酯 （n-butyl acetate）	C$_6$H$_{12}$O$_2$	116.2	126.2	24	24.8	5.01
3-乙氧基丙酸乙酯 （ethyl-3-ethoxy propionate）	C$_7$H$_{14}$O$_3$	146.2	170	59	28.1	8.63
2-庚酮(2-heptanone)	C$_7$H$_{14}$O	114.1	151.5	39	26.1	11.66

图 4.27　三种有机溶剂的显影对比度曲线(表中是这三种溶剂的物理参数)

NTD 显影后的冲洗液也必须是有机溶剂，而不能是水。目前用得比较多的冲洗液是甲基异丁基酮（methyl isobutyl ketone，MIBK）、4-甲基-2-戊醇（4-methyl-2-pentanol，4M2P）和异丙醇（isopropanol）。要求冲洗液不能改变显影后光刻胶图形的线宽，而且缺陷数目要少。最早用于 NTD 工艺的光刻胶就是一般的 193i 光刻胶。随着 NTD 工艺被业界广泛采用，光刻胶供应商相继开发出了专用于 193i NTD 工艺的光刻胶。这些光刻胶特别针对 NTD 工艺做了配方的优化，能够得到更小的边缘粗糙度和陡峭的侧壁。DOW 化学公司还设计了适合 NTD 工艺的顶盖涂层（negative tone overcoat，NTO）。NTO 旋涂在光刻胶表面，在浸没式曝光时，它隔绝了水与光刻胶的相互作用。显影时，NTO 会优先溶解于 NTD 显影液中。NTO 不仅能很好地防止光刻胶成分的浸出，而且不亲水，水在其表面的接触角可达 87° 左右。

综上所述，提高负显影工艺质量的努力主要有三个方面：第一是选择合适的有机显影液，使之与光刻胶匹配获得最佳的显影对比度，即在没有曝光的区域溶解度极大，在曝光的区域溶解度极小。第二是在选定了显影液的情况下，设法设计和优化光刻胶。第三是对曝光后的光刻胶做改性工艺处理，使之在显影液中有更好的对比度[17]。改性处理的工艺流程如图 4.28 所示：对曝光烘烤后的光刻胶表面喷淋对比度增强材料（ICE），晶圆甩干后再做负显影。对比度增强材料实际上就是高度稀释的碱性溶液，例如，四甲基氢氧化氨（TMAH）。碱性溶液会与曝光产生的酸反应生成盐，使曝光区域更加不溶于有机显影液，从而增大显影的对比度。

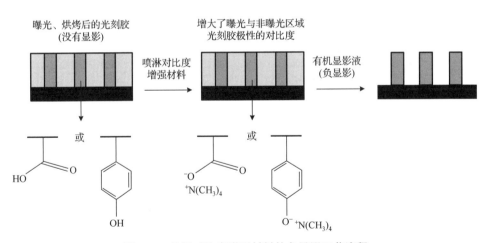

图 4.28　使用对比度增强材料的负显影工艺流程

4.2.6　光刻胶发展的方向

目前光刻图形的最小尺寸已经达到了十几个纳米。随着技术节点的发展，光刻图形的尺寸就会接近传统聚合物光刻胶分辨率的极限，对光刻胶边缘粗糙度的要求也会小于聚合物分子的尺寸。传统的聚合物加光致酸产生剂混合(blending of polymer and PAG)而得到的化学放大胶不再符合要求。光刻胶研究人员相继提出了光刻胶合成的新思路，本节对这些新发展做相应介绍。

4.2.6.1　分子胶

典型的聚合物化学放大胶，例如，基于羟基苯乙烯(hydroxystyrene)聚合物(PHOST)的胶，它们的分子量介于 2500 至 30000 之间，所对应的回转半径是 1~3nm，分子链的有效长度是 3~9nm[18]。与分子量具有较大分布的聚合物胶不同，分子胶(molecular resist)是使用小分子量的材料作为胶的主体[19]。理论上分子胶可以实现更高的分辨率和更小的边缘粗糙度。具体使用什么样的小分子材料是目前研究的主要方向[20]。

分子胶可以是由 PAG 混合在分子玻璃(molecular glass matrix)中得到的，如图 4.29(a)所示；也可以把 PAG 合成在分子玻璃中，如图 4.29(b)所示。把 PAG 合成在分子玻璃中的好处是胶中的化学成分均匀，可以实现较大的 PAG 浓度，而不必担心 PAG 的分凝。图 4.29 中的分子胶都是正胶，曝光后可以使用标准的 TMAH 做显影液。图 4.30 是基于杯芳烃(calixarenes)设计的一组分子胶。目前分子胶的研发基本局限于极紫外(EUV)光刻和电子束(e-beam)中使用。

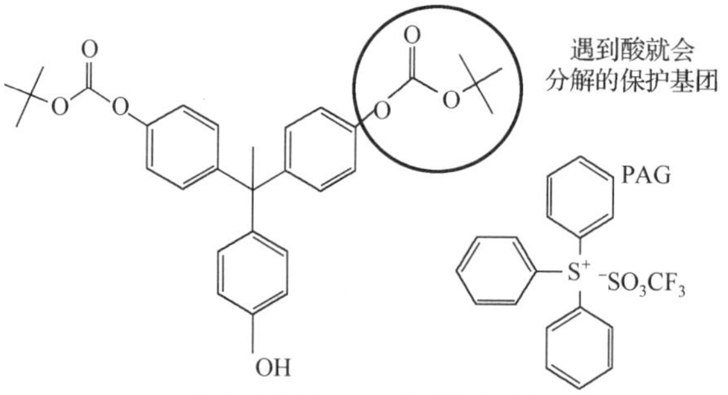

(a) PAG混合(blending)在分子玻璃中

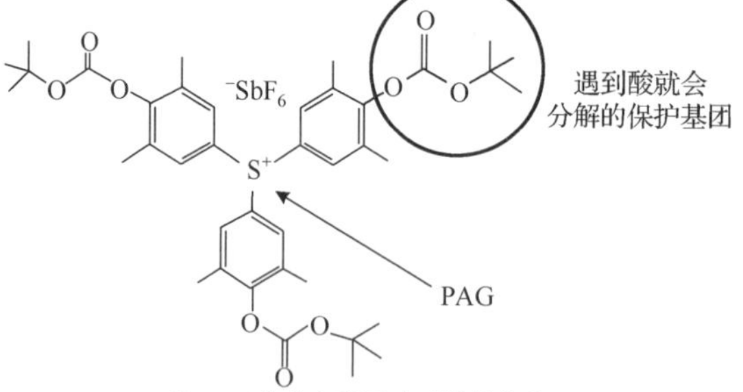

(b) PAG合成在分子玻璃的结构中

图 4.29　PAG 混合(blending)在分子玻璃中和 PAG 合成在分子玻璃的结构中

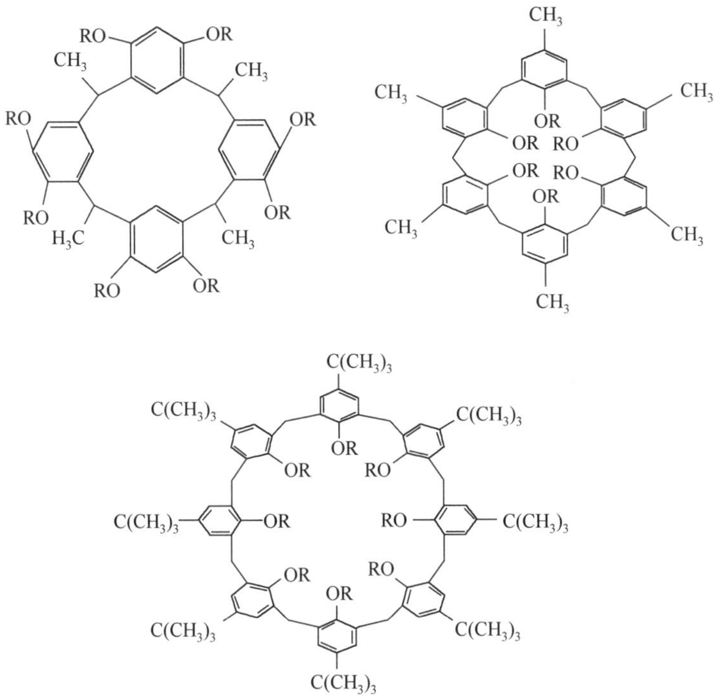

图 4.30 基于杯芳烃设计的一组分子胶(其中的 R 代表特定功能的分子基团)

4.2.6.2 PAG 键合的胶

目前主流光刻胶的制备是把树脂、光致酸产生剂等混合在溶剂中的。有实验数据显示，PAG 分子在胶体中的分布是不均匀的，它们甚至会自凝聚(self-aggregate)形成分子基团(clusters)。在 PAG 分子多的地方，曝光时产生的酸就多，在显影液中的溶解率就高；反之，PAG 分子少的地方在显影液中的溶解率就低。这种 PAG 分子的自凝聚被认为是导致光刻胶图形粗糙的一个重要因素。光致酸产生剂键合的胶(PAG-bonded resist)的设计思路是把 PAG 分子与树脂实现键合，即 PAG 分子就是树脂的一个悬挂基团。这样 PAG 就被固定在树脂上，而不能自由迁移，避免了自凝聚的发生。PAG 键合的胶从 22nm 技术节点开始已经被逐步投入使用。

图 4.31 是合成两个"PAG-bonded"胶的例子[21]。它们都是起源于 ECOMA/HS(40/60)共聚合物，PAG 是 TPS-Nf。把 PAG 合成到聚合物中，得到 ECOMA/NbHFAMA/BPAG1(40/55/5) 和 ECOMA/NbHFAMA/BPAG2(40/55/5)。这两种胶被用于电子束曝光实验。文献[22]提供了另外一种"PAG-bonded"胶合成的方法。第一步是合成 PAG，即三苯甲基丙烯酸锍盐(triphenylsulfonium salt methacrylate, TPSMA)，反应式如图 4.32(a)所示。在 30ml 的二氯甲烷(methylene chloride)中加入 1g 的甲基丙烯酸苯酯(benzyl methacrylate)和 1.15g 的二苯砜(diphenyl sulfoxide)；把它们缓慢地加入到-78℃的三氟甲烷磺酸酐

(trifluoromethane sulfonic anhydride)（1.15ml）。搅拌 30min，使其温度升高到室温；然后再冷却到 0℃，加入甲醇和水。第二步是合成"PAG-bonded"胶，反应式如图 4.32（b）所示。

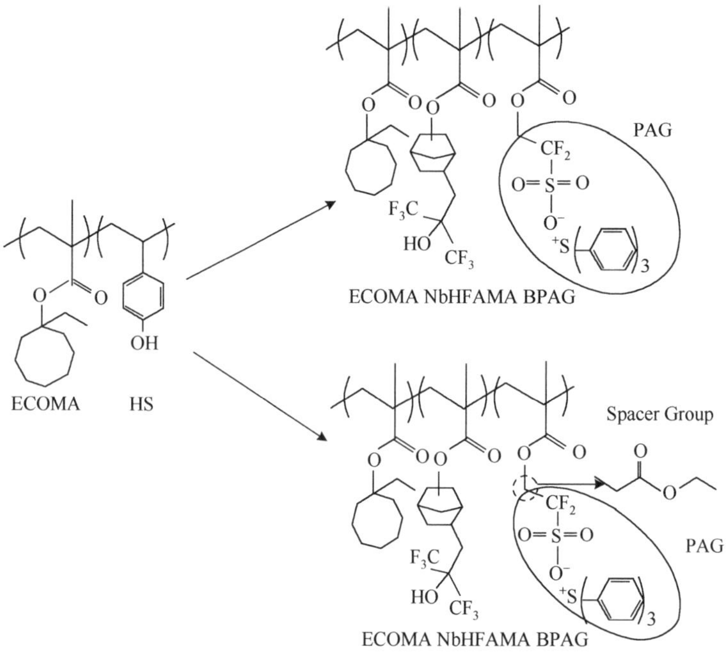

图 4.31　两个"PAG-bonded"胶的例子（它们都是起源于同一种聚合物）

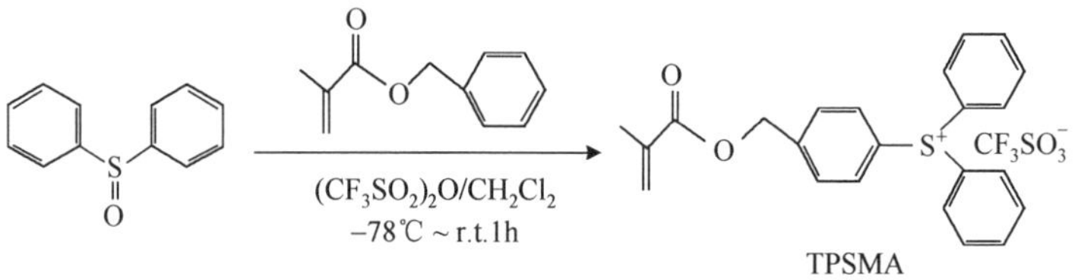

(a) PAG的合成

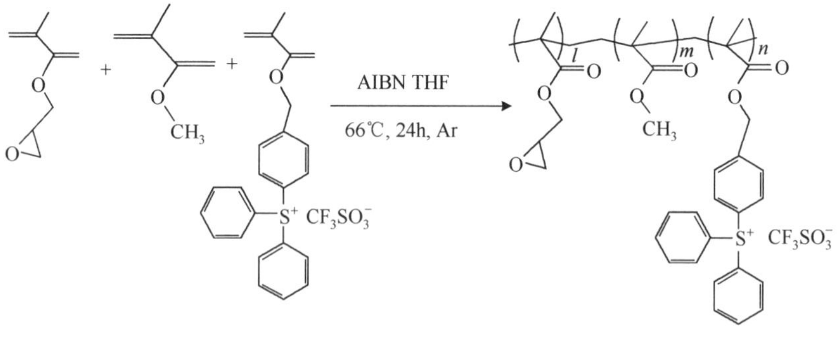

(b) 胶的合成

图 4.32　一种"PAG bonded"胶合成的方法[22]

4.2.6.3　含 Si 的胶

为了避免光刻胶线条的倒塌，线宽越小的光刻工艺，就要求光刻胶厚度越薄。在 20nm 技术节点，光刻胶的厚度已经减少到了 100nm 左右。但是，薄光刻胶不能有效地阻挡等离子体对衬底的刻蚀。为此，业界研发了含 Si 的光刻胶。这种含 Si 的胶被旋涂在一层较厚的聚合物材料（常被称为 underlayer）上。"Underlayer"是光不敏感的（如酚醛树脂），其主要成分就是 C、H 和 O，不含 Si。曝光显影后，利用氧等离子体刻蚀，把光刻胶上的图形转移到"underlayer"上。在氧等离子刻蚀条件下，含 Si 的胶的刻蚀速率远小于"underlayer"，具有较高的刻蚀选择性。

含 Si 的光刻胶是使用分子结构中有 Si 的有机材料合成的，例如，硅氧烷（silsesquioxane）、含 Si 的丙烯酸树脂（silicon-containing acrylics）、硅烷（silanes）等。文献[23]报道了一类含 Si 的树脂设计思路，如图 4.33 所示。树脂的主分子链包含有 SiO 基团，悬挂基团 R 中包含至少一个酸不稳定的基团（de-protection group）。

图 4.33　一类含 Si 的光刻胶树脂的结构[23]

4.2.6.4　使用光致酸来控制光刻胶的交联

受负显影胶工作原理的启发，文献[24]提出了一种新的光刻胶设计思路：（1）使用曝光产生的酸触发光刻胶成分之间的聚合和交联；（2）在胶中添加三苯基膦（triphenyl-phosphine，TPP）或咪唑（imidazole），作为热致交联反应的催化剂（thermal cross-linking catalyst，TCC）。在曝光后烘烤时，TCC 激发聚合物上环氧-酚醛之间的交联（epoxide-phenol cross-linking）。当光刻胶中只有一种催化剂时（PAG 或 TCC），情况比较简单，在曝光和烘烤后，它们激发交联。如果光刻胶中同时含有这两种催化剂，它们的催化作用被互相抵消，交联反应不会发生。通过控制这两种催化剂的配比，可以实现正胶或负胶的效果：PAG 起主导作用就是负胶；加入 TCC，在曝光区域抵消 PAG 的作用，就是正胶。这种光刻胶的对比度可以通过调节环氧与酚醛基团之间的比例来改变。

这种环氧光刻胶（epoxide functionalized resist）的基本工作机理首先是酸激发的聚合反应，图 4.34（a）是这一聚合反应的方程式。在曝光区域，PAG 在光子的作用下产生酸；环氧分子在酸的作用下聚合形成聚合物。然后，环氧分子与酚醛反应，形成交联，图 4.34（b）是这一交联反应的方程式。注意，酚醛可以和带有正电荷的环氧分子发生反应，反应方程（b）只是一个例子。交联后，光刻胶不溶于显影液，所以光刻胶表现为负胶。

环氧光刻胶工作的另一个机理是热激发下的环氧分子与酚醛的交联反应（thermally catalyzed epoxide-phenol cross-linking）。微电子器件的封装材料就是基于这一反应，只需把旋涂后的材料加热到 130～200℃，交联反应就可以发生。常用的热交联反应的催化剂是三苯基膦(triphenylphosphine，TPP)。图 4.35 是热激发下的交联反应方程式，TPP(PPh$_3$)作为催化剂。

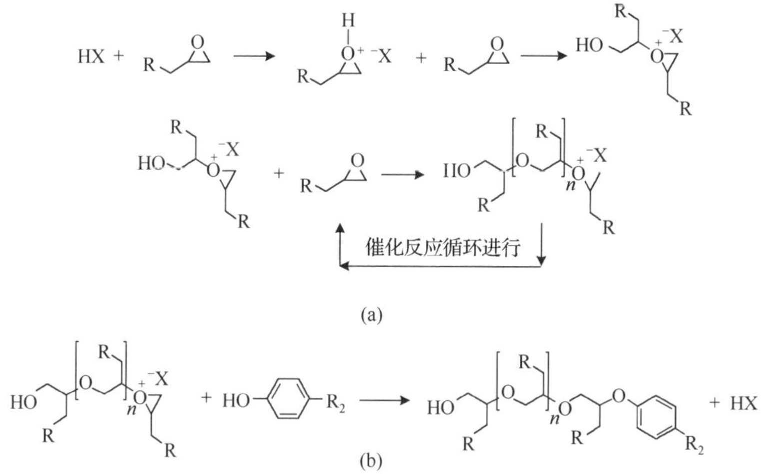

(a)

(b)

图 4.34　(a)环氧分子在酸的作用下聚合形成聚合物和(b)环氧分子与酚醛反应，形成交联[24]

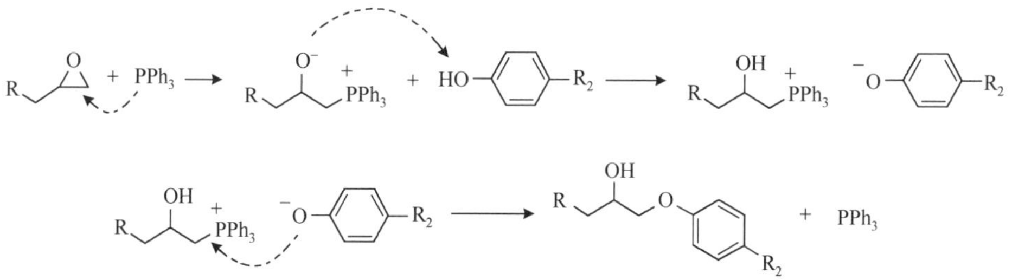

图 4.35　热激发下的环氧分子-酚醛交联反应方程式(TPP 作为催化剂)[24]

4.2.7　光刻胶溶剂的选取

选取合适的溶剂是光刻胶配方(resist formulation)的重要工作，溶剂对光刻胶的性能有很大的影响。溶剂选取的一个基本准则是聚合物在其中的溶解度(solubility)，描述聚合物在有机溶剂里溶解度的理论是由 Charles Hansen 提出的，被称为 Hansen 方法[25]。Hansen 方法使用四个物理参数来判断聚合物在某个有机溶剂中的溶解度，它们是色散(dispersion，用 D 表示)、极性(polarity，用 P 表示)、氢键(hydrogen bonding，用 H 表示)和相互作用的半径(radius of interaction，用 R 表示)。这四个物理参数的获得并不容易，需要根据大量的实验数据推算求得，实验数据越多，推算得到的结果就越精确。表 4.2 是主要溶剂的 Hansen 参数；表 4.3 是几种聚合物的 Hansen 参数[26]。与溶剂相比，聚合物的 Hansen 参数多一个相互作用的半径。

表 4.2　主要光刻胶溶剂的 Hansen 参数[26]

溶剂	D	P	H
乙腈(Acetonitrile)	15.3	18.0	6.1
正戊酯(n-Amylacetate)	15.8	3.3	6.1
苯甲醚(Anisole)	17.8	4.1	6.7
异丁醇(1-Butanol)	16.0	5.7	15.8
醋酸丁酯(Butyl acetate)	15.8	3.7	6.3
苯甲酸丁酯(Butyl benzoate)	18.3	2.9	5.5
氯苯(Chlorobenzene)	19.0	4.3	2.0
环己酮(Cyclohexanone)	17.8	6.3	5.1
二丙酮醇(Diacetone alcohol)	15.8	8.2	10.8
二甲基亚砜(Dimethyl sulfoxide)	18.4	16.4	10.2
1,3-二氧戊环(1,3-Dioxolane)	18.1	6.6	9.3
乙酸乙酯(Ethyl acetate)	15.8	5.3	7.2
乳酸乙酯(Ethyl lactate)	16.0	7.6	12.5
γ-丁内酯(Gamma-Butyrolactone)	19.0	16.6	7.4
正庚烷(n-Heptane)	15.3	0.0	0.0
甲醇(Methanol)	15.1	12.3	22.3
二甲基一丁醇(2-Methyl-1-Butanol)	16.0	5.1	14.3
甲基乙基酮(Methyl ethyl ketone)	16.0	9.0	5.1
2-羟基异丁酸甲酯(Methyl 2-hydroxyisobutyrate)	16.3	8.0	12.7
甲基异戊酮(Methyl isoamyl ketone)	16.0	5.7	4.1
甲基正戊酮(Methly n-amyl ketone)	16.2	5.7	4.1
4-甲基-2-戊醇(4-Methly-2-pentanol)	15.4	3.3	12.3
二甲基甲酰胺(n,n-Dimethylformamide)	16.4	11.4	9.2
二丙醇(2-Propanol)	15.8	6.1	16.4
碳酸丙烯酯(Propylene carbonate)	20.0	18.0	4.1
丙二醇甲醚(Propylene Glycol Methyl Ether)	15.6	7.2	13.6
丙二醇甲醚乙酸酯(Propylene Glycol Methyl Ether Acetate)	16.1	6.1	6.6
四氢呋喃(Tetrahydrofuran)	16.8	5.7	8.0
甲苯(Toluene)	18.0	1.4	2.0
三氯乙烯(Trichloroethylene)	18.0	3.1	5.3
水(Water)	19.5	17.8	17.6
邻二甲苯(o-Xylene)	17.8	1.0	3.1

注：D 代表色散参数，P 代表极性参数，H 代表氢键参数

表 4.3　几种聚合物的 Hansen 参数[26]

聚合物	D	P	H	R
A	16.8	10.5	7.2	7.6
B	18.1	12.3	8.0	7.8
C	18.8	11.7	8.4	8.0
D	18.7	11.8	8.4	8.0
E	18.8	12.8	8.1	8.9
F	19.8	13.9	7.5	10.8

注：D 代表色散参数，P 代表极性参数，H 代表氢键参数，R 代表相互作用的半径

使用 Hansen 参数判断某一聚合物在溶剂中的溶解度的做法是：把这一聚合物及其溶剂放置在以 D、P、H 为三维坐标的空间中，如图 4.36 所示。以聚合物为中心以该聚合物的相互作用半径作为半径画圆球。如果溶剂的位置位丁球内，那么该聚合物可以溶解于此溶剂。溶解的程度可以用比率（RED）来定量描述，RED=在（D，P，H）空间中溶剂与聚合物之间的距离/该聚合物的相互作用的半径。显然，RED≤1，可溶；RED 越小，溶解度越高；RED>1，不可溶。

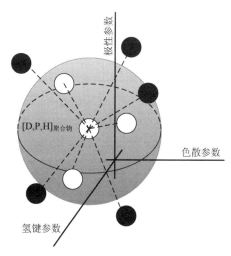

图 4.36　Hansen 参数空间[26]

中间的球表示聚合物在(D, P, H)空间中的位置，球的半径是该聚合物的相互作用半径。
聚合物能溶于位于球内的溶剂(白色)，不溶于球外的溶剂(黑色)

4.3　光刻胶性能的评估

光刻胶是光刻工艺中最重要的材料。光刻胶性能的好坏直接关系到光刻工艺的成败。特别是在光刻机分辨率极限区域（k_1 较小的情况），投影在光刻胶上图像的对比度（aerial image contrast）较小，好的光刻胶仍然可以得到较好的图形，而差的光刻胶则导致曝光失败。图 4.37 显示了两种光刻胶（A 和 B）在 $k_1=0.42$ 和 $k_1=0.35$ 两种情况下的曝光结果。当 $k_1=0.42$ 时，两者的结果差别不大；当 $k_1=0.35$ 时，光刻胶 B 仍然有较好的图形，而光刻胶 A 中相邻图形之间表现出了较大的光刻胶损失。

  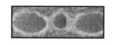 

光刻胶A　　　　　　　光刻胶B　　　　　　　光刻胶A　　　　　　　光刻胶B

(a) $k_1 = 0.42$ 　　　　　　　　　　　　　(b) $k_1 = 0.35$

图 4.37　两种光刻胶在 $k_1=0.42$ 和 $k_1=0.35$ 时的曝光结果

这里需要强调的是，光刻胶的研发与使用(评估)分属于两个不同的领域。前者是材料研发，而后者是光刻工艺。一种新光刻胶的好坏，必须经过充足的工艺评估后才能确定。本节讨论光刻胶工艺评估的方法。

4.3.1　敏感性与对比度

敏感性(sensitivity)是指光刻胶对曝光剂量的敏感程度，它是由材料本身的性质决定的，与曝光的波长及工艺参数也有关，如烘烤的温度和时间。光刻胶的敏感性可以用对比度曲线(contrast curve)来定量描述。图 4.38 是光刻胶对比度曲线的示意图，它是显影后残留在晶圆表面的光刻胶厚度随曝光剂量变化的曲线。对于正胶，随着曝光剂量的增大，达到一个临界值后，显影后光刻胶的厚度开始减少。随后残留的光刻胶厚度随曝光剂量的增大基本上是线性的，一直到曝光剂量 D_2 时，光刻胶完全消失，如图 4.38(a)所示。光刻胶的对比度(γ)就定义为这一线性段的斜率[27]，即

$$\gamma = \left| \lg\left(\frac{D_2}{D_1} \right) \right|^{-1} \tag{4.3}$$

式中，D_2 是使光刻胶完全消失的最小曝光剂量，D_1 是保持光刻胶厚度不变的最大曝光剂量。在实际曲线中，D_1 和 D_2 通常需要对线性段做直线拟合得到，如图 4.38(a)所示。对于负胶，曝光剂量越大，残留的光刻胶就越多，如图 4.38(b)所示。D_1 和 D_2 的定义正好相反。

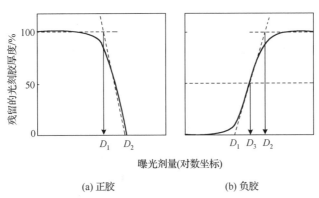

图 4.38　光刻胶的对比度曲线

对比度曲线的获取有一定的步骤：第一步，取一块晶圆，按照设定的工艺参数，旋涂光刻胶并烘干。第二步，在晶圆上做空白(open frame)曝光，曝光面积可以是 10mm×10mm。在同一块晶圆上，按固定步长的能量变化，连续完成多个空白曝光。第三步，后烘烤和显影。第四步，使用厚度测量仪，如 KLA-Tencor 的膜厚测量仪 F5X[TM]，测量出晶圆上每一个曝光区域中光刻胶的厚度。第五步，画出光刻胶厚度随曝光能量变化的曲线。图 4.39 是一个实验测得的对比度曲线的示例。

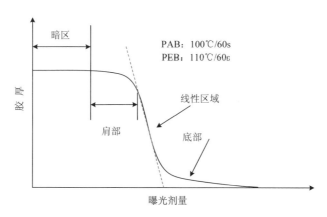

图 4.39　实验测得的对比度曲线

对比度曲线包含了很多信息，对它的分析直接能推断出光刻胶的工艺性能。这里我们以正胶为例来分析，结论对负胶也是适用的。如图 4.39 所示，对比度曲线可以分成四个部分。首先是低剂量曝光区域。在这个区域，曝光剂量很小，还不足以激发光化学反应。光刻胶厚度的变化主要是由于其表面成分溶解在显影液里造成的。低剂量区域的对比度曲线，实际上反映了光刻工艺中光刻胶对散射光(flare)的敏感程度。掩模上的图形构成透光和不透光的区域，曝光时，这些图形投影在光刻胶上就是"亮"的区域和"暗"的区域。"亮"区的光会散射到"暗"区，这些微弱的散射光不应该激发"暗"区光刻胶的光反应。因此，从工艺要求出发，我们希望光刻胶对比度曲线上低剂量区域，即"暗区"的胶厚变化是 0。

随着曝光剂量的加大，光化学反应开始发生，对比度曲线进入"肩部"。这时，光刻胶随曝光剂量的加大缓慢变薄；然后，很快进入线性区域；最后，进入"底部"区域，这时光刻胶并不是按照理论描述的那样立即消失，而是随剂量增大逐步缓慢的消失。对比度曲线上从"肩部"到"底部"的行为，可以直接预示光刻图形的质量。

图 4.40(a) 是一个掩模曝光的示意图。在掩模图形的边缘，投射在光刻胶上的曝光强度从遮光处的 0 增大到透光处的最大值，再由最大值减少到另一边遮光处的 0。由于边缘光学效应，这种光强的变化并不是光刻工艺所希望的陡变，而是一个渐变，如图 4.40(b) 所示。这种渐变的光强投影在光刻胶上，显影后得到的光刻胶图形如图 4.40(c) 所示。对比度曲线上"肩部"对应于光刻胶图形的"top-rounding"。对比度曲线上"肩部"越明显，光刻胶的"top-rounding"也就越明显。工艺中并不希望光刻胶图形有"top-rounding"，因此，对比度曲线上"肩部"越小越好。对比度曲线上的线性区域对应于光刻胶图形的侧壁。显然，对比度越高，光刻胶图形的侧壁就越陡直。对比度曲线上的"底部"对应于光刻胶图形的"footing"。对比度曲线上"底部"越明显的光刻胶，其图形中的"footing"就越明显。基于以上分析，从对比度曲线就可以大致推断出光刻胶的性能。好的光刻胶应该具有较小的"肩部"、较小的"底部"和较高的对比

度。如果知道了光刻胶的对比度、胶的厚度以及掩模上图形的周期，我们还可以估算出光刻胶图形侧壁的角度[28]。

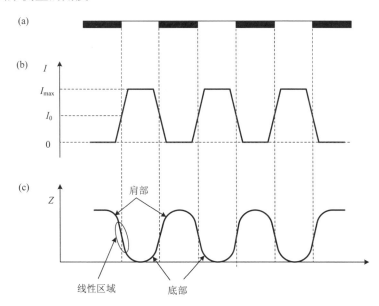

图 4.40 (a)掩模、(b)曝光时光强的分布示意图及(c)显影后光刻胶的剖面示意图

对比度值还可以被用来估算该光刻胶的分辨率。为此，首先必须引入光刻胶的临界调制函数(critical resist modulation transfer function，$CMTF_{resist}$)的概念，$CMTF_{resist}$ 定义为

$$CMTF_{resist} = \frac{D_2 - D_1}{D_2 + D_1} = \frac{10^{\gamma^{-1}} - 1}{10^{\gamma^{-1}} + 1} \tag{4.4}$$

光刻时，要想在光刻胶上成像，曝光系统的调制函数(modulation transfer function，MTF)必须大于或等于光刻胶的 $CMTF_{resist}$。因此，知道了曝光系统的 MTF 与光刻胶的 $CMTF_{resist}$，我们就可以粗略预测曝光能否成功。

工艺参数对光刻胶的对比度有较大影响。稍微升高软烘(PAB)的温度，可以使更多的溶剂挥发掉。挥发时溶剂从光刻胶底部向表面的迁移也带动酸产生剂(photoacid generator，PAG)向表面移动，导致光刻胶表面 PAG 的富集。表现在对比度曲线上就是"肩部"明显，如图 4.41 中曲线所示。较高的曝光后烘烤温度(PEB)，可以使光刻胶中的化学放大反应和去保护(de-protection)反应更加充分，增大光刻胶的敏感性，对比度曲线整体向低能量方向移动。

如果曝光时的光照条件设置不当，会产生不对称的光强照射在光刻胶表面。如图 4.41(a)所示，掩模透光区域两侧的光强变化的斜率是不同的。这种不对称的光强投影在光刻胶上，显影后的图形也不对称，如图 4.41(b)所示。另外，在谈到曝光剂量时要注意区分两个值：一是完全清除光刻胶所需要的最小曝光剂量(dose-to-clear，Dc)，这是指做大面积曝光；二是实现图形尺寸所需要的曝光剂量(dose-to-size，Ds)。一般来说，Ds ≈ 2.5×Dc。

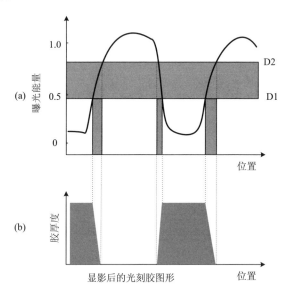

图 4.41　不对称的光强(a)投影在光刻胶上，产生不对称的光刻胶图形(b)

4.3.2　光学常数与吸收系数

从宏观角度来看，光刻胶对曝光光线的吸收符合 Lambert 定律，即

$$\frac{\mathrm{d}I}{\mathrm{d}z} = -\alpha \cdot z \tag{4.5}$$

假设光线沿$-Z$方向传播，I是沿Z方向在光刻胶内的光强；α是光刻胶的光吸收系数，其单位是长度单位的倒数。从微观角度，光吸收是光子被一个原子或分子俘获，激发电子到高能级态的过程。这个定律的微观解释是，一个光子被原子或分子俘获的概率与整个光子流的通量(photo flux)成正比。在均匀介质中(这对大多数光刻胶薄膜都适用)，α 不随 z 变化，对方程 (4.5) 做积分可以得到

$$I(z) = I_0 \cdot \mathrm{e}^{-\alpha z} \tag{4.6}$$

式中，z 是光线在光刻胶中传播的距离，I_0 是在 $z=0$ 时(光刻胶表面)的曝光光强。如果薄膜的吸收系数是非均匀的，对方程(4.5)积分就得到

$$I(z) = I_0 \cdot \mathrm{e}^{-\mathrm{Abs}(z)} \tag{4.7}$$

式中，$\mathrm{Abs}(z) = \int_0^z \alpha(z')\mathrm{d}z'$ 代表光吸收。

从电磁场理论角度，电磁波在介质中的传播还可以用复折射率 N 来表示，即

$$N = n - ik \tag{4.8}$$

式中，n 是折射率，k 代表了光在介质中的吸收。方程(4.8)中的减号是为了方便电磁波理论计算时引入的。折射率的虚数部分 k 和吸收系数 α 有如下关系：

$$\alpha = \frac{4\pi k}{\lambda} \tag{4.9}$$

4.3.3 光刻胶的 Dill 参数

20 世纪 70 年代，Dill 等引入了 3 个参数(A，B，C)来描述光刻胶的光化学性能。这些参数是基于早期的 G-线胶提出的，它们一直被光刻界采用，其内涵也被扩充到了现代的化学放大胶。参数 A 是指 PAC(或 PAG)材料对光子的吸收系数；参数 B 是指光刻胶中非光敏感材料对光子的吸收系数。假设光刻胶的吸收系数是 α，那么 $\alpha = A \cdot M + B$，其中 M 是 PAC(或 PAG)浓度值。参数 C 是指被 PAC(或 PAG)吸收的光子能激发光化学反应的概率。

Dill 参数 A、B、C 可以通过光刻机曝光前后光刻胶的透射率计算出来。假设 T_0 是曝光前光刻胶的透射率，T_∞ 是完全曝光后光刻胶的透射率，胶的厚度是 d，那么

$$A = \frac{1}{d} \cdot \ln \frac{T_\infty}{T_0} \tag{4.10}$$

$$B = -\frac{1}{d} \cdot \ln T_\infty \tag{4.11}$$

$$C = \frac{A + B}{A \cdot I_0 \cdot T_0 (1 - T_0)} \cdot \frac{\mathrm{d}T}{\mathrm{d}t} \bigg|_{t=0} \tag{4.12}$$

式中，$\mathrm{d}T / \mathrm{d}t |_{t=0}$ 是透过率随时间变化的曲线上开始部分($t = 0$)的斜率。注意，Dill 参数 A、B、C 的量纲是不一样的。

图 4.42 是一个专门用来测量光刻胶 A、B、C 参数的装置[29]。先把光刻胶旋涂在一个透明的衬底上，如玻璃、石英。光源发出的光经过一个透镜，变成平行光垂直照射在光刻胶表面。衬底后方安装有一个探测器，测量透射光强度随曝光时间的变化。首先，测量入射光的光强(I_0)；然后，测量透射光强度(I)随光照时间(t)的变化。($I_0 \cdot t$)就是光刻胶的曝光剂量(Dose)，透射率 T 就等于(I / I_0)。知道了光刻胶的膜厚度，对测量得到的透射率随曝光剂量变化的曲线做分析，就可以获得 Dill 参数 A、B、C。在进行曝光之前 $\alpha = A \cdot M + B$。在完全曝光的区域，PAC(或 PAG)应该全部被消耗掉，即 $M=0$。因此，在完全曝光之后(大剂量下) $\alpha = B$。

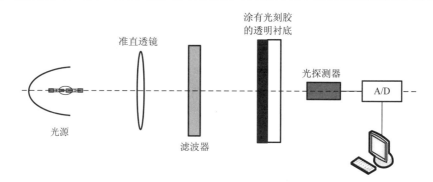

图 4.42　测量光刻胶 Dill 参数 A、B、C 的实验装置

4.3.4　柯西系数

折射率是随波长而变化的。对于透明材料，柯西(Cauchy)于 1836 年得出了一个经验公式：

$$n(\lambda) = n_0 + \frac{n_1}{\lambda^2} + \frac{n_2}{\lambda^4} + \cdots \tag{4.13}$$

式中：n 是折射率；λ 是波长；n_0，n_1，n_2 等被称之为柯西系数。注意，柯西系数 n_0，n_1，n_2 的单位是不一样的。通常只取式(4.13)中的第一和第二项来近似，即

$$n(\lambda) = n_0 + \frac{n_1}{\lambda^2} \tag{4.14}$$

虽然光刻胶不是完全透明的，业界仍然使用柯西公式来计算其折射率 n 和 k。

$$k(\lambda) = k_0 + \frac{k_1}{\lambda^2} + \frac{k_2}{\lambda^4} + \cdots \tag{4.15}$$

表 4.4 是各种光刻胶和抗反射涂层的柯西系数。

表 4.4　各种光刻材料的柯西系数

功能	材料名称	n @193nm	n @248nm	k @193nm	k @248nm	n_0	$n_1 / \mu m^{-2}$	$n_2 / \mu m^{-4}$
248nm 顶部 抗反射涂层	AQUATAR VIII	1.52	1.45	0	0	1.384	0.005035	0
193nm 底部 抗反射涂层	EB18B	1.9	×	0.34	×	1.526	0.00711	0
	EB52C	1.88	×	0.34	×	1.5	0	0
248nm 光刻胶	KDB075A 45	×	1.513	×	0.39	1.568	0.01218	0
	M91Y 4cP	×	1.78	×	0.041	1.584	−2.567	64.4
	M529Y 3cP	×	1.793	×	0.01	1.584	−1.4483	37.33
	GKR 3416	1.904	1.742	0.322	0.011	1.535	0.7502	0.1579
	DX6850	×	1.7805	×	0.0052	1.5397	0.0116	0

续表

功能	材料名称	n @193nm	n @248nm	k @193nm	k @248nm	n_0	$n_1 / \mu m^{-2}$	$n_2 / \mu m^{-4}$
248nm 能显影的底部抗反射层	DS-K101-304	×	1.76	×	0.41	1.56	0.00186	0
248nm 底部抗反射涂层	DUV252-308	×	1.47	×	0.41	1.55	0.00133	0
	DUV270-325	×	1.5	×	0.26	1.49	0.017	0
193nm 光刻胶	SAIL G28 2.0cP	1.7	×	0.03	×	1.5	0	0
	PAR870 S60E	1.7	×	0.07631	×	1.45815	0.0158607	−0.000548017
	PAR895 S65E	1.7	×	0.0602	×	1.52162	−0.000174548	0.000503227
	AM2073 J-14	1.656	×	0.021	×	1.474	0.6767	−1.91
193i 光刻胶	AIM5933 JN-9	1.7	×	0.047	×	1.5032	0.3535	1.55
	AIM6379 JN-14	1.656	×	0.021	×	1.474	0.6767	−1.91
	AIM6467 JN-9	1.71	×	0.048	×	1.5032	0.3535	1.55
	TARF Pi6-133	1.6828	×	0.052807	×	1.4993	0.007264	−0.00020735
	TARF TAI7092	1.6808	×	0.036963	×	1.4976	0.010078	0.00077517
	ARX274 JE-13	1.717	×	0.024	×	1.5002	0.4917	−0.966
	ARX3230 JN-9	1.717	×	0.024	×	1.5032	0.3535	1.55
旋涂的有机碳	HM8006	1.5	2.013	0.26	0.0295	1.606	1.66	5.74
抗水涂层	TCX112	1.524	×	0.001	×	1.374	0.5741	−25.4
	TCX222	1.5572	1.4829	0.0031	0.0136	1.436	0.673	1.97
含 Si 的抗反射涂层	SHB A629	1.75	×	0.21	×	1.5	0.01	0
	SHB A940	1.64	×	0.15	×	1.41	0.01	0

4.3.5　光刻胶抗刻蚀或抗离子注入的能力

在工艺流程中，光刻的下一道工序就是刻蚀或离子注入。在做刻蚀时，没有光刻胶保护的地方，反应气体直接与衬底接触，把光刻胶上的图形通过刻蚀转移到衬底上。为了满足刻蚀的要求，光刻胶必须要具有一定的抗刻蚀能力。也就是说，在衬底刻蚀完成之前，光刻胶不能完全消耗掉。在做离子注入时，有光刻胶保护的地方，离子束无法穿透光刻胶；在没有光刻胶的地方离子束才能被注入到衬底中实现掺杂。因此，用于离子注入工艺的光刻胶必须要能有效地阻挡离子束。

4.3.5.1　光刻胶的刻蚀选择性

反应离子刻蚀(reactive ion etch，RIE)是目前微电子工艺中的常规刻蚀方法，它的最大优点是能够保证刻蚀的方向性。反应离子刻蚀是在一个真空腔中进行的。化学气体(如 O_2，CF_4)以一定的流量和压力被引入到真空腔中，在高压交直流电场的作用下，产生等离子体。这些等离子体和衬底反应，反应的生成物大部分是气体，被真空系统抽走。反应离子刻蚀设备可调节的参数包括输入气体的种类/流量、真空腔中的压力、射频(RF)信号的频率和功率等。

在反应离子刻蚀过程中，存在着两种刻蚀机制。一是化学反应（chemical reaction），即衬底在等离子体辅助下与腔体中的化学成分反应，反应的生成物被真空系统抽走。这一反应是没有方向性的，可以发生在衬底裸露的任何取向的表面。二是离子溅射，即在电磁场中加速的离子，以一定的方向轰击在衬底上，把衬底上的材料溅射掉。离子溅射实际上是一个物理过程，因此又叫做物理刻蚀（physical etch），其刻蚀的方向性可以由电磁场的方向来控制。化学刻蚀与物理刻蚀的比例可以通过调节腔体中的压力与射频的功率来改变。在较高的离子轰击能量和较低的反应气体压力的情况下，物理刻蚀占主导地位，即实现各向异性的刻蚀（anisotropic etching）；反之，化学刻蚀占主导。表 4.5 归纳了反应离子刻蚀中的情况。

表 4.5　反应离子刻蚀中物理刻蚀与化学刻蚀之间的转换

	等离子刻蚀 (plasma etching)	反应离子刻蚀 (reactive ion etching)	反应离子束刻蚀 (reactive ion beam etching)	溅射 (sputter etching)
刻蚀机制	化学	化学+物理	物理+化学	物理
参与刻蚀反应的主要成分	活性化学成分	活性化学成分+离子	离子+活性化学成分	离子
刻蚀的方向性	0	+	++	+++
刻蚀的选择性	++	+	0	0
腔体内的压力	>>1 Torr	>>0.1 Torr	>>0.1 Torr	>>0.01 Torr

与化学液体刻蚀相比，RIE 工艺有很多优点：第一，光刻胶与衬底之间粘接的强度（adhesion）对刻蚀影响不大；第二，刻蚀所消耗的化学材料较少；第三，刻蚀过程可以完全自动化；第四，能够实现定向的刻蚀（etch anisotropically）。

光刻胶对这种反应离子刻蚀的承受能力是由其分子结构来决定的。研究人员着力于建立光刻胶分子结构和其刻蚀速率的关系，如 Ohnishi 模型[30]、Ring 模型[31]和 Bond contribution 模型[32]。由于聚合物的分子结构很复杂，这些模型都是近似的，有一定的适用范围，例如，Ring 模型只适用于含芳香环（aromatic rings）的聚合物。使用最普遍的是 Ohnishi 模型，它提出聚合物的刻蚀速率和其中的 C 含量成反比，即

$$刻蚀速率 \propto \frac{N_T}{N_C - N_O} \tag{4.16}$$

式中，N_T 是聚合物分子总的原子数目；N_C 是碳原子的数目；N_O 是氧原子的数目。Ohnishi 模型描述的是聚合物刻蚀速率的一个趋势，绝大多数光刻胶都能较好地符合这个规律。

不仅碳原子的数量，而且其在聚合物中的结构对刻蚀速率也有影响。碳原子构成的环状结构（ring structure）对等离子体刻蚀的抵抗力较强。可以用一个参数（R）来定量描述一个聚合物中环状结构中的碳占总聚合物的比例，即 R=（环结构中的碳原子的质量/聚合物分子的总质量）。R 越大，聚合物等离子体刻蚀的抵抗力越强。例如，248nm 光刻胶常用的 PHS 树脂，R=0.6，其刻蚀速率较小；而 PMMA 的 R=0（即聚合物中没

有环状结构)，其抗等离子体刻蚀的能力很小。精确的刻蚀速率值与刻蚀条件和具体的光刻胶有关，必须通过实验测得。表 4.6 是测得的一些典型光刻材料的刻蚀速率，表中也注明了刻蚀条件。

表 4.6　一些典型光刻材料的刻蚀速率[33]

样品	CF_4^{*1} 刻蚀速率相对值(与 ArF 胶刻蚀速率相比)	O_2^{*2} 刻蚀速率相对值(与 SiARC 刻蚀速率相比)	CHF_3 / Ar^{*3}		Cl_2^{*4} Poly-Si 刻蚀速率相对值(相对于各样品)
			SiO_2 刻蚀速率相对值(相对于各样品)	SiN 刻蚀速率相对值(相对于各样品)	
ArF 光刻胶	1.0	—	7.8	3.0	2.4
SiO_2	—	—	1.0	0.4	—
SiN	—	—	2.6	1.0	—
Poly-Si	—	—	—	—	1.0
Thin BARC	1.4	—	—	—	—
SiARC	1.4	1.0	—	—	—
SOC	0.7	30.0	15.1	5.9	4.9

*1：CF_4=90sccm, 50mtorr, 100W, 30℃, 60s;

*2：O_2=40sccm, 60mtorr, 100W, 25℃, 60s;

*3：CHF_3/Ar=40sccm/120sccm, 60mtorr, 280W, 25℃, 90s;

*4：Cl_2=30sccm, 30mtorr, Top/Bottom=350W/50W, 30℃, 60s;

Poly-Si 是半导体工艺中常用的多晶硅；Thin BARC 是常用的有机抗反射涂层；SiARC 是含 Si 的抗反射涂层；SOC 是旋涂的有机碳，作为刻蚀掩模

在研发 193nm 光刻胶时，为了提高胶对刻蚀的抵抗能力，一种方法是在聚合物分子链上添加具有环状结构的基团(cycloaliphatic moieties)，或者把具有环状结构的有机分子混合在光刻胶中。但是，环状分子对 193nm 波长的光子有较强的吸收，导致光刻胶的吸收率增大。另外一种方法是添加聚芳化合物(polyaromatic compounds)，例如，萘(naphthalene)、蒽(anthracene)及它们的衍生物。实验结果表明，在 PMMA 中添加 5%的蒽就可以提高 25%的刻蚀抵抗力(刻蚀速率降低 25%)。文献[34]提出了另外一些抗刻蚀的添加剂，如金刚烷(adamantane)和类固醇(steroid)。这些添加剂不影响光刻胶的光化学性能，但能提高其对刻蚀的抵抗力。等离子体条件下的刻蚀实际上是一个聚合物分解的过程。在这个过程中，聚合物主链被切断，原子被释放出来与环境中的原子结合。一般来说，聚合物中的 C 很容易与等离子体环境中的 O 结合生成 CO_2。因此，大多数聚合物在 O_2 等离子下都有较高的刻蚀速率。但是，如果聚合物中有 C-N 环或卤素(halogen)，它们可以改变聚合物在氧气环境下的刻蚀速率[35]。

通常光刻胶图形下面是抗反射涂层，然后是衬底上的介质，如 SiN。刻蚀的过程也是先打开抗反射涂层，然后刻蚀衬底上的薄膜。在这个过程中，还要切换反应气体以保证对不同材料的最佳刻蚀选择性。如果光刻胶的刻蚀速率偏大，那么其厚度就必须增加，以保证在整个刻蚀完成之前不被完全消耗掉。反之，如果光刻胶的刻蚀速率较小，其厚度就可以相应的减少。

4.3.5.2　对离子注入的阻挡能力（implantation resistance）

离子注入的目的是对半导体做有控制的离子掺杂，以改变其局域的导电性。在整个集成电路制造工艺流程中，离子注入可以多达 20～30 次。根据掺杂的需要，注入的离子有 P、As、Sb、B、In、O 等；注入的剂量一般在 10^{11} 至 $10^{18} \mathrm{cm}^{-2}$ 范围；离子束的能量范围可以是 1～400keV；离子束的注入流量范围是 $10^{12} \sim 10^{14} \mathrm{cm}^{-2} \mathrm{s}^{-1}$。

图 4.43 是一个离子注入机的结构示意图，包括离子源、电磁质谱分离器、离子加速器和承载晶圆的样品台。离子源（ion source）一般在高电压（如 25kV）下工作，将气态的掺杂材料电离，形成离子流注入到电磁质谱分离器。对于固体材料，可以通过溅射（sputtering）方式得到离子态。电磁质谱分离器（magnetic mass separation）把不同质量和电荷的离子分离开来，只让所需要的离子通过分离器。加速器（accelerator）对离子加速，使之达到离子注入所需的能量。样品台一般可以同时放置多个晶圆，而且可以平移和旋转，这样可以保证离子注入的均匀性。

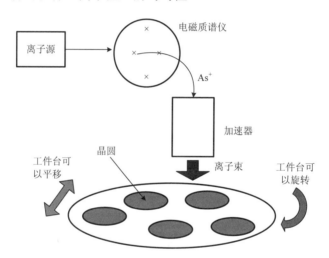

图 4.43　一个离子注入机的结构示意图

光刻胶厚度的选择是要保证注入的离子主要停留在胶中，不对胶下面衬底的电学性质产生影响。离子注入到光刻胶中遵循一定的分布。对应于一定的能量，离子的浓度在某一深度处达到最大。光刻胶的厚度必须大于这一峰值对应的深度，才可以保证离子主要停留在胶中，如图 4.44 所示。表 4.7 列出了 20nm 逻辑器件工艺中的用于离子注入的光刻胶厚度。离子注入层图形的尺寸一般都比较大，通常采用 KrF 曝光。

在离子束的轰击下，光刻胶聚合物中的原子键会被打断，释放出 H_2。失去 H 的光刻胶逐步炭化，在表面形成硬壳状的富 C 层。这给下一步光刻胶的清洗带来挑战。

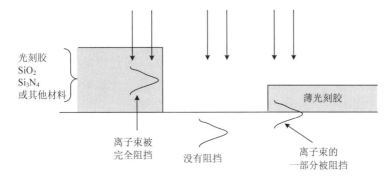

图 4.44 光刻胶厚度对离子注入的影响

表 4.7 20nm 逻辑器件工艺中用于离子注入的光刻胶厚度

离子注入光刻层	功能	光刻波长	厚度/nm
NW	形成 N 掺杂区域	KrF	900
BF	形成 P 掺杂区域	KrF	1000
N3	栅极之前	KrF	1840
BV	栅极之前	KrF	240
CV	栅极之前	KrF	270
AD	栅极之前	KrF	200
IN	栅极之前	KrF	270
IP	栅极之前	KrF	270
BH	栅极之后	KrF	170
XW	栅极之后	KrF	170
GY	栅极之后	KrF	170
HE	栅极之后	KrF	170
HN	栅极之后	KrF	240
PH	栅极之后	KrF	170
LW	栅极之后	KrF	170
IY	栅极之后	KrF	170
HF	栅极之后	KrF	170
HP	栅极之后	KrF	240
GN	栅极之后	KrF	170
GP	栅极之后	KrF	170
TJ	栅极之后	KrF	210
RG	栅极之后	KrF	210
JX	栅极之后	KrF	270
JZ	栅极之后	KrF	270
PP	栅极之后	KrF	270
EG	栅极之后	KrF	270
PG	栅极之后	KrF	270

4.3.6　光刻胶的分辨率

光刻胶对图形的分辨率不仅与自身的性能有关，而且与光刻机曝光系统的分辨率有关。为了便于更好地理解光刻胶的分辨率，我们首先介绍如何确定光刻机曝光系统的分辨能力。光刻机的分辨能力通常用图形边缘处的空间图像对比度（aerial image contrast）来定量表示，定义为

$$\mathrm{ILS} = \frac{1}{I_{\mathrm{Edge}}} \cdot \left. \frac{\partial I(x)}{\partial x} \right|_{\mathrm{Edge}} \tag{4.17}$$

式中，I_{Edge} 和 $\partial I(x)/\partial x|_{\mathrm{Edge}}$ 分别是图形边缘处的光强及其斜率。空间图像对比度纯粹是由掩模和曝光系统决定的，没有计入光刻胶的影响，如图 4.45 所示。与图像空间对比度类似的一个量是图像的归一化对数斜率（normalized image-log-slope，NILS），定义为

$$\mathrm{NILS} = w \cdot \left. \frac{\mathrm{d}(\ln I)}{\mathrm{d}x} \right|_{\mathrm{Edge}} = w \cdot \mathrm{ILS} \tag{4.18}$$

式中，w 是掩模版上透光区域的宽度。但是，在晶圆厂中，一般无法直接测量 ILS 或 NILS，定量的 ILS 和 NILS 只能通过仿真计算获得[36-38]。

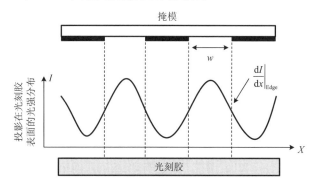

图 4.45　空间图像对比度的定义

对于一台确定波长和型号的光刻机，其分辨率还与光照条件的设置有关。图 4.46 是不同光照条件下，NILS 随图形周期变化的曲线。掩模图形是 1:1 的密集线条。对应掩模版上相同的图形，使用常规照明（conventional）、环形照明（annular）、Quasar 照明所得到的空间图形的对比度是不一样的。曝光时，应该根据图形的尺寸选取最佳的光照条件。

除了仿真计算外，曝光系统空间图形质量的好坏还可以用 k_1 来大致评判，$k_1 = \mathrm{CD} \cdot \mathrm{NA}/\lambda$。表 4.8 列出了使用 1.2NA 193i 和 0.3NA EUV 曝光系统实现 45nm 半周期以下图形的 k_1 因子值。k_1 不能小于 0.25，曝光系统不能实现 k_1 小于 0.25 的成像。

表 4.8 中的结果解释了 1.2NA 193i 不能用于 40nm 半周期的光刻工艺的原因。而 EUV 光刻则能够提供更好的空间图形分辨率。

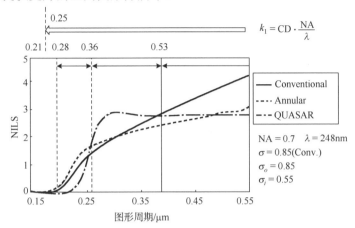

图 4.46 不同光照条件下，NILS 随图形周期变化的曲线

表 4.8 半周期 45nm 以下，对应不同曝光系统的 k_1 因子

k_1	45nm	42nm	40nm	35nm	30nm	20nm
193i($\lambda = 193nm$, NA = 1.2)	0.28	0.261	0.249	0.218	0.187	—
EUV($\lambda = 13.5nm$, NA = 0.3)	1	0.933	0.889	0.778	0.776	0.444

为了避免光刻机分辨率对光刻胶评估结果的影响，光刻工程师一般使用同样的光刻机和曝光工艺参数对不同的光刻胶做曝光。光刻胶分辨率极限可以使用含有不同周期图形的掩模版来评估。图 4.47 是一种 EUV 光刻胶分辨率的评估结果[39]。掩模上有 45nm 1:1、40nm 1:1、35nm 1:1，一直到 15nm 1:1 的图形，在最佳的工艺条件下曝光显影后，该光刻胶只能分辨 35nm 1:1 的图形。接近光刻胶分辨极限时，显影后的图形表现出较大的边缘粗糙度(line-edge roughness，LER)。

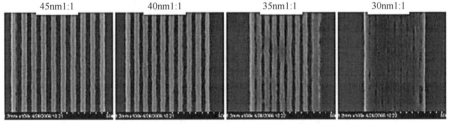

图 4.47 一种实验光刻胶在 EUV 光刻后的电镜照片(图中标注了图形的尺寸)[39]

4.3.7 光刻胶图形的粗糙度

曝光显影后，一部分光刻胶溶解在显影液里，另一部分光刻胶保留在晶圆表面，

形成所需要的图形。这些光刻胶图形的边缘是粗糙不平的。这些粗糙度在刻蚀或离子注入时会被转移到半导体衬底上，导致器件电学性能的不稳定。因此，光刻胶边缘粗糙度的改善一直是光刻领域的一个热门课题。

4.3.7.1 边缘粗糙度

边缘粗糙度是指光刻胶图形边缘的粗糙程度。图 4.48 是一个光刻胶边缘的示意图。通常使用高分辨电子显微镜来测量边缘粗糙度。首先是选择一个长度为 L 的测量窗口。在这个窗口之内的光刻胶边缘被等间距的扫描 N 次，相邻扫描之间的间隔是 Δ，因此 $L = N \cdot \Delta$。图 4.48 中，$x_i (i = 1, 2, \cdots, N)$ 代表每一次扫描时确定的光刻胶边界位置。平均的边界位置确定为

$$\bar{x} = \left(\sum_{i=1}^{N} x_i \right) / N \tag{4.19}$$

每一次扫描所确定的边界与平均边界的偏差为

$$\delta x_i = x_i - \bar{x} \tag{4.20}$$

所测得的光刻胶边界的标准误差，即边缘粗糙度，可以计算出来：

$$\sigma_{\text{LER}} = \sqrt{\frac{1}{N} \sum_{i=1}^{N} (\delta x_i)^2} = \sqrt{\frac{1}{N} \sum_{i=1}^{N} (x_i - \bar{x})^2} \tag{4.21}$$

在光刻领域，通常使用 3 倍的边界标准误差(即 $3\sigma_{\text{LER}}$)来定量描述边缘粗糙度。

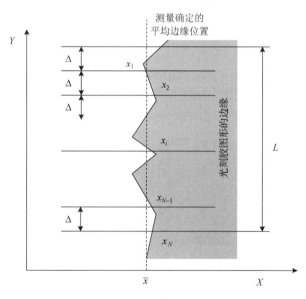

图 4.48　光刻胶边缘示意图

4.3.7.2　线宽粗糙度

与 LER 相关联的另一个概念是线宽粗糙度(line width roughness,LWR),它描述由于边缘粗糙导致的光刻胶线宽相对于目标值的偏离。和边缘粗糙度一样,线宽粗糙度也是通过高分辨电子显微镜测量的。图 4.49 是一条光刻胶线条的示意图。电镜观察窗口中光刻胶线条的长度是 L,电镜对线条等间距地扫描 N 次。相邻扫描之间的间距是 Δ,$L = N \cdot \Delta$。x_i^L 和 $x_i^R (i = 1, 2, \cdots, N)$ 是线条的左边和右边的边界。每一次扫描所测得的线条宽度为

$$w_i = x_i^R - x_i^L \tag{4.22}$$

平均线宽为

$$\bar{w} = \left(\sum_{i=1}^{N} w_i \right) / N \tag{4.23}$$

每一次线宽的测量值和平均值的偏差是 $\delta w_i = w_i - \bar{w}$。线宽测量的标准偏差为

$$\sigma_{\text{LWR}} = \sqrt{\frac{1}{N} \sum_{i=1}^{N} (\delta w_i)^2} = \sqrt{\frac{1}{N} \sum_{i=1}^{N} (w_i - \bar{w})^2} \tag{4.24}$$

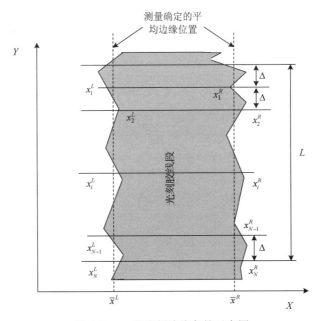

图 4.49　一段光刻胶线条的示意图

4.3.7.3　边缘粗糙度和线宽粗糙度的关联

光刻胶线宽粗糙度实际上是由两边边缘的粗糙度引起的。它们之间的联系可以通过以下计算获得:

$$\sigma_{\mathrm{LWR}}^2 = \frac{1}{N}\sum_{i=1}^N (w_i - \overline{w})^2 = \frac{1}{N}\sum_{i=1}^N [(w_i)^2] - (\overline{w})^2$$

$$= \frac{1}{N}\sum_{i=1}^N [(x_i^R)^2] - (\overline{x}^R)^2 + \frac{1}{N}\sum_{i=1}^N [(x_i^L)^2] - (\overline{x}^L)^2 + 2\overline{x}^R \cdot \overline{x}^L - \frac{2}{N}\sum_{i=1}^N (x_i^R \cdot x_i^L) \qquad (4.25)$$

$$= (\sigma_{\mathrm{LER}}^R)^2 + (\sigma_{\mathrm{LER}}^L)^2 + 2\left[\overline{x}^R \cdot \overline{x}^L - \frac{1}{N}\sum_{i=1}^N (x_i^R \cdot x_i^L)\right]$$

式中，σ_{LER}^L 和 σ_{LER}^R 是左右边缘的粗糙度。式(4.25)表示了 LWR 和 LER 的定量关系。式(4.25)中的最后一项代表了两个边缘粗糙度的关联性。通过引入一个关联因子 c，式(4.25)可以被简化为

$$\sigma_{\mathrm{LWR}}^2 = {\sigma_{\mathrm{LER}}^R}^2 + {\sigma_{\mathrm{LER}}^L}^2 + 2 \cdot c \cdot \sigma_{\mathrm{LER}}^R \cdot \sigma_{\mathrm{LER}}^L \qquad (4.26)$$

式中，关联因子 c 介于 -1 和 1 之间，即 $-1 < c < 1$。在大多数情况下，光刻胶线条两边的粗糙度是互不关联的，即图4.50(a)所示的情况，$c = 0$。式(4.26)可以被进一步简化为

$$\sigma_{\mathrm{LWR}} = \sqrt{2} \cdot \sigma_{\mathrm{LER}}^R = \sqrt{2} \cdot \sigma_{\mathrm{LER}}^L \qquad (4.27)$$

式(4.27)被光刻工程师广泛使用。值得注意的是，在有些情况下，例如，OPC 对一边的图形做了有规律的修正，关联因子 c 不一定为 0。当关联因子 $c = 1$ 时，光刻胶线条两边的粗糙度是完全反关联的(anti-correlated)，如图4.50(b)所示，$\sigma_{\mathrm{LWR}} = 2 \cdot \sigma_{\mathrm{LER}}^R = 2 \cdot \sigma_{\mathrm{LER}}^L$。相反，$c = -1$，这时光刻胶两边的粗糙度完全关联，如图4.50(c)所示，$\sigma_{\mathrm{LWR}} = 0$。

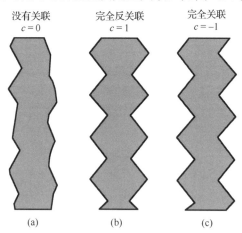

图 4.50　光刻胶线条两边粗糙度关联的示意图

4.3.7.4　边缘粗糙度的空间频谱

光刻胶图形边缘的粗糙度包含各种空间频率(spatial frequencies)，然而，标准偏差只是一个粗糙度的平均值。为了定量描述边缘粗糙度中各种空间频率的成分，我们必须对测量结果做频谱(power spectral density，PSD)分析，即对边缘位置的测量结果

$x_i(i=1,2,\cdots,N)$ 做傅里叶变换,如图 4.51 所示。PSD 分析覆盖的空间频率范围是从 $1/L$ 至 $1/\Delta$,它对应测量取样窗口的长度和相邻测量之间的间距。分析的结果给出了每一种空间频率对总边缘粗糙度的贡献。

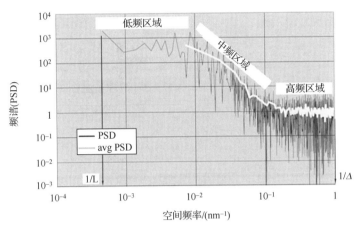

图 4.51　一个 LER 空间频谱分析的例子

　　一般来说,193nm 光刻胶的边缘粗糙度频谱都具有类似的形状(见图 4.51)。在低频区域是一个平台(low frequency plateaus);明显的频谱变化发生在中频率区域(mid-frequency roll-offs),而在高频区域则是噪声比较大的底部(high frequency floors)。低频部分对边缘粗糙度的贡献最大。光刻胶之间的差别主要反映在中频区,中频区域频谱的变化对光刻胶中成分的改变非常敏感。高频区域主要来自于 CD-SEM 测量时的白噪声(white noise)。使用更高分辨率的 CD-SEM 和优化测量参数可以有效地降低高频端的噪声,特别是测量间隔 Δ 的选取。国际半导体制造协会(SEMATECH)推荐了测量 LER 和 LWR 时的参数设置:对于较大的技术节点,可以选取 $\Delta=4nm$;对于 20nm 及更小的技术节点,必须选用 $\Delta=2nm$。测量长度(L)应该保证不小于 2000nm。

　　LER 的空间频谱可以用三个参数来描述:标准偏差 σ(the standard deviation)、关联长度 ξ(correlation length)和粗糙度指数 $\hbar$(rolloff exponent, also called the roughness exponent)[41]。CD-SEM 是目前最常用的测量 LER 和 LWR 的工具,而且 CD-SEM 的使用也很方便。CD-SEM 的电子束对光刻胶有损伤,导致光刻胶收缩。在 20nm 技术节点以下,这种损失对测量精度的影响就不能再被忽略。业界一直在努力研发更好的测量方法,这里就不再讨论了。目前也在开发能离线(offline)测量 LER 的软件,即把高分辨率电镜照片输入到软件中,软件能自动确定图形的边界,并得到 LER[42]。

4.3.7.5　光刻胶圆孔图形的边缘粗糙度

　　光刻胶上除了线条以外,还会有孔洞图形,例如,接触层(contact layer)设计有各种大小不一的圆孔。与线条边缘的粗糙度类似,光刻胶上孔洞的边缘粗糙度(contact edge roughness，CER）也是通过分析高分辨率电镜照片获得。首先是测定光刻胶孔洞的边界，然后使用最小二乘法（least squares）拟合出孔洞的平均边界。根据工艺的要求，可以使用圆或椭圆来拟合边界。最后，计算测量得到的边界与平均边界之间的标准偏差（σ_{CER}）[43]。

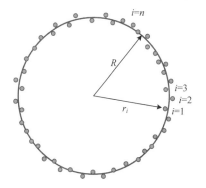

假设 R 是拟合出来的圆的半径，$r_i(i=1,2,\cdots,N)$ 是测得的边界点与中心之间的距离，如图 4.52 所示，光刻胶上孔洞的粗糙度定义为

$$\sigma_{CER}=\sqrt{\frac{1}{N}\sum_{i=1}^{N}(r_i-R)^2} \tag{4.28}$$

与 LER 的空间频谱分析类似，也可以对光刻胶孔洞的测量结果（r_i）做傅里叶分析，得到 CER 的频谱分布[44]。

图 4.52　光刻胶孔洞边缘粗糙度的测量

4.3.7.6　LER 和胶的内在联系

光刻胶边缘的粗糙度本质上反映了其分子团簇的结构，这里侧重分析化学放大胶（chemically-amplified resists）边缘粗糙度的形成。几乎所有的 248nm 和 193nm 的光刻胶都是化学放大胶。化学放大胶是由光致酸产生剂（photo-acid generator）、聚合物以及其他添加剂按一定比例混合在一起形成的。光致酸产生剂分子在胶中随机分布，如图 4.53（a）所示。曝光后，这些分子分解成酸（H^+）。在后烘烤（PEB）时，这些酸作为催化剂，能激发聚合物链状分子上的不可溶成分转化为可溶。为了使这个转化反应发生得充分，H^+离子必须能在光刻胶中扩散，以便能激发所有链状分子的转变。严格的仿真计算结果表明，H^+离子的扩散长度可达几十个纳米[45]。酸在曝光区域的扩散使得曝光区域的聚合物发生反应转变成可溶性的，如图 4.53（b）所示。但是，部分扩散到非曝光区域的 H^+离子导致边界区域聚合物反应的空间不均匀性，显影后形成粗糙的边界，如图 4.53（c）所示。

为了研究光刻胶表面与体内化学成分的不同，以便确定光刻胶成分与边缘粗糙度的关系，文献[46]把曝光后的衬底（表面有 ArF 光刻胶）浸泡在有机溶剂乙酸正丁酯（n-butyl acetate，nBA）中，4s 以后非曝光区域的光刻胶就基本全部溶解在溶剂中，这个过程实际上就是负显影。然后，对溶有非曝光区域光刻胶成分的有机溶剂进行分析，确定其中的成分。接着，把这一衬底重新浸泡在新的乙酸正丁酯中，浸泡时间还是 4s，然后取出。这样，有机溶剂中溶解的就是光刻胶图形表面的成分。重复这个过程，直到衬底上的光刻胶图形全部消失。得到的一系列溶剂样品就包含了光刻胶图形从表面到内部的成分信息。改变曝光条件以增大或减小成像对比度，然后用这个方法测量光刻胶成分的变化，就可以探索边缘粗糙度与光刻胶表面处成分的关系。

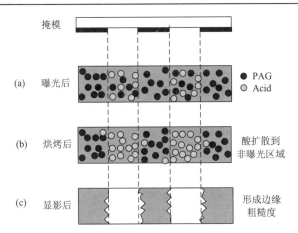

图 4.53　(a) 曝光时，酸产生剂 (PAG) 产生的酸 (acid) 在光刻胶中随机分布、(b) 后烘烤
处理后，酸在曝光区域扩散到非曝光区域和 (c) 显影后形成粗糙的边界

4.3.8　光刻胶的分辨率、敏感性及其图形边缘粗糙度之间的关系

由于光子的量子效应，曝光光强的涨落是不可避免的。假设在一个给定的面积上，入射的光子总数是 N，根据 Poisson 统计理论，光子数必然有一个 $\sqrt{N}$ 的涨落。这个光子数涨落对应曝光剂量的涨落是 $1/\sqrt{N}$，被称为散粒噪声 (shot noise)。光子数 N 越少，散粒噪声效应越明显。较少的光子数曝光，就意味着使用的光刻胶是比较敏感的。

许多研究组都曾经研究过光刻胶边缘的粗糙度、曝光的敏感度和分辨率三者之间的联系[47-49]。其研究结果可以归纳为如下三点：第一，边缘粗糙度和曝光能量的平方根成反比；第二，边缘粗糙度和曝光图形的空间图像对比度 (ILS) 成反比；第三，光刻胶中较大的酸扩散长度对应较小的边缘粗糙度。这些结论可以归纳为

$$\sigma_{\text{LER}} \sim \left(\frac{1}{\text{ILS}}\right) \cdot \frac{1}{L_d} \cdot \left(\frac{1}{\sqrt{E_{\text{edge}}}}\right) \tag{4.29}$$

式中，E_{edge} 是光刻胶边缘处的曝光剂量，L_d 是酸的扩散长度，ILS 是边缘处图像指数斜率 (image log-slope)，$\left(\dfrac{1}{I}\dfrac{\partial I}{\partial x}\right)_{\text{edge}}$。实验结果也证实了式 (4.29) 的有效性[50-51]。

光刻胶中酸的扩散长度直接和其分辨率有关联。较长的扩散长度对曝光时的空间图形有平滑作用，但是，会导致光刻胶分辨率降低。边缘曝光剂量 E_{edge} 实际上就是光刻胶的曝光阈值，它代表了光刻胶的敏感度 (photo-speed)。因此，式 (4.29) 表示了光刻胶边缘粗糙度 LER、分辨率、光刻胶敏感度三者之间的关系。同一种化学放大胶的这三个参数无法同时改进。在光刻胶中添加酸的中和剂 (quencher) 可以降低光刻胶图形边缘的粗糙度，但是，这样一来，就需要更多的光子来激发光化学反应，光刻胶的

敏感度就会降低。与此类似,如果光刻胶很敏感,单位面积上曝光所需的光子数 N 较少,这就意味着散粒噪声($\sim N^{-1/2}$)较大,从而导致较大的边缘粗糙度。为此,式(4.29)又被称为"光刻不确定法则"(lithographic uncertainty principle)。光刻胶边缘粗糙度、分辨率、敏感度之间的关系可以用一个三角形来形象的标识,如图 4.54 所示[52]。

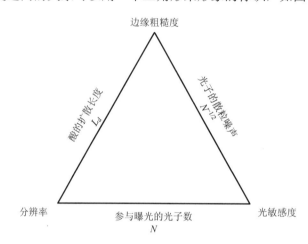

图 4.54　光刻分辨率不确定法则的示意图

在光刻胶配方的研发中,可以通过增大 PAG 的浓度来改善光刻胶图形的边缘粗糙度。PAG 浓度的增大导致两个结果:一是导致光刻胶对曝光剂量更加敏感,即 E_{edge} 变小;二是 PAG 浓度的涨落变小。这两者都有利于 LER 的改善。对式(4.29)做变换,可以得到式(4.30),其中[PAG]表示 PAG 的浓度。

$$\sigma_{LER} \sim \frac{1}{\sqrt{[PAG]}} \tag{4.30}$$

有实验结果表明,具有高去保护能量(high de-protection activation energy)的胶,即曝光后需要高温烘烤(PEB)的胶,其 LER 一般较小;选用具有较大酸扩散长度的 PAG 也有利于减小 LER[53]。曝光和后烘烤过程中,光刻胶内的微观物理化学反应是极其复杂的,包括几个过程:①PAG 吸收光子产生酸;②酸在胶中的热扩散;③酸与聚合物上的保护基团(protective group)反应,使聚合物失去保护(能溶于显影液),同时产生新的酸;④酸的扩散和去保护反应都是热激发的反应(thermal activated reactions)。很多高校和研究所的课题组对这一复杂过程做过研究,有兴趣的可以查阅文献[54]～文献[55]。

光刻胶除了必须达到一定的分辨率外,其 LER(3σ)必须小于 CD 的 8%～10%。基于产能的要求,国际半导体制造协会(ITRS)的技术路线图对各种波长下光刻胶的敏感度(photo-speed)都提出了具体要求,如表 4.9 所示。

表 4.9 ITRS 对光刻胶敏感度的要求

光刻技术	光刻胶(电子胶)敏感度要求
193nm 波长光刻/(mJ/cm²)	20～50
极紫外(13.5nm)光刻/(mJ/cm²)	5～20
高能量电子束曝光(50～100kV)/(μC/cm²)	5～30
低能量电子束曝光(1～5kV)/(μC/cm²)	0.2～1.0

4.3.9 改善光刻胶图形边缘粗糙度的工艺

随着器件尺寸的不断缩小，图形边缘粗糙度对器件电学性能的影响越来越大。业界纷纷研发了各种改善光刻胶图形边缘粗糙度的工艺。例如，文献[53]提出了使用激光做曝光后烘烤(PEB)。激光加热可以快速升温(laser spike annealing)，增大酸扩散的长度，改善边缘粗糙度。这方面的研究很多，这里介绍一些典型的工作。

文献[56]试验了一种用化学液体对光刻胶图形做修剪(chemical trim)的工艺。光刻工艺完成后，在光刻胶图形表面喷淋一种化学液体(修剪液体)，然后再做一次显影，如图 4.55 所示。光刻胶图形的表面层在修剪液体的作用下，溶解于显影液内，使光刻胶线条变得更窄——被修剪了。修剪后光刻胶图形的线宽不仅缩小，而且其边缘粗糙度也有改善。整个工艺可以在匀胶显影机上完成，对产能的影响较小。这个工艺比较适用于获得半密集的窄线条，例如，25nm 光刻胶线宽/80nm 周期；在自对准的双重成像工艺中，经常用到这种半密集的窄线条。

光刻后得到的
密集的线条

喷淋修剪液体
并烘烤

得到更窄的线条

显影

图 4.55 用化学液体对光刻胶图形做修剪的工艺流程

实际上，我们真正关心的是刻蚀到衬底上图形的边缘粗糙度。一个优化后的刻蚀工艺可以对光刻胶边缘粗糙度有平滑作用，最终衬底上图形的粗糙度只有光刻胶粗糙度的 1/3 左右。文献[57]报道，在电容耦合的等离子刻蚀机中(capacitive coupled plasma etcher)，叠加一个合适的直流偏压和选择合适的气体，可以对光刻胶做一定的预处理，最后得到的刻蚀图形粗糙度有很大改善。

4.3.10 光刻胶旋涂的厚度曲线

光刻胶是旋涂在晶圆上的，旋涂时的转速不能太高，也不能太低。对于 300mm 的晶圆，理想的转速一般在 1500rpm 左右，太高了容易导致晶圆破裂，太低了容易导致厚度不均匀。对于 200mm 的晶圆，转速一般在 2000～5000rpm。光刻胶的粘度必须调整得合适，以满足这一要求。一般光刻胶供应商必须向 Fab 提供光刻胶样品的厚度随转速变化的测量曲线(spin curve)，如图 4.56 所示。

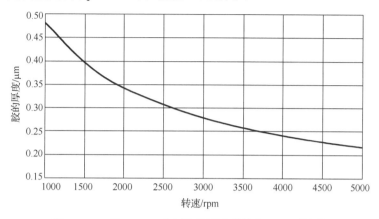

图 4.56　一种 193nm 光刻胶的厚度曲线(200mm 晶圆)

4.3.11　Fab 对光刻胶的评估

　　光刻胶被大量使用于晶圆生产之前必须通过 Fab 的评估。光刻胶的评估一般分为几个部分：首先，判断这一材料是否符合 Fab 的基本要求，包括供应的稳定性、质量控制的可靠性等。其次，是材料的工艺参数和基本性质，包括与各种有机溶剂的兼容性、材料在较高温(35℃)下储存的稳定性等。这两部分的评估参数详见表 4.10。最后，是评估光刻胶的光刻性能，光刻性能的评估都是针对具体光刻层的要求而进行的。例如，被评估的光刻胶是为了用于 20nm RX 光刻层的，那么使用 RX 掩模和 RX 曝光条件 (layer-specific)。曝光显影后，对光刻胶图形做各种测量和分析，判断其光刻工艺窗口是否符合要求。表 4.11 列出了 20nm RX 光刻层评估的参数。由于 20nm RX 是 193nm 浸没式曝光，表 4.11 中还列出了浸没式工艺的要求，如浸出(leaching)和接触角(contact angle)。

表 4.10　光刻胶评估的内容(Fab 的基本要求及工艺参数)

评估内容		评估的参数	单位	规格
第一部分评估的内容(材料制备和供应的稳定性、质量控制)		是否有成熟的生产方法和工艺	Y/N	
		材料中金属的含量	ppb	
		光学参数(n/k)	—	
	不同批次产品的一致性(batch to batch)	液体中大于 200nm/180nm/160nm 的颗粒数	个/ml	
		1500rpm 旋涂时的厚度	nm	±1nm
		产品光敏感度的稳定性	mJ	
		密集与独立线条线宽之差的稳定性	nm	±1nm
		密集线条线宽的稳定性	nm	±1nm
		独立线条线宽的稳定性	nm	±1nm

续表

评估内容		评估的参数	单位	规格
第一部分评估的内容(材料制备和供应的稳定性、质量控制)	室温下6个月内产品性能的稳定性	旋涂的胶厚的变化	nm	
		液体中颗粒数的变化	个/ml	
		光刻胶临界曝光能量的漂移	mJ/cm²	
		光学参数(n/k)的变化	—	
		光刻后光刻胶图形侧壁角度的变化	—	
		价格	美元	
第二部分评估的内容(材料工艺参数和基本性质)		软烘(PAB)的温度和时间	℃/sec	—
		后烘(PEB)的温度和时间	℃/sec	—
		n/k@193nm	—	—
		n/k@248nm	—	—
		n/k@633nm	—	—
		柯西系数	—	—
		材料中C/H/O/N的比例	%	—
		比重	g/ml	—
	与主要有机溶剂的混合试验	溶剂的名称	—	—
		与70%GBL/30%NBA有机溶剂的兼容性	—	没有沉淀
		与Ethyl lactane有机溶剂的兼容性	—	没有沉淀
		与PGMEA有机溶剂的兼容性	—	没有沉淀
		与PGME有机溶剂的兼容性	—	没有沉淀
		与GBL有机溶剂的兼容性	—	没有沉淀
		与Cyclohexanone有机溶剂的兼容性	—	没有沉淀
	预湿和去边溶剂的选取	70%GBL/30%NBA	—	
		Ethyl lactane	—	
		PGMEA	—	
		GBL	—	
		Cyclohexanone	—	
		材料的闪点	℃	—
	烘烤时的放气量	放气量和放气的主要成分		

表4.11 光刻工艺评估光刻胶(以20nm RX光刻层为例)

评估内容	评估的参数	单位	RX
曝光条件	曝光时的光照条件(NA/σ_o/σ_i/极化设置/光瞳形状)	—	1.3/0.8/0.6/XY/30°Quaser
	掩模类型	—	双极(binary)、亮场(BF)
	需要分辨的图形周期(线宽/线间距)	nm	90(45/45)
	需要实现的独立线条宽度	nm	45
	需要实现的独立沟槽宽度	nm	45
	正胶还是负胶	p或n	正胶(p)
	光刻胶厚度	nm	100~135
	反射率控制	%	<0.5%

续表

评估内容	评估的参数	单位	RX
曝光条件	显影液/冲淋液	—	TMAH/去离子水(DIW)
工艺性能	能容忍的线宽偏差	nm	±4.5nm
	在 5% EL 处的聚焦深度	nm	100
	能容忍的曝光能量变化范围(EL)	%	
	线宽随设计周期的变化(linearity)	nm	
	光刻胶图形切片照片	—	
	晶圆上图形尺寸与对应掩模尺寸之比(密集线条/独立线条/独立沟槽)	nm	<3.0(计算时掩模上图形的尺寸已被除了 4)
	密集线条/独立线条/独立沟槽尺寸随后烘(PEB)温度的变化率	nm/℃	<1.0
	线宽粗糙度(LWR, 3σ)	nm	<2.5
	清除光刻胶所需要的最小曝光能量(E_0)	mJ/cm^2	
	密集与独立线条宽度的偏差	nm	
	后烘烤延误导致的线宽变化	nm/h	
	致命的缺陷密度	个/晶圆	0
	光刻胶与衬底的刻蚀选择性	—	
	返工工艺	—	
	光刻胶旋涂后的颗粒密度	个/晶圆	<20
与本光刻层相关的性能要求	浸出测试结果		
	浸没式曝光的前接触角/后接触角		
	单线条间断缺陷密度(single line open, SLO)		
	亮场和暗场处线宽的差别		
	显影后光刻胶图形厚度的损失	nm	
	图形的平整度	nm	
	线条的扭曲(wiggling)		

4.4 抗反射涂层

曝光时光线透过光刻胶照射在 Si 衬底上；在光刻胶和衬底的界面处，光线会被反射。这些反射光和入射光会形成干涉，使得光强沿胶深度方向的分布不均匀，形成所谓的驻波效应(standing wave)，图 4.57 是一个光刻胶线条的切片图。可以清晰地看到，在光刻胶侧壁上的波浪式结构(波峰、波谷)就是驻波效应导致的。这种驻波效应破坏了光刻胶图形侧壁的垂直性，也导致光刻胶线宽测量的不稳定。为此，光刻工艺中广泛使用抗反射涂层来消除这种驻波效应。首先介绍一下光线在界面处的反射理论。

图 4.57 光刻胶线条的切片图(曝光波长是 248nm)

4.4.1 光线在界面处的反射理论

光线入射在两种介质(折射率 n_o 和 n_c)的分界面上，发生反射和折射，入射角和折射角分别是 θ_o 和 θ_c，如图 4.58 所示。入射光中电场垂直于入射面的是 TE 分量，平行于入射面的是 TM 分量。菲涅尔反射理论(Fresnel's law of reflection)对这一光学模型做了详细分析。

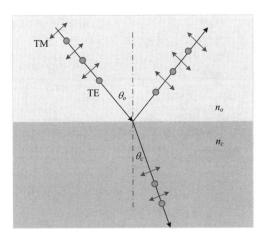

图 4.58 光线在不同介质界面处的反射与折射($n_c > n_o$)

首先介绍几个物理量：反射系数(r)定义为反射光电场强度与入射光电场强度幅值之比。反射率(R)是反射光强与入射光强的比值，即反射系数的平方($R = r^2$)。折射系数(t)定义为折射光电场强度与入射光电场强度幅值之比。折射强度系数(T)是折射光强与入射光强之比，即折射系数的平方($T = t^2$)。如果把 TE 和 TM 分开考虑的话，根据菲涅尔反射理论，TE 和 TM 模式的反射系数和反射率分别为

$$r_{\mathrm{TE}} = \frac{n_o \cos\theta_o - n_c \cos\theta_c}{n_o \cos\theta_o + n_c \cos\theta_c}, \quad R_{\mathrm{TE}} = (r_{\mathrm{TE}})^2 \tag{4.31}$$

$$r_{\mathrm{TM}} = \frac{n_c \cos\theta_o - n_o \cos\theta_c}{n_c \cos\theta_o + n_o \cos\theta_c}, \quad R_{\mathrm{TM}} = (r_{\mathrm{TM}})^2 \tag{4.32}$$

TE 和 TM 模式的折射系数和折射强度系数分别为

$$t_{\mathrm{TE}} = \frac{2n_o \cos\theta_o}{n_o \cos\theta_o + n_c \cos\theta_c}, \quad T_{\mathrm{TE}} = (t_{\mathrm{TE}})^2 \tag{4.33}$$

$$t_{\mathrm{TM}} = \frac{2n_o \cos\theta_o}{n_c \cos\theta_o + n_o \cos\theta_c}, \quad T_{\mathrm{TM}} = (t_{\mathrm{TM}})^2 \tag{4.34}$$

注意：$T_{\mathrm{TE}} = 1 - R_{\mathrm{TE}}$，$T_{\mathrm{TM}} = 1 - R_{\mathrm{TM}}$；但是，$t_{\mathrm{TE}} \neq 1 - r_{\mathrm{TE}}$，$t_{\mathrm{TM}} \neq 1 - r_{\mathrm{TM}}$。由式(4.31)和式(4.32)可以推断出，如果反射系数 r 是负值，就意味着反射光与入射光之间有 180° 的相差。当 $\theta_c + \theta_o = 90°$ 时，即 $\tan\theta_o = n_c / n_o$，反射光中没有 TM 成分，这个入射角被称为布儒斯特角(Brewster's angle)。假设光线垂直入射在界面处，式(4.32)可以简化为

$$R_{\mathrm{TE}} = R_{\mathrm{TM}} = \left(\frac{n_o - n_c}{n_o + n_c}\right)^2 \tag{4.35}$$

假设在反射型的衬底上有一层厚度为 d 的薄膜，如图 4.59 所示。入射光线在 n_1 / n_2

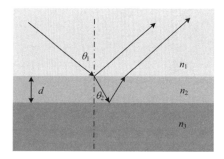

图 4.59　入射光在薄膜上的反射和
折射 ($n_1 < n_2 < n_3$)

界面被第一次反射和折射，折射光线在 n_2 / n_3 界面被第二次反射。第二次的反射光经 n_2 / n_1 界面折射进入介质 n_1。简单的光学计算告诉我们这两束光仍然是平行的，它们之间的相位差为

$$\varphi = \frac{4\pi n_2 d \cos\theta_2}{\lambda} \tag{4.36}$$

式中，λ 是入射光在真空中的波长。

以上计算模型中不考虑介质对光线的吸收，然而介质对光的吸收是不可避免的。特别是抗反射涂层，它对光线的吸收是不可忽略的。介质对光线的吸收是由其消光系数 k 来描述的。参考图 4.58，假设光线由 (n_o, k_o) 一侧垂直入射在 $(n_o, k_o) / (n_c, k_c)$ 界面上，反射系数和折射系数分别为

$$r_{\mathrm{TE}} = r_{\mathrm{TM}} = \frac{n_o - n_c + \mathrm{i}(k_o - k_c)}{n_o + n_c + \mathrm{i}(k_o + k_c)} \tag{4.37}$$

$$t_{\mathrm{TE}} = t_{\mathrm{TM}} = \frac{2(n_c - \mathrm{i}k_c)}{n_o + n_c + \mathrm{i}(k_o + k_c)} \tag{4.38}$$

反射率 $R_{\mathrm{TE}} = R_{\mathrm{TM}} = |r_{\mathrm{TE}}|^2$，经简化计算得到

$$R_{\mathrm{TE}} = R_{\mathrm{TM}} = \frac{(n_o - n_c)^2 + (k_o - k_c)^2}{(n_o + n_c)^2 + (k_o + k_c)^2} \tag{4.39}$$

4.4.2　底部抗反射涂层

底部抗反射涂层(bottom anti-reflection coating，BARC)，顾名思义，是位于 Si 衬底和光刻胶之间的涂层。在工艺流程中，底部抗反射涂层的旋涂和烘烤放在光刻胶旋涂之前。从 248nm 波长开始，底部抗反射涂层被广泛应用。它的主要成分是能交联的树脂、热致酸发生剂、表面活性剂以及溶剂。旋涂用的 BARC 中，固体成分只占 3%～7%。在旋涂后烘烤时，热致酸发生剂在高温下(一般 BARC 的烘烤温度达 200℃左右)释放出酸，在酸的作用下聚合物实现交联(cross-linking)。树脂上悬挂的吸收光的基团(chromophoric)是针对曝光波长设计的，它对该波长的光子具有较大的吸收系数。

4.4.2.1　BARC 的分子结构

图 4.60 是一种 193nm BARC 的合成方法，它使用三环氧丙基异氰脲酸酯(trisepoxy-propyl isocyanurate)与适当的芳香羧酸(aromatic carboxylic acid)反应来生成 193nm 抗反射材料(BARC)[58]。图 4.61 是另外两种 193nm BARC 树脂的分子结构[59]。

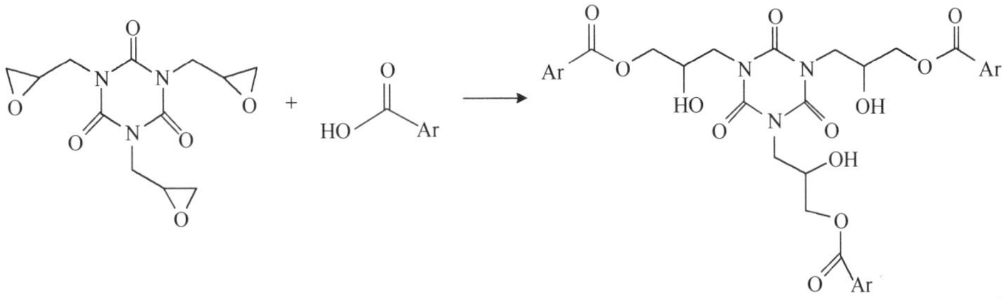

图 4.60　一种 193nm BARC 材料的合成(其中 Ar 代表芳香功能基团(aromatic functional group))[58]

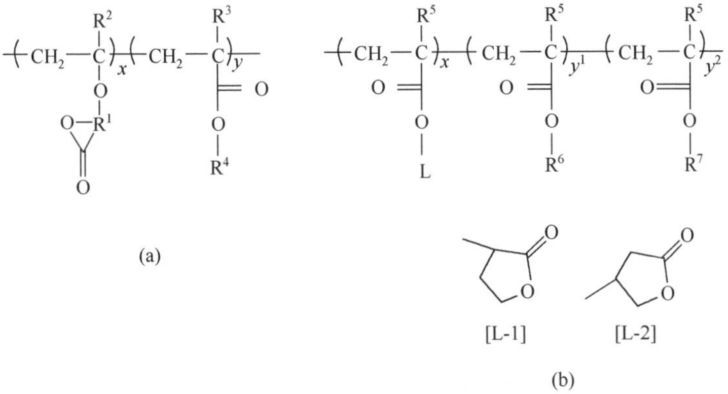

图 4.61　两种用于 193nm BARC 的树脂的分子结构

(a)中 x 和 y 表示重复单元的个数，$x=5\sim5000$，$y=2\sim5000$；Q 表示氧羰基；R^1 是亚丙基或亚丁基；R^2 和 R^3 表示 H、甲基或卤素原子；R^4 表示 H、C 原子数 1～10 的烷基、芳烷基、芳香碳环基或芳香杂环基。(b)中 x、y^1 和 y^2 表示重复单元的个数，$x=5\sim5000$，y^1、$y^2\geqslant1$，$y^1+y^2=2\sim5000$；R^5 表示 H 或甲基；R^6 表示羟乙基或羟丙基；R^7 表示苯基、苄基、萘基或蒽基；L 表示 L-1 或 L-2 结构

一般来说，BARC 树脂至少包含两种基团：一种是不吸收光的基团(transparent moieties)，另一种是对工作波长的光有较强吸收的基团(chromophore moieties)。基于这种思想，许多聚合物都可以用于 193nm。这些聚合物的光学常数(n、k)各不相同，其表面亲水性(水的接触角)也不一样，可以测量得到。基于测量结果，IBM 的工程师提出了混合两种或两种以上的树脂来制备 BARC 的方法[60]。由于树脂亲水性的不同，在旋涂的过程中，相对不亲水的树脂会自分凝(self-segregation)富集在表面。这样得到的 BARC，其 n、k 沿深度是变化的，这种 BARC 又被称为"graded-BARC"。"Graded-BARC"可以提供更好的抗反射性能。

在 193nm 浸没式光刻工艺中，曝光时的数值孔径(NA)可达 1.35，对应曝光光线在光刻胶表面上的最大入射角是 $\arcsin(1.35/1.44) \approx 70°$。这么大入射角的光线，导致单层 BARC(一对固定的 n、k)无法控制反射率小于 1%。通过优化"graded-BARC"中 n、k 沿深度的分布，可以有效地降低反射率，实现小于 1%的要求[61]。

4.4.2.2　BARC 中的热致交联反应

图 4.62 是热致酸释放和聚合物交联反应的方程式。这里的热致酸产生剂(TAG)是胺基磺酸盐(amine sulfonate)，受热后分解成磺酸(sulfonic acid)和挥发性的胺，见图 4.62(a)。在酸的作用下，聚合物之间可以通过氨基实现交联，见图 4.62(b)中的反应式；或者是通过酯交换反应(transesterification)实现交联，见图 4.62(c)中的反应式。交联后的 BARC 不溶于光刻胶溶剂，因此，随后的光刻胶旋涂不会对光刻胶厚度造成不良影响。

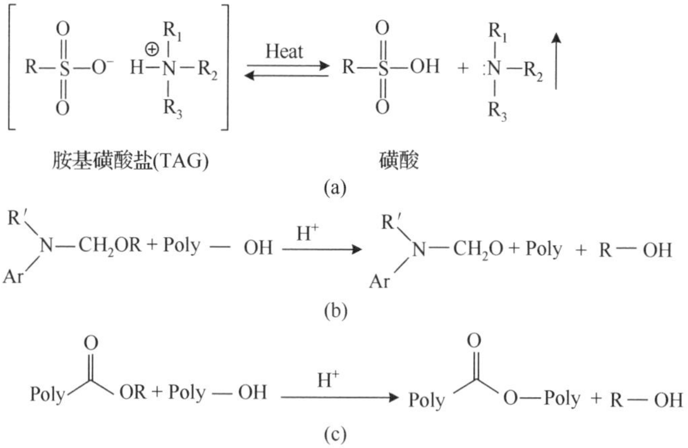

图 4.62　热致酸释放和聚合物交联反应的方程式

4.4.2.3　BARC 厚度的优化与性能评估

BARC 的厚度、光学常数 n、k 以及刻蚀速率是非常重要的工艺参数。表 4.12 是两种典型 ArF BARC 在 193nm 波长下的 n、k 和柯西系数。BARC 的成分和光刻胶类似，其刻蚀速率和光刻胶也几乎相同。传统 BARC 是非光敏感的，必须依靠刻蚀工艺将其打开

（BARC open），刻蚀 BARC 时一般要消耗掉等厚度的光刻胶，因此较薄的 BARC 厚度对图形的刻蚀是有利的。从抗反射角度，一般要求 BARC 表面处的反射率小于 1%。知道了 BARC 的 n 和 k 就可以使用仿真软件计算出反射率随 BARC 厚度的变化。图 4.63 是一个例子，这个计算中的光线入射角是 0（即垂直入射），结果适用于小 NA 曝光。由于 BARC 具有一定的吸收率（$k \neq 0$），因此随着 BARC 厚度的增大，反射率整体趋向减小。

表 4.12   两种典型 ArF BARC 在 193nm 波长下的 n、k 和柯西参数

产品	n	k	柯西系数 n_0	柯西系数 $n_1/\mu m^{-2}$	柯西系数 $n_2/\mu m^{-4}$
ARC 25	1.84	0.46	1.52	0.0060	0.0
ARC 27	1.75	0.52	1.55	0.0093	0.0

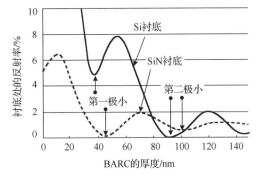

图 4.63   计算出的 BARC/光刻胶界面处的反射率随 BARC 厚度的变化

衬底对界面处的反射率也有较大的影响。图 4.63 中的 BARC 在 SiN 衬底上，反射率的第一个极小值对应 45nm，第二个极小值对应 105nm；在 Si 衬底上，反射率的第一、二个极小值分别对应 38nm 和 92nm。从刻蚀的角度，工程师希望把 BARC 厚度设置在第一极小值处。对于 SiN 衬底，这没有问题，因为第一极小值对应的反射率远小于 1%，符合要求。但是对于 Si 衬底，第一极小值处的反射率接近 5%，不符合抗反射要求。只有把厚度设置在第二极小值处。

由于 BARC 烘烤需要较高的温度（200℃左右），烘烤时溶剂的挥发和材料的放气同时发生，特别是一些化学成分在 200℃时会从 BARC 中升华（sublime）出来。如果热盘的排气系统容量不够，这些挥发出来的化学成分会沉积在热板单元内壁表面，形成颗粒，污染下一片晶圆。许多晶圆厂都报道过类似的问题，值得引起光刻工程师的重视。BARC 供应商对 BARC 的放气必须做更深入的研究，在材料合成上，不仅要尽量减少产品的放气量，而且要保证放气的成分符合晶圆厂的要求。常规的分析方法是在旋涂了 BARC 样品的表面覆盖一个透明的石英板，然后做烘烤[62]，如图 4.64 所示。涂有 BARC 的衬底放置在热板上烘烤，石英板（witness plate）与之平行放置，相距 0.6mm 左右。BARC 中放出的气体成分会沉积在石英板上。对石英板表面沉积的材料做红外光谱分析（IR spectral analysis），就可以确定 BARC 放气的成分。测试结果表明，大部分情况下，放

气的成分是小分子量的添加剂(additives)和交联剂(cross-linkers)。BARC 烘烤放出的气体在热盘内壁沉积的速率可以通过如下方法来测量：在热盘单元内、晶圆上方放置一个石英晶体振荡器(quartz crystal microbalance，QCM)。晶体振荡器的共振频率对石英片的质量非常敏感。BARC 中挥发出的气体沉积在石英片上，导致其质量增加，共振频率随之减小。通过测量共振频率随时间的变化，就可以确定 BARC 的放气速率。

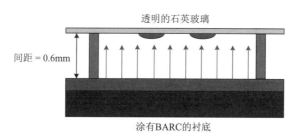

透明的石英玻璃

间距 = 0.6mm

涂有BARC的衬底

图 4.64　使用石英板检测 BARC 放气的成分

BARC 的另一个作用是能把光刻胶和衬底分隔开来，避免衬底对胶可能的毒害作用。有些衬底表面沉积有低介电常数材料(low ε material)，这些特殊材料会释放出对光刻胶(特别是化学放大胶)有害的成分，破坏光刻胶性能。如果光刻胶直接旋涂在这些材料上，光刻胶图形会出现"footing"或"scumming"。

在评估 BARC 时，通常还需要做以下一些检测：

(1)表面溶解度测量(strip test)

BARC 旋涂在晶圆表面后，经烘烤、冷却。在 BARC 表面喷淋光刻胶的溶剂，如丙二醇甲醚醋酸酯(PGMEA)或乳酸乙酯(ethyl lactate)，保持溶剂覆盖 BARC 60s 的时间，然后高速旋转甩干。测量 BARC 的厚度，并与喷淋溶剂之前的厚度对比。由于烘烤后 BARC 分子已经交联，喷淋的溶剂不应该导致厚度明显变化。一般要求厚度的变化小于 1%。

(2)与光刻胶的兼容性测试(interlayer test)

把光刻胶旋涂在 BARC 上，并完成没有图形的大面积曝光(open frame exposure)。烘烤后显影，光刻胶溶解在显影液里。测量裸露出的 BARC 层的厚度，并与旋涂光刻胶前的厚度对比，其差别应该小于 2%。测量(1)、(2)的目的都是为了确认 BARC 在烘烤后分子发生了交联；交联后的 BARC 不溶于光刻胶的溶剂。表 4.13 是两种典型 ArF BARC 的测量数据。

表 4.13　两种典型 ArF BARC 的测量数据

样品	旋涂烘烤后的厚度(Å)	喷淋溶剂后厚度的变化 (strip test, Å)	光刻胶显影后 BARC 厚度的变化 (interlayer test, Å)
Sample A	367	−2	15
Sample B	775	0	13

（3）没有烘烤的 BARC 在溶剂中的溶解度

BARC 旋涂在晶圆上，不烘烤，在室温下放置 24h 晾干。使用溶剂，如 PGME 或 PGMEA，冲洗 BARC。冲洗 20s 后，高速旋转甩干。测量残留的 BARC 的厚度，残留的 BARC 厚度应该小于 5%。这一测试是为了检验旋涂时溅射在旋涂单元里的 BARC 是否容易被溶剂清洗掉。

（4）刻蚀速率（etch rates）

如前面提到的，BARC 不是光敏感的，它必须依靠离子刻蚀来打开。通常的做法是在刻蚀衬底之前，添加"BARC open"的步骤，即"BARC open"和衬底的刻蚀是在一个刻蚀工艺流程中完成的。显然，在做"BARC open"时，希望损失的光刻胶越少越好，这就要求 BARC 和光刻胶具有较大的刻蚀选择性（etch selectivity）。Ohnishi 定理仍然适用于 BARC，可以用来评估 BARC 对刻蚀的抵抗力。测量不同气体条件下的刻蚀速率，例如，在 CF_4 气体流量 40sccm、等离子功率 50W、压力 50mTorr、温度 20℃ 的条件下，测量 BARC 在刻蚀 10s、20s、30s 后的厚度，从而计算出刻蚀速率。

（5）光刻胶图形的切片检查（resist profile）

对曝光显影后的光刻胶图形做切片，检查光刻胶图形底部是否有"footing"或"undercut"。这是为了判断，BARC 与光刻胶是否匹配，工艺参数是否需要调整优化。

对一系列 BARC 样品评估后，可以用一个图表把评估的结果形象的表示出来，如图 4.65 所示。这些样品被放置在一个 n、k 坐标中，其烘烤时的放气量和刻蚀速率都标示了出来，这样便于选取判断。

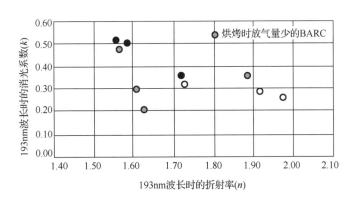

图 4.65　一系列 193nm BARC 样品的评估结果（图中每一个点对应一个 ArF BARC 样品）

4.4.2.4　无机的抗反射涂层材料

为了本节的完整性，这里还要讨论一下无机的 BARC（inorganic BARC）。顾名思义，无机 BARC 就是无机材料用作底部抗反射涂层，例如，DARC（dielectric bottom antireflection coating），它是 CVD 沉积的硅氧氮化物（silicon oxynitride），Si_xON_y。AMAT

和 Novelus 已经开发出沉积硅氧氮化物的 CVD 设备。与有机 BARC 类似，DARC 也能有效地抑制驻波效应，但是其缺点是：①沉积设备复杂、昂贵；②Si_xON_y 对化学放大胶有毒害作用；③DARC 薄膜是留在晶圆表面的，可能对工艺集成造成影响；④对于一个给定的衬底，DARC 的 n、k 及其厚度是一定的。因此，不同的衬底就需要一套不同的 CVD 工艺参数。图 4.66 是不同组分的 Si_xON_y 在 248nm 波长下的 n 和 k。图 4.66 中的结果显示，随 $SiH_4 : N_2O$ 比例的增大，材料的消光系数(extinction coefficients)k 也增大。

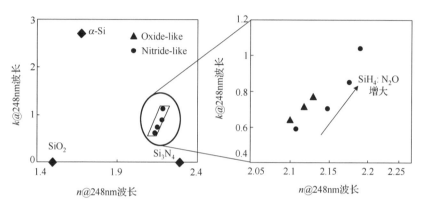

图 4.66　不同组分的 Si_xON_y 在 248nm 波长下(@248mm 波长)的 n 和 k[63]

4.4.3　顶部抗反射涂层

当光刻的下一道工艺是反应离子刻蚀时，光刻中使用 BARC 是恰当的。如果下一道工艺是离子注入，那么 BARC 的使用就很不方便，因为"BARC open"必须在 RIE 中完成。为了解决这个问题，材料供应商特别设计了顶部抗反射涂层(top anti-reflection coating，TARC)。

顶部抗反射涂层是涂覆在光刻胶顶部的。从光刻工艺要求出发，它必须符合以下要求：

(1)非常透明，保证曝光的能量能充分透过，也就是说它必须具有极小的吸收(k~0)。

(2)从化学性质角度，顶部抗反射涂层剂必须对光刻胶无损害；其溶剂必须不能溶解光刻胶，以避免在界面处形成混合层(intermixing layer)。

(3)必须能溶于显影液或水，可以在显影时被完全清除。

顶部抗反射涂层完全依靠光学相消干涉(destructive interference)来控制光刻胶表面的反射。其折射率 n 和厚度 D 必须按照相消干涉的要求来设计，即

$$n_{TARC} = \sqrt{n_{air} \cdot n_{resist}} \tag{4.40}$$

离子注入层图形的尺寸都比较大，目前的曝光波长一般是使用 365nm 或 248nm。大多数 365nm 和 248nm 光刻胶的折射率是 1.59 或 1.69，因此，抗反射涂层材料的折射率

应该是 1.26(365nm)或 1.30(248nm)。假设光线是垂直入射或入射角很小，这对应于
较小 NA 曝光的情况，相消干涉要求抗反射涂层的厚度 D 满足

$$D = \frac{U \cdot \lambda}{4 \cdot n_{TARC}}, \quad U \text{为整数} \tag{4.41}$$

用式(4.41)计算出抗反射涂层材料的厚度是 72nm(对应 365nm 波长)或 48nm(对应
248nm 波长)。

目前使用得比较普遍的 248nm TARC 材料包括 AZ 的 Aquatar III^{TM} 和 JSR 的
NFC-540^{TM}。Aquatar^{TM} 的主要成分是氟烷基磺酸盐(fluoroalkylsulfonic Acid Salt, <5%)
和水(> 95%)。NFC-540^{TM} 的主要成分是含氟丙烯酸树脂(fluoroacrylic polymer, 1%~
10%)、负离子活化剂(anionic Surfactant, 0.1%~1%)和水(>90%~99%)。图 4.67 是
一种用于 248nm TARC 的含氟丙烯酸树脂的分子结构。添加活化剂(surfactant)有助于
旋涂的均匀性。在 20nm 及以下技术节点，有些离子注入层的光刻需要 193nm 曝光，
对 193nm 的抗反射涂层也随之有了需求。

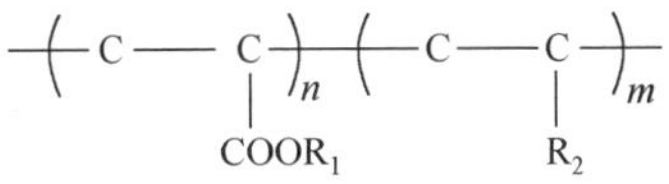

$$+\left(C - \underset{\underset{COOR_1}{|}}{C} \right)_n \left(C - \underset{\underset{R_2}{|}}{C} \right)_m$$

图 4.67 一种用于 248nm TARC 的含氟丙烯酸树脂的分子结构
其中 R_1 表示氟烷基(fluoroalkyl)，它主要用于调节树脂的折射率；R_2 表示 SO$_3$H，它主要用于
调节聚合物的溶解度和酸性强度(solubility 和 acidity)

顶部抗反射涂层只能控制光刻胶表面的反射率，对光刻胶/衬底界面处的反射无法
抑制。为了既能有效地控制来自衬底的反射，又不需要增加额外的离子刻蚀工艺，材
料供应商研发出可以显影的底部抗反射涂层(developable BARC，DBARC)。从 32nm
技术节点开始，DBARC 已经被广泛应用于离子注入层的光刻工艺中。

4.4.4 可以显影的底部抗反射涂层

4.4.4.1 能溶于显影液的 BARC

有两种可以显影的底部抗反射涂层，一种是能直接溶于显影液的抗反射涂层，英
文叫 wet-developable BARC。光刻胶被显影后，暴露出底部的抗反射涂层，抗反射涂
层直接和显影液接触，溶解在显影液里。图 4.68 是传统 BARC 和 DBARC 工艺步骤的
对比。由于涂层材料在显影液中的溶解是一个各向同性的过程，这种 DBARC 溶解后
形成的侧面不是垂直的。在显影不充分的情况下，图形剖面出现"footing"和
"scumming"，如图 4.69(a)所示；在显影过度的情况下，容易出现光刻胶线条倒塌，
如图 4.69(b)所示。

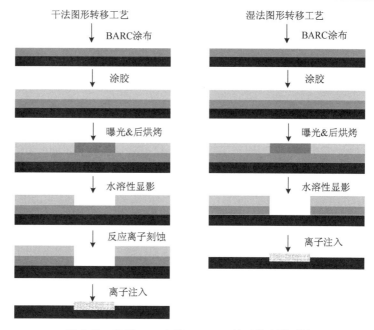

图 4.68　传统 BARC 和 DBARC 的工艺步骤对比

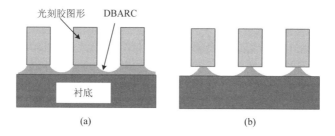

图 4.69　(a)DBARC 显影不足，出现"footing"和(b)显影过度可能导致线条倒塌

这种能直接溶于显影液的抗反射涂层材料最早由 Brewer Science 于 80 年代引入，用于 248nm 光刻工艺[64-66]。它是基于聚酰胺酸(polyamic acid platform)而发展起来的，其在显影液中的溶解度可以通过旋涂后的烘烤温度来调节。烘烤时的亚胺化反应(imidization process)可以用图 4.70 中的反应式表示。烘烤时一部分可溶于显影液的聚酰胺酸(polyamic acid)转化成不溶于显影液的聚酰亚胺(polyimide)。烘烤温度越高，DBARC 在显影液中的溶解速度就越慢。在同样的显影条件下，文献[67]系统地研究了 DBARC 烘烤温度对图形侧壁的影响，实验结果如图 4.71 所示。在较高烘烤温度时的溶解度缺失导致了线条之间的"scumming"；而较低烘烤温度时的高溶解度又会形成"undercut"，导致线条倒塌。在它们之间是烘烤温度的工艺窗口。

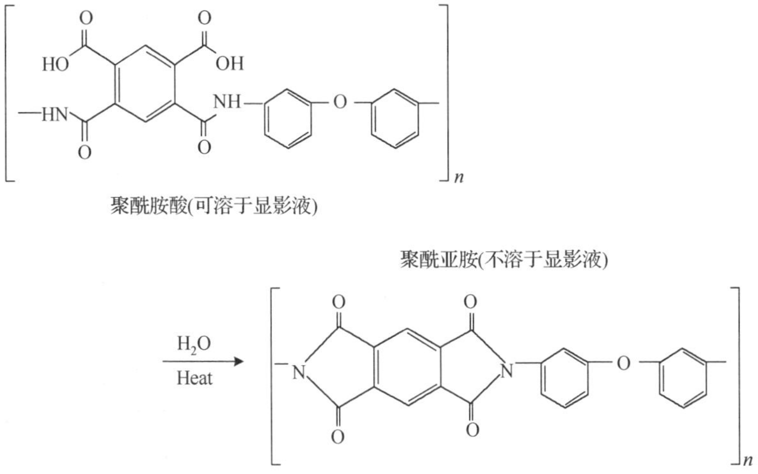

聚酰胺酸(可溶于显影液)

聚酰亚胺(不溶于显影液)

$\xrightarrow[\text{Heat}]{H_2O}$

图 4.70　基于聚酰胺酸的 DBARC 在烘烤时的亚胺化反应

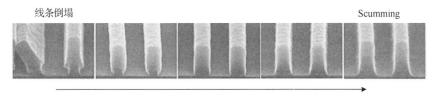

烘烤温度升高

图 4.71　DBRC 烘烤温度对图形侧壁的影响[67]

4.4.4.2　光敏感的 BARC

另一种可以显影的抗反射涂层是光敏感的，又叫光敏感的抗反射涂层(photosensitive DBARC)。在旋涂后烘烤的过程中，聚合物受热激发交联(thermally cross-linking)反应；在曝光过程中，曝光光线透过光刻胶照射在涂层上，激发涂层中的光化学反应解除交联，使之溶解于显影液。因此，这种抗反射涂层的行为有点类似于光刻胶。光敏感的 DBARC 是目前 DBARC 的主流，不仅广泛用于 248nm 波长的，而且用于 193nm 波长的光刻工艺。

可以有多种方法来制备光敏感 DBARC 材料。最简单方法(第一种方法)是参照光刻胶的制备方法，即包含聚合物、光致酸产生剂(PAG)、中和剂(amine quencher)和溶剂。不同之处在于，它的聚合物分子链上不仅悬挂有酸不稳定基团(acid labile functional group)，而且悬挂有吸收系数较大的分子基团。这种方法的难点是如何使这种 BARC 不溶于常用的光刻胶溶剂，如丙二醇甲醚(propylene glycol monomethyl ether，PGME)和丙二醇甲醚醋酸酯(propylene glycol methyl ether acetate，PGMEA)，以避免在光刻胶旋涂时的界面混合(intermixing)。另外一种制备的办法(第二种方法)是在聚合物分子链上加入在光照下可以分解的功能基团(photocleavable functional groups)，例如，聚碳酸酯(polycarbonates)和聚砜(polysulfones)[68]。这样合成的聚合物经大于170℃的烘烤后是不溶于常用的光刻胶溶剂的；曝光时功能基团分解，使聚合物溶于显影液。最常见的是第三种DBARC[69-70]：它包括一个含有羧酸基团(carboxylic acid moieties)的聚合物、多功能的交联剂(crosslinker)、酸产生剂(PAG)、中和剂(quencher)以及溶剂。烘烤时，这些成分形成交联(cross-linking)的薄膜。交联后，光刻胶的溶剂不会对DBARC表面造成破坏。这里侧重介绍第三种DBARC的工作原理。

　　图4.72是一种用于248nm波长的DBARC工作原理示意图。它的主要成分是悬挂有羧酸基团的树脂和交联剂。旋涂后的DBARC薄膜在248nm波长下基本上是透明的，而且能溶于标准的显影液和有机溶剂；在旋涂时可以使用去边工艺(EBR)。经烘烤(PAB)后，分子之间发生交联，不再能溶于显影液或光刻胶的溶剂。曝光时激发光化学反应，产生酸。后烘烤时，酸在DBARC中扩散，使得DBARC分子之间的交联断开，能溶于显影液。因此，DBARC的烘烤温度对其光敏感有很大的影响；可以调节BARC的烘烤温度，使之与光刻胶的曝光速度相匹配。

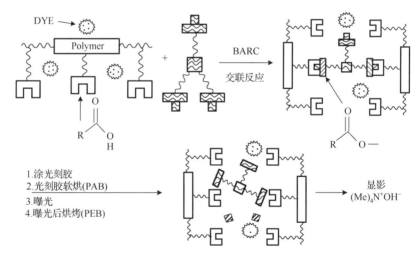

图4.72　DBARC工作原理的示意图[71]

　　文献[72]报道了193nm DBARC的一种设计。它所使用的树脂包含有芳香侧基(pendant aromatic moieties)和含酒精的脂肪族基团(aliphatic alcohol-containing moieties)。树脂的主结构是乙烯聚合物(ethylenic backbone)，它可以包含有多个不同的重复单元。第一个重复单元如图4.73(a)所示，其中R^1是H、F、Br、CF_3、CN或CH_3；R^2是一个芳香基团(aromatic moiety)。第二个重复单元如图4.73(b)所示，其中R^3是和R^1类似的基团；R^4是一个含酒精的脂肪族基团(aliphatic alcohol moiety)。第三个重复单元包含有遇到酸不稳定的侧基(acid-labile pendant moieties)，例如，烷基碳酸酯(tertiary alkyl carbonates)。文献[72]给出了这三种重复单元在DBARC试样中可能的比例，如表4.14

所示。这些 DBARC 在大于 150℃烘烤后发生交联，曝光时生成的酸解除交联，使之能溶解于显影液。

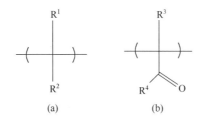

图 4.73　193nm DBARC 中的重复单元

表 4.14　按文献[72]设计的 193nm DBARC 树脂中三种重复单元的比例

样品编号	芳香基团(Aromatic)	酸不稳定的基团(Acid labile)	含酒精的脂肪族基团(Aliphatic alcohol)
WS-1	45(HS)	40(MAdMA)	15(HAdMA)
WS-2	45(HS)	40(ECpMA)	15(HAdMA)
WS-3	40(HS)	35(ECpMA)	25(HAdMA)
WS-4	50(HS)	25(ECpMA)	25(HAdMA)
WS-5	50(AcOSt)	25(ECpMA)	25(HAdMA)
WS-6	40(HS)	25(ECpMA)	35(HAdMA)
WS-7	50(HS)	25(ECpMA)	25(HAdMA)
WS-8	30(HS)	30(ECpMA)	40(HAdMA)
WS-9	25(HS)	30(ECpMA)	45(HAdMA)
WS-10	30(HS)	20(ECpMA)	50(HAdMA)
WS-11	30(HS)	25(ECpMA)	45(HAdMA)
WS-12	30(ST)	35(ECpMA)	35(HAdMA)
WS-13	30(ST)	35(ECpMA)	35(HAdMA)
WS-14	30(ST)	30(ECpMA)	40(HEMA)
W-15	30(HS)	20(MAdMA)	45(HAdMA)
WS-16	30(HS)	10(MAdMA)	45(HAdMA)
		15(ECpMA)	
WS-17	30(HS)	25(TBA)	45(HAdMA)
WS-18	30(HS)	25(MCpMA)	45(HAdMA)
S-1	85(HS)		15(HAdMA)

注：HS 表示 4-Hydroxystyrene(structure I)，即：4-羟基苯乙烯

AcOSt 表示 4-Acetoxystyrene(structure II)，即：4-乙酰氧基苯乙烯

ST 表示 styrene(structure III)，即：苯乙烯

MAdMA 表示 Methyl Adamantyl Methacrylate(structure VIII)，即：金刚烷甲基丙烯酸甲酯

EAdMA 表示 Ethyl Adamanty Methacrylate(structure XXI)，即：金刚烷基甲基丙烯乙酯

ECpMA 表示 Ethyl Cyclopentyl Merhacrylate(structure XIX)，即：环戊基甲基丙烯酸乙酯

MCpMA 表示 Methyl Cyclopentyl Methacrylate(structure VII)，即：环戊基甲基丙烯酸甲酯

TBA 表示 Tert-ButylAcrylate(structure VI)，即：丙烯酸叔丁酯

HAdMA 表示 Hydroxy Adamantyl Methacrylate(structure V)，即：羟基金刚烷甲基丙烯酸酯

HEMA 表示 Hydroxy Ethyl Methacrylate(structure IV)，即：甲基丙烯酸羟乙酯

选择适当的交联剂与光致酸产生剂(PAG)对于 DBARC 的配方也十分重要。图 4.74 是 248nm DBARC 中常用的交联剂和光致酸产生剂的分子结构。

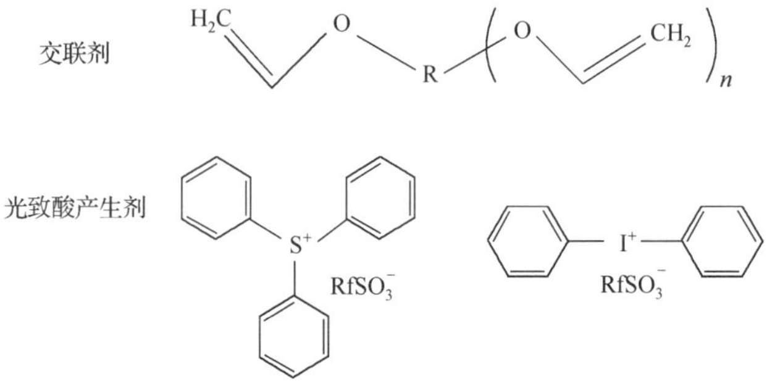

图 4.74　248nm 光敏感的 DBARC 中常用的交联剂和酸产生剂

一般来说，248nm DBARC 的 n 和 k 值是：$n = 1.50 \sim 1.60$，$k = 0.30 \sim 0.40$；193nm DBARC 的 n 和 k 值是：$n = 1.65 \sim 1.73$，$k = 0.33 \sim 0.45$。除了作为抗反射涂层外，DBARC 还可以用于"descumming"。很多光刻层存在的一个共同难题就是，显影完成后，曝光区域的底部仍然有光刻胶残留。特别是在接触层(contact layer)，这些残留的光刻胶导致刻蚀后通孔直径变小，影响器件的良率。把光灵敏度比较高的 DBARC 旋涂在光刻胶的底部，曝光显影后可以形成少量的"undercut"，这样可以有效地解决光刻胶的残留问题。

4.4.5　旋涂的含 Si 抗反射涂层

随着技术节点的不断深入，光刻胶的厚度也相应减少。在 20nm 技术节点，关键层的光刻胶厚度一般在 100nm 左右。这么薄的光刻胶图形无法有效地阻挡反应离子刻蚀，在图形被完全刻蚀到衬底之前，光刻胶就已经消耗殆尽。为此，含 Si 的抗反射涂层(SiARC)应运而生。含 Si 的 BARC 在 F 离子刻蚀时的刻蚀速率比光刻胶快得多，可以提供较高的刻蚀选择性。目前 SiARC 的主要材料是有机硅氧烷(organosiloxane)，它是一种高分叉的硅氧烷(highly-branched siloxane)，并且悬挂有吸收特定波长的功能基团(dye unit)，如图 4.75 所示。

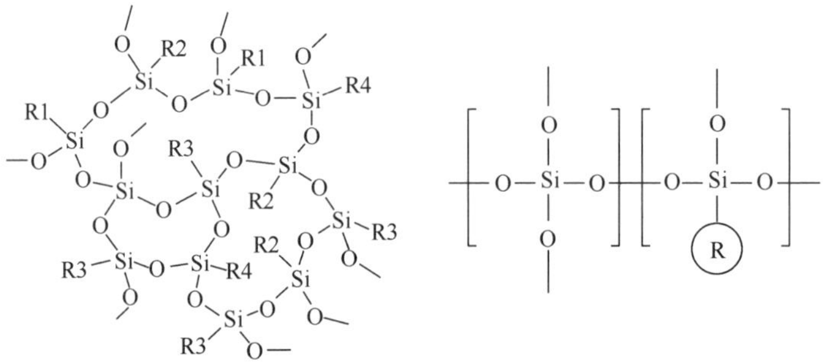

图 4.75　有机硅氧烷 SiARC 的分子结构示意图(其中 R、R1~R4 都是能吸收 193nm 波长的基团)

SiARC 的一个重要指标是 Si 的含量。目前应用于光刻工艺的 SiARC 主要有两类：一类是 Si 含量为 17%左右，通常被称为低 Si 含量的 SiARC；另一类是 Si 含量为 40%左右，通常被称为高 Si 含量的 SiARC。表 4.15 列出了几个典型 SiARC 的性能参数。随着 Si 含量的增加，SiARC 在 CF_4 等离子体中的刻蚀速率不断增大；而在 O_2 等离子体中的刻蚀速率不断减小。这是因为在 O_2 等离子体环境下，高 Si 含量的 SiARC 极易在表面生成一层 SiO_2 薄膜，阻止氧进一步与聚合物反应。因此，高 Si 含量的 SiARC 可以提供更大的刻蚀选择性。

表 4.15   几个典型 SiARC 产品的性能参数

样品名称	SiARC#1	SiARC#2	SiARC#3
Si 含量	17%	21%	43%
n/k (193nm)	1.75/0.21	1.75/0.21	1.63/0.15
交联	有机体 (Organic)		硅烷醇 (Silanol)
CHF_3/CF_4 的刻蚀速率	129nm/min	136nm/min	530nm/min
O_2 的刻蚀速率	15nm/min	10nm/min	0nm/min
与光刻胶的兼容性	OK	OK	OK/可调
缺陷情况	OK	OK	OK
存放寿命	6 个月	6 个月	6 个月

高 Si 含量的 SiARC 材料通常没有低 Si 含量的 SiARC 稳定，其存放寿命 (shelf-life) 较短。放置一段时间后，容易凝结形成胶状颗粒。颗粒形成的机理如下：在合成 SiARC 的过程中，会生成少量超大分子量的硅氧烷 (hyper-MW siloxanes)。这些超大硅氧烷分子在随后的储存和运输过程中结合其他分子，不断长大，形成颗粒。SiARC 中相同尺寸的颗粒可能具有不同的组分，其硬度和极性也不同。根据颗粒中 SiOH 含量的多少，这些颗粒分为硬性的 (hard gel) 和软性的 (soft gel)。SiOH 含量少的颗粒比较硬，可以使用小孔径的 UPE 过滤器，如 5nm UPE；而 SiOH 含量大的颗粒比较软，应该使用尼龙 (nylon) 过滤器 (见图 4.76)。实验数据表明，若 SiARC 交联发生所需要的温度低于溶剂的沸点 (boiling point)，SiARC 就比较容易产生颗粒。因此，SiARC 的烘烤温度大都设计在 200℃左右，远高于 PGME 和 PGMEA 的沸点。

Honeywell 设计了另一类含 Si 的 BARC，被称为 DUO™。DUO™ 除了具有抗反射性能外，还具有比较好的填充性能和刻蚀性能。DUO™ 可以充分填充比较深的孔洞，使衬底表面平滑。DUO™ 的主要成分是有机硅氧烷树脂 (organo-siloxane polymer)，其刻蚀速率与 SiOCH、FSG 等低介电常数材料相当，这对于 BEOL 的双大马士革 (dual damascene) 工艺非常有用。

DUO™ 有两种，一种是用于 248nm 光刻工艺的，另一种是用于 193nm 光刻工艺的。图 4.77 是 248nm DUO™ 的分子结构，它的主分子链是甲基硅氧烷聚合物 (methylsiloxane polymer)，它在 248nm 波长处是透明的；悬挂基团是 9-蒽羧甲基三乙氧基硅烷 (9-anthracene carboxymethyl triethoxysilane，TESAC)，它对 248nm 的光子有吸收[73]。193nm DUO^{TM} 与 248nm DUO^{TM} 具有类似的分子结构，其悬挂基团也是基于苯环的结构(phenyl-based 193nm chromophore)，对 193nm 的光子有较强的吸收[73]。

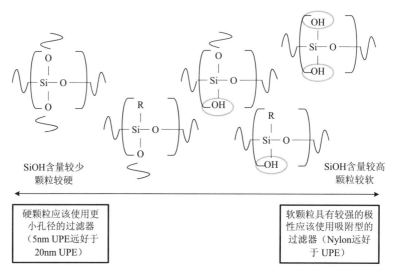

SiOH含量较少
颗粒较硬

SiOH含量较高
颗粒较软

硬颗粒应该使用更
小孔径的过滤器
（5nm UPE远好于
20nm UPE）

软颗粒具有较强的极
性应该使用吸附型的
过滤器（Nylon远好
于 UPE）

图 4.76 SiARC 颗粒中组分的不同导致其硬度和极性不同，相应的过滤办法也不一样

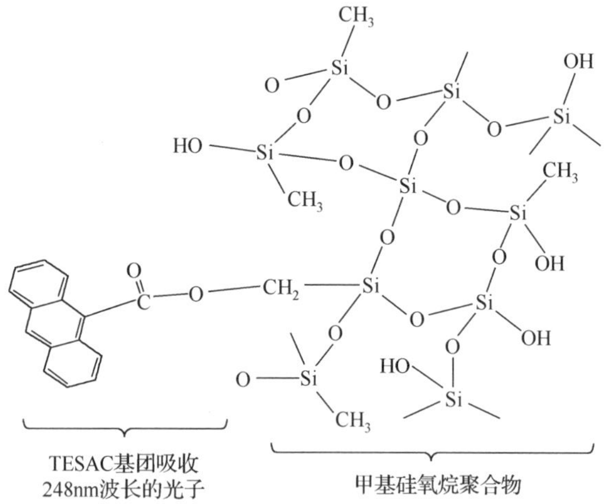

TESAC基团吸收
248nm波长的光子

甲基硅氧烷聚合物

图 4.77 用于 248nm 波长光刻的 DUO^{TM} 分子结构[73]

光刻胶是旋涂在SiARC上的，SiARC的表面特性直接影响着光刻胶的粘附。193nm浸没式光刻胶(正胶)是不亲水的，这就要求 SiARC 表面也不亲水，这样就能保证光刻胶与 SiARC 之间粘附得很好，显影后光刻胶图形不容易倒塌。SiARC 亲水性可以通过添加一些功能基团来调整：添加苯环(phenyl group)可以增大聚合物的疏水性(见图 4.78(a))；而添加 OH 基团可以增大聚合物的亲水性(见图 4.78(b))。用于 193nm

负显影(NTD)工艺的光刻胶一般是亲水的，相应地，SiARC 的配方也需要做调整，使之更加亲水。如果使用表面不亲水的 SiARC，显影后容易导致光刻胶线条倒塌。

图 4.78　(a) SiARC 树脂结构中添加苯环可以增大其疏水性和 (b) 添加 OH 基团可以增大其亲水性
R* 表示酸敏感基团(acid labile group)，X 表示一种连接的基团，y 是单元的重复次数

4.4.6　碳涂层

SiARC 一般和旋涂的碳(spin-on-carbon，SOC)组合使用。这样做的目的有两个。一是为了更好地控制反射率。使用 193nm 浸没式光刻机曝光，最大的 NA 可达 1.35。也就是说，曝光光线的最大入射角达到了 $\sin^{-1}(1.35/1.44)=70°$。控制这么大入射角下的反射率是非常困难的，一层 BARC 无法达到小于 1% 的反射率，必须使用两层 BARC。二是为了更好地实现光刻胶上的图形向衬底的刻蚀。SOC 的主要成分是高 C 含量的聚合物，如萘(naphtalene)，C 含量可达 85%~90% 以上。在氧离子刻蚀的条件下，它的刻蚀速率是 SiARC 的 20~30 倍。

图 4.79 是一种 SOC 用聚合物的合成方程式[74]。三种单体，2-苯基苯酚(2-phenyl-phenol)、1, 4-二乙烯苯(1, 4-divinylbenzene)和二甘醇二甲醚(diglyme)，在室温下混合，在氮气里放置 10min；然后加入三氟甲磺酸(triflic acid)，反应液在 140℃回流(refluxed)3.5h，冷却至室温。加入环戊基甲醚(cyclopentylmethylether)，使用去离子水清洗两次。把反应液倒入正己烷(hexane)，过滤。将过滤物放置在真空中，加热至 85℃，干燥后得到所要的高 C 聚合物。把合成得到的聚合物溶解在 PGMEA、PGME 或环己酮(cyclohexanone)等有机溶剂中，并添加热致酸产生剂和交联剂，这样就获得了 SOC。

SOC 的折射率和消光系数 (n, k) 是随烘烤的温度变化而变化的。在较高的烘烤温度下，SOC 中的溶剂挥发得更加充分。在烘烤温度超过 350℃后，SOC 中的成分开始分解。与室温烘烤相比，350℃的烘烤温度会导致 3.7% 的质量损失；400℃烘烤则导致 9.2% 的质量损失。

作为第一层旋涂在衬底上的材料，SOC 要求能够把衬底表面的结构抹平，为随后的 SiARC 和光刻胶的旋涂提供一个平整的表面。特别是在后道(BEOL)的金属(metal)和通孔层(via)，SOC 必须能够把具有较高深宽比(aspect ratio)的沟槽填满，而不留空隙(voids)。图 4.80 是 SOC 旋涂烘烤后衬底的切片照片。衬底上有深 190nm、顶部宽 45nm 的密集沟槽，以及很宽的沟槽，旋涂的目标厚度是 260nm，烘烤条件是 250℃/60s。

切片图显示，密集沟槽处 SOC 的厚度与宽沟槽处的厚度是不一样的，它们相差 15nm 左右，基本符合光刻平整度的要求。沟槽完全被 SOC 填充，没有留下空隙。

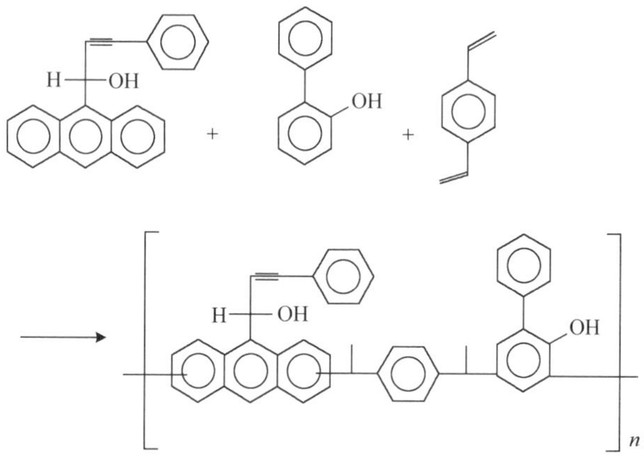

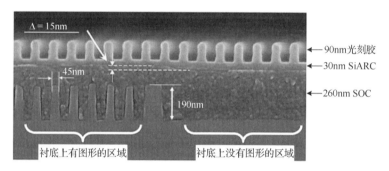

图 4.79　一种 SOC 用聚合物的合成方程式[75]

图 4.80　SOC/SiARC/PR 旋涂在有图形的衬底表面，曝光显影后的切片照片[75]
没有图形区域的 SOC 厚度是 260nm，有图形区域的 SOC 厚度是 275nm

光刻胶/SiARC/SOC 的这种组合通常被称为三层结构(tri-layer)。SiARC 和 SOC 的组合不仅能极好地控制曝光时的衬底反射，而且能提供很高的刻蚀选择性。图 4.81 是三层结构的工艺流程图。首先是在含 F 的等离子体下把光刻胶(PR)上的图形转移到 SiARC 上，然后使用含 O 的等离子体把 SiARC 上的图形转移到 SOC 上，最后再做衬底的刻蚀。SiARC 和 SOC 的厚度必须根据工艺的要求来优化，要兼顾到抗反射和刻蚀两方面的需求。

图 4.82 是这种三层结构在光刻后、SiARC/SOC 刻蚀后、TEOS(衬底)刻蚀后的电镜照片。曝光用掩模上的图形线宽是 60nm，周期是 130nm。SOC 刻蚀完成后，仍然有许多 SiARC 残留，这表明 SOC 与 SiARC 有较好的刻蚀选择性。尽管 TEOS 的刻蚀深度较大，但 SOC 并没有完全被消耗掉。

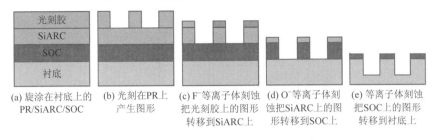

(a) 旋涂在衬底上的
PR/SiARC/SOC

(b) 光刻在PR上
产生图形

(c) F⁻等离子体刻蚀
把光刻胶上的图形
转移到SiARC上

(d) O⁻等离子体刻
蚀把SiARC上的图
形转移到SOC上

(e) 等离子体刻蚀
把SOC上的图形
转移到衬底上

图 4.81　PR/SiARC/SOC 三层结构的工艺流程图

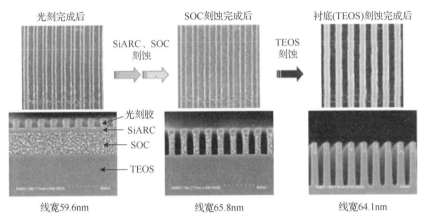

线宽59.6nm　　　　　　线宽65.8nm　　　　　　线宽64.1nm

图 4.82　三层结构在光刻后、SiARC/SOC 刻蚀后、TEOS(衬底)刻蚀后的电镜照片

文献[76]对 SiARC 和 SOC 厚度的选取做了深入细致的探讨。文中选取的衬底结构如图 4.83 所示,光刻胶的厚度是 105nm,SiARC 的厚度是 35nm,每一层材料在 193nm 波长下的 n 和 k 也标示在图中。Si 衬底表面有一层 TiN 硬掩模(metal hard mask)。使用 Prolith™ 软件来计算在不同入射角(θ)下光刻胶底部的反射率随 SOC 厚度(t_{SOC})的变化,计算结果如图 4.84 所示。计算中假设使用 1.35NA 的 193nm 浸没式光刻机,使用参数 $\sin\theta$ 来代替入射角(θ),$\sin\theta_{max} = NA_{max}/1.44 = 0.94$。SOC 的厚度应该选取在反射率小于 1%的区域。

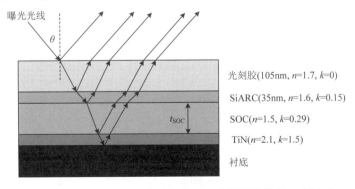

曝光光线

θ

光刻胶(105nm, n=1.7, k=0)

SiARC(35nm, n=1.6, k=0.15)

t_{SOC}

SOC(n=1.5, k=0.29)

TiN(n=2.1, k=1.5)

衬底

图 4.83　PR/SiARC/SOC 旋涂在有 TiN 金属硬掩模的 Si 衬底上

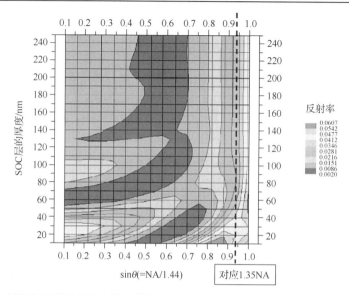

图 4.84　光刻胶底部反射率随光线入射角和 SOC 厚度的变化(假设光刻胶厚度是 105nm，
SiARC 厚度是 35nm，材料的光学参数见图 4.83)(见彩图)[76]

　　刻蚀工艺对 SiARC 和 SOC 的厚度也有要求。在典型的 F 等离子体刻蚀条件下，
Si 含量达 40%的 SiARC 与标准的 193i 光刻胶之间的刻蚀速率之比是 3∶1 左右。在典
型的 O 等离子体刻蚀条件下，SOC(C 含量约 80%)与 SiARC(Si 含量约 40%)之间的刻
蚀速率之比是 30∶1 左右。在典型的 Cl 等离子体刻蚀条件下，SOC 和 TiN 之间的刻
蚀速率之比是 6∶1 左右。根据这些刻蚀选择性参数，就可以进一步估算出刻蚀所需要
的 SiARC 和 SOC 的厚度。表 4.16 是实验测量得到的不同刻蚀条件下 SiARC 与 ArF
光刻胶和 SOC 之间的相对刻蚀速率。光刻胶是 JSR ARX2895JN™，厚度是 130nm；
SiARC 是 Honeywell 的 UVAS™，Si 含量约 40%，厚度 45nm；SOC 是 JSR HM8006™，
厚度是 200nm[77]。

表 4.16　Honeywell 的 SiARC (UVAS™) 与 JSR 的光刻胶和 SOC 之间的相对刻蚀速率[77]

刻蚀条件	薄膜(没有图形)刻蚀选择性
UVAS 与 ArF 胶在氟反应气体中	约 3.5∶1
HM8006 与 UVAS 在氧反应气体中	约 30∶1

F 反应气体刻蚀的工艺条件：45mtorr，1500W，gap=27mm，C_4H_8/CO/Ar/O_2=10/0/200/5(sccm)。CVD pTEOS oxide 的
刻蚀速率约 11nm/min；UVAS 的刻蚀速率约 350nm/min。

O 反应气体刻蚀的工艺条件：20mtorr，1000W，gap=37mm，O_2/N_2=30/120(sccm)。CVD pTEOS oxide 的刻蚀速率约
11nm/min；UVAS 的刻蚀速率约 20nm/min。

　　在三层材料的刻蚀工艺中经常会遇到的一个问题是，在做衬底刻蚀时 SOC 线条会
发生扭曲和倒塌(line wiggling issue)。图 4.85 是衬底刻蚀完成后的电镜照片，在照片
中能清楚地观察到 SOC 线条的扭曲和倒塌。进一步的实验发现，SOC 越厚、线宽越

小（即 SOC 线条的高宽比越大），扭曲和倒塌的情况就越严重。这种 SOC 线条的扭曲和倒塌会影响衬底的刻蚀。

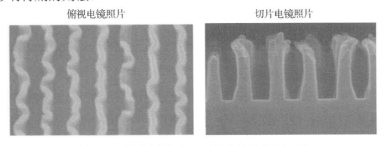

图 4.85　衬底刻蚀后 SOC 线条的扭曲和倒塌

文献[78]对 SOC 线条的扭曲和倒塌现象进行了系统的研究，归纳出了刻蚀后 SOC 线条变形的机制。在做衬底（SiO_2 或 Si）刻蚀时，刻蚀气体是含 F 的。在等离子体环境下，随着刻蚀的进行，F 会取代 SOC 线条中的 H，导致晶格膨胀，线条扭曲，如图 4.86 所示。SOC 中 H 的含量越高，这种线条扭曲和变形就越严重。因此，SOC 供应商需要改进配方，尽量减少聚合物中 H 的含量。

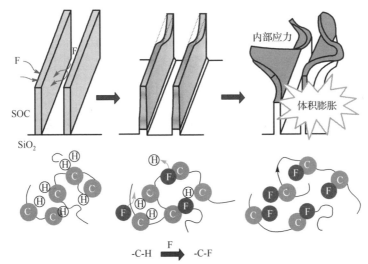

图 4.86　等离子体中的 F 取代 SOC 中的 H，使 SOC 线条膨胀，导致扭曲（见彩图）[78]

4.5　用于 193nm 浸没式光刻的抗水涂层

在 193nm 浸没式光刻工艺的早期，能在水中曝光的光刻胶还不成熟。为了早日把 193i 应用于生产中，表面抗水涂层被广泛应用。表面抗水涂层旋涂在光刻胶表面，它对于 193nm 波长是透明的，不溶于水，曝光时隔绝水和光刻胶的直接接触。有了这一层材料，光刻胶中能溶于水的成分就无法析出；而水也无法扩散进入光刻胶影响光刻胶的性能。抗水涂层虽然不溶于水，但能迅速溶于 TMAH 显影液里。这种能溶于显影液的抗水涂层又被称为显影可溶的顶盖涂层(developer-soluble topcoat)。在 193nm 浸没式光刻研发的初期，也曾经使用过不能溶于显影液的抗水涂层。使用这种材料时，必须在显影前添加一道去除抗水涂层的工艺，即使用特殊溶剂把涂层溶解掉。但是，这种溶剂可溶的抗水涂层很快就被显影液可溶的抗水涂层取代。从工艺角度，对抗水涂层有如下要求[79]：

(1) 作为阻挡层(leaching barrier)，能有效地阻止光刻胶中的成分溶解到水中。

(2) 不溶于水，但在标准的 TMAH 显影液中有很大的溶解度，一般要求溶解速率大于 1000nm/s。

(3) 其溶剂不能溶解光刻胶，以防止涂层和光刻胶界面处的混合。

(4) 涂层表面必须不亲水，其和水的接触角必须大于 70°。这是为了保证曝光时含水的曝光头能在晶圆表面自由移动，不留下水滴。

4.5.1 抗水涂层材料的分子结构

大多数 193nm 光刻胶使用 PGMEA 和 PGME 作为溶剂，而抗水涂层一般使用酒精类溶剂(alcohol-based solvent system)。这就避免了旋涂过程中涂层材料和光刻胶之间界面的溶合(intermixing)。抗水涂层的主要成分是透过率很高的含氟的树脂(fluoropolymer)，通过控制树脂中含六氟异丙醇(hexafluoroisopropanol，HFA)的单元与含羧酸(carboxylic acid)的单元的比例，使得树脂能溶于标准的 TMAH 显影液(0.26N TMAH)，而不溶于水。

文献[80]详细介绍了用于抗水涂层的树脂合成方法。表 4.17 列出了所合成的树脂及其性能，这些树脂在 193nm 波长的吸收系数小于 0.2/μm^2。对这些树脂做表面性能测试(与水的接触角)，就可以进一步筛选出能用于抗水涂层的材料。

表 4.17 用于抗水涂层的候选树脂[80]

聚合物分子结构	构成的单体	氟的含量/%	不同单体的比例	重均/数均分子量/(Mw/Mn)	玻璃化温度 Tg/(℃)	193nm 波长的吸收系数/μm^{-1}	0.26N TMAH 中的溶解速率/(nm/s)
	TFE/NB1F VIP	55.3	x:y=50:50	4000/3400	130	0.17	890
	PNB1 FVIP	47.8	100	3900/3400	>150	0.23	>2000

续表

聚合物分子结构	构成的单体	氟的含量/%	不同单体的比例	重均/数均分子量/(Mw/Mn)	玻璃化温度Tg/(℃)	193nm波长的吸收系数/μm^{-1}	0.26N TMAH中的溶解速率/(nm/s)
（结构式：PMA类甲基丙烯酸酯含F_3C、CF_3、OH取代基团）	PMA NB1F VIP	37.2	100	3200/2500	>150	0.15	490
（结构式：$-[CH_2CF]_n-$，含CF_2、$OCF COH$、CF_3、CF_3、CF_3基团）	PAEH FIP	65.3	100	3200/2500	25	0.15	1210
（结构式：$-[CF_2CF_2]_m-[CH_2CH]_n-$，含$CF_3$、$CH_2COH$、$CF_3$基团）	TFE/B TB	61.7	$m:n=$ 50:50	2200/1700	106	<0.1	810
（结构式：$-[CH_2CF]_m-[CH_2CF]_n-$，含CF_2、$OCFCOOH$、CF_3、CF_2、$OCFCF_2OCFCH_2OH$、CF_3、CF_2基团）	AEC/AEH	57.2	$m:n=$ 50:50	75000/15000	79	<0.1	95

4.5.2 浸出测试和表面接触角

抗水涂层能否有效地阻止光刻胶成分的浸出，必须由实验来检验。可以选择常用的 193nm 光刻胶，在其表面旋涂抗水涂层，做浸出测试(leaching test)。测试的方法和步骤与浸没式光刻胶的测试一样，可参见 4.2.4.1 节。

光刻机的曝光头带着水高速在晶圆表面移动(大于 600mm/s)。抗水涂层表面的亲水/疏水性能(hydrophobicity)直接影响到曝光结果，所以其表面接触角也是需要重点评估的参数。图 4.87 是不同抗水涂层与水的表面接触角测试的结果。这些抗水涂层分别旋涂在同一种光刻胶上。目前，业界常用的抗水涂层要求后接触角(RCA)约 70°，前接触角(ACA)约 95°；厚度在 30～90nm 范围。涂层材料的发展方向是变得越来越不亲水，这是为了适应光刻机扫描速度(scanning speed)的提高。

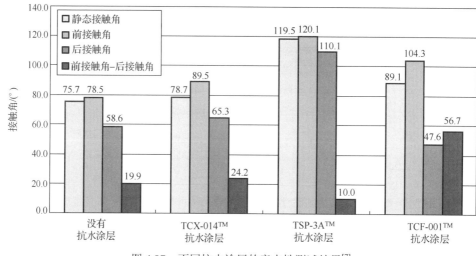

图 4.87　不同抗水涂层的亲水性测试结果[7]

4.5.3　与光刻胶的兼容性

抗水涂层是覆盖在光刻胶上的，它必须和光刻胶相兼容。一个常见的问题是有些抗水涂层会导致光刻胶厚度损失。这可以用"暗损失"(dark loss)实验来检测：把抗水涂层旋涂在光刻胶上，不做曝光，直接做显影。显影液把抗水涂层去掉后，测量光刻胶的厚度并与原来的厚度对比。光刻胶厚度的损失被称为暗损失。图 4.88 是不同光刻胶与不同抗水涂层组合的暗损失测量结果。平均来说，TC-B 导致较大的光刻胶厚度损失。其中 TC-B 与光刻胶-C 的组合导致的光刻胶厚度损失最大。

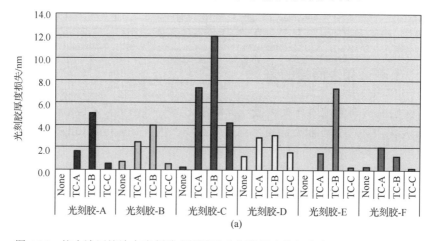

(a)

图 4.88　抗水涂层旋涂在光刻胶表面导致光刻胶厚度的损失(dark loss)(见彩图)
所有的抗水涂层(TC-A，TC-B，TC-C)都是能溶于显影液的(developer-soluble)。
为了对比，也测量了没有抗水涂层时的厚度损失[81]

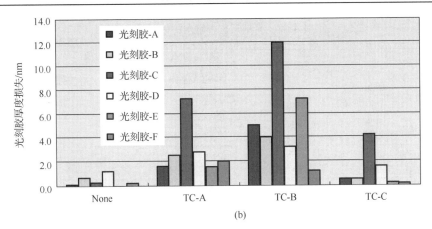

图 4.88 抗水涂层旋涂在光刻胶表面导致光刻胶厚度的损失(dark loss)(见彩图)(续)
所有的抗水涂层(TC-A,TC-B,TC-C)都是能溶于显影液的(developer-soluble)。
为了对比,也测量了没有抗水涂层时的厚度损失[81]

除了"暗损失"之外,还必须检测曝光后的结果。有些抗水涂层中添加有 PAG,这是为了补偿光刻胶表面层的 PAG 向抗水涂层扩散,从而影响光刻胶表面的光敏感度。但是,过多的添加 PAG 会导致曝光后光刻胶厚度的损失超出规定值。图 4.89 是同一种光刻胶的曝光结果。实验时,使用了三种不同的抗水涂层(TC-1,TC-2,TC-3),曝光剂量相同。TC-1 和 TC-2 的结果中,光刻胶表面非常粗糙。这是由于 TC-1 和 TC-2 中 PAG 的含量较高,掩模上辅助图形的散射光导致光刻胶损失。TC-3 和光刻胶的结合给出了最佳的曝光结果。

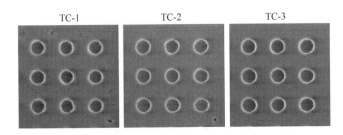

图 4.89 同一种光刻胶的曝光结果,使用了三种不同的抗水涂层(TC-1,TC-2,TC-3)
TC-1 和 TC-2 光刻胶表面的小孔和光刻胶损失对应掩模上的辅助图形

4.6 有机溶剂和显影液

光刻工艺中需要使用多种化学溶剂。这些溶剂安装在匀胶显影机上,它们的作用是冲洗晶圆背面、涂胶前晶圆表面的预湿、去边以及材料安装时管路的清洗。表 4.18 列出了常用的化学溶剂。

表 4.18　光刻工艺中常用的化学溶剂

名称	英文名	缩写	分子式	主要用途
丙二醇甲醚醋酸酯	Propylene glycol monomethyl ether acetate	PGMEA	$CH_3CH(OCOCH_3)CH_2OCH_3$	溶剂
异丙醇	Isopropanol	IPA	$(CH_3)_2CHOH$	溶剂
QZ3501™溶剂	60%~80% dihydrofuranone 20%~40% butyl acetate	QZ3501		光刻胶管路清洗；做聚酰亚胺的显影液
二氢呋喃酮/醋酸丁酯混合液	10%~30% cyclohexanone >60% butyl acetate			用于聚酰亚胺冲洗
丙二醇甲醚	1-Methoxy-2-Propanol	PGME	$CH_3CHOHCH_2OCH_3$	溶剂
四甲基氢氧化铵	Tetramethylammonium Hydroxide	TMAH	$(CH_3)_4NOH$	显影液
乙酸正丁脂	n-butyl acetate	nBA	$C_6H_{12}O_2$	NTD 显影液
甲基异丁基甲醇	4-methyl-2-Pentanol	MIBC	$C_6H_{14}O$	NTD 后的冲淋液

　　表 4.18 中也列出了各种化学溶剂的主要用途。有机溶剂的使用大部分都是与光刻材料相关联的，也就是说每一种光刻材料都需要两种溶剂为之服务，一是用来清洗管线用的，又被称为 "flushing solvent"；另一种是用于旋涂后的去边和背清洗，又被称为 "preparation solvent"。"preparation solvent" 也用于安装光刻材料之前管线的冲洗。表 4.19 列出了光刻材料常用的一组 "flushing solvent" 和 "preparation solvent"。对某一特定的光刻材料，供应商一般会提供 "flushing solvent" 和 "preparation solvent" 的详细信息。

表 4.19　光刻材料常用的一组 "flushing solvent" 和 "preparation solvent"

	ArF 光刻胶	KrF 光刻胶	抗水涂层	TARC	SOC
Flushing solvent	PGMEA/CHN=7:3	PGME/PGMEA=7:3	CHN	IPA	EL
Preparation solvent	PGMEA	EL/PGMEA=7:3	MIBC	Water	EL

　　注：CHN 代表环己酮 (cyclohexanone)；EL 代表乳酸乙酯 (ethyl lactate)；MIBC 代表甲基异丁基甲醇 (4-metahyl-2-pentanol)；IPA 代表异丙醇 (isopropyl alchohol)

　　在旋涂光刻材料的过程中，为了节省材料，通常使用所谓的 RRC (resist reduction consumption) 工艺。RRC 工艺是指在喷涂光刻材料之前，先用有机溶剂湿润衬底表面。这里的衬底不仅是 Si，可能已经有别的光刻材料。因此，RRC 溶剂的选择非常重要，不仅要考虑到和旋涂材料的兼容性，而且要考虑到和衬底上材料的兼容性。表 4.20 是 Fab 中常用光刻材料的 RRC 溶剂。对同一种光刻材料，RRC 溶剂不一定只有一种，表 4.20 种提供了 3 种选择。

表 4.20　Fab 中常用光刻材料的 RRC 溶剂

类别	材料名称	材料溶剂	RRC1	RRC2	RRC3
ArFi 光刻胶	ARX3230 JN-9	PGMEA/CHN	70% PGMEA/30% CHN	PGMEA	70% GBL/30% NBA
	TARF-Pi6-133 ME	PGMEA/PGME（60/40）	PGMEA		

续表

类别	材料名称	材料溶剂	RRC1	RRC2	RRC3
ArFi 光刻胶	AIM7210 JN-8		70% PGMEA/30% CHN	PGMEA	70% GBL/30% NBA
	EPIC 2350-0.15	PGMEA/PGME（75/25）	PGMEA	PGMEA/PGME	GBL
	AIM5933 JN-9	PGMEA/CHN（70/30）	70% PGMEA/30% CHN	PGMEA	70% GBL/30% NBA
	EPIC IM5390F-0.13	Methyl2-hydroxyisobuthyrate/ PGMEA	PGMEA/PGME	PGMEA	GBL blend
ArF 光刻胶	AM2073	PGMEA/EL	95% PGMEA/5% GBL	PGMEA	70% GBL/30% NBA
	SAIL G28	PGMEA/CHN	70% PGME/30% PGMEA	70% GBL/30% NBA	CHN
	TARF-P8000s LP	PGMEA/EL（80:20）	70% PGME/30% PGMEA		
	EPIC 2560-0.27	PGMEA/	PGMEA	PGMEA/PGME	GBL
	EPIC 2570-0.17	Methyl2-hydroxyisobuthyrate （50/50）	PGMEA	PGMEA/PGME	GBL
KrF 光刻胶	TDUR-P3435 LP	PGMEA/EM	65% GBL/5% Anisole	PGMEA	70% PGME/30% PGMEA
	UV1610-0.19	PGMEA/PGME（60/40）	PGMEA	EL	GBL
	UVII HS-0.6	EL	PGMEA	EL	GBL
	V146G 6cP	EL/EEP（70/30）	EL	PGMEA	70% PGME/30% PGMEA
	UV 1606-0.17	PGMEA/PGME/EL	PGMEA	EL	GBL
	M91Y 4cP	PGMEA/EL	EL	PGMEA	70% PGME/30% PGMEA
	UV1418-1.22	EL/PGMEA/PGME	PGMEA	EL	GBL
	UV26G-1.6A	EL/Anisole	PGMEA	EL	GBL
	M20G 8cP		EL	PGMEA	70% PGME/30% PGMEA
ArF 抗反射涂层	AR40A-420	Methyl2-hydroxyisobuthyrate /Amidomethylether（75/25）		EL	GBL
	DSK 101-304	PGME/PGMEA	70% PGME/30% PGMEA	PGMEA	PGME
	DUV 252-325	PGME/PGMEA（60/40）	70% PGME/30% PGMEA	PGMEA	PGME
	DUV 42-7	PGME/PGMEA（70/30）	70% PGME/30% PGMEA	PGMEA	PGME
	EB18B Coat 45	PGMEA/PGME	70% PGME/30% PGMEA	PGMEA	
	SHB-A940 L35	PGMEA	70% PGME/30% PGMEA	70% GBL/30% NBA	PGME

续表

类别	材料名称	材料溶剂	RRC1	RRC2	RRC3
ArF 抗反射涂层	AR3 GSF-700	PGMEA		EL	GBL
	DUV252-308	PGME/PGMEA（60/40）	70% PGME/30% PGMEA	PGMEA	PGME
抗水涂层	NFC445	H₂O	NA	NA	NA
	NFC545	H₂O	NA	NA	NA
	TCX-041	MIBC	NA	NA	NA
	Aquatar VIII	H₂O	NA	NA	NA
	TCX-112	MIBC/DIAE（60/40）	NA	NA	NA
旋涂的碳（SOC）	HM8006-14	EL	EL	PGMEA	
	ODL-102 L200	PGMEA/CHN	70% PGME/30% PGMEA	PGMEA	CHN
	HM8006-8	EL	EL	PGMEA	
	AR2470-0.24	PGME/PGMEA		EL	GBL

注：CHN 代表环己酮(cyclohexanone)

　　GBL 代表γ-羟基丁酸内酯(γ-Butyrolactone)

　　NBA 代表乙酸正丁酯(n-butyl acetate)

　　EL 代表乳酸乙酯(ethyl lactate)

　　MIBC 代表甲基异丁基甲醇(4-methyl-2-Pentanol)

这里特别需要解释一下 TMAH 水溶液。TMAH 水溶液的主要成分是水，占 99% 以上。它被广泛用于光刻工艺中的显影。不管是 I-线、248nm、193nm、193nm 浸没式或是 EUV，都是使用 TMAH 水溶液做显影液。有时为了避免光刻胶线条的倒塌，还可以在 TMAH 水溶液中添加很少量的表面活化剂。一般来说，一个 Fab 生产线只使用一种显影液，显影液通过管道输送到每一个匀胶显影设备，又叫做厂务集中供应(bulk delivery)。

随着光刻线宽和均匀性的要求越来越高，光刻界也试图改变现有的 TMAH 显影液。例如，使用 6.71wt%的 TBAH(tetrabutylammonium hydroxide) 水溶液作为显影液[82]。初步的实验结果显示，TBAH 能够减少显影时光刻胶的膨胀并使得光刻胶图形表面更加不亲水，能有效地减少线条的倒塌。而且，TBAH 比 TMAH 有更高的显影灵敏度。从 20nm 技术节点开始，负显影技术(negative tone develop) 被广泛用于关键层的光刻。负显影技术中的关键材料是显影液以及显影后的冲洗液。它们不再是 TMAH 和去离子水，而是特殊设计的有机溶剂。

光刻胶在显影液中的溶解行为与光刻胶的灵敏度以及最终图形的边缘粗糙度都有关联。使用高速原子力显微镜(high speed atomic force microscopy, HS-AFM) 可以原位(in-situ)观察显影时图形形成的过程。文献[83]介绍了这种方法：①把曝光后的晶圆放置在 AFM 样品台上；②晶圆表面注上水，AFM 针尖找到图形的位置，开始扫描；③注入显影液，继续扫描，摄取图像。

4.7 晶圆厂光刻材料的管理和规格要求

前面各节分类介绍了各种光刻材料。一个集成电路生产线(Fab)是 24 小时不间断进行生产的，因此，光刻材料的供应必须准时、保质、保量。为此，Fab 对这类材料有一套完整的管理办法。

4.7.1 光刻材料的供应链

光刻材料从生产、检验、包装、储存、运输、一直到进 Fab 的整个过程被称为供应链(logistics)。Fab 的光刻材料部门必须对供应商的整个供应链有明确的了解，并时常检查。Fab 中的光刻工艺是一周 7 天、一天 24 小时不间断的，任何一种光刻材料的短缺对生产线来说都是致命的。有些光刻材料需要在低温下运输和储存，否则在使用时会出现大量的颗粒和缺陷。光刻材料部门也需要对这些冷链储运做跟踪和检查。图 4.90 是一种光刻胶的供应链示意图。

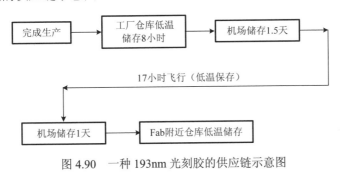

图 4.90 一种 193nm 光刻胶的供应链示意图

4.7.2 材料需求的预报和订购

为了保证材料供应的不间断，光刻部门必须准确地预报各种光刻材料的使用量，并及时通知供应商。光刻胶的使用量是根据历史数据和晶圆的投入量(wafer starts)来确定的。预订量太大会形成材料的积压，最终导致材料过期，不能使用。因此，在预报材料需求时，还需要考虑到现有的材料储存量。

4.7.3 光刻材料在匀胶显影机上的配置

光刻材料必须安装在匀胶显影机才能使用，但是，哪一个机台安装什么材料必须事先有所安排，以保证设备(光刻机+匀胶显影机)的产能最大化。

一个大型 Fab 经常遇到的棘手问题是光刻材料太多。对于晶圆代工厂(foundry)来说，这个问题尤为明显。代工厂通常同时生产很多产品，这些产品所使用的光刻材料可能都不一样。大量的不同材料在 Fab 中，造成许多管理困难：第一，材料的日常管理、使用量预报、库存核实工作量巨大；第二，有些材料的实际使用量并不大，很难和材料供应商协商优惠价格；第三，匀胶显影设备上的管线数量是有限的，太多的不同材料导致管线分配的困难，影响产能。因此，Fab 中定期要做的一项工作是光刻材料的集中（consolidation），即同一类工艺尽量使用同一种材料。

4.7.4　光刻材料供应商必须定期提供给 Fab 的数据

材料供应商向 Fab 供货时，必须定期向 Fab 提供其产品的出厂监测数据。一般业界要求材料供应商提供如下数据。

4.7.4.1　材料中金属与颗粒的含量

许多金属离子对半导体器件的性能是有害的。光刻材料是直接与晶圆接触的，其中的金属含量必须低于规定的数值（metal specification）。光刻材料绝大多数都是液体，其中的颗粒会导致光刻工艺的失败，因此 Fab 对光刻材料中颗粒的尺寸和数量也有限制（particle specification）。表 4.21 列出了对光刻显影液的颗粒数和金属含量的要求，也规定了各参数的相应测量方法。LPC（liquid particle counter），即液体颗粒计数器，该设备把一束激光照射在液体上，液体中的颗粒会导致激光的散射，通过测量散射光可以确定液体中的颗粒密度。GFAA（graphite-furnace atomic absorption spectrometry），即石墨炉式原子吸收光谱法，该方法将硝酸加入已盛装有样品的容器中，置入微波消化设备中进行加热消化，然后再进行金属的吸收谱线测量。当然，液体中颗粒数与金属含量的测量方法并不是唯一的，光刻材料供应商可以根据自己的设备条件，选取合适的测量方法。

表 4.21　Fab 对光刻显影液中颗粒数和金属含量的要求

检测内容	单位	检测方法	指标的下限	指标的上限
大于 0.15μm 的颗粒	Cts/ml	LPC	0	65
大于 0.20μm 的颗粒	Cts/ml	LPC	0	35
大于 0.25μm 的颗粒	Cts/ml	LPC	0	15
Al 的含量	ppb	GFAA	0	10
Ca 的含量	ppb	GFAA	0	10
Cu 的含量	ppb	GFAA	0	10
Fe 的含量	ppb	GFAA	0	10
K 的含量	ppb	GFAA	0	10
Na 的含量	ppb	GFAA	0	10

随着技术节点的不断缩小，对光刻材料中的金属含量和颗粒数的要求也在不断提高。表 4.22 列出了近几年颗粒数和金属含量的要求，可以看出这些要求正在逐年提高。

表 4.22　光刻材料颗粒数和金属含量要求的路线图

检测参数			2004	2005	2006	2007	2008	2009	2010	2011	2012	2013	2014
颗粒数	0.30μm	count	50	50	50	40	40	40	20	20	20	10	10
	0.25μm			100	100	100	50	40	40	40	40	20	20
	0.20μm						120	120	100	100	100	50	50
	0.15μm									150	150	100	100
金属含量	KrF	ppb	10	10	10	10	10	10	10	10	<10	<5	<3
	ArF					10	10	10	20	10	<10	<5	<3
	ArF 浸没式								20	10	<10	<5	<3

4.7.4.2　材料的存放寿命

作为业界的一个通行规则，Fab 一般要求光刻材料在室温下能保存 3～6 个月，其性能的变化不影响正常使用。为此，材料供应商必须提供这样的数据。一般是监测光刻材料的一些特征参数随储存时间的变化。这些特征参数包括光刻胶对曝光剂量的敏感度、同样条件下的旋涂厚度、材料中的颗粒数等。图 4.91 是一种 ArF 光刻胶的性能随储存时间的监测结果(shelf-life data)。Fab 可以根据自己的工艺，向材料供应商要求提供更多的监测数据。

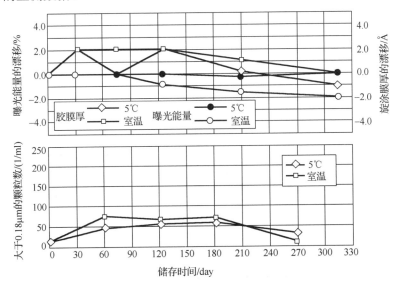

图 4.91　一种 ArF 光刻胶的性能随储存时间的监测数据

光刻材料生产技术的改动、原料供应商的变更、监测手段的改变等，可能影响到产品质量。所有这些变动，材料供应商必须及时向 Fab 报备。

4.7.5　材料的变更

光刻材料的变动是牵一发而动全身的。它不仅对后续刻蚀或离子注入工艺有直接影响，而且其影响可能会在十几道甚至几十道工序以后才会显现出来。为此光刻材料的变更不是光刻部门内部能决定的，一般 Fab 专门有一个材料评审委员会（material review board）来评估和批准光刻材料的变更。材料变更的流程是，光刻部门提出申请（附上所有的实验数据），提交给委员会。委员会综合评估这一材料的变更可能对器件良率和性能的影响，做出决定。有些光刻材料能否逾期使用，也由委员会做出决定。

参 考 文 献

[1]　Voigt A, Ahrens G, Heinrich M, et al. Improved adhesion of novolac and epoxy based resists by cationic organic materials on critical substrates for high volume patterning applications. Proc of SPIE, 2014, 9051.

[2]　http://www.microsi.com/photolithography/data_sheets/CEM%20365iS%20Data%20Sheet%.

[3]　Ito H, Willson C. Chemical amplification in the design of dry developing resist materials. Polym Eng Sci, 1983, 23（18）: 1012-1018.

[4]　Ito H, Willson C, Frechet J. Positive- and negative-working resist compositions with acid generating photoinitiator and polymer with acid labile groups pendant from polymer backbone: US, 4491628, 1985.

[5]　Ito H. Chemical amplification resists: history and development within IBM. IBM J Res, 1997, 44（1）: 119-130.

[6]　Piscani E. A Review of material issues in immersion lithography. EMCR-721 Microlithography Materials, 2005.

[7]　Wallraff G, Larson C, Sundberg L, et al. Topcoats for Immersion Lithography. 2nd International Symposium on Immersion Lithography, 2005.

[8]　Ohmori K, Ando T, Takayama T, et al. Progress of topcoat and resist development for 193nm immersion lithography. Proc of SPIE, 2006, 6153-61531X.

[9]　Sasaki T, Shirota N, Takebe Y, et al. Development of new resist materials for 193-nm dry and immersion lithography. Proc of SPIE, 2006, 6153-61530E.

[10]　Sanders D, Sundberg L, Brock P, et al. Self-segregating materials for immersion lithography. Proc of SPIE, 2008, 6923-692309.

[11]　Wada K, Kanna S, Kanda H. Novel materials design for immersion lithography. Proc of SPIE, 2007, 6519-651908.

[12]　Wang C, Chang C, Ku Y. Photobase generator and photo decomposable quencher for high-resolution. Proc of SPIE, 2010, 7639-76390.

[13] Kozawa T, Tagawa S, Santillan J, et al. Impact of nonconstant diffusion coefficient on latent image quality in 22nm fabrication using extreme ultraviolet lithography. Science & Technology B, 2008, 21: 421.

[14] Liu C, Chang C. Materials and methods for improved photoresist performance: US, 0011133A1, 2014.

[15] Ando T, Abe S, Takasu R, et al. Topcoat-free ArF negative tone resist. Proc of SPIE, 2009, 7273-727308.

[16] Koshijima K, Shirakawa M, Kamimura S, et al. Negative tone development process for ArF immersion extension. Proc of SPIE, 2014, 9235-92350O.

[17] Sundberg L, Wallraff G, Bozano L, et al. ICE: Ionic contrast enhancement for organic solvent negative tone develop. Proc of SPIE, 2014, 9051-90510S.

[18] Fedynyshyn T, Sinta R, Pottebaum I, et al. Resist materials for advanced lithography. Proc of SPIE, 2005, 5753.

[19] Fedynyshyn T, Sinta R, Astolfi D, et al. Resist deconstruction as a probe for innate material roughness. J Micro/Nanolith Mems Moems, 2006, 5(4): 043010.

[20] Manyam J. Novel Resist Materials for Next Generation Lithography. 2010.

[21] Bozano L, Brock P, TruongH, et al. Bound PAG Resists: An EUV and electron beam lithography performance comparison of fluoropolymers. Proc of SPIE, 2011, 7972-797218.

[22] Yoo J, Park S, Kang H, et al. Triphenylsulfonium salt methacrylate bound polymer resist for electron beam lithography. Polymer, 2014, 55(16): 3599-3604.

[23] Bucchignano J, Huang W, Sekaric L, et al. New sub 40nm resolution Si containing resits system: US, 0269736A1, 2007.

[24] Lawson R, Chun J, Neisser M, et al. Positive tone cross-linked resists based on photoacid inhibition of crosslinking. Proc of SPIE, 2014, 9051-90510E.

[25] Hansen C. Solubility Parameters: A User's Handbook. Boca Raton: CRC Press, 1999.

[26] Tate M, Cutler C, Sakillaris M, et al. How to design a good photoresist solvent package using solubility parameters and high throughput research. Proc of SPIE, 2014, 9051-90510R.

[27] Cord M, Rooks M. Handbook of Microlithography, Micromachining, and Microfabricaiton. WA: SPIE Press, 1997.

[28] King M. VLSI Electronics. New York: Academic Press, 1982.

[29] Mack C. Modeling Solvent Effects in Optical Lithography. Austin: The University of Texas at Austin, 1998.

[30] Gokan H, Esho S, Ohnishi Y. Dry etch resistance of organic materials. Journal of the Electrochemical, 1983, 130: 143-146.

[31] Kunz R, Palmteer S, Forte A, et al. Limits to etch resistance for 193-nm single-layer resists. Proc of SPIE, 1995, 2724, 365.

[32] Yu T, Ching P, Ober C, et al. Development of a bond contribution model for structure: Property correlation in dry etch studies. Proc of SPIE, 2001, 4345: 945-951.

[33] Nakajima M, Sakaguchi T, Hashimoto K, et al. Design and development of next generation bottom anti-reflective coatings for 45nm process with hyper NA lithography. Proc of SPIE, 2006, 6153, 61532L.

[34] Gogolides E, Argitis P, Couladouros E, et al. Photoresist etch resistance enhancement using novel polycarbocyclic derivatives as additives. J Vac Sci Technol, 2003, B21, 141.

[35] Huang R, Weigand M. Plasma etch properties of organic BARCs. Proc of SPIE, 2008, 6923-69232G.

[36] Naulleau P, Rammelo P, Cain J, et al. Investigation of the current resolution limits of advanced extreme ultraviolet(EUV) resists. Proc of SPIE, 2006, 6151-61510Y.

[37] Goo D, Tanaka Y, Kikuchi Y, et al. Sub-32nm patterning using EUVL at ASET. Proc of SPIE, 2006, 6151-61512R.

[38] Wallow T, Acheta A, Ma Y S, et al. Line edge roughness in 193nm resists: Lithographic aspects and etch transfer. Proc of SPIE, 2007, 6519-651919.

[39] Wei Y Y, Back D. 193nm immersion lithography: Status and challenges. Proc of SPIE, 2007.

[40] Bunday B, Bishop M, McCormack D, et al. Determination of optimal parameters for CD-SEM measurement of line edge roughness. Proc of SPIE, 2004, 5375: 515-533.

[41] Bunday B, Mack C. Influence of metrology error in measurement of line edge roughness power spectral density. Proc of SPIE, 2014, 9050-90500G.

[42] Verduin T, Kruit P, Hagen C. Determination of line edge roughness in low dose top-down scanning electron microscopy images. Proc of SPIE, 2014, 9050-90500L.

[43] Kuppuswamy V, Constantoudis V, Gogolides E. Contact edge roughness: Characterization and modeling. Microelectronic Engineering, 2011, 88: 2492-2495.

[44] Habermas A, Lu Q, Colin D, et al. Contact hole edge roughness: Circles vs. stars. Proc of SPIE, 2004, 5375.

[45] Hinsberg W, Houle F, Sanchez M, et al. Extendibility of chemically amplified resists: Another brick Wall? Proc of SPIE, 2003, 5039, 1.

[46] Mochida K, Nakamura S, Kimura T, et al. Photoresist analysis to investigate LWR generation mechanism. Proc of SPIE, 2014, 9051-90511Q.

[47] Gallatin G. Resist blur and line edge roughness. Proc of SPIE, 2005, 5754, 38.

[48] Bristol R. The tri-lateral challenge of resolution, photospeed, and LER: Scaling below 50nm? Proc of SPIE, 2007, 6519-65190W.

[49] Brainard R, Trefonas P, Lammers J, et al. Shot noise, LER, and quantum efficiency of EUV photoresists. Proc of SPIE, 2004, 5374: 74-85.

[50] Tsubaki H, Yamanaka T, Nishiyama F, et al. A study on the material design for the reduction of LWR. Proc of SPIE, 2007, 6519-651918.

[51] Wu W, Prabhu V, Lin E. Identifying materials limits of chemically amplified photoresists. Proc of SPIE, 2007, 6519-651902.

[52] Steenwinckel V, Lammers J, Leunissen J, et al. Lithographic importance of acid diffusion in chemically amplified resists. Proc of SPIE, 2005, 5753: 269-280.

[53] Jiang J, Thompson M, Ober C. Line width roughness reduction by rational design of photoacid generatorfor sub-millisecond laser post-exposure bake. Proc of SPIE, 2014, 9051-90510H.

[54] Patil A, Doxastakis M, Stein G. Modeling acid transport in chemically amplied resist films. Proc of SPIE, 2014, 9051-90511M.

[55] Sekiguchi A and Matsumoto Y. Study of acid diffusion behaves form PAG by using top coat method. Proc of SPIE , 2014, 9051-90511S.

[56] Karanikas C, Taylor J, Vaduri N, et al. Spin on lithographic resist trim process optimization and process window evaluation. Proc of SPIE, 2014, 9051-90511L.

[57] Honda M, Yatsuda K. Patterning enhancement techniques by reactive ion etch. Proc of SPIE, 2012, 8328-832809.

[58] Neef C, Krishnamurthy V, Nagatkina M, et al. New BARC materials for the 65-nm node in 193-nm lithography. Proc of SPIE , 2004, 5376.

[59] 荒濑慎哉, 岸冈高广, 水泽贤一. 形成光刻用防反射膜的组合物: 中国, ZL 02816299.4, 2006.

[60] Brodsky C, Burns S, Goldfarb D, et al. Graded spin-on organic antireflective coating for photolithography: US, 0313707A1, 2008.

[61] David J, Mark N, Ralph R, et al. 193nm dual layer organic BARCs for high NA immersion lithography. Proc of SPIE, 2005, 5753: 417-435.

[62] Hiroi Y, Kishioka T, Sakamoto R, et al. BARC (bottom anti-reflective coating) for immersion process for immersion process. ISIL, 2006.

[63] http://www.semiconductor.net/semiconductor/issues/issues/2000/200010/six00100.

[64] Arnold J, Brewer T, Punyakumleard S. Anti-reflective coatings: US, US4910122, 1990.

[65] Flaim T, Lamb J, Barnes G, et al. Method for making polyimide microlithographic compositions soluble in alkaline media: US, US5057399, 1991.

[66] Meador J, Shao X, Krishnamurthy V. Non-subliming mid-UV dyes and ultra thin organic ARCs having differential solubility: US, US5688987&US5892096, 1996.

[67] Shao X, Guerrero A, Gu Y. Wet-developable organic anti-reflective coatings for implant layer applications. Semicon China, 2004.

[68] Gueerrero D, Trudgeon T. New generation of bottom anti-reflective coatings (BARCs): photodefinable BARCs. Proc of SPIE, 2003, 5039: 129-135.

[69] Meador J, Beaman C, Lowes J, et al. Development of 193-nm wet BARCs for implant applications. Proc of SPIE, 2006, 6153: 854-863.

[70] Guerrero D, Mercado R, Washburn C, et al. Photochemical studies on bottom antireflective coatings.

J of Photopol Sci and Tech, 2006, 3(19): 343-347.

[71] Mercado R, Lowes J, Washburn C, et al. A novel approach to developer-soluble anti-reflective coatings for 248-nm lithography. SPIE, 2007, 6519.

[72] Huang W, Vyklicky L, Varanasi P. Developable bottom antireflective coating compositions especially suitable for ion implant applications: US, 8557501B2, 2013.

[73] Kennedy J, Hendricks T, Hebert M, et al. An anthracene-organosiloxane spin on antireflective coating for KrF lithography. Proc of SPIE, 2003.

[74] Kudo T, Rahman M, McKenzie D, et al. Development of spin-on-carbon hard mask for advanced node. Proc of SPIE, 2014, 9051-90511X.

[75] Komura K, Hishiro Y, Wakamatsu G, et al. Spin-on organic hardmask for topo-patterned substrate. Proc of SPIE, 2014, 9051-905115.

[76] Wei Y Y, Glodde M, Yusuff H, et al. Performance of tri-layer process required for 22nm and beyond. Proc of SPIE, 2011, 7972-79722L.

[77] Kennedy J, Xie S, Katsanes R, et al. A high-Si content middle layer for ArF trilayer patterning. Proc of SPIE, 2008, 6923.

[78] Seino Y, Kobayashi K, Sho K, et al. Sub-45nm resist process using stacked-mask process. Proc of SPIE, 2008, 6923-69232O.

[79] Wei Y Y, Brainard R. Advanced Processes for 193-nm Immersion Lithography. Bellingham: SPIE Press, 2009.

[80] Yamashita T, Ishikawa T, Yoshida T, et al. Novel fluorinated polymers for application in 193-nm lithography and193-nm immersion lithography. Proc of SPIE, 2006, 6153-615325.

[81] Wei Y Y, Petrillo K, Brandl S, et al. Selection and evaluation of developer-Soluble topcoat for 193nm immersion lithography. Proc of SPIE, 2006, 6153-615306.

[82] Matsunaga K, Shiraishi G, Santillian J, et al. Development status of EUV resist materials and processing at selete. Proc of SPIE, 2011, 7969-796905.

[83] Santillan J, Shichiri M, Itani T. An insitu analysis of resist dissolution in alkali-based and organic solvent-based developers using high speed atomic force microscopy. Proc of SPIE, 2014, 9051-905100.

第5章 掩模版及其管理

掩模版(mask)简称掩模,是光刻工艺不可缺少的部件。掩模上承载有设计图形,光线透过它,把设计图形投射在光刻胶上。掩模的性能直接决定了光刻工艺的质量。在投影式光刻机中,掩模作为一个光学元件位于会聚透镜(condenser lens)与投影透镜(projection lens)之间,它并不和晶圆有直接接触。掩模上的图形缩小4~10倍(现代光刻机一般都是缩小4倍)后投射在晶圆表面。为了区别于接触式曝光中使用的掩模,投影式曝光中使用的掩模又被称为倍缩式掩模(reticle)。表5.1对这两种掩模的不同之处做了对比。目前大型集成电路光刻工艺中使用的都是步进-扫描式光刻机(scanner),以及与之相配套的倍缩式掩模。在日常交流中,倍缩式掩模仍然被简称为掩模。

表 5.1　掩模与倍缩式掩模之间的区别

	掩　模	倍缩式掩模
光刻机	接触式(contact)、邻近(proximity)式曝光	大型步进式光刻机(stepper)
掩模上与晶圆上图形尺寸的比例	1:1	4:1(5:1、10:1)
技术特点	曝光时掩模紧贴光刻胶	1. 可以使用保护膜(pellicle),以减少外来颗粒对成像的影响; 2. 可以实现相位移动(phase shift),以提高成像的对比度

5.1　倍缩式掩模的结构

为了保证在不同型号光刻机之间的互用,掩模的结构和几何尺寸都是类似的。它的主体是一块 152mm×152mm(即 6″×6″)的高质量石英玻璃基板,其厚度是 1/4″,如图 5.1(a)所示。石英玻璃对深紫外光(≤365nm)有很高的透过率,而且其热膨胀系数只有 0.5ppm/℃(通常玻璃是 9.4ppm/℃)。一个铝合金制备的框架被安装在玻璃基板上刻有图形的一侧,如图 5.1(b)所示。铝合金框架高 6.1mm、厚 2mm,它用于蒙贴保护膜(见图 5.1(c))。掩模所有曝光的区域都必须在保护膜的覆盖之下。外界和掩模的机械接触都发生在铝合金框架之外的部分。铝合金框架侧面开有通气孔,以避免曝光、温度变化时形成内外压强差。

在铝合金框架之外的区域还设置有预对准标识(pre-alignment marks)、掩模版的序列号(barcode)、工厂的序列号(reticle ID)、TIS 标识(transmission image sensor marks)

等，如图 5.2(a)所示。机械手把掩模安放在掩模工件台(reticle stage)上后，系统使用预对准标识来确定掩模的位置，使其和平台对准。不同光刻机的预对准标识可以不一样。图 5.2(b) 是 ASML 的预对准标准标识的设计图形。TIS 标识是一系列等间距的垂直和水平线条，详细尺寸可参见第 3 章。TIS 标识用于掩模与晶圆工件台之间的对准。

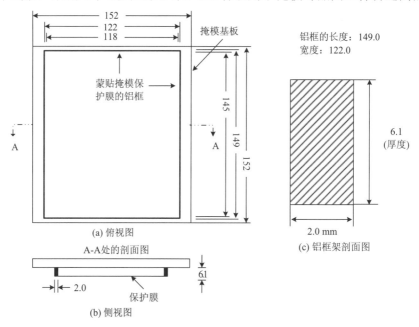

图 5.1　掩模结构示意图(单位：mm)

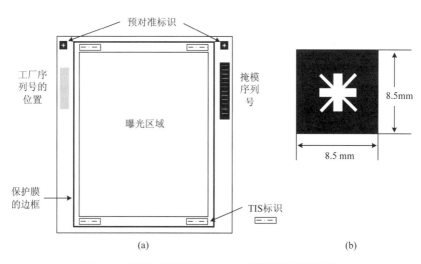

图 5.2　掩模上的标识和 ASML 掩模版预对准标识

掩模版的序列号一般都包含有该掩模的许多信息。一种常用的命名方式是：产品名-光刻层名-掩模制造商-使用的 OPC 模型-第几块复制版。例如，13SF-RX-AMTC-M185G-2 表示这块掩模用于产品 13SF 中的 RX 光刻层，是由掩模供应商 AMTC 制造；这块掩模上图形使用的 OPC 模型是 M185G；该版是该光刻层使用的第 2 块版。这样的命名方式便于 Fab 对掩模的日常管理。

5.2 掩模保护膜

5.2.1 掩模保护膜的功能

掩模保护膜是蒙贴在铝合金框架上的一层透明薄膜，防止灰尘掉落在掩模有图形的一侧。有了这个薄膜的保护，灰尘颗粒只能掉落在掩模版玻璃的一侧或保护膜上。由于玻璃基板的厚度和保护膜距离基板的距离相近，均为 6mm 左右，所以这些吸附在掩模上的颗粒距离掩模图形面(Cr 面)的距离都在 6mm 左右。现代投影式光刻机的聚焦深度(DOF)最多也就是在 $1\sim2\mu m$，这远小于 6mm。因此，在曝光时，这些附着在玻璃和保护膜上的颗粒，只能在晶圆表面形成一个非常模糊的像，对局部的光强产生的干扰很小。只有当这些颗粒的尺寸大到一定程度时，其在晶圆上产生的阴影才可能在光刻胶上留下图形。图 5.3 是吸附在 Cr 图形上的颗粒与吸附在保护膜上的颗粒成像的对比示意图。

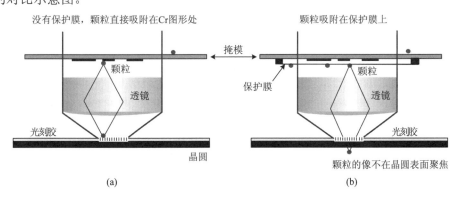

图 5.3 在 Cr 图形上的颗粒与吸附在保护膜上的颗粒成像的对比示意图

理论计算表明，只要这些颗粒和模版上 Cr 图形之间的距离(即掩模的厚度或保护膜的高度)大于 t，它们对局部光强的影响就不会超过 10%。t 定义为

$$t = \frac{4Md}{NA} \tag{5.1}$$

式中，M 是光刻系统成像的倍数，对于现代光刻机 $M = 4$；d 是颗粒的直径。前面已经介绍了 $t \approx 6mm$，假设光刻机的数值孔径 NA=0.5，据此，我们可以估算出掩模上所允许的最大的颗粒尺寸，$d \approx 0.18mm$。

5.2.2　保护膜的材质

G-线和 I-线掩模版所使用的保护膜是高分子量的硝化纤维树脂(high-molecular-weight nitrocellulose polymers)。硝化纤维树脂薄膜的制备工艺如下：首先把硝化纤维树脂的溶液旋涂在平整的玻璃表面；在适当的温度烘干后，把薄膜从玻璃表面揭下。最后把薄膜切割成所需要的尺寸。但是，硝化纤维树脂在 DUV 波段有较高的吸收系数，因此不能用于 248nm 和 193nm 波长。248nm 和 193nm 保护膜的材质一般是含 F 的树脂(amorphous fluoropolymers)，例如，聚四氟乙烯(teflon)。保护膜的厚度一般在 1μm 左右，可以针对不同的波长做进一步优化。对保护膜材质的要求除了必须具有很高的透明度外，在光照下还不能释放对掩模有害的气体成分。新型保护膜材料还在不断研发中，研发的方向就是含 F 的聚合物[1]。

掩模保护膜供应商一般会提供产品的规格参数，图 5.4 是一个保护膜产品序列号的含义及其对应的产品规格[2]。在实际工作中，光刻工程师总是可以要求保护膜供应商提供详细的产品说明及技术参数。

6ABLS-A2 H　　$\underset{①}{6}\ \underset{②}{A}\ \underset{③}{B}\ \underset{④}{L}\ \underset{⑤}{S}-\underset{⑥}{A2}\ \underset{⑦}{H}$

① 掩模尺寸：6 代表边长为 6 英寸的正方形掩模

② 光刻机的型号：A 代表 ASML 光刻机；N 代表 Nikon 代表 C 代表 Canon 光刻机

③ 用来蒙贴保护膜的框架类型

④ 保护膜与基板之间的距离(stand-off)：H 代表标准距离(约 6.1mm)；L 代表膜更靠近基板

⑤ 框架的进一步信息：F 代表框架表面经阳极氧化处理，并安装有过滤器；N 代表表面进行了阳极氧化处理，但不安装过滤器；B 代表框架表面包裹有一层树脂，并安装有过滤器

⑥ 工作波长：EX 代表 248nm 波长(KrF 激光)；AX 代表可用于 248nm 和 193nm 波长；A2 代表能用于 193nm 浸没式曝光

⑦ 使用的粘合剂：N 代表通常的硅胶粘合剂(normal silicone adhesive)；E 代表低粘度硅胶(low tack flat silicone)；B 表示丙烯酸胶(acrylic adhesive)；J 代表低粘度的丙烯酸胶

产品序列号	光刻机	光刻机供应商	尺寸/mm	膜高度/mm	透射率	透射率均匀性	吸附颗粒数
6N2HF-EXN	KrF	NIKON	149×122	6.3	≥99.5%	≤0.3%	0(>1.0μm)
6N3HF-EXN	KrF	NIKON	147×122	6.3			
6A2HB-AXB	ArF	ASML	149×113	5			
6N2HF-AXE	ArF	ASML	149×113	5			
6A6HB-AXB	ArF	ASML	149×115	5			
6A6LB-AXJ	ArF	ASML	149×115	4	≥99.3%	≤0.2%	0(>0.5μm)
6ABLF-AXE	ArF	ASML	149×115	3.5			
6N2HB-AXB	ArF	NIKON	149×122	6.3			
6N2HP-AXB	ArF	NIKON	149×122	6.3			
6N5LB-AXB	ArF	NIKON	149×122	4			

图 5.4　掩模保护膜产品序号的含义及其规格参数

产品序列号	光刻机	光刻机供应商	尺寸/mm	膜高度/mm	透射率	透射率均匀性	吸附颗粒数
6A6LS-A2B	ArFi	ASML	149×115	4			
6A6LS-A2II	ArFi	ASML	149×115	4			
6ABLS-A2H	ArFi	ASML	149×115	3.5			
6ABLP-A2H	ArFi	ASML	149×115	3.5	≥99.3%	≤0.1%	0(>0.5μm)
6ACLS-A2H	ArFi	ASML	149×115	3			
6ACLP-A2H	ArFi	ASML	149×115	3			
6N5LP-A2B	ArFi	NIKON	150×122	4			

图 5.4　掩模保护膜产品序号的含义及其规格参数(续)

随着曝光波长的不断缩短,聚合物薄膜的吸收系数会增大。在 157nm 波长时,无法寻找到符合要求的有机材料做保护膜。于是,提出了硬保护膜(hard pellicle)的概念,即使用薄的石英玻璃(约 0.8mm 厚)做保护膜。与有机薄膜相比,硬保护膜相对较厚重,在重力作用下容易出现中心向下的弯曲(bowed),如图 5.5(a)所示。假设保护膜的厚度是 t,弯曲形成的倾斜角是 θ,这种弯曲导致图形平移,即

$$\Delta = t \cdot \theta \cdot \frac{n_2 - n_1}{n_2} \tag{5.2}$$

式中,n_2 和 n_1 是保护膜和周围空气的折射率,如图 5.5(b)所示。以中心为界,保护膜弯曲的两侧都会对称地形成这样的平移。掩模上的图形透过保护膜后成的像被放大了[3]。

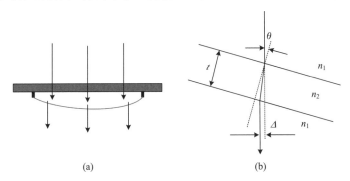

(a) (b)

图 5.5　(a)保护膜在重力作用下下垂和(b)弯曲的保护膜导致图形向外侧移动

5.2.3　蒙贴保护膜对掩模翘曲度的影响

掩模保护膜是蒙贴在金属框架上的,它存在一定的张力。蒙贴不恰当,会导致掩模版的翘曲。实验结果表明,蒙贴时使用的压力越小,掩模版的翘曲程度就越小。保护膜蒙贴时导致的掩模版翘曲行为与蒙贴的时间及所用的粘合剂(SEBS 或 Acrylic)关系不大,但与蒙贴时的压力有关[4]。

　　随着技术节点的不断缩小，掩模保护膜对曝光成像的影响变得越来越明显。目前的研究课题集中于实验和仿真计算保护膜蒙贴前后的成像差别，希望从中找到影响成像的关键因素，从而改进保护膜的材质及其蒙贴的工艺[5]。

5.2.4　保护膜厚度对掩模成像性能的影响

　　标准的 ArF 掩模保护膜的厚度是 830nm（厚度起伏的范围 3.1nm）；目前正在研发的先进保护膜的厚度是 280nm（厚度起伏的范围 1.3nm）。文献[6]研究了 NA=1.35 时，保护膜厚度对邻近效应和线宽均匀性（CDU）的影响。实验中的掩模是 6% Att. PSM，对 830nm 和 280nm 厚的保护膜分别做光刻实验。蒙贴保护膜铝框的高度分别是 4mm（用于厚保护膜）和 2mm（用于薄保护膜）。对于邻近效应实验，曝光的条件是 NA =1.35、环形光照（$\sigma = 0.64 / 0.84$）、XY 极化的入射光；对于线宽均匀性实验，曝光条件除了上述的环形照明外，还有 35°的双极照明（$\sigma = 0.85 / 0.98$）、X 方向极化的入射光与 C-Quad40°（$\sigma = 0.70 / 0.90$）、XY 极化的入射光。

　　光线在保护膜上的最大入射角是 $\theta = \sin^{-1}(NA / 4)$，如图 5.6 所示。在 NA=1.35 时，其对应的最大入射角是 $\theta \approx 20°$。保护膜在 193nm 波长时的吸收系数基本是 0（$k = 0$），其折射率是 $n = 1.4$。图 5.7 是理论计算得到的保护膜透射率随入射角的变化曲线。由结果可见，即在 NA=1.35 时（即入射角等于 20°），薄保护膜的透射率较大。由于保护膜不吸收光线，不能透过的光线在保护膜表面被反射掉。不同入射角的条件下，光线在保护膜中传播具有不同的光程。图 5.8 中的参数是通过理论计算得到的，光线透过保护膜后的相移（phase-shift）（与垂直入射的光线相比），薄保护膜产生的相移要比厚保护膜小很多。

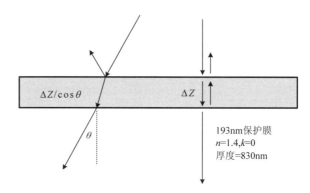

　　图 5.6　光线透过保护膜的理论模型

　　以 45nm 和 90nm 线宽为例，分别测量了厚保护膜和薄保护膜情况下的线宽随周期变化（through-pitch）曲线（即邻近效应曲线），并与没有保护膜时的邻近效应曲线做了对比，得到了保护膜对线宽的影响，结果如图 5.9 所示。结果显示：与没有保护膜相比，厚保护膜对邻近效应曲线的影响较大，需要进一步的邻近效应修正；而薄保护膜对邻近效应曲线的影响很小。进一步的实验结果还表明，由于厚保护膜具有较大的厚度起伏，因此其对应的像的线宽均匀性（CDU）也较大。

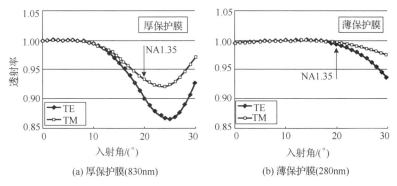

(a) 厚保护膜(830nm)　　　　　　　　　(b) 薄保护膜(280nm)

图 5.7　保护膜透射率随入射角的变化理论值曲线（193nm 波长）[6]

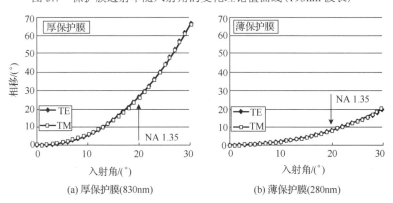

(a) 厚保护膜(830nm)　　　　　　　　　(b) 薄保护膜(280nm)

图 5.8　光线透过掩模保护膜后的相移（与垂直入射光线相比的理论计算值）随入射角的变化

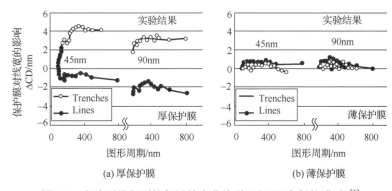

(a) 厚保护膜　　　　　　　　　　　　　(b) 薄保护膜

图 5.9　实验测量得到的邻近效应曲线（相对于没有保护膜时）[6]
曝光条件是 NA=1.35，环形照明（σ = 0.64/0.84），XY 极化光

基于文献[6]的结果，业界建议在小技术节点尽量使用较薄的掩模保护膜。实际上，在 45nm 技术节点开始，掩模生产厂已经普遍把保护膜的厚度从 830nm 减少到了 560nm。

5.3　掩模版的种类

光线透过掩模上的透光部分发生衍射，光强会衍散到附近不透光的区域。投影透镜收集这些光线，会聚投影到晶圆表面成像。如果要分辨掩模上两个相邻的透光孔径，它们之间暗区的光强必须要远小于透光区域的光强。这种对高分辨率的追求，不仅体现在对波长、光刻机、光刻胶的不断改进上，而且体现在对掩模种类的不断更新上。

5.3.1　双极型掩模版

这里的双极是指透光与不透光。双极型掩模(binary intensity mask，BIM)上有透光和不透光区域，构成所需要的图形。

5.3.1.1　Cr双极型掩模

Cr双极型掩模是最早出现、也是使用得最多的一类掩模版，它被广泛用于365nm(I-线)至193nm的浸没式光刻。Cr双极型掩模上的遮光材料是金属Cr。选用Cr的原因是：①Cr易于沉积在石英玻璃上，粘合性好，物理化学性质稳定；②便于使用硝酸铈铵(cerium ammonium nitrate)刻蚀液的湿法化学刻蚀。制备工艺是首先在基板(mask blank)上使用物理方法(PVD)沉积一层均匀的Cr薄膜。为了控制曝光时的反射效应，也会在Cr表面再沉积一层CrO_x。具体的做法是：在Cr沉积的厚度达到要求值后，开始少量引入氧气，O_2和表面的Cr反应；逐步增大O_2的输入量，使薄膜中O的含量形成梯度。Cr的厚度一般是55nm左右，CrO_x的厚度是18nm左右，一共是73nm左右。而后旋涂光刻胶或电子胶，使用光束或电子束曝光工艺产生图形。对于高端的掩模，一般都使用高分辨的电子束曝光方法；最后进行刻蚀工艺。较早节点的工艺一般采用湿法刻蚀，即把掩模版浸泡在腐蚀液中。随着对掩模线宽均匀性要求的提高，反应离子刻蚀于1998年开始被用于掩模制备中。图5.10是Cr双极型掩模制备的工艺流程示意图。

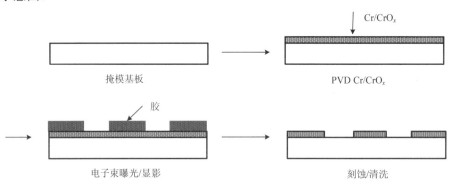

图 5.10　Cr 双极型掩模制备的工艺流程示意图

5.3.1.2　不透明的 MoSi 双极型掩模

随着超大数值孔径 193i(Hyper-NA，NA≥1)光刻机的引入，掩模上图形的尺寸越来越小。研究发现，掩模上用来挡光的 Cr 越厚，光波与 Cr 的相互作用就越强，导致曝光时的最佳聚焦值随图形尺寸而发生偏移。这种现象被称为掩模三维(mask 3D)效应。为了降低掩模三维效应，目前 Cr 的厚度已经被减少到不透光的极限，无法进一步减薄。在 32nm 技术节点以后，具有更高光密度(optical density，OD)的 MoSi(molybdenum silicide，OD≥3.0)被用作吸收层(absorber)的材料，取代 Cr。很薄的 MoSi 就可以有效地遮挡 193nm 波长的光。这种采用高光密度 MoSi 材料做吸收层的掩模被称为不透明的 MoSi 掩模(opaque MoSi on glass，OMOG)。MoSi 材料具有很好的刻蚀性能，离子刻蚀可以很好地实现垂直的侧壁；MoSi 薄膜自身具有很小的应力，这对提高掩模版的平整度、减小图形的偏移有极大的优势。因此，从 32nm 技术节点以后，OMOG 被广泛用于关键光刻层。有时在 MoSi 表面还沉积一个薄的 Cr 保护层。

通过调整沉积工艺，MoSi 的光学参数 (n, k) 是可调的。为了满足 32nm 以下技术节点光刻工艺的需要，掩模供应商研发了基于多层 MoSi 的 OMOG 掩模基板。这样可以在更薄的条件下，充分吸收 193nm 波长的光线。表 5.2 列出了适用于 32~14nm 不同技术节点的 OMOG 材料的厚度和光学参数。

表 5.2　用于 32~14nm 技术节点的不同 OMOG 材料的光学参数

技术节点(逻辑)	n	k	厚度/nm	总厚度/nm
32/28nm (三层 MoSi 组合)	1.75	2.14	42	70
	1.99	0.88	18	
	1.18	1.87	10	
20nm (二层 MoSi 组合)	1.23	2.24	43	47
	2.22	0.86	4	
14nm (二层 MoSi 组合)	1.6	2.4	42	47.6
	2.3	1.32	5.6	

5.3.1.3　新型双极型掩模

掩模制造商仍然在探索新型掩模材料。日本 Hoya 公司提出使用钽(Ta)做为掩模版的吸光层，并把这种掩模称之为 ABF(advanced binary film)掩模。他们的测试结果表明，Ta 材料不仅与电子束曝光设备和等离子刻蚀设备具有较好的工艺兼容性，而且化学性质稳定、耐清洗、可以长久使用[7]。Hoya 开发了两种 Ta 厚度的掩模基板，一种 Ta 的厚度是 51nm(光密度>3.0)(被称为 AT01)，另一种 Ta 的厚度是 48nm(被称为 AT02)。这两种掩模的结构参数如图 5.11 所示。

使用电子束曝光和等离子刻蚀技术在这种新型基板上制备了图形。电子束曝光的能量是 50keV，电子束胶的厚度是 100nm(正化学放大胶)。制备到基板上的图形是 60nm 宽等间距的线条，线条的边缘粗糙度是 3.5nm(3σ)。对制备好的掩模反复做了 6 次的化学清洗(six cycles of chemical cleaning)，每一次化学清洗包括 4 个步骤，如图 5.12 所示。6 次清洗完成后，掩模基板的光密度变化小于 0.02(193nm 波长)，线条宽度的变化小于 0.5nm。掩模版累计接受 100kJ/cm^2 的 ArF 光照后，其线宽的变化小于 1.5nm。这些结果表明，这种新型 ABF 掩模符合光刻工艺的要求[7]。

	AT01	AT02
抗反射层(TaOx)厚度	9nm	5.5nm
吸收层(TaNx)厚度	42nm	42.5nm
光密度(OD)@193.4nm	3.06	3.02
基板正面的反射率@193nm	23.7%	30.5%
基板反面的反射率@193nm	37.2%	38.8%
基板正面的反射率@257nm	15.9%	26.8%

图 5.11　两种新型(Ta)掩模基板的结构参数[7]

清洗工艺流程		
工艺步骤	工艺参数	工艺时间/min
O$_3$+H$_2$O 清洗	O$_3$ 浓度 50ppm，室温	10
SC1 清洗	NH$_4$OH : H$_2$O$_2$: DIW= 2 : 1 : 4，室温	10
热 H$_2$O 清洗	85℃	10
H$_2$O 旋转冲洗	室温	3

(a)

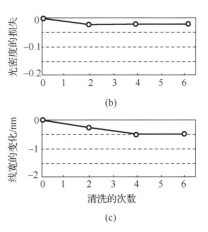

图 5.12　(a)掩模版化学清洗配方(每一次完成的清洗包括 4 个步骤，其中 H$_2$O 代表去离子水)，以及清洗次数对基板在 193nm 波长的光密度(b)和线宽(c)影响的实验结果

5.3.2　相移掩模

双极型掩模只使用光线的强度来成像，而不使用其相位。掩模上遮光的部分对应晶圆上非曝光区域，透光的部分对应曝光的区域。相移的掩模(phase-shift mask)则同时利用光线的强度和相位来成像，得到更高的分辨率。相移掩模最早由 Levenson 提出，早期的工作可以参考发表在 *Lithography World* 上的系列文章[8-10]。相移的实现有多种方式，这里进行系统介绍。

5.3.2.1　强度衰减的相移掩模

强度衰减的相移掩模(attenuated phase-shift mask，Att. PSM)的结构如图 5.13(a)所示，石英玻璃表面沉积 67.6nm 左右厚度的 MoSi 层，取代 Cr。这种 MoSi 是部分透光的，其光学参数是 $n = 2.343$，$k = 0.586$（对应 193nm 波长）。假设石英玻璃是完全透明的（100%的透过率），67.6nm 厚的 MoSi 只允许大约 6%的光线透过，且透过 MoSi的光发生了 180°的相位移动，如图 5.13(b)所示。在 MoSi 的边缘处，0 相位和 180°相位的透射光相互抵消，形成更陡峭的光强变化，如图 5.13(c)所示。按照这种原理设计的掩模被称为强度衰减的相移掩模，它被广泛用于 248nm、193nm 和 193i 光刻工艺中。通常 Att. PSM 上 MoSi 的透光率控制在 4%~15%，大部分 Fab 使用 6%。不难设想，MoSi 的透光率越高，其边缘处的光强变化就越陡峭。因此高透射率的 Att. PSM可以提供更高的图形分辨率。但是，其副作用是导致"暗区"的光刻胶曝光。

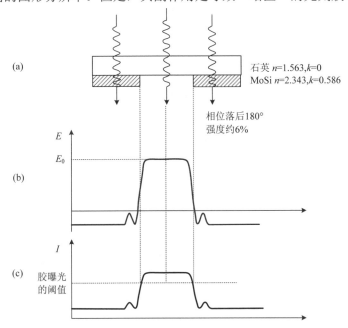

图 5.13　强度衰减的相移掩模（Att. PSM）的工作原理图
(a)掩模的结构示意图；(b)透光掩模后的电场强度分布；(c)在晶圆表面的光强分布

　　由于衍射效应，Att. PSM 易于在图形边缘的暗区一侧形成一个光强的小峰，如图 5.13(c)所示，被称为边峰（side-lobe）。在较强的曝光能量下，这个能量峰可能会大于光刻胶曝光的阈值；特别是当两个相邻图形的边峰叠加在一起时。图 5.14 是 130nm节点接触层（contact layer）图形随曝光剂量的变化（曝光使用 Att. PSM 掩模）。在高剂量时，相邻圆孔（contact）之间出现光刻胶的损失。这一光刻胶的损失就是相邻圆孔之间的边峰值叠加导致的，被称为边峰效应（side-lobe effect）。避免边峰效应的办法是优化设计图形之间的间距，回避可能导致边峰效应加强的图形尺寸和间距。

　　在 45nm 技术节点，掩模上图形的最小尺寸是 45nm×4=180nm，小于入射光波长（193nm），Att. PSM 掩模的使用遇到了新的挑战。入射光与掩模的电磁相互作用不能忽略，这种相互作用与吸收层的材质和入射光的极化程度非常相关。仿真计算结果显示，考虑到电磁相互作用后，传统的 Att. PSM 会导致成像对比度的明显下降，如图 5.15 所示。并且，掩模上图形越小，这种对比度的损失就越大。使用 TE 极化的光，可以有效地减少这种成像对比度的损失，如图 5.15(b)所示。入射光极化程度与成像对比度的详细讨论可以参考第 3 章。

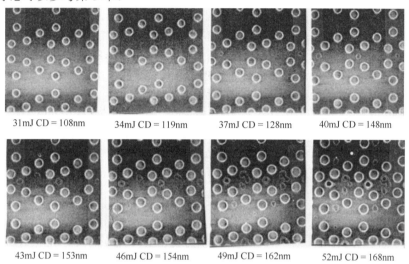

31mJ CD = 108nm　　34mJ CD = 119nm　　37mJ CD = 128nm　　40mJ CD = 148nm

43mJ CD = 153nm　　46mJ CD = 154nm　　49mJ CD = 162nm　　52mJ CD = 168nm

图 5.14　圆孔图形随曝光剂量的变化(130nm 逻辑器件的接触层，使用 Nikon S203B 光刻机，常规光照条件 $\sigma = 0.44$，最佳聚焦值)

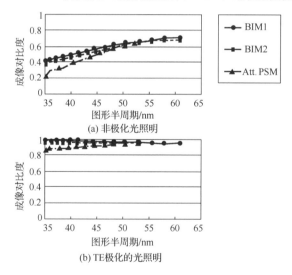

图 5.15　掩模吸收层材料对成像对比度影响的仿真结果(计算时掩模版上图形是 1∶1 的密集线条)[11]

5.3.2.2　高透射率的相移掩模

在 Att. PSM 中，相移部分(phase shifter)的透光率是一个重要参数，目前普遍选用的是 6%～7% 的透射率。Kim 等做了理论计算，认为在透射率达到 20% 左右时，可以得到最高的分辨率[12]。随之，这种高透射率的强度衰减的相移掩模(High transmission Att. PSM，HT-Att. PSM)受到了广泛关注。

　　HT-Att. PSM 设计的关键是为相移材料选取合适的 n(折射系数)、k(消光系数)和 d(厚度)，使得在相应的波长下相移部分不仅能产生 180° 的相位差而且能达到 $20±5$% 的透射率。图 5.16 是 HT-Att. PSM 的结构剖面示意图，其中 N_j 是材料的复折射率($j=0,1,2$ 分别代表空气、相移材料、石英衬底)，$N_j=n_j-\mathrm{i}k_j$。空气中，$N_0=n_0-\mathrm{i}k_0=1$。在 193nm 波长下，相移材料折射率和厚度的范围分别是 $n_1=1.6～3.1$，$k_1=0～0.6$，$d_1=50～150$nm。石英衬底材料在 193nm 波长下的折射率和厚度都是固定的，$n_2=1.5607$，$k_2=0$，$d_2=2.35$mm。

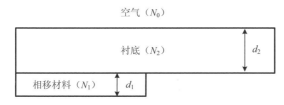

图 5.16　高透射率相移掩模的结构剖面示意图

　　假设光线是垂直入射的，对图 5.16 的模型做光学分析。当相移层的厚度分别是 60nm、90nm、120nm 和 150nm 时，计算出了材料相应的 n 和 k 值，结果如图 5.17 所示。在厚度等于 60nm 时，相移层既要满足 180° 的相移又要达到 20% 的透过率，其材料的 n 和 k 必须分别是 2.7 和 0.4。注意：在"暗区域"，高透射率的相移掩模仍有 20% 左右的透过率，这对光刻胶的性能提出了特殊要求，即它在 20% 的曝光剂量时，光刻胶不能有明显损失。

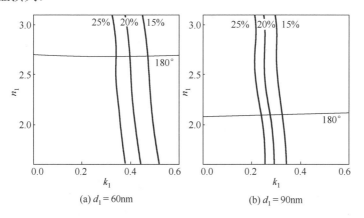

图 5.17　当厚度 d_1 是 60nm、90nm、120nm 和 150nm 时，相移材料的折射率 (n_1, k_1) 值
以保证达到 180° 的相移和 15%～25% 的透射率(对应 193nm 波长)[13]

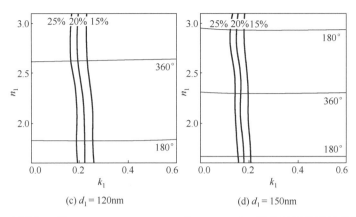

(c) $d_1 = 120$nm　　　　　　　　(d) $d_1 = 150$nm

图 5.17　当厚度 d_1 是 60nm、90nm、120nm 和 150nm 时，相移材料的折射率 (n_1, k_1) 值
以保证达到 180° 的相移和 15%~25% 的透射率（对应 193nm 波长）（续）[13]

5.3.3　交替相移掩模

除了强度衰减的相移掩模(Att. PSM)外，还有另外一类相移的掩模，被称为交替相移的掩模(alternating PSM，Alt. PSM)，又叫强相移的掩模(strong PSM)。由于 Alt. PSM 的设计思路与 Att. PSM 不同，这里独立作为一节来讨论。Alt. PSM 掩模的设计思路如图 5.18 所示。相邻的透光孔径中填充有相移材料(shifter)，它允许 100% 光强透过；透过相移材料后的光线有 180° 的相位增加。光波传到达晶圆表面时，来自相邻孔径的、相位相反的光波叠加，形成所要的光强分布。相移层的厚度 $t = \lambda / [2(n-1)]$，其中 λ 是波长(193nm)，n 是相移材料的折射率。为了简化掩模制备工艺，目前这种 180° 的相位移动可以通过控制玻璃基板的刻蚀深度来实现，例如，对应 180° 处，玻璃基板厚度不变；对应 0° 处玻璃基板的厚度减少 $\lambda / [2(n-1)] = 193$nm $/ [2 \times (1.5-1)] = 193$nm。

交替相移的掩模可以比双极型掩模(BIM)提供更高的分辨率和更大的聚焦深度。如图 5.18 所示，双极型掩模成像时，透过掩模孔径的光强有一定的分布，相邻孔径的光强互相叠加，使得不透光区域的光强大于 0。当相邻孔径之间的距离小到一定程度时，叠加的光强就会大于光刻胶的显影阈值，两个相邻孔径的像根本无法分辨。在使用交替相移的掩模成像时，掩模上图形的尺寸保持不变，只是每隔一个孔径，填入相移材料(phase shifter)。在相移材料的作用下，相邻孔径光线的电场强度的相位是相反的，投射在晶圆表面电场强度(amplitude)变化的空间周期增加了一倍。孔径之间暗区光强的最小值等于 0，成像的对比度得到了提高。

交替相移的掩模对分辨率的增强效应，也可以由衍射理论分析得到。假设掩模上光栅的周期为 p，线条宽度为 l，且 $p = 2l$，不考虑掩模的三维效应(即使用 Kirchhoff 近似)，一维的相移掩模的频谱分布为

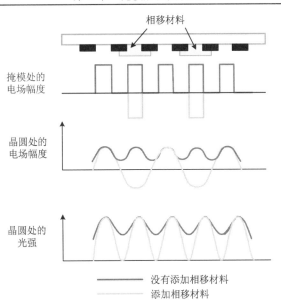

图 5.18 交替相移的掩模和双极型掩模成像的对比

$$F_{\text{Alt}} = \frac{l}{2p} \text{sinc}(l \cdot f) \cdot \sum_{-\infty}^{\infty} \delta\left(f - \frac{m}{2p}\right) \cdot (1 + e^{i\varphi} \cdot e^{-i2\pi pf}), \quad m \in \mathbf{Z} \qquad (5.3)$$

式中，φ 为相移量，$\mathbf{Z}$ 是 $(-\infty, +\infty)$ 整数集合。而双极掩模的频谱分布为

$$F_{\text{BIM}} = \frac{(p-l)}{p} \cdot \text{sinc}[f(p-l)] \cdot \sum_{n=-\infty}^{+\infty} \delta\left(f - \frac{m}{p}\right), \quad m \in \mathbf{Z} \qquad (5.4)$$

当相移量 $\varphi = \pi$ 时，相移掩模的偶数级次的频谱值为 0，且频谱间距相比于传统掩模缩小 2 倍，如图 5.19 所示。

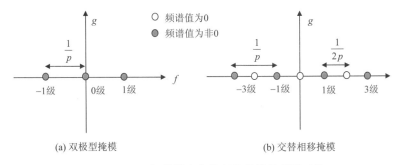

(a) 双极型掩模   (b) 交替相移掩模

图 5.19 双极掩模和交替相移掩模的频谱对比

可见对于相移为 180° 的交替掩模，零级衍射光被滤掉，从而在像面上不存在直流分量，提高了成像的对比度。只存在 ±1 级衍射光干涉成像，就在增加成像焦深的同时提高了工艺宽容度。此时 ±1 级频谱的值分别为

$$M_1 = \frac{l}{p}\mathrm{sinc}\left(\frac{l}{2p}\right),\ M_{-1} = \frac{l}{p}\mathrm{sinc}\left(-\frac{l}{2p}\right) \tag{5.5}$$

考察相干照明的情形，对于相移量 $\varphi = \pi$ 的相移掩模，利用双光束干涉理论可以得到光刻成像处的强度分布为

$$I(x,z) = \frac{1}{\pi^2} + \mathrm{e}^{ikd\sqrt{n^2-(f_{-1})^2}-ikd\sqrt{n^2-(f_1)^2}} \cdot \frac{1}{\pi^2} \cdot \cos(4\pi f_1 \cdot x) \tag{5.6}$$

式中，x 和 z 表示像平面的坐标，$f_i(i=-1,0,1)$ 表示第 i 个衍射级次在光瞳面上的坐标，n 是浸没液体的折射率，d 是光刻物镜像面的离焦量。由于相干照明下，掩模的±1 级衍射光的频谱在光瞳面上的位置是对称的，所以上式中含 d 的 e 指数项的值等于 1，即离焦量对光刻成像结果的图形偏移没有影响。

而对于相移量 $\varphi \neq \pi$ 的相移掩模，其衍射频谱的值分别为

$$M_0 = \frac{l}{2p}(1+\mathrm{e}^{\mathrm{i}\varphi}),\ M_1 = \frac{l}{2p}\mathrm{sinc}\left(\frac{l}{2p}\right)\cdot(1-\mathrm{e}^{\mathrm{i}\varphi}),\ M_{-1} = \frac{l}{2p}\cdot\mathrm{sinc}\left(-\frac{l}{2p}\right)\cdot(1-\mathrm{e}^{\mathrm{i}\varphi}) \tag{5.7}$$

利用三光束干涉理论可得光刻系统像面处的强度分布为

$$\begin{aligned}
I_{\mathrm{total}}(x,z) = {} & \frac{1}{8}(1+\cos\varphi) + \frac{1}{\pi^2}(1-\cos\varphi) + \frac{2}{\pi^2}(1-\cos\varphi)\cdot\cos(4\pi f_1 x) \\
& + \frac{2}{\pi}\sin\varphi\cdot\sin\left[kd\left(\sqrt{n^2-(f_0)^2}-\sqrt{n^2-(f_1)^2}\right)\right]\cdot\cos(2\pi f_1 x)
\end{aligned} \tag{5.8}$$

从式 (5.8) 可以看出，当 $\varphi \neq \pi$，光刻成像结果的图形偏移与离焦量密切相关[14]。

实际上，交替相移掩模 (Alt. PSM) 中相邻孔径之间的 Cr 遮光层可以被完全去掉。相邻孔径之间光波的相差完全用石英玻璃的厚度来控制，如图 5.20 所示。这种掩模被称为无 Cr 的相移掩模版 (Cr-less PSM)。

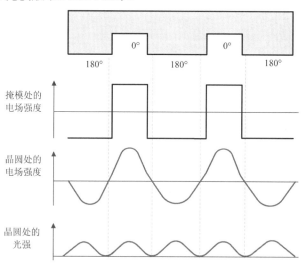

图 5.20　无 Cr 的相移掩模版 (Cr-less PSM) 结构示意图

与 Att. PSM 相比，Alt. PSM 的最大缺点是需要和一个辅助的掩模一起使用。首先使用 Alt. PSM 曝光得到高分辨率的图形，然后，再使用一个 BIM 掩模曝光实现较大的图形并去除不需要的图形。这个辅助的 BIM 掩模又叫修剪掩模(trim mask)。图 5.21 形象地显示了交替相移掩模和修剪掩模是如何协同工作，一起完成所需的图形的。

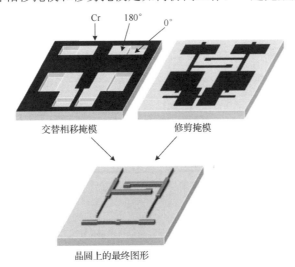

图 5.21 Alt. PSM 必须和修剪掩模一起使用才能实现最后的图形

Alt. PSM 的使用所带来的技术问题：第一，修剪掩模的曝光必须与 Alt. PSM 产生的图形对准。这对掩模制备以及光刻机的对准能力(alignment capability)都提出了较高的要求。第二，由于使用两个掩模来实现一层光刻图形，邻近效应修正的实施变得更加困难。哪些修正应该放在 Alt. PSM 上、哪些修正应该放在修剪掩模上是非常难以标准化和规则化的。第三，两个掩模曝光时的光照条件是不同的。Alt. PSM 需要较小的常规光照(即 small σ, conventional)，而修剪掩模可能需要较大的离轴光照。两次曝光之间必须切换光照条件。由于这些技术问题，目前 Alt. PSM 还没有被用于集成电路的量产中。

这里特别要强调，Alt. PSM 必须在较小的常规光照条件下使用才能得到最佳效果。仿真计算结果表明，曝光的聚焦深度(DOF)与常规光照的大小 σ 成反比[15]。因此，Alt. PSM 的光源必须尽量小，一般要求 σ 小于 0.3。与 Alt. PSM 不同，双极型掩模和 Att. PSM 都必须使用离轴照明(off-axis illumination, OAI)才能得到最大的分辨率和聚焦深度。表 5.3 归纳了不同类型的掩模所需要的光照条件及其所能实现的最佳分辨率。

表 5.3 不同类型的掩模所需要的光照条件及其所能实现的最佳分辨率

（表中只考虑了 0 级和 ±1 级衍射束的成像）

掩模种类	Cr 双极型	Cr 双极型离轴照明	Att.PSM	Att.PSM 离轴照明	Alt.PSM

续表

	Cr 双极型	Cr 双极型离轴照明	Att.PSM	Att.PSM 离轴照明	Alt.PSM
透过掩模版处的电场幅度					
投射在投影透镜上的衍射束					
分辨率 (半周期)=$k_1\dfrac{\lambda}{\mathrm{NA}}$	$k_1 = 0.5\dfrac{1}{1+\sigma}$	$k_1 = 0.25$	$k_1 = 0.5\dfrac{1}{1+\sigma}$	$k_1 = 0.25$	$k_1 = 0.25$

5.4　掩模的其他技术问题

掩模是成像系统中的一个重要部件，随着光刻分辨率要求的不断提高，对掩模光学性能的研究不断深化。

5.4.1　衍射效率及掩模三维效应（M3D）

掩模上的遮光层（Cr 或 MoSi）与石英玻璃基板一起构成了掩模版的三维结构。前面对掩模的理论分析都是基于二维的，即所谓的 Kirchhoff 近似。考虑到掩模的三维结构后，结果必然不一样。

文献[16]和[17]使用严格的电磁场理论（rigorous diffraction theory）分析了 Cr 双极型掩模上密集线条（dense lines/spaces）的衍射，并与 Kirchhoff 近似分析的结果做了对比。图 5.22 是第 0 级和第 1 级的衍射效率（diffraction efficiencies）及其相位随掩模上图形周期变化的计算结果。衍射效率定义为衍射级的能量占总输入能量的比例；衍射级的相位是指衍射光束与入射在掩模上光线之间的相位差。

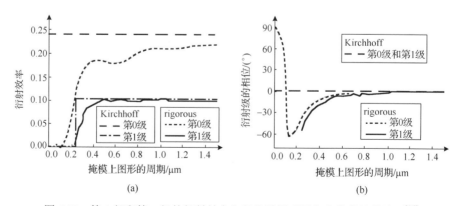

图 5.22　第 0 级和第 1 级的衍射效率和相位随图形周期变化的计算结果[16]
计算时假设光线垂直入射在掩模上，波长是 248nm，TE-极化，Cr 的复折射率 $N = 2.5 - 2.0\mathrm{i}$，厚度 80nm。掩模上图形的周期变化，但是线宽与线间距保持 1∶1

在二维 Kirchhoff 近似下，衍射级的光强和相位不随线条的周期变化。考虑到掩模三维效应后，随线条周期的减小（即图形线宽更小更密集），衍射效率降低、相位偏差增大。这里的模型是 Cr 双极掩模，不难预测，结果对相移掩模仍然适用。由于分辨率的需要，相移掩模上图形的尺寸更小、起伏（topography）更大，其衍射效率的降低和相位的偏差将比双极型掩模更加明显[16]。这种衍射行为随图形尺寸的变化会导致光刻工艺窗口变窄。

掩模版的三维结构还包括刻蚀产生的非垂直侧壁、密集线条与独立线条线宽的偏差，以及倾斜入射光线照射在掩模上的阴影效应等。这些三维效应可以综合近似为光学系统的球差（spherical aberration）[18]。曝光系统的数值孔径（NA）越大，掩模上图形越小，这种球差就越明显。球差导致成像时的最佳聚焦值与图形的尺寸相关联。对于给定的图形（等间距线条），在没有球差时，FEM 曲线在最佳聚焦值附近表现出对称的行为；而引入球差后，FEM 曲线表现出非对称行为。

在 32nm 技术节点以下，光源-掩模协同优化（source Mask Optimization，SMO）被广泛采用。SMO 模型中包含有掩模材料的参数，对这些材料参数做优化可以得到更好的图像分辨率。另外，光线透过保护膜（pellicle）后，其极性（polarization）会发生一定变化，这种变化对 14nm 技术节点以下光刻性能的影响不能被忽略。

5.4.2　交替相移掩模上孔径之间光强的差别

通过交替相移掩模相邻孔径光线的相差是 180°，这种相位差一般是通过控制玻璃基板的刻蚀深度来实现的。180°对应玻璃基板厚度不变；0°对应玻璃基板的刻蚀深度是 193nm（用于 193nm 波长曝光的 Alt. PSM）。仿真计算结果表明，尽管掩模上 0°和 180°区域的线宽相同，透过的光线的强度并不相同，如图 5.23 所示。这是由于两个区域的光程差不同，汇聚到晶圆表面，具有不同的聚焦值[19]。文献[20]提出使用双沟槽（dual trench）的办法来使得不同相位区域的光强相同，即对 180°区域的基板也做刻蚀。

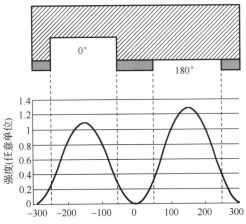

图 5.23　交替相移掩模孔径之间光强的差别（掩模上 0°和 180°区域的线宽相同）

5.4.3　交替相移掩模用于光学测量

交替相移掩模虽然没能够在量产中得到使用，但是其独特的光学性质在光学测量中得到了广泛重视，形成了一个独立的应用领域(phase-shifting masks as precision instruments)[14]，本节将对其进行介绍。

对式(5.8)求 x(成像平面里的 x 坐标)的偏导数，可以得到

$$\frac{\partial I}{\partial x} = -4\pi f_1 \sin\varphi \cdot \sin\left\{ kd\left[\sqrt{n^2 - (f_0)^2} - \sqrt{n^2 - (f_1)^2} \right] \right\} \cdot \sin(2\pi f_1 x)$$
$$- \frac{8 f_1}{\pi}(1 - \cos\varphi) \cdot \sin(4\pi f_1 x) \tag{5.9}$$

从上式可以看出，当 $\varphi \neq \pi$ 时，该强度分布的极值点位置并不会随着离焦量的不同而改变。因此可以得出以下结论：对于对称的掩模结构，在对称光源照明下，无论掩模的相移量是否为 π，其图形位置不随离焦量变化而发生偏移。

而对于非对称掩模结构，如图 5.24 所示。在相移量为 φ 的情况下，其衍射频谱为

$$F_{\text{Alt}} = \left[\frac{2}{5}\text{sinc}(2l \cdot f) + \frac{1}{5}\text{sinc}(l \cdot f) \cdot \text{e}^{i\varphi} \cdot \text{e}^{-i5\pi l f} \right] \cdot \sum_{-\infty}^{\infty} \delta\left(f - \frac{m}{5l} \right), \quad m \in \mathbf{Z} \tag{5.10}$$

根据上式的频谱分布，再仿照上面的推导过程可以得到在 $\varphi = \pi$ 时，光强分布对 x 的偏导数为

$$\frac{\partial I}{\partial x} = -\frac{4 f_1}{5} \cdot \left[\sin\left(\frac{2\pi}{5}\right) - \sin\left(\frac{\pi}{5}\right) \right] \cdot \sin\left\{ kd\left[\sqrt{n^2 - (f_0)^2} - \sqrt{n^2 - (f_1)^2} \right] \right\} \cdot \sin(2\pi f_1 x)$$
$$- \frac{8 f_1}{\pi}\left[\sin\left(\frac{2\pi}{5}\right) - \sin\left(\frac{\pi}{5}\right) \right]^2 \cdot \sin(4\pi f_1 x) \tag{5.11}$$

在 $\varphi \neq \pi$ 时，光强分布对 x 的偏导数

$$\frac{\partial I}{\partial x} \sim -C_1 \cdot \sin\left\{ kd\left[\sqrt{n^2 - (f_0)^2} - \sqrt{n^2 - (f_1)^2} \right] + 2\pi f_1 x \right\}$$
$$+ C_2 \cdot \cos\left\{ kd\left[\sqrt{n^2 - (f_0)^2} - \sqrt{n^2 - (f_1)^2} \right] + 2\pi f_1 x \right\} \tag{5.12}$$

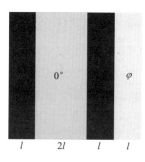

式中，C_1 和 C_2 均是与 d 和 x 无关的常数项。从以上两个式子可以看出，对于相移为 $\varphi = \pi$ 的不对称掩模，成像强度的极值点位置不会随着离焦量的变化而移动，即系统的离焦量仍然不会造成图形的位置偏移；相反地，对于相移 $\varphi \neq \pi$ 的不对称掩模，光强分布极值点的位置会随着离焦量的不同而不同，即系统的离焦量会造成成像图形的位置偏移。假设式(5.12)中正弦或余弦函数内的值很小，式(5.12)可以简化为

图 5.24　非对称的相移掩模结构示意图

$$\frac{\partial I}{\partial x} \sim -C_1 \cdot \left\{ kd\left[\sqrt{n^2-(f_0)^2}-\sqrt{n^2-(f_1)^2}\right]+2\pi f_1 x \right\} + C_2 \tag{5.13}$$

在 I 极大值位置，式(5.13)等于零，得到 $x \approx 1/d$。

　　IBM 的 Brunner 于 1994 年首次提出：利用相移掩模成像时的图形偏移与离焦量相关的原理，检测光学系统的焦面位置[21]。具体办法是：采用特殊的测试掩模图形和结构，使物镜焦面的纵向变化转化为像面上图形的横向(X/Y 方向)移动。利用套刻误差测量设备(overlay tool)测量出图形的横向移动(即图形偏移量)，建立了焦面变化量与图形移动量之间的数学关系。然后利用这个数学关系和套刻误差的测量结果，反推出物镜的实际焦面位置。反推的精度决定于套刻测量精度以及"数学关系"的灵敏度。基于相同的原理，其他研究组也提出了多种测量焦面位置的掩模图形[22]。

　　目前使用得最广泛的测量焦面位置的掩模结构如图 5.25(a)所示。对于不同的离焦量，该图形内部方框的成像结果会发生不同的平移，如图 5.25(b)所示。使用 1.35NA 的 193i 光刻机，离焦量的探测灵敏度(离焦量/平移距离)可以达到 $700\sim1000\text{nm}/\mu\text{m}$[23]。

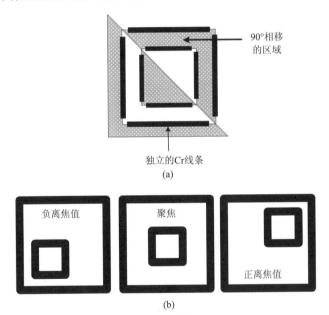

图 5.25　(a)实际光刻机中焦面位置检测方法所使用的掩模结构示意图[24]
和(b)焦面位置检测结构在不同离焦量下成像结果示意图[25]

　　1998 年，Nakao 等提出了利用相移掩模测量光刻机物镜像差的方法[26]。此后，基于交替相移掩模进行物镜像差测量的方法得到了广泛的研究和发展[27-30]。这种方法使用一种环状相移掩模(phase-shift ring mask)，如图 5.26 所示，环以外区域(d 以外的区域)的透射率是 0；a 区域的半径是 100nm；b、c 和 d 区域的径向宽度分别是 200nm、100nm 和 150nm(在晶圆上的尺寸)。a、b、c、d 四个区域的相移分别是 0°、90°、180°

和 0°。光刻机成像系统不同的像差会导致环形掩模成像结果不一样，图 5.27 是系统存在不同像差时的成像结果。可见，不同的像差导致成像的结果不同，通过测量光刻胶上的图形可以确定系统的像差[31]。交替相移的掩模版还可以用于光源偏振态的检测[32]。

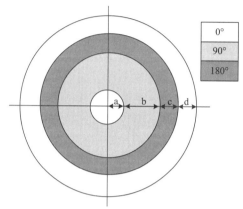

图 5.26 环状相移掩模的结构[31]

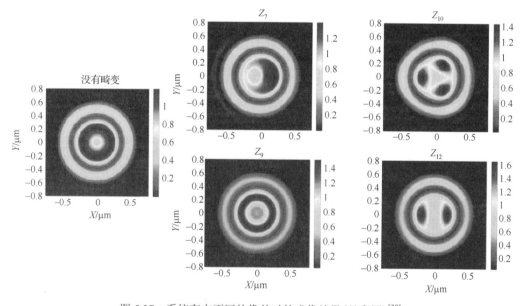

图 5.27 系统存在不同的像差时的成像结果（见彩图）[30]

5.4.4 掩模版导致的双折射效应

掩模上的吸收层（absorber）随温度的热胀冷缩（thermal expansion）会在掩模表面形成应力；掩模保护膜（pellicle）的蒙贴也会产生应力。这些应力的存在会导致掩模基板发生双折射(birefringence)，如图 5.28 所示。双折射产生两束不同方向的折射光，分别对应 TE 和 TM 极化(电场)。掩模基板双折射的性能由参数 B 来定量表示，B 是垂直入射时两束折射光在介质中传播单位距离后所产生的光程差，单位是 nm/cm。B 越大，表示 n_{TE} 与 n_{TM} 的差别越大，双折射效应越明显。

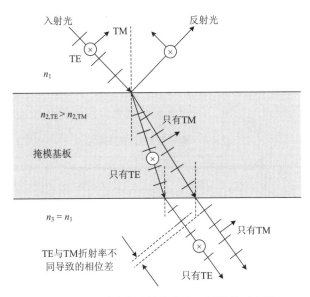

图 5.28 掩模玻璃基板中发生双折射的示意图

掩模基板的双折射会导致光刻工艺窗口变小。文献[33]计算了相同光刻工艺条件下线宽随掩模基板双折射参数 B 的变化，参见图 5.29。双折射参数 B 越大，线宽与目标值的偏差就越大。入射光的偏振状态对 CD 的偏差也有影响，因为入射光偏振的不同直接影响到光强在两束折射光之间的分布。双折射效应对小尺寸图形成像的影响要远大于大尺寸图形，因此随着技术节点的缩小，必须严格控制掩模基板的双折射。

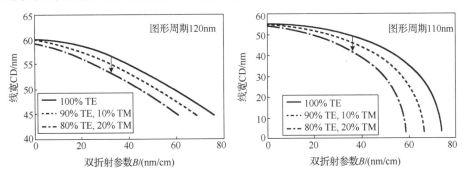

图 5.29 线宽随掩模基板双折射参数 B 变化的仿真结果

双极(dipole)光照($\sigma = 0.7$，$\sigma_r = 0.3$)，双极型掩模；120nm 周期图形曝光 NA=0.85，110nm 周期图形曝光 NA=0.93

5.5　掩模发展的技术路线

掩模版的材料和制备技术在经历着不断的改进和提高，以便满足不同技术节点光刻工艺的要求。表 5.4 列出了从 90nm 到 14nm 逻辑技术节点所对应的掩模技术路线。表中的一些术语解释如下："CD uniformity"是指掩模版上线宽的均匀性(3σ)；"CD targeting"是指掩模上图形的线宽与目标值的偏差(3σ)；"Registration"是指图形在掩模版上放置的误差，即图形放置的位置与理想位置之间的偏差(3σ)；"Mask-to-Mask OL"是指掩模之间套刻标识(overlay mark)的对准偏差(3σ)。作为参考，表 5.4 中还给出了各技术节点中栅极光刻层所使用的掩模的价格与整套掩模版的价格。

表 5.4　掩模版的技术路线图

技术节点(逻辑)	90nm	65nm	45nm	32nm 28nm	22nm 20nm	14nm
波长	248/193	193	193	193	193	193
掩模基板的类型	COG	Att. PSM	Att. PSM	OMOG	OMOG	OMOG
CD Uniformity	10	7	6	4	2	1.5
CD Targeting	10	7	5	4	3	2
Registration	20	15	12	7	5.5	4
Mask to Mask OL	20	15	12	7	5.5	4
栅极掩模的估价	55K\$	95K\$	124K\$	205K\$	250K\$×2	500K\$×2
关键掩模数	5	9	13	17	21	30
整套掩模的估计	700K\$	1.5M\$	2.1M\$	～2.9M\$	～3.8M\$	～7.5M\$

每一个技术节点对掩模基板和保护膜都有不同的要求，如表 5.5 所示。随着技术节点的不断缩小，对掩模基板的平整度和双折射(birefringence)要求不断提高；保护膜的材质和蒙贴使用的胶都必须满足更高的要求。石英玻璃基板的平整度是指其表面起伏的范围，即最大值减去最小值。不平整的掩模在晶圆表面成像时的聚焦位置有起伏，导致光刻工艺窗口的减小[34]。严格控制基板的平整度可以保证这种聚焦位置的起伏远小于聚焦深度。蒙贴所用的胶 SEBS 是由少量苯乙烯(15%～30%)和乙烯咔唑经共聚而成的高分子化合物(styrene-ethylene-butylene-styrene block copolymer)。从表 5.5 中还可看出，用于蒙贴保护膜的铝合金框架的高度也随技术节点缩小。

表 5.5　掩模基板和保护膜的技术路线图

技术节点(逻辑)	90nm	65nm	45nm	32nm	22nm	14nm
波长/nm	248	193	193	193	193	193
掩模基板						
基板平整度/μm	0.5	0.5	0.5	0.5	0.2	0.1
双折射参数/(nm/cm)				10	5	1

续表

掩模保护膜						
粘合剂	SEBS	SEBS	SEBS	低放气量	低放气量	低放气量
材料类型	含氟聚合物	含氟聚合物	含氟聚合物	含氟聚合物	含氟聚合物	含氟聚合物
保护膜铝框的高度/mm	7	5	5	3.5	3.5	3.5

技术路线图只是为掩模版的制备提供了一个技术指导。晶圆厂都会在技术路线图的基础上提出自己的掩模规格参数。例如,20nm 逻辑节点的关键层使用 1.35NA 的 193nm 浸没式光刻,其掩模的技术指标为:线宽均匀性 $3\sigma = 2.5nm$,最小线宽和目标值的偏差 $3\sigma = 4nm$,图形在掩模上的放置误差,X/Y 方向 $3\sigma = 8nm$,掩模之间套刻标识的对准偏差,X/Y 方向 $3\sigma = 6nm$。

表 5.4 中特别列出了不同技术节点所需要使用的掩模基板的种类。在 90nm 及以上节点(逻辑节点),主要是 Cr 吸收层的双极型掩模;在 65nm/45nm 节点强度衰减的相移掩模(Att. PSM)得到了广泛的应用。在 45nm 节点,193nm 浸没式光刻投入使用,有些关键层开始使用 OMOG 双极型掩模。在 32nm/28nm 节点,标准的 OMOG 掩模得到了广泛的应用。在 22nm/20nm,有些掩模生产厂把 OMOG 的厚度减薄,以更好地满足工艺要求。图 5.30 是这些掩模结构的示意图。OMOG 掩模中 MoSi 的光密度(OD)约为 3.1,与 Cr 类似。在掩模制备工艺中,MoSi 比 Cr 更容易加工,其线宽的均匀性(CDU)都比 Cr 双极型掩模和 Att. PSM 掩模更好。虽然不断有新结构的掩模被提出来,例如,可以用来实现通孔(via)的螺旋式相移掩模(vortex mask)[35],但是,它们都只停留在研发阶段,还没有被应用到量产中。

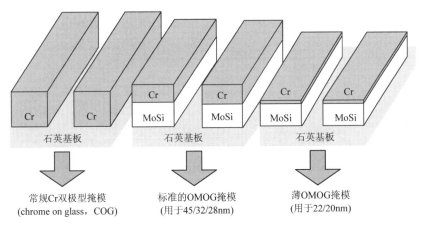

图 5.30 掩模结构随技术节点的演化

5.6 掩模图形数据的准备

掩模上的图形来源于设计,但是,设计公司完成的设计图形(gds 或 oasis 文件)并不能够直接用于制版。它必须要经过一系列的数据处理后,才能被发送到掩模厂。这

些数据处理的过程被称为数据准备(data preparation)，最后发送给掩模厂被称为
"tapeout"[36]。数据处理的流程图包括两大部分：一个是光学邻近效应修正，另一个
是边框(kerf)设计。注意，这里掩模数据的准备并不包括掩模厂内部对掩模工艺制备
的修正(mask process correction，MPC)。

在曝光过程中，由于掩模上相邻图形之间存在干涉和衍射效应，投影到晶圆上的
图形和掩模上的图形不完全相同。随着掩模上图形尺寸的缩小，这种相邻图形之间的
干涉和衍射效应更加明显，曝光后图形的偏差更大，这种曝光时的邻近效应必须予以
修正。修正的办法是人为地对掩模上的图形做修改，来抵消这种偏差，使得曝光后获
得的图形符合设计要求。邻近效应修正是微光刻领域中不可缺少的一部分，它的发展
经历了简单到复杂的过程。更小技术节点的图形需要更加完善的修正技术，一次修正已
经不能达到目的，需要多次迭代修正，而且中间要不断地进行检查和核对。第 7 章专门
讨论光学邻近效应修正及计算光刻的详细内容。这里侧重讨论边框的设计。

边框是指掩模上器件功能以外的区域。如图 5.31 所示，整个曝光区域是 26mm×
32mm，其中设计有 4 个芯片(chip1～4)。芯片之间和周围的空白区域被称为边框。在
制造工艺全部完成后，这些芯片会被切割开来，分别封装、销售。所以，边框又被称
为 "scribe line"。边框设计是指在边框区域放置光刻工艺中所需要的对准标识、测量
线宽用的图形、套刻误差测量图形(overlay marks)等。表 5.6 列出了边框中的典型图形，
但并不完全。实际上，任何用于监控工艺的图形都可以被放置在边框区域。例如，化
学机械研磨(CMP)经常需要在边框区域放置可以监控研磨程度的图形，称为 "CMP
house"，它是一系列大小不一的方块。图 5.32 是表 5.6 中所列的图形。

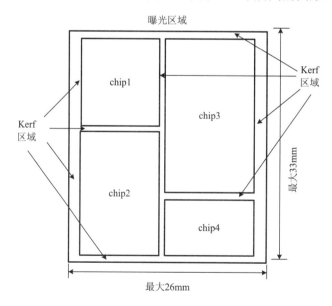

图 5.31　一个曝光区域中芯片的分布

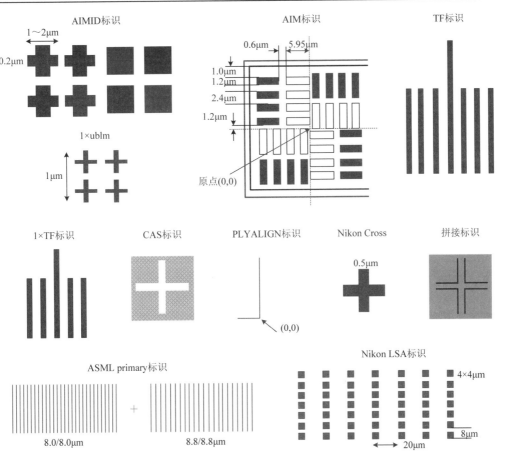

图 5.32 表 5.6 中所列的图形(图中的尺寸只是示意,并不成比例)

表 5.6 边框中的一些典型图形

标识名称	作用
AIMID	用于套刻精度测量
AIMKLA	用于套刻精度测量
1×ublm	与 AIMID 类似,但更小,可以放置在 chip 内部
TF(turning fork)	用于测量线宽
1×TF	与 TF 类似,但更小
CAS	用于确定 die 的边角
PLYALIGN	用来确定曝光区域的左下角(0,0)
Nikon cross	用于 Nikon 光刻机的粗对准(coarse alignment)
Stitch mark	用来确定曝光区域之间的对准
Scanner alignment marks	光刻机对准的标识

边框中图形的设计和摆放是一项非常专一和细致的工作。以 **32nm** 的逻辑器件为例,

一个产品有 50 多个光刻层，即 50 多个掩模。每一个光刻层边框中所需要放置的图形是不一样的。有些光刻层对 CD 和 CDU 的要求非常严格，如栅极，需要特殊的标识来监测 CD 和 CDU；而另一些光刻层则比较宽松，如用于离子注入的光刻层。不同光刻层对套刻精度测量的参考层(overlay to)也不一样，所需要的套刻标识也不同。再例如，在铜互连(BEOL)光刻层，一般不用通孔(via)层作为曝光时的参考层来对准，那么在通孔层的掩模上就没有必要放置对准标识。设计边框时的典型做法是，边框设计人员对每一个产品提供一个表格，列出每一层掩模上边框中需要摆放的图形及其位置，如表 5.7 所示。

表 5.7 一个 20nm 产品光刻层边框区域放置的图形

光刻层	AIMID	AIMKLA	1×ublm	TF	CAS	PLYALIGN	拼接标识	ASML 对准标识	Nikon LSA 标识
RX	×	×	×		×	×	×	×	×
Gl		×		×					
NW		×		×					
BF		×		×					
JX		×		×					
JZ		×		×					
TB	×	×	×						
TT	×		×						
CA	×		×					×	×
TS	×		×						
M1	×		×					×	×
I1	×		×						
R0	×		×						
P0	×		×						
M2	×		×					×	×
I2	×		×						
V1	×		×						
M3	×		×					×	×
I3	×		×						
V2	×		×						
C4	×		×					×	×
J3	×		×						
C5	×		×					×	×
A4	×		×						
C6	×		×					×	×
A5	×		×						
C7	×		×					×	×

光刻层	AIMID	AIMKLA	1×ublm	TF	CAS	PLYALIGN	拼接标识	ASML 对准标识	Nikon LSA 标识
A6	×	×	×						
CH		×		×					
H1		×		×					
QE		×		×				×	×
HT		×		×					
QT		×		×					
HG		×		×					
VV		×		×				×	×
LB		×		×				×	×
RS		×		×					

5.7　掩模的制备和质量控制

　　掩模图形数据发送到掩模生产厂后,被转换成图形发生器(pattern generator)的格式。图形发生器控制曝光设备把图形书写(write)在掩模基板上。书写(曝光)可以是聚焦的深紫外(DUV)激光束或电子束。电子束曝光的分辨率较高,193nm 掩模一般都使用电子束曝光。在这个过程中,掩模生产厂一般无权改动图形(tapeout)数据。掩模衬底是表面沉积了 Cr、MoSi 相移材料或 OMOG 吸收层的石英玻璃。曝光完成后是刻蚀,把掩模衬底上的吸收层有选择的去掉。然后是测量图形的线宽和放置误差(registration error)。对掩模上的图形做缺陷检测。检测出来的小缺陷,如线条断点等,可以做原位修补。最后是蒙贴保护膜。检测合格后,发送给晶圆厂。

　　不同类型掩模制备的工艺是不一样的,强度衰减的相移掩模(Att. PSM)需要更多的工艺步骤。表 5.8 对比了 Cr 双极掩模与 Att. PSM 掩模的详细工艺步骤。如果不包括图形的书写(曝光)时间,完成一块 Cr 双极掩模的整个制备工艺需要 18 个小时左右;而 Att. PSM 掩模的整个制备工艺则需要 38 个小时。书写(曝光)的时间还与掩模上图形的复杂程度有关。

表 5.8　Cr 双极型掩模(COG)与 Att. PSM 掩模的详细工艺步骤对比

Cr 双极掩模(COG)	Att. PSM
1. 电子束曝光	1. 第一次电子束曝光
2. 后烘	2. 后烘
3. 显影	3. 显影
4. Cr 刻蚀	4. Cr 刻蚀
5. 第一次清洗	5. 第一次清洗
6. 测量线宽	6. MoSi 刻蚀

续表

Cr 双极掩模(COG)	Att. PSM
7. 测量对准	7. 第二次清洗
8. 第二次清洗	8. 第二次旋涂电子束胶
9. 第一次缺陷检查	9. 第二次电子束曝光
10. 修理(如果需要)	10. 后烘
11. 最后清洗	11. 显影
12. 贴保护膜	12. Cr 刻蚀
13. 贴膜后的检查	13. 第三次清洗
	14. 测量线宽
	15. 测量对准
	16. 第四次清洗
	17. 第一次缺陷检查
	18. 修理(如果需要)
	19. 最后清洗
	20. 贴保护膜
	21. 贴膜后的检查

5.7.1　掩模基板

掩模基板是指在石英衬底(约 1/4 英寸厚)已经沉积有 Cr、MoSi 等功能材料的基板。这里暂不讨论极紫外光刻用的掩模基板,极紫外掩模在第 11 章有专门讨论。掩模一般有专门的公司按技术规格提供,掩模生产商收到后直接用来制备掩模。基板的技术指标主要有如下几个方面:基板的平整度、表面沉积材料的性能及厚度、基板的洁净度。随着技术节点的缩小,这些技术指标也变得越来越严格[37],掩模版厂在使用前必须严格检测。

5.7.1.1　掩模基板的平整度测量

按照目前的发展趋势,掩模基板的平整度在 2020 年必须达到 60nm 左右[38]。平整度测量本身就是一个挑战,必须使用干涉仪。即把待测的掩模基板与一个参考平面平行放置;激光束在两个平面之间反射,发生干涉现象;掩模基板表面的不平整度就表现在基板与参考平面之间的距离不同,因而,干涉条纹就会发生移动。通过观察干涉条纹的移动,可以精确测量基板表面的不平整度[38]。这种测量的精度可以达到 1nm 左右。

5.7.1.2　吸收层材料厚度减薄

在 20nm 技术节点以下,掩模上图形的三维效应不能忽略,三维效应导致曝光最佳聚焦值在不同图形之间的偏差,使得光刻工艺窗口缩小。减少掩模上吸收层的厚度(Cr、MoSi 的厚度)可以有效地降低掩模的三维效应,因此,20nm 节点以下都必须使用薄掩模。薄掩模基板制备的挑战是:减薄了的吸收层还必须保持所需的吸收率和相移。

这就需要基板供应商研发具有不同光学常数(n, k)的吸收材料。例如，文献[37]报道了用于 ArF 掩模的新型 MoSi 材料，其 $n = 2.75\sim2.80$，$k = 0.76\sim0.81$，在厚度为 55nm 可以实现 6%的透射率和 180°的相移。

5.7.1.3　掩模基板上的缺陷

基板上大多数缺陷是外来颗粒(particles)。在缺陷检测设备中，基板上的缺陷一般可以分为四类：透明的(transparent defect)、圆形的(round defect)、米粒状的、断裂或针孔形的(break/pinhole defect)[39]。与其他颗粒缺陷相比，透明缺陷具有较高的透射率，如图 5.33(a)所示，它主要存在于掩模基板的 MoSi 层内，可以透过其上面的 Cr 层看到。圆形缺陷像一个水滴，如图 5.33(b)所示，它既可以存在于MoSi 层也可以存在于 Cr 层内，可能来源于基板的清洗工艺。米粒状缺陷是狭长的，像米粒，如图 5.33(c)所示；它可能来源外界，即在基板制备或运输过程中，掉落吸附在基板表面的。断裂或针孔形缺陷较少出现，在一些低等级的掩模基板上可以发现较大的断裂缺陷，如图 5.33(d)所示。掩模基板上的这些缺陷，可以通过合适的清洗工艺清除一部分。

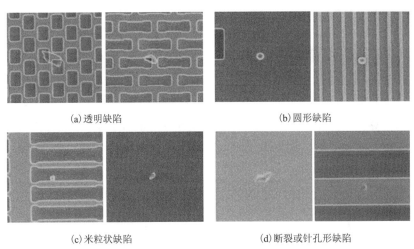

(a)透明缺陷　　　　　　　　　　　　(b)圆形缺陷

(c)米粒状缺陷　　　　　　　　　　(d)断裂或针孔形缺陷

图 5.33　掩模基板上缺陷的电镜照片[39]

掩模生产厂可以对基板上缺陷的尺寸和个数做出要求(即基板的规格)，然而，更高要求的基板必然意味着更高的价格，而且，有些缺陷在基板制备过程中是很难避免的。在基板上制备图形时，可以尽量减小缺陷对掩模性能的影响。具体的做法是：对基板做缺陷检测，记录下缺陷所在位置的坐标。在做图形曝光时，调整图形在基板上的位置，尽量使不透光的图形覆盖在基板的缺陷上。这一思路可以用图 5.34 来形象地描述，文献[40]报道有专用软件支持这一功能。

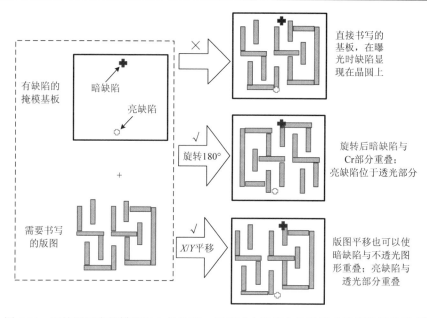

图 5.34　调整图形在掩模基板上的位置, 尽量减少基板上的缺陷对掩模性能的影响[40]

5.7.2　掩模上图形的曝光

曝光是掩模制备中的关键工艺, 193nm 的掩模都使用电子束实施曝光。掩模基板 (已经沉积了 Cr 或 MoSi 的石英玻璃) 表面旋涂上电子胶 (类似于光刻胶, 但对电子束敏感), 被安置在真空腔内的工件台上。电子束在系统的控制下, 按照版图的要求, 在基板表面移动, 使胶曝光, 显影后得到所要的图形, 如图 5.35 所示。

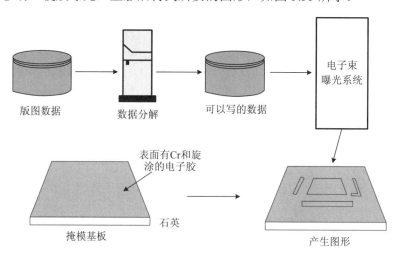

图 5.35　掩模制备中的电子束曝光示意图

在先进光刻工艺中大量使用亚分辨率的辅助线条(sub-resolution assist feature)。这些辅助线条的宽度只有正常图形线宽的一半或更小,例如,90nm 逻辑器件第一层金属最小图形的线宽是 120nm,而辅助图形的线宽只有 60nm 左右。辅助线条对掩模制备的分辨率提出了更高的要求。如果是亮掩模,这些辅助图形就是一些相对独立的窄线条。它们显影后,极容易倒掉。为此,文献[41]特别建议,在电子束胶与基板之间加涂一层材料,以改善光刻胶与基板表面(Cr)之间的粘结。对于亮掩模的制备,除了要克服线条容易倒塌的问题外,使用负胶还可以缩短电子束曝光的时间[42]。使用负胶只需要对所要保留的图形曝光,其曝光面积远小于透光区域。

在对掩模做电子束曝光时的另外一个技术挑战是电荷的积累效应,或者叫充电效应(charging effect)。掩模的衬底是石英玻璃,在电子束流的入射下,很容易形成电荷积累。衬底上积累的电荷会排斥入射束中的电子,导致图形位置偏差(registration error),必须予以控制。控制衬底充电的办法有使用导电性较好的电子胶,或者是在胶表面添加一个电荷耗散层(charge dissipation layer,CDL)。但是,这样做的缺点是会引入较多的缺陷,或者对电子胶的性能有负面影响。目前业界提出的另一个办法是模型修正:建立一个模型,这个模型把衬底表面网格化,根据曝光图形的尺寸和密度、电子束书写参数(剂量、时间、书写顺序),计算出衬底上电荷的积累及其效应;然后对曝光图形做修正,以补偿电荷积累效应的影响。这个方法又被称为充电效应修正(charging effect correction,CEC)[43]。CEC 模型建立后,必须使用实验数据对其做修正,以保证模型的准确性。CEC 的使用可以减少掩模图形放置误差15%(X方向)和30%(Y方向)左右。

即使是使用高分辨率的电子束曝光,设计版图与最后在掩模上得到的图形之间仍然有差异,例如,线条端点的收缩、图形边角变成弧形(corner rounding)等。这种情况类似于光学曝光中的邻近效应(proximity effect)。随着技术节点的缩小,掩模上图形的尺寸也越来越小,这种电子束的邻近效应(electron proximity effect)也必须予以修正。掩模的刻蚀工艺也会引入偏差,刻蚀后的图形与胶上的图形之间有偏差。为此,在先进掩模制备工艺中,必须引入对版图的修正,称为掩模工艺修正(mask process correction,MPC)[44]。MPC 与 OPC 类似,可以通过添加一些规则(如加 bias 等)来实现[45],也可以使用模型来修正[46]。模型的建立需要大量的测试图形及实验数据。

掩模制备流程中需要几次曝光和刻蚀,这样可以实现不同的刻蚀深度。对于相移掩模(phase-shift mask),这种不同深度的刻蚀是必需的。图 5.36 是在石英衬底上使用两次曝光和两次刻蚀来制备四台阶相移掩模的工艺流程示意图。

5.7.3　掩模版刻蚀工艺

掩模的刻蚀是在等离子刻蚀机中进行的(plasma etchers),如图 5.37 所示。刻蚀机是一个真空腔,腔体的顶部是介电材料,反应气体通过管线通入腔体内。气体的压力和流量均可以精确控制,反应的生成物由分子泵(turbo-molecular pump)抽走。掩模基板通过一个预真空室(a load-lock chamber)传送到腔体内,放置在底部的工件台上。射频源(RF power source)提供能量使气体电离形成等离子体，等离子体中的离子和活性分子(radicals)与衬底裸露的表面反应，完成刻蚀。

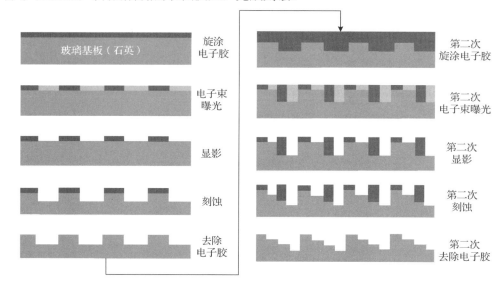

图 5.36　在石英衬底上使用两次曝光和两次刻蚀来制备四台阶相移掩模的流程示意图(见彩图)[47]

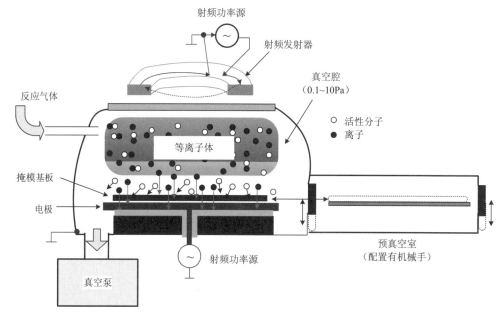

图 5.37　用于刻蚀掩模的等离子刻蚀机结构示意图[47]

石英衬底的材料是 SiO_2，刻蚀气体一般选用含 F 的气体(如 $C_xH_yF_z$)。MoSi 的刻蚀也可以选用 $C_xH_yF_z$。Cr 的刻蚀一般需要含氯(Cl)的气体。在反应气体中还可以加入 Ar、O_2、

N_2、He 或 CO_2，以优化刻蚀的参数[47]。为了保证刻蚀的均匀性，射频功率必须在空间均匀分布，沿衬底表面等离子体电流必须均匀。刻蚀速率除了与反应气体有关外，还与石英衬底的厚度有关；衬底越厚，刻蚀的速率越低，如图 5.38(a)～(c) 所示。

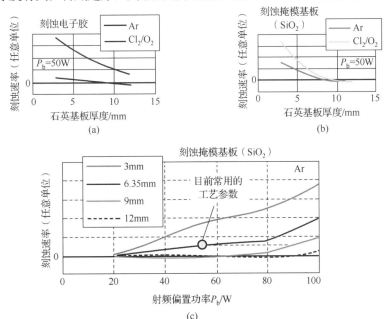

图 5.38 (a) 电子束胶的刻蚀速率与掩模基板厚度的关系 (刻蚀时的偏置功率 P_b 是 50W)、(b) 掩模基板的刻蚀速率与其厚度的关系 (刻蚀时的偏置功率 P_b 也是 50W) 和 (c) 不同厚度掩模基板 (3～12mm) 的刻蚀速率与偏置功率 P_b 的关系[47] (见彩图)

5.7.4 掩模的规格参数

掩模制备完成后，掩模厂必须首先向晶圆厂汇报其产品的质量参数，获得晶圆厂的许可后，才能把掩模版发送到晶圆厂。对于每一个技术节点的掩模，晶圆厂都有一套规格，以保证这个技术节点所使用的掩模符合工艺要求。一个器件的制备需要多次光刻，其中不仅有 193i，也会能 193 "dry" 和 KrF 曝光，因此，掩模的规格要求必须包含不同类型的掩模。表 5.9 是 20nm 技术节点部分掩模的规格参数 (specification)。表中 "measure type" 是指做掩模版测量时所选用的图形的类型；"image X CD/image Y CD" 及 "X/Y delta" 是指 X 方向和 Y 方向的关键线宽的目标值及其允许的偏差；"residual reg X/Y" 是指图形在掩模上 X 和 Y 方向的放置误差；"systematic scale X/Y and ortho" 是指掩模上图形沿 X、Y 及对角方向相对于目标图形的放大或缩小的倍数；"post pellicle flatness" 是指蒙贴完保护膜后，掩模版的平整度。对应 Att. PSM 还指定了相移的平均值和范围 (phase angle mean/range)。表 5.9 中其他参数的含义都比较直接。"image tone" 是指书写在掩模版上的封闭多边形 (polygon) 对应的是透光 (即 CL，是 clear 的缩写) 还是不透光 (即 OP，是 opaque 的缩写)。

表 5.9　20nm 逻辑节点掩版的技术参数(部分光刻层，曝光时的缩小倍数均为 4)

光刻层	光刻机	掩模类型	X/Y delta/μm	image X CD/μm	image Y CD/μm	image tone	measure type	residual reg X/μm	residual reg Y/μm	systematic scale X/Y and ortho/ppm	允许的最大缺陷/μm	phase angle mean/(°)	phase angle range/(°)	平均透射率/范围/%	贴保护膜后的平整度/nm
AW	ArFi	OMOG	0.003	0.264	0.264	CL	密集孔洞	0.012	0.012	1/1, 1	0.045				300
AZ	ArFi	OMOG	0.003	0.324	0.316	CL	密集孔洞	0.012	0.012	1/1, 1	0.045				300
BF	ArF	COG	0.008	0.8	0.8	OP	独立线条	0.018	0.018	1/1, 1	0.2				
BN	ArF	COG	0.008	0.688	0.688	CL	独立线条	0.013	0.013	1/1, 1	0.17				
BP	ArF	COG	0.008	0.616	0.616	OP	独立线条	0.013	0.013	1/1, 1	0.15				
B1	ArFi	Att PSM	0.003	0.328	0.328	CL	独立线条	0.016	0.016	1/1, 1	0.065	180	3	6.5/0.5	
B2	ArFi	Att PSM	0.003	0.328	0.328	CL	独立线条	0.016	0.016	1/1, 1	0.065	180	3	6.5/0.5	
B3	ArFi	Att PSM	0.003	0.328	0.328	CL	独立线条	0.016	0.016	1/1, 1	0.065	180	3	6.5/0.5	
CA	ArFi	OMOG	0.003	0.232	0.484	CL	密集孔洞	0.008	0.008	1/1, 1	0.045				300
CB	ArFi	OMOG	0.003	0.484	0.232	CL	密集孔洞	0.008	0.008	1/1, 1	0.045				300
C4	ArFi	OMOG	0.006	0.3	0.152	CL	密集线条	0.008	0.008	1/1, 1	0.045				300
C5	ArFi	OMOG	0.006	0.152	0.3	OP	密集线条	0.008	0.008	1/1, 1	0.045				300
DV	KrF	COG	0.025	8	8	OP	独立线条	0.04	0.04	1/1, 1	0.6				
IA	KrF	COG	0.015	1.6	1.6	CL	独立线条	0.03	0.03	1/1, 1	0.4				
IB	KrF	COG	0.015	1.6	1.6	CL	独立线条	0.03	0.03	1/1, 1	0.4				

掩模技术指标中一个很重要的参数是放置误差，它是指同一套掩模(用于同一个产品)之间图形的对准偏差。显然，掩模的放置误差直接影响到晶圆上的套刻误差。缩小掩模之间放置误差的工作主要集中在两个方面：一是必须能精确测量掩模之间的放置误差，或者叫套刻误差；二是根据测量的放置误差对曝光工艺做修正，使得修正后的放置误差大大减小[48]。文献[49]报道使用这种测量和修正系统可以使掩模之间的放置误差减小 40%~70%。图 5.39 是这种测量和修正系统的工作流程图，它是由 Zeiss 提出的，被称为 RegC®[50]。首先用掩模在晶圆上曝光，测量曝光图形与晶圆上参考图形之间的套刻误差，使用修正模型分析测量数据，确定曝光区域内套刻(intra-field)误差修正后的残留。把修正后的残留输入到 RegC® 系统中，RegC® 控制电子束曝光，在制备新掩模时控制图形的放置位置对这些残留的误差做补偿。RegC® 可以修正光刻机对准系统无法修正的一部分曝光区域内部的套刻误差[51]。

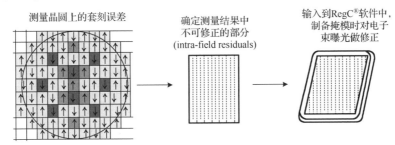

图 5.39　RegC® 系统对掩模之间对准偏差测量和修正的工作流程图[50]

5.7.5　掩模缺陷的检查和修补

高分辨的掩模版(如用于 NA>1.0 的 193i 曝光的掩模)制备完成后，必须做缺陷检查。如果发现缺陷，还需要做适当的修补。缺陷检查和修补的流程如图 5.40 所示，首先使用在线检测系统(inline inspection system)对掩模上的图形做检查；技术人员对检查的结果做分析)(review)，排除无关的缺陷(nuisance defects)，找出破坏掩模性能的关键缺陷。有些缺陷对掩模曝光性能的影响很难直观地判断，必须借助于空间像测量系统(aerial image measurement system，AIMS)。AIMS 可以把掩模缺陷区域的像投影在 CCD 相机上，使得工程师能直观地看到缺陷对成像的影响。关于 AIMS 工作原理的详细内容可参见 5.8.3 节。关键缺陷的数目和位置确定后，掩模要进行修补，使得这些缺陷在将来不影响曝光。修补完成后，重新对掩模做 AIMS 检测，确认关键缺陷经修补后不影响曝光，掩模符合质量要求。

图 5.40　掩模检查和修补的流程
图中“*”表示由 AIMS 结果决定掩模版是否合格放行

　　掩模的修补主要有两种方法：一是使用激光溅射(laser ablation)把多余的图形去掉，即在显微镜下把激光束聚焦在多余图形上，使之气化脱离掩模表面；另一种方法是使用聚焦离子束(focused ion beam，FIB)填补缺失的图形，即在显微镜下把离子束(如 He^+)聚焦在图形缺失的位置，同时(使用小的喷嘴)在附近释放含缺失材料的化学气体(precursor)，例如，含 Cr 的金属有机化合物。在离子束的作用下，化学气体分解，材料沉积在指定的位置，填补缺失的图形。

　　文献[52]演示了如何使用聚焦的离子束来清除掩模上的多余图形(bridge defects)。所使用的离子束由一个气态源提供(gas field ion source，GFIS)，如图 5.41(a)所示；修理掩模时的工作参数如图 5.41(b)所示。使用 N_2^+ 离子溅射，可以清除各种多余的 MoSi 结构。N_2^+ 离子束对 MoSi 的溅射率是石英基板的 4 倍以上。图 5.42 是掩模修复前后的电镜照片，两个线条之间的多余 MoSi 可以被 N_2^+ 离子束溅射掉。修复区域的线宽在目标值±3%之内。

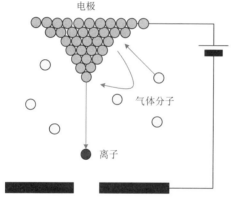

离子种类	N_2^+
加速电压(V_{acc})	15～30keV
发射电流(I_p)	0.1～1.0pA
修补时的视场(FOV)	1～300μm
缺陷识别	自动

(a) 气态离子束源的示意图　　　　　　　　　　　(b) 修补掩模所用的工作参数

图 5.41　气态离子束源的示意图和修补掩模所用的工作参数[52]

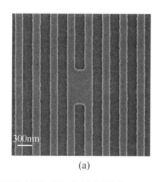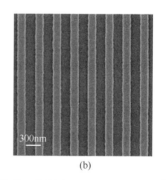

(a)　　　　　　　　　　　　　　(b)

图 5.42　掩模修复前后的电镜照片(MoSi 双极掩模，材料是 Shin-Etsu 的 W4G™ MoSi)[52]

　　随着掩模线宽的不断缩小，掩模修补技术也面临着挑战。首先，修补的定位必须更加精确,修补的精度必须更高;其次,修补技术必须能适合各种材质的掩模;第三,修补技术既要能去除多余的图形,又要能填补缺失的图形。目前修补技术发展的方向主要是使用聚焦离子束和电子束,这两者各有优缺点[53]。

5.8　掩模的缺陷及其清洗和检测方法

掩模上的缺陷分为两类:一类是制备时产生的缺陷,例如,掩模上线条没有分开,图形的线宽值不符合要求。另一类是在晶圆厂使用过程中产生的缺陷,例如,周围环境中的颗粒吸附在掩模上,长期光照导致的掩模损伤。这里侧重讨论在晶圆厂使用过程中产生的缺陷。

5.8.1　掩模缺陷的分类和处理办法

5.8.1.1　掩模的保护膜损伤和掩模版边缘划痕

掩模在晶圆厂有着较高的使用频率。曝光前工厂物料传送系统(automatic material handling system,AMHS)把掩模从储存间调出,运送到光刻机附近。光刻机的机械手把模版安装在光刻机上,曝光后机械手再把模版从光刻机上撤离,物料传送系统把它送回储存间。最常见的问题是掩模的保护膜和传送部件发生擦碰,受到物理损伤。保护膜受到损伤的掩模必须立即送回掩模生产厂进行维修。维修的步骤是把旧的保护膜完全去掉,清洗后安装新的保护膜。

掩模版的边缘区域,即保护膜覆盖的范围之外,是必须和光刻机的掩模工件台(reticle stage)直接接触的。反复的接触和摩擦很容易产生划痕。这些划痕产生的颗粒,不仅会破坏掩模和平台之间的无缝接触(见图 5.43),而且在搬运的过程中会掉落到掩模的曝光区域,产生曝光缺陷。发现这一类划痕后,可以在 Fab 中就地清洗,而不需要使用专用设备。清洗的溶剂是酒精,使用净化间专用的纤维织物,沾取酒精,小心地沿一个方向擦拭划痕区域。反复多次,直到把划痕处的颗粒清除干净。

图 5.43　掩模与平台接触的部分容易产生划痕和颗粒,导致掩模与平台倾斜接触

5.8.1.2　外来颗粒

掩模上发现得比较多的缺陷是外来的颗粒。它们吸附在掩模的玻璃面和保护膜

上。掩模在使用时，保护膜这一面是向下的，因此外来颗粒更容易掉落在玻璃面上。小尺寸的颗粒并不会对成像产生影响，大于几十微米的颗粒必须要被清除掉。清除颗粒的方法主要有两个。

第一种方法是使用干燥的 N_2 吹。在显微镜下找到颗粒的位置，然后把 N_2 喷嘴移动到颗粒附近，释放 N_2。这个方法也可以用于清除吸附在保护膜上的颗粒。Brooks Automation 公司的 ZARIS^{TM} 掩膜版自动化系统就具有缺陷检测和 N_2 清除功能。对于吸附力较强的颗粒，N_2 清除的效率非常有限。

第二种方法是液体清洗，这种办法只适用于清洗掩模的玻璃面。设备供应商专门设计了做掩模背面(玻璃面)清洗的机器，保证清洗时不损伤保护膜，如台湾 Gudeng Precision 公司的掩模清洗机。掩模版在机械手的夹持下翻转，使玻璃面向下，保护膜面被工件台夹紧密封。滚动的毛刷在掩模下方和玻璃面接触，在清洗液的辅助下清洗掩模。密封的夹持保证清洗液不会污染到保护膜面。最后用干燥的空气(air knife)吹干。这种清洗不需要拆卸保护膜，因此可以很方便地在晶圆厂使用。

由于有保护膜的保护，颗粒直接吸附在掩模 Cr 图形处的概率较低，但是也时有发生。这些颗粒主要有三个来源：一是保护膜。吸附或粘黏在保护膜面向掩模基板一侧的颗粒，在使用或搬运过程中脱落，附着在掩模图形上。二是蒙贴保护膜的金属边框。周围环境的变化使得金属边框上的颗粒脱离吸附，吸附在 Cr 或 MoSi 图形区域。三是来源于保护膜及其边框的黏贴剂(adhesive)。在紫外光的照射下，这些黏贴剂会干燥、脆化，在气流的作用下产生颗粒。

为了尽量减少清洗次数，延长有效使用时间，在掩模的使用、储存以及检查过程中要避免外来颗粒的污染。表 5.10 对此进行了归纳和总结。

表 5.10　掩模在使用、储存以及检查过程中避免外来颗粒污染的措施

颗粒产生的区域	可能的问题	控制的措施
存储掩模的盒子	盒子(POD)的材质	POD 材质必须符合 SEMI 标准
	清洗盒子的频率	确定盒子清洗的频率
光刻机	掩模机械手	定期做维修和清洗，特别是当 IRIS 报警后
	掩模工件台	定期做维修和清洗，特别是当 IRIS 报警后
	掩模库	定期做维修和清洗，特别是当 IRIS 报警后
掩模颗粒检测设备	机台内的颗粒污染掩模	机台内保持 Class l；N_2 洁净度达标
掩模存储间	环境中的颗粒	实时监测环境中的洁净度
工程师接触掩模	人与掩模直接接触	必须有详细的工作流程和规定
	使用设备接触掩模	设备必须符合洁净度要求
	用小车搬运掩模	必须有抗静电措施

5.8.1.3　掩模版上的霾斑

另一类常见的掩模缺陷是霾斑(haze)。它通常出现在掩模透光的区域，位于掩模图形的一侧，看起来像一个污斑。有时这个污斑还会像彗星一样有一个尾巴。霾斑随着掩模使用时间的延长会不断加深长大，霾斑放大后的电镜照片如图 5.44 所示。霾斑最早是在 248nm 掩模上发现，但最多出现在 ArF 掩模上。霾斑在初期导致掩模版局部透光率损失 10%左右，后期可高达 50%以上。

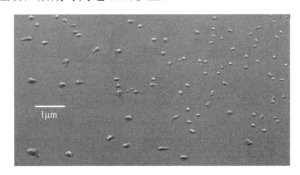

图 5.44　霾斑的电镜照片

对掩模上的霾斑做拉曼光谱(Raman spectroscopy)分析发现其主要成分是硫酸氨(ammonium sulfate，$(NH_4)_2SO_4$，拉曼谱峰位于 $975cm^{-1}$)和氰尿酸(Cyanuric acid，$C_3O_3N_3H_3$，拉曼谱峰位于 $703cm^{-1}$ 或 $705cm^{-1}$)，还有一些拉曼峰在 $1064cm^{-1}$ 和 $790cm^{-1}$ 的化合物[54]。

经过对大量实验结果的总结，业界普遍接受的霾斑形成的机制如下：掩模制备的工艺中使用了多种化学药品，它们残留在掩模上。掩模保护膜蒙贴使用的粘合剂也释放化学气体。在紫外光照射下，这些化学成分在掩模表面发生复杂的光致化学反应，生成盐类化合物，就是霾斑。具体的说，在掩模制备过程中需要使用含氨离子(ammonium ions)和硫离子的化合物，这些化合物会残留在掩模上。在高能光子的激发下，它们从表面释放出来，发生反应生成$(NH_4)_2SO_4$。反应方程式如下，反应中需要的 H_2O 来自于周围环境：

$$H_2O + H_2SO_4 + 2NH_4OH \rightarrow (NH_4)_2SO_4 + H_2O \qquad (5.14)$$

氰尿酸(cyanuric acid)形成的机制，可以有两个。掩模上残留的氨或氨离子(ammonia or ammonium ions)在高能光子的激发下和 CO_2、水反应，生成氰尿酸。反应方程式如下：

$$3NH_3 + 3CO_2 \rightarrow C_3O_3N_3H_3 + H_2O \qquad (5.15)$$

另外一个可能的来源是保护膜及其粘合剂。这些有机材料会分解，释放出的化学成分和环境中的 H_2O 反应，生成氰尿酸。

进一步的研究还发现，构成霾斑的离子和分子，可以在掩模版表面迁移，还会沉积在掩模图形的侧壁[55]，如图 5.45 所示。

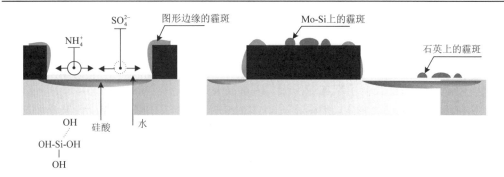

图 5.45　霾斑可以在掩模版表面迁移，还会沉积在掩模图形的侧壁

　　控制霾斑生长的关键是在掩模制造和清洗过程中尽量避免使用含氨的化合物。在掩模的储存和使用时要尽量保证周围环境的干燥，避免水汽侵入掩模。保护膜及其粘合剂也要选择放气量尽量小且不含氨的材料。可以对刚制备完成的掩模，在真空环境中做烘烤和一定剂量的紫外曝光，使之释放吸附的有害分子。有经验表明，掩模使用和储存环境中的有害成分必须控制在 10ppb 以下[56]。美国的 Photronics 和 Micron Technology 公司联合研发了一个减少霾斑生成的掩模制造工艺，称为 RigHT(reticle haze treatment)工艺[57]。使用 RigHT 工艺可以使霾斑出现的曝光累计剂量从小于 20kJ/cm^2 提高到大于 100kJ/cm^2。表 5.11 归纳了掩模在制备、使用以及储存过程中需要注意的事项。这些注意事项能极大地减少霾斑生成的概率。

表 5.11　为减少霾斑生长，掩模版保存和使用必须遵守的条件

负责区域	需要控制的项目	控制指标
掩模工厂	清洗	不使用含 SO_4 的清洗液
	保护膜的选用	符合技术指标
	粘合剂	不放气
	工厂环境(湿度、SO_4 和 NH_3 含量)	湿度<43% NH_3<0.5ppb
晶圆厂的环境	掩模存储间的湿度、环境中 SO_4 和 NH_3 含量	湿度<43% NH_3<0.5ppb
	掩模盒(POD)	使用洁净干燥的空气(XCDA)定期清洁盒子
	光刻区域的环境	光刻区域的空气要保证 100%过滤
光刻机	曝光能量的限制	设置曝光能量的上限
	光刻机内部环境	安装过滤器

　　掩模上出现霾斑后必须要做清理。霾斑的清理主要有两种办法：一是把掩模送回掩模制造厂做全面清洗。掩模厂收到有霾斑的掩模后，先拆除保护膜及其框架，然后对掩模做清洗。通常是使用化学清洗液做两面的清洗。清洗完成后，重新安装框架和保护膜。另一种清除霾斑的办法是使用激光溅射，如图 5.46 所示。首先在显微镜下确定霾斑的区域，打开激光束，会聚在霾斑区域。在激光的照射下，霾斑不断分解气化，有害成分被真空泵抽走。这种激光溅射方法的优点是不需要拆除保护膜、清理需要的

时间短，缺点是霾斑的化学成分可能会沉积在掩模其他区域，导致二次污染。这种清理方法的关键是用适当波长的激光对霾斑加热，使之到达分解的温度。图 5.47 中的表格列出了霾斑中主要化学成分的分解温度。

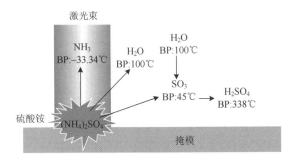

霾斑的成分	分解温度/℃
$(NH_4)_2SO_4$	235-280
$(NH_4)_2C_2O_4 \cdot H_2O$	>150
$H_2C_2O_4$	>100
$H_2N \cdot COONH_4$	<132.7
$C_3H_3N_3O_3$	320-350

图 5.46　在激光作用下霾斑分解、溅射、挥发(图中 BP 表示沸点，即气化的温度)

5.8.1.4　Cr 迁移形成的缺陷

铬(Cr)是掩模上用得最多的材料，它是导电的金属，而掩模的基板石英玻璃是绝缘体。长期使用后，Cr 不仅会氧化而且会迁移(migration)。特别是在静电的作用下，这种迁移(electric field-induced migration，EFIM)会导致掩模上图形的破坏和线宽的变化。EFIM 与局域的静电场强度有关，而局域的静电场强度又与 Cr 图形的结构形状有关，所以，EFIM 发生的区域具有一定的重复性。图 5.47 是 EFIM 发生后掩模图形的透射(T)和反射(R)照片。为了对比，图 5.47 中还包括了没有损伤的掩模照片。

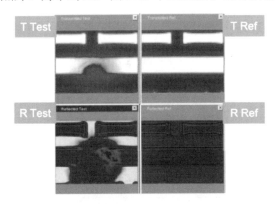

图 5.47　掩模版图形的透射(T)和反射(R)照片(见彩图)
图中 "Ref" 是没有损伤时的掩模参考照片；"Test" 是有损伤的掩模

Cr 迁移形成的缺陷可以使用聚焦离子束来修补。先把掩模清洗干净；在显微镜下把离子束(如 He^+)聚焦在 Cr 缺失的位置，同时(使用小的喷嘴)在附近释放含 Cr 的化学气体(precursor)。在离子束的作用下，化学气体分解，Cr 沉积在指定的位置，填补缺失的图形。

5.8.1.5 长期使用导致的掩模上 MoSi 的膨胀

实验发现，ArF 掩模使用积累到一定的曝光剂量后，MoSi 线条会发生膨胀。膨胀量与总曝光剂量几乎呈线性关系。图 5.48 是一个实验结果，在干燥的空气环境中 MoSi 的线宽随曝光剂量增加的比例是 4nm/50kJ；而在 N_2 的环境下，几乎观察不到 MoSi 的膨胀。这一结果说明，MoSi 的膨胀可能是氧化导致的，在光子能量的辅助下，O_2 扩散进入 MoSi 使之氧化。在其他的掩模上也观察到了类似的 MoSi 膨胀现象，膨胀率为 $5\sim7nm/100(kJ/cm^2)$。

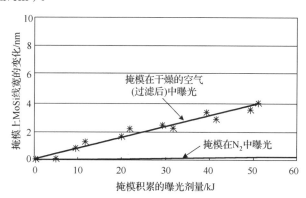

图 5.48 掩模上 MoSi 的线宽随曝光剂量(193nm 波长，曝光区域 20mm×20mm)的变化曲线

根据晶圆厂提供的数据，掩模缺陷对光刻工艺良率影响的大小，依次为霾斑、掩模玻璃面上的颗粒、掩模的老化以及静电损伤。

5.8.2 清洗掩模的方法

一个好的掩模清洗方法必须既能有效地去除颗粒和霾斑，又不能损伤或改变掩模上功能材料的光学性质(透过率、相移等)。传统的清洗方法主要是用酸和碱溶液来清洗，这些清洗液都会不同程度的损伤掩模版。以 Att. PSM 掩模为例，表 5.12 归纳了几种传统清洗液对相移材料性能的影响[58]。

表 5.12 不同清洗方法对 Att. PSM 掩模上相移层材料性能的影响

清洗方法	稀释的 NH₄OH	溶有 O₃ 的 SC1(20℃冲洗)	溶有 O₃ 的 SC1(70℃冲洗)	SPM/超声 /NH₄OH	SPM/超声/稀释 的 SC1
一次清洗导致的 相移偏差/(°)	0.39	0.07	0.7	0.65	0.2
一次清洗导致的 透射率变化/%	0.036	—	0.05	—	—

SC1=NH₄OH : H₂O₂ : H₂O(1 : 2 : 50)
SPM(sulfuric peroxide mixture)=H₂SO₄ : H₂O₂ (4 volumes H₂SO₄ 98% : 1 volume H₂O₂ 30%)

上述清洗液中的硫和氨还会残留在掩模上，在使用过程中形成霾斑。因此，以上这些方法主要用于 I-线和 KrF 掩模的清洗，而无法用于 ArF 掩模。ArF 掩模的清洗必须避免使用硫酸(sulfuric acid)和氨化合物(如 NH_4OH)。避免使用氨(ammonia)还有利于延长 MoSi 和石英基板的使用寿命。这里介绍几种新的清洗方法。

1. 使用兆声波(megasonic energy)

把掩模固定在工件台上慢速旋转，清洗液在兆声波的作用下喷淋在掩模表面，清洗掩模。清洗液是溶有 N_2 的去离子水。在兆声波的辅助下，吸附在掩模上的微小颗粒比较容易脱附，被清洗液带走。由于清洗时掩模是旋转的，脱离掩模表面的颗粒在离心力的作用下，随清洗液一起被甩离掩模表面。

2. 使用 172nm 波长的紫外光照射

在 248nm 波长或 193nm 波长光子的作用下，环境中的有害成分可以与掩模相互作用生成霾斑。更短波长的(172nm 波长)光子具有更高的能量，照射在霾斑上，则可以使之分解。

3. 溶解有臭氧的水(ozonated water)

溶解有臭氧的水可以比较有效地氧化掩模上残留的有机污染。可以把清洗液加热到 70℃，这样的清洗效果更好[58]。

4. 使用液态 CO_2 喷淋清洗(CO_2 cryogenic aerosol technology)

使用喷嘴把冷冻的液态 CO_2 以一定的速度和流量喷淋在掩模表面，清洗掩模。CO_2 液态射流具有一定的动量，可以把掩模上附着的颗粒冲掉。在冲洗的过程中液态 CO_2 不断气化，被负压系统抽走，而没有水渍残留。这是一个无化学药品的清洗方法，很环保，因而最近得到了广泛的重视。图 5.49 是掩模使用液态 CO_2 清洗前后的电镜照片。

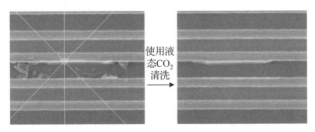

使用液态CO_2清洗

图 5.49　液态 CO_2 清洗前后掩模版的电镜照片[59]

在 14nm 以下技术节点，液态 CO_2 喷淋清洗会使用得更为广泛，它可以提供非常好的局部清洗效果[60]。液态 CO_2 喷淋清洗仍然有待解决的一些技术问题包括：①尽量减小液体颗粒的尺寸，使之能直接作用在较小线条或孔洞的侧壁和底部，增大清洗效果。②CO_2 对碳氢化合物有一定的溶解度，必须减少清洗时碳氢化合物的污染和沉积。

③尽量减少清洗对掩模图形本身的损伤。射流中较大的颗粒具有足够的动量，可能破坏掩模上独立的小线条。

5.8.3 掩模缺陷检测的方法

掩模上的缺陷对光刻工艺的良率影响极大，因此在使用过程中必须及时检测，并分类修补[61]。掩模缺陷的检测设备是根据技术等级的需要来配置的，主要技术指标包括检测光的波长，波长越短设备的分辨率就越高；像素的大小，像素越小分辨率越高。例如，KLA-Tencor 的 Teron617^{TM}，工作波长是 193nm，像素的尺寸是 55nm 或 72nm，对掩模上缺陷的分辨率是 30nm。

5.8.3.1 光刻机在线检测系统

Fab 中对掩模缺陷的检测分为在线和离线两种。在线检测是指每次曝光之前和之后对掩模表面做检测。这通常是依靠光刻机中内置的检测单元来完成的。最常见的是集成在 ASML 系列光刻机上的掩模检测系统(integrated reticle inspection system，IRIS)。IRIS^{TM}对即将被使用的掩模或刚使用完毕后的掩模的正反两面分别扫描，发现吸附在掩模上的颗粒，并报警。光刻工程师看到报警信号后做相应处理。图 5.50 是 IRIS^{TM} 工作的原理图。做颗粒扫描时，掩模沿 Y 方向的运动由机械手控制，X 方向的扫描由激光束的移动来实现。完成一次 IRIS^{TM} 扫描的时间大约等价于 2~3 个晶圆曝光的时间。通常对一批晶圆可以只做一次 IRIS^{TM} 扫描，这样可以减少占用生产的时间，提高光刻机的产能。

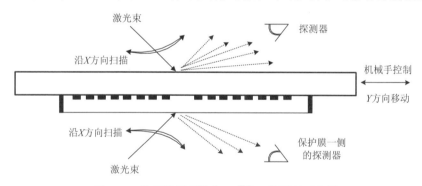

图 5.50　掩模检测系统(IRIS^{TM})工作原理示意图

离线检测是指定期地把掩模从系统中调出来做缺陷检测。检测的时间间隔可以在掩模版管理系统中设定，也可以按使用过的次数来决定是否做检测。半导体设备供应商提供专用设备来做这种检测。离线检测的优点是分辨率高，有些检测设备还能对检测出来的缺陷做简单的处理。

5.8.3.2 基于图像对比的检测系统

如果一块掩模上有多个相同图形的区域(die)，对比掩模上这些区域图形的差异可以发现缺陷。这种检测方法被称为 "die-to-die inspection"，如图 5.51 所示。分析对比版图两个相同区域采集的视频图像，不一致的地方就是缺陷。对比的参考图像也可以是设计版图(gds 文件)，这样，掩模上采集的图像就直接与设计版图对比，这种检测方法被称为 D2D(die-to-database)检测。D2D 不需要掩模上有重复的设计单元。

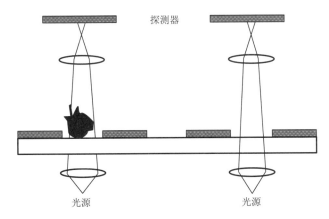

图 5.51　基于图像对比的检测系统工作示意图

基于图像对比的检测系统对 "硬缺陷"(如外来颗粒)的检测灵敏度较高，测量时聚焦的位置是掩模图形(Cr)面。但是，这种检测方法对霾斑的检测灵敏度不够，因为霾斑的边缘并不清晰，初期的霾斑也有一定的透射率。

随着仿真技术的发展，在 D2D 的基础之上又发展出了 D2M(die-to-model)检测系统。D2M 系统首先对制备掩模的电子束曝光系统进行仿真，可以根据设计版图(添加了 OPC 之后的，即 "tapeout" 后的 gds 文件)计算出其在掩模上的像，如图 5.52 所示。光学检测系统测量掩模得到的像与仿真计算得到的像对比，不一致之处就可能是缺陷。这种 D2M 的比对要比 D2D 的比对更加精确，特别是在逻辑器件掩模的检测中受到广泛重视[62]。

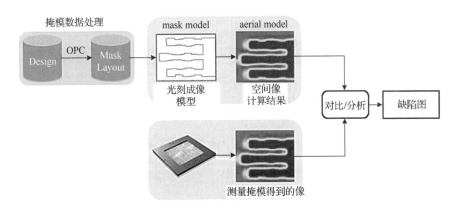

图 5.52　D2M 掩模缺陷检测示意图

5.8.3.3　表面扫描检测系统

这是基于光散射原理的检测。激光束照射在掩模版上，系统测量反射光和散射光，从中分辨出颗粒导致的散射光。图 5.53 是工作原理的示意图。本系统能分别扫描掩模的玻璃面、保护膜面和图形(Cr)面。

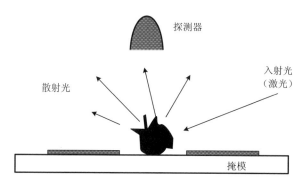

图 5.53　表面扫描检测系统示意图

5.8.3.4　透射和反射光检测系统

一束激光照射在掩模版上，其反射光和透射光分别被探测器接收。定量分析反射光和透射光的光强，从而计算出散射光的强度，如图 5.54 所示。在图形清晰的区域(无缺陷)，散射光强应该很小；较强的散射光就意味着缺陷。这种测量系统对边缘清晰的"硬缺陷"检测灵敏度不够，对霾斑有很高的检测灵敏度。KLA-Tencor 的 Starlight^{TM} 就是这类系统。

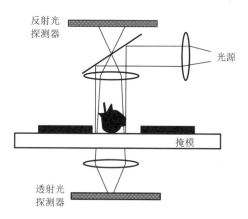

图 5.54　透射/反射光检测系统示意图

5.8.3.5　空间像测量系统

空间像显微镜(aerial image measurement system，AIMS)的结构如图 5.55 所示，其光学系统和光刻机曝光系统非常类似。光束照射在掩模上，发生衍射；衍射光束被投影透镜组接收，会聚在一个 CCD 相机上。CCD 相机接收掩模版的像，并显示在屏幕上。AIMS 是在与曝光类似的条件下分析掩模的性能，其中的 CCD 相机所接收到的像与曝光时晶圆接收到的像类似[63]。因此，AIMS 在掩模厂使用得相当广泛，已经成为掩模厂的一台标准设备。

与其他掩模缺陷检测设备相比，AIMS 具有较高的分辨率，常用于检查掩模上 OPC 图形的质量，还可以用于测量掩模修补区域的透射率[64]。在 AIMS 探测到的缺陷中很少出现"伪缺陷"（nuisance defects），即探测系统在信号处理中产生的缺陷，而非真正的掩模缺陷。由于 AIMS 探测缺陷的原理是基于掩模的成像，所以无法探测位于不透明的 Cr 或 MoSi 图形上的小颗粒。在掩模成像时，这些小颗粒被不透光的 Cr 或 MoSi 阻挡，无

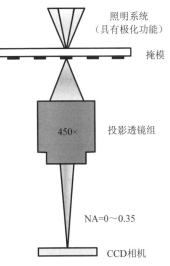

图 5.55　掩模空间像显微镜（AIMS）结构示意图

法成像。AIMS 的最大优点是它探测出来的掩模缺陷都是能在晶圆表面成像的；也就是说，AIMS 探测出来的缺陷是我们真正关心的、对工艺良率有影响的缺陷[65]。

随着分辨率要求的提高，AIMS 设备也在不断升级之中。这种升级主要是为了与掩模所要使用的光刻机相匹配，以便在 AIMS 中检查掩模的成像质量。表 5.13 是两种 AIMS 的参数对比，它们都是由 Carl Zeiss 提供的。

表 5.13　Carl Zeiss 的两种 AIMS 的参数对比

机台名称	AIMS45™	AIMS32™
适用的技术节点（逻辑）	90～32nm	90～22nm
工作波长/nm	193	193
可选的照明方式	24	100
图形尺寸测量结果的重复性（3σ，折算到了晶圆上的尺寸，nm）	2	0.5
工件台的精确度/nm	<2000	<150
产能（stack/hrs）	40	120
能否使用 SMO 设置	否	是

AIMS 设备的另外一个用处就是可以直接获得掩模上图形成像时的空间对比度（NILS）[66]。AIMS 设备可以测量成像的光强分布，进而计算出空间对比度。这对于新型掩模的研发非常有用。

5.8.4　测试掩模的设计

通常使用一种特殊设计的掩模版来评估检测设备对各种缺陷的检测灵敏度。这种掩模的版图上设计有各种常见的缺陷，如表 5.14 所示。一个检测设备在投入使用前必

须能成功地检测出这些缺陷，并且有较好的重复性。这种掩模是评估和验收检测设备所必需的，工程师也可以用它来调节和优化检测设备的工作参数。

表 5.14　评估和测试用掩模(透射式)上常见的缺陷

缺陷形状		尺寸/nm
小方块(pin dot)		50
方形孔洞(pin hole)		50
边缘凸出(edge extention)	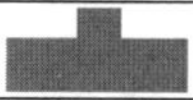	45
边缘凹陷(edge intrusion)		55
拐角凸出(corner extension)		45
拐角凹陷(corner intrusion)		50
线条过宽(oversize)	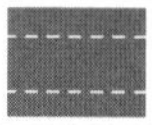	30
线条过窄(undersize)		25
延长(elongation)		35
缩短(truncation)		40
错位(misplacement)	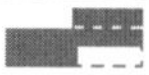	25
错位(misplacement)	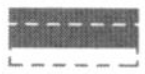	25
45°角方向的凸出(extension on 45° slope)		55
45°角方向的凹陷(intruction on 45° slope)		60
26°角方向的凸出(extension on 26° slope)		55
26°角方向的凹陷(extension on 26° slope)		60

注：表中图形的具体尺寸仅供参考，可以根据技术节点的要求增大或缩小，也可以添加其他的测试图形

5.8.5　掩模缺陷对成像影响的仿真评估

掩模上的有些缺陷对曝光成像的结果并没有影响，因此这一类缺陷就不需要修补。检测系统在掩模上发现缺陷后，摄取缺陷的照片。仿真软件可以根据缺陷的照片做模拟计算，确定其对成像的影响，从而决定是否需要修补。文献[67]对此思路进行了探讨，并提出基于模拟计算的结果来决定掩模是否合格的方法。这种方法的工作流程如图 5.56 所示。

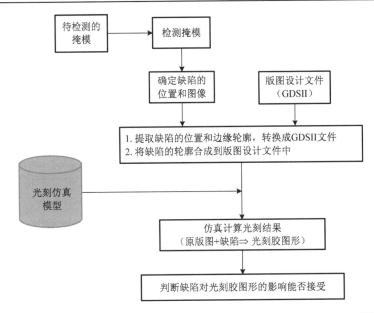

图 5.56 基于仿真结果来确定掩模上缺陷对成像质量影响的工作流程[67]

首先从缺陷的照片(可以从掩模检测报告中获得,即 KLARF 文件)中提取出缺陷的轮廓线(defect edge contour)。把缺陷的轮廓转换成设计文件(GDS)所识别的多边形格式,并放置到对应的设计文件中。对缺陷区域做成像的仿真计算,这个区域以缺陷所在的位置为中心,必须大于曝光时邻近效应所能影响的范围,它既包括缺陷也包括原版图的图形。仿真计算所使用的模型必须与掩模设计时的模型一致,实际上可以直接使用当初的 OPC 模型,以保证仿真的准确性。仿真计算的结果有两个,一是没有缺陷时的成像结果,另一个是有缺陷时的成像结果。通过对比这两个结果,确定该缺陷对光刻工艺的实际影响程度。

也可以选择使用缺陷的电镜照片(SEM images)来做上述计算和判断,结果似乎会更精确。电镜照片比检测设备获得的光学显微镜照片清晰,分辨率更好,所提取出来的缺陷轮廓也更精确。然而,文献[67]的结果表明,使用电镜照片并没有对结果产生多大的影响。这是因为:高分辨率电镜照片所提供的缺陷形状的细节,在成像时无法分辨,对成像结果的影响不大;影响成像的关键参数是缺陷的位置和大小。这与小通孔图形(small contact hole)的成像类似,掩模上面积相同的方形和圆形图形,曝光后在晶圆上形成的像是相同的圆形。掩模上图形的细节在曝光时被过滤掉了,因为光刻系统只能让低空间频率的信号通过。因此,综合评价,使用光学显微镜照片比高分辨率的电镜照片有优势。而且,光学检测设备不仅可以获得缺陷区域的反射照片,还可以获得透射像。这对于确定缺陷的位置和大小非常有帮助。

5.9　晶圆厂对掩模的管理

5.9.1　晶圆厂与掩模厂的合作

掩模厂对于晶圆厂来说极其重要；实际上，大型晶圆厂都附设有掩模厂。在每一个新技术节点开始时，晶圆厂必须对掩模厂的技术能力做全面考核，即所谓的合格考核(qualification)，通过考核的掩模厂才具备和晶圆厂合作，向晶圆厂提供掩模的资质。这种考核通常是由晶圆厂研发部门负责的。考核的内容还包括很多物流和数据共享的问题，例如，设计版图数据的传送、掩模测量数据的共享和评估方法、掩模版物流的方式。表5.15列出了晶圆厂和掩模厂之间必须沟通的一些技术问题。

表5.15　晶圆厂和掩模厂之间必须沟通的一些技术问题

	项目	技术问题
掩模入晶圆厂的检查	入厂检查(保护膜、图形)	如何检查保护膜的完好？ 如何确认掩模上图形的完备性？
	掩模厂提供的性能参数：线宽、放置误差、透射率等	晶圆厂如何确认这些数据？
	掩模图形的缺陷	如何做掩模图形缺陷的检测(设备型号、像素、AIMS的设置等)？
使用中掩模缺陷的监控和修理(霾斑、颗粒、静电损伤等)	定期和不定期的检测	如何做霾斑、颗粒、静电损伤的检测(检测频率、设备设置等)？
	掩模清洗后性能的检测	清洗前后掩模曝光结果的对比，可以接受的差别？
备用掩模的预订	备用掩模的质量控制	如何预订备用掩模？ 需要多长时间可以收到？如何验收？

5.9.2　掩模管理系统

一个集成电路产品有几十道光刻层，需要几十个掩模。一个晶圆厂可以同时生产很多个产品，因此，晶圆厂内的掩模可以多达几千甚至上万。有些掩模可能正在掩模厂发往晶圆厂的路上，有些正在被使用，有些正在做缺陷检测或清洗中(暂时无法使用)，而有些正等待被发送回掩模厂做维修，等等。晶圆厂专门有一套系统来进行掩模的日常管理[68]。图5.57总结了掩模的整个生命周期，以及掩模管理的各个部分。本节对每一部分做一介绍。

5.9.2.1　版图输出

对设计图形进行邻近效应处理并加入边框设计图形以后，整个的版图就可以发送到掩模厂制备掩模，被称为版图输出(tape-out)。在制备之前，负责版图输出的工程师还需要召集光刻工程师、工艺集成工程师等最后审查一遍版图的图形[69]。光刻工程师一般检查如下几个方面：

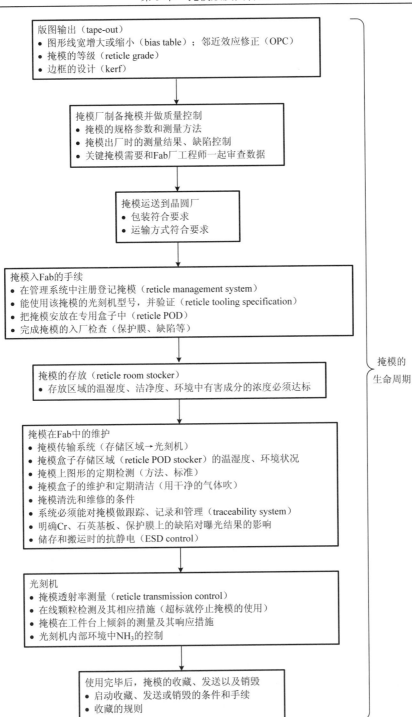

图 5.57　掩模的生命周期，以及晶圆厂掩模管理流程

(1)掩模是否与光刻机类型相匹配;

(2)所有的对准标识是否都在,用于线宽和套刻精度测量的图形是否都放置得准确;

(3)掩模上的图形是否符合设计手册,最小线宽是否正确;

(4)选择几个关键图形,如"Anchor"图形、一些困难的二维图形,检查一下设计和OPC做得是否正确;

(5)掩模的等级、允许的放置误差以及缺陷的标准;

(6)光刻层的标识和边框的宽度是否正确;

(7)掩模与工件台对准的标识是否正确;

(8)掩模保护膜的类型。

在制备掩模时,掩模厂还需要知道该掩模的等级(reticle grade)。掩模的等级是晶圆厂和掩模厂事先协商好的,它规定了掩模版必须满足的一系列规格参数,例如,允许的线宽偏差。表5.16是掩模等级所对应的一部分参数。注意,在制备掩模之前,掩模厂对收到的版图数据还需要做处理,即对掩模制备工艺中的偏差做修正(MPC)[70]。

表 5.16 掩模版等级(A~Q)所对应的参数(部分)

掩模等级	Cr 双极型和 Att. PSM						
	线宽/μm			放置误差	缺陷	颗粒数	
	容忍的偏差(+/−)	平均值与目标值允许的偏差(+/−)	允许的范围(max-min)	3σ/μm	允许的最大缺陷/μm	保护膜上允许的颗粒	
						10~30μm	≥30μm
A	0.2	NA	0.2	0.3	1.5	≤10	0
B	0.15	NA	0.15	0.25	1	≤10	0
C	0.12	NA	0.12	0.15	0.5	≤10	0
D	0.1	NA	0.1	0.12	0.35	≤10	0
E	0.07	NA	0.07	0.1	0.35	≤10	0
F	0.05	NA	0.05	0.08	0.3	≤10	0
G	NA	0.04	0.04	0.07	0.25	≤10	0
H	NA	0.03	0.03	0.07	0.25	≤10	0
I	NA	0.025	0.03	0.04	0.2	≤10	0
J	NA	0.02	0.025	0.03	0.2	≤10	0
K	NA	0.015	0.02	0.025	0.15	≤10	0
L	NA	0.012	0.015	0.02	0.15	≤10	0
M	NA	0.01	0.012	0.016	0.12	≤10	0
N	NA	0.008	0.01	0.016	0.12	≤10	0
O	NA	0.007	0.008	0.014	0.09	≤10	0
P	NA	0.006	0.007	0.013	0.09	≤10	0
Q	NA	0.005	0.006	0.012	0.072	≤10	0

5.9.2.2　掩模质量检查和发送

掩模版制备完成后，必须要做相应的测量，以保证各项关键参数符合指标要求。测量的内容包括线宽及其均匀性、放置误差、套刻标识的对准偏差等。掩模各项参数符合要求后，就可以包装发送到晶圆厂。包装和发送都有特殊的要求，这些也都是事先协商好的。目的是保证掩模安全抵达晶圆厂，没有意外损伤。

只测量掩模上关键图形的线宽已经不能满足掩模图形质量检验的要求，最近的新发展是直接从高分辨电子显微镜(CD-SEM)的实时图像中抽取出边缘轮廓线(contour)。边缘轮廓的精确度和测量线宽是一样的，但包含了二维信息。把抽取的图像边缘轮廓转换成 GDSII 或 OASIS 文件，并与设计图形对比；它们之间的差别超过允许范围的就是缺陷，被标记出来[71]。图 5.58(a)是根据电镜图像确定的边缘，图 5.58(b)是抽取出来的图形(边缘轮廓线)。这种实时的电镜图像轮廓抽取技术使得掩模检测的自动化程度更高、也更容易发现缺陷。

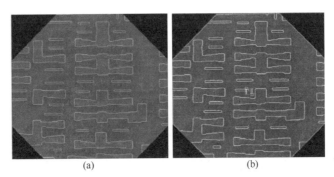

　　　　　　　　(a)　　　　　　　　　　　　　　(b)

图 5.58　(a)根据电镜图像确定的边缘和(b)抽取出来的 2D 图形(边缘轮廓线)[71]
电镜设置：FOV=12μm，4096×4096 像素

5.9.2.3　掩模登记进入管理系统

掩模到达晶圆厂后，首先要登记，将其条形码(ID)录入到掩模管理系统中。掩模本身要安放到规定的盒子中(reticle POD)，并保证系统能自由地将其传送到设备上去。检查掩模厂提供的信息，确认此掩模符合光刻机的要求(mask tooling specification)，也就是核查掩模上的对准标识等和光刻机的型号是否一致。最后，再对掩模做入厂的缺陷检测(income inspection)，检测发现的缺陷数要小于规定值。在不使用时，掩模一般是储存在一个专门的储存空间内(reticle room stocker)。这个储存空间内的温度、湿度、空气中的化学成分都受到严格控制。

5.9.2.4　掩模的日常管理

为了减少外界颗粒、有害化学成分对掩模的损害，延长其使用寿命。在晶圆厂里，掩模的日常管理和使用必须注意以下几个方面：

(1)储存间和光刻机之间的掩模传送必须稳定可靠，避免在传送中对掩模造成机械损伤。

(2)存放掩模的容器(reticle POD)和储存间(stocker)内的温度、湿度、化学成分和颗粒度都必须严格控制，要定期使用干燥的 N_2 清洁。

(3)对掩模定期做缺陷检查(例如，使用了一定次数，或使用了一定时间以后)并设定清洗和维修的标准。

(4)掩模要有防静电(electric static damage，ESD)的措施；人工搬运时要接地。

随着技术节点的推进，掩模管理系统也在不断演化，以适应更严格的生产要求[72]。图 5.59 是目前使用的最普遍的管理系统示意图，它需要保证：①简便、快速地在储存间找到所要使用的掩模，并将其传送到光刻机或清洗设备处。②对库存掩模管理，并基于使用的情况自动计划安排检测和清洗。③存储掩模版图文件、掩模厂提供的测量参数，记录其使用情况。④必须和晶圆厂自动化管理系统实现无缝链接，实现数据共享和互相调用。

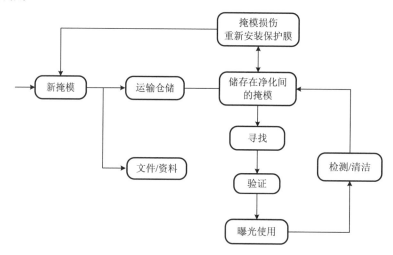

图 5.59　常用的掩模管理系统框图

5.9.2.5　掩模在光刻机上的使用

一般要求光刻机的在线颗粒检测系统开启，在曝光前或后对掩模做颗粒检测。另外，还要对掩模透光率(reticle transmission)做监测。监测的结果自动上传到 SPC 系统中，并和事先确定的规格参数作对比。如果颗粒和透光率监测超出规定值，光刻机停止进一步动作并报警。为了减少霾斑生成的几率，光刻机中氨(NH_3)的浓度必须控制在一定的数值之下(<1ppb)。掩模被放置在密闭的专用盒子中(reticle SMIF box)，通过工厂自动物料传送系统在光刻机和存储间之间流动。装载有掩模的 SMIF 盒子到达光刻机后，被自动安放在光刻机的掩模入口处(reticle port)，机械手取出掩模，将其安装在掩模工件台上。

参 考 文 献

[1] French R, Tran H. Immersion lithography: photomask and wafer-level materials. Annual Review of Materials Research, 2009, 39: 93-126.

[2] Pellicile. http://www.microsi.com/Pellicles.aspx.

[3] CotteE. Design and development of pellicles for 157-nm lithography. SRC Program Review, 2002.

[4] Mizoguchi T, Akutagawa S, BarrettM, et al. The relationship between mounting pressure and time on final photomask flatness. Proc of SPIE, 2010, 7748.

[5] Cotte E, Häßler R, Utess B, et al. Pellicle choice for 193-nm immersion lithography photomasks. BACUS, 2004.

[6] Look L, Bekaert J, Laenens B, et al. Experimental study of effect of pellicle on optical proximity fingerprint for 1.35 NA immersion ArF lithography. Proc of SPIE, 2010, 7640-76401Y.

[7] Nozawa O, Shishido H, Hashimoto M, et al. Advanced binary film for 193 nm lithography extension to Sub-32 nm node. Proc of SPIE, 2011, 7823-78230K.

[8] Levenson M. Phase-shifting mask strategies: Line-space patterns. Microlithography World, 1992, 1(4): 6-12.

[9] Levenson M. Phase-shifting mask strategies: Isolated dark lines. Microlithography World, 1992, 1(1): 6-12.

[10] Levenson M. Phase-shifting mask strategies: Isolated bright contacts. Microlithography World, 1992, 1(2): 7-10.

[11] Kye J, Mclntyre G. Polarization for lithography. Proc of SPIE, 2006, SC779.

[12] Kim Y, Park J, Lee K, et al. Evaluation of the attenuated PSM performance as the shifter transmittance and illumination systems. Proc of SPIE, 1999, 3748.

[13] KimE, Moon S, Kim Y, et al. Simulation of optical constants range of high-transmittance attenuated phase-shifting masks used in krF laser and ArF laser. Jpn J Appl Phys, 2000, 39(11): 6321-6328.

[14] McIntyre G, Holwill J, Neureuther A. Screening layouts for high-numerical aperture and polarization effects using pattern matching. Journal of Vacuum Science & Technology B:Microelectronics and Nanometer Structures, 2005, 23(6): 2646-2652.

[15] Mack C. The death of the aerial image. Microlithography World, 2005, 14(3): 12-13.

[16] Erdmann A. Topography effects and wave aberrations in advanced PSM-technology. Proc of SPIE, 2001, 4346.

[17] Erdmann A, Friedrich C. Rigorous diffraction analysis for future mask technology. Proc of SPIE, 2000, 4000.

[18] Smith B. Pushing the limits: Optical enhancement, polarization, and immersion lithography. Proc of SPIE, 2004, SC124.

[19] Petersen J, McCallum M, Kachwala N, et al. Assessment of a hypothetical roadmap that extends optical lithography through the 70-nm technology node. Proc of SPIE, 1998, 3564: 288-303.

[20] Gerold D, Petersen J, Levenson M, et al. Multiple pitch transmission and phase analysis of six types of strong phase-shifting masks. Proc of SPIE, 2001, 4346.

[21] Brunner T, Martin A, Martino R, et al. Quantitative stepper metrology using the focus monitor test mask. Proc of SPIE, 1994, 2197: 541-549.

[22] Pugh G. Detailed study of a phase-shift focus monitor. Proc of SPIE, 1995, 2440: 690-700.

[23] Kuo H, Peng R, Liu H. Phase shift focus monitor for OAI and high NA immersion scanners. Proc of SPIE, 2014, 9050-905036.

[24] McQuillan M, Roberts B. Phase-shift focus monitoring techniques. Proc of SPIE, 2006, 6154-615430.

[25] Heo J, Yeo J, Kim Y. Highly sensitive and fast scanner focus monitoring method using forbidden pitch pattern. J Microlith, Microfab, Microsyst, 2011, 10(4): 043011.

[26] Nakao S, Nakae A, Sakai J, et al. Measurement of spherical aberration utilizing an alternating phase shift mask. Jpn J Appl Phys, 1998, 37: 5949-5955.

[27] Nomura H, Konomi K, Takakuwa M. Aberration monitoring toward wavefront matching with device patterns. Jpn J Appl Phys, 2001, 40: 92-96.

[28] Robins G, Neureuther A. Experimental assessment of pattern and-probe aberration monitors. Proc of SPIE, 2003, 5040.

[29] Peng B, Wang X, Qiu Z, et al. Even aberration measurement of lithographic projection optics based on intensity difference of adjacent peaks in alternating phase-shifting mask image. Applied Optics, 2010, 49(15): 2753-2760.

[30] Wang X, Li S, Yang J, et al. In situ aberration measurement method using a phase-shift ring mask. Proc of SPIE, 2014, 9052-90521J.

[31] Li S, Wang X, Yang J, et al. Adefocus measurement method for an in situ aberration measurement method using a phase-shift ring mask. Proc of SPIE, 2014, 9052-90521L.

[32] McIntyre G, Neureuther A. Phase-shifting mask polarimetry: Monitoring polarization at 193-nm high numerical aperture and immersion lithography with phase shifting masks. J Microlith, Microfab, Microsyst, 2005, 4(3): 031102.

[33] Leunissen P, Philipsen V, Leray P, et al. Mask blank stress birefringence requirements for hyper-NA lithography. Bruges Immersion Symposium, 2005.

[34] Tzeng J, Lee B, Lu J, et al. The Effect between mask blank flatness and wafer print process window in ArF 6% Att. PSM mask. Proc of SPIE, 2006, 6349-634954.

[35] Schepis A, Levinson Z, Burbine A, et al. Alternative method for variable aspect ratio vias using a vortex mask. Proc of SPIE, 2014, 9052-90521M.

[36] Batarseh F, Verma P, Pack R, et al. Efficient full-chip QA tool for design to mask (D2M) feature

variability verification. Proc of SPIE, 2014, 9235-92351Y.

[37] Kim C, Jang K, Choi M, et al. Development and characterization of advanced phase shift maskblanks for 14nm node and beyond. Proc of SPIE, 2014, 9235-92351L.

[38] Kim Y, Hibino K, Sugita N, et al. Design of the phase-shifting algorithm for flatness measurement of amask blank glass. Proc of SPIE, 2014, 9050-90501.

[39] Lee H, Kim B,Kim M, et al. Defects caused by blank masks and repair solution with nanomachining for 20nm node. Proc of SPIE, 2014, 9235-92350G.

[40] Boettiger T, Buck P, Paninjath S, et al. Automatic classification of blank substrate defects. Proc of SPIE, 2014, 9235-92351J.

[41] Hiromatsu T, Fukui T, Tsukagoshi K, et al. SRAF window improvement with under-coating layer. Proc of SPIE, 2014, 9051-905120.

[42] Faure T, Zweber A, Bozano L, et al. Characterization of a new polarity switching negative tone E-beam resist for 14 nm and 10 nm logic node mask fabrication and beyond. Proc of SPIE, 2014, 9235-92350P.

[43] Sidorkin V, Finken M, Wandel T, et al. Resist charging effect correction function qualification for photomasks production. Proc of SPIE, 2014, 9235-92350Z.

[44] Choi K, Browning C. Effective corner rounding correction in the data preparation for electron beam lithography. Proc of SPIE, 2014, 9235-92350U.

[45] Bork I, Buck P, Wang L, et al. Using rule-based shot dose assignment in model-based MPC applications. Proc of SPIE, 2014, 9235-92351T.

[46] Bork I, Buck P, Paninjathc S, et al. Mask model calibration for MPC applications utilizing shot doseassignment. Proc of SPIE, 2014, 9235-92350A.

[47] Munenori I, Hirotsugu I, Yoshihisa K, et al. Plasma technology for advanced quartz mask etching. Proc of SPIE, 2014, 9235-92350D.

[48] Beyer D, Seidel D, Heisig S, et al. On the benefit of high resolution and low aberrations for in-die maskregistration metrology. Proc of SPIE, 2014, 9235-92351S.

[49] Gorhad K, Cohen A, Avizemer D, et al. Further beyond-registration &overlay control enhancements for optical masks. Proc of SPIE, 2014, 9235-92351P.

[50] Leray P, Cheng S, Cohen A, et al. Compensating process non-uniformity to improve wafer overlay by regC. Proc of SPIE, 2014, 9050-905015.

[51] Sharoni O, Dmitriev V, Graitzer E, et al. Intra-field on-product overlay improvement by application of RegC® and TWINSCAN Corrections. Proc of SPIE, 2015, 9424-94241K.

[52] Aramaki F, Kozakai T, Matsuda O, et al. Performance of GFIS mask repair system for various mask materials. Proc of SPIE, 2014, 9235-92350F.

[53] Edinger K, Wolff K, Steigerwald H, et al. Bringing mask repair to the next level. Proc of SPIE, 2014, 9235-92350R.

[54] Schmid R, Zibold A, Bhattacharyy K, et al. Evaluation of printability of crystal growth defects in a 193nm lithography environment using AIMS^{TM}. Proc of SPIE, 2004

[55] Foca E, Tchikoulaeva A, Sass B, et al. New type of haze formation on masks fabricated with Mo-Si blanks. Proc of SPIE, 2010, 7748.

[56] Nesladek P, Baudiquez V, Foca E, et al. Haze risk reduced mask manufacturing. Proc of SPIE, 2010, 7748.

[57] McDonald S, Chalom D, Green M, et al. Haze growth on reticles-what's the right thing to do? Proc of SPIE, 2009, 7379.

[58] Osborne S, Nanning M, Takahashi H, et al. Mask cleaning strategies-particle elimination with minimal surface damage. Proc of SPIE, 2005, 5992.

[59] Varghese I, Balooch M, Bowers C. CO_2 cryogenicaerosol technology application for photomask cleaning. SEMATECH 7th Annual Mask Cleaning Workshop, 2010.

[60] Taumer R, Krome T, Bowers C, et al. Qualification of local advanced cryogenic cleaning technology for14 nm photomask fabrication. Proc of SPIE, 2014, 9235-923525.

[61] Zhu J, Chen L, Ma L, et al. Automatically high accurate and efficient photomask defects management solution for advanced lithography manufacture. Proc of SPIE, 2014, 9050-90501V.

[62] Kim J, Lei W, McCall J, et al. Aerial image based die-to-model inspections of advanced technology masks. Proc of SPIE, 2009, 7488.

[63] Baik H, Chung D, Kim Y, et al. Practical application of aerial imaging mask inspection for memory devices. Proc of SPIE, 2008, 7028.

[64] Han S, Jung H, Lee S, et al. Study of high sensitivity DUV inspection for sub-20nm devices with complex OPCs. Proc of SPIE, 2014, 9235-92351K.

[65] Ren C, Guo E, Shi I, et al. The defect printability study for 28nm mode mask. Proc of SPIE, 2014, 9235-923523.

[66] Choi C, Jang D, Oh S, et al. A method of utilizing AIMS to quantify lithographic performance of high transmittance mask. Proc of SPIE, 2014, 9235-92351R.

[67] Guo E, Shi I, Gao B, et al. Simulation based mask defect printability verification and disposition. Proc of SPIE, 2011, 8166-81662D.

[68] Cho C, Mungmode A, Taylor R, et al. Best-practice evaluation-methods for wafer-fab photomask-requalification inspection tools. Proc of SPIE, 2014, 9235-923511.

[69] Buttgereit U, Trautzsch T, Kim M, et al. Automated hotspot analysis with aerial image CD metrology foradvanced logic devices. Proc of SPIE, 2014, 9235-92350B.

[70] Fujimura A, Pang L, Su B, et al. Trends in mask data preparation. Proc of SPIE, 2014, 9235-923508.

[71] Santo I, Higuchi A, Anazawa M, et al. Accurate contour extraction from mask SEM image. Proc of SPIE, 2014, 9050-90502M.

[72] Paracha S, Eynon B, Noyes B, et al. Improved reticle requalification accuracy and efficiency via simulation-powered automated defect classification. Proc of SPIE, 2014, 9050-905031.

第 6 章　对准和套刻误差控制

曝光显影后存留在光刻胶上的图形(被称为当前层(current layer))必须与晶圆衬底上已有的图形(被称为参考层(reference layer))对准。这样才能保证器件各部分之间连接正确。对准误差太大是导致器件短路和断路的主要原因之一，它极大地影响器件的良率。在做当前层光刻时，衬底上已有的图形可能来自于不同的工艺。图 6.1(a)所示的衬底上有两类图形(不同的灰度)，它们分别对应浅沟道(shallow trench)和栅极(gate)层。当前光刻的图形叠加在衬底上(见图 6.1(b))，必须与栅极对准。因此，在曝光时，栅极层就是参考层。

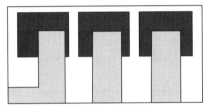 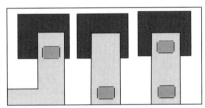

(a) 衬底上已有的图形　　　　　　　　　(b) 光刻后添加了光刻胶图形

图 6.1　(a)衬底上已有的图形分别是浅沟道(黑色)、栅极(浅灰色)和
(b)光刻胶图形(小块矩形)在衬底上必须和栅极图形对准

在集成电路制造的流程中，有专门的设备通过测量晶圆上当前图形(光刻胶图形)与参考图形(衬底内图形)之间的相对位置来确定套刻的误差(overlay)。套刻误差定量地描述了当前的图形相对于参考图形沿 X 和 Y 方向的偏差，以及这种偏差在晶圆表面的分布。与图形线宽(CD)一样，套刻误差也是监测光刻工艺好坏的一个关键指标。理想的情况是当前层与参考层的图形正对准，即套刻误差是零。

为了保证设计在上下两层的电路能可靠连接，当前层中的某一点与参考层中的对应点之间的对准偏差必须小于图形最小间距的 1/3。国际半导体技术路线图(international technology roadmap for semiconductors，ITRS)对每一个技术节点的光刻工艺都提出了套刻误差的要求，如表 6.1 所示[1]。从表 6.1 中可以看出，随着技术节点的推进，关键光刻层允许的对准偏差(即套刻误差)是以大约 80%的比例缩小。例如，20nm 节点中关键层的套刻误差要求(|mean|+3σ) 是 8.0nm；如果使用两次曝光(double-exposure/double-patterning)来制备一个关键层的话，那么这两次曝光之间的套刻误差必须小于7nm。对于 14nm 节点，单次曝光所需要达到的套刻误差是 6.4nm；而如果用两次曝光来制备一个关键层的话，这两次曝光之间的套刻误差要达到 5.6nm。对于非关键的光

刻层，如离子注入层，节点之间允许的对准偏差则是以大约 70%的比例缩小。例如，20nm 节点离子注入层的套刻误差是 12nm，而 14nm 节点离子注入层的套刻误差要求 8.4nm。在 2015 年时，关键光刻层的套刻误差要小于 5nm。

表 6.1   每一个技术节点允许的套刻误差

(计划)量产的年份	2011	2012	2013	2014	2015	2016	2017	2018	2019	2020	2021	2022	2023	2024	2025	2026
DRAM 器件半周期/nm	36	32	28	25	23	20	18	16	14	13	11	10	8.9	8	7.1	6.3
套刻误差 (3σ)/nm	7.1	6.4	5.7	5.1	4.5	4	3.6	3.2	2.8	2.5	2.3	2	1.8	1.6	1.4	1.3
Flash 器件半周期/nm	22	20	18	17	15	14.2	13	11.9	10.9	10	8.9	8	8	8	8	8
套刻误差 (3σ)/nm	7.2	6.6	6.1	5.6	5.1	4.7	4.3	3.8	3.6	3.3	2.9	2.6	2.6	2.6	2.6	2.6
逻辑器件 M1 半周期/nm	38	32	27	24	21	18.9	16.9	15	13.4	11.9	10.6	9.5	8.4	7.5	7.5	7.5
套刻误差 (3σ)/nm	7.6	6.4	5.4	4.8	4.2	3.8	3.4	3	2.7	2.4	2.1	1.9	1.7	1.5	1.5	1.5

在光刻工艺中，套刻误差是通过以下三部分的协同工作来减小的[2]。首先是光刻机的对准系统：晶圆被放置在光刻机的晶圆工件台上后，光刻机的对准传感器(alignment sensor)测量晶圆的位置，和掩模上的图形对准，实施曝光。完成显影后，晶圆被传送到测量设备(overlay metrology tool)。在这里，光刻胶图形和参考层图形之间的套刻误差被精确测定。这些套刻误差数据被上传到专用软件中，软件根据事先设定的模型做计算，算出套刻误差中可以被修正的量。最后，这些修正量被反馈到光刻机的对准系统，对曝光位置做进一步的修正(在对准测量的基础上)。图 6.2 简要表示了光刻机对准系统、套刻误差测量设备和对准修正软件是如何协同工作，以实现较高的套刻精度。本章将对每一部分进行详细讨论。

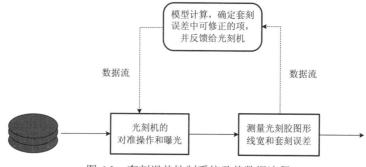

图 6.2   套刻误差控制系统及其数据流程

这里特别区分一下对准和套刻误差这两个概念。对准是指测定晶圆上参考层图形的位置并调整曝光系统，使当前曝光的图形与晶圆上的图形精确重叠的过程。对准操作是由光刻机中的对准系统来完成的。而套刻误差则是衡量对准好坏的参数，它直接定量描述当前层与参考层之间的位置偏差。套刻误差由专用测量设备测量得到。

6.1　光刻机的对准操作

光刻机的对准系统负责测量晶圆上参考层的位置，并使之与掩模上的图形精确对准。这一对准操作分两部分来执行：一部分是调整晶圆定位(wafer positioning)，使得当前曝光区域的中心位置与参考层中曝光区域的中心位置对准。曝光区域之间的移动是通过晶圆工件台的步进来实现的，对准系统所调整的是曝光区域之间的套刻误差(inter-field overlay control)。用于调整/修正曝光区域之间套刻误差的参数也被称为"inter-field"参数。另一部分是调整曝光系统(imaging system)的参数，使得在每一个曝光区域内，当前层的图形与参考层的图形对准。这时，光刻机是做扫描曝光，对准系统所调整的是曝光区域内部的套刻误差(intra-field overlay control)。用于调整/修正曝光区域内套刻误差的参数也被称为"intra-field"参数。

图 6.3 能更好地说明 intra-field 与 inter-field 对准偏差的区别。图 6.3(a)中表示的是当前的曝光区域与需要对准的区域之间存在着(旋转)偏差，这种偏差存在于所有的曝光区域，与曝光区域在晶圆表面的位置无关。图 6.3(b)中表示当前曝光区域在晶圆上的位置与参考区域在晶圆上的位置之间存在着偏差，而且这个偏差值是与曝光区域在晶圆表面的位置相关的。

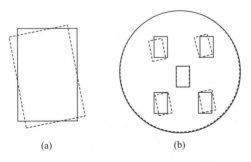

(a)　　　　　　　　　　(b)

图 6.3　(a)曝光区域内部的套刻误差和(b)曝光区域之间的套刻误差示意图
图中虚线是当前光刻层图形，实线是衬底里参考层的图形

一般来说，曝光区域之间的对准偏差主要是通过调整晶圆工件台的步进移动来修正的，而曝光区域内部的对准偏差则主要是通过调整工件台的扫描移动和曝光透镜系统来修正的。各种调整/修正参数的格式与修正功能通常可以在光刻机运行程序中进行

设置，不同对准系统所使用的修正参数可能不一致。本节先侧重讨论光刻机如何调整晶圆定位(wafer positioning)，使得当前曝光区域的网格与参考层中的网格对准，即曝光区域之间的套刻误差(inter-field overlay control)的控制。

6.1.1 对准标识在晶圆上的分布

光刻机对准系统的结构在第 3 章已经做了介绍，这里讨论对准测量的工作程序。光刻机对准系统通过测量晶圆上对准标识(alignment mark)的位置来确定每一个曝光区域(exposure field，又叫 shot)的位置。图 6.4(a)是对准标识在晶圆上分布的一个示意图。每一个曝光区域的边缘会有两个对准标识：一个是用于确定该曝光区域在 X 方向的位置；另一个是用于确定 Y 方向的位置。

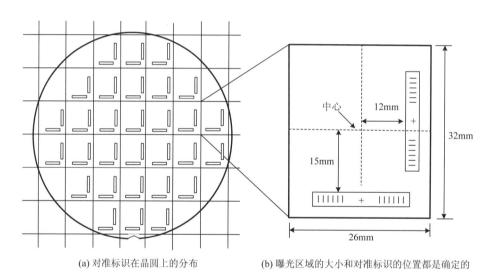

(a) 对准标识在晶圆上的分布　　　　(b) 曝光区域的大小和对准标识的位置都是确定的

图 6.4　对准标识在晶圆上的分布
图中的对准标识及其位置并不是按比例画的，只是示意图

最常用的对准标识是两组等间距(周期分别是 16μm 和 17.6μm)的线条，它通过前面的光刻和刻蚀工艺制备在晶圆衬底上。对准标识的设计在第 3 章已经做了详细介绍，这里不重复。只需要记住的是，光刻机对准系统通过探测曝光区域的 X 方向对准标识就可以确定这个曝光区域在 X 方向的坐标；通过探测 Y 方向对准标识就可以确定这个曝光区域在 Y 方向的坐标。

机械手把晶圆安放在工件台上后，首先是预对准。预对准是通过探测晶圆边缘的缺口来完成的。其次是粗对准。粗对准工作是通过探测晶圆上两个相距较远的对准标识来实现的。最后是精细对准。预对准和粗对准的完成，保证了晶圆上的对准标识在光刻机精细对准工作窗口之内。

6.1.2 曝光区域网格的测定

每一个曝光区域的尺寸是一定的；对准标识在曝光区域中的位置也是一定的，这在掩模设计时就已经确定了。图 6.4(b) 是一个曝光区域的示意图，曝光区域的大小是 $32mm \times 26mm$ ，X 和 Y 对准标识(X/Y alignment marks)与曝光区域中心之间的距离也在图中标注了出来(12mm, 15mm)。图 6.4 中对准标识及其位置并不是按比例画的，只是用来示意。光刻机对准系统获得 X 和 Y 标识的精确位置后，就可以计算出参考层中每一个曝光区域的中心在晶圆上的位置(X_i, Y_i)。图 6.5 中的黑点代表光刻机对准系统测定的参考层中每一个曝光区域中心的位置。把这些黑点用直线连接起来就得到了晶圆上参考层中曝光区域分布的网格(grid)。可见这个实际测得的网格和理想的网格(图 6.5 中用虚线表示)有偏差，光刻机在做当前层曝光时就必须把掩模图形的中心投影到这些实际的网格上。

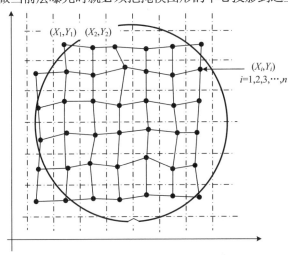

图 6.5 通过测定对准标识的位置，光刻机可以确定晶圆上参考层中每一个
曝光区域中心的位置(黑点表示)

6.1.3 曝光区域网格的修正

光刻机对准系统的第一步修正就是所谓的网格修正，即寻找到一个和晶圆上实际分布最接近的网格，光刻机按照这个网格来逐一完成每一个曝光区域的曝光。寻找的方法就是用对准系统测量得到的数据来计算出这个网格(每一个曝光区域的中心位置)。最简单的模型就是线性修正模型，即假设每一个曝光区域的位置(相对于理想位置的)偏差($\Delta X, \Delta Y$)可以用 6 个参数计算出来，这 6 个参数是：X 和 Y 方向平移(T_X, T_Y)；X 和 Y 方向的收缩或放大(M_X, M_Y)；旋转(R_w)；对角扭曲(又叫正交性，NO)。这些修正所对应的含义如图 6.6 所示。具体的修正值($\Delta X, \Delta Y$)还与曝光区域在晶圆上的位置(X, Y)有关：

$$\Delta X = T_X + M_X \cdot X - \left(R_w + \frac{\text{NO}}{2}\right) \cdot Y \tag{6.1}$$

$$\Delta Y = T_Y + M_Y \cdot Y + \left(R_w - \frac{\text{NO}}{2}\right) \cdot X \tag{6.2}$$

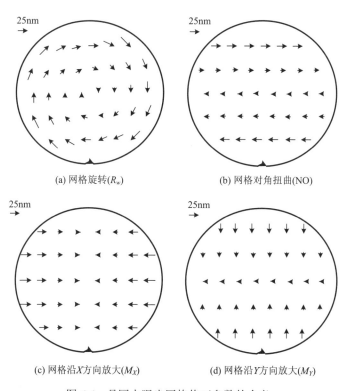

(a) 网格旋转(R_w) (b) 网格对角扭曲(NO)

(c) 网格沿X方向放大(M_X) (d) 网格沿Y方向放大(M_Y)

图 6.6 晶圆上曝光网格修正参数的含义

　　式(6.1)和式(6.2)中的 6 个参数是根据对准系统测量到的对准标识的实际位置(参考层中图形的位置)计算出来的。在实际使用中，不需要测量晶圆上所有对准标识的位置，一般测量 20~30 个标识就足够了。更多的测量对对准精度的改善有限，却会导致光刻机工作效率的降低。

　　然而，使用 6 个参数并不足以描述参考层实际网格与理想网格的偏差。更进一步的修正就是所谓的高阶修正(high order wafer alignment, HOWA)，它在线性修正的基础上引进了高阶的修正量。式(6.3)和式(6.4)就是引入了 2 阶修正，又称为 HOWA2。添加的修正参数包括 px20、px11、px02、py20、py02。类似地，还可以引入了 3 阶、4 阶、最高达 5 阶修正，分别称为 HOWA3、HOWA4、HOWA5。高阶修正的引入则需要做更多的对准标识测量，因为高阶修正参数很多，需要更多的测量数据来计算：

$$\Delta X = T_X + M_X \cdot X - \left(R_w + \frac{NO}{2}\right) \cdot Y + px20 \cdot X^2 + px11 \cdot X \cdot Y + px02 \cdot Y^2 \qquad (6.3)$$

$$\Delta Y = T_Y + M_Y \cdot Y + \left(R_w - \frac{NO}{2}\right) \cdot X + py20 \cdot X^2 + px11 \cdot X \cdot Y + py02 \cdot Y^2 \qquad (6.4)$$

6.1.4 光刻机的对准操作

基于晶圆上参考层对准标识测量的结果,光刻机按模型计算出当前层曝光位置的网格,然后按网格来进行曝光。由于模型的非完善性,尽管曝光网格是由测量数据计算出来的,但是它与实际测量得到的网格仍然有偏差。这个偏差被称为修正后的残余(residual overlay performance indicate,ROPI),ROPI 值的大小说明了修正的有效性,ROPI 越小修正就越好。图 6.7 是 ASML 1950i 光刻机上的实验数据。实验选取了 16个晶圆(W1~W16),测量晶圆上参考层对准标识的位置。使用线性修正模型(式(6.1)和式(6.2)),计算出当前层曝光区域的位置,并与实验测得的位置对比,其偏差(ROPI)显示在图 6.7(a)中。注意,ROPI 实际上就是套刻误差,只不过它是由光刻机测量和计算出来的。由于每一个晶圆上测量的点很多,因此偏差值有一定的分布,在图中用一个矩形条(bar)来表示。X 方向的偏差是水平的矩形条;Y 方向的偏差是垂直的矩形条。结果显示,X 方向修正得很好,修正后的偏差(mean+3σ)小于 3.5nm;Y 方向修正得较差,修正后的偏差仍然大于 10nm。这些修正后的偏差还可以标注在晶圆图上,看起来更直观,如图 6.7(b)所示。

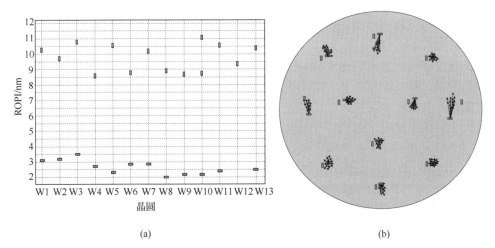

(a)   (b)

图 6.7 (a)曝光位置修正后与实际测量的偏差和(b)修正后的偏差标注在晶圆图上
晶圆上的矩形块表示对准标识

在线性修正不能满足要求的情况下,可以使用高阶修正,如式(6.3)和式(6.4)所描述的。图 6.8 对比了不同的修正模型下的修正结果。首先使用的是 4 个参数的线性修正(T_X，T_Y，M_X，M_Y)，修正后的偏差达 15nm 以上。使用标准的 6 个参数的线性修正(式(6.1)和式(6.2))，X 方向修正后的偏差缩小到 10nm 以内，Y 方向偏差缩小到 15nm 以内。使用二阶修正后，Y 方向的偏差改进到 10nm 以内，X 方向改进不大。使用更高阶的修正，并不能提供进一步的改善。由图 6.8 的结果可知，这一光刻层的曝光网格修正使用 HOWA2 比较恰当。

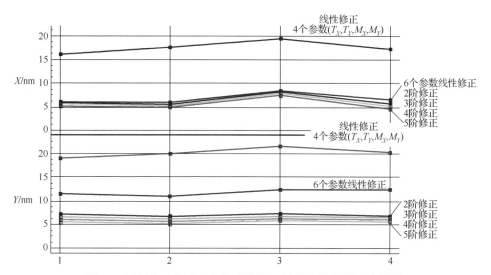

图 6.8　不同修正模型下的修正结果(X 轴是晶圆序号)(见彩图)

　　还有一种分析方法是对比光刻机模型修正后的偏差与套刻误差测量的结果，看它们的关联程度。把不同晶圆上(4 个晶圆，AL1～AL4)测得的套刻误差数据(作为 X 轴)与光刻机修正模型算出的偏差(ROPI)绘制在一张图中，如图 6.9 所示。图 6.9(a)是 X 方向的数据，图 6.9(b)是 Y 方向的数据。X 方向的关联比较弱，Y 方向的关联比较强。这说明，X 方向套刻误差的主要成分不是曝光位置的偏差(inter-field)；而 Y 方向套刻误差的主要成分来自于曝光位置偏差。

　　这里特别要强调：由于每一个曝光区域只有一对对准标识(一个 X 方向一个 Y 方向)，由这些对准标识计算出的修正只能是对曝光区域网格的修正，即"inter-field"修正；对每一个曝光区域内部(即 intra-field)无法修正。从理论上来说，如果在每一个曝光区域内部也放置有对准标识，光刻机对准系统就可以测量曝光区域内部的位置，从而对曝光区域内部做修正。而实际上，曝光区域内部的空间有限，放置对准标识是不太可能的。目前，业界通行的做法是依靠套刻误差测量的结果来做曝光区域内部的修正。

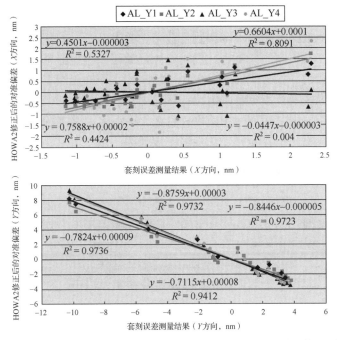

图 6.9　光刻机模型修正后的偏差与套刻误差测量结果的关联程度（见彩图）

6.2　套刻误差测量

6.2.1　套刻误差测量设备

套刻误差的测量是在专用设备上进行的。这个专用设备实际上就是具有图像识别和测量功能的高分辨率光学显微镜。目前晶圆厂用得最多的就是 KLA-Tencor 的 Archer^{TM} 系列套刻误差测量仪，有 Archer 200^{TM}、Archer 300^{TM}、Archer 500^{TM}。Archer 500^{TM} 主要用于 28nm 技术节点以下。套刻误差测量设备的关键技术指标包括如下几个方面：

(1) 能够识别的套刻测量图形 (overlay mark)；

(2) 测量的精确度，通常用重复测量结果的 3σ 来表示；

(3) 测量设备导致的测量误差 (tool introduced shift，TIS)；

(4) 整个测量结果的不确定性 (total measurement uncertainty，TMU)。通常要求 TMU 小于 5%套刻误差控制值 (5% of overlay control spec)。

(5) 测量速度，通常用测量时间来表示 (move-acquire-measure (MAM) time)；产能 (through-put)。

(6) 测量得到的数据必须与分析软件 (如 KLA-Tencor 的 K-T Analyzer^{TM}) 实现无缝对接，为光刻机及时提供修正参数。

随着技术节点的推进，对套刻误差测量的要求也越来越高。套刻测量设备供应商也提出了各自的技术路线图。设备和测量技术的改进包括：①使用新的照明光源，使得设备对测量标识有更高的分辨力。优化光源，使得系统能够透过晶圆上的硬掩模分辨更底层的套刻标识，参考层的选取更加灵活；②完善的图像识别算法，能有效地过滤掉套刻标识成像的噪声，更精确定位；③使用新的套刻标识。随着技术节点中新材料、新工艺的不断使用，套刻标识的设计也在不断演化。基本的趋势是小型化，更能承受恶劣的工艺环境，不容易在工艺处理时被损坏。

6.2.2 套刻误差测量的过程

晶圆上专门用来测量套刻误差的图形被称为套刻标识。这些图形在设计掩模时已经被放置在了指定的区域，通常是在曝光区域的边缘，又叫"scribeline"或"kerf"区域。最简单的图形是所谓的套叠方框图形(frame-in-frame)，如图 6.10(a)所示。方框整体的尺寸是 20～50μm，线宽是 1～3μm。这个尺寸保证了它们在光学显微镜下能被清楚地分辨出来。套叠方框图形内部的小方框位于参考层中，外方框位于当前的光刻胶中。显微镜精确测量两个方框边缘之间的距离，从而得到中心之间沿 X 方向和 Y 方向的偏差$(\Delta x, \Delta y)$，如图 6.10(b)所示。这种套叠方框图形通常被对称地放置在曝光区域的四个角上，如图 6.10(c)所示。这样测得四个角落处位置的偏差，即$(\Delta x_1, \Delta y_1)$，$(\Delta x_2, \Delta y_2)$，…，$(\Delta x_4, \Delta y_4)$。在实际情况下，一个曝光区域中可能有多于 4 对的套叠方框图形。更多的测量图形有两个优点：①对多余图形的测量可以获得更多的数据，平均后降低测量噪声；②工艺中的不稳定性有时会导致一些方框图形的损坏，多余的图形能提供备份。

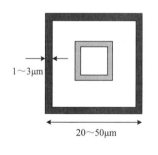

(a) 用于套刻误差测量的套叠方框图形(其中小的方框(标成灰色)是制备在衬底里(参考层)的，大的方框是当前光刻工艺生成在光刻胶上的)

(b) 通过测量边框之间的距离，可以确定套刻标识中心的偏差$(\Delta x, \Delta y)$

$\Delta x=(w1-w2)/2$
$\Delta y=(w3-w4)/2$

(c) 套叠方框图形一般是放置在曝光区域的四个角上

图 6.10 套叠方框图形

在测量套刻误差的过程中，许多因素会引入测量误差，分别讨论如下：

(1)套刻标识图形不清楚，边缘的对比度不好，导致无法准确确定方框中心的位置。参考层中标识不清楚的主要原因是工艺损坏，例如，化学研磨工艺可能损坏了标识。光刻胶层中标识不清楚的主要原因是光刻工艺没有优化或标识图形的设计不合理。套刻标识的尺寸必须在光刻工艺的分辨率范围之内。

（2）理想参考层的套刻标识必须和当前层对应的标识在设计图形中是完全对准的。也就是说，如果把参考层的掩模与当前层的掩模重叠在一起，对准标识应该完全套叠，没有偏差。如果两个掩模上的对准标识存在位置偏差（registration error），这个偏差就会叠加到测量结果中，使测量误差增大。

（3）套刻标识图形剖面的不对称性也会导致套刻测量的误差。图 6.11 是一个套刻标识的剖面示意图。套刻测量仪根据视场内图形的边缘位置来确定标识中心的位置。这种不对称的剖面导致标识位置测量的误差。

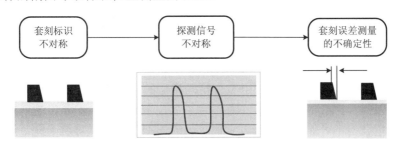

图 6.11 不对称的套刻标识剖面示意图

（4）由于套刻标识一般是在边框中，它与器件有一定的距离。因此，在套刻标识处测得的对准精度与器件处的对准精度会有差别，这个差别与曝光光学系统的性能有关。

（5）光刻胶图形的线宽与刻蚀后线宽的差别（etch bias）也会影响套刻精度的测量。

套刻误差测量的结果中有一系列的输出参数，这些参数定量地描述了测量的准确性和测量中可能存在的问题。

（1）测量设备导致的测量误差（tool induced shift，TIS）

套刻误差的测量是通过光学成像和图像识别进行的。光学系统的像差和设计缺陷必然导致测量误差，这一误差可以用 TIS 来定量描述。对套刻标识分别在旋转 180° 前后做测量，得到结果的平均值就是 TIS，即

$$TIS = \frac{Overlay(0°) + Overlay(180°)}{2} \tag{6.5}$$

在理想情况下，TIS 应该接近 0。较大的 TIS 值意味着测量系统的不一致性。通过测量晶圆上的 9 个套刻标识，可以得到 TIS 值的平均值

$$\overline{TIS} = \frac{1}{9}\sum_{j=1}^{9}\frac{Overlay_j(0°) + Overlay_j(180°)}{2} \tag{6.6}$$

及其标准偏差（σ）和 3σ（又叫 TIS variability）。较大的标准偏差也表明整个晶圆上测量结果的不一致性。

（2）动态精确度（dynamic precision）

对同一个套刻标识连续做 10 次独立的测量，得到测量结果的平均值和标准偏差（σ）。3σ 就定义为动态精确度。注意，这里的独立测量必须包括一个完整的测量流程，即晶圆必须重新被放置在工件台上（loading in）做测量。

（3）套刻标识的可靠性（overlay mark fidelity，OMF）

对晶圆上 N 个密集排列的相同的套刻标识做测量，测量结果的标准偏差是 σ，OMF 定义为这一标准偏差的 3 倍（3σ）。OMF 表示了这种套刻标识测量结果的稳定性[3]。

（4）整个测量的不确定性（total measurement uncertainty，TMU）

TMU 用来描述整个测量的不确定性，它包括测量设备的误差、套刻标识对测量的影响以及用于同一种测量的设备之间的误差：

$$\text{TMU} = \sqrt{\frac{\text{TIS}_x^2 + \text{TIS}_y^2}{2} + \frac{\text{DP}_x^2 + \text{DP}_y^2}{2} + \frac{\text{OMF}_x^2 + \text{OMF}_y^2}{2} + \frac{\text{MATCH}_x^2 + \text{MATCH}_y^2}{2}} \quad (6.7)$$

式中，TIS 是测量设备导致误差的 3σ，DP 是动态精确度的 3σ 值，OMF 是套刻标识可靠性测量结果的 3σ。通常会使用多台相同型号的设备测量同一个光刻层的套刻误差，这既可以提升产能，又可以保证在一台设备出现故障的情况下，生产线不至于停顿。这些测量设备不可能完全一样，它们之间的误差（3σ）通常被称为测量设备之间的匹配参数。

6.2.3　常用的套刻标识

对套刻标识的要求是：首先，它必须便于测量，能够很快的获得测量数据；其次，它能经历各种工艺条件而不容易被损坏。与套叠方框类似的套刻标识还有套叠的盒子（box-in-box）和套叠的线条（bar-in-bar），如图 6.12 所示。这些标识的尺寸可达 10～20μm。

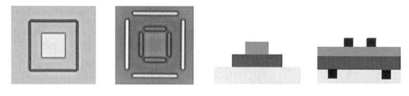

(a) 显微镜照片　　　　　　　　　(b) 标识结构的剖面示意图

图 6.12　套叠的盒子和套叠的线条

除了以上的套叠图像外，工程师们曾经提出过各种套刻误差测量图形，比较常见的还有 AIM（advanced imaging metrology）和 Blossom marks[4]。AIM 的图形设计如图 6.13 所示。整个图形的尺寸是 24μm×24μm，外边灰色部分位于晶圆中的参考层，里边黑色的部分是在光刻胶上。图中的线条周期是 2.4μm 1：1。AIM 套刻精度测量图形最早由 KLA-Tencor 提出，被业界广泛采用。其测量方式与套叠方框类似，也是确定内外两套图形中心点的偏差。

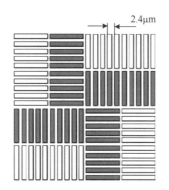

图 6.13　AIM 图形的设计

图中线条的周期是 2.4μm；参考层中的标识，经刻蚀等工艺后，线宽比原设计要小

　　套叠方框和 AIM 具有的共同缺陷就是图形尺寸较大，占用掩模上较多的面积。试想，一个产品多达 40~50 个光刻层，每一个光刻层在曝光后都需要测量相对于前面某一层的套刻误差。这种层与层之间组合的套刻误差测量图形有几十到上百个，都需要被放置在边缘区域。另外，较大的尺寸也决定了套叠方框和 AIM 无法被放置在曝光区域内部。这就使得曝光区域内部的套刻误差无法被监测。为此，套刻标识的设计也随着技术节点的推进不断演变，以满足套刻误差测量的需要。图 6.14 是套刻标识图形的演变。为了节省掩模边缘的位置，套刻标识从一开始的大于 20μm 左右的图形（见图 6.14(a)、(b)），缩小成了 15μm×15μm 的图形（见图 6.14(c)），又进一步缩小成了 10μm×10μm 的

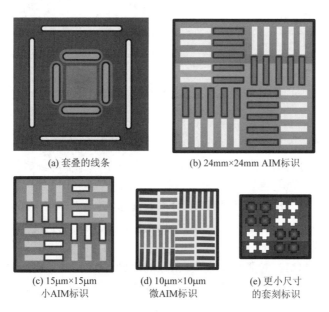

(a) 套叠的线条　　　　　　　　(b) 24mm×24mm AIM标识

(c) 15μm×15μm　　　(d) 10μm×10μm　　　(e) 更小尺寸
小AIM标识　　　　　微AIM标识　　　　的套刻标识

图 6.14　套刻标识的小型化

更小的图形(见图 6.14(d))[5]。缩小到一定程度的标识(见图 6.14(e)),就可以被放置在器件位置附近,就近监测器件处的套刻误差。

在 32nm 技术节点以下,"Blossom"标识被广泛应用。图 6.15 是"blossom"的设计图,它是由很多小十字组成的。每一个光刻层有 4 个小十字(相同颜色)。整个"blossom"区域为 50μm×50μm,可以包括多达 28 个光刻层的对准图形(十字)。十字的宽度可以根据这一光刻层的光刻条件做调整,但是必须大于 0.3μm,以保证在测量显微镜下能被清楚地分辨出来。测量时的原理和套叠方框类似,4 个十字的对角线确定其中心,然后,对比不同层之间中心的偏差,得到(Δx, Δy)。"Blossom"图形可以放置在曝光区域的 4 个角附近,从而得到(Δx_{1-4}, Δy_{1-4})。图 6.15(c)是晶圆上一个"blossom"区域的显微镜照片。可以清楚地看到,在这一区域有多个光刻层的"blossom"标识,每一个光刻层至少有 4 个标识;不同光刻层标识的灰度不同,意味着它们经历的工艺流程不同。

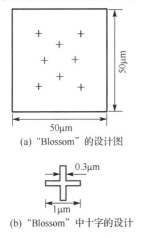

(a) "Blossom"的设计图

(b) "Blossom"中十字的设计

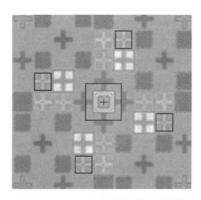

(c) 晶圆上 "blossom" 标识区域的显微镜照片

图 6.15 "Blossom"的设计图(见彩图)

"Blossom"图形有几个特殊的优点:第一,"Blossom"中的十字图形较小,可以改进后被放置在曝光区域中器件附近,用来测量曝光区域内部的套刻误差。这对于关键光刻层套刻误差的控制尤为重要。例如,逻辑器件中接触层和栅极层之间的套刻误差非常重要,除了在曝光区域的 4 个角附近有"blossom"标识之外,在这两层的曝光区域中间又添加了 4 处"blossom"标识,如图 6.16(a)所示。第二,20nm 节点之后用两次曝光来实现一层图形的做法被广泛接受,即"double-exposure"或"double-patterning"。例如,第一层金属(M1)是通过 M1 和 I1 两次曝光和刻蚀形成的(分别使用两个掩模 M1 和 I1),第二层金属(M2)对第一层金属(M1)的套刻误差实际上是相对于 M1 和 I1 的。使用"blossom"标识就使得这种测量可以被实现。具体的做法是,只选用 M1 的 2 个十字和 I1 的 2 个十字来计算中心,如图 6.16(b)所示。

套刻标识随着工艺的需要和测量设备的进步一直在不断演化之中。小型化和适合多重曝光是发展的趋势[6]。套刻标识的演化也伴随着套刻误差测量精度的提高。图 6.17 是套刻标识及其测量精度演化的路线图。

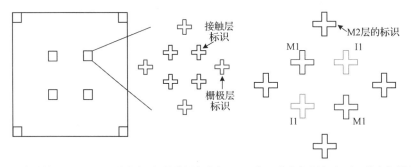

(a) 在关键层,"Blossom"的十字可以被放置在曝光　　(b) 2个M1的十字(深色)和2个I1的十字(浅色)
　　区域内,用于监测器件附近的套刻误差　　　　　　　　构成确定第一层金属层的测量中心位置

图 6.16　"Blossom"的灵活使用

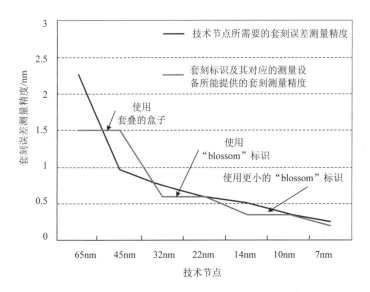

图 6.17　套刻标识随技术节点(逻辑器件)演化的技术路线图

6.2.4 曝光区域拼接标识

在对晶圆做第一次曝光时,晶圆表面尚没有参考图形用于对准。这时相邻曝光区域之间的相对位置是考核的参数,即测量相邻曝光区域之间的套刻误差。相邻曝光区域是在同一个光刻层上,它们之间的位置误差实际上是一种拼接误差,必须通过拼接标识(stitching mark)来测量。图 6.18 是第一层光刻用掩模版的示意图。在曝光区域的边缘,接近四个角的地方,放置有拼接标识。拼接标识有两种,在上下左右的曝光完

成后，这些拼接标识互相套叠。通过测量这些图形的套刻误差就可以确定曝光区域之间的拼接误差。拼接标识中的十字的宽度是 0.5μm 左右，长度是 4μm 左右。

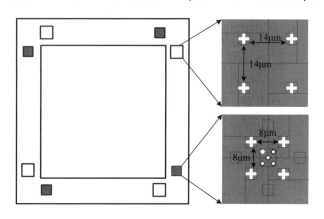

图 6.18　第一层光刻掩模示意图

6.2.5　基于衍射的套刻误差测量

前面介绍的套刻误差测量都是通过在光学显微镜下对比图形位置的偏差来实现的，它基于图像识别技术，因此又被称为 IBO(image based overlay)。套刻误差还可以通过光学衍射的原理来测量，又被称为基于衍射的套刻误差测量(diffraction based overlay，DBO)。用于 DBO 测量的图形是两个周期性的结构，一个位于晶圆的参考层中，另一个在光刻胶上。如果这两个图形完全对准，那么在光照下的衍射条纹就是对称的。通过测量衍射图形的对称性就可以获得对准偏差的信息。

测量设备的结构如图 6.19(a)所示。一束宽波段的极化光(broadband linearly polarized light)垂直照射在晶圆表面，探测器测量对应不同波长的反射谱(衍射束光强和相位)(见图 6.19(b))。入射光的极性(polarization)，可以分别设置为 TE 和 TM 模式(相对于 DBO 标识的)，如图 6.19(c)所示。可以测量不同极化模式(TE/TM)照射下，反射束之间的强度与相位差别(phase differences between the TE and TM spectra)[7]。

图 6.20(a)是一种 DBO 标识(ASML 标识)的设计图。整个标识长宽 $h=w=$ 10μm(参考层)或 16μm(光刻胶层)，它包含水平的 1:1 密集线条(用于测量 Y 方向的套刻精度)与垂直的 1:1 密集线条(用于测量 X 方向的套刻误差)。线条的周期是 500nm。如果参考层的线条与光刻胶层的线条完全对准，即套刻误差为零，它们就像一个反射光栅一样，衍射束的强度是对称的，如图 6.20(c)所示。反之，上下光栅存在位移时(套刻误差不为零)，上下光栅的合成效果就等于一个不对称的光栅(asymmetrical grating)，高级衍射束正负方向的强度就不一样。位移方向不同对应衍射束强度减弱的方向不同，如图 6.20(b)～(d)所示。

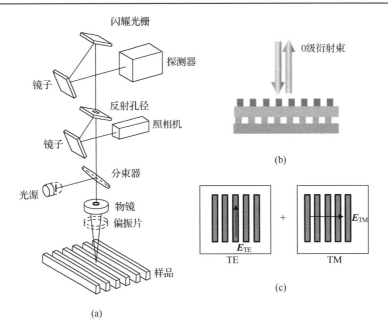

图 6.19　DBO 测量原理示意图[7]

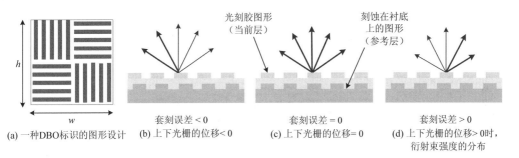

图 6.20　一种 DBO 标识的设计图[8]

假设 $R(x,\lambda)$ 是反射谱的强度，它是波长(λ)和光栅位置(x)的函数。当上下光栅有小的相对位移 d(即套刻误差)时，反射谱的合成强度是

$$\Delta R = R(x+d,\lambda) - R(x-d,\lambda) \approx 2d \left.\frac{\partial R}{\partial x}\right|_{x_0} \tag{6.8}$$

式(6.8)意味着反射谱的强度与套刻误差近似成正比。图 6.21 表示了上下光栅反射谱强度的差别(ΔR)与其位置偏差 d 的关系，图 6.21 中 A 表示反射谱强度的差别。在 d 较小的情况下，$A = k \cdot d$ (线性区域)，其中系数 k 可以由实验测得。入射光的波长从 425nm 扫描到 700nm，选择反射谱信号最强对应的波长设置测量。测量时只需要一种波长即可。有些衬底材料和光刻胶对特定的波长有较强的吸收，能够选择测量波长就可以回避这种吸收导致的测量困难。

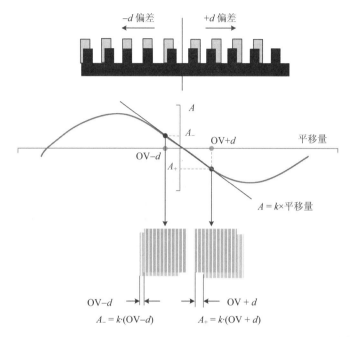

图 6.21　上下光栅反射谱强度的差别(A)与它们位置偏差 d 的关系[9]

与基于图像识别的方法相比，基于衍射的套刻误差测量具有的特殊优点是设备引起的测量误差(tool induced shift，TIS)较小，测量结果的重复性很好(consistent repeatability)。因此，整个测量结果的不确定性(total measurement uncertainty，TMU)就很小。文献[8]对此做了系统评估，结果如图 6.22 所示。在 6 个光刻层(Layer 1～6)做了对比试验，IBO 测量方法已经做了优化。DBO 测量结果的 TMU 只有 IBO 的 1/5～1/2。

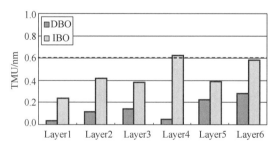

图 6.22　DBO 与 IBO 测量结果不确定性的对比(图中点线是产品测量要求的上限)[8]

到底是使用 IBO 还是 DBO 作为量产中的套刻误差测量方法，各个 Fab 意见并不一致，基于各自工艺的评估还在进行之中。文献[10]分别使用 IBO 和 DBO 方式测量了经不同工艺处理过的晶圆，包括金属薄膜沉积(metal film deposition)和化学机械研磨(CMP)。这些工艺对套刻误差测量标识都会造成不同程度的损伤。对两种方法测量的结果都做了修正模型分析，确定了修正量和修正后的残留，发现：对于金属薄膜沉积的衬底，使用 IBO 结果修正后的残留比 DBO 的略小；而对于 CMP 处理后的衬底，使用 DBO 结果修正后的残留明显小于 IBO 结果修正后的残留。综合起来看，DBO 明显比 IBO 有较高的测量精度，测量标识的变形对 DBO 结果的影响小于 IBO[10]。

6.3　套刻误差测量结果的分析模型与修正反馈

套刻误差的测量结果经过分析后，可以反馈给光刻机的对准系统，为曝光时的对准做进一步的修正。图 6.23（a）是晶圆套刻误差的测量结果（这片晶圆上测量了 9 个曝光区域，每个曝光区域测量了 4 个位置）。对测量数据做模型分析，确定其中可以被修正的部分，如图 6.23（b）所示。把模型分析得到的修正参数，以一定的格式反馈给光刻机做修正。对修正后曝光得到的晶圆做套刻误差测量，结果如图 6.23（c）所示。经过修正后，晶圆的套刻误差得到了极大的改善。一般来说模型越复杂，能够被修正的部分就越多，最终不能被修正的部分被称为修正的残留（residual）。本节对修正模型、修正参数以及修正反馈进行介绍。

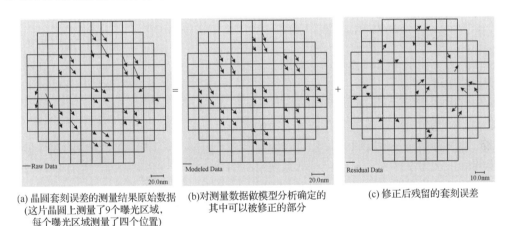

(a) 晶圆套刻误差的测量结果原始数据　　　(b) 对测量数据做模型分析确定的　　　(c) 修正后残留的套刻误差
（这片晶圆上测量了 9 个曝光区域，　　　　其中可以被修正的部分
每个曝光区域测量了四个位置）

图 6.23　套刻误差测量结果的修正

6.3.1　测量结果

套刻误差的测量是按照事先确定的测量方案进行的。这个测量方案包括一个晶圆盒中测量几片晶圆，一个晶圆上测量哪几个曝光区域，一个曝光区域中测量哪几个套刻图形，等等。这个测量方案被记录在产品的测量手册（spec book/handbook）中。图 6.24 是两组套刻误差测量的结果，图 6.24（a）中的晶圆上测量了 12 个曝光区域，每个曝光区域测量了位于角上的 4 个套刻标识。每个测量点得到的套刻偏差（Δx, Δy）用矢量箭头标志在图中。图 6.24（a）中晶圆底部，曝光区域（11）和（12）处测得的偏差最大。图 6.24（b）是同样的晶圆，在曝光区域（2）、（4）、（8）、（12）内部又添加测量了两个位置的套刻误

差。曝光区域内部套刻误差数据的获得，就使得我们能更精确地掌握关键器件的对准误差。

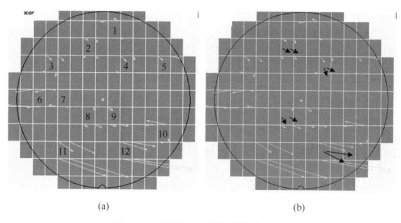

(a)   (b)

图 6.24　两组套刻误差测量的结果

6.3.2　套刻误差的分析模型

在晶圆上测量得到的套刻误差数据经过模型处理后反馈到光刻机，可以对光刻机对准系统做进一步的修正。实现这一功能的第一步是对测量获得的大量数据做处理，分析出可以被修正的系统偏差(systematic misalignment)，反馈给光刻机。这个修正一般是叠加在光刻机对准系统自身修正之上的，也就是说，光刻机对准系统首先根据自身的对准测量来初步确定曝光位置，在此基础之上，接受套刻测量反馈来的数据做进一步的修正。为了区别于光刻机对准系统自身的修正，通过套刻误差测量提供的对准修正又叫工艺修正(process correction，PC)。

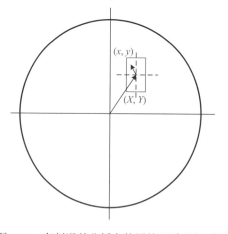

图 6.25　套刻误差分析中使用的两种坐标系统

在建立模型做数值计算时，首先需要设定坐标系统。套刻误差分析中一般使用两种坐标系统，一种是晶圆坐标系统 $\boldsymbol{R} = (X, Y)$，即把整个晶圆纳入这个坐标系统，一般是以晶圆的中心为原点，用于分析曝光区域的位置，即 inter-field 套刻误差。另一个是曝光区域内部坐标系统 $\boldsymbol{r} = (x, y)$，它以曝光区域的中心为原点，用于分析曝光区域内部图形的位置，即 intra-field 套刻误差。inter-field 修正确定曝光区域中心的位置 (X, Y)，intra-field 修正再以曝光区域中心为参考点确定曝光区域内部曝光位置，如图 6.25 所示。

6.3.2.1　线性修正（10 个参数线性修正模型）

假设套刻误差随晶圆表面位置的变化是线性的，即 $\Delta x = C_1 + C_2 \cdot X + C_3 \cdot Y$，$\Delta y = C_4 + C_5 \cdot X + C_6 \cdot Y$。其中，$C_1 \sim C_6$ 是系数，(X, Y) 是晶圆表面的坐标。线性修正就是根据套刻误差测量数据，使用线性模型，计算出修正参数并反馈给光刻机做修正。光刻机对准系统的修正参数是有一定格式的，因此，测量得到的套刻误差数据必须按照一定的模型来分析。线性模型使用 10 个修正参数反馈给光刻机，包括 6 个用于修正曝光网格（grid）的参数（即 inter-field 修正参数）和 4 个用于修正曝光区域的参数（即 intra-field 修正参数）。6 个网格修正参数是：X 和 Y 方向平移（T_X, T_Y）、X 和 Y 方向的收缩或放大（M_X, M_Y）、旋转（R_w）、对角扭曲（又叫正交性，NO）。这 6 个网格修正参数与光刻机对准系统自身网格修正参数的含义是一样的，可以参见式（6.1）、式（6.2）和图 6.6。也可以把这 6 个参数重新组合、定义为 T_{X00}、T_{Y00}、T_{X10}、T_{Y10}、T_{X01} 和 T_{Y01}。曝光区域网格的修正公式可以简化为

$$T_X(X, Y) = T_{X00} + T_{X10} \cdot X + T_{X01} \cdot Y \tag{6.9}$$

$$T_Y(X, Y) = T_{Y00} + T_{Y10} \cdot X + T_{Y01} \cdot Y \tag{6.10}$$

式中，(X, Y) 是晶圆坐标。

曝光区域内部（intra-field）的 4 个修正参数是：对称的放大或缩小（M_s）、不对称的放大或缩小（M_a）、对称的旋转（R_s）和不对称的旋转（R_a）[11]。实际上，曝光区域内部修正参数还应该包括 x 和 y 方向平移（T_x, T_y），但是这两个参数和网格（inter-field）修正是共用的。图 6.26 形象地表现出了这些修正参数代表的修正操作。

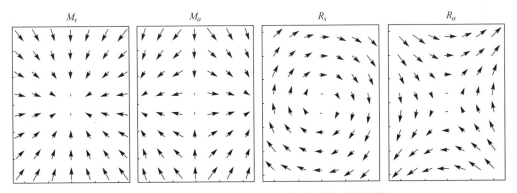

图 6.26　曝光区域内部的 4 个修正参数代表的操作

4 个 intra-field 修正的线性计算公式如下：

$$dx = k_1 + k_3 \cdot x + k_5 \cdot y \tag{6.11}$$

$$dy = k_2 + k_4 \cdot y + k_6 \cdot x \tag{6.12}$$

其中，$k_3 = M_s + M_a$，$k_4 = M_s - M_a$，$k_5 = -R_s - R_a$，$k_6 = R_s - R_a$。(x, y)表示曝光场内部坐标，通常情况以曝光场的中心为坐标原点。(dx, dy)表示测量得到的套刻偏差，与式(6.9)和式(6.10)的$T_x(X, Y)$和$T_y(X, Y)$含义相同。

这里特别要提醒的是，这一套曝光区域内部（intra-field）修正参数(M_s, M_a, R_s, R_a)是适用于晶圆上所有曝光区域修正的。在式(6.11)和式(6.12)中代入曝光位置的坐标和套刻偏差数值，就可以拟合出曝光区域内部线性修正参数；同理，若已知修正参数，则可以计算出任意曝光位置的套刻偏差。

6.3.2.2　高阶工艺修正

在线性修正精度不够的情况下，也可以使用高阶修正模型。假设修正量不仅与位置(x, y)的一次方有关，而且与高次方有关（如x^2，y^2，xy，x^3，$\cdots$）。通过套刻误差测量数据计算出高阶修正的参数，反馈给光刻机。高阶修正也分曝光网格（inter-field）修正和曝光区域内部（intra-field）修正。网格高阶修正简称为 HOPC(high order process correction)，其修正参数的定义和光刻机对准系统 HOWA 参数的含义一样，可以参见式(6.13)和式(6.14)：

$$T_X(X, Y) = T_{X00} + T_{X10} \cdot X + T_{X01} \cdot Y + T_{X20} \cdot X^2 + T_{X11} \cdot X \cdot Y + T_{X02} \cdot Y^2 + T_{X30} \cdot X^3 + \cdots \quad (6.13)$$

$$T_Y(X, Y) = T_{Y00} + T_{Y10} \cdot X + T_{Y01} \cdot Y + T_{Y20} \cdot X^2 + T_{Y11} \cdot X \cdot Y + T_{Y02} \cdot Y^2 + T_{Y30} \cdot X^3 + \cdots \quad (6.14)$$

公式右边的前三项代表了线性部分。由于是晶圆上曝光区域格点的修正，(X, Y)是晶圆坐标。式(6.13)和式(6.14)中的每一个参数都是根据套刻误差测量数据拟合计算出来的，可以完全被看成是一组拟合参数。实际上，它们也具有一定的物理含义，即每一个参数对应着一种位移的操作，如图6.27所示。

曝光区域内部的高阶修正简称为 iHOPC（intra-field HOPC），它是对每一个曝光区域做高阶修正，也就是在式(6.11)和式(6.12)中添加了高阶修正项。

$$dx = k_1 + k_3 \cdot x + k_5 \cdot y + k_7 \cdot x^2 + k_9 \cdot xy + k_{11} \cdot y^2 + k_{13} \cdot x^3 + k_{15} \cdot x^2 y + k_{17} \cdot xy^2 + k_{19} \cdot y^3 + \cdots$$

$$(6.15)$$

$$dy = k_2 + k_4 \cdot y + k_6 \cdot x + k_8 \cdot y^2 + k_10 \cdot yx + k_{12} \cdot x^2 + k_{14} \cdot y^3 + k_{16} \cdot y^2 x + k_{18} \cdot yx^2 + k_{20} \cdot x^3 + \cdots$$

$$(6.16)$$

但是，上式中的高阶修正项必须通过光刻机硬件来实现。按照执行方式可以分为控制镜头、控制工件台和掩模台运动。对于控制镜头实现的高阶修正，目前的光刻机最多只能支持到三阶，并且有多个高阶项（k_9，k_{15}，k_{17}，k_{18}，k_{20}）不能通过单独控制镜头的方式被精确修正。此外，对于控制工件台和掩模台运动的高阶项，目前已经可以实现精确控制更高阶项。

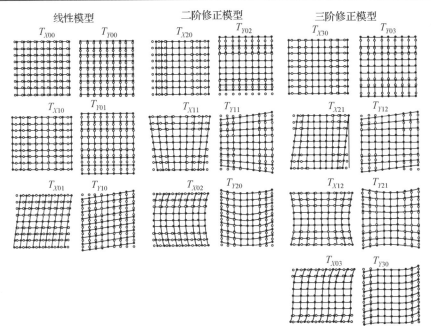

图 6.27　高阶工艺修正中每一个参数的物理含义(每一个参数对应着一种位移的操作)

6.3.2.3　测量点和修正模型的选取

修正参数是根据测量结果计算得到的，修正的精度不仅和数据采集量有关，而且与使用的修正模型有关。一般来说，测量的结果越多，修正就越精确，使用的模型越复杂，修正的精度就越高。然而，太多的测量工作必然影响生产线的产能。为此，光刻工程师必须在数据采集量与修正精度之间找到一个平衡点。文献[12]对此进行了系统的探索，图 6.28 是他们的结果。对晶圆表面所有曝光区域的套刻标识做测量，使用线性模型作修正，以此作为参考对比其他的数据采集和修正方法。同样对晶圆上套刻标识做全部测量，但使用高阶模型做修正，可以使套刻精度提高 25%左右。减少数据采集量，只测量 24 个曝光区域×11 个套刻标识，仍然使用高阶模型做修正，套刻精度可以提高 20%左右。如果进一步减少数据采集量，只测量 9 个曝光区域×4 个套刻标识，并且使用简单的线性模型做修正，那么套刻精度将降低 18%左右。

高阶修正比低阶修正有更多的修正参数，因此，需要更多的测量数据来计算出这些修正参数。intra-field 的修正，即 iHOPC，还需要曝光区域内部的测量数据。测量标识的选取与所使用的修正模型密切关联。一般来说，二阶修正需要在每一个曝光区域内测量 8 个套刻标识；而三阶修正则需要在每一个曝光区域内测量 10 个套刻标识。套刻标识在曝光区域中的分布必须相对均匀，如图 6.29 所示。

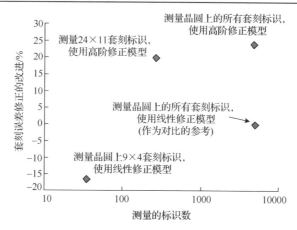

图 6.28 套刻误差与数据采集量和修正模型的关系[12]

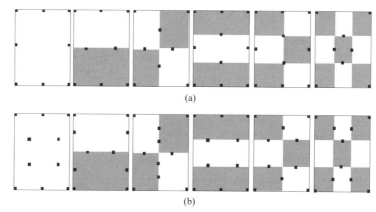

图 6.29 (a)二阶修正所需要的测量标识分布(每个曝光区域测量 8 个标识)和
(b)三阶修正所需要的测量标识分布(每个曝光区域测量 10 个标识)

6.3.3 对每一个曝光区域进行独立修正

前面介绍的修正方法的基本原理是：(1)假设光刻胶上的图形与晶圆参考层图形之间的套刻误差可以用一个数学模型来描述；(2)使用套刻误差测量的数据代入此模型计算出模型中的参数(即修正参数)；(3)把这一组参数反馈给光刻机，光刻机曝光时做修正。这一原理的基本出发点是"光刻胶图形与晶圆参考层图形之间的位置偏差可以用一个数学模型来描述"。在实际情况中，导致曝光区域的位置和理想位置偏差的原因是多种多样的，包括光刻机光学系统的像差、掩模工件台和晶圆工件台机械系统的稳定性、晶圆温度的均匀性等。因此，同一个晶圆上不同位置处的套刻误差之间不一定是相关联的，即不可能完全用一组有限的数学参数来精确描述。

为此提出了单独补偿每个曝光区域(correction-per-exposure，CPE)的概念，也就是用套刻误差测量的数据对每一个曝光区域分别做修正。具体的做法如图 6.30 所示：

(1) 对晶圆上每一个曝光区域做套刻误差测量；(2) 根据测量数据计算出每一个曝光区域的修正参数 $(T_x, T_y, M_s, M_a, R_s, R_a)$——这里假设修正采用线性模型，形成一个与曝光区域对应的修正表格；(3) 光刻机曝光时对应每一个曝光区域分别使用这一组修正参数。这种对每一个曝光区域的修正也可以被叠加在线性修正的基础之上。

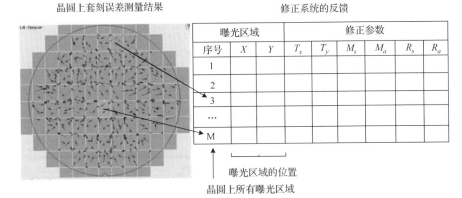

图 6.30　CPE 应用的原理示意图

　　CPE 的概念非常简单易懂，但是实际应用是一件比较复杂的事情[13]。首先，由于每一个曝光区域是独立修正的，这些独立修正的参数来自于套刻误差测量，因此，套刻误差测量必须覆盖晶圆上所有的曝光区域，这种大面积的套刻误差测量非常耗时，严重影响生产线的产能。在量产的情况下，晶圆厂一般只做套刻误差的抽检，例如，一片晶圆只测量 12 个曝光区域，每一盒晶圆(25 片)只抽测两片。第二，晶圆厂不是只有一台光刻机。为了保证产能，同一个光刻层可以在不同的光刻机(可以是相同型号)上曝光。每一台光刻机的对准性能(overlay finger print)是不完全一样的。CPE 系统必须为光刻机提供各种组合下的对准修正。例如，晶圆上的参考层可以是在 5 台光刻机(A1~A5)上曝光，当前光刻层可以在另外 4 台光刻机(B1~B4)上曝光，那么 CPE 必须提供所有组合的对准修正，如图 6.31 所示。也就是说，CPE 系统必须提供 5×4=20 套修正表格，每个修正表格为晶圆上每一个曝光区域提供 6 个修正参数(假设使用线性修正模型)。

　　文献[13]建议使用监控晶圆(monitor wafer)来设置 CPE 修正参数。在 A1~A5 中选取一个光刻机 A1 来曝光然后刻蚀，得到参考晶圆。把这个参考晶圆送到 B1 上曝光，测量得到整个晶圆上所有套刻精度数据，生成 B1~A1 的 CPE 修正表格。再返工(rework)参考晶圆，在 B2 上曝光，测量所有曝光区域的套刻精度，生成 B2~A1 的 CPE 修正表格。这样不断重复，生成所有组合的 CPE 修正表格。

　　如果由于某种原因，光刻机的对准特性发生了变化，那么 CPE 修正参数必须重新测量。导致光刻机的对准特性变化的原因很多，包括光刻机工件平台的维护、光学系统的维修等。以上介绍的每个曝光区域的修正都是 6 个参数 $(T_x, T_y, M_s, M_a, R_s, R_a)$。随着光刻机对准系统的功能的不断提高，新型光刻机可以接收高阶 CPE 的修正，即每个曝光区域的修正引入高阶项。文献[14]提出了一种简化了的 CPE 方法，即，修正表格并不是通过测量整个晶圆上所有的曝光区域来产生的，而是只测量一部分区域(大约 300 点左右)，然后使用外推法(extrapolate)计算出其余曝光区域的修正项。为了提高外推的精度，外推的模型并不只有一个；晶圆上不同的区域使用不同的外推模型。这种简化的 CPE 修正表，可以使用正常的套刻误差测量数据来产生，实现及时更新。

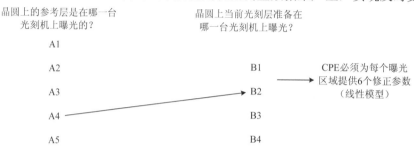

图 6.31　CPE 必须提供所有设备组合的修正参数

6.4　先进工艺修正的设置

在先进工艺修正(advanced process control，APC)中可以设置套刻误差反馈修正。在反馈系统设置时，一般是把模型计算得到的修正数据经过一定的时间平均后，再反馈给光刻机。这样做可以减少反馈参数的起伏，避免反馈系统运行的不稳定。试想，如果有一片晶圆的工艺与其他晶圆不一样(这在工艺研发阶段经常出现)，测量得到的修正参数与其他晶圆的差别较大。如果直接用它来修正下一个晶圆，就会导致修正的发散。

文献[15]提出了线性反馈控制的方法(linear model predictive control，LMPC)。这个方法认为：模型计算出来的修正参数必须按权重与现有的参数叠加后，才能用于下一个晶圆盒的曝光，即

$$修正参数_{k+1} = A \cdot 目前系统中存在的参数_k + B \cdot 模型反馈的系数 \tag{6.17}$$

式中，A 和 B 均是常数，它们确定了反馈系统中各部分的权重。另外，反馈系统要能够自动去除坏的数据。所谓"坏数据"是指不在参数分布范围之内的数据。例如，套刻测量设备突然出现了故障，测量得到的数据远大于或远小于正常的测量值，系统应该能把这些数据点自动过滤掉(filter out)[16]。

一个实际的批(run-to-run，R2R)反馈系统如图 6.32 所示。一盒晶圆(又叫一个 lot，或一批)完成光刻工艺后，送去做测量。测量系统根据设置，从晶圆盒中做抽样测量，得到原始数据(raw data)。系统按事先设定的模型对原始数据做分析，找出修正的量(一组修正量，因此，又称为修正矢量(correction vector，E))。系统对修正矢量做检查，以保证修正的有效性，屏蔽掉奇异的数据。修正矢量 E 经过一个增益表(gain table)，

增益表确定反馈修正量的放大或缩小倍数(g)。增益表的设置使得反馈修正更具有灵活性，不同批的数据在修正中的权重可以不一样。

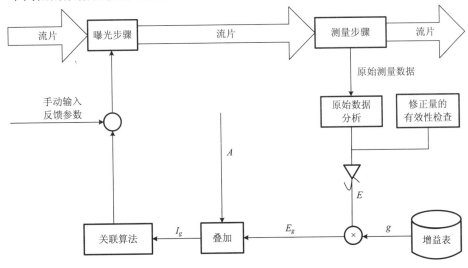

图 6.32　批反馈系统示意图

经过权重处理后的修正量与系统中存留的工艺参数(A)相叠加，就是新批(lot)的工艺参数 $I_g(= A - E_g)$。对修正后的工艺参数(即新的工艺参数)做关联分析(correlation algorithm)，不仅能够区分不同的光刻设备和晶圆工件台，而且能确定修正值与时间的关联。最后，系统还允许人工干预，把这一次的反馈修正跳过。

自动反馈修正的发展趋势是把产品的工艺修正(product correction)与设备的性能参数修正分开。例如，专用的晶圆(monitoring wafers)在 ASML 光刻机上完成曝光后，被送到专用的套刻误差测量设备(Yieldstar™)上测量，测量结果反馈到光刻机对准系统进行修正，使光刻机的对准性能保持在一定的水平。这种曝光、测量、修正每天都必须完成，是设备监测工作的一部分。产品晶圆的曝光完成后，其测量结果(可以使用任何其他套刻误差测量设备)沿另一个反馈路径反馈到光刻机，对光刻机的对准系统进行修正。但是，这种修正是叠加在光刻机自身监测修正之上的，而且是与特定的产品锁定的[17]。

6.5　导致套刻误差的主要原因

导致曝光图形与参考层图形对准偏差的原因很多。掩模变形或比例不正常、晶圆本身的变形、光刻机投影透镜系统的失真、晶圆工件台移动的不均匀性等都会引入对准偏差。环境因素，包括温度、湿度、振动也会影响对准精度。表 6.2 列出了对准误差的一些主要来源[18]。即使使用了很复杂的修正技术，晶圆上的实际套刻精度也达不到 100%正确，总有一部分偏差是无法修正的。

表 6.2　对准误差的一些主要来源

对准误差的来源	造成的原因
光刻机	定位、对准系统的误差
	曝光透镜系统的失真
	晶圆台、掩模版台的移动
	晶圆曝光时的倾斜
晶圆	晶圆变形
	光刻胶厚度不均匀
掩模版	掩模版变形
	比例失真
环境	振动、温度、湿度、洁净度

对这些对准误差引起的原因做分析，可以归纳出哪些原因导致的偏差属于网格偏差(inter-field)、哪些属于曝光区域内部的偏差(intra-field)、哪些属于非系统性的偏差。表 6.3 对套刻误差来源做了分类，其中，inter-field 和 intra-field 是可以被修正的。在若干 inter-/intra-field 误差来源中，晶圆台网格控制错误和掩模版台移动错误均可以用线性模型来修正；其余的必须使用高阶修正。

表 6.3　套刻误差来源的分类[12]

曝光区域之间的误差	曝光区域内的误差	目前尚无法用模型定量描述的误差
晶圆台网格控制错误	掩模版台移动错误	光刻机曝光的噪声
工艺导致的晶圆变形	掩模版图形书写错误	掩模版上模型无法描述的偏差
浸没式曝光时的热变形	保护膜(pellicle)变形	晶圆工艺处理时的噪声
晶圆台之间曝光网格的不匹配（同一台光刻机中）	光照条件不匹配	套刻标识识别的噪声
不同光刻机之间曝光网格的不匹配	不同光刻机之间透镜不匹配	套刻精度测量设备的噪声

在实际工作中，按设备来划分，光刻机导致的套刻误差占38%左右，而工艺导致的套刻误差占50%左右[19]。应该根据套刻误差的来源，有针对性地选择修正模型，才能有效地修正[20]。图 6.33 是套刻误差来源的分析及其修正的方法。

工艺处理经常导致晶圆边缘与中心区域的不一致，例如，化学研磨(CMP)使得晶圆边缘区域的套刻误差远大于中心区域。为此，ASML 最近提出了"Overlay Optimizer™"的功能。"Overlay Optimizer™"就是为了修正工艺过程导致的套刻误差，它的启动使得光刻机具备接受对每一个曝光区域独立做高阶修正的能力(high order CPE)。而且，"Overlay Optimizer™"还可以使用一个基于径向函数(radical basis function，RBF)的对准修正，对晶圆边缘的曝光区域给予较多的补偿(advanced local alignment model)。

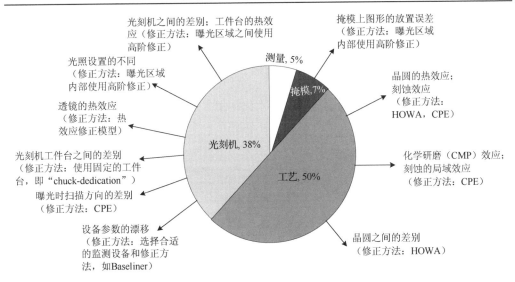

图 6.33　套刻误差的来源及其修正办法

在半导体制程中，有些工艺步骤会导致晶圆的非均匀形变，即晶圆上不同位置的形变不一样。这一类形变引入的套刻误差比较难以用模型来修正。为此，文献[21]提出了一种新的思路，使用一台基于干涉仪原理的专用设备，精确测量工艺处理后晶圆的几何尺寸，并与标准晶圆的结果对比，得到晶圆的形变数据[22]。然后，把这些晶圆形变数据传送到光刻机对准系统中，为晶圆曝光做前置修正（feed forward）。

6.5.1　曝光时掩模加热变形对套刻误差的影响

曝光时强烈的光线照射在掩模版上，这些光线一部分透过掩模进入成像系统，另一部分会被基板吸收。特别是基板上的 Cr 对紫外光线有较强的吸收。被吸收的紫外光转换成了热量，使掩模版发生细微的形变。这一形变对套刻精度的影响，越来越受到关注。在 32nm 技术节点以下，它已经是导致套刻精度不符合要求的一个主要原因。

首先对掩模的热效应做一估算。掩模基板是标准的 6″×6″×1/4″ 石英玻璃（fused silica），其热扩张系数（thermal expansion coefficient）是 0.5PPM/K。假设曝光导致掩模的温度升高1℃，这就意味着掩模版在 XY 方向的热形变是 75nm。对于 4∶1 比例的投影光刻工艺来说，掩模版图形在晶圆表面的移动就是 75nm/4=18.75nm。计算过程如表 6.4 所示。

表 6.4　掩模基板热形变的估算[23]

掩模基板尺寸	0.15m
温度值升高	1.0K
基板的热膨胀系数	0.5PPM/K
掩模的形变	0.15m×1.0K×0.5PPM/K=75nm
曝光成像系统的缩小倍数	4
晶圆上图形的形变	75nm/4=18.75nm

　　曝光是步进-扫描式的，扫描时光线照射在掩模上，使其升温；其余时间没有光线照射在掩模上，掩模部分冷却。掩模受热还有累积效应，即第一片晶圆曝光时掩模的平均温度一定低于第二十五片晶圆曝光时的温度。掩模受热是向外膨胀的，因此掩模中间位置几乎不受膨胀的影响，而两侧位置移动的方向是相反的。图 6.34 是掩模受热导致曝光区域不同位置套刻误差变化的实验结果[24]。大约曝光 20 片晶圆后，套刻误差趋于稳定；这意味着掩模的受热和散热达到了一个平衡，温度基本稳定。

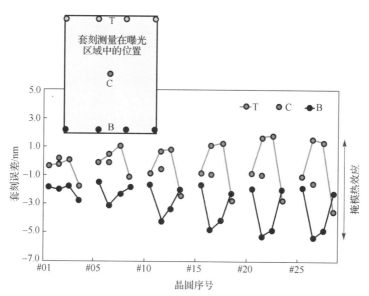

图 6.34　掩模受热形变导致曝光区域不同位置套刻误差的变化[24]（图中标出了套刻误差测量位置）（见彩图）

　　避免掩模热效应的办法无非是：①在正式曝光前先做试曝光，使掩模先达到热平衡；②增大晶圆换片的时间，使得掩模每次曝光后得到充分冷却；③增大从一个曝光区域和下一个曝光区域之间的时间间隔，使掩模得到充分冷却。其中，第三个办法还可以减少热掩模导致的曝光区域之间的不一致。更详细的分析表明，掩模的热扩展并不是均匀的，它与 Cr 图形的分布有关。Cr 密集的地方，光吸收强，热形变就大[23]。掩模版曝光时的热效应（reticle heating effect）也引起了光刻机供应商的关注，新型光刻机添加了补偿功能，如 ASML 的 TOP RC™（详细内容参见第 3 章）。

6.5.2　负显影工艺中晶圆的热效应对套刻误差的影响

　　负显影工艺大量使用亮掩模，掩模的透光率可以高达 90%以上。这么大的光强不仅导致透镜的热效应，而且导致晶圆温度的升高。文献[25]报道：在负显影晶圆上，曝光区域内的套刻误差（intra-field overlay）与曝光扫描的方向（scanning direction）有关，如图 6.35 所示。然而，在其他（非负显影）光刻层，使用相同的曝光扫描速度，却没有观察到类似的结果。随着曝光剂量的增大，这种套刻误差与曝光扫描方向的关联变得更加明显。进一步的统计数据还表明，不仅 T_y，T_{y01} 和 T_{y20}（T_y、T_{y01} 和 T_{y20} 的含义参见图 6.27）也与扫描方向相关联。

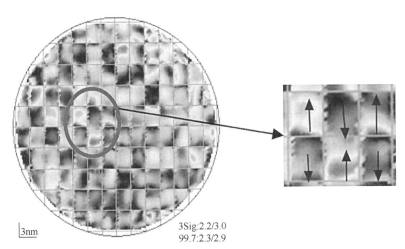

图 6.35　在负显影工艺中，曝光区域内的套刻误差与曝光扫描的方向相关联[25]

使用亮掩模曝光时，光刻机的投影透镜系统也承受着较大光强的照射，也有透镜加热现象（lens heating effect）发生。透镜受热产生形变，导致波前的畸变，对准精度随之下降[26]。为此，ASML 光刻机专门配置有 FlexWave^{TM}，提供对波前的修正，详细内容参见第 3 章。

6.5.3　化学研磨对套刻误差的影响

化学研磨（CMP）对套刻误差的影响主要表现在两个方面：首先，CMP 会损伤对准标识，使得对准操作时图像对比度不够，导致对准误差；其次，CMP 还会损伤套刻标识，使套刻标识变形和不对称，导致测量误差。经验表明，套刻误差测量结果通常随着 CMP 工艺参数的改变而有所变化。

6.5.4　厚胶工艺对套刻误差的影响

在非优化的光刻工艺中，光刻胶图形的侧壁会向一边倾斜，如图 6.36（a）所示。这种不对称的侧壁会导致套刻标识图形平移，引入额外的套刻误差。这种情况经常出现在使用厚胶的光刻工艺中。不对称的侧壁通常是由于套刻标识周围环境的不对称导致的，文献[27]提出在套刻标识周围添加一些辅助图形，来改善这种环境的不对称性，如图 6.36（b）所示。

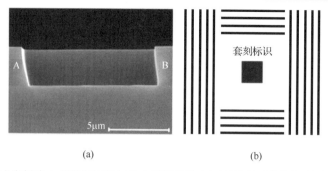

图 6.36　(a)光刻胶上套刻标识的切片电镜照片和(b)套刻标识周围放置有辅助线条[27]

6.5.5　掩模之间的对准偏差对晶圆上套刻误差的影响

在掩模制备时，同一个产品的不同掩模之间的图形应该是对准的；但实际情况是，这些图形之间是有偏差的，被称为放置误差(placement error)。显然，放置误差直接影响到晶圆上图形之间的套刻误差。ASML 提出一种新的方法，可以用来减少掩模放置误差对晶圆套刻误差的影响[28]。他们使用一台离线的掩模放置误差测量设备(an off-line mask registration tool)测量出掩模之间的对准偏差(放置误差)，使用模型对数据进行处理，并把修正结果传送到光刻机对准系统。这是一种与掩模相关联的前置修正(feed forward)，可以节省工艺参数设置的时间。使用这种方法，他们试验了 28nm 器件的 50 个光刻层，30%的光刻层套刻精度得到改善。

6.6　产品的对准和套刻测量链

6.6.1　曝光时的对准和套刻误差测量方案

一个集成电路产品需要很多道光刻工艺，每一道光刻在衬底上实现不同的图形。根据器件的功能设计，不同光刻层之间允许的套刻误差不一样，有些层之间的套刻误差必须严格控制，而有些层之间则比较宽松。表 6.5 是一个典型的 20nm 逻辑集成电路产品中各光刻层之间的对准方案(alignment tree)和套刻误差测量方案。表中的光刻层是按工艺顺序排列的。为了说明问题，表中只列出了一部分光刻层，并不是全部。每一道光刻层所对应的器件功能也记录在表 6.5 中，供参考。

表 6.5　一个 20nm 逻辑集成电路产品中各光刻层之间的对准计划和套刻误差测量计划

	process module		layer	ArFi	ArF	KrF	align to	overlay to
FEOL	FIN module	FN	Mandrel	×				
		FC	Cut FIN	×			FN	FN
		FP	Pad	×			FN	FN
	Pre-PC blocks					×	FN	FN

续表

	process module		layer	ArFi	ArF	KrF	align to	overlay to
FEOL	Gate module	PC	Gate poly	×			FN	FN
		CT	Gate cut	×			PC	PC
	Post-PC blocks					×	PC	PC
MOL	Contact module	TB	1st trench NiSi	×			PC	PC
		TT	2nd trench NiSi	×			FN	FN
		CA	1st contact（to PC）	×			PC	PC
		CB	2nd contact（to S/D）	×			FN	FN
BEOL	1×metals (64nm pitch)	M1	1st metal（LELE）	×			CA/CB	CA/CB
		I1		×			CA/CB	CA/CB
		V0	Via to contact CA/CB	×			CA/CB	M1/I1
		M2	2nd metal（LELE）	×			M1/I1	M1/I1
		I2		×			M1/I1	M1/I1
		V1	Via to contact 1st metal	×			M1/I1	M2/I2
	1.3× (80nm/160nm) (Preferred Orientation)	M3	3rd metal	×			M2/I2	M2/I2
		V2	Via to contact 2nd metal	×			M2/I2	M3
		M4	4th metal	×			M3	M3
		V3	Via to contact 3rd metal	×			M3	M4
	2×layers			×			M4	M4
	4×layers				×			
	11～22×					×		

　　表 6.5 中"align to"这一列定义了曝光时所要对准的参考层。FN 是第一层光刻，所以没有需要对准的参考层。M1 和 I1 是 LELE 工艺中的两次曝光层，它们共同构成了 64nm 周期的第一层金属。根据设计要求，M1 不仅必须和 CA 对准而且必须和 CB 对准。为此在做 M1 曝光时，光刻机选取的对准标识一半是 CA 层，一半是 CB 层。这样，在 M1 曝光时就兼顾了 CA 和 CB 的对准。在做 I1、V0、M2、I2、V1、M3 和 V2 曝光时，采用类似的对准方法。

　　表 6.5 中"overlay to"这一列定义了测量套刻误差时的参考层。在 20nm 技术节点以下，由于两次曝光工艺的使用，测量套刻误差时的参考层有两层。以 M1 层为例，M1 套刻误差测量的参考层是 CA 与 CB。这种两个参考层套刻精度的测量可以使用 blossom mark 来做，步骤如下：第一，分别选用 2 个 CA 的十字和 2 个 CB 的十字来构成一个虚拟的 CA/CB 套刻标识中心，如图 6.37(a) 所示。第二，4 个 M1 的"blossom cross"确定了 M1 套刻标识的中心。第三，测量这两个标识中心的偏差，如图 6.37(b) 所示。

　　在大多数情况下，"overlay to"和"align to"是一致的，仅有个别层对准与套刻误差测量的参考层是不一样的。例如，表 6.5 中的 V0 层，曝光时对准 CA/CB，但是测量套刻误差时对准 M1/I1。这多数是由于工艺的原因，在 V0 光刻完成后，M1/I1 的对准标识并不清楚，不能提供足够的对比度，所以不得不选用 CA/CB 的对准标识。

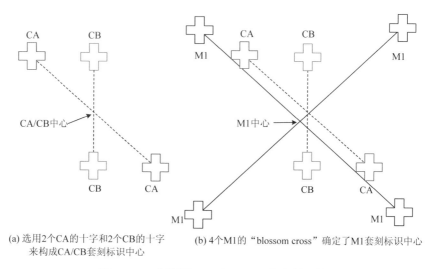

(a) 选用2个CA的十字和2个CB的十字　　(b) 4个M1的"blossom cross"确定了M1套刻标识中心
来构成CA/CB套刻标识中心

图 6.37　如何测量 M1 对 CA/CB 的套刻误差

6.6.2　对准与套刻测量不一致导致的问题

不管是光刻机本身的对准修正还是套刻误差测量反馈的修正，都必须依靠光刻机对准系统具体实施。因此，归根结底，光刻层之间图形的套刻误差是由光刻机对准系统来保证的。为此，光刻机供应商都必须把套刻误差作为设备的一个关键指标（specification）。例如，如果某个光刻机可以实现的套刻误差是 10nm，这就是说，在此光刻机上曝光 A 层时，对准系统取晶圆上的 B 层作为参考，最后 A 相对于 B 的套刻误差（|mean|+3σ）必须小于或等于 10nm。

这里就存在一个问题：如果曝光时对准的是 B，而套刻误差测量是相对于 C，那么结果如何？图 6.38 是一个实验结果，工艺流程的顺序是 RX→PC→CA，CA 曝光时与 PC 对准，PC 曝光时与 RX 对准。分别测量了 CA 相对于 PC 和 RX 的套刻误差，CA 对 PC 的套刻误差（mean+3σ）是 6.87nm/4.87nm；而 CA 对 RX 的套刻误差则为 12.23nm/11.43nm。CA 对 RX 的套刻误差明显大于对 PC 的误差。

首先复习一些统计学公式。假设 A 和 B 是两个变量，$C = A \pm B$，那么 C 的标准偏差为

$$\sigma_C = \sqrt{\sigma_A^2 + \sigma_B^2} \tag{6.18}$$

如果 $D = A / 2 \pm B / 2$，那么

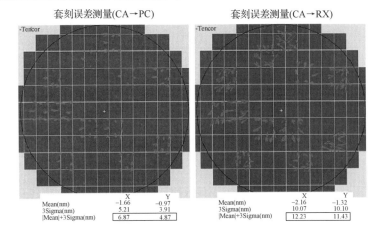

图 6.38　CA 对 PC 和 RX 套刻误差的测量结果

$$\sigma_D = \sqrt{\left(\frac{\sigma_A}{2}\right)^2 + \left(\frac{\sigma_B}{2}\right)^2} = \frac{\sqrt{\sigma_A^2 + \sigma_B^2}}{2} \tag{6.19}$$

　　下面再分析实例：I1 曝光时对准 M1；M1 曝光时对准 CA；CA 和 CB 曝光时对准 PC。光刻机保证这种直接对准曝光的套刻误差小于 10nm。M1 和 I1 是所谓的双曝光工艺，即光刻机分别使用 M1 和 I1 两块掩模，每次曝光完成后分别做刻蚀，最终，M1+I1 的图形一起构成第一个金属层，如图 6.39 所示。当套刻测量参考层与曝光参考层一致时，就保证了较小的套刻误差，又被称为第一级（1st order）套刻误差。CA 对 CB 的套刻误差是通过 CA 对 PC 以及 CB 对 PC 的对准来间接保证的。同样，I1 对 CA 的套刻精度是通过 I1 对 M1 以及 M1 对 CA 的对准来间接保证的。这种套刻测量的参考层并不是曝光对准参考层的情况，被称为第二级（2nd order）套刻误差。显然，第二级套刻误差所能达到的指标要低于第一级的套刻误差。具体分析计算为

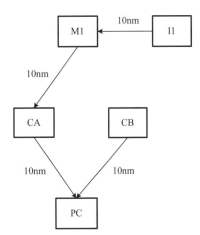

图 6.39　第一级和第二级套刻误差的计算

$$3\sigma_{CA \to CB} = \sqrt{(3\sigma_{CA \to PC})^2 + (3\sigma_{CB \to PC})^2} = \sqrt{10^2 + 10^2} = 14.1nm \tag{6.20}$$

$$3\sigma_{I1 \to CA} = \sqrt{(3\sigma_{I1 \to M1})^2 + (3\sigma_{M1 \to CA})^2} = \sqrt{10^2 + 10^2} = 14.1nm \tag{6.21}$$

M1 对 CB 是第三级套刻误差，即

$$3\sigma_{M1 \to CB} = \sqrt{(3\sigma_{M1 \to CA})^2 + (3\sigma_{CA \to CB})^2} = \sqrt{10^2 + 14.1^2} = 17.3nm \tag{6.22}$$

注意，这种计算的前提条件是这些套刻偏差都是随机的互相不关联的。

在表 6.5 中，要求 M1 曝光时对准 CA/CB，即 CA、CB 层是结合在一起被对准的。图 6.40 中标出了第一级对准所能实现的套刻精度。下面对此对准方案做套刻误差能力的分析。由于 CA 与 CB 是二级对准，即

$$3\sigma_{CA\to CB} = \sqrt{(3\sigma_{CA\to PC})^2 + (3\sigma_{CB\to PC})^2} = \sqrt{10^2 + 10^2} = 14.1\text{nm} \qquad (6.23)$$

命名 CA 和 CB 共同构成的层（这是一个虚拟的光刻层）CZ，那么

$$3\sigma_{CA\to CZ} = (3\sigma_{CA\to CB})/2 = 7.1\text{nm} \qquad (6.24)$$

$$3\sigma_{M1\to CA} = 3\sigma_{M1\to CB} = \sqrt{10^2 + 7.1^2} = 12.2\text{nm} \qquad (6.25)$$

$$3\sigma_{I1\to CA} = 3\sigma_{I1\to CB} = \sqrt{12.2^2 + 7.1^2} = 14.1\text{nm} \qquad (6.26)$$

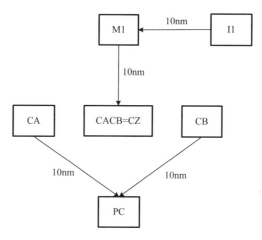

图 6.40 双对准参考层情况下的套刻误差

在确定了对准方案之后，根据所使用的光刻机的对准规格参数，就可以用以上方法计算出每一个光刻层的套刻误差所能达到的要求。图 6.41(a) 中给出了一个新的 20nm 产品 BEOL 光刻层的对准方案。所使用的新型 193nm 浸没式光刻机能达到 8nm 的第一级套刻误差(8nm)。使用以上的方法，可以计算出 20nm BEOL 所有光刻层之间套刻误差所能达到的指标(spec)（见图 6.41(b)）。这里只分析 M1/I1/V0 部分，其他层的分析类似。注意：虽然 V0 层的物理位置是介于 M1/I1 和 CA/CB 之间，但是工艺流程中是先做 M1/I1 再做 V0，即所谓的"trench-first"工艺。

$$3\sigma_{CA\to CB} = \sqrt{(3\sigma_{CA\to PC})^2 + (3\sigma_{CB\to PC})^2} = \sqrt{8^2 + 8^2} = 11.3\text{nm} \qquad (6.27)$$

$$3\sigma_{CA\to CZ} = (3\sigma_{CA\to CB})/2 = 5.7\text{nm} \qquad (6.28)$$

$$3\sigma_{M1\to CA} = 3\sigma_{M1\to CB} = \sqrt{8^2 + 5.7^2} = 9.8\text{nm} \qquad (6.29)$$

$$3\sigma_{I1\to CA} = 3\sigma_{I1\to CB} = \sqrt{9.8^2 + 8^2} = 12.7\text{nm} \qquad (6.30)$$

M1 与 I1 之间是第一级套刻误差，即 $3\sigma_{M1\to I1} = 8\text{nm}$ ，因此，$3\sigma_{M1\to M1+I1} = 3\sigma_{I1\to M1+I1} = (3\sigma_{M1\to I1})/2 = 4\text{nm}$ 。由此得到

$$3\sigma_{V0\to M1} = 3\sigma_{V0\to I1} = \sqrt{(3\sigma_{V0\to M1+I1})^2 + (3\sigma_{M1+I1\to M1})^2} = \sqrt{8^2 + 4^2} = 8.9\text{nm} \qquad (6.31)$$

$$3\sigma_{M2\to M1} = 3\sigma_{M2\to I1} = \sqrt{8^2 + 4^2} = 8.9\text{nm} \qquad (6.32)$$

$$3\sigma_{I2\to M1} = 3\sigma_{I2\to I1} = \sqrt{8.9^2 + 8^2} = 12.0\text{nm} \qquad (6.33)$$

$$3\sigma_{V1\to M2} = 3\sigma_{V1\to I2} = 8.9\text{nm} \qquad (6.34)$$

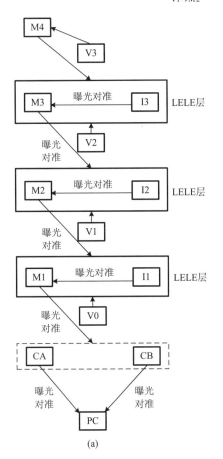

参考层	当前层	套刻误差/nm
PC	CA	8
PC	CB	8
CA	M1	9.8
CB	M1	9.8
M1	I1	8
CA	I1	12.7
CB	I1	12.7
M1	V0	8.9
I1	V0	8.9
M1	M2	8.9
I1	M2	8.9
M2	I2	8
M1	I2	12
I1	I2	12
M2	V1	8.9
I2	V1	8.9
M2	M3	8.9
I2	M3	8.9
M3	I3	8
M2	I3	12
I2	I3	12
M3	V2	8.9
I3	V2	8.9
M3	M4	8.9
I3	M4	8.9
M4	V3	8

(a)　　　　　　　　　　　(b)

图 6.41　(a)一个 20nm 新产品 BEOL 光刻层的曝光对准方案和(b)每一个光刻层所能承诺的套刻误差

6.6.3　单一机器的套刻误差与不同机器之间的套刻误差

从上面的分析可以看到第二、第三级对准的套刻误差都是基于第一级对准的套刻误差推算出来的。因此，减少套刻误差的关键是减少第一级对准的套刻误差。光刻工

程师为此提出了使用同一台光刻机进行所有关键层的曝光。这样，可以避免光刻机之间对准系统、晶圆工具台形变等的差异，大幅度提高对准精度。用这种办法实现的套刻误差被称为单一机器的套刻误差(single machine overlay，SMO)。也就是说，单一机器的套刻误差要求参考层和当前光刻层都是在同一台光刻机上曝光的。与之相对应，如果参考层和目前的光刻层不是在同一台光刻机上曝光的，这样实现的套刻精度被称为混合机器的套刻误差(mixed machine overlay，MMO)。

为了增加产能，现代光刻机通常会配置有两个晶圆工件台。同一台光刻机中两个工件台上晶圆的对准性能并不完全一样。为了消除这种工件台之间的差异，光刻工程师使用同一台光刻机中的某一个晶圆工件台来做晶圆上的所有关键层曝光(chuck dedication)。显然，这种"tool/chuck dedications"会严重地影响光刻工艺的产能。通常并不建议在大规模量产时采用。在早期研发的过程中，"chuck dedication"可以暂时满足工艺的需求。图 6.42 是"tool/chuck dedications"和"mixed tool"的示意图，它形象地说明了不同光刻层(layer 1 和 layer 2)的晶圆是如何在光刻机(STPA 和 STPB)的不同工件台(ch1 和 ch2)之间流片的。

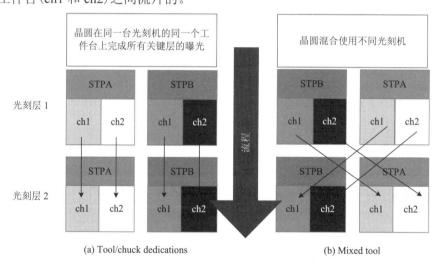

图 6.42 "Tool/chuck dedications"和"Mixed tool"的示意图
STPA 和 STPB 是两台不同的光刻机，ch1 和 ch2 表示光刻机上的两个晶圆工件台

在使用单一光刻机的单一晶圆工件台时，每一片晶圆的套刻误差都能够得到很好的补偿，其最终的套刻误差只有混合套刻误差的 1/2～1/3。图 6.43 是对比的实验结果，在使用"tool/chuck dedication"时，晶圆的 intra-field 套刻误差只有 2.1nm/2.7nm；而在混合两种光刻机使用时的 intra-field 套刻误差可达 8.9nm/6.1nm。

在晶圆的整个制程中实现单一的工件台并不是一件简单的事情。晶圆需要通过 50～60 次光刻，其中的 10 次必须使用同一光刻机的同一工件台。要保证这一功能的实现，必须有一个系统能追踪每一片晶圆，记录下其每一次光刻使用的光刻机及工件台，并在规定的光刻层把该晶圆强制性地分配到相应的光刻机去。不同 Fab 使用不同的软件来实现这一功能，最常用的有 Toolwish^{TM} 软件。

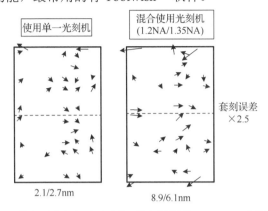

图 6.43　单一工件台曝光与混合光刻机曝光得到的 intra-field 套刻误差对比结果

参 考 文 献

[1] International Technology Roadmap for Semiconductors（ITRS）. http://www.itrs.net/Links/2010ITRS/ Home2010.htm, 2010.

[2] Felix N, Gabor A, Menon V, et al. Overlay improvement roadmap: strategies for scanner control and product disposition for 5 nm overlay. Proc of SPIE, 2011, 7971-79711D.

[3] Adel M, Ghinovker M, Golovanevsky B, et al. Optimized overlay metrology marks: Theory and experiment. IEEE, 2014.

[4] Minghetti B, Brunner T, Robinson C, et al. Overlay characterization and matching of immersion photoclusters. Proc of SPIE, 2010, 7640-76400W.

[5] Leray P, Mao M, Baudemprez B, et al. Overlay metrology solutions in a triple patterning scheme. Proc of SPIE, 2015, 9424-94240E.

[6] Chou W, Chang H, Chen C, et al. Mask contribution to intra-field wafer overlay metrology. Proc of SPIE, 2014, 9050-90501Q.

[7] Dasari P, Li J, Hu J, et al. Diffraction based overlay metrology for double patterning technologies. Proc of SPIE, 2009, 7272.

[8] Ham B, Kang H, Hwang C, et al. A novel, robust, diffraction-based metrology concept for measurement & monitoring of critical layers in memory devices. Proc of SPIE, 2010, 7638-76381S.

[9] Bhattacharyya K, Ke C, Huang G, et al. On-product overlay enhancement using advanced litho-cluster control based on integrated metrology, ultra-small DBO targets and novel corrections. Proc of SPIE, 2013, 8681-868104.

[10] Oh S, Lee J, Lee S, et al. The effect of individually-induced processes on image-based overlay and

diffraction-based overlay. Proc of SPIE, 2014, 9050-905039.

[11] Lam A, Pasqualini F, Caunes J, et al. Overlay breakdown methodology on immersion scanner. Proc of SPIE, 2010, 7638-76383L.

[12] Overlay Control Goes to High-order. http://electroiq.com/blog/2008/12/overlay-control-goes-to-high-order/, 2008.

[13] Gabor A, Liegl B, Pike M, et al. The grid mapper challenge: How to integrate into manufacturing for reduced overlay error. Proc of SPIE, 2010, 7640-764015.

[14] Subramany L, Chung W J, Gutiahr K, et al. HVM capabilities of CPE run-to-run overlay control. Proc of SPIE, 2015, 9424-94241V.

[15] Bode C, Ko B, Edgar T. Run-to-run control and performance monitoring of overlay in semiconductor manufacturing. Control Engineering Practice, 2003.

[16] Crow D. Improving overlay performance in lithography tools using run-to-run control. Micro Magazine, 2003, 21(1): 25.

[17] Chung W, Tristan J, Gutjahr K, et al. Integrated production overlay field-by-field control for leading edge technology nodes. Proc of SPIE, 2014, 9050-90501P.

[18] 林祖强. 微影制成之叠对控制. 硕士学位论文. 桃园: 中原大学, 2005.

[19] Chen K, Huang J, Yang W, et al. Litho process control via optimum metrology sampling while providing cycle time reduction and faster metrology-to-litho turn around time. Proc of SPIE, 2011, 7971.

[20] Subramany L, Hsieh M, Li C, et al. 20nm MOL overlay case study. Proc of SPIE, 2014, 9050-90502Q.

[21] Brunner T, Menon V, Wong C, et al. Characterization and mitigation of overlay error on silicon wafers with nonuniform stress. Proc of SPIE, 2014, 9052-90520U.

[22] Turner K, Vukkadala P, Veeraraghavan S, et al. Monitoring process-induced overlay errors through high-resolution wafer geometry measurements. Proc of SPIE, 2014, 9050-90501.

[23] Zhang Q. Modeling of Mask Thermal Distortion During Optical Lithography and its Dependence on Pattern Density Distribution. Berkeley: University of California, 2005.

[24] Lim M, Kim G, Kim S, et al. Investigation on reticle heating effect induced overlay error. Proc of SPIE, 2014, 9050-905014.

[25] Kim Y, Kim J, Kim Y, et al. Analysis of overlay errors induced by exposure energy in negative tone development process for photolithography. Proc of SPIE, 2014, 9052-90520V.

[26] Jeon B, lee S, Subramany L, et al. Evaluation of lens heating effect in high transmission NTD processes at the 20nm technology node. Proc of SPIE, 2014, 9050-90501U.

[27] Zhu l, Li J, Zhou C, et al. Overlay mark optimization for thick-film resist overlay metrology. Journal of Semiconductors, 2009, 30(6): 142-146.

[28] Haren R, Cekli H, Liu X, et al. Impact of reticle writing errors on the on-product overlay performance. Proc of SPIE, 2014, 9235-923522.

第7章　光学邻近效应修正与计算光刻

光刻工艺过程可以用光学和化学模型，借助数学公式来描述。光照射在掩模上发生衍射，衍射级被投影透镜收集并会聚在光刻胶表面，这一成像过程是一个光学过程；投影在光刻胶上的图像激发光化学反应，烘烤后导致光刻胶局部可溶于显影液，这是化学过程。计算光刻就是使用计算机来模拟、仿真这些光学和化学过程，从理论上探索增大光刻分辨率和工艺窗口的途径，指导工艺参数的优化。

计算光刻起源于 20 世纪 80 年代，它一直是作为一种辅助工具而存在。从 180nm 技术节点开始，器件上最小线宽开始小于曝光波长，光学邻近效应修正(optical proximity correction，OPC)变得必不可少，成为掩模图形处理中的一个关键步骤。随着技术节点的进一步缩小，修正技术不断完善，得到了更高的修正准确度。到 2008 年左右，光刻机波长的缩小和透镜的增大遇到瓶颈，更短波长的光刻机不能按时交付使用。工程师不得不使用已有的 193nm 浸没式光刻机从事 32nm 至 10nm 逻辑器件光刻工艺的研发。这时，光刻工艺分辨率的提高完全依赖于所谓的分辨率增强技术(resolution enhancement technology，RET)，包括优化光照条件使得图形的分辨率达到最佳、光学邻近效应修正和添加曝光辅助图形(assistant features)。2010 年左右出现的光照条件和掩模图形协同优化技术(source mask optimization，SMO)以及反演光刻技术(inverse lithography technique, ILT)更是把计算光刻推到了一个新的高峰。反演光刻技术可以根据晶圆上所需要的图形，通过模型直接推算出掩模上的图形。毫不夸张地说，从 32nm 技术节点以下，计算光刻已经成为光刻工艺研发的核心。

计算光刻是依靠专用软件包来实施的，这些软件包都是由专门的供应商提供的。例如，明导(Mentor Graphics)的 Calibre®软件包；ASML/Brion 的 Tachyon™ 软件包；KLA-Tencor 的 Prolith™ 等。一个芯片的尺寸最大可达 32mm×26mm，其中最小图形的线宽只有 10nm，因此，一个光刻层的版图文件可达几百个 GB。而且随着技术节点的推进，计算光刻的模型也越来越复杂，所需要的计算时间也更多。因此，计算光刻的运算量巨大，需要多 CPU 的并行计算。光刻工程师使用一些专用的测试图形(test pattern)曝光，收集晶圆上的线宽数据，用来修正软件里的模型，使之计算出的结果和实验尽量吻合。

7.1　光　学　模　型

投影式光刻机的曝光系统可以简化为如下几个部分：光源(illumination source)、聚光透镜(condenser lens)、掩模版、投影光瞳、投影透镜(projection lens)。光源位于

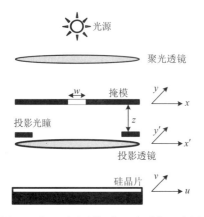

图 7.1　投影式光刻机的曝光系统示意图

聚光透镜的焦平面上，光线透过聚光透镜后成为平行光，照射在掩模版上，透过掩模版图案后形成衍射光。一部分衍射光束通过投影光瞳被投影透镜收集，会聚在晶圆表面，如图 7.1 所示。

光线在曝光系统的传播过程可以用衍射理论来分析。光线透过掩模后发生衍射，如图 7.2 所示。随着像平面与孔径之间距离(z)的增大，衍射图像分别可以用 Kirchhoff($z < \lambda / 2$)、Fresnel($z \sim w$)、Fraunhofer($z > \pi w^2 / \lambda$)公式来定量描述。投影式光刻机的光学成像系统可以用 Fraunhofer 衍射理论来描述。

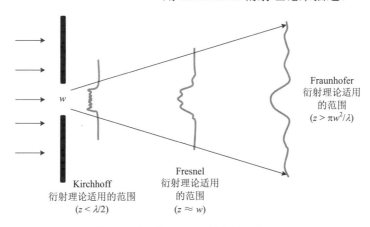

图 7.2　衍射近似处理的条件示意图

7.1.1　薄掩模近似

假设 $t(x, y)$ 是掩模透射函数，即

$$t(x, y) = \begin{cases} 0, & 不透光区域 \\ 1, & 透光区域 \end{cases} \tag{7.1}$$

式中，(x, y) 是掩模平面内的坐标。假设 $E(x, y)$ 是入射在掩模版平面上光线的电场强度；(x', y') 是投影透镜平面上的坐标；z 是掩模和投影透镜之间的距离，如图 7.1 所示。那么，衍射图形在 (x', y') 平面内的空间频率，可以被定义为

$$f_x = \frac{nx'}{z\lambda}, \quad f_y = \frac{ny'}{z\lambda} \tag{7.2}$$

式中，n 是掩模和投影透镜之间介质的折射率。在不考虑掩模厚度的情况下，衍射图形在 (x', y') 平面内的电场强度就可以表示为[1]

$$T(f_x, f_y) = F[E(x, y) \cdot t(x, y)]$$
$$= \int_{-\infty}^{\infty} \int_{-\infty}^{\infty} E(x, y) \cdot t(x, y) \cdot e^{-2\pi i(f_x x + f_y y)} dx dy \tag{7.3}$$

式 (7.3) 实际上说明，衍射图形是掩模上图形的傅里叶变换。

投影光瞳可以用空间频率的函数 $P(f_x, f_y)$ 来表示，即大于一定空间频率的衍射光束被光瞳挡住了：

$$P(f_x, f_y) = \begin{cases} 1, & \sqrt{f_x^2 + f_y^2} < \dfrac{\mathrm{NA}}{\lambda} \\ 0, & \text{其他} \end{cases} \tag{7.4}$$

会聚在晶圆表面上的电场强度 $E(u, v)$（其中，(u, v) 是晶圆表面内的坐标），可以表示为

$$E(u, v) = F^{-1}[T(f_x, f_y) \cdot P(f_x, f_y)] \tag{7.5}$$

式 (7.5) 中 F^{-1} 是傅里叶逆变换。在晶圆表面的光强分布 $I(u, v) = |E(u, v)|^2$。整个掩模成像过程可以归纳成对掩模版上的图形做傅里叶变换和傅里叶逆变换。

在以上的推导过程中，我们实际上假设是点光源照明，即光线由一点发出，经聚光透镜后成平行的光，沿一个方向照射在掩模上。这种光源又叫相干光源 (coherent light)。而在实际情况下，光源是有尺寸的，不可能只是一点。位于聚光透镜焦平面上的、有一定尺寸的光源发出的光，透过聚光透镜后，形成不同入射角的平行光，照射在掩模上。这种光源又叫部分相干光源 (partial coherent)。图 7.3 是完全相干和部分相干光源照射在掩模上的示意图。

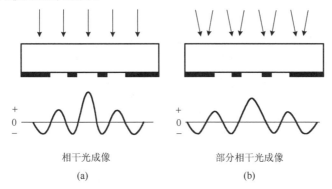

相干光成像 (a)　　　部分相干光成像 (b)

图 7.3　完全相干光源 (点光源) 和部分相干光源 (光源有一定尺寸) 发射的
光线透过聚光透镜后照射在掩模上

在倾斜的入射光照射下，投射在投影透镜平面上的衍射光束，要由中心位置发生移动。假设 f_x' 和 f_y' 是某一特定的倾斜入射光 (即来自于光源上某一点的光) 导致的衍射光空间频率的移动，那么，这一角度的光照射在晶圆表面成像，对应的电场强度是

$$E(u,v,f_x',f_y') = F^{-1}[T(f_x - f_x', f_y - f_y') \cdot P(f_x, f_y)] \tag{7.6}$$

形成的光强是 $I(u,v,f_x',f_y') = \left| E(u,v,f_x',f_y') \right|^2$。

　　光源上的每一点发出的光都会在晶圆表面成像,对它们积分就可以得到晶圆表面的总电场强度。这就是用于部分相干光成像计算的阿贝(Abbe)方法。假设整个光源的位置用 $S(f_x',f_y')$ 表示,根据阿贝方法,有

$$I_{\text{total}}(u,v) = \frac{\iint I(u,v,f_x',f_y') \cdot S(f_x',f_y') \mathrm{d}f_x' \mathrm{d}f_y'}{\iint S(f_x',f_y') \mathrm{d}f_x' \mathrm{d}f_y'} \tag{7.7}$$

　　以上计算的过程可以简单地用一系列图形来概括,如图 7.4 所示。图 7.4(a)是掩模图形,经光照后产生的衍射图形(这是傅里叶变换)如图 7.4(b)所示,衍射图形经过光瞳的调制(见图 7.4(c)),经投影透镜在晶圆表面成像(见图 7.4(d))。

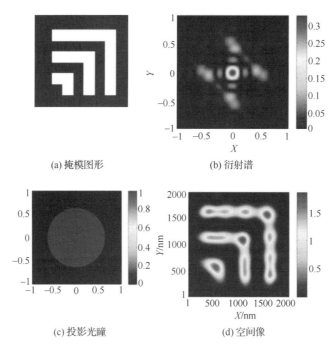

(a) 掩模图形　　　　　　　(b) 衍射谱

(c) 投影光瞳　　　　　　　(d) 空间像

图 7.4　投影光刻成像的计算过程

掩模上线宽 250nm;光刻机波长 248nm,NA = 0.63,$\sigma = 0$,离焦值 = 0

7.1.2　考虑掩模的三维效应

　　前面的计算中假设掩模版上的图形是二维(2D)的,即忽略了掩模图形的三维效应。在这个假设下,掩模的出射电场是入射场与掩模透射函数(图形)的乘积。当掩模

图形在 XY 方向的尺寸远大于其 Z 方向尺寸时，这一近似可以成立。因此，它被称为薄掩模近似（thin mask approximation，TMA），又叫 Kirchhoff 近似。薄掩模模型简单，使得计算一个完整的光刻层可以在较短的时间内完成。然而，随着掩模上图形的进一步缩小，掩模版的三维效应（M3D）必须考虑，掩模与入射光线的相互作用不能忽略，例如，入射光与掩模版材料的电磁相互作用、掩模对入射光极化性质的影响等。这些都需要更严格的三维电磁场计算来求解。时域有限差分分析（finite difference time domain，FDTD）是最常用的严格求解麦克斯韦方程组的数值计算方法（rigorous computation of Maxwell equations）。但是 FDTD 耗费太多的计算时间，不适用于做一个完整版图（full chip design）的计算。近年来，研究工作聚焦于半严格的解决方案，在准确（FDTD）与快速（TMA 近似）之间寻找最佳方法。

　　引入 M3D 效应后就可以从理论上解释光刻工艺中遇到的实际问题。例如，掩模上不同图形投影在晶圆表面，其最佳聚焦值有偏差（best focus shift between patterns）[2]。掩模上的图形是三维的，这些三维图形会导致衍射光束之间的额外相位差。假设掩模上的图形是光栅线条，入射光以 θ_{inc} 和 $-\theta_{\text{inc}}$ 的倾斜方向照射在掩模版上，入射光的电场平行于光栅的取向，即 TE 极化的光。在实验中，这种入射光可以使用对称的双极（dipole）照明的方式获得，如图 7.5 所示。把这两个非相干的光源在晶圆表面成的像叠加，就可以得到晶圆表面光强的分布（I）。假设 $k_0 =$

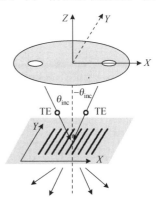

图 7.5　在双极和 TE 极化照明下一维图形（光栅）的成像

$2\pi / \lambda$，可以得到

$$I = C + 4a\cos\left[k_0(\sin\theta_{\text{inc}} + \sin\theta_d)x\right] \cdot \cos\left[k_0(\cos\theta_{\text{inc}} - \cos\theta_d)z + \delta\right] \tag{7.8}$$

式中，C 和 a 是常数，x 是晶圆平面内的坐标，z 是晶圆平面的位置，δ 是掩模 3D 效应导致的衍射 0 级与 1 级的相位差。$\sin\theta_d = \sin\theta_{\text{inc}} - (\lambda / P_{\text{mask}})$，$P_{\text{mask}}$ 是掩模上光栅的图形周期。假设 0 级和 1 级衍射束的强度分别是 A_0 和 A_1，那么 $A_0 A_1^* = a \cdot \exp(\text{i}\delta)$。$\delta$ 与掩模材料的性质和厚度、入射光的方式和角度、掩模图形的尺寸等有关。在最佳聚焦处，图像的对比度最高，即 $\partial I / \partial z = 0$。因此

$$z_{\text{BF}} = \frac{\delta}{k_0 \cdot (\cos\theta_d - \cos\theta_{\text{inc}})} \tag{7.9}$$

　　式 (7.9) 说明，最佳聚焦值除了与掩模上图形的周期和光照的方向有关外，还与 0 级和 1 级衍射束之间的相位差呈线性关系。这一相位差是掩模图形的 3D 效应导致的，它与掩模上图形的尺寸和密度有关。式 (7.9) 解释了为什么掩模上不同图形之间最佳聚焦值有偏差（best focus offset）。而在忽略掩模 3D 效应时，即薄掩模近似条件下，0 级与 1 级衍射束之间的相位差为 0；最佳聚焦值不随掩模上图形的尺寸而变化。

　　在 SMO 或 OPC 中，由于计算量的考虑，不可能使用严格的三维模型（M3D），而

是把其中的很多项简化为一些参数。这些参数通过实验数据来确定，即所谓的模型校准。把 M3D 加入到模型中，只是说模型与实际情况更为接近，经实验数据校准后会更精确[3-4]。

7.1.3　光学模型的发展方向

光刻设备和材料的造价越来越高，新工艺研发的周期也越来越长。为了节省开支和缩短研发周期，光刻界越来越依靠理论计算来做早期的工艺评估。光学模型的发展方向不仅是高准确性而且要灵活，易于快速计算，减少 CPU 占用的时间。国际半导体技术路线图专门设立有模拟计算部分 (ITRS modeling and simulation)[5]，它概括了光刻模型的发展方向。

(1) 新的模型必须把光的极性 (polarization) 对成像的影响考虑进去，包括如下内容：①光刻机中透镜的双折射效应 (birefringence) 对成像的影响；②掩模基板 (mask blank) 和保护膜 (pellicle) 对曝光光线极化性质的影响；③浸没式光刻机中投影透镜与水之间界面对曝光光线极化性质的影响。

(2) 模拟曝光过程中光刻材料性质的变化，例如，掩模版和透镜材料双折射性质随曝光剂量的变化。

(3) 对光学系统中散射光的模拟。先进光刻机中每一个透镜表面的粗糙度很小，所产生的散射光可以忽略。但是，大量透镜的组合使得这些散射光不断放大，对成像质量造成负面影响。掩模上的图形也会导致散射光，而且这种散射光的强度和图形的密度及形状是相关联的。

(4) 光源的模拟，特别是考虑到光源的空间相干效应 (spatial coherence effects)。例如，激光的频宽 (laser-bandwidth effects) 和量子噪声效应。

(5) 模拟光刻机的一些特殊问题，例如，扫描曝光时，晶圆和掩模不完全同步对成像的影响；光学系统边缘区域对曝光结果的影响。

(6) 模拟掩模保护膜 (pellicle) 和保护膜上的缺陷对成像质量的影响。

(7) 如何优化波前 (wave front) 使工艺窗口增大。

(8) 能模拟掩模或透镜的畸变 (aberration) 对成像的影响。

由于光刻机光学系统的复杂性，在建立模型和做计算时必然需要做各种近似和假设。这种近似和假设都是用对应的理论模型来命名的。这里进行简单梳理。

(1) 阿贝 (Abbe) 模型与霍普金斯 (Hopkins) 模型。这两个模型都是用来计算晶圆上电场强度 (即光强) 分布的；二者的区别在于：在阿贝模型中，入射到掩模上不同角度的平面波经过掩模后的衍射场需要根据实际情形来确定；而在霍普金斯模型中，入射到掩模上不同角度的平面波经过掩模后的衍射场相同，只是不同衍射级次的光在光瞳面的坐标有一个平移，因此霍普金斯模型的核心是"频谱平移不变性"。霍普金斯模型假设的"频谱平移不变性"可以使得光学系统的函数和表示掩模的函数相独立，从而大大减少计算量，提高计算速度。

（2）标量模型与矢量模型。标量模型是指在建立模型时只考虑光波的振幅和相位，不考虑光波的方向性和偏振性质，标量模型一般只适用于数值孔径（NA）小于 0.6 的光刻系统仿真。与此相反，矢量模型是指建立模型时不仅考虑光波的振幅和相位，还考虑其方向性和偏振性质，在对 NA 大于 0.6 的光刻系统做仿真时，需要使用矢量模型。

（3）克希霍夫（Kirchhoff）近似与三维掩模效应（M3D）。克希霍夫近似又被称为薄掩模近似，即认为掩模的衍射近场只决定于掩模图形的透过率函数和入射到掩模上光波的电场分布，与入射角度、掩模的材料参数无关。三维掩模效应是指掩模的衍射近场分布与掩模材料参数、介质厚度、入射光波的偏振态、入射角度等多种因素有关，通常采用严格求解麦克斯韦方程组的方法来获取三维掩模的衍射近场分布。

总体来说，标量与矢量、阿贝与霍普金斯模型都是描述光刻模型的不同方式，所以既有标量霍普金斯模型，也有矢量霍普金斯模型。霍普金斯模型是一种计算光刻成像的方法，而克希霍夫近似只是在计算掩模衍射近场分布时所做的近似，二者并不相同。在薄掩模近似下，不同入射角度的平面波经过掩模后的衍射场分布相同，其结果与霍普金斯模型成立的条件相同，并且此时阿贝模型与霍普金斯模型所得到的结果是一致的。三维掩模的衍射近场分布为矢量形式，所以计算三维掩模通过投影物镜在硅片上的成像时，只能使用矢量模型，而不能使用标量模型。在考虑掩模三维效应情形下，使用霍普金斯模型意味着用某一个方向平面波对应的衍射场分布来取代其他角度平面波对应的衍射场分布，这是一种近似，其精度显然低于每一个角度平面波都做一次三维掩模衍射频谱分布运算的阿贝模型。

7.2　　光刻胶中光化学反应和显影模型

光刻胶中的成分有聚合物（树脂）、光敏感剂（photo active compound，PAC）或光致酸产生剂（photo-acid generator，PAG）、溶剂（solvent），以及一些特殊功能添加剂（additives）。以化学放大胶为例，曝光时激发光化学反应，使光致酸产生剂分解产生酸。产生的酸的浓度与局域的光强和曝光持续的时间有关。假设光刻胶中光致酸产生剂的浓度是[PAG]，随曝光的进行酸产生剂不断分解，其浓度不断减少，即

$$\frac{d[PAG]}{dt} = -C \cdot I \cdot [PAG] \tag{7.10}$$

式中，C 是常数，I 是光强，t 是曝光时间。对式（7.10）做简单变换，可以得到

$$[PAG] = [PAG]_0 \cdot e^{-CIt} \tag{7.11}$$

式中，$[PAG]_0$ 是曝光之前胶中的酸产生剂浓度。由于光刻胶具有一定的吸收系数，曝光光强是光刻胶中位置的函数。[PAG]是曝光时间的函数，因为随着曝光时间的延长，曝光区域的酸产生剂的浓度降低，光刻胶对光子的吸收能力也减少。

由于光致酸 H^+(photo-acid)直接来自于酸产生剂的分解，因此，光致酸的浓度[H]可以表示为

$$[H] = [PAG]_0 - [PAG] = [PAG]_0(1 - e^{-CIt}) \tag{7.12}$$

注意，[PAG]、[H]和I是空间(x, y, z)和时间(t)的函数。曝光光强$I(x, y, z, t)$（由式(7.7)得到的，即空间像的强度(aerial image intensity)）通过式(7.12)就被转换成[H](x, y, z, t)。这种曝光在光刻胶中形成的酸三维分布又被称为潜在的三维像(latent 3D image)，因为最终的光刻胶图形就是来源于酸的三维分布。

下一步就是曝光后的烘烤(PEB)了。在后烘时，酸分子在胶中扩散，到达聚合物上保护基团(protective group)所在的位置，使之分解触发去保护(de-protection)反应并释放另一个酸分子。经去保护反应后的聚合物能溶于显影液。显然，酸分子越多的地方，聚合物的保护基团就被分解得越多。假设[M]表示光刻胶中保护基团的浓度，那么

$$\frac{d[M]}{dt} = -C[M][H] \tag{7.13}$$

式中，C是去保护反应的常数。对式(7.13)做变换，得到光刻胶中去保护基团的浓度为

$$[P] = [M]_0 - [M] = [M]_0(1 - e^{-C[H]t}) \tag{7.14}$$

式中，$[M]_0$是曝光之前光刻胶中保护基团的浓度。[P]也是(x, y, z, t)的函数，随后烘时间的增大而减少。反应常数C实际上代表了在给定酸浓度的情况下，去保护反应发生的概率。由于去保护反应是一个温度激活的反应，所以，C和温度是指数关系。

最后是显影过程。光刻胶中某处的显影率R(定义为光刻胶在显影液中的溶解速率，μm/min)和该处的保护基团的浓度[M]有关。具体的关系只有使用经验公式来描述。Dill等最早提出一个经验公式[6]，即

$$R(x, y, z) = \begin{cases} 0.006 \cdot \exp(E_1 + E_2 m + E_3 m^2), & m > -0.5\dfrac{E_2}{E_3} \\ 0.006 \cdot \exp\left(E_1 + \dfrac{E_2}{E_3}(E_2 - 1)\right), & \text{其他} \end{cases} \tag{7.15}$$

式中，m是胶中保护基团的浓度，即[M]；E_1、E_2、E_3是经验参数，由实验数据拟合得到。

显影模型的准确度与光刻胶的种类有关。新的聚合物和保护基团都会导致旧的显影模型失效。Mack提出了一个更细致的显影模型[7]。他认为光刻胶在显影液中的显影过程分三步：第一步，显影液中的有效成分(TMAH分子)扩散到光刻胶所在的位置；第二步，TMAH分子与光刻胶发生化学反应；第三步，反应的生成物溶解于显影液中，并在显影液中扩散。光刻胶浸入显影液后，其表面的溶解速率$(R, \text{nm/s})$可以定量表示为

$$R = R_{\max} \cdot \psi + R_{\min} \tag{7.16}$$

式中，R_{max} 是该光刻胶在完全曝光后的显影速率；R_{min} 是没有曝光时光刻胶的显影速率。式 (7.16) 中的关键变量是 ψ，它是显影液浓度、去保护基团浓度 [P] 的函数。

光刻胶的光化学和显影模型也在不断发展和完善之中[8]。与光刻机的光学模型相比，光化学和显影模型中的经验成分较多，准确性还需要提高。最新的发展方向如下：

(1) 建立更准确的针对化学放大胶的模型，包括溶剂和显影液的扩散模型、PAB 和 PEB 的分子动力学模型、酸中和剂 (quencher) 的扩散与反应模型、显影表面反应及粗糙度模型。这些模型必须能够预测光刻胶的三维图形。

(2) 建立浸没式光刻中水与光刻胶相互作用的模型。例如，光刻胶成分的析出 (leaching out) 模型、水向光刻胶内扩散的模型。

(3) 光刻胶和抗反射涂层相互作用的模型。

(4) 新型光刻胶工艺中的模型，例如，光刻-冻结-光刻-刻蚀 (LFLE) 工艺中的光刻胶冻结 (resist freeze) 模型；负显影工艺 (NTD)；多层光刻胶或抗反射涂层模型。

7.3　光照条件的选取与优化

当一个光刻层的版图确定后，光刻工艺研发首先需要回答的问题是"使用什么光照条件"？只有光照条件确定后，光刻工程师才能做邻近修正测试图形 (OPC test pattern) 的曝光。从测试图形上收集的数据，将被用于建立邻近效应修正中的光学和化学模型。在分析晶圆上测试图形数据时，如果发现所使用的光照条件并不理想，光刻工程师还可以对光照条件做修改，重新设置曝光。

工程师在设计光刻层版图 (layout) 时，对图形的摆放有很多限制，这些限制被称为设计规则 (design rules)。设计规则是为了保证版图便于光刻工艺的实现。图 7.6(a) 中有两个图形，属于同一光刻层。设计规则规定了这些图形的线宽和间隔，这种规则又被称为同一光刻层规则 (single layer rules)，即这一层的版图必须便于光刻工艺的实现。为了保证不同光刻层之间图形的对准，设计图形必须能包容一定的工艺偏差，即在规定的工艺偏差范围内，光刻层之间的图形必须实现有效的连接。图 7.6(b) 中有两组图形，每一组中的图形分属不同的光刻层。图形的边缘之间必须保留一定的距离，以保证可靠的连接。这种限制不同光刻层图形之间距离 (沿 X 和 Y 方向) 的规则被称为多光刻层规则 (multi-layer rules)。设计工程师在把电路转换成一套掩模版图形时，必须遵守设计规则。图 7.6(c) 表示了一个非门电路 (CMOS inverter) 按照设计规则转换成了六层光刻图形。

7.3.1　分辨率增强技术

分辨率增强技术 (resolution enhancement technique, RET) 实际上就是根据已有的掩模版设计图形，通过模拟计算确定最佳光照条件，以实现最大共同工艺窗口 (common process window)。这部分工作一般是在新光刻工艺研发的早期进行。

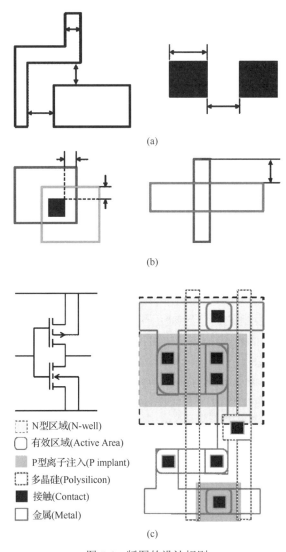

N型区域(N-well)
有效区域(Active Area)
P型离子注入(P implant)
多晶硅(Polysilicon)
接触(Contact)
金属(Metal)

(c)

图 7.6　版图的设计规则

7.3.1.1　方法概述

在一个新技术节点研发的初期，光刻研究人员首先要确定光照条件。这时，他们所掌握的信息有：①上一个技术节点的光刻工艺参数，包括光刻设备参数、光照条件、光刻材料参数等；②业界技术路线图(如 ITRS)所提供的新光刻层的参考信息；③符合新技术节点要求的设计。这时的设计都非常初步，基本上就是把上一个技术节点的设计做 0.7 倍的缩小。

　　在新技术节点中需要研发的只是关键层的光刻工艺；非关键层的工艺一般可以直接参考上一个技术节点的工艺。因为非关键层对线宽及线宽均匀性(CD/CDU)的要求，在上一个技术节点中都可以找到，其光刻工艺的解决方案也都有。业界的技术路线图能提供新技术节点所能使用的光刻设备信息，包括波长(λ)和数值孔径(NA)。因此，光刻工艺研发初期的主要任务就是针对新的设计提出光刻机的最佳光照条件，并初步确定在此条件下的工艺窗口。特别是要在现有设计中找出光刻工艺困难的部分，被称为"坏点"(hot spots)。这一时期的工作要反馈给设计者，对设计图形提出修改建议，尽量使得下一轮的设计便于光刻(litho-friendly design)。

　　图 7.7 是寻找最佳光照条件的工作流程。工程师首先分析设计图形，从中找出有代表性、对于光刻来说比较困难的部分，并把它们截取出来(被称为"clips")。判断哪些图形具有代表性，需要工程师有一定的经验。图 7.8 是一些常用的有代表性的图形，它们经常出现在金属层的设计中。使用仿真软件(如 Prolith^{TM}、S-Litho^{TM})对这些图形做各种光照条件下的光刻工艺窗口计算。光照条件局限于几种传统的方式：常规照明(conventional)、角度照明(annular)、双极照明(dipole)、四极照明(quadrpole)、在轴四极照明(C-quad)等。光刻材料模型(抗反射涂层/光刻胶)采用目前已经初步选定的工艺参数。通过对计算结果的对比，确定：①能使得所有图形的光刻工艺窗口重叠得最好的光照条件；②最限制光刻工艺窗口的图形有哪些。不难看出，"clips"选取得越多，计算结果就越能代表整个设计图形。由于计算量的限制，一般选取 10～20 个"clips"来计算。由于光照条件局限于传统方式，能优化的光照参数主要是σ_{in}、σ_{out}、NA。因此，这种光照条件的优化又被称为光源参数的优化(parametric source optimization)。

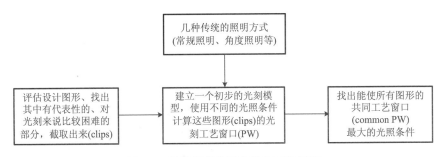

图 7.7　寻找最佳光照条件的工作流程

　　下面就以 32nm 逻辑器件的栅极层和第一个金属层(M1)为例，对 RET 的整个过程进行分析。这里特别要指出：第一，本节所介绍的方法只适应于光照条件局限于传统方式的光刻层，即本方法主要适用于 22nm 技术节点之前的光刻工艺。如果需要使用像素式的光照(20nm 及以下节点)，就必须使用光源-掩模协同优化(SMO)软件。第二，用这种方法计算出的光照条件，只是为下一步的工作提供一个出发点。随着实验数据的积累，特别是测试掩模的曝光数据出来后，光刻工程师会发现很多工艺窗口太小的图形，即"坏点"。在下一轮计算中，这些"坏点"会被包括在测试图形(clips)中，作为添加的输入来计算新的最佳曝光条件。

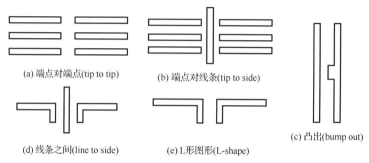

(a) 端点对端点(tip to tip)　　(b) 端点对线条(tip to side)

(c) 凸出(bump out)

(d) 线条之间(line to side)　　(e) L形图形(L-shape)

图 7.8　一些常用的有代表性的图形

有些图形不管如何优化都不能得到所需要的工艺窗口，或者是无法和其他图形的工艺窗口重叠。设计者必须修改这部分的图形，使其符合工艺要求。历史数据显示，随着技术节点的不断缩小，对设计图形的限制也越来越多，设计图形越来越趋向规则化(regular/gridded layouts)[9]。图 7.9(a) 是 45nm SRAM 栅极光刻层的设计[10]。当把这个图形按 0.7 的比例缩小成 32nm SRAM 时，光刻仿真计算发现，使用 1.35NA 的 193nm 浸没式光刻机，不管如何优化光照条件，都无法为图形提供足够的工艺窗口。为此，32nm 的栅极不得不更改为 1D 的设计，如图 7.9(b) 所示，即从一次光刻分解成两次光刻。第一次光刻产生等间距的 1D 密集线条；第二次光刻把这些线条切割开(cut)。图 7.10 是这种两层光刻工艺的流程示意图。

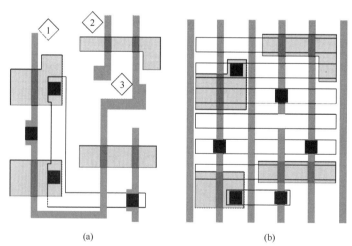

(a)　　　　　　　　　　　(b)

图 7.9　(a) 45nm SRAM 栅极设计(传统的 2D 图形)和(b) 32nm SRAM 栅极设计(1D 的设计使得光刻工艺的难度降低)[10]

图中 1～3 是光刻工艺的难点：1 是独立线条；2 处图形的密度不均匀；3 处相邻图形容易发生连接(necking or bridging)，灰色部分是 RX 层，黑色部分是接触层

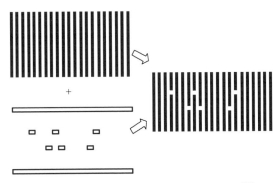

图 7.10　两次光刻和刻蚀实现所要的图形[10]

7.3.1.2　32nm 技术节点关键光刻层光照条件的讨论

如上节介绍，从 32nm 技术节点开始，栅极是通过两次光刻来实现的。第一次光刻和刻蚀完成后(被称为 GC 层)，在衬底上形成 1D 的密集线条；第二次光刻(被称为 CT 层)和刻蚀完成后，把这些 1D 的线条切断，如图 7.10 所示。32nm 节点的设计规则要求栅极的线宽必须是 30nm，线间距必须是 90nm。也就是说，GC 层的光刻必须在光刻胶上实现 30nm 线宽/90nm 线间距的 1D 图形(这里暂不考虑刻蚀的偏差)。这种单一周期的(沿 Y 方向)1D 线条，可以使用 X 取向的双极型照明(X-dipole)，得到最好的分辨率。NA 可以设置为最大(1.35)，具体的数值可以使用软件计算得到。

CT 的图形并不是长线条，而是类似于接触或通孔的图形(contact/via)。它只有与 GC 的线条对准好，才能在刻蚀时正确地把线条切断。考虑到光刻时的套刻误差(假设为 ±15nm)，这些切割图形在 X 方向的长度可以设置为 180nm，如图 7.11 所示。Y 方向的长度更为关键，文献[11]计算了不同 Y 长度所对应的 CT 最佳光照条件，结果如表 7.1 所示。CT 曝光时仍然必须使用 1.35NA 的 193nm 浸没式光刻机。使用沿 X 方向的极化照明可以进一步提高光刻的工艺窗口[11]。

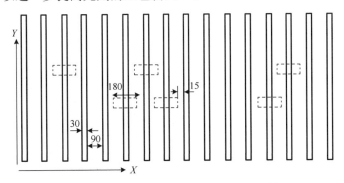

图 7.11　32nm 栅极(GC 与 CT)光刻图形的设计(单位：nm)

表 7.1　32nm CT 层光照条件的优化结果(使用 1.35NA 曝光)[11]

Y 方向长度/nm	120	140	160	180
光照形状				
开口角度/(°)	20.5	19.8	19.8	20.5
σ_{out}	0.59	0.98	0.98	0.59
σ_{in}	0.10	0.78	0.78	0.47

32nm 的接触层需要实现的孔洞最小尺寸是 40nm×40nm，但图形的最小周期是116～120nm。第一金属层中图形的最小周期是 100nm(50nm 线宽/50nm 线间距)。优化计算的结果表明，它们可以使用 C-quad 或 Quasar 照明来实现。

7.3.2　光源-掩模协同优化

7.3.2.1　基本方法

上节的光照条件局限于几种传统的方式：常规照明、环形照明、四极照明、在轴四极照明等。近几年，先进光刻机的光照系统(illuminator)有了长足的进步，实现了所谓的自由形式的照明(freeform illumination)。这种光照系统使用多个镜子的阵列，把光线反射到一个固定的区域，形成任意形式的光照强度分布。这种光强分布(source map)是由很多像素组成的(pixelated illuminator)，每一个像素的强度可以用计算机程序控制调整。目前先进的 193nm 浸没式光刻机都配备有这种像素式光照系统，例如，ASML 的 Flexray© 光照系统。这种像素式光照系统是做光源-掩模协同优化必须具备的硬件条件。

和上节的参数式光照条件优化类似，像素式光照的选择也是基于许多典型图形(clips)。可以使用软件从设计文件中自动选取典型图形。这个软件检查设计图形在光照下的衍射级分布，从空间频率分布(spatial frequency domain)的角度看典型图形的唯一性。用这种办法选择典型图形，可以比较好地解决典型图形太多和不够的矛盾；既保证典型图形能充分代表整个设计，又使计算量降到最少，节省运算时间。

光源-掩模协同优化仿真计算的基本原理与基于模型的邻近效应修正类似。对掩模图形的边缘做移动，计算其与晶圆上目标图形的偏差(edge placement error，EPE)。在模型中故意引入曝光能量、聚焦度、掩模版上图形尺寸扰动(deviation)，计算这些扰动导致的晶圆上像的边缘偏差(EPE)。引入一个评价函数(cost function)，即

$$s(v_{\text{src}}, v_{\text{mask}}) = \sum_{\text{pw,eval}} \left(w_{\text{pw}} \cdot w_{\text{eval}} \left| \text{EPE}_{\text{pw,eval}} \right|^2 \right)^{P/2} \tag{7.17}$$

式中，s 表示以光源变量 v_{src} 和掩模图形变量 v_{mask} 为自变量的评价函数。pw 表示参与评价函数计算的工艺条件，eval 表示目标图形上分布的成像评价点。w_{pw}、w_{eval} 分别表示不同工艺条件以及不同评价点的加权系数。P 是指数。优化是基于边缘位置误差的评价函数实现的。该评价函数包含不同工艺条件中的图形上所有成像评价点，对不同工艺条件、不同成像评价点下的边缘位置误差进行加权平均。在最佳光照条件下，评价函数 s 达到最小值[12]。光源-掩模协同优化计算出的结果，不仅包括一个像素化的光源，而且包括对输入设计做的邻近效应修正，如图 7.12 所示。

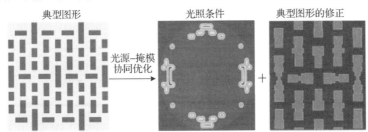

图 7.12　光源-掩模协同优化计算出的结果(包括一个像素化的光源与对输入设计做的邻近效应修正)

　　由于光照参数和掩模上的图形可以同时变化，优化计算出的结果可能不是唯一的。在典型图形数目较少的情况下，可以通过限定参数的方式，使计算结果收敛。例如，有些光刻机不能支持像素式光照，可以把光源限定成标准的参数式光照。

7.3.2.2　应用实例

　　图 7.13 是 SMO 计算的数据流程(data flow)示意图。使用一个参考光照条件作为起点(initial optical model)开始迭代计算，直到新的像素式的光照条件能实现所要求的工艺窗口。ASML/Brion 的 Tachyon™ 和 Mentor Graphics 的 Calibre® 都提供这种功能的 SMO 软件包。这里主要以 ASML 的 Tachyon™ 为例来讲解，Mentor Graphics 的 Calibre® 可以参见文献[13]。

　　文献[14]从整个设计中选择了 141 个典型图形，包括 "anchor patterns"、周期连续变化的图形(through-pitch structures)、线条端点测试图形(line-end test structures)、SRAM 以及逻辑器件的一些典型图形。使用上述方法计算出最佳的光源分布(illumination source map)，如图 7.14(b)所示。图 7.14(a)是用于启动迭代计算的参考光源强度分布图。使用优化的典型图形筛选程序，文献[14]从 141 个典型图形中又筛选出 28 个，并使用这 28 个典型图形，计算出最佳的光源分布，如图 7.14(c)所示。图 7.14(b)和(c)非常相似，它们都能提供所要的工艺窗口；但是，图 7.14(c)的计算量只有(b)的 30%左右。

　　图 7.14 中的光源分布图可以被上传到光刻机的控制电脑上，直接用于设置光刻机的光照条件。SMO 已经被广泛应用于 20nm 及以下技术节点。有些晶圆厂也将其用于 28nm 节点，用来解决某些光刻层存在的曝光问题。

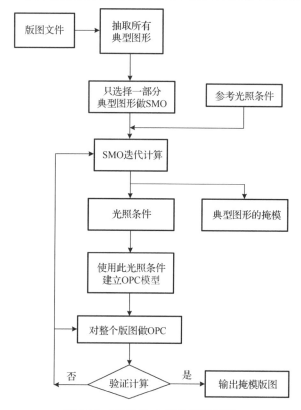

图 7.13　确定 SMO 的数据流程图

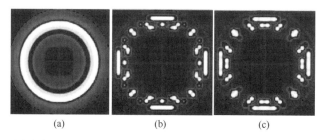

(a)　　　　　　　　(b)　　　　　　　　(c)

图 7.14　(a)参考光源强度分布图、(b)使用 141 个典型图形计算出的光源分布
和(c)使用筛选出来的 28 个典型图形计算出的光源强度分布图[14]

文献[15]提出了另一个能包括更多设计图形的光源-掩模协同优化数据处理流程，如图 7.15 所示。首先通过对设计图形的分析，找出典型的部分。这些图形包括关键的存储单元(critical memory cells)、典型器件、测试图形以及已知的光刻困难的图形。这一步的筛选可以比较宽松，一般产生 100~1000 典型的图形，这一组图形被称为 A 组。但是，对 100~1000 典型图形做 SMO，计算量仍然太大。对 A 组图形做衍射分析，选出 20~50 个最复杂和困难的图形，被称为"子组 A"。对子组 A 做 SMO，得到优

化的光源。使用整个 A 组的图形来验证计算得到的光源(lithography manufacturability check，LMC)。如果验证不能通过就需要对光源做进一步优化，直到所有 A 组的图形都能通过验证。

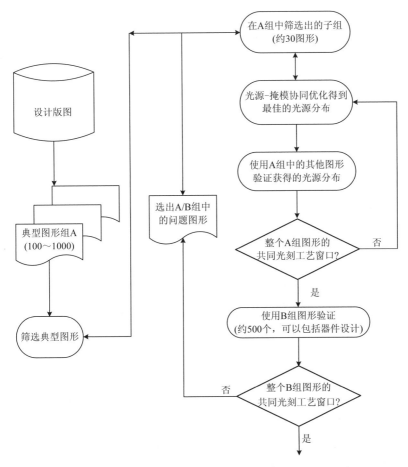

图 7.15　一种整个芯片的光源-掩模共同优化数据处理流程

　　通过 A 组的验证后，使用 B 组做进一步验证。B 组可以包括更广泛的设计图形，甚至整个芯片的设计。在分析验证结果时要注意区分局部设计图形的缺陷(local design hot spots)，如紧邻的线条端点(tight line-ends)、拐角处的问题。对于这一类"坏点"，光源的优化解决不了问题，只有通过优化设计或改变线宽目标值(retargeting)来解决。使用上述方法，文献[15]对工厂里已有的一道光刻层做了光源优化。优化前的光照条件被称为"POR source"，掩模上现存的 OPC 被称为"POR OPC"。使用相同的掩模版，对比了光源优化前后的光刻工艺窗口，结果如图 7.16 所示。即使不改变掩模，使用新的 SMO 光源也能使聚焦深度提高大约 16.1%。

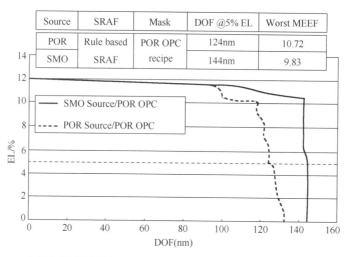

Source	SRAF	Mask	DOF @5% EL	Worst MEEF
POR	Rule based	POR OPC recipe	124nm	10.72
SMO	SRAF		144nm	9.83

图 7.16　使用相同的掩模(POR OPC)，光源优化前后的光刻工艺窗口对比[15]

文献[12]对 22nm 的 SRAM(0.099μm² bit cell)接触层做了 SMO 分析。图 7.17(a)是输入的典型图形，沿垂直方向的周期是 90nm，沿水平方向的周期是 110nm。初步的 SMO 分析显示无法找到合适的光照条件(1.35NA 193nm 浸没式光刻机)，因为设计图形太紧凑。于是，把图形拆分成两部分(图 7.17(a)中不同颜色)，拆分后的两个图形有类似的结构和分布。图 7.17(b)是拆分后的图形，垂直方向的周期为 180nm，水平方向的周期仍为 110nm，最小图形尺寸为 54nm。在图 7.17(b)中截取一个单元(图中红色点划线框内)做 SMO 计算，得到的结果如图 7.18 所示，图 7.18(a)中限制了光照条件必须是参数式的，因此得到的光源是四极照明；图 7.18(b)中是自由形式的照明。

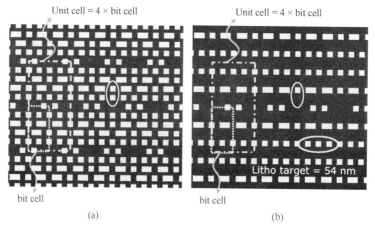

图 7.17　(a)22nm SRAM 接触层版图和(b)拆分后的图形(见彩图)

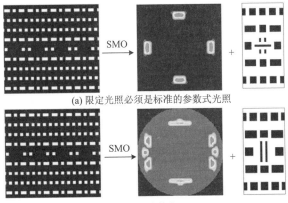

(a) 限定光照必须是标准的参数式光照

(b) 自由形式的光照

图 7.18 对图 7.17(b) 做 SMO 计算的结果[12]

7.3.2.3 SMO 与 OPC 之间的联系

SMO 工作的目的是寻找最佳的光照条件，而 OPC 是对掩模上的图形做修改以便得到最佳的光刻工艺窗口。显然，SMO 的结果与 OPC 是相关联的，换句话说，掩模上 OPC 对图形修改的程度不同，所对应的最佳光照条件不一样。光照条件的复杂程度从标准的参数式光照 (DOE)、定制的 DOE、再到无限制的 DOE (即像素式的光照) 逐步升高；OPC 的复杂程度则从基于经验的修正、基于模型的修正、再到无限制的修正（即修正图形可以是任意形状和尺寸）[16]。但是，DOE 的选取受光刻设备条件的限制，而 OPC 的选取则受掩模制造能力的限制。如果 OPC 修正不够理想，可以用较复杂的光照条件来补偿，来保证一定的光刻工艺窗口；反之，如果光刻机不够先进，没有配置复杂的光照系统，那么可以使用具有较复杂 OPC 的掩模来补偿，以保证光刻工艺窗口。

7.4 光学邻近效应修正 (OPC)

掩模上的图形通过曝光系统投影在光刻胶上。由于光学系统的不完善性和衍射效应，光刻胶上的图形和掩模上的图形不完全一致。光学邻近效应修正 (optical proximity correction，OPC) 就是使用计算方法对掩模上的图形做修正，使得投影到光刻胶上的图形尽量符合设计要求。一般来说，当晶圆上图形的线宽小于曝光波长时，必须对掩模上的图形做邻近效应修正。例如，使用 248nm 波长光刻机，当图形线宽<250nm 时，必须使用简单的修正；当线宽<180nm 时，则需要非常复杂的修正。使用 193nm 波长光刻机，当最小线宽<130nm 时，就必须做图形修正。

在对某一图形做修正时，首先要搞清楚其"邻近"的定量范围，即附近多少距离范围内的图形在曝光时会对此图形的成像产生影响。用光学直径 (optical diameter，OD) 来定义这个范围，即可以认为这个直径以外的区域对本图形成像的影响可以忽略不计：

$$OD \approx 20 \times \frac{\lambda / NA}{1 + \sigma_{max}} \tag{7.18}$$

式中，数字 20 只是一个估算的因子。该因子取得太大，会导致修正计算量太大；该因子取得太小，则导致修正精度不够。从式(7.18)可以看出，OD 与光刻机的分辨率密切相关。一般来说，对于 1.35NA 的浸没式光刻机，OD 大约取 1.5μm 左右。

7.4.1　基于经验的光学邻近效应修正

光学邻近效应修正(OPC)首先于 250nm 技术节点时被引入到半导体光刻工艺中[17]。除了特别说明，书中提到的技术节点都是逻辑器件的节点(logic node)。那时候的 OPC 数据处理流程比较简单直接。设计公司的版图被发送到晶圆厂，晶圆厂对设计图形用 OPC 软件进行处理。在数据处理中，OPC 软件根据事先确定的规则对设计图形做光学邻近效应修正。修正完成后，在图形周围加入光刻机所需要的对准标识(alignment marks)和曝光后测量所需要的标识(metrology marks)。最后，整个文件发送(tapeout)到掩模厂用于制备掩模版。

基于经验的光学邻近效应修正的关键是修正的规则。修正规则规定了如何对各种曝光图形进行修正。其形式和内容会极大地影响 OPC 数据处理的效率和修正的精度。OPC 软件自动地检查设计图形，根据规则找出所要修正的部分，并做相应的修正。好的修正规则要能涵盖设计中所有的图形。详细的规则通常意味着较高的修正精度，也同时需要更多的软件运行时间。

可以使用不同的方法来建立修正的规则。对于一维图形，修正的规则比较简单，无非是增加或削减设计的线宽。图 7.19 是一个如何修正一维图形的规则，它规定了在一定线宽与线间距时的修正值。例如，线宽在 150～180nm、间距在 185～210nm 的一维图形，线宽必须增加 11nm。但是，确定二维图形的修正规则却比较复杂，因为二维图形可以有多种形式，例如，拐角(corner)、线条的端点(line end)和接触图形(contact)。图 7.20(a)是拐角处的修正规则，它分为外拐角(outside corner)和内拐角(inside corner)规则。外拐角规则是以角的两边分别平行向外寻找，如果在 170nm 以内有其他图形，那么该边缘向外移动 5nm；如果在 230nm 之内有其他图形，那么该边缘向外移动 19nm；超出 230nm 才有其他图形，那么该边缘向外移动 23nm。内拐角处的修正规则与外拐角的类似，也是以角的两边分别向外平行寻找，如果在 170nm 以内有其他图形，那么该边缘向外移动 8nm；如果在 230nm 之内有其他图形，那么该边缘向外移动 14nm；在 230nm 之外才有其他图形，那么该边缘的移动是 15nm。然而，以拐角的两边整体移动来修正不够精细(见图 7.20(b))，我们希望能对拐角的局部区域做修正(来解决曝光后拐角处平滑的问题，即"corner rounding"问题)。为此，可以对包含拐角的图形先做切割(segmentation)，把拐角部分孤立出来，然后对拐角部分做上述修正。图形的切割方式也由规则来确定，即切割规则(segmentation rules)。图 7.20(c)中的图形就是先做切割，后做修正得到的。

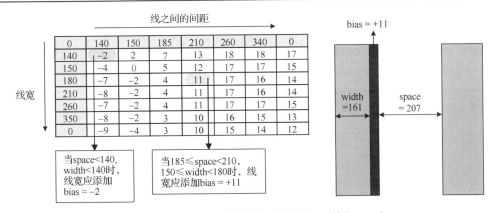

图 7.19　对一维图形做线宽修正的规则表(单位:nm)

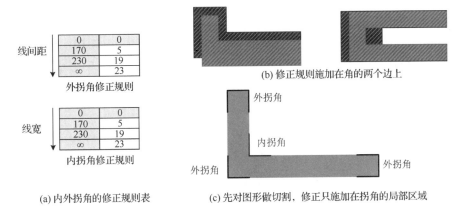

(a) 内外拐角的修正规则表　　　(c) 先对图形做切割,修正只施加在拐角的局部区域

图 7.20　拐角图形的修正规则(单位:nm)

图 7.21 是接触图形的修正规则。接触图形是一个矩形的二维阵列,矩形的长宽可以不一样。先考察 X 方向,如果矩形的宽度在 120nm 以内,矩形之间的间距在 150nm 以内,那么该矩形的边缘沿 X 方向向外移动 3nm(即矩形的宽度增大 6nm);如果矩形的宽度超过 120nm,矩形之间的间距在 150nm 之内,那么该矩形的边缘沿 X 方向向外移动 10nm(即矩形的宽度增大 20nm)。这一修正规则对 Y 方向也适用。

图 7.22 是线条端点(line-end)与另一个取向的线条邻近时的修正规则。修正分为两个部分:一是线条端点向外的延伸(line-end extension),另一个是线条端点侧面向外的延伸(line-end side)。这些修正量的大小与三个参数有关(见图 7.22(a)):线条端点处的线宽(LE width)、端点与线条之间的距离(LE space)以及端点所在的线条与邻近线条侧向的距离(Vert space)。图 7.22(b)是线条端点与相邻线条(Line-end side)的修正规则,表中的 X 方向参数是 Vert space, Y 方向参数是 LE space。图 7.22(c)是端点延伸的修正规则,表中数据的格式与图 7.22(b)一样。

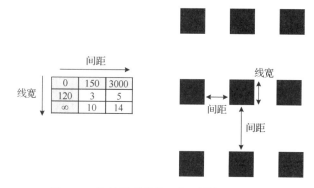

图 7.21　接触图形的修正规则(单位：nm)

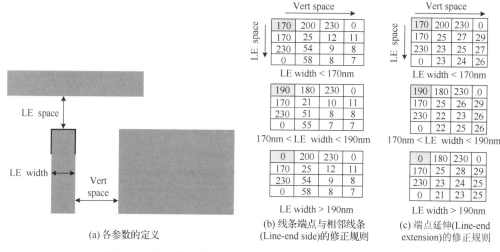

(a) 各参数的定义

(b) 线条端点与相邻线条 (Line-end side)的修正规则

(c) 端点延伸(Line-end extension)的修正规则

图 7.22　线条端点与另一个取向的线条邻近时的修正规则

图 7.23 是 OPC 修正前后的图形及其对应的曝光结果。在线条的端点添加了一个加宽的方块(hammer head)或者延长端点可以有效地减少曝光后端点的收缩。在线条的内拐角处削去一部分(anti-serif)，而在外拐角处添加一部分(serif)，可以使曝光后的拐角尽量接近设计要求。修正规则是从大量实验数据中归纳出来的，随着计算技术的发展，修正规则也可以用计算的办法来产生。可以截取设计中最关键的部分，输入到一个专用软件中，例如，Prolith™ 或 S-Litho™。对软件计算出的修正做分析就可以写出比较好的修正规则[18]。

　　不管修正规则是如何产生的，它们都必须经过实验验证，而且修正规则都是在一定的光刻工艺条件下产生的。如果工艺参数变化了，这些修正规则必须重新修订。基于经验的光学邻近效应修正广泛应用于 250nm 和 180nm 技术节点。随着图形尺寸的变小，更多的图形结构需要修正，修正规则也变得非常多而且复杂。到了 130nm 节点，修正规则的确定已经非常困难了，修正的精度也差强人意。目前的一个通行做法是把一些简单的修正规则写到设计手册(design manual)中去。这样设计出的版图已经包含了一部分 OPC，既节省了 OPC 软件的运行时间也提高了修正的可靠性。

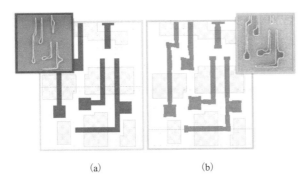

(a)　　　　　　　　　　(b)

图 7.23　(a)原始设计及其直接曝光后的图形和(b)经过 OPC 处理后的图形及其曝光结果

7.4.2　基于模型的光学邻近效应修正

7.4.2.1　原理和数据处理的流程

基于模型的光学邻近效应修正(model-based OPC，MB-OPC)从 90nm 技术节点开始被广泛使用。它使用光学模型和光刻胶光化学反应模型来计算出曝光后的图形。基于模型的光学邻近效应修正软件首先把设计图形的边缘识别出来，让每一个边缘可以自由移动[19]。软件仿真出曝光后光刻胶的图形边缘并和设计的图形对比，它们之间的差别称为边缘放置误差(edge placement error，EPE)，如图 7.24 所示。边缘放置误差是用来衡量修正质量的指标，边缘放置误差小就意味着曝光后的图形和设计图形接近。修正软件在运行时移动边缘位置，并计算出对应的边缘放置误差。这个过程不断反复直到计算出的边缘放置误差达到可以接受的值。为了减少边缘移动的任意性(也就是减少运算量)，边缘上点的位置只能在一个固定的栅格上移动。显然，栅格越小，修正的精度越高，但运算量也就越大。更小的栅格修正还使得图形边缘更加零碎，增加掩模制造的成本。

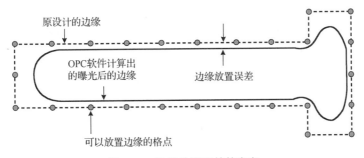

图 7.24　边缘放置误差的定义

实际上修正量最大的部分通常是在线条的拐角和两头。先进的 OPC 软件可以在图形拐角和端点处设置更小的栅格(见图 7.25(a)),使得在这些位置处 EPE 的计算更加密集,修正得更加完善。拐角和端点处栅格的添加可以使用两种方法:一是所谓的"intra-feature fragmentation",另一个是"inter-feature fragmentation"。"intra-feature fragmentation"是从拐角的顶点开始向两边等间距地插入更多的格点,使拐角附近的格点更多,如图 7.25(b)所示。"inter-feature fragmentation"方法用于给邻近的图形添加格点。以图形的拐角为起点,寻找附近的图形(以一定的半径),并为附近图形的边缘添加格点,如图 7.25(c)所示。

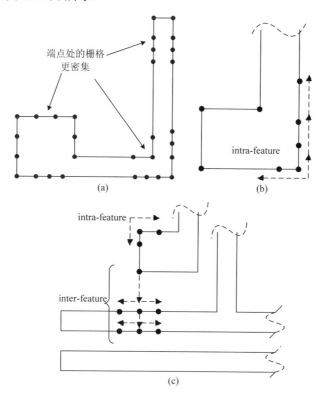

图 7.25 (a)在线条的拐角和两端可以设置更细密的格点、(b)"intra-feature fragmentation"方法的示意图和(c)"inter-feature fragmentation"方法的示意图

在实际计算过程中,相邻边缘格点的 EPE 都是互相关联的。一个格点的移动必然导致邻近格点 EPE 的变化,而 OPC 所需要的结果是整个图形的 EPE 达到极小。为此,专门定义了一个评价函数(cost function)来综合评估整个图形的 EPE,即

$$\text{cost function} = \sum_x \left| \text{EPE}_x \right|^2 \tag{7.19}$$

式中,x 是指图形的格点,EPE_x 是指此格点处的 EPE,$\sum_x$ 是指对图形上所有格点的

EPE 求和。因此，OPC 的计算方式就是把格点做扰动，以寻找何时评价函数达到最小值。

　　基于模型的光学邻近效应修正的工作流程如图 7.26 所示。首先是设计测试图形 (test patterns)，并制作测试掩模(OPC test mask)。用测试掩模曝光，收集晶圆上光刻胶图形的线宽数据，建立修正模型。使用建立的修正模型对设计图形做修正，并对修正后的图形做验证(OPC verification)。如果在验证中发现不能接受的问题(catastrophic problems)，模型需要重新修改。将一些修正得不够理想的地方记录下来，提供给工艺工程师，以后在晶圆上监控。最后，经 OPC 处理后的版图发送给掩模厂，制备掩模版。

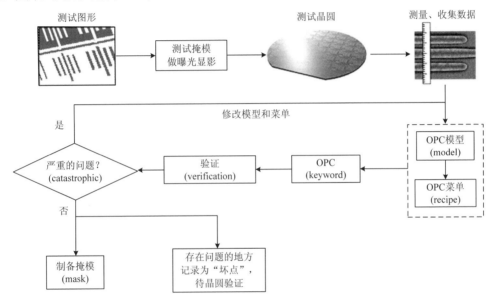

图 7.26　基于模型的邻近效应修正的数据处理流程

7.4.2.2　修正模型的建立

　　基于模型的邻近效应修正的关键是建立精确的光刻模型，包括光学模型和光刻胶模型。一层设计有上千万个图形。一个好的模型不仅要求精度高而且要求计算速度快。为了实现快速处理大容量的设计数据，修正软件中的模型都采用近似模型。这些近似模型中包含一系列的参数，这些参数通过实验数据来拟合，以保证模型的精确度。这实际上是邻近效应修正软件与一般的仿真软件(如 Prolith^{TM}、S-Litho^{TM})的本质差异。后者只用于计算小面积的图形，因此追求模型的严格性。

　　由于 OPC 软件中的模型是半经验的(semi-empirical)，因此，实验数据越多，模型中的参数就会拟合得越精确。但是，太多的测试图形，又使得晶圆数据的收集量太大。因此，测试图形的设计非常关键，它必须包括线宽和周期变化的图形、暗场和亮场下的独立图形、暗场和亮场下间断的图形，以及不同取向线条的相邻配置。测试图形的选取非常关键，它直接关系到收集的数据是否有效、是否能充分地校准 OPC 模型。文献[20]提出使用专门的软件直接从版图设计中抽取测试图形，如图 7.27 所示。从设计的版图中提取出关键的图形，这些关键图形必须尽可能包括光刻困难的和复杂的图形。把相似的图形归成一类（classification），在同一类图形中选取有代表性的作为测试图形放置在 OPC 测试掩模上。

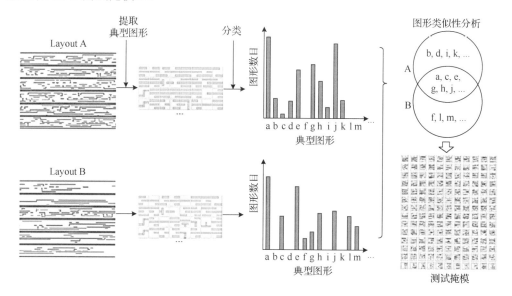

图 7.27　从设计版图中抽取 OPC 测试图形的方法示意图[20]

　　测试图形被放置在一个测试掩模（OPC test mask）上，按照事先选定的光照条件进行 FEM 曝光。FEM 的中心能量、聚焦值以及步长都必须精心选择，以符合建模时数据的需要。晶圆上成百上千的图形数据需要收集，这是一项巨大而繁琐的工作。由于数据测量使用的是高分辨率电子显微镜（CD-SEM），在电子束轰击下，光刻胶会收缩。测量得到的线宽与实际值有偏差，这一偏差可以使用其他测量手段来确定，例如，基于椭偏仪原理的光学线宽测量方法（OCD）等。电子束导致的光刻胶线宽的缩短与电子束的能量、轰击的时间等测量参数有关。大量的经验数据表明，一次 CD-SEM 测量会导致光刻胶线宽缩短 4nm 左右。因此，必须对晶圆上测量得到的数据做校正。

　　把校正后的实验数据输入到软件中，调整模型中的参数使得模型计算出的结果与实验数据尽量吻合。具体的做法是，对比掩模测试图形和晶圆上图形的线宽，得到实验边缘放置误差（EPE）。图 7.28 是实验测得的 EPE 和模型计算得到的 EPE。可见模型的参数拟合得比较理想，实验测得的 EPE 和计算得到的 EPE 基本一致。最后是对建立的模型进行验证。验证的办法主要有两个：一是对比光刻胶图形的电镜照片和模型计算出来的图形；二是对比建模时没有使用过的实验数据和模型计算的结果。验证可以发现软件中存在的缺陷（software bugs）和设计中的错误（design errors），并能找出可能存在的坏点。

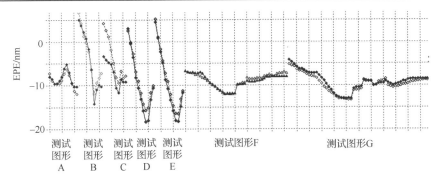

图 7.28　实验测量得到的测试图形的 EPE 与模型计算得到的 EPE 对比
图中实心点是实验数据，空心点是仿真的结果

　　仅用测量的线宽数据来修正模型，总感到有些不足，尽管测量的数据可以很多。随着线宽的缩小，更多的二维图形无法仅用线宽来描述。为此，业界有人尝试从晶圆电镜照片中提取图形边缘的轮廓线，转换成 GDSII 格式，来校准 OPC 模型[21]。图 7.29 是这种边缘轮廓线提取的示意图。根据选取的设置，可以分别得到光刻胶图形顶部和底部的轮廓线。

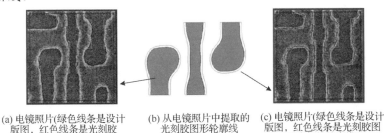

(a) 电镜照片(绿色线条是设计　　　(b) 从电镜照片中提取的　　　(c) 电镜照片(绿色线条是设计
版图，红色线条是光刻胶　　　　　光刻胶图形轮廓线　　　　　版图，红色线条是光刻胶图
图形顶部的轮廓线)　　　　　　　　　　　　　　　　　　　　形底部的轮廓线)

图 7.29　边缘轮廓线提取的示意图(见彩图)[21]

　　在没有修正的情况下，计算出的曝光图形和原始设计的要求相差较大。修正后的掩模图形增加了很多变化，计算出的曝光图形也和设计的要求很接近。值得注意的是，模型修正后的图形比规则修正后的图形要多出很多变化。这从另一个侧面验证了基于模型的修正比基于经验的修正更精确。修正的效果还可以由计算过程中的统计参数来描述。每完成一遍迭代计算，可以得到整个图形 EPE 的平均值及其标准偏差。从 EPE 的平均值和标准偏差随迭代次数的变化，也可以看出修正的结果是否快速收敛。文献[22] 提供了一个 20nm 逻辑器件第一层金属(M1)OPC 的例子，修正的好坏是由模型的精度决定的。

7.4.2.3　OPC 测试图形的设计及其功能

　　OPC 模型中有许多经验参数，必须依靠从晶圆测试图形上收集的数据来校正。测试图形的设计直接关系到 OPC 模型的准确性。表 7.2 是一些基本的 OPC 测试图形，表中类型表示图形的维度，1-D 是比较长的线条；1.5-D 指靠近其他图形的长线条，即 T 结构之类；2-D 指图形具有拐角或端点。下面对这些基本的测试图形逐一分析。

表 7.2　一些基本的 OPC 测试图形

名称	类型	掩模与光刻胶图形尺寸的关系	测量值
独立线条 (isolated lines)	1-D	线性	线宽
密集线条 (dense lines)	1-D	线性	线宽
周期变化的线条 (pitch lines)	1-D	均匀性	线宽
双线条 (double lines)	1-D	线性	线条之间的间距
独立沟槽 (inverse isolated lines)	1-D	线性	沟槽的宽度
双沟槽 (inverse double lines)	1-D	线性	沟槽之间的间距
孤立的方块 (island)	2-D	线性	方块的直径
孤立的孔洞 (inverse island)	2-D	线性	孔洞的直径
密集的方块 (dense island)	2-D	线性	中间方块的直径
线条的端点 (line end)	2-D	线性	线条端点之间的距离
密集线条的端点 (dense line end)	2-D	线性	线条端点之间的距离
沟槽的端点 (inverse line end)	2-D	线性	沟槽端点之间的距离
T 结构 (T junction)	1.5-D		线条中部的宽度
双 T 结构 (double T junction)	1.5-D		线条中部的宽度
拐角 (corners)	2-D	线性	拐角之间的距离
密集拐角 (dense corners)	2-D	线性	拐角之间的距离
桥结构 (bridge)	2-D		桥的宽度

1) 独立线条

独立线条的设计如图 7.30(a) 所示。放置在 OPC 测试掩模上的独立线条是一系列的，它们的宽度从最小值 (本光刻层所需要分辨的) 增大到 1.5μm (1.35NA 的 OD) 以上。曝光后，测量这些线条在光刻胶上的宽度 (achieved CD)，并与掩模版上的设计宽度 (target CD) 对比。在理想情况下，光刻胶上的线宽与掩模版上的线宽成线性关系，如图 7.30(b) 所示。实际情况下，特别是在小尺寸区域，它们的关系会偏离线性。把这些数据输入到 OPC 模型中，对模型做校正，使之能准确地反映实际情况下的呈线性关系。

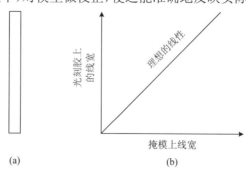

(a)　　　　　　　　　　　(b)

图 7.30　(a) 独立线条的设计图和 (b) 理想情况下，掩模版上独立线条与光刻胶上线条 CD 的关系

2) 密集线条

密集线条是指线条宽度与线条之间的间距是 1 : 1 的长线条。线条的宽度和间距从略小于最小值(本光刻层所需要分辨的线宽)增大到 1.5μm 以上。曝光后，测量光刻胶上的线宽，并与掩模上的线宽作对比。在理想情况下，它们应该是线性关系；但是，在实际情况下，特别是接近光刻机分辨率极限处，这一关系会偏离线性。OPC 需要这些实验数据来校正模型。

3) 周期变化的平行线条

周期变化的线条设计如图 7.31(a)所示。线条的宽度是该光刻层所需要分辨的最小值，并保持不变。线条之间的间距从最小值一直增大到 1.5μm 以上。曝光后，测量光刻胶上不同周期处线条的宽度。线宽随周期变化的测量曲线被称为线宽均匀性变化曲线(CD uniformity curve)。在理想情况下，线宽应该不随图形的周期而变化，即线宽均匀性变化曲线是一条直线；而在实际情况下，线宽会变化，变化的行为与光刻机光学系统有关，如图 7.31(b)所示。

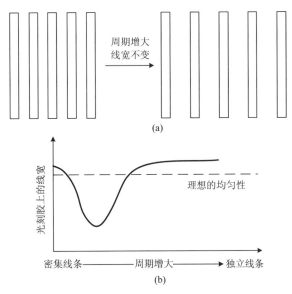

图 7.31　(a)周期变化的线条设计和(b)线宽随图形周期变化的示意图

4) 双线条

顾名思义，两根长线条平行靠在一起就是双线条结构，两线条的宽度与它们之间的间距都设计得相同。测试掩模上放置有一系列双线条图形，对应的线宽(线间距)从最小值一直增大到 1.5μm 以上。曝光后，测量光刻胶上线条之间的间距，并与设计值对比。在理想情况下，它们应该是线性关系；但是，在实际情况下，特别是接近光刻机分辨率极限处，这一关系会偏离线性。OPC 需要这些实验数据来校正模型。

5) 独立沟槽

这是与独立线条的对比度相反的结构。曝光后，在光刻胶上形成一个独立的沟槽。沟槽的设计宽度从最小值(本光刻层所需要的分辨率)一直到 1.5μm 以上。测量光刻胶上的沟槽宽度，并与设计宽度对比。在理想情况下，它们应该是线性关系；但是，在实际情况下，特别是接近光刻机分辨率极限处，这一关系会偏离线性。它反映了光刻机暗场曝光的行为。

6) 双沟槽

这是与双线条的对比度相反的结构。曝光后，在光刻胶上形成两个平行的相邻的长沟槽。两个沟槽的宽度和它们之间的间距都设计得相同。测试掩模上放置有一系列这样的图形，对应的沟槽宽度和间距从最小值一直增大到 1.5μm 以上。曝光后，测量光刻胶沟槽之间的间距(即它们之间光刻胶线条的宽度)，并与设计值对比。在理想情况下，它们应该是线性关系；但是，在实际情况下，特别是接近光刻机分辨率极限处，这一关系会偏离线性。OPC 需要这些实验数据来校正其暗场曝光的模型。

7) 孤立的方块图形

孤立的方块图形就是一个长与宽相同的独立小方块，如图 7.32(a) 所示，其边长从最小值可以一直增大到 1.5μm 以上。这是二维(2D)图形；曝光后，光刻胶上的图形不再是方形的，而是圆形的。测量图形沿 X 方向和 Y 方向的直径，并与设计值对比。在理想情况下，它们应该是线性关系；但是，在实际情况下，特别是接近光刻机分辨率极限处，这一关系会偏离线性。OPC 需要这些实验数据来校正其二维曝光的模型。

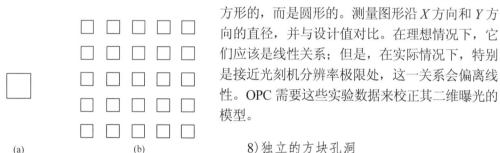

图 7.32 (a) 孤立的方块图形和 (b) 密集的方块图形

8) 独立的方块孔洞

这是与独立方块图形对比度相反的图形。曝光后，在光刻胶上形成一个圆孔。测试掩模上放置有一系列这样的图形，其设计的边长从最小值一直增大到 1.5μm 以上。曝光后，测量光刻胶孔洞沿 X 方向和 Y 方向的直径，并与设计值对比。在理想情况下，它们应该是线性关系；但是，在实际情况下，特别是接近光刻机分辨率极限处，这一关系会偏离线性。OPC 需要这些实验数据来校正其二维图形的暗场曝光模型。

9) 密集的方块图形

密集的方块图形就是一个方块图形的二维阵列，如图 7.32(b) 所示，方块沿 X 和 Y 方向的边长及间距都相同。测试掩模上放置有一系列这样的图形，对应的边长和间距从最小值一直增大到 1.5μm 以上。曝光后,光刻胶上的图形不再是方形的,而是圆形的二维阵列。测量图形沿 X 方向和 Y 方向的直径,并与设计值对比。在理想情况下,它们应该是线性关系;但是,在实际情况下,特别是接近光刻机分辨率极限处,这一关系会偏离线性。OPC 需要这些实验数据来校正其二维曝光的模型。

10) 独立线条与密集线条的端点

独立线条的端点设计如图 7.33(a)所示。线条的宽度是该光刻层所需要分辨的最小值,线条之间的间隙设计成从最小值增大到 1.5μm 以上。曝光后,测量这个间隙的宽度,并与设计值对比。在理想情况下,它们应该是线性关系;但是,在实际情况下,这一关系会偏离线性。OPC 需要这些实验数据来校正其线条端点成像模型。

密集线条的端点可以有两种设计,如图 7.33(b)、(c)所示。线条的宽度和它们之间的间距都相同,是按该光刻层所需要分辨的最小值设计的。间隙的宽度设计成从最小值增大到 1.5μm 以上。曝光后,测量这个间隙的宽度,并与设计值对比。测量数据被用来校正邻近图形对间隙成像影响的模型参数。

11) 独立沟槽的端点

独立沟槽端点的设计图与独立线条端点的对比度相反。一个长沟槽在中间断开,保留光刻胶,如图 7.34 所示。沟槽的宽度设计为该光刻层所需要分辨的最小值;沟槽之间的距离(即图形中的 gap)从最小值一直增大到 1.5μm 以上。曝光后,测量沟槽之间的距离,并与设计值对比。OPC 需要这些实验数据,来校正其暗场成像模型。

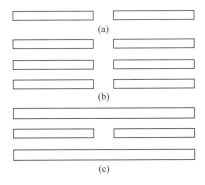

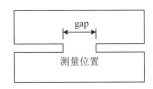

图 7.33　独立线条的端点设计图和密集线条的端点设计图　　　图 7.34　独立沟槽的端点的设计图

12) T 和双 T 结构

T 结构的设计如图 7.35(a)所示,一个垂直的独立线条两侧各有一个水平的线条。线条对称分布,其宽度设计为该光刻层要求分辨的最小值;它们的端点与中间线条之间的距离从最小值一直可以增大到 1.5μm 以上。曝光后,测量垂直线条与水平线条交叉处的宽度，并与设计值对比。测量的结果反映了线条宽度受邻近图形曝光的影响。双 T 结构的设计如图 7.35(b)所示，垂直线条两侧各有两个水平线条。线条的宽度和平行线之间的间距都设计为该光刻层要求分辨的最小值。曝光后，也是测量垂直线条与水平线条交叉处中间位置的线宽。

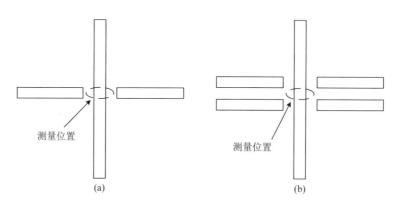

图 7.35　(a)T 结构图形的设计和(b)双 T 结构图形的设计

13) 拐角和密集拐角

拐角和密集的拐角设计如图 7.36 所示。在设计图形中，两个对角之间的距离从最小值一直可以增大到 1.5μm 以上。曝光后，测量光刻胶对角之间的距离，并与设计值对比。测量数据用于校正模型中的拐角形状(corner rounding)。

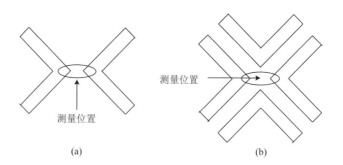

图 7.36　(a)拐角设计示意图和(b)密集的拐角图形

14) 桥结构

桥结构的设计如图 7.37 所示，两个大块曝光区域之间光刻胶保留，形成了桥。桥宽度的设计值从一个最小值一直增大到 1.5μm 以上。曝光后，测量光刻胶中间的宽度，并与设计值对比。

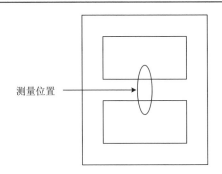

测量位置

图 7.37　桥结构的设计图

7.4.3　与光刻工艺窗口相关联的邻近效应修正(PWOPC)

在实际生产中，光刻机的曝光能量(energy)和聚焦值(focus)会有一些不稳定性。另外，由于掩模制备工艺的原因，掩模上的图形尺寸也不可能和要求的完全一样。这些偏差或不稳定性是不可避免的，但是可以被控制在一定的范围之内。例如，现代光刻机的曝光能量和聚焦值的涨落应该分别能被控制在±5%和±10nm之内，而掩模制备工艺必须能保证掩模上最小图形的尺寸偏差在±2nm(已经考虑从掩模投影至硅片存在的 4∶1 倍率)之内。在这个偏差/涨落范围之内，光刻工艺要能保证晶圆上图形的准确性。

为了验证这些偏差对光刻工艺的影响，OPC 软件中引入了与光刻工艺窗口相关联的 OPC，即 PWOPC(process window OPC)。PWOPC 是对 OPC 功能的一种延伸，它可以分析经 OPC 修正后的图形，在整个工艺窗口范围内的成像行为，不仅是线宽，还可以包括线条端点的收缩、端点与线条之间的间距等[23]。使用 PWOPC 可以很快发现哪些图形的聚焦深度(DOF)太小，在工艺参数出现漂移时，容易形成所谓的坏点。PWOPC 还可以用来预测工艺参数偏移导致的图形之间的对准问题。

PWOPC 是在正常的 OPC 完成之后进行的，工作步骤如下：

(1)首先使用 OPC 计算出正常的结果(nominal results)，这个结果是不考虑工艺参数变动的。正常的 OPC 结果保证在最佳条件下，所有的图形都能够达到目标值(target)的要求，没有线条变窄(pinching)和线条之间粘连(bridging)缺陷。但是，当曝光剂量变化 4%或聚焦值偏离 50nm 后，许多地方的线条就会出现变窄和粘连，也就是说这些图形的 DOF 不够。图 7.38(a)是正常 OPC 的结果，当曝光剂量和聚焦值变化时，CD 的变化较大。

(2)设定工艺参数变化的范围，即建立一个工艺窗口的模型。

(3)设定评判的规则，以及 EPE 的最大容忍度。

(4)启动 PWOPC，完成计算。PWOPC 对图形做修正，使得其在一定的工艺参数变化范围内仍然符合要求。例如，当曝光剂量有 4%的变化或聚焦值有 50nm 的偏移时，曝光后的图形不会出现宽度变窄和粘连，如图 7.38(b)所示。

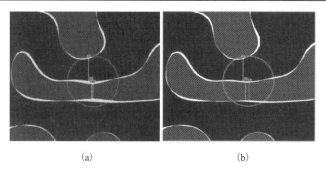

(a)   (b)

图 7.38 　(a) 正常 OPC 后的结果(图中绿色区域表示工艺参数变化导致的 CD 变化)和 (b) PWOPC 处理后的结果(图中黄色区域表示工艺参数变化导致的 CD 变化)(见彩图)[24]

　　PWOPC 可以解决光刻工艺中出现的大部分坏点问题。但是，使用 PWOPC 修正出来的版图经常会受到掩模规则(mask rule check，MRC)的限制，很难制备出掩模版。

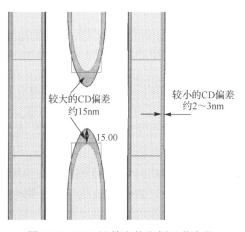

图 7.39 　OPC 计算出的光刻工艺变化带宽(图中粉色部分)(见彩图)

　　随着 PWOPC 的使用，也引出了光刻工艺变化带宽(process variation band，PV band)的概念，即在计算中有目的地引入工艺偏差，观察曝光后晶圆上的图形的变化。图 7.38 中的绿色和黄色区域就是 PWOPC 软件计算出的工艺变化带宽，它们代表了曝光能量、聚焦度和掩模上图形尺寸的偏差导致的晶圆上光刻胶图形尺寸的变化。可以看出，这种工艺不稳定导致的曝光偏差主要发生在二维图形处。图 7.39 是一个典型光刻图形的工艺变化带宽计算结果。工艺的不稳定性在线条的端点处导致了约 15nm 的差别，而在一维图形处只有 2~3nm 的差别。光刻工艺变化带宽太大就意味着曝光时设备和工艺的不稳定性会导致较大的曝光偏差。如果这种偏差超过一定的范围，这里就被称为坏点。OPC 软件会把这些"坏点"都标注出来。OPC 工程师需要对这些部分做进一步处理。

7.4.4　刻蚀对 OPC 的影响

　　刻蚀后衬底上图形的线宽与光刻胶上图形的线宽是不一样的，它们之间的差别被称为刻蚀偏差(etch bias)。刻蚀偏差的大小与很多因素有关：衬底材料、光刻胶上图形的线宽、刻蚀工艺的参数等。目前的做法是对版图上所有的边缘添加(或减去)一个固定的线宽，被称为全片刻蚀偏差(global etch bias)。显然，这样的做法比较粗糙，没有顾及刻蚀偏差是与光刻胶上的线宽有关的。精确的做法是，建立一个刻蚀的模型，首先对设计的版图做修正；然后，再做光刻的 OPC 修正，如图 7.40 所示。刻蚀修正可以使用模型，也可以是一些规则(类似于 rules-based OPC)。也有尝试把刻蚀修正与光学修正合成在一起的。

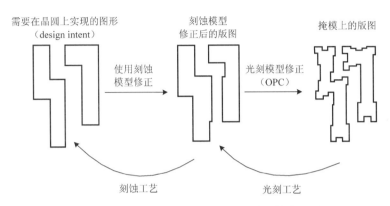

图 7.40　先做刻蚀修正，再做 OPC 修正的流程图

在建立刻蚀模型时，主要必须考虑到两个效应：(1)在较大的没有光刻胶的区域，横向和纵向的刻蚀速率都较大。这被称为刻蚀速率与深宽比的关联(aspect-ratio-dependent etching)，又称为"visibility effect"，其代表行为就是密集线条与独立线条之间刻蚀速率的差别(iso-dense bias)。线宽在 1μm 以下时必须考虑这一效应。(2)图形密度较低区域的刻蚀速率大于密度较高区域。该行为被称为刻蚀速率与图形密度的关联(density dependent etching)，又称为"loading effect"。图形密度不仅对纵向刻蚀速率有影响，而且对横向的刻蚀速率也有影响。这个效应考虑的范围是几个微米[25]。

7.4.5　考虑衬底三维效应的 OPC 模型

随着 FinFET 等器件的引入，晶圆表面平整度(topography)对曝光的影响越来越大。在曝光时，必须要考虑到衬底上已有图形的光散射影响[26]。尽管使用抗反射涂层可以部分消除衬底图形对当前光刻的影响，业界仍然希望在掩模图形上对此有所补偿，即在 OPC 模型中考虑到衬底图形的效应。

衬底三维效应(W3D)引入的方式：衬底图形对入射光散射，使入射光重新分布。

$$I = \sum_{\alpha=x,y,z} \left| \sqrt{I_{0\alpha}} + \sum_{\beta=x,y,z} S_{\alpha\beta} \sqrt{I_{inc,\beta}} \right|^2 \tag{7.20}$$

式中，$I_{inc,x}$、$I_{inc,y}$ 和 $I_{inc,z}$ 是在晶圆表面空间入射光强沿 X、Y、Z 方向的分量(这里不考虑衬底，只是空间像的光强)；I_{0x}、I_{0y} 和 I_{0z} 是在平面衬底(同样衬底结构，但不考虑表面高度的起伏，只考虑了衬底里的反射和折射)表面成像的光强沿 X、Y、Z 方向的分量；$S_{\alpha\beta}$ 是表面形状函数，代表了散射效应[27]。散射参数 S 是根据衬底上图形的反射特征计算得到的，它只与衬底图形有关，而与当前层光刻的图形无关。不同的光刻层，其衬底内的图形是不一样的，因此 S 参数的数据库不一样[28]。把衬底图形的反射效应引入到 OPC 模型中，使得 OPC 的模型能更加准确地反映实际情况，这样随后经晶圆数据修正后的模型更加精确。

实际上，衬底上的图形是由不同材质构成的。例如，在栅极层光刻时，衬底上有些区域是 SiO_2，有些区域是 Si。不同区域的光学性质是不一样的，被称为"stack effect"。这种衬底上材质的变化也是 W3D 应该考虑的[29]。

7.4.6 考虑光刻胶三维效应的 OPC 模型

曝光光线应该汇聚在光刻胶上，实施曝光；然而，入射到光刻胶表面的光束，会发生折射；不同入射角对应的折射角不一样，因此，汇集在光刻胶内不同的位置，如

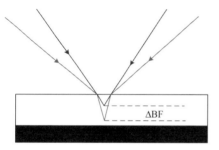

图 7.41 所示。这种光刻胶折射导致的聚焦位置的偏差（ΔBF）与光刻胶的光学参数（n, k）以及光线的入射角有关，对于 1.35NA 的光刻工艺来说，ΔBF 接近 25nm 左右[30]。在 20nm 逻辑技术节点，关键光刻层的最大 DOF 也就是在 100nm 左右，25nm 的聚焦偏差已经是整个工艺窗口的 20%。因此，在 20nm 以下，光刻胶的三维效应已经引起了业界的注意。

图 7.41　曝光光线在光刻胶内的折射示意图

光刻胶的三维效应可以通过以下方式简单地引入到模型中：曝光能量、PAG 的浓度、酸的浓度、中和剂的浓度（r, z）都是三维坐标（x, y, z）及时间（t）的函数；特别是要考虑到酸的扩散也是三维的[31-32]。当然，OPC使用的是简化了的模型，其中很多的复杂项将由实验结果来拟合，即模型校准[33]。对模型做校准时，需要提供测试图形的光刻胶三维数据[34]。

7.5　曝光辅助图形

一个版图中通常既有密集分布的图形（如等间距 1∶1 的线条）也有稀疏的图形（如独立的线条）。特别是逻辑器件的设计，具有更大的任意性。理论和实验结果都清楚地表明，密集分布图形的光刻工艺窗口与稀疏图形的光刻工艺窗口是不一致的，适用于密集图形曝光的光照条件，并不适合稀疏图形的曝光。如果在同一个掩模上既有密集图形又有稀疏图形，那么共同的光刻工艺窗口就较小[35]。

7.5.1 禁止周期

Socha 等最早观测到密集线条（L/S=1∶1）的光刻工艺窗口（exposure latitude）大于

独立线条的工艺窗口,而半稀疏线条(L/S~1:3)的光刻工艺窗口甚至更小于独立线条的工艺窗口[36]。在离轴照明条件下(off-axis illumination),这种工艺窗口与图形密集度的关系更加明显。文献[37]计算了空间像的归一化对数斜率(normalized image log slope,NILS)随掩模上线条周期的变化曲线,结果如图 7.42 所示。光刻机的 NA 是 0.82,双极照明的σ= 0.75。随着线条周期的增大,成像的对比度并不是单调增大,而是出现一个低谷。如果掩模上线条的周期对应这个低谷区域,在晶圆表面成像的质量就很差。设计者被要求避免有这样周期的图形在设计中,因此,这些图形周期又被称为"禁止周期"(forbidden pitch)。对应禁止周期的图形,不仅其光刻工艺窗口小,而且掩模图形与晶圆图形之间的误差因子(MEEF)也大。

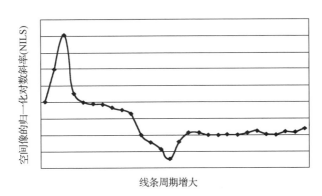

图 7.42   空间像的归一化对数斜率随掩模上线条周期的变化曲线[37]

衍射理论(scalar diffraction theory)分析表明,掩模上相邻图形的衍射级之间的相位差与光照条件和图形之间的间距有关。在一定的入射角下,有些周期(即禁止周期)的相邻图形所产生的衍射级之间的相位差可达 180°,形成相消干涉,导致光刻工艺窗口下降[38]。假设光源位于系统的主轴上(见图 7.43(a)),光线经过掩模后产生衍射级。衍射级在掩模附近平面(x, y)内的空间频率(spatial frequencies)f_x 和 f_y 可以定义为 $f_x = \sin(\theta_x) / \lambda = x / (\lambda \cdot z)$,$f_y = \sin(\theta_y) / \lambda = y / (\lambda \cdot z)$。在离轴光源照射下的光路图,如图 7.43(b)所示。光线透过掩模后,形成衍射级,只有衍射 0 级和−1 级被投影透镜收集。假设还有另外一个离轴点光源对称地位于主轴的另一边,这两个离轴点光源照射在掩模上产生的衍射级的空间频率分别是 f_x' 和 $-f_x'$。它们在晶圆表面成像的光强 $I_r(x')$ 是两个光源成像的光强的平均值,即

$$I_r(x') = \frac{I(x', f_x') + I(x', -f_x')}{2}$$

$$= \left| e^{i2\pi f_x' x'} e^{i\Delta\phi_0} \right|^2 \left[a_0^2 + 2a_1 a_0 \cos\left(\frac{2\pi x}{p}\right) \cos(\Delta\phi_1 - \Delta\phi_0) + a_1^2 \right]$$

$$(7.21)$$

式中,x' 是晶圆表面内的坐标,p 是图形周期,a_0 和 a_1 分别是 0 级和 1 级衍射光的振

幅，且 $\Delta\phi_0 = (2\pi/\lambda)\cdot d \cdot \left[1 - \sqrt{1-(\lambda f_x')^2}\right]$，$\Delta\phi_1 = (2\pi/\lambda)\cdot d \cdot \left[1 - \sqrt{1-(\lambda)^2\cdot(1/p - f_x')^2}\right]$。

图像的对比度为

$$\text{Contrast} = \frac{I_{\max} - I_{\min}}{I_{\max} + I_{\min}} = \frac{2a_0 a_1 \cos(\Delta\phi_1 - \Delta\phi_0)}{a_0^2 + a_1^2} \tag{7.22}$$

式 (7.22) 表明，图像的对比度与 $\cos(\Delta\phi_1 - \Delta\phi_0)$ 成正比。当 0 级衍射束与 1 级衍射束之间的相位差等于 0 时 (即 $\Delta\phi_1 = \Delta\phi_0$)，成像的对比度最大。也就是说，在 $f_x' = \pm 1/(2p)$ 时，成像的对比度最大。随着 $\Delta\phi_1 - \Delta\phi_0$ 的增大，图像的对比度就减小。当 $\Delta\phi_1 - \Delta\phi_0 = \pi/2$ 时，图像的对比度最小。使用泰勒近似：

$$\Delta\phi_1 - \Delta\phi_0 = \pi d\lambda\left[\left(\frac{1}{p} - f_x'\right)^2 - (f_x')^2\right] = \frac{\pi d\lambda}{p}\left(\frac{1}{p} - 2f_x'\right) = \frac{\pi}{2} \tag{7.23}$$

得到 $f_x' = 1/(2p) - p/(4d\lambda)$，这就对应禁止周期。

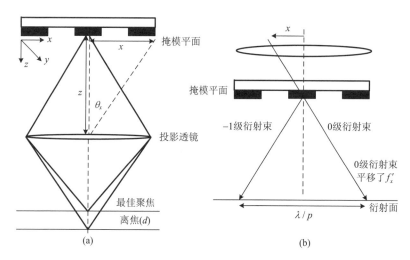

图 7.43　(a) 在轴照明时衍射束空间频率 f_x、f_y 的定义和 (b) 离轴光照下的光路示意图[39]

在实际情况下，光源是有一定大小的 (partial coherent)，离轴光源总是在不同的位置上有一定的分布。这就使得禁止周期图形对应的不是一个固定的周期，而是一个小范围的周期 (forbidden pitch range)。

7.5.2　辅助图形的放置

在设计中添加曝光辅助图形 (assistant feature) 可以解决禁止周期图形工艺窗口太小的技术难题。曝光辅助图形最早于 90nm 节点时被引入，几乎与基于模型的 OPC 的引入同时。

曝光辅助图形是一些很细小的图形，它们被放置在稀疏图形的周围，使得稀疏图形在光学的角度上看像密集图形。这些辅助图形必须小于光刻机的分辨率，即亚分辨率（sub-resolution）。在曝光时，它们只对光线起散射作用，而不应该在光刻胶上形成图像。因此，曝光辅助图形也称为亚分辨率的辅助图形（sub-resolution assistant feature，SRAF）或散射条（scattering bar，SB）。但是，辅助图形也不能太小，太小的辅助图形将加剧掩模制造的难度，使掩模的成本大幅度上升。

　　图 7.44 是一个模型计算的结果[40]。掩模上有线条图形，其周期从 180nm（1∶1，密集线条）连续增大到 540nm（1∶6，稀疏线条）。线宽是固定的 90nm。曝光光源是 ArF，光照条件已经用 pitch=180nm（1∶1）的密集图形做了优化。随着线条周期的增大（也就是线条逐步分开），光刻工艺的窗口（这里用聚焦深度 DOF（depth-of-focus）来表征）变小。在周期等于 300nm 时，一个 60nm 的 SRAF 被放置在相邻的线条中间。SRAF 的插入使得聚焦深度由 70nm 左右增大到 180nm，有效地增大了光刻工艺的窗口。

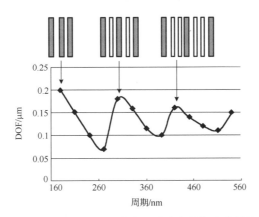

图 7.44　SRAF 插入后光刻工艺窗口随线条周期变化的计算结果

7.5.3　基于经验的辅助图形

　　如何在 OPC 数据处理时把这些辅助图形加入到原版图中？在 90nm 节点时，这是通过建立一些辅助图形插入的规则来实现的。规则确定了辅助线条的宽度，在周期等于多少时插入第一个辅助线条，周期多少时插入第二个辅助线条，等等。辅助图形的尺寸和放置的位置（placement rules）是通过实验来确定的。使用一块特殊设计的测试掩模，该掩模上有各种尺寸的辅助图形。曝光后，对这些图形测量，确定最佳的放置位置和宽度。实验确定的规则还需要由模型计算来进一步验证。辅助图形添加的规则是和光刻工艺条件密不可分的。如果工艺参数改变了，这些规则就要重新产生并验证。这种辅助图形加入的方法又称为基于经验的辅助图形（rules-based SRAF）。表 7.3 列出了用于 90nm 栅极层的 SRAF 规则。

表7.3 用于90nm栅极层的部分SRAF规则(仅供参考)

SRAF 宽度=60nm	周期=180nm	周期=300nm	周期=420nm	周期=540nm	独立线条
1st SRAF	否	是	是	是	是
2nd SRAF	否	否	是	是	是
3rd SRAF	否	否	否	是	
4th SRAF	否	否	否	是	
图形					

一个光刻层不仅有一维图形,而且有二维的图形,确立放置规则是一个繁琐而细致的工作。主流的专用OPC软件包一般都提供一个格式(template)功能,一步一步帮助工程师建立放置规则,这里进行简要介绍。

(1)首先要规定辅助图形放置的范围,即在什么样的空间范围可以启用放置规则。

(2)设定辅助图形的线宽。一般来说,基于经验的辅助图形都是长短不一的线条,这也是为什么SRAF又被叫做散射条(SB)的原因。辅助线条的宽度必须规定在一个范围内(MinSBWidth,MaxSBWidth)。

(3)设置辅助线条与主图形边缘之间的距离,如图7.45(a)所示。可以把一个散射条放置在主图形之间的中间位置,如果主图形之间的间距超出一定的数值,可以放置两个甚至三个散射条。规定辅助线条之间的最小距离,如图7.45(b)所示。

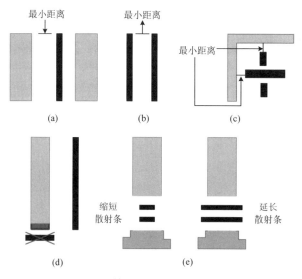

图7.45 散射条放置规则的示意图

(4)规定散射条的端点与主图形之间的最小距离,如图7.45(c)所示。

(5)规定可以插入散射条的主图形边缘的最小长度,即低于这个长度的边缘不添加散射条。这就阻止了在主线条端点处添加散射条的可能,简化了图形。这种情况可以由 OPC 来解决,即延长线条的端点,如图 7.45(d)所示。

(6)对散射条的取向做出规定,一般只能是 0°和 90°,也可以规定是 45°。

(7)对散射条的延长和缩短做出规定,以兼顾周围的图形,如图 7.45(e)所示。这样可以简化复杂形状边缘散射条放置的规则。

按照以上规则放置完散射条后,还需要对所有的散射条做一个清理(clean up)使之完整合理,便于掩模版的制造。清理的规则如下:

(1)散射条之间横向和纵向的距离规定,小于一定的距离可以合二为一,如图 7.46(a)所示。

(2)散射条最小长度的规定,小于这个长度的散射条将被取消,或合并(merge)到附近的散射条中,如图 7.46(b)所示。

(3)两个或多个散射条相交(intersection)的规定,即哪些相交的形状是允许的,如图 7.46(c)所示。

(4)图 7.46(d)是经过清理后的散射条分布图。

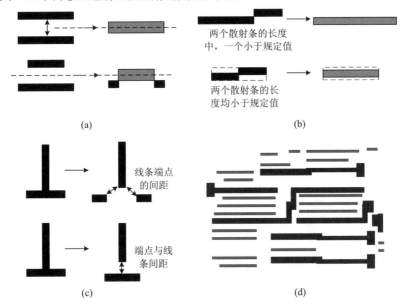

图 7.46　散射条清理规则

有些光刻层主要是沟槽图形,即掩模版大部分是不透光的(dark-field mask)。曝光后,光刻胶上的图形是以沟槽为主,例如,逻辑器件的第一个金属层(M1)。这时的辅助图形在掩模上是不透光的,又被称为反散射条(reverse SB, RSB)。散射条用来增大线条图形的光刻工艺窗口,而反散射条用来增大沟槽图形的光刻工艺窗口。根据掩模上的图形设计,散射条和反散射条也可以同时出现在掩模上,例如,28nm 逻辑器件的 AA 层[41]。反散射条与散射条的成像行为、放置规则有很大的不同,这里根据实验结果进行简要讨论。

　　文献[41]使用 ASML NXT 1950i 光刻机对 28nm 技术节点的散射条和反散射条的成像行为做了系统实验。他们发现，38nm 宽的反散射条在高于最佳剂量(nominal dose)25%的条件下，才开始在光刻胶上形成可分辨的图形；而 20～25nm 宽的散射条，即使在最佳剂量附近增大 5%，也能在光刻胶上形成可见的图形。不同的成像行为意味着反散射条与散射条的放置规则应该不一样。

　　散射条的宽度必须选择恰当，一方面它必须小于分辨率极限，即保证曝光后在光刻胶上不形成图形；另一方面，它必须能最大地增强光刻工艺窗口。一般来说，较宽的散射条有利于增大光刻工艺窗口。实验结果表明，散射条宽度增大 5nm，DOF 可以增大 15%，如图 7.47 所示。因此，OPC 工程师必须要在这两者之间做取舍。图 7.48 是 28nm 节点的一个亮场掩模的电镜照片，掩模上散射条的宽度是 80nm，对应晶圆上的尺寸是 20nm。

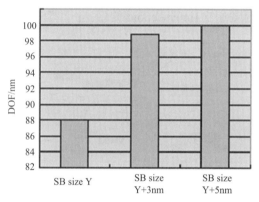

图 7.47　图形 DOF 随散射条宽度变化的实验结果

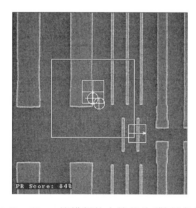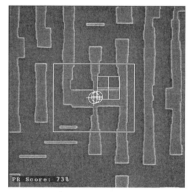

图 7.48　28nm 掩模版的电镜照片(散射条的宽度是 80nm，对应晶圆上的尺寸 20nm)

7.5.4　基于模型的辅助图形

　　随着计算技术的进一步发展，辅助图形也可以完全通过模型计算的办法自动插

入，称为基于模型的辅助图形(model-based SRAF)。基于模型的辅助图形已经在逻辑
器件的光刻中采用[42]。软件根据 SRAF 的尺寸及插入的位置计算出主图形(而不是辅
助图形)的成像对比度(image log-slope)；然后不断调整这些参数，直到获得最大的对
比度。图 7.49 显示了在一定的照明条件下，独立线条(主图形)成像对比度随辅助线条
距离变化的计算结果。可见，辅助线条必须放置在距离主图形一定距离的位置才能使
得主图形成像对比度达到极大。

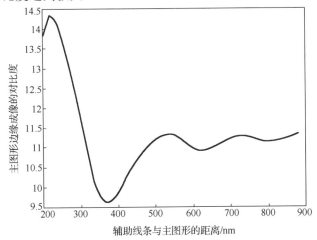

图 7.49 在一定的照明条件下，独立线条(主图形)成像的对比度随辅助线条距离变化的计算结果[38]

软件中对 SRAF 的大小也设置一些限制条件，以保证最终的结果能符合掩模制备的
要求(mask rule check，MRC)[43]。基于模型的 SRAF 首先被应用于 45nm 节点，目前已
经被光刻界广泛接受。图 7.50 是 32nm 节点中一个独立接触(isolated contact)的掩模图。
图中的 SRAF 是由模型计算自动插入的，计算时设置了如下条件：minimum fragment
length = 50nm, minimum line/space = 50nm。

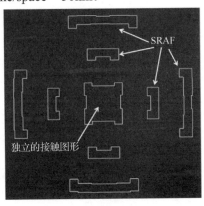

图 7.50 一个独立接触图形的掩模版图
图中的 SRAFs 是由模型计算出来的

7.6　反演光刻技术

虽然反演光刻技术(inverse lithography technology, ILT)和前面介绍的 OPC 技术的目的是完全一样的, 使曝光后晶圆上的图形尽量和设计图形一致, 但是其方法却有着完全不同的思路。它不是对设计图形做修正以期在晶圆上得到所要的图形, 而是把要在晶圆上实现的图形作为目标反演计算出掩模上所需要的图形(见图 7.51)。反演光刻通过复杂的反演数学计算得到一个理想的掩模图形(包括 OPC 和 SRAF)。用这种方法设计出的掩模, 在曝光时应该能提供比较高的图形对比度。OPC 软件供应商都相继开发了 ILT 软件包, 例如, Mentor Graphics 的 pxOPC^{TM}。

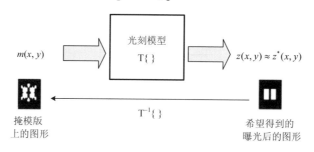

图 7.51　反演光刻的基本思路

反演光刻的技术非常复杂。特别是对于整个芯片(full chip), 计算量非常庞大[44]。目前普遍的做法是先使用通常的模型修正(OPC+SRAF)来完成掩模数据的处理, 然后找出其中不符合要求的部分。把这些"坏点"截取出来, 局部做 ILT 处理, 得到最佳的修正。最后再把经 ILT 处理后的部分贴回到数据(post-OPC)中去。这种局部数据的ILT 处理, 可以节省大量的计算时间[45]。

随着反演光刻技术的引入, 模型计算在光刻工艺研发中的重要性也被提升到了一个新的高度。光刻界逐步认识到光学邻近效应修正(OPC)这个概念已经不足以涵盖所有模型计算的内容了。一个全新的概念"计算光刻"(computational lithography)被提了出来, 也很快被业界所接受。计算光刻包括邻近效应修正、辅助图形计算、光源–掩模的协同优化, 以及反演光刻技术。但是由于历史的原因, 人们仍然习惯把这些称作 OPC。

7.7　坏点(hot spot)的发现和排除

经 OPC 处理后的版图, 在发送到掩模厂制造掩模之前, 还需要经历验证, 即对 OPC 处理后的版图做仿真计算, 确定其符合工艺窗口的要求。不符合工艺窗口要求的部分被称为坏点。坏点必须另行处理, 以保证其符合工艺要求。为了保证验证对 OPC 工作质量的监督作用, 验证一般由不同的工程师进行。图 7.52 是数据验证的流程图。做仿真计算来验证光刻工艺窗口的软件有多种, Mentor Calibre 的称为 OPC verification^{TM},

ASML/Brain 的称为 LMC^{TM}(lithography manufacture check)，也有的称为 LCC(lithography compliance check)。

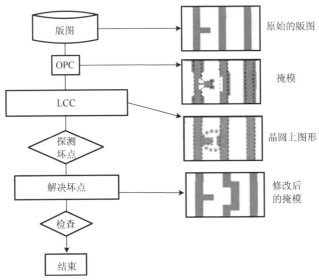

图 7.52　解决坏点的数据处理流程

　　解决坏点的过程被称为"hot spot fixing"。在 k_1 比较小的光刻层，第一次 OPC 做完后的坏点有十几万到几十万个。对坏点区域图形的审查和评估是一项浩繁的工作[46]。坏点的解决一般由 OPC 工程师负责，通过调整 OPC 来解决。有些坏点是全局性的，通过修改 OPC 里的评价函数和规则，可以一起解决。而有些坏点有一定的特殊性，规则的修改会导致其他地方形成新的坏点。这些坏点必须通过局部的修改来解决，这是非常耗时的。坏点的解决本身就是 OPC 学习循环(learning cycle)的一部分，添加的规则可以被继承下去。要充分利用坏点附近的空间，可以给线条加宽、延长或者添加辅助图形。图 7.53 归纳了一些常用的解决坏点的办法。

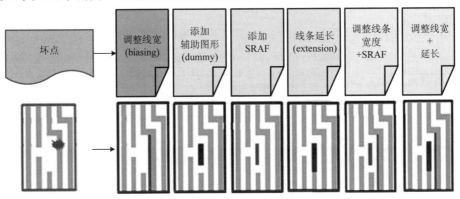

图 7.53　常用的解决坏点的办法示意图[47]

7.8　版图设计规则的优化

设计工程师根据器件功能的需要，结合版图设计的约束条件(由 Fab 提供)设计出版图。版图设计的约束条件(即设计规则)包括允许的最小的线宽、间距、交叠、凹口、面积等参数。前面介绍的 SMO 和 OPC 等都是针对现有的版图做修正和优化，使得光刻工艺的窗口最大，提高电路生产的成品率。它们最终的目的都是要在晶圆衬底上尽可能好地实现设计的版图。这里就存在一个问题，原来的版图设计是否是最优的？能否对原设计的版图做优化，使之更加易于制造。

随着版图的特征尺寸不断缩小，尤其是在 20nm 及以下节点，193nm 浸没式光刻机已经达到了分辨率极限。尽管采用了先进的 SMO 和 OPC，版图上仍然有一些难以解决的坏点。为了解决这一问题，从改变设计尺寸的角度，开发出了一种新的光刻优化方法。该方法基于光刻优化仿真反馈的信息，重新定义相应的版图设计规则。这种新型的智能化优化方法被称为版图设计规则的优化(design rule optimization, DRO)。DRO 同步进行目标图形、光源、掩模图形优化，以保证整体工艺窗口最大。DRO 的最终优化结果包括版图设计规则相关参数、目标图形、更新后的测量参数、优化后的光源和掩模图形组成。DRO 还有另外一个独特的优势，就是设计优化过程中不需要增加器件尺寸，保证了芯片的尺寸尽可能小的初衷。

7.8.1　设计规则优化原理及流程

DRO 一般通过与其他 RET 方法联合使用以达到提高成像保真度与改善工艺窗口的目的。DRO 与 SMO 是无缝链接的，因此可以将 DRO 完全融合到 SMO 算法中解释 DRO 的原理。DRO 与标准的 SMO 算法使用相同的优化框架，只是目标图形(即设计图形)作为优化项加入到评价函数以及限制条件中。DRO 使用的评价函数为

$$S(\nu_{\text{src}}, \nu_{\text{mask}}, \nu_{\text{design}}) = \sum_{\text{pw,eval}} \left(w_{\text{pw}} \cdot w_{\text{eval}} \left| \text{EPE}_{\text{pw,eval}} \right|^2 \right)^{p/2} \tag{7.24}$$

式中，S 表示以光源变量 ν_{src}、掩模图形变量 ν_{mask} 和目标图形自由度的变量 ν_{design} 为自变量的评价函数。pw 表示参与评价函数计算的工艺条件，eval 表示目标图形上分布的成像评价点。w_{pw}、w_{eval} 分别表示不同工艺条件以及不同评价点的加权系数。优化是基于边缘位置误差的评价函数实现的。该评价函数包含不同工艺条件中的图形上所有成像评价点，该评价函数对不同工艺条件、不同成像评价点下的 EPE 进行加权平均。

从评价函数中可看出，优化的目的是减小工艺条件以及成像评价点下的 EPE, EPE 的计算方法如图 7.54(a)所示，即计算每个目标图形边上的位置与相应的目标图形位置之间的偏移量。评价函数中考虑的工艺条件主要包括曝光剂量变化、离焦、掩模误差等。通过对上述不同工艺条件下的成像结果进行优化，可达到提高曝光宽容度(EL)、

增大焦深(DOF)、改善对比度(通过 NILS 衡量)、降低掩模误差增强因子(MEEF)的目的。通过引入坐标轴上的两个曝光剂量、两个离焦条件以及两个不同的掩模误差，建立了一个多维的工艺条件矩阵，随后在该矩阵下对光源、掩模和版图设计规则同时进行优化，如图 7.54(b)所示。在 DRO 的过程中，也必须引入一些设计规则，并将其转化为限制条件加入到优化过程中，因此优化限制条件也需要做相应的调整。在输出结果方面，传统的 SMO 方法输出结果包括光源分布以及掩模图形，而 DRO 的输出结果包括光源分布、掩模图形和设计规则三部分。

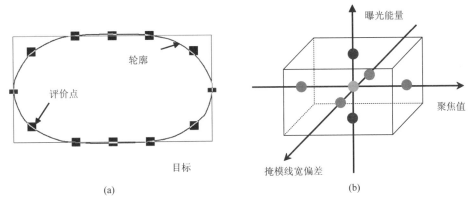

图 7.54　(a)边缘放置误差计算方法的示意图和(b)工艺窗口矩阵的示意图[48]

DRO 的意义在于其将更多的自由度引入了优化中，使得成像误差进一步降低，从而能解决一些传统的 SMO 方法无法解决的掩模上坏点区域的工艺窗口优化问题。同时更多的自由度也不会将改善成像质量的压力完全放在光源或者掩模图形优化上，自由度的合理分配有助于降低掩模复杂度以及在现有的光源条件下尽可能地提高分辨率。DRO 一般使用在研发阶段中，用于探索设计规则并协助其定型。

随着技术节点的不断推进，DRO 已经成为开发下一代技术节点权衡芯片器件的集成度与成品率折中的一个重要步骤，它能够提高先进的工艺技术节点产能，在实际生产过程中，图 7.55 是含 DRO 的全芯片版图 RET 解决方案流程，该流程首先对掩模初始图进行成像结果分析，找出版图中的坏点区域，然后同时对其进行 SMO 和 DRO 工作，输出优化后的光源和设计规则，根据输出的设计规则重新绘制版图，并在上述得到的光源条件下对全芯片版图做 OPC，最终得到满足工艺窗口要求的掩模图形。

7.8.2　设计规则优化实例

下面以某 SRAM 设计为例，说明 DRO 对工艺窗口的改善情况。SRAM 中的最小单元如图 7.56 所示，掩模图形是由该单元重复排布得到。该单元纵向 CD 为 50nm，周期为 120nm；两图形间最小间距为 60nm。光刻机台使用 XT1900i，NA=1.35，其 k_1 因子为 0.4。CD1、CD2 和 CD3 分别表示不同的参与 DRO 的设计线条尺寸，初始值分别为 50nm、50nm 和 105nm，SP1 表示参与 DRO 的设计间距尺寸，初始值为 60nm。
经 DRO 和 SMO 后，相应的设计尺寸变化如表中所示。表中最大值与最小值分别表示
相应设计规则优化的上限和下限。

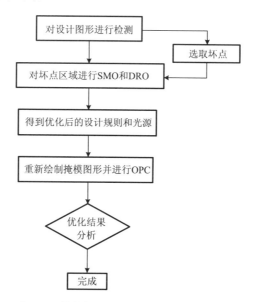

图 7.55　含 DRO 的全芯片版图 RET 解决方案流程图

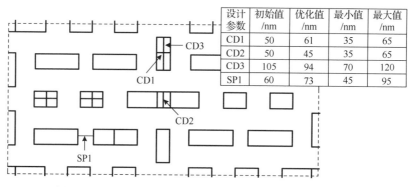

设计参数	初始值/nm	优化值/nm	最小值/nm	最大值/nm
CD1	50	61	35	65
CD2	50	45	35	65
CD3	105	94	70	120
SP1	60	73	45	95

图 7.56　SRAM 最小单元以及参与 DRO 的设计规则示意图

与传统的 SMO 优化做对比，DRO+SMO 优化后的照明光源光强分布会有改变。
DRO 对照明光源分布有明显的调制作用。优化前后工艺窗口的变化如图 7.57 所示。
这个结果显示，SMO+DRO 的工艺窗口明显扩大，DOF 由 92nm 增大到 108nm；MEEF
由 5.5 减少到 4.5；NILS 由 12.0 增大到 13.4。

从以上例子可以说明，DRO 实际上是用来解决设计导致的坏点。通过对这个坏点
局部图形尺寸的调整，使得其光刻工艺窗口增大，满足工艺要求。

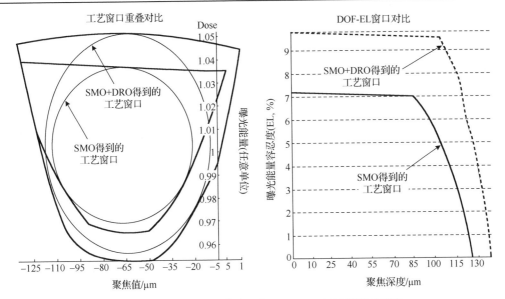

图 7.57　传统 SMO 工艺窗口与 SMO+DRO 工艺窗口对比

7.8.3　设计和工艺的协同优化(DTCO)

当开始一个新技术节点光刻技术研发时，选用何种光刻技术必然和设计图形是相关联的。假设设计是完全随意的，寻找有效的光刻方案将非常困难；即使光刻能实现，其工艺窗口必然很小；考虑另一个极端，为了使光刻工艺容易实现，对设计做非常多的限制，设计工程师将无法完成设计规则的要求。因此，最佳的解决办法是工艺和设计协同优化，彼此协作满足新节点器件的要求。

以 10nm 逻辑节点第一层金属(M1)光刻为例，其图形的最小周期是 48nm 左右。光刻给出的工艺方案有三个(见图 7.58)：①使用 LELELE(LE³)三重光刻技术，或者是 EUV 一次曝光。这一方案可以支持二维的设计图形；②使用一次 SADP 来实现 45~48nm 周期的密集线条，然后，再使用一次曝光和刻蚀(block exposure/etch)来去掉不要的图形。这一方案对设计版图有一定的要求，因为有些二维图形无法用 SADP 加切割来实现。③使用一次 SADP 来实现 40~45nm 周期的密集线条，然后，再使用二次曝光和刻蚀来去掉不要的图形。这一方案对设计版图有更严格的要求，因为它只能支持一维的图形[49]。为此，设计工程师必须与光刻工程师协同确定符合各自要求的技术方案。

其实 DTCO(design technology co-optimization)的核心就是设计工程师与光刻工程师共同协作，寻找最佳的设计和光刻工艺方案。这个方案要既能满足器件性能的要求，又能在 Fab 里实现[50]。

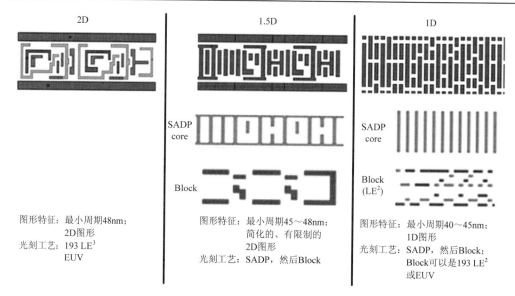

图 7.58　10nm 逻辑节点第一层金属(M1)光刻的工艺方案[49]

　　文献[51]报道了另外一种方法，也很有参考价值。他们把光刻工艺中非常困难、可能导致工艺良率下降(potential yield detractor patterns)的二维图形收集在一个图形数据库中。把数据库中的图形按相似程度分类，每一类可能导致光刻失败的原因及相应的工艺条件都记录在数据库中。在对版图做设计检查(DRC)时，流程中添加核对数据库这一步，尽量避免现有的版图中存在数据库中的图形。这个方法的关键是如何建立图形数据库，他们的做法如下：首先在版图中以一定的半径提取出所有不重复的图形(unique patterns)，根据过去的工艺或仿真计算确定这些图形的光刻工艺窗口，光刻工艺窗口低于要求的图形保留在数据库中。工艺中发现的坏点也收集到此数据库中。与此方法类似，文献[49]也分析和归纳了版图中不适合出现的图形(restrictive patterns)，还特别考虑到了 LELE 和 SADP 工艺的要求。

7.9　先导光刻工艺的研发模式

7.9.1　光学邻近效应修正学习循环

　　在进行上述所有计算之前都必须要先建立光学模型(来模拟光刻机的光学系统)和光刻胶模型(来模拟曝光时的光化学反应)。也就是说，光刻工艺中的参数，如曝光的光照条件、光刻胶和抗反射涂层的厚度及其折射率(n, k)，硬掩模的厚度及其折射率等，都包含了这些模型中。只有这样，计算出的修正才会准确。因此，任何光刻工艺的变动必然会导致已有模型的偏差或失效。然而，在研发一个新技术节点光刻工艺的过程中，不断会有更新(更好)的光刻胶出现，胶的厚度和硬掩模的厚度也会随着集成技术的改进而需要做相应的调整。另外，随着研发过程的不断深入，原来确定的线条宽度的目标值(CD target)也可能需要改动。这些改动都会导致原计算的失效，从而需要重新做 OPC+SRAF，并制备新的掩模(即使原设计版图没有变化)。图 7.59 是光刻工艺的研发和 OPC 学习循环的示意图。

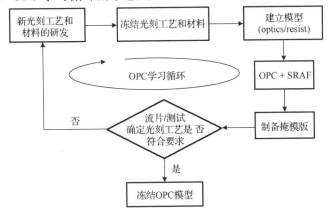

图 7.59 光刻工艺的研发和 OPC 学习循环

一旦 OPC 模型确定，新的掩模到达晶圆厂后，光刻工程师所能调整的工艺参数是很有限的，主要就是曝光能量和聚焦。因为任何其他参数的变动都会影响到 OPC 模型的准确性。因此，先导光刻工艺的研发是围绕着 OPC 进行的，称之为 OPC 循环学习。经验表明，一个新技术节点的光刻工艺一般需要 3~4 个 OPC 循环才能逐步成熟。

7.9.2 光刻仿真软件与 OPC 软件的区别

计算光刻中有两类软件，一类被称为光刻仿真软件，如 KLA-Tencor 的 Prolith^{TM}、Synopsys 的 S-Litho^{TM}；另一类就是 OPC 软件，如 Mentor Graphics 的 Calibre$^®$、ASML/Brion 的 Tachyon^{TM}。光刻仿真软件一般使用严格的光学模型，对严格的光学模型求数值解，因此，只能用于计算比较小的局部版图。光刻仿真软件的主要使用者是光刻工艺工程师，而非 OPC 工程师。他们使用这种仿真软件做一些不涉及版图变动的工艺优化，例如，光刻材料厚度的优化，对局部版图光照条件的优化。

OPC 软件使用简化了的光学模型，把原来模型中的复杂过程使用一些简化的经验公式来代替。经验公式中包含有多个参数，这些参数通过实验数据来校正，使这一简化的模型与实验结果相吻合。OPC 软件提供对整个光刻层版图的修正，因此，其数据处理量特别大，占用多个 CPU，需要专门的 OPC 工程师使用。由于光刻仿真软件是对严格的光学模型求解，其结果常被用来检验 OPC 模型的精确度。

7.9.3 掩模制备工艺对 OPC 的限制

经过 OPC+SRAF 处理，原来的设计图形就变得很复杂。这为掩模版的制备增加了难度。因为先进掩模的制备工艺是基于电子束曝光(e-beam lithography)，其分辨率也是有限的。太复杂的 OPC 图形还会导致电子束书写的时间太长，影响掩模制备的良率和产能。设计图形经 OPC 处理后(post-OPC)，在被发送到掩模生产厂之前，必须要做所谓的掩模规则检查(mask rule check，MRC)。MRC 检查"post-OPC"数据，确认其中的所有图形适合掩模版制备工艺。MRC 中的规则是由掩模版厂提供的，OPC 工程师将这些规则输入到 MRC 软件中。

MRC 的规则主要包括如下内容：

(1)对图形的最小线宽(minWidth)、线间距(minSpace)做出规定；也可以对亚分辨率辅助图形(SRAF)的线宽和间距限定最小值。

(2)对图形拐角之间间距(corner-to-corner)的最小值做出规定；也可以对亚分辨率辅助图形(SRAF)与主图形之间的距离做出限定。

(3)对辅助图形的最小面积(minimum SRAF area)做出限定。

参 考 文 献

[1] Mack C. Fundamental Principles of Optical Lithography. New Jersey: Wiley, 2007.

[2] Azpiroz J, Rosenbluth A. Impact of sub-wavelength electromagnetic diffraction in optical lithography for semiconductor chip manufacturing. IEEE, 2013, 1-5.

[3] Szucs A, Planchot J, Farys V, et al. Advanced OPC mask-3D and resist-3D modeling. Proc of SPIE, 2014.

[4] Fryer D, Lam M, Adam K, et al. Rapid, accurate improvement in 3D mask representation via input geometry optimization and crosstalk. Proc of SPIE, 2014.

[5] Modeling and simulation. International Technology Roadmap for Semiconductors, 2011.

[6] Dill F, Hauge P. Characterization of positive photoresist. IEEE Trans Elec Dev, 1975, 22(7): 445-449.

[7] Mack C. A comprehensive optical lithography model. Proc of SPIE, 1985, 207-220.

[8] Wu C-E, Wei D, Zhang C, et al. Low contrast photoresist development model for OPC applications at the 10nm node. Proc of SPIE, 2015, 9426-94260N.

[9] Torres J. Regular designs and computational lithography: Their past, present and future. Electronic Design Process (EDP) Symposium, 2008.

[10] Smayling M, Axelrad V. Simulation-based lithography optimization for logic circuits at 22nm and below. International Conference on Simulation of Semiconductor Processes and Devices, 2009, 1-4.

[11] Smayling M, Axelrad V. 32nm and below logic patterning using optimized illumination and double patterning. Proc of SPIE, 2009, 72740K-72740K8.

[12] Bekaert J. Freeform illumination sources: Source mask optimization for 22nm node SRAM. 6th International Symposium on Immersion Lithography Extensions, 2009.

[13] Wang D, Yu S, Mao Z, et al. Metal layer PWOPC solution for 28nm node and beyond. Semiconductor

Technology International Conference（CSTIC）, 2015, 1-3.

[14] Pei J, Shao F, Elsewefy O, et al. Compatibility of optimized source over design changes in the foundry environment. Proc of SPIE, 2013, 8683.

[15] Zhang D, Chua G, Foong Y, et al. Source mask optimization methodology（SMO）and application to real full chip optical proximity correction. Proc of SPIE, 2012, 83261V.

[16] Hayashi N. Computational Lithography Requirements & Challenges for Mask Making. 2012.

[17] Wong A. Resolution Enhancement Techniques in Optical Lithography. Bellingham: SPIE Press, 2001.

[18] Shi R, Cai Y, Hong X, et al. The selection and creation of the rules in rules-based optical proximity correction. Proceedings of 4th International ASIC Conference, 2001, 50-53.

[19] Banerjee S, Elakkumanan P, Liebmann L W, et al. Electrically driven optical proximity correction based on linear programming. Proceedings of ACM International Conference, 2008, 473-479.

[20] Shim S, Chung W, Shin Y. Synthesis of lithography test patterns through topology-oriented pattern extraction and classification. Proc of SPIE, 2014, 905305-90530510.

[21] Weisbuch F, Naranaya A S. Assessing SEM contour based OPC models quality using rigorous simulation. Proc of SPIE, 2014, 90510A-90510A16.

[22] Mailfert J, van de Kerkhove J, de Bisschop P, et al. Metal1 patterning study for random-logic applications with 193i, using calibrated OPC for litho and etch. Proc of SPIE, 2014, 90520Q- 90520Q16.

[23] Yeh S S, Zhu A, Chen J, et al. Study of the pattern aware OPC. Proc of SPIE, 2014, 90521Y-90521Y9.

[24] Lafferty N, Silakov M, He Y, et al. Full-flow ret creation, comparison, and selection. Proc of SPIE, 2014, 92351Z-92351Z7.

[25] Zavyalova L V, Luan L, Song H, et al. Combining lithography and etch models in OPC modeling. Proc of SPIE, 2014, 905222-90522211.

[26] Sarma C, Graves T, Neisser M, et al. Topographic and other effects on EUV pattern fidelity. Proc of SPIE, 2014, 905206-9052069.

[27] Michel J, Sungauer E, Yesilada E, et al. Wafer sub-layer impact in OPC/ORC models for advanced node implant layers. Proc of SPIE, 2014, 90520D.

[28] Winroth G, Pret A V, Ercken M, et al. Modeling the lithography of ion implantation resists on topography. Proc of SPIE, 2014, 90520Z.

[29] Michel J C, Le Denmat J C, Tishchenko A, et al. Fast integral rigorous modeling applied to wafer topography effect prediction on 2x nm bulk technologies. Proc of SPIE, 2014, 905223.

[30] Finders J. The impact of Mask 3D and Resist 3D effects in optical lithography. Proc of SPIE, 2014, 905205-90520518.

[31] He Y, Chou C, Tang Y, et al. Resist profile simulation with fast lithography model. Proc of SPIE, 2014, 90520Y-90520Y10.

[32] Zuniga C, Deng Y. Resist toploss modeling for OPC applications. Proc of SPIE, 2014, 905227-90522710.

[33] Fan Y, Wu C, Ren Q, et al. Improving 3D resist profile compact modeling by exploiting 3D resist

physical mechanisms. Proc of SPIE, 2014, 90520X-90520X11.

[34] Chen A, Foong Y M, Hsieh M, et al. Resist profile aware source mask optimization. Proc of SPIE, 2014: 90530X-90530X10.

[35] Wei Y Y, Brainard R. Advanced processes for 193-nm immersion lithography. Proc of SPIE, 2009.

[36] Socha R, Dusa M, Capodieci L, et al. Forbidden pitches for 130-nm lithography and below. Proc of SPIE, 2000, 1140-1155.

[37] Wang C H, Liu Q, Zhang L, et al. No-forbidden-pitch SRAF rules for advanced contact lithography. 26th Annual BACUS Symposium on Photomask Technology, 2006, 63494K-63494K6.

[38] Shi X, Hsu S, Chen J F, et al. Understanding the forbidden pitch and assist feature placement. Proc of SPIE, 2002, 968-979.

[39] Ling M, Tay C, Quan C, et al. Forbidden pitch improvement using modified illumination in lithography. Journal of Vacuum Science & Technology B, 2009, 27(1): 85-91.

[40] Mack C. Fundamental Principles of Optical Lithography. Bellingham: SPIE Press, 2007.

[41] Kong D, Shen M, Wu Q. Sub-resolution assist feature (SRAF) study for active area immersion lithography. Semiconductor Technology International Conference (CSTIC), 2015, 1-3.

[42] Jang J, Kim C, Ko S, et al. Model-based pattern dummy generation for logic devices. Proc of SPIE, 2014, 90521W-90521W7.

[43] Pang L, Liu Y, Abrams D. Inverse lithography technology (ILT): A natural solution for model-based SRAF at 45nm and 32nm. Proc of SPIE, 2007, 660739-66073910.

[44] Lv W, Liu S, Zhou X, et al. Effective simulation for robust inverse lithography using convolution-variation separation method. Proc of SPIE, 2014, 90522C-90522C6.

[45] Villaret A, Tritchkov A, Entradas J, et al. Inverse lithography technique for advanced CMOS nodes. Proc of SPIE, 2013, 86830E-86830E12.

[46] Ying C, Kwon Y, Fornari P, et al. Pattern-based full-chip process verification. Proc or SPIE, 2014, 905212-9052126.

[47] Kajiwara M, Kobayashi S, Mashita H, et al. Configurable hot spot fixing system. Proc of SPIE, 2014, 90530G-90530G8.

[48] Chung N, Kang P, Bang N, et al. Smart source, mask, and target co-optimization to improve design related lithographically weak spots. Proc of SPIE, 2014, 90530H-90530H6.

[49] Vandewalle B, Chava B, Sakhare S, et al. Design technology co-optimization for a robust 10nm Metal1 solution for logic design and SRAM. Proc of SPIE, 2014, 90530Q-90530Q13.

[50] Yang D, Gan C, Chidambaram P R, et al. Technology-design-manufacturing co-optimization for advanced mobile SoCs. Proc of SPIE, 2014, 90530N-90530N10.

[51] Teoh E, Dai V, Capodieci L, et al. Systematic data mining using a pattern database to accelerate yield ramp. Proc of SPIE, 2014, 905306.

第 8 章　光刻工艺的设定与监控

从集成电路制造中各部门的分工来说，光刻是为工艺集成(process integration)服务的。光刻和工艺集成之间的工作关系已经在第 1 章中做了介绍。最直接支持工艺集成的是光刻工艺工程师(lithograph process engineer)，又被称为 "layer owner"。一个完整的集成电路制造流程有几十个光刻层，这些光刻层按技术的类似程度分配给光刻工艺工程师，使得他们分别负责一个或几个光刻层。工艺工程师对所负责的光刻层做工艺参数的设置、优化；对工艺的稳定性做日常监测，并及时解决出现的技术问题。本章对光刻工艺工程师日常工作中涉及的技术问题进行探讨，侧重于光刻工艺设定与监测的方法。

8.1　工艺标准手册

一个掩模上有很多图形，一个成熟的光刻工艺必须能够很好地分辨掩模版的所有图形。在生产线上，光刻工程师只能监测有限数目的图形。为了减少工艺监测的工作量，光刻工艺工程师和工艺集成工程师合作提出一个工艺标准手册，又叫 "handbook"或 "specbook"。这个手册列出了每一个光刻层中需要监测的图形数目、所在的位置及其目标尺寸(target CD)。收录到手册中的图形有两类，一类是光刻工艺窗口较小的图形，这一类图形对工艺参数的变化非常敏感，对其做日常监测可以有效地发现工艺偏差；另一类是对器件性能有关键影响的图形，这一类图形的好坏直接关系到器件的性能。对晶圆上的图形做监测会导致晶圆流片时间的延误，因此，一个光刻层中需要被监测的图形一般不要超过 10 个。工艺越成熟，需要监测的图形越少。

下面介绍工艺标准手册的详细内容。图 8.1 是一个逻辑器件产品标准手册的第一页，它明确了曝光区域(exposure field)的尺寸(X=25.6mm，Y=25.6mm)及其在晶圆上的分布(见图 8.1(a))。每一个曝光区域内的器件平面分布图(floorplan)也包含在这一页中。图 8.1(b)中的每一个小方块代表了一个独立的器件模块，又叫"chiplet"或"die"。图 8.1(a)中标示了一组数字(1~21)，这说明在整个晶圆上只需要测量这 21 个曝光区域内的图形。

标准手册后面的内容规定了所要测量的图形所在的具体位置。图 8.2 是其中一个例子，它采用逐步放大(zoom in)的方法，指定了所要测量图形的具体位置。在图 8.2中方框的引导下，光刻工艺工程师可以用电镜一步一步找到测量的位置。另外，图 8.2

中还标出所要测量的图形在曝光区域中的坐标。这个坐标值是以曝光区域左下角为原点(0,0)的。在线宽测量电镜(CD-SEM)中输入坐标值,CD-SEM 的运动平台可以直接移动到所要测量的图形处,非常快捷、方便。手册中所有需要测量的图形都必须像图8.2一样给出其所在曝光区域的准确位置。

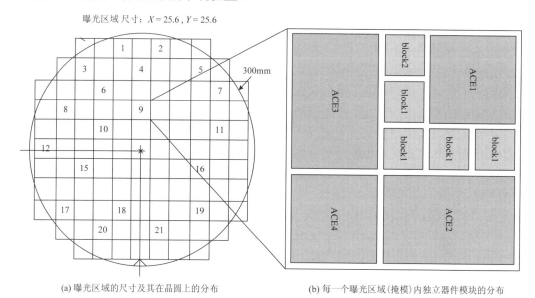

(a) 曝光区域的尺寸及其在晶圆上的分布   (b) 每一个曝光区域(掩模)内独立器件模块的分布

图 8.1   光刻工艺标准手册(Specbook)中第一页

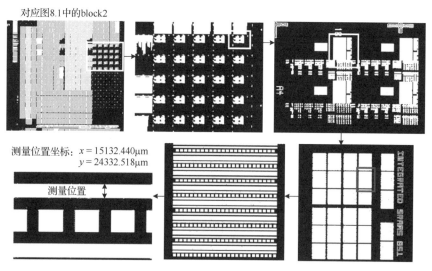

图 8.2   标准手册规定了所要测量的图形所在的具体位置

显然,使用坐标值可以更方便快速地寻找到测量图形。特别是在需要测量很多图形时，坐标的优点更为明显。因此，光刻工程师都希望标准手册能提供所有测量图形的位置坐标(X, Y)。位置坐标可以从设计图形(GDS 文件)中获取，但是，设计图形中的坐标一般是相对于本模块(chiplet/die)的左下角的$(X_{chiplet}, Y_{chiplet})$，必须要转换成相对于曝光区域的左下角。转换的办法就是叠加上模块在曝光区域的位置$(\Delta X, \Delta Y)$，即$X = \Delta X + X_{chiplet}$；$Y = \Delta Y + Y_{chiplet}$，如图 8.3 所示。

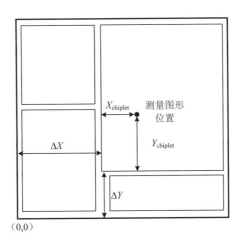

图 8.3　标准手册中测量图形坐标的示意图

套刻误差的测量也必须按标准手册的要求进行。每一个产品都对应有一个套刻误差测量的标准手册，如图 8.4 所示。它标示了套刻误差测量图形的位置(见图 8.4(a))，测量图形的形状(见图 8.4(b))；套刻测量时的参考层(见图 8.4(c))。一般每一个晶圆上只测量 10～12 个曝光区域，每个曝光区域内测量 4～8 组套刻误差值。

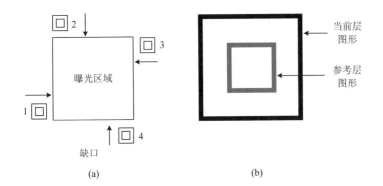

图 8.4　套刻误差测量标准手册的内容

标准手册在光刻工艺的设置中非常重要。特别是在量产时，光刻工程师按照标准手册的内容设定好光刻胶线宽和套刻误差的数据采集计划。生产线上的测量设备自动采集晶圆数据并上传到服务器上。光刻工程师可以实时调用、分析这些数据。工厂自动化系统也可以根据测量的数据对工艺参数作反馈修正，例如，连续多个晶圆测量得到的线宽偏大，工厂自动化系统可以根据这些测量结果，通知光刻机调整曝光剂量。这一功能被称为 APC（advanced process control）。

8.2 测量方法的改进

在集成电路制造中图形线宽的测量使用的是高分辨率电子显微镜，例如，美国应用材料（AMAT）的 Verity 4i™ 系列，日本日立公司（Hitachi）的 S8820™ 系列。电子显微镜分辨率高，测量速度快；缺点是对光刻胶有损伤。即使电子束的能量已经降到了 500eV，对光刻胶造成的损失在 28nm 节点以下仍然不能忽略。另外，电子显微镜对垂直方向（Z 方向）的测量不够敏感。在小技术节点，仅有光刻胶图形线宽已经不能满足工艺控制的需要，光刻胶图形侧壁的倾角（side wall angle，SWA）和残留的光刻胶厚度等三维数据越来越引起重视。虽然 CD-SEM 仍然是线宽测量的主力，业界一直在对其做改进，并探索新的测量方法。本节对这方面的进展进行介绍。

8.2.1 散射仪测量图形的形貌

散射仪（scatterometry）的工作原理是：一束光入射在晶圆表面，晶圆表面的光刻胶图形对入射光产生散射和衍射，这些含有表面结构信息的光被探测器接收。对探测器接收的信号做分析，得到晶圆表面光刻胶图形的三维尺寸。由于散射仪是使用光学的办法来测量光刻胶图形的线宽等几何信息，因此，又被称为光学 CD 测量（optical CD，OCD）。使用散射仪来测量光刻胶图形线宽的努力早在 21 世纪初就开始[1]，但是，一直到 28nm 技术节点以后才开始受到广泛的关注[2]，这是因为 CD-SEM 测量导致的光刻胶损失效应在 28nm 以下再也不能忽略了，而且，OCD 测量还能提供图形的三维信息。

散射仪的结构如图 8.5(a) 所示。一束宽波段的偏振光（broadband polarized light）垂直入射在晶圆表面，在晶圆表面图形发生衍射，0 级衍射束的 TE 和 TM 分量被探测器接收。这种入射光垂直于样品表面的系统又被称为垂直入射线宽测量系统（normal-incidence optical critical dimension，NI-OCD）。也可以使用非垂直入射的设计，但是垂直入射的设计使得设备更加紧凑。使用耦合波分析方法对接收到的测量信号进行回归分析（regression），可以获得晶圆上图形的三维轮廓[3]。各散射仪供应商都提供专用的分析软件包。在使用这些专用软件时，必须首先建立测量和数据分析模型。可以获得的光刻胶图形三维信息包括：光刻胶图形高度 h、顶部的线宽 CD_{top}、腰部的线宽 CD_{mid}、底部的线宽 CD_{bottom} 和侧壁的角度 SWA，如图 8.5(b) 中所示。刻蚀后的图形包含多层不同的材料，可以建立更复杂的模型，把每一层的厚度、线宽和 SWA 拟合出来[4]。散射仪具有测量速度快、无损的优点，但测量结果的精确度与测量模型的准确性有关。

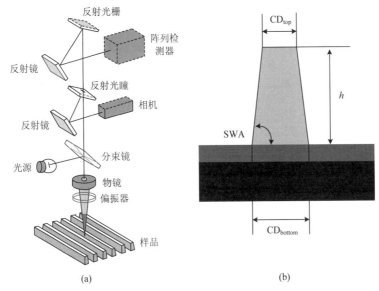

图 8.5　(a)垂直入射散射仪结构示意图[3]和(b)散射仪测量的光刻胶图形的三维形貌

8.2.2　混合测量方法

所谓混合测量(hybrid metrology)是指使用多种测量方式进行测量,测量得到的结果互相修正,使得最终得到的结果更加精确。从 20nm 技术节点开始,Fab 纷纷开始尝试这项技术[5]。这项测量技术包括电子显微镜(CD-SEM)、散射仪、原子力显微镜(AFM)和切片(Cross-section)分析。每一项测量技术独立使用都有其优缺点,组合使用则可以取长补短。表 8.1 归纳了这几种测量方法的特点。

表 8.1　几种光刻胶线宽测量方法的特点[5]

	散射仪	扫描电镜	原子力显微镜	对切片做电镜分析
能测量的量	线宽、三维形貌、其他 (如 n、k)	线宽	线宽、三维形貌	线宽、三维形貌、其他(如 EDX)
对测量图形的要求	周期性的一维光栅型线条	任意图形	任意图形	任意图形
测量及数据处理时间	几天至几周	几分钟	几个小时	几个小时至几天
对样品的破坏性	可以忽略不计	只对光刻胶有损伤	没有	破坏
优点	1. 测量很快,但是设置测量时间较长; 2. 可以得到光刻胶图形的大部分三维信息	1. 设置和测量都很快; 2. 可以测量任何图形	1. 可以得到光刻胶图形的大部分三维信息; 2. 高精度	1. 可以得到完整的三维信息; 2. 高精度

	散射仪	扫描电镜	原子力显微镜	对切片做电镜分析
缺点	1. 建立测量模型时需要引入假设; 2. 在测量精度与准确性之间, 必须有所取舍; 3. 只能测量一维周期性图形	1. 无法得到三维信息; 2. 图形侧壁的倾角对测量结果成干扰	1. 探针的磨损和形状改变影响测量结果; 2. 对深宽比较大的沟槽测量误差较大; 3. 测量速度较慢	1. 测量结果与样品的制备工艺有关; 2. 只能做少量的切片测量
Fab 中的使用情况	是 Fab 中测量光刻胶图形三维形貌的主要工具	是 Fab 中在线测量的主要工具	是 Fab 中测量图形表面形貌的主要工具	只是提供参考和校准信息

　　每一种测量技术的工作原理实际上都是使用一个模型从原始数据中提取出晶圆上图形的线宽或形貌(profile): CD-SEM 根据图像的灰度(grey-scale)来确定图形的边界, 进而计算出线宽; AFM 分析其探针移动的轨迹, 从而确定图形的形貌; OCD 分析光学散射谱, 从而确定表面的几何形貌。所有这些分析模型中, 都存在一些假设, 这些假设使得最终获得的结果有误差[6]。混合测量就是取长补短, 发挥一个测量技术的优点, 补充另一个测量技术的不足, 对测量结果做修正, 使得最终结果的误差大大缩小。混合测量可以以多种方式出现, 例如, AFM 与 OCD 结合, CD-SEM 与 OCD 测量结合。

　　以 CD-SEM 与 OCD 的结合为例。它们结合的方式是: CD-SEM 测量的结果首先被传送到 OCD 中, OCD 使用 CD-SEM 提供的数据优化其测量模型, 得到更精确的结果。具体的做法可以有下列两种: 第一种, CD-SEM 测量得到的线宽值输入到 OCD 模型中, 代替模型中不确定的参数, 使得计算出的光刻胶线条侧壁的倾角(SWA)更为准确。第二种, 把 OCD 测量得到的 SWA 数据输入到 CD-SEM 模型中, 帮助 CD-SEM 模型来确定图形的边界, 使得线宽的结果更为精确[7]。文献[8]介绍了 CD-SEM 与 AFM 结合, 用来测量四周被栅极包围的纳米 Si 线的宽度和形貌。

8.2.3　为控制而设计测量图形的概念

　　工艺控制中的基础就是测量, 测量结果指示出工艺需要调整的方向, 进而实施对工艺参数的控制。不管是测量线宽还是测量套刻误差, 都必须使用测量标识(即用于测量线宽的图形和用于测量套刻误差的图形)。测量标识的设计必须与测量工具相匹配, 才能达到最高的测量精度和效率, 为此, 业界提出了为控制而设计(design for control, D4C)的概念。D4C 建议在设计测量标识时, 必须做仿真计算, 不仅要保证标识自身有足够的工艺窗口, 而且要保证标识与测量工具之间的协同优化, 使测量时的信噪比最小。D4C 的一个典型例子是 ASML 光刻机的 Yieldstar™ 测量系统, 它是通过衍射测量套刻误差, 因此, 测量标识必须满足这一测量工具的要求, 并随之优化[9]。

8.3　光刻工艺窗口的确定

光刻工艺窗口是指曝光能量和聚焦值的范围，在这个范围内光刻工艺能提供所需要的线宽和套刻误差。可以使用多种方法来分析和确定光刻工艺窗口，本节对这些方法进行介绍。

8.3.1　FEM 数据分析

光刻工程师要保证对掩模上所有图形都有足够的工艺窗口。通常的做法是首先做FEM，找出最佳曝光能量和聚焦值，并使用 FEM 数据做工艺窗口(process window，PW)分析。FEM 的做法在第 1 章已经做了介绍，即曝光时，沿晶圆 X 方向做固定步长的能量变化，沿 Y 方向做聚焦值变化。显影后，测量光刻胶图形的线宽。测量的图形包括标准手册中规定的以及光刻工程师认为值得监测的图形。

图 8.6 是从 20nm RX 光刻层 FEM 晶圆收集的数据，它包括 5 个关键图形。在相同的工艺条件下，这 5 个图形的"Bossung"曲线的形状是不一样的。平行密集线条的线宽随聚焦值的变化比较小(见图 8.6(a))；细小独立线条和沟槽的宽度对聚焦值的变化比较敏感(见图 8.6(c)、(d)和(e))。图 8.6 中各种图形的线宽随曝光能量(单位：mJ/cm^2)的变化也是不一样的。最佳曝光能量和聚焦值的选取必须保证所有图形都能达到目标线宽(各种图形的目标线宽值已经标示在图中)。

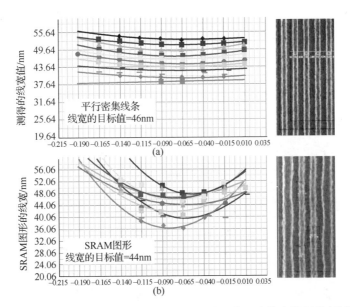

图 8.6　从 FEM 晶圆上测得的"Bossung"曲线及其对应的电镜照片(见彩图)

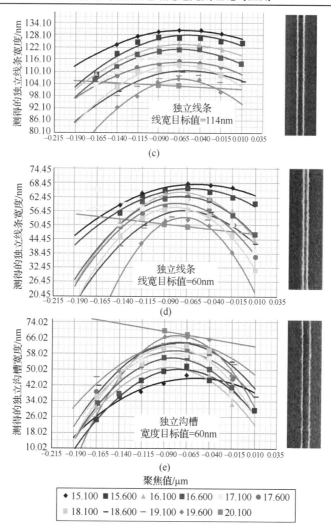

图 8.6　从 FEM 晶圆上测得的"Bossung"曲线及其对应的电镜照片(见彩图)(续)

　　实际工艺都存在一定的不稳定性,如光刻机中曝光能量与聚焦值都会有涨落。因此,在一定的能量变化(ΔE)和聚焦度变化(ΔF)范围之内,光刻工艺必须提供符合要求的 CD 值。要解决这个问题,就必须对图 8.6 中的实验数据做工艺窗口分析。这种工艺窗口的分析有专门的软件,如 KLA-Tencor 的 ProData^{TM} 和 Synopsys 的 PWA^{TM} 分析软件。软件中可以输入完整的 FEM 数据、目标线宽值及可以接受的线宽变化范围(CD tolerance)。可以接受的线宽值范围,一般为线宽目标值的 ±10% 左右。例如,线宽的目标值是 40nm,实际工艺提供 36～44nm 都是可以的。32nm 及以下技术节点对线宽的要求更高,一般只允许 ±8% 的偏差。这些信息提供给软件后,它就能基于 FEM 数据计算出曝光时允许的能量和聚焦值范围。

　　对图 8.6 中的数据做以上分析得到图 8.7，分析时允许的线宽变化范围是 ±8%。
图 8.7(a) 是密集线条图形对应的曝光工艺窗口，在 E=16.50～17.75mJ/cm^2，F= −0.165～
−0.015μm 的范围内，图形的线宽可以在 46nm ±8% 以内。对所有关键图形的 FEM 数
据做工艺窗口分析，并把结果画在同一个 E 和 F 的坐标中，就得到图 8.7(b)。每一个
图形的工艺窗口不完全一样，它们互相重叠的部分就是这些关键图形的公共窗口
(common process window)，即在 E= 16.75～17.50 mJ/cm^2，F = −0.10～−0.04μm 的范围
内，所有图形都能够很好地分辨，线宽值都在其目标值±8%范围之内。

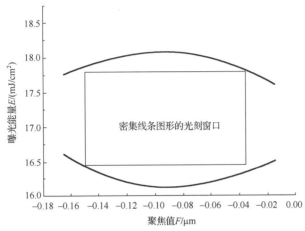

(a) 密集线条(线间距目标值= 46nm)的工艺窗口

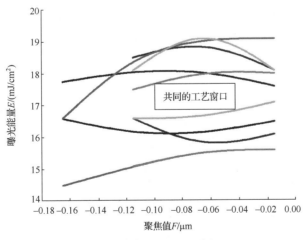

(b) 所有关键图形的工艺窗口

图 8.7　光刻工艺窗口的分析

　　进一步分析 FEM 结果中线宽随聚焦值的变化，可以发现在某一能量时线宽对聚焦值
的变化最不敏感，即 "iso-focal point"。这个 "iso-focal point" 是一个曝光能量值；对应

这个能量值时，线宽随聚焦值的变化最不敏感，即 CD-聚焦值曲线最平坦。图 8.8(a)是一个 90nm 1：1 线宽的"Bossung"曲线，在曝光能量等于 21mJ/cm^2 时，CD 随聚焦的变化最小，所以 21mJ/cm^2 就是"iso-focal point"。显然，从工艺的稳定性来说，最好把曝光能量设置在"iso-focal point"。然而，"iso-focal point"的最平坦部分不一定正好对应线宽的目标值。把"Bossung"曲线换一种画法，得到不同聚焦值时线宽随曝光能量的变化曲线，如图 8.8(b)所示。在图 8.8(b)中"iso-focal point"实际上对应不同曲线的交叉点。使用线宽-曝光能量曲线，可以方便地计算出曝光能量容忍度(exposure latitude，EL)。如图 8.9 所示，对于一个给定的聚焦值，首先在线宽-曝光能量(CD-dose)曲线上找到对应目标线宽的能量值(图中的黑圆点)，EL 定义为该处线宽-曝光剂量曲线的斜率(slope)。

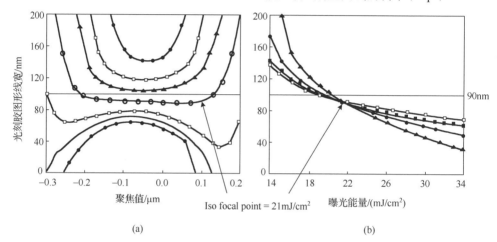

(a)　　　　　　　　　　　　　　　(b)

图 8.8　(a)一个 90nm 1：1 的"Bossung"曲线，线宽的目标值是 90nm，曝光剂量的步长是 1mJ/cm^2 以及(b)"Bossung"曲线的另一种画法，不同聚焦值时线宽随曝光剂量的变化曲线[10]

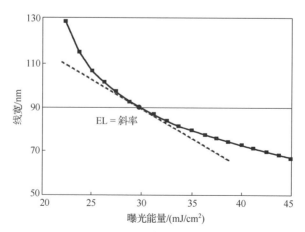

图 8.9　线宽随曝光能量的变化曲线

图中的黑圆点对应目标线宽，EL 定义为该处线宽-曝光剂量曲线的斜率

　　使用 FEM 数据来确定工艺窗口的关键是必须选用对曝光剂量和聚焦值变化敏感的图形。文献[11]提议：在电镜照片中提取出图形的边缘轮廓线，对比不同曝光条件下边缘轮廓线的变化，从而确定哪一个图形对曝光能量和聚焦值最敏感。

　　聚焦深度是一个重要的概念，但是经常有一些概念上的混乱，这里特别澄清一下：①聚焦深度(DOF)是允许聚焦值变化的范围；聚焦值在这个范围之内，可以保证所需要的 CD。聚焦深度是与曝光剂量有关的，曝光剂量设置在最佳点，那么这时的聚焦深度就最大，被称为最大焦深(maximum DOF)；曝光能量偏离最佳点，对应的聚焦深度就变小。根据理论分析得到的聚焦深度被称为成像焦深(imaging DOF，iDOF)，如图 8.10 所示。②在实际工作中，最佳聚焦值是通过测量 FEM 晶圆上的线宽而得到的。在分析 FEM 数据确定最佳聚焦值时必然存在一定的误差，也就是说从 FEM 得到的最佳聚焦值并不一定正好位于 iDOF 的中点。③把 FEM 得到的最佳聚焦值输入到光刻机中，设置曝光。由于光刻机聚焦系统的误差，输入值与实际聚焦值之间存在有偏差，即所谓的光刻机聚焦"offset"。④曝光时光刻机镜头在晶圆表面做步进-扫描运动，

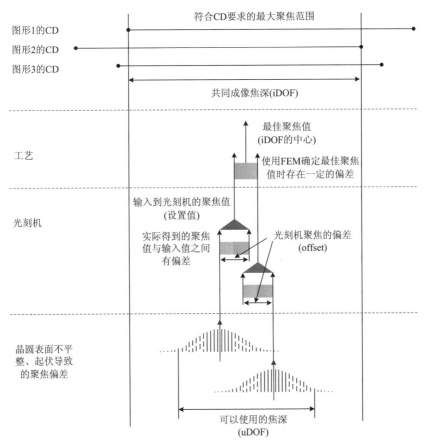

图 8.10　成像焦深(iDOF)与可以使用的焦深之间(uDOF)之间的关系示意图[12]

晶圆表面的不平整度和图形起伏会导致聚焦值的偏离。因此，实际测量得到的焦深，又叫可以使用的焦深(usable DOF，uDOF)，要比成像焦深(iDOF)小许多。图 8.10 形象地说明了成像焦深与可以使用焦深之间的关系，以及晶圆表面的起伏、光刻机聚焦值设置等实际因素对焦深的影响。

8.3.2　晶圆内与晶圆之间线宽的稳定性

最佳曝光能量与聚焦值选取完成后，就必须检查晶圆上线宽的均匀性，即 CDU(CD uniformity)。晶圆在最佳条件下曝光，测量每一个曝光区域中关键图形的线宽。对测量结果分析，得出线宽的平均值和标准偏差(σ)。图 8.11 是测量得到的线宽分布图，平均线宽是 46.2nm(目标值是 46nm)。整个晶圆表面线宽值起伏的范围是 1.0nm，即线宽值的 2.2%；线宽变化的 $3\sigma = 0.7$nm，即线宽值的 1.5%。

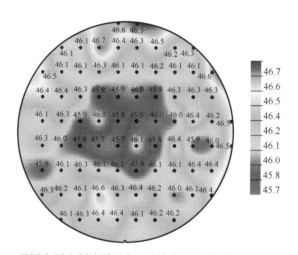

图 8.11　晶圆表面光刻胶图形(XLS)线宽的分布(单位：nm)(见彩图)

下一步就是检查工艺的稳定性，即同一个晶圆盒中晶圆之间(wafer-to-wafer，WTW)图形线宽的一致性与不同晶圆盒(lot-to-lot，LTL)之间图形线宽的一致性。图 8.12 是一组实验数据，图 8.12(a)是一个晶圆盒中 25 片晶圆的线宽数据，WTW 线宽变化的 3σ 只有 0.37nm。图 8.12(b)是三个不同晶圆盒的线宽数据，LTL 线宽变化的 3σ 只有 0.14nm。所选用的测量图形与图 8.11 一样，其线宽目标值是 46nm。

可以使用专门设计的掩模来曝光，做晶圆上线宽均匀性的监测。这种掩模上均匀分布有相同线宽的图形，线条的取向有水平和垂直两种，如图 8.13 所示。光刻机供应商通常提供这种专用掩模。曝光区域内布满了相同的线条，使得 CDU 的测量变得极为方便。同一个区域内的水平和垂直线条，可以用来对比不同取向线条线宽的差别。

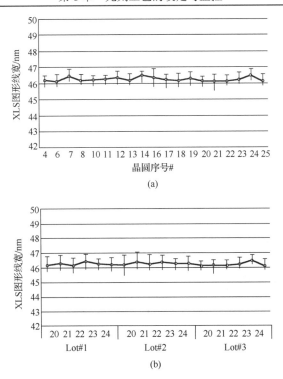

(a)

(b)

图 8.12　(a)晶圆之间线宽的测量值和(b)晶圆盒之间线宽的测量值

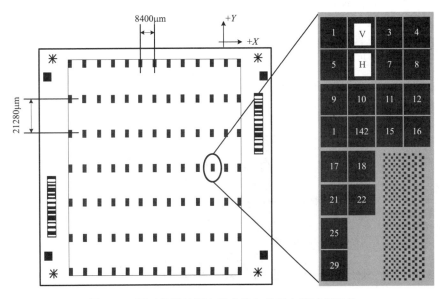

图 8.13　用于监测晶圆上线宽均匀性的专用掩模结构

图中 V 表示垂直线条，H 表示水平线条；线条的宽度可以根据光刻工艺的分辨率来设定，

对于 1.35NA 的 193i 工艺可以选取周期为 90nm 的 1∶1 密集线条

8.3.3　光刻胶的损失与切片检查

　　光刻胶图形的线宽很重要，其厚度也很重要。曝光时的散射光(flare)会照射到掩模版的暗区，导致那里的光刻胶部分曝光，显影后表面光刻胶有损失。光刻胶厚度损失较大的区域，在刻蚀时不能对衬底形成有效的保护。另外，光刻胶图形侧壁的角度也是一个很重要的参数(见图 8.14)，一般要求侧壁的角度大于 85°。较小的侧壁角度会影响刻蚀工艺，导致刻蚀后衬底上图形的线宽与光刻胶图形的线宽偏差较大(etch bias)。因此，在设置光刻工艺时，必须检查光刻胶的损失情况以及图形侧壁的角度。

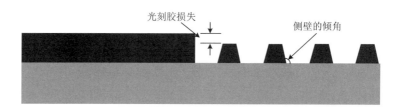

图 8.14　光刻胶厚度损失与图形侧壁角度示意图

　　光刻胶图形的三维检测必须依靠原子力显微镜(atomic force microscope，AFM)或切片(cross-section)检查。AFM 测量区域的面积相对较小，速度较慢；切片是破坏晶圆的，所以切片的位置和数目都是有限的。一般的做法是，仿真(OPC)工程师对掩模上的图形做分析和仿真计算，先从理论上确定可能有光刻胶损失的区域；然后，光刻工程师对这些区域做 AFM 或切片检查。图 8.15 是使用 S-Litho™ 软件仿真计算的结果[13]。首先计算了图形底部与顶部的光刻胶轮廓线(contour plot)，发现某处顶部有较大的光刻胶损失(图 8.15(a)中箭头处)。进一步的做光刻胶图形三维计算，得到光刻胶的三维图形(见图 8.15(b))。在这个位置，由于相邻曝光区域靠得较近，图形之间的光刻胶厚度只有其余区域的一半左右。

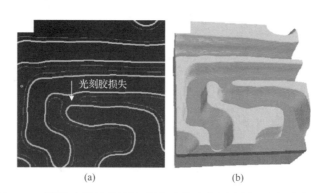

(a)　　　　　　　　　　　(b)

图 8.15　(a)S-Litho™ 仿真计算的结果(绿色线代表光刻胶图形底部轮廓，紫色线代表光刻胶顶部轮廓)和(b)光刻胶图形的 3D 计算结果[13](见彩图)

图 8.16 是一个光刻胶图形的切片图,可以清楚地看到显影后的光刻胶图形是否有"footing"和"top-rounding"。也可以在切片图上测量出侧壁的倾斜角。在分析光刻工艺窗口时,除了线宽值的要求之外,还必须综合考虑到光刻胶损失与侧壁的倾斜角。

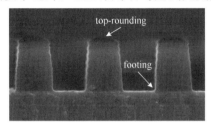

图 8.16　光刻胶的切片图(用来确定光刻胶的损失与图形的质量)

8.3.4　光刻工艺窗口的进一步确认

使用 FEM 数据确定最佳曝光能量与聚焦值后,还可以使用缺陷检测的办法来进一步确定光刻工艺窗口的中心。特别是在 32nm 技术节点之后,这种方法已经被广泛采用,称为 PWC(process window centering)。PWC 晶圆的曝光设置如图 8.17 所示,必须选用有器件结构的晶圆(integrated wafer)以保证 PWC 测试晶圆的衬底光学性质与实际情况的一致性。使用两块晶圆,一块做能量变化的 PWC,简称为"PWCE";另一块做聚焦度变化的 PWC,简称为"PWCF"。图 8.17(a)是 PWCE 的曝光设置,整个晶圆曝光的聚焦值设定在最佳值(由 FEM 数据提供);能量沿 Y 方向按固定的步长(ΔE)增大,中间这一行的曝光能量(E)设置在最佳能量(由 FEM 数据提供)。整个晶圆上能量变化的范围要能覆盖 FEM 数据确定的工艺窗口,以此来选取步长值(ΔE)。图 8.17(b)是 PWCF 的曝光设置,与 PWCE 的曝光类似,整个晶圆曝光的能量值设定在最佳值;聚焦沿 Y 方向按固定的步长(ΔF)增大,中间这一行的聚焦量(F)设置在最佳值。整个晶圆上聚焦值变化的范围要能覆盖 FEM 数据确定的工艺窗口,以此来选取步长值(ΔF)。

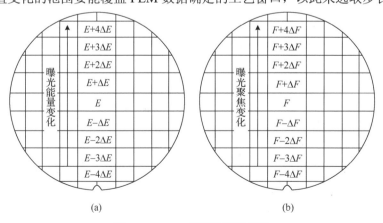

图 8.17　PWC 晶圆的曝光设置

曝光完成后，晶圆首先被送到测量单元，完成整个晶圆上光刻胶关键图形线宽的测量(develop CD，DCD)。然后，进入刻蚀单元，完成刻蚀工艺后，做刻蚀后图形的线宽测量(final CD，FCD)。最后，对晶圆做缺陷检测，为了提高检测效率，缺陷检测的区域不一定包括整个曝光区域，可以选择光刻工艺窗口比较小的器件模块，如SRAM。一般使用亮场检测的办法。图 8.18 是缺陷检测的结果，可以看到 $(\Delta E + E)$ 这一行的缺陷最少，这就意味着在这一能量下曝光所得到的图形质量最好，应该选择这一能量来设置曝光。图 8.18 中还给出了检测到的主要缺陷的电镜照片。用类似的办法对 PWCF 晶圆做缺陷检测，可以找到最佳的聚焦值。

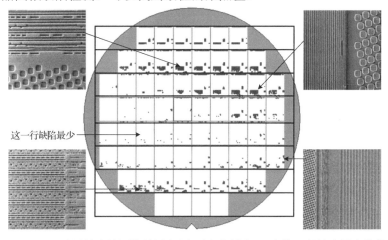

图 8.18　PWC 晶圆缺陷检测的结果(对应曝光能量 $(\Delta E+E)$ 的一行具有最少的缺陷)

一般情况下，PWC 晶圆上缺陷最少的曝光区域所对应的曝光能量和聚焦值与 FEM 结果判定的最佳曝光能量和聚焦值非常接近。如果差别较大，则必须要找出原因，多数情况是和缺陷检测的程序(defect inspection recipe)有关。实践证明，缺陷检测程序的准确与否是 PWC 成功的关键。把缺陷检测放在刻蚀以后，而不是光刻以后，就是考虑到缺陷检测设备对光刻胶图形的分辨率较低，不易得到稳定可靠的结果。与 FEM 方法相比，缺陷检测方法得到的是一个统计的结果，它综合了非最佳曝光条件对所有图形的负面影响。

8.3.5　工艺窗口的再验证

为了更好地回避晶圆之间工艺参数的涨落对确定工艺窗口的影响，可以在同一片晶圆上改变曝光能量和聚焦度，再用缺陷检测的方法来确定最佳曝光条件。这一工作被称为工艺窗口的再验证(process window qualification，PWQ)。图 8.19(a) 是 PWQ 晶圆曝光的设置，整个晶圆上大部分曝光区域的能量和聚焦值设置在最佳值 E/F(由 FEM 数据提供)；两列曝光区域的能量按 $-\Delta E,\cdots,-5\Delta E$ 与 $\Delta E,\cdots,5\Delta E$ 变动；两列曝光区域的聚焦值按 $-\Delta F,\cdots,-5\Delta F$ 和 $\Delta F,\cdots,5\Delta F$ 变动。整个能量和聚焦度变化的范围要能覆盖工艺窗口，以此来选取步长值(ΔE 和 ΔF)。

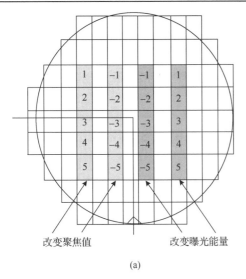

735	376	713	434
$F-$ 0.003	$F-$ 0.053	E 10.750	E 11.250
337	400	8684	2889
$F+$ 0.022	$F-$ 0.078	E 10.500	E 11.500
1062	2814	21109	6245
$F+$ 0.047	$F-$ 0.103	E 10.250	E 11.750
13444	6610		6609
$F+$ 0.072	$F-$ 0.128	E 10.000	E 12.000
			10011
$F+$ 0.097	$F-$ 0.153	E 9.750	E 12.250

改变聚焦值　　　　　　　改变曝光能量

(a)　　　　　　　　　　　　　　　　(b)

图 8.19　(a) PWQ 晶圆曝光的设置和 (b) 一个 PWQ 晶圆的缺陷结果

图中每个曝光区域顶部的数字是测得的缺陷数目，有几个曝光区域中缺陷数目太大超出检测极限而没有记录

与 PWC 的流程类似，晶圆在完成曝光、光刻胶线宽 (DCD) 测量、刻蚀、刻蚀后图形线宽 (FCD) 测量之后，被送去做亮场缺陷检测。图 8.19 (b) 是一个 PWQ 晶圆的缺陷检测结果，它标出了有能量和聚焦调制的曝光区域的缺陷数目。可以看到在 $E=11$mJ、$F=-0.053$μm 的曝光区域有最少的缺陷数目。这和 FEM 结果推荐的 $E=11$mJ、$F=-0.025$μm 非常接近。

从上面的分析可以看到，FEM、PWC、PWQ 方法都可以用来确定曝光的最佳能量与最佳聚焦值。它们各有优缺点，表 8.2 对此进行了分析对比。在 32nm 技术节点以下，光刻的工艺窗口越来越小。一般要求光刻工程师同时使用这三种方法来确定最佳工艺条件。

表 8.2　几种确定曝光能量和聚焦值方法的比较

	FEM	PWC	PWQ
曝光设置	同时改变曝光能量与聚焦	只改变曝光能量或聚焦	同时改进曝光能量和聚焦
检测方法	电镜测量指定图形的线宽	标准的亮场缺陷检测；然后再用电镜分析缺陷	特殊的亮场缺陷检测；然后再用电镜分析缺陷
检测对象	光刻胶图形的线宽	系统的和随机的缺陷	系统的缺陷
需要的时间	约 4 小时	自动测量约 4 小时	1～2 天 (需要工程师优化测量程序)

8.3.6　工艺窗口中其他关键图形的行为

在设置光刻工艺时，需要特别关注的还包括线条端点的收缩 (line-end shortening) 和图形拐角的平滑现象 (corner rounding)。这些现象的出现都是由于光刻机投影透镜尺寸的限制，来自掩模的大角度衍射束无法汇聚到晶圆表面，导致成像时空间高频分量的缺失。线条越细，其端点就越倾向于向内收缩。通过 OPC 可以对掩模上的图形做修正，如延长线条，但是这种修正的有效性必须用晶圆数据来评估。在工艺窗口中，线条端点的缩短必须控制在一定范围以内。图形拐角的圆化可能导致光刻层之间图形对准出现偏差，影响器件的电学性质。掩模上 OPC 对拐角修正的有效性也必须通过晶圆数据来验证。

8.4　工艺假设与设计手册

作为一个工艺单元，光刻为工艺集成服务。工艺集成对每一个单元工艺(包括光刻)的要求被详细地定义在一个文件中，这个文件称为工艺假设(process assumption)。对应每一个技术节点，都会有一个工艺假设文件。工艺假设文件中关于光刻的部分定义了每一个光刻层所使用的光刻设备、胶厚、套刻误差与线宽；并且规定了套刻误差与线宽允许的偏差范围。表 8.3 是工艺假设中的一个例子，它对 22nm BEOL 的金属(metal)和通孔(via)层的光刻工艺做了规定和要求。例如，第一金属层(M1)所使用的光刻胶是正胶(POS)；掩模版的材质是 OMOG(不透明的 MoSi)，所使用的光刻机型号是 ASML 的 1950i；曝光时对准 CA/CB 层，套刻测量的参考层是 CA，套刻误差必须小于 10nm；最小线宽 40nm，偏差(3σ)不能大于 5nm。光刻工程师必须按照工艺假设中提出的这些要求完成任务。

表 8.3　22nm 工艺假设中关于 BEOL 金属(Mx, x=1～5)与通孔(Vx, x=1～4)光刻层的部分

光刻层	掩模参数				套刻误差			光刻胶线宽	
	掩模色调	光刻胶性质	掩模类型	光刻机型号	曝光时对准	测量时对准	最大套刻误差/nm	线宽平均值/nm	标准偏差(3σ)/nm
M5	CN	POS	OMOG	193 ASML/1950i	V4	V4	10	40	5
V4	CN	POS	OMOG	193 ASML/1950i	M4	M4	10	60	7
M4	CN	POS	OMOG	193 ASML/1950i	V3	V3	10	40	5
V3	CN	POS	OMOG	193 ASML/1950i	M3	M3	10	60	7
M3	CN	POS	OMOG	193 ASML/1950i	V2	V2	10	40	5
V2	CN	POS	OMOG	193 ASML/1950i	M2	M2	10	60	7
M2	CN	POS	OMOG	193 ASML/1950i	V1	V1	10	40	5
V1	CN	POS	OMOG	193 ASML/1950i	M1	M1	10	60	7
M1	CN	POS	OMOG	193 ASML/1950i	CA/CB	CA	10	40	5

光刻工艺工程师需要了解的另一个文件是设计手册(design manual)。每一个技术节点的一类器件都有一个设计手册。设计手册虽然是为设计者准备的参考书，但是有些内容对于光刻工程师，特别是"layer owner"，非常有用。这些内容包括：

(1)器件的整个结构(architecture)，如图 8.20 所示；

(2)制造流程中所有光刻层的名字、功能及最小线宽要求；

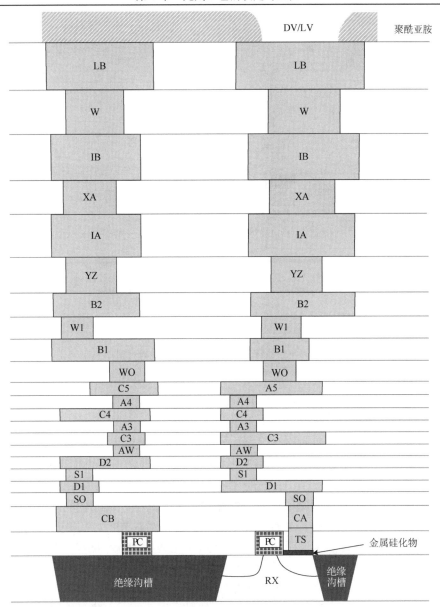

图 8.20　设计手册里定义的器件结构示意图(图中每一层中的字母缩写代表了该光刻层的名字)

(3) 光刻层之间对准的顺序(mask alignment sequence)；

(4) 针对不同功能的器件，哪些光刻层可以省略；

(5) 在 BEOL 部分，哪些光刻层是在超低介电常数(ultra low-k)材料上，哪些光刻层是在低介电常数(low-k)上，以及每一种介电层的厚度；

(6) 每一个光刻层的设计规则 (design rules)，如 22nm SOI 器件，RX 光刻层的一部分设计规则如图 8.21 所示。

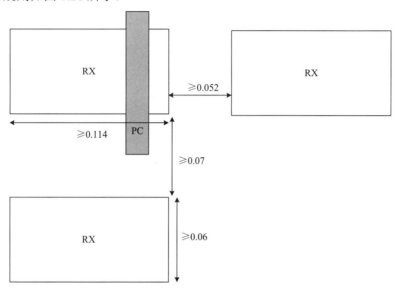

图 8.21 22nm SOI 器件 RX 光刻层的一部分设计规则示意图

8.5 使用 FEM 晶圆提高良率

光刻工艺工程师的主要任务之一就是为工艺集成工程师提供帮助，使其能尽快提高器件的良率。在研发阶段，OPC 的模型还在完善之中；光刻胶的线宽虽然有目标值，但不能保证在这个目标值下所有的器件都有较高的良率。而且，电镜测量时的电子束会损坏光刻胶图形，导致测得的光刻胶线宽和实际情况不一致。电子束对光刻胶的损伤不仅与电子束的能量有关，而且与图形的形状与线宽有关[14]。图 8.22 是 22nm SOI 器件 M2 光刻层显影后的电镜照片。图 8.22(a) 中电镜图像采集的设置是：在 X 方向，1 像素=0.8nm；在 Y 方向，1 像素=12.4nm。这种设置可以尽量减少电子束对光刻胶的损伤，但是所得到的图像质量不好，分辨不清。图 8.22(b) 中电镜图像采集的设置是：在 X 和 Y 两个方向上，1 像素均等于 0.8nm。这种设置有利于分辨二维图形，但是电子束在光刻胶上停留的时间要比图 8.22(a) 中的设置长 5 倍。可以看到图 8.22(b) 中，在电子束的轰击下，光刻胶的边缘已经平滑了，测得的光刻胶图形的线宽也增大了 50% 左右。CD-SEM 测量导致的光刻胶线宽收缩 (shrinkage) 可以用下列公式来定量表示[15]：

$$\text{shrinkage} = S \cdot (1 - e^{-\gamma \cdot \text{dose}}) \tag{8.1}$$

式中，S 和 γ 是常数，由实验值拟合得到，单位分别是 nm 和 nm/(μC/cm^2)。dose=I·t/A，I 是束流，单位是 pA；t 是照射时间，单位是 s；A 是受照射的面积，单位是 μm^2。

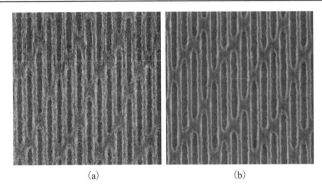

(a) (b)

图 8.22　不同采集设置下的两张电镜照片

针对这种情况，可以使用 FEM 晶圆来探索工艺条件。这一方法对工艺的改进有很强的指导意义，在 28nm 技术节点以下被大量采用。在这里进行专门介绍，所采用的例子是 22nm SOI M2/V1 模块，这一模块的工艺流程如表 8.4 所示。这是一种被称为"先做沟槽的双大马士革"工艺(trench first dual-damascene)，即首先在介电材料上刻蚀出沟槽来(M2)；然后在沟槽底部刻蚀出 V1 来，V1 连通 M2 和底部的 M1；最后给 M2/V1 填上铜并磨平(CMP)。这个模块完成后，M2 经过 V1 和 M1 连在了一起，如图 8.23 所示。这种 M2/V1/M1/V1/M2……导电链也被称作为"via chain"。

表 8.4　22nm SOI M2/V1 模块的工艺流程

性质	工艺步骤	工艺的目的	所属单元
Process	M2 litho	光刻在光刻胶上产生 M2 图形	M2
Measurement	M2 metro	测量 M2 对 M1 的套刻精度	
Measurement	M2 metro	测量 M2 光刻胶线宽	
Process	M2 etch	M2 硬掩模刻蚀(M2 hard mask open etch/M2 HMO)	
Process	M2 wet	M2 清洗(1000:1 dHF + 1% Citric, 15s front side and 30s backside), DICO2 rinse and N2 Spin	
Measurement	M2 metro	测量 M2 HMO 后的 CD	
Process	V1 litho	V1 光刻	V1
Measurement	V1 metro	测量 V1 对于 M1 的套刻精度	
Measurement	V1 metro	测量 V1 光刻胶图形尺寸	
Process	V1 etch	V1 刻蚀	
Measurement	V1 metro	测量 V1 刻蚀后图形的尺寸	
Process	M2/V1 main etch	完成全部刻蚀	M2/V1
Process	M2/V1 wet	M2/V1 清洗(1000:1 dHF + 1% Citric, 15s front side and 30s backside), DICO$_2$ rinse and N$_2$ spin	
Measurement	M2/V1 metro	测量最后 M2 和 V1 的尺寸	
Process	M2/V1 film	PVD 沉积 SiCOH 与 Cu liner 薄膜	

续表

性质	工艺步骤	工艺的目的	所属单元
Process	M2/V1 electroplating	电镀 Cu，填满空隙	
Process	M2/V1 annealing	炉子里退火	M2/V1
Process	M2/V1 CMP	化学研磨去除多余的 Cu	
Measurement	M2/V1 test	对 M2/V1 via chain 做电学测试	

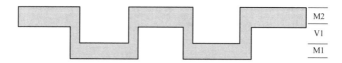

图 8.23　M2/V1 模块剖面示意图

第一步，以目前知道的 M2 最佳能量和聚焦值为中心，曝光 FEM 晶圆。步长的选取，要保证晶圆上的能量和聚焦值能覆盖整个光刻工艺窗口。显影完成后，测量关键图形(XLS)的线宽。这个图形不在器件区域，所以，在光刻胶上进行的线宽测量对器件性能没有影响。图 8.24 是 M2 层 XLS 图形的 FEM 数据。M2 的 XLS 设计是 40/40nm 密集线条。FEM 中心及步长的设置都标注在图 8.24 中，目标线宽是 36nm 线间距。在整个工艺探索的过程中，这个 XLS 图形的线宽要一直被反复测量。

曝光能量/(mJ/cm²)

聚焦值/μm	30.2	30.8	31.4	32	32.6	33.2	33.8	34.4	35
−0.04			31.5	34.7	32.6	36.3	38.7		38.7
−0.02		17.2	31.4	30.2	35.5	36.3	37.5	40.6	
0	16.9	18.4	31.9	34.2	33.4	36.5	38.3	38.0	39.3
0.02	14.1	28.9	30.3	33.6	34.4	36.5	37.2	39.3	41.1
0.04		14.4	32.3	31.7	36.8	36.7	38.7	39.7	
0.06			32.3	30.0	33.6	36.1	36.2		

图 8.24　M2 层 XLS 图形的 FEM 数据
曝光能量变化沿 X 方向，聚焦变化沿 Y 方向；黑框是初步确认的工艺窗口的中心，线宽单位：nm

第二个工艺步骤是刻蚀(hard mask open，HMO)，把硬掩模打开。刻蚀完成，继续测量 XLS 图形的线宽。这时光刻胶已经没有了，测量的是硬掩模上图形的线宽。结果列在图 8.25 中，在工艺窗口中心($D = 33.2\text{mJ/cm}^2$，$F = 0$)刻蚀引入的偏差(etch bias)是 11nm 左右，即刻蚀后沟槽的线宽比光刻胶上的线宽小 11nm 左右。

曝光能量/(mJ/cm²)

聚焦值/μm	30.2	30.8	31.4	32	32.6	33.2	33.8	34.4	35
−0.04			40.6	41.2	44.1	45.1	46.5		46.5
−0.02		37.6	39.8	43.2	45.3	47.3	48.9	48.6	
0	35.2	37.9	40.6	42.7	45.3	47.7	49.5	50.1	49.3
0.02	36.1	38.5	41.2	45.1	46.8	47.0	49.8	51.1	50.1
0.04		39.3	41.2	43.3	47.2	48.4	48.5	50.5	
0.06			43.5	44.1	44.5	48.4	47.7		

图 8.25　M2 硬掩模刻蚀完成后(HMO)XLS 图形的线宽值(线宽单位：nm)

这时可以检查器件部分的图形。因为没有光刻胶了，电子束对器件图形的损伤可以不计。器件区域有四个关键图形，分别称为 VIACHAIN_V3A、_V3B、_V3H 和_V3I，如图 8.26 所示。通过对这些图形的细致分析可以发现，VIACHAIN_V3A 在曝光能量等于 32.6mJ 时，仍然有缺陷。考虑到曝光能量的涨落，曝光能量设置在 $D=33.8\text{mJ/cm}^2$ 要比 33.2mJ/cm^2 更好，对应的 XLS 光刻胶图形的线宽(DCD)是 38nm。

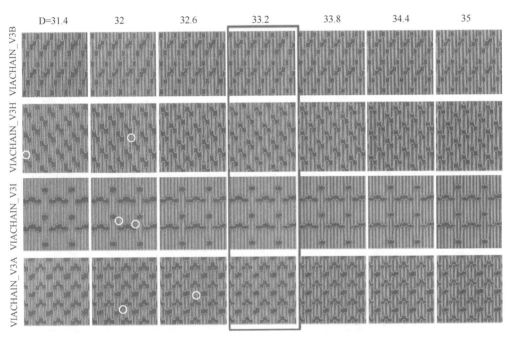

图 8.26　器件区域的四个关键图形在最佳聚焦处(F=0)随曝光能量的变化
图中框线中的图形有缺陷；$D=33.2\text{mJ/cm}^2$ 是初始的最佳曝光剂量，对应 XLS 的 DCD 目标值

沿着工艺流程，晶圆继续通过 V1 光刻和刻蚀。在 V1 刻蚀完成后，对 XLS 部分做测量，确认线宽值的变化。图 8.27 是 XLS 处的线宽数据及对应的电镜照片。在工艺窗口的中心，V1 光刻和刻蚀对 M2 HMO 后 XLS 图形线宽的影响不大，差别在 1～2nm 以内。再检查器件区域，如图 8.28 所示，在 M2 trench 底部的 V1 通孔清楚地显现，V1 刻蚀似乎对 M2 的图形有所帮助，缺陷比 M2 HMO 之后要少一些。

晶圆继续通过主刻蚀工艺与清洗工艺。在清洗完成后，我们测量 XLS 处图形的线宽，结果如图 8.29(a)所示。对比图 8.29(a)和图 8.25 中的结果，可以得到 M2 光刻胶线宽(DCD)与最终刻蚀后的线宽(FCD)之差，DCD-FCD(清洗后)=6～10nm。图 8.29(b)是器件区域的电镜照片。对应 $D=33.8\text{mJ/cm}^2$ 的图形仍然比较好。

最后的工艺步骤是 PVD 沉积、电镀和化学研磨，这样整个 M2/V1 模块的工艺就结束了。

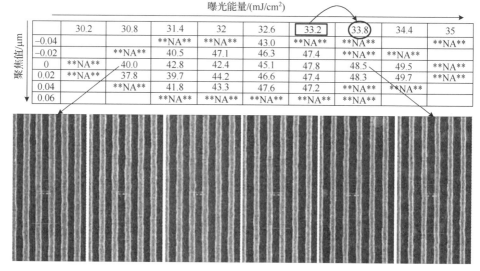

聚焦值/μm	曝光能量/(mJ/cm²)								
	30.2	30.8	31.4	32	32.6	33.2	33.8	34.4	35
−0.04			**NA**	**NA**	43.0	**NA**	**NA**		**NA**
−0.02		**NA**	40.5	47.1	46.3	47.4	**NA**	**NA**	
0	**NA**	40.0	42.8	42.4	45.1	47.8	48.5	49.5	**NA**
0.02	**NA**	37.8	39.7	44.2	46.6	47.4	48.3	49.7	**NA**
0.04			41.8	43.3	47.6	47.2	**NA**	**NA**	
0.06			**NA**	**NA**	**NA**	**NA**	**NA**		

图 8.27　V1 刻蚀完成后 XLS 处的线宽数据及电镜照片（单位：nm）

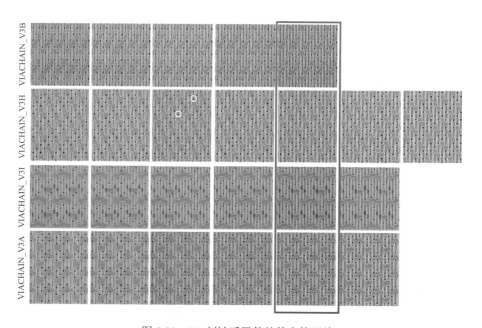

图 8.28　V1 刻蚀后器件处的电镜照片

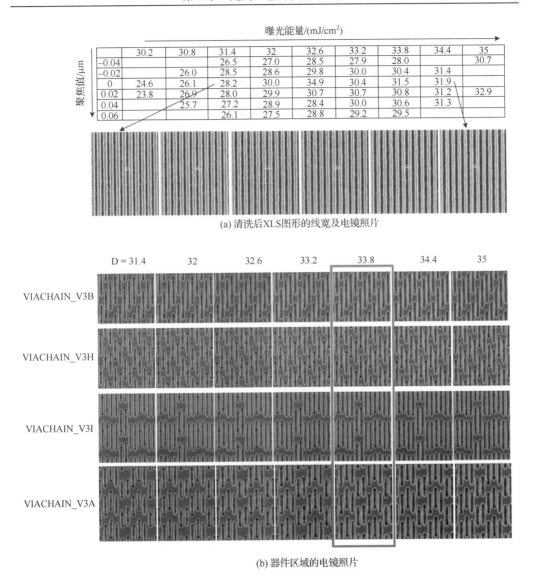

曝光能量/(mJ/cm²)	30.2	30.8	31.4	32	32.6	33.2	33.8	34.4	35
−0.04			26.5	27.0	28.5	27.9	28.0		30.7
−0.02		26.0	28.5	28.6	29.8	30.0	30.4	31.4	
0	24.6	26.1	28.2	30.0	34.9	30.4	31.5	31.9	
0.02	23.8	26.9	28.0	29.9	30.7	30.7	30.8	31.2	32.9
0.04		25.7	27.2	28.9	28.4	30.0	30.6	31.3	
0.06			26.1	27.5	28.8	29.2	29.5		

(聚焦值/μm)

(a) 清洗后XLS图形的线宽及电镜照片

(b) 器件区域的电镜照片

图 8.29　清洗后 XLS 图形的线宽及电镜照片和器件区域的电镜照片

为了判断整个工艺集成的好坏，我们对器件(via chain)做电学测量。电学测量就是检查"via chain"的导通状况，结果如图 8.30 所示。图中每一个曝光区域上标有数字，100 是通过，0 是失败。电学测量数据建议 M2 光刻的能量和聚焦值应设置在 $D=33.8$、$F=0$ 处，即对应 XLS 处光刻胶图形的线宽为 38nm。

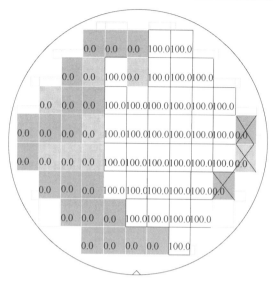

图 8.30　FEM 晶圆器件电学数据

8.6　掩模误差增强因子

在曝光波长远大于线宽(λ >>CD)的情况下，光学系统的成像行为是极端非线性的。掩模版上小尺寸的图形投影到晶圆表面成像，像的尺寸不再完全是掩模的 1/4。在实际生产中，掩模上图形的尺寸不可避免地会与目标值有偏差。在光刻机的分辨率极限处，这些掩模线宽的偏差对晶圆线宽的影响变得非常重要。

8.6.1　掩模误差增强因子(MEEF)的定义与测量

掩模误差增强因子(mask error enhancement factor，MEEF)被定义为晶圆上光刻胶线宽(CD_{wafer})随掩模上图形线宽(CD_{mask})变化的斜率[16]，即

$$MEEF = \frac{\partial CD_{wafer}}{\partial (CD_{mask}\ /\ 4)} \qquad (8.2)$$

式中，掩模图形的线宽(CD_{mask})已经按光刻机曝光图形的缩小倍数折算成了晶圆上的尺寸，对于大多数光刻机是除以 4。当图形尺寸远大于光刻机的瑞利分辨率(Rayleigh resolution limit，λ/NA)时，MEEF 较小，基本上为 1。也就是说，掩模上图形线宽的误差会 1:1 地反映到光刻胶图形上，$\Delta CD_{wafer} = \Delta CD_{mask}\ /\ 4$。随着掩模版上图形尺寸的减小(即 k_1 减小)，MEEF 会增大。图 8.31 是实验测得的晶圆上光刻胶图形的线宽随掩模上图形线宽变化的曲线[17]。掩模上的图形是具有不同宽度的独立线条，曝光是在

一个 248nm 波长的光刻机上完成的。可以清楚地看到，随着图形尺寸接近光刻机系统的分辨率极限，$CD_{wafer} / (CD_{mask} / 4)$ 急剧增大。

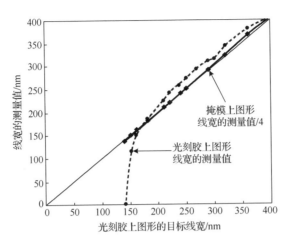

图 8.31 晶圆上光刻胶图形线宽随掩模图形线宽变化的曲线[17]

MEEF 不仅与图形的尺寸和形状有关，而且与曝光条件、掩模的材质有关。图 8.32 是另一组实验结果[18]，实验中分别使用了双极型掩模(BIM)和交替相移的掩模(Alt. PSM) 曝光。掩模上设计了一组图形，图形的线宽均为 100nm，但周期不断增大。实验结果显示，使用 BIM 掩模，MEEF 随周期的缩小或聚焦偏差(Defocus)的增大而增大。然而，使用 Alt. PSM 掩模时测得的 MEEF < 1。这就是说，Alt. PSM 可以减小掩模上线宽误差对晶圆的影响。实验发现 MEEF 值还受掩模上图形密度的影响。文献[19]测量了不同图形密度(独立线条、3L/S、19L/S)下晶圆线宽随掩模线宽的变化曲线，发现不同的图形密度对应的 MEEF 都不一样，如图 8.33 所示。

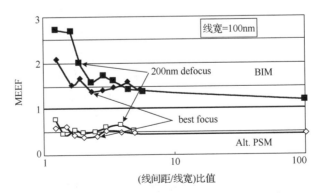

图 8.32 MEEF 随线条周期变化的实验曲线[18]

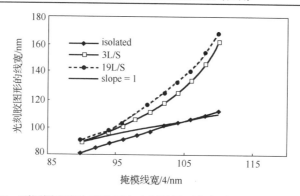

图 8.33　不同图形密度下晶圆上光刻胶图形线宽随掩模线宽的变化[19]
"isolated"表示独立线条；"3L/S"表示线间距是线宽的 3 倍；"19L/S"表示线间距是线宽的 19 倍

8.6.2　减少 MEEF 的措施

较大的 MEEF 对晶圆上线宽的控制极为不利。MEEF=1 时，掩模版上线宽的偏差除以 4 后投影在晶圆上；假设 MEEF = 2，掩模上线宽的偏差导致晶圆上线宽 2 倍的偏差。也就是说，在较大 MEEF 值的情况下，要求掩模线宽的控制必须更加严格。MEEF 对光学近邻效应修正(OPC)的影响更大，因为修正图形比较复杂而且其尺寸远小于主图形，它们对 MEEF 更敏感。文献[20]计算了 MEEF 值在曝光图形边缘处的分布，发现在版图的不同部位，MEEF 的值是不一样的。MEEF 值较大的部位，在曝光时更容易出问题，即形成坏点。

在图形中添加 SRAF 是目前 OPC 的一个重要修正手段。由于插入的 SRAF 与原来图形之间的间距通常较小，SRAF 尺寸的细微调整都会导致成像行为发生较大的变化。文献[20]系统计算了图形的 DOF 和 MEEF 是如何随 SRAF 尺寸变化的。图 8.34(a)是仿真计算所使用的掩模图形，主图形是密集的方块，曝光后希望得到接触图形。方块图形之间的小长方形就是亚分辨率的散射条。结果显示，增大 SRAF 的宽度，主图形的光刻聚焦深度(DOF)增大，同时也导致局域的 MEEF 增大；较小的 SRAF 对应较小的 DOF 和 MEEF，如图 8.34(b)所示。SRAF 尺寸选取的标准是保证 DOF 满足要求。另外，SRAF 尺寸的选取还必须满足掩模规则(mask rule check, MRC)的限制。太小的 SRAF 使得掩模无法制造，导致版图违反线宽 MRC；太大的 SRAF 也会使得 SRAF 与原图形之间间隙太小，违反图形之间间距的规则(MRC space)，同样使掩模的制造非常困难[21]。曝光时，较大的 SRAF 会与主图形的边锋结合，有在光刻胶上成像的危险，即有"sidelobe"效应。

8.6.3　掩模成像时的线性

掩模成像时的线性(mask linearity)描述光刻胶上的线宽如何随掩模的线宽而变化。光刻胶上的线条与掩模上的线条是相对应的；在固定的曝光条件下，一般来说，光刻胶线宽应该随掩模的线宽线性变化。然而，在光刻机分辨率极限区域，这种线性关系不再成立，必须加以评估。其实，"mask linearity"的物理内涵与 MEEF 的类似，只是测量的内容不同。图 8.35 是分别使用 1∶1 的密集线条(dense lines)和独立线条(isolated lines)曝光测量得到的掩模成像实验结果。在接近分辨率极限区域(掩模上线

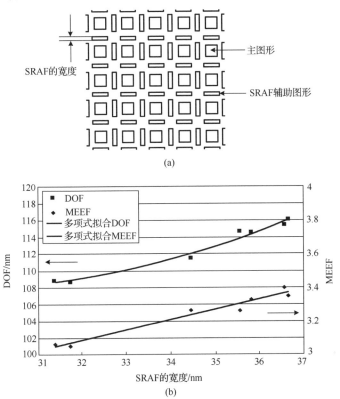

(a)

(b)

图 8.34　在接触(contact)整列中插入 SRAF，DOF 和 MEEF 随 SARF 宽度的变化[20]

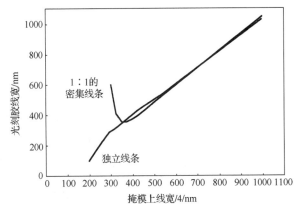

图 8.35　掩模成像时的线性实验结果

线宽与线间距 1∶1 的密集线条；独立线条，曝光波长是 365nm，NA = 0.56，常规照明σ=0.5

宽小于 400nm 左右），光刻胶上的线宽与掩模上的线宽不再保持线性；而且，密集线条与独立线条的非线性行为不一样。

8.7　光刻工艺的匹配

光刻工艺参数是与所使用的设备和光刻材料密不可分的。然而，在 Fab 中，经常会遇到设备和材料更改的情况。在更换新设备和材料后，光刻工艺必须做相应的调整，使得新工艺生产的晶圆与旧工艺的一致。

8.7.1　光刻机之间光照条件的匹配

一条集成电路生产线，同样波长的光刻机一般不止一台。这些光刻机具有不同的型号，可能来自于不同的供应商。例如，193nm 波长的光刻机供应商有 ASML 和 Nikon。ASML 193nm 光刻机的型号有 XT1450（NA=0.93），Nikon 有与之对应的 NSR-S320F（NA=0.92）。因此，光刻工程师通常会遇到这种情况，就是必须在不同型号光刻机上运行同样的光刻工艺。这样做的优点是可以充分发挥机台的产能，而且两家设备供应商之间的竞争可以为晶圆厂的设备采购赢得更多话语权。缺点是两种机台的曝光系统和对准系统必须要做匹配（matching），使得曝光后得到的线宽和套刻误差一致。对准系统的匹配在前面的章节中已经做了介绍，这里侧重于介绍曝光系统的匹配。

曝光系统匹配的目的是使得两台光刻机的光学行为（模型）一致，这样同一张掩模就可以在两台光刻机上使用，得到相同的线宽均匀性（CDU）和工艺窗口（PW）。可以调整的参数是光源、光刻机的数值孔径（NA）、光照条件、曝光能量和聚焦值等；考察的关键数据是邻近效应曲线（through-pitch 曲线，即线宽随周期变化的曲线）。在所使用的"through-pitch"图形中，线条的宽度固定不变，连续增大线条之间的间距。线条的宽度设置为该光刻层的最小值。文献[22]以 45nm PC 光刻层为例分析了光刻机各主要参数对邻近效应行为的影响。分析以 ASML1900 和 ASML1700 系列光刻机为例，结果如图 8.36 所示。调整每一个参数，测量邻近效应曲线，确定曲线上最大的线宽变化以及整个邻近效应变化的方均根（RMS）。结果显示，在光刻机诸参数中，光照参数/激光频宽/NA/光瞳对邻近效应的影响最大。

匹配的一般做法是：①分别收集需要匹配的两台光刻机（reference tool 与 tool-to-be-matched）的邻近效应曲线。②通过仿真计算确定版图中对曝光条件改变最敏感的图形。这些曝光条件包括 NA、σ(inner, outer)、能量、聚焦等，调整这些参数可以有效地改变邻近效应曲线（proximity tuning knobs）。③使用软件计算，寻找曝光参数，使得两台机器上的邻近效应曲线吻合（尽量一致）。④实验验证。

ASML 推出了一个专门用于光刻机曝光系统匹配的工具包（pattern matcher full chip，PMFC™）。PMFC™ 首先计算 CD 对可调的工艺参数（如 NA、σ、focus、dose 等）变化的敏感程度，反过来根据这些敏感程度指导相应的工艺参数进行微调，减小或消除两个不同光刻机对相同掩模成像结果之间的差异，达到匹配两个光刻机的目的；使得一套 OPC 规则能够在两台光刻机间通用。PMFC^{TM} 的工作原理如图 8.37 所示：首先，使用"through-pitch"掩模图形在参考光刻机(即已经建立 OPC 规则的光刻机)上曝光，测量得到不同周期下的 CD 变化曲线；对需要匹配的光刻机，做同样的曝光和测量得到另一个"through-pitch"的曲线。两个曲线区别明显，即对同一套 OPC 规则，即使工艺条件完全一样，其不同周期下 CD 不会完全相同。然后，确定要匹配的光刻机"through-pitch"的 CD 对工艺参数变化的敏感度。敏感度定义为

$$\text{Sen} = \frac{\Delta CD}{\Delta P} \tag{8.3}$$

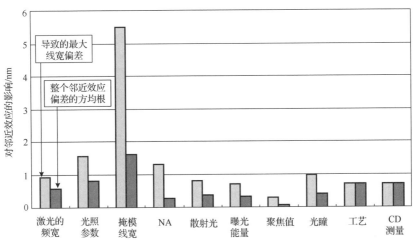

图 8.36　光刻机各主要参数对 45nm PC 层邻近效应行为不一致(ASML1900 对 ASML1700)的贡献[22]

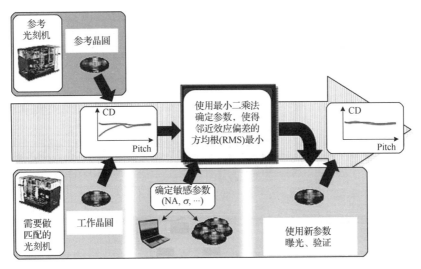

图 8.37　ASML 光刻机曝光系统匹配工具包的工作原理示意图

目前来说，所使用的工艺参数(P)主要有 NA、σ、Focus、Dose 等。第三步，根据敏感度及工艺参数变化确定最佳的参数组合，减小或消除参考光刻机与要匹配的光刻机之间的 CD 失配。其优化公式如下，该优化过程由软件自动完成：

$$\Delta CD = \Delta P_1 \cdot Sen_1 + \Delta P_2 \cdot Sen_2 + \Delta P_3 \cdot Sen_3 + ... + \Delta P_n \cdot Sen_n \tag{8.4}$$

重新计算要匹配的光刻机不同周期下 CD 的变化曲线，并与参考光刻机的相应曲线进行比较，验证匹配效果。或者采用"through-pitch"掩模结构之外的其他图形进行验证。匹配后二者的 CD 误差必须很小。

也可以设计一个评价函数(cost function)来寻找匹配的光照条件(NA、σ、Focus、Dose 等)，评价函数定义为

$$cost\ function = \sqrt{\sum_i (CD_i - CD_{Target})^2} \tag{8.5}$$

式中，i 表示关注的图形的个数(可以是不同周期的线条)。通过调整 NA、σ、Focus、Dose 等光照条件，仿真计算出 CD_i 及其评价函数。评价函数最小值对应的光照条件，就是能与目标光照相匹配的[23]。

随着像素式光照的使用，前面介绍的基于对光照参数灵敏度分析的方法不再适用。对于像素式光照条件的匹配，使用的是类似于 SMO 的方法，即 CD 的变化通过添加或删除光源的像素来实现[24]。这种匹配方法要比光照参数灵敏度分析所能实现的匹配精度更高，因为，旧的方法只是使用测量得到的 CD 偏差及其对光照参数的敏感度来做匹配计算，并不涉及掩模上的 OPC 模型。像素式光照条件的匹配还需要输入掩模上的 OPC 模型，匹配的过程兼顾到了更多的参数。图 8.38 是 ASML 的像素式光照

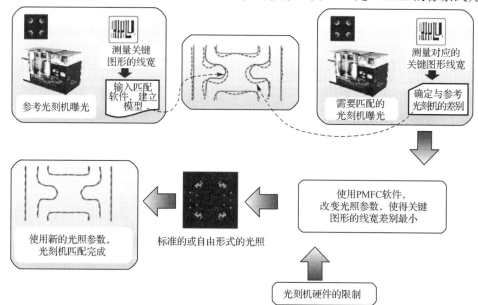

图 8.38　像素式光照条件的匹配流程[24]

匹配的原理示意图。首先，在参考光刻机曝光的晶圆上选择多个关键图形（可以多达
36 个），测量线宽，输入匹配软件。其次，在需要做匹配的光刻机上使用相同的掩模
曝光，测量同样位置处的线宽，输入匹配软件。第三步，软件对比这两组线宽的差别，
并调整匹配光刻机的光照条件，使得计算出的线宽与参考晶圆测量值的差别为最小。
最后是实验验证。

文献[25]报道了另外一组实验结果，也很有启发意义。他们探讨了环形光照参数
的改变对椭圆形通孔形状（长宽比）的影响，实验结果如图 8.39 所示。随 σ_{in} 的增大椭
圆形通孔的长宽比减小，即在较大的 σ_{in} 时通孔变得更圆，如图 8.39(a) 所示。对于线
条图形，独立和密集线条之间的线宽偏差（iso-dense bias）随 σ_{in}/σ_{out} 比值的增大而减
小，如图 8.39(b) 所示。改变光照条件虽然可以补偿线宽的不一致，但是也会导致光刻
工艺窗口的变化。图 8.40(a) 给出了上述实验（见图 8.39(a)）中不同 σ_{in} 曝光所对应的聚
焦深度（DOF）变化：随 σ_{in} 减小，DOF 增大。在较大的 NA 和较高的 σ_{in}/σ_{out} 比值下曝
光，得到通孔的长宽比更大（见图 8.40(b)）。文献[25]中的匹配方法没有依赖于专用的
匹配软件，虽然匹配的精度不够高，但便于工程师使用，能够比较快地解决问题。

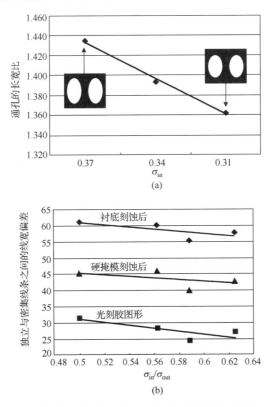

图 8.39　(a) 椭圆形通孔形状（长宽比）随光照 σ_{in} 的变化（采用环形照明，$\sigma_{out}=0.85$，NA=0.7）
以及 (b) 独立和密集线条之间的线宽偏差随 σ_{in}/σ_{out} 比值的变化[25]

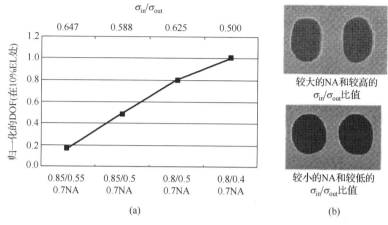

图 8.40　(a) 不同 σ_{in} 曝光所对应的聚焦深度变化和 (b) 椭圆
通孔的形状随光照条件的变化[25]

　　不同光刻机之间的匹配多见于 45nm 及以上的技术节点，并且使用的光刻机波长是 248nm 或 193nm。在 45nm 技术节点之下，193nm 浸没式被广泛采用，工艺窗口越来越小。这种光刻机之间的匹配已经变得非常困难，无法达到 OPC 模型要求的精度。更常用的做法是一个光刻层只使用同一种型号的光刻机，不同型号的光刻机用于不同的光刻层或不同的产品。

8.7.2　掩模之间的匹配

　　上节讨论的光照条件匹配使用的是同一块掩模版。本节将要讨论的是在相同光刻机上，不同掩模之间的匹配。在量产时，同一个光刻层可能存在两块或两块以上掩模，这些掩模用于多个光刻机，增大光刻的产能。理论上，这些掩模应该是相同的（nominally identical reticles）；实际上，由于掩模制备工艺的不稳定性，每一个掩模的参数与目标值的偏差不完全一样（particular difference in their mean-to-target）。甚至，这些掩模可能来自于不同的掩模工厂，掩模工厂之间的测量设备就存在偏差。掩模匹配是通过精细调整光刻机的曝光参数，使得不同掩模在同一台光刻机上曝光得到的结果一致。

　　掩模之间的主要差别表现在线宽的偏差（offset）。由于制备工艺的差别，一个掩模上所有关键图形处的线宽通常比另一个掩模的对应线宽相差一个固定值，这个偏差又被称为"global CD offset"。这种固定的掩模线宽偏差会导致曝光图像线宽变化的不均匀性，MEEF 值是和掩模图形的尺寸及其周围图形相关联的，掩模上的这种线宽变化必然会导致晶圆上"through-pitch"行为的不同。而且，线宽对曝光剂量的敏感度（exposure latitude）也会发生变化。因此，必须调整光照条件来补偿这种变化。

　　图 8.41 是两块掩模匹配的实验结果[24]。两个掩模之间线宽的差别是 1.5nm，在相同光刻机上使用相同的光照条件（称为参考光照）曝光后，测量晶圆上水平和垂直的

"through-pitch" 图形的线宽。两个晶圆上测量结果的差值画在图 8.41 中。随图形周期的变化，测量结果的差值在−2nm 至+3nm 之间。然后，选择其中的一块掩模，调整其光照条件，完成匹配计算。匹配后，"through-pitch" 图形与参考图形的线宽偏差只在−1nm 至+1nm 之间。

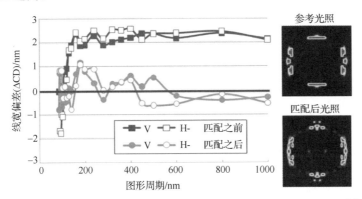

图 8.41　两个掩模版匹配前后的测量得到的 through-pitch 曲线差异[24]

8.7.3　光刻胶之间的匹配

还有一种需要做匹配的情况是在光刻材料之间，特别是光刻胶，即掩模和光刻机都是相同的，但光刻胶(或抗水涂层/光刻胶/抗反射涂层)不同。特别是在把光刻从 193nm "干" 工艺转移到 193nm "浸没式" 工艺时，这种匹配的需要就比较明显。这里就不做详细的讨论，基本方法还是调整光照条件，使得邻近效应曲线(through-pitch曲线)相一致。

8.8　工艺监控的设置与工艺能力的评估

8.8.1　工艺监控的设置

晶圆上的光刻图形必须实时监测，以发现任何线宽或套刻误差的波动，这就是工艺监控，又叫 SPC(statistical process control)。具体的做法是：从晶圆上测量得到的线宽和套刻误差数据，被自动地上传到服务器，并绘制在一个或多个图表中，又叫 "SPC 曲线"。图 8.42 是光刻胶线宽的一个 SPC 曲线。在同一类晶圆上测得的线宽数据都会上传到这个表中，并按时间顺序显示。SPC 表中除了标出目标值之外，还标有上限和下限(upper/lower spec limit，USL/LSL)。如果测量值大于 USL 或小于 LSL，该晶圆的光刻工艺是失败的，必须返工(rework)。USL/LSL 是根据工艺集成的要求制定的，通常记录在工艺假设文件中。对于线宽来说，一般 USL/LSL = 目标值×(1±8%)。图 8.42 中，目标值是 50nm，因此，USL/LSL= 54/46nm。SPC 图中还设有控制上下限(upper/lower control limit，UCL/LCL)，它们起一个警告作用。当测量值超出 UCL/LCL 范围(但仍在 USL/LSL 范围内)，晶圆仍然被视为合格的，但光刻工程师必须引起注意，分析测量值异常的原因。一般 UCL/LCL 选取在 USL/LSL 与目标值的一半处，图 8.42 中，UCL=(目标值+ USL)/2=52nm，LCL=(目标值+LSL)/2=48nm。

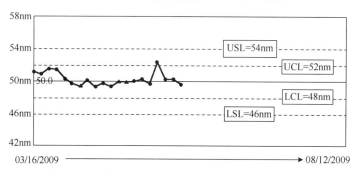

图 8.42　一个 SPC 曲线的范例(图中目标值是 50nm)

光刻工艺工程师的一项日常工作就是监视 SPC 曲线中的异常。这些异常包括：(1)测量值超出 UCL/LCL 范围；(2)连续 5 个测量值大于或小于目标值；(3)连续 5 个测量值显示单调增大或单调减少。当这些异常情况出现时，工程师必须采取行动，分析原因，并予以纠正。

SPC 的使用大大地减轻了工艺工程师的工作量，因为 SPC 中的异常都可以设置成自动报警。SPC 监控的量可以不只是线宽和套刻误差，一个有经验的工程师可以使用 SPC 把几乎所有需要监控的量管理起来。例如，设置一个"SPC chart"监控密集线宽与独立线宽的差。如果这一差值出现异常，即"iso/dense"的偏差(bias)发生了异常，通常意味着光刻机的聚焦值发生了漂移(focus drifted)。还可以设置一个 SPC 曲线来监控光刻机内两个工件台(chuck)之间线宽的差异。

8.8.2　工艺能力指数 C_p 和 C_{pk}

工艺能力指数(process capability index)是用统计的方式来定量描述工艺的可靠性。即使工艺条件相同，晶圆上不同曝光区域的光刻胶线宽仍然有涨落。图 8.43 是在同一片晶圆上不同曝光区域测得的光刻胶线宽值。不同曝光区域测得的线宽不同，其平均值$\overline{\mathrm{CD}}$定义为

$$\overline{\mathrm{CD}} = \sum_{i=1}^{n}\mathrm{CD}_i / n \tag{8.6}$$

图 8.43 中线宽的平均值是 40.5nm。线宽的标准偏差(standard deviation，σ)定义为

$$\sigma = \sqrt{\frac{1}{n}\sum_{i=1}^{n}\left(\mathrm{CD}_i - \overline{\mathrm{CD}}\right)^2} \tag{8.7}$$

图 8.43 中线宽的标准偏差是 0.44nm。

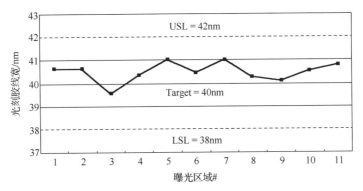

图 8.43　晶圆上测量得到的光刻胶线宽

工艺假设(process assumption)要求线宽的目标值是 40nm，USL/LSL 是 42nm/38nm，标示在图 8.43 中。为了定量地描述目前的工艺能否达到工艺假设的要求，引入工艺能力指数 C_p 和 C_{pk}，即

$$C_p = \frac{\text{USL} - \text{LSL}}{6\sigma} \tag{8.8}$$

$$C_{pk} = \min\left(\frac{\text{USL} - \overline{\text{CD}}}{3\sigma}, \ \frac{\overline{\text{CD}} - \text{LSL}}{3\sigma}\right) \tag{8.9}$$

C_p 值定量地描述了工艺涨落是否在允许的范围(USL，LSL)之内，显然，C_p 的值越大，工艺控制得越好。使用图 8.43 中提供的数据来计算，得到 $C_p = 1.52$。通常，$C_p > 1.0$ 的工艺被认为是可以重复的工艺；$C_p > 1.5$ 的工艺被认为是可靠的工艺；$C_p > 2.0$ 的工艺被认为是理想的工艺。

C_{pk} 反映了目标值是否设置得恰当。如果实际测量的平均值($\overline{\text{CD}}$)并不位于允许范围(LSL，USL)之间，那么 C_p 值就不能准确地反映工艺能力。如果实际测量的平均值($\overline{\text{CD}}$)不在(LSL，USL)之间，那么 $C_{pk} < 0$。使用图 8.43 中的数据计算，有

$$C_{pk} = \min\left(\frac{42 - 40.5}{3 \times 0.44}, \ \frac{40.5 - 38}{3 \times 0.44}\right) = \min(1.14, 1.89) = 1.14 \tag{8.10}$$

可见，$\overline{\text{CD}} = 40.5$nm 并不正好位于 LSL 与 USL 之间的中点，它比中点值(40nm)略大一些。

8.9　自动工艺控制的设置

光刻工艺完成后，对晶圆上光刻胶的图形做测量，得到线宽与套刻误差。这些测量值与目标值对比计算后，反馈到光刻机对曝光剂量和对准系统做自动修正。这一闭环修

正系统被称为光刻的自动工艺控制(automatic process control，APC)。光刻的自动工艺控制已经在集成电路工厂被广泛应用，它是工厂自动化系统(factory automation)的一部分[26]。图 8.44 是 APC 在光刻及测量单元内的示意图。测量单元还包括显影后晶圆的目视检验(after develop inspection，ADI)和缺陷检测(defect inspection)。如果晶圆的测量结果不符合要求，该晶圆必须返工，即把光刻胶清洗后重新涂胶曝光。重新曝光时的参数已经由 APC 系统根据测量结果做了修正，以保证重新曝光的结果符合要求(in spec)。

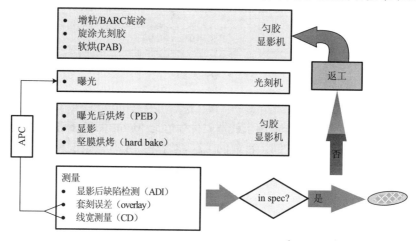

图 8.44　自动工艺控制在光刻和测量单元内的功能示意图

8.9.1　线宽的控制

APC 对光刻线宽控制的流程如图 8.45 所示。首先，光刻工程师把与目标线宽值相对应的最佳曝光能量和聚焦值设置在一个表格中，这个表格被称为"lookup table"。光刻机从"lookup table"中读取这些参数来对晶圆曝光。光刻工艺完成后，晶圆被送到 CD-SEM 做抽样测量，测量得到的线宽上传到 APC 系统中。APC 系统对测量值做一定的统计处理后，根据事先确定的线宽/曝光剂量之间的关系(CD-dose 斜率)，计算出曝光剂量的修正量。"lookup table"中的参数随之得到更新。

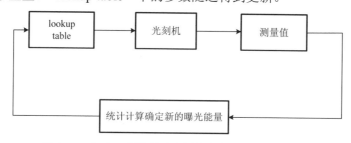

图 8.45　自动工艺控制对光刻线宽控制的流程示意图

在图 8.45 的闭环反馈中，计算确定新的曝光能量是整个控制系统的核心部分。产

品预期的新曝光能量(lot expected energy)E 为

$$E = E_0 - (CD - CD_0) \cdot slope \tag{8.11}$$

式中，E_0 是目前曝光的能量，CD 是测量得到的线宽值，CD_0 是该线宽的目标值，slope 是曝光能量与线宽之间的斜率。slope 的值可以由 FEM 测量来确定，它与具体工艺和掩模有关。在实际使用中，可能由于某些特殊的原因，导致某些晶圆的线宽测量结果不可靠。为了避免这些"坏"数据"污染"APC 系统，测量得到的 CD 值必须经过一定的统计平均后，才能用来计算新的曝光能量。而且，"lookup table"中参数的更新也必须遵循一定的统计方法。

　　正确地使用"lookup table"是 APC 系统的一个重要部分。当一盒晶圆到达光刻单元时，APC 系统必须在"lookup table"中找到相应的曝光参数。一个生产线上有许多不同的产品，每一种产品有多个光刻层，这些光刻层的曝光参数都不一样。"lookup table"必须要提供与此盒晶圆相对应的曝光参数。如果表格中相对应的参数不存在(或者没有设置)怎么办？因此，"lookup table"的使用必须要考虑到各种情况。图 8.46 是"lookup table"使用的一个流程图，其中，output 是经过反馈计算后的新曝光能量；pilot 是指从晶圆盒中抽取的一片晶圆，先行曝光测量，以便对 APC 系统做设置；A 计算方法就是式(8.11)，而 B 计算方法就是直接使用现有的参数，不做修正。

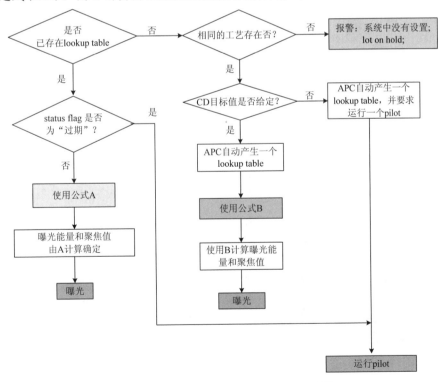

图 8.46　"lookup table"使用的流程图[27]

8.9.2　晶圆内线宽均匀性的控制

上节中介绍的反馈修正，实际上只能对整个晶圆的平均线宽做修正，即晶圆上图形取样测量后，计算出其平均值与目标值的差别，曝光剂量的修正是对整个晶圆进行的。这个过程只能提高晶圆之间和晶圆盒之间线宽的均匀性。随着技术节点的缩小，对晶圆内不同曝光区域之间线宽的均匀性以及曝光区域内部的线宽均匀性要求也越来越高。

KLA-Tencor 研发了一个 CDU 控制系统，该系统根据散射仪在晶圆表面测量的结果，对曝光能量和聚焦值进行修正，实现对晶圆上曝光区域之间和内部的 CDU 控制[28-29]。KLA-Tencor 系统的工作原理如下：

(1)制备该光刻层的 FEM 晶圆，使用散射仪测量 FEM 晶圆的散射谱，并用专用软件对散射谱分析获得光刻胶图形的三维信息。根据获得的光刻胶图形三维信息随曝光剂量和聚焦值的变化数据，建立一个模型。这个模型包括两个部分：线条腰部线宽（MCD）与曝光剂量的关系（见图 8.47(a)）；线条侧壁的角度（SWA）与聚焦值的关系（见图 8.47(b)）。

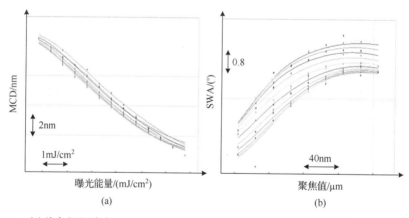

图 8.47　(a)线条腰部线宽（MCD）与曝光剂量的关系(图中不同的曲线对应不同聚焦值)和 (b)线条侧壁的倾斜角（SWA）与聚焦值的关系(图中不同曲线对应不同曝光能量)[28]

(2)在最佳曝光能量和聚焦值时曝光，制备一片参考晶圆。对晶圆上每一个曝光区域及其内部做散射仪测量(scatterometry measurement)和数据分析得到 MCD 和 SWA 的分布值。这些 MCD 和 SWA 值将作为以后晶圆的标准。

(3)在量产时，对晶圆做散射仪测量和数据分析，把得到的 MCD 和 SWA 与参考晶圆上的值对比，计算出曝光区域之间和内部的 MCD 和 SWA 的偏差。

(4)根据前面建立的模型，计算出曝光时的能量修正和聚焦值修正，并反馈给光刻机。这个修正不仅发生在曝光区域之间，也可以是在曝光区域内部。

图 8.48 是整个反馈流程的示意图。这里要强调的是：用于散射仪测量的图形设计有一定的要求，它必须便于散射谱信号的收集，而且足够小，能放置在掩模的多个位置[30]。

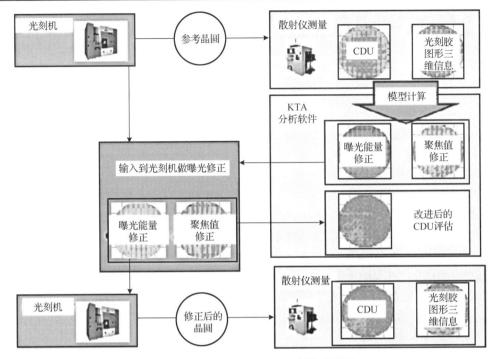

图 8.48　KLA-Tencor CDU 控制的流程图

Archer 是指 Archer™ 300 LCM 散射仪及其分析软件(AcuShape)，它们获得晶圆上图形的 MCD 和 SWA；
KTA(KT-Analyzer)由 MCD/SWA 数据根据模型计算出曝光剂量和聚焦值[28]

8.9.3　套刻误差的控制

APC 系统对套刻误差的控制与线宽控制的原理是一样的，就是对比测量值与目标值，实施闭环反馈修正。图 8.49 是套刻误差控制数据流程的示意图。套刻误差控制的

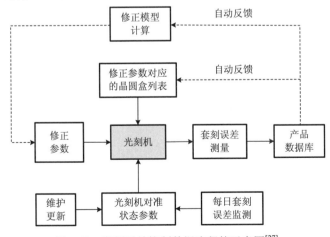

图 8.49　套刻误差控制数据流程的示意图[27]

参数较多，仅线性修正就需要有 10 个参数。因此，其测量参数的统计和计算模型非常复杂，一般在 APC 系统中嵌入一个专用的计算软件，如 KLA-Tencor 的 Overlay Analyzer™。

8.10　检查晶圆上的坏点

在光刻工艺的研发阶段，光刻工艺工程师经常被要求对晶圆做 ORC(optical rule check)，以寻找出坏点，即工艺窗口较小的图形(process weak points)。本节对这部分工作的内容进行介绍。

掩模版制备完成后，在投入量产应用之前，光刻工程师必须检查可能存在的工艺窗口较小的图形。这一工作是在 OPC 工程师的帮助下进行的：OPC 工程师根据模型预测出可能存在问题的位置，包括图形"pinching"和"bridging"出现的位置、辅助图形(SRAF)和边峰(sidelobe)可能在光刻胶上成像的位置。光刻工艺工程师根据 OPC 工程师提供的信息，在晶圆上寻找到对应的位置，收集数据和电镜照片做出评估。图 8.50 是晶圆上 QRAM 处的电镜照片。这是一个 FEM 晶圆，聚焦值变化的步长是 45nm，曝光能量变化的步长是 1.5mJ/cm^2。可见"pinching"出现在"中心"能量和−45nm 偏离"中心聚焦"处。

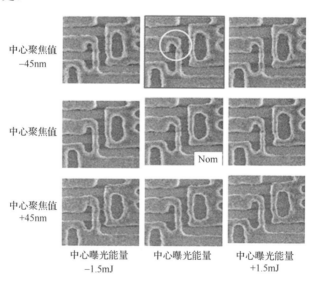

图 8.50　晶圆上 QRAM 处的电镜照片

参 考 文 献

[1]　Lensing K, Markle R, Stirton B, et al. Shallow trench isolation scatterometry metrology in a high volume fab. IEEE, 2001, 195-198.

[2]　Zangooie S, Li J, Boinapally K, et al. Enhanced optical CD metrology by hybridization and azimuthal scatterometry. Proc of SPIE, 2014, 90501G-90501G10.

[3]　Kritsun O, La Fontaine B, Sandberg R, et al. Evaluating the performance of a 193-nm hyper-NA immersion scanner using scatterometry. Proc of SPIE, 2007, 65200L-65200L10.

[4]　Charley A, Leray P, Pypen W, et al. High speed optical metrology solution for after etch process monitoring and control. Proc of SPIE, 2014, 90501H-90501H9.

[5]　Vaid A, Subramany L, Iddawela G, et al. Implementation of hybrid metrology at HVM fab for 20nm and beyond. Proc of SPIE, 2013, 868103-86810315.

[6]　Silver R, Barnes B, Zhang N, et al. Optimizing hybrid metrology through a consistent multi-tool parameter set and uncertainty model. Proc of SPIE, 2014, 905004-9050048.

[7]　Vaid A, Yan B, Jiang Y, et al. A holistic metrology approach: hybrid metrology utilizing scatterometry, CD-AFM, and CD-SEM. Proc of SPIE, 2011, 797103-79710320.

[8]　Levi S, Schwarzband I, Weinberg Y, et al. CD-SEM AFM hybrid metrology for the characterization of gate-all-around silicon nanowires. Proc of SPIE, 2014, 905008-9050089.

[9]　Chen K H, Huang G T, Chen K S, et al. Improving on-product performance at litho using integrated diffraction-based metrology and computationally designed device-like targets fit for advanced technologies（incl. FinFET）. Proc of SPIE, 2014, 90500S-90500S10.

[10]　Mack C. Fundamental Principles of Optical Lithography: The Science of Microfabrication. New York: John Wiley & Sons, 2008.

[11]　Seguin B, Saab H, Gabrani M, et al. Estimating pattern sensitivity to the printing process for varying dose/focus conditions for RET development in the sub-22nm era. Proc of SPIE, 2014, 90500P-90500P15.

[12]　Jang J H, Park T, Park K D, et al. Focus control budget analysis for critical layers of flash devices. Proc of SPIE, 2014, 90502F-90502F7.

[13]　Zheng X, Huang J, Chin F, et al. Resist loss in 3D compact modeling. Proc of SPIE, 2012, 83261C-83261C6.

[14]　Ohashi T, Hotta S, Yamaguchi A, et al. Correction of EB-induced shrinkage in contour measurements. Proc of SPIE, 2014, 90500J-90500J11.

[15]　Okai N, Lavigne E, Hitomi K. Methodology for determining CD-SEM measurement condition of sub-20nm resist patterns for 0.33 NA EUV lithography. Proc of SPIE, 2015, 9424-94240H.

[16]　Maurer W. Mask specifications for 193-nm lithography. Proc of SPIE, 1996, 562-571.

[17]　Schellenberg F M, Mack C A. MEEF in theory and practice. Proc of SPIE, 1999, 189-202.

[18]　van A, Driessen F, van H, et al. Mask Error Enhancement-Factor（MEEF）metrology using automated scripts in CATS. Proc of SPIE, 2002, 551-557.

[19]　Kang H, Lee C, Kim S, et al. Mask error enhancement factor variation with pattern density for 65 nm and 90 nm line widths. Journal of the Korean Physical Society, 2006, 48（2）: 246-249.

[20] Xiao G, Cecil T, Pang L, et al. Source optimization and mask design to minimize MEEF in low k1 lithography. Proc of SPIE, 2008, 70280T-70280T11.

[21] Matsui R, Noda T, Aoyama H, et al. Global source optimization for MEEF and OPE. Proc of SPIE, 2013, 86830O-86830O7.

[22] Kim Y K, Pohling L, Hwee N T, et al. Proximity matching for ArF and KrF scanners. Proc of SPIE, 2009, 72723A-72723A11.

[23] Tyminski J, Pomplun J, Renwick S. Impact of topographic mask models on scanner matching solutions. Proc of SPIE, 2014, 905218-9052188.

[24] Bekaert J, van L L, D'havé K, et al. Scanner matching for standard and freeform illumination shapes using FlexRay. Proc of SPIE, 2011, 79731I-79731I12.

[25] Palitzsch K, Kubis M, Schroeder U, et al. Matching OPC and masks on 300-mm lithography tools utilizing variable illumination settings. Proc of SPIE, 2004, 872-880.

[26] Yelverton M, Agrawal G. Lithography run-to-run control in high mix manufacturing environment with a dynamic state estimation approach. Proc of SPIE, 2014, 9050.

[27] 韩麟. 光刻工艺中对线宽和套刻系统性控制的开发. 硕士学位论文, 天津: 天津大学, 2008.

[28] Kim Y, Yelverton M, Tristan J, et al. Lithography focus/exposure control and corrections to improve CDU at post etch step. Proc of SPIE, 2014, 90501Y-90501Y9.

[29] Ha S T, Eynon B, Wynia M, et al. In-line focus monitoring and fast determination of best focus using scatterometry. Proc of SPIE, 2014, 90501Y-90501Y9.

[30] Park K, Park T, Hwang J, et al. Improvement of inter-field CDU by using on-product focus control. Proc of SPIE, 2014, 90500R-90500R8.

第9章　晶圆返工与光刻胶的清除

光刻工艺完成后，当晶圆上的光刻胶图形不符合要求时，使用化学方法可以把晶圆表面的光刻胶清除掉，然后重新涂胶、曝光。这个过程被称为晶圆返工(rework)。不符合要求的晶圆能够被返工是光刻工艺的一大特色。即使是符合要求的光刻胶图形，在完成刻蚀或离子注入后，也需要从晶圆表面被清洗掉。在过去，晶圆表面光刻胶的清洗被认为是一个比较容易的工艺步骤。随着超浅结(ultra-shallow junctions)、三维结构(3D structures)、高迁移率通道(high-mobility channels)等在器件中的广泛使用，对清洗工艺的要求越来越高。错误的清洗工艺会导致位于表面下几十纳米处器件性能参数的漂移。本章分三部分，第一部分介绍各种返工工艺及如何选择。对返工工艺的要求是既能有效地清除光刻材料(包括胶、BARC 等)，又不能对衬底造成损伤、影响器件性能。不同光刻层的衬底是不一样的，所适用的返工工艺(等离子体反应、液体清洗)也不一样。第二部分是返工原因的分析。返工浪费材料、降低光刻设备的有效产能，还可能导致衬底损伤和器件良率的降低。因此，必须尽量避免。对晶圆返工原因的分析，可以帮助光刻工程师发现工艺中的问题，提出改进目标。第三部分是离子注入后光刻胶的清除工艺。经过离子轰击，光刻胶的物理化学性能发生了较大的变化，其在清洗液中的溶解度与轰击前完全不同，必须使用特殊的清洗材料和工艺。

9.1　晶圆返工的传统工艺

晶圆返工是指光刻工艺不符合要求，需要重做；这时晶圆上的光刻胶还没有经过其他工艺处理。去除晶圆表面光刻胶的传统方法是等离子体"干法"清除再加"湿法"清洗。光刻胶及其抗反射涂层是有机材料，它们旋涂在无机材料构成的衬底上。在等离子环境中，有机的碳氢材料可以很快的被反应掉，而对衬底无机材料几乎没有影响。等离子反应时一般引入氧，因为氧和光刻胶中的碳反应生成 CO_2 气体，容易被真空排走。然后，使用半导体工业界标准的液体化学清洗剂(如 SC1+SC2)清洗掉晶圆表面残存的颗粒。SC1(standard clean 1)是体积比为 5∶1∶1(H_2O∶30% H_2O_2∶29% NH_4OH)的混合液，它能有效地去除晶圆表面的有机颗粒；SC2(standard clean 2)是体积比为 6∶1∶1(H_2O∶30%H_2O_2∶37%HCl)的混合液，它能有效地去除晶圆表面的金属颗粒。

随着工艺技术的进步，特别是在 90nm 技术节点以下，新的光刻材料不断被使用，这些新材料包含新化学成分。例如，含硅的光刻胶和抗反射涂层、旋涂的高碳含量材料(spin on carbon，SOC)。新的集成技术在晶圆衬底上也添加了很多新型功能材料，例如：前道(FEOL)栅极的高介电常数材料，它能有效地增大栅极的电容并减少漏电流；后道(BEOL)的低介电常数($\varepsilon_r < 2.4$)绝缘材料，它是多孔的能有效降低后道金属线之间的电容。这些新型介电材料很容易被返工工艺中的等离子体和强化学药液损伤。因此，返工工艺必须针对每一道光刻层所用的材料和衬底来设计，不同光刻层的返工工艺有所不同。

返工工艺的改进，一般分成三个方面。第一是改变"干法"工艺的参数，包括改变反应气体的种类、压力、流量以及等离子体功率等；第二是改变"湿法"工艺的参数，包括使用不同的化学清洗液及其浓度；第三是增加工艺的重复性，例如，使用"干/湿/干/湿"或"干/干/湿"工艺。

如果返工后晶圆表面残留的颗粒数(particle counts)太高，必须分析原因。最常见的做法是对晶圆表面的残留颗粒做成分分析(EDX)。图 9.1 是一个返工后晶圆表面残留的颗粒的电镜照片及其 EDX 谱线。EDX 谱线揭示，这个颗粒的主要成分有 C、O、Si 和 S，其中 Si 可能来自于衬底；C 和 S 都是光刻胶中的成分。从这个谱线的结果可以大致确定这一颗粒可能是光刻胶残留。知道了颗粒的来源，就可以有目的地改进返工工艺。

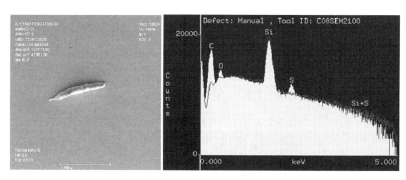

图 9.1　返工后晶圆表面残留颗粒的电镜照片及其 EDX 谱线

9.2　三层光刻材料(resist/SiARC/SOC)的返工工艺

"三层光刻材料"（即所谓的"tri-layer"）是特指光刻胶(resist)、含 Si 的抗反射涂层(SiARC)和旋涂的有机碳。含 Si 的抗反射涂层中 Si 的含量可以高达 40%；旋涂的有机碳(spin on carbon，SOC)中碳的含量达 80%～90%。这种三层结构既能有效地减少曝光时的反射，又能提高刻蚀时的选择性，因此被广泛应用于 45nm 技术节点以下的光刻工艺中。三层材料返工的关键是 SiARC，因为它含有硅，具有完全不同于一般光刻胶的分子结构[1]。SiARC 必须使用新的返工工艺，本节做一专题讨论。

9.2.1　"干/湿"工艺

使用氧气环境下的等离子体("干"工艺)加化学液体清洗("湿"工艺)仍然可以用来清除晶圆表面的三层光刻材料。氧在等离子辅助下和 SOC 中的 C 反应生成 CO_2,挥发掉。SOC 表面的 SiARC 裂开、起皮(见图9.2),在液体中可以被清洗掉。

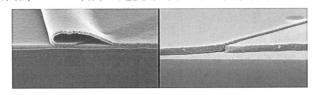

图9.2　氧等离子反应后的 SiARC 层电镜照片[2]

以 BEOL 的晶圆衬底为例,一个典型的用于三层材料返工的工艺流程如图9.3所示。第一次等离子体过程("干法过程")用来去除光刻胶,并使得 SiARC 中的 Si 成分转化为 SiO_2。使用的反应气体是 $O_2/N_2/H_2$,其中 N_2/H_2 作为保护气体,用来控制反应速率。然后,稀释的 HF 清洗晶圆表面("湿法过程"),去掉 SiO_2。第二次等离子体过程用来去除旋涂的碳(SOC,又叫 OPL),使用的反应气体是 O_2/H_2N_2。最后,用去离子水(DI water)冲洗掉晶圆表面残余的颗粒。两次"干法"的过程可以使用装备有感应耦合等离子体发生器(inductively coupled plasma(ICP)source)的光刻胶剥离系统(resist strip system),例如,Mattson Technology 的 SUPREMA™ 光刻胶剥离系统。这类等离子体发生器工作时并不产生大量的紫外辐射和离子,因此,可以更加有效地把氧气分子分解成氧原子[3]。"干法过程"时衬底的温度控制在 $250\sim275℃$。

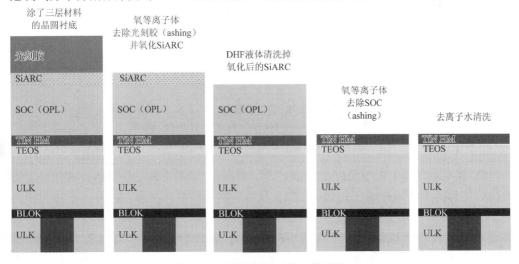

图9.3　三层材料返工的工艺流程
以 BEOL 的晶圆衬底为例:"TiN HM"是 TiN 薄膜,作为刻蚀时的硬掩模;"TEOS"是 SiO_2 材料,也作为刻蚀时的硬掩模;"ULK"是超低介电常数材料;"BLOK"是超低介电材料的隔离层

不同 Fab 的工艺集成技术不完全相同，因此，晶圆去胶返工的工艺可以根据自己的工艺要求做调整。几种常见的用于三层材料返工的流程如下：

(1)把最后一步去离子水冲洗改为"毛刷清洗"(scrubber)。改动后的流程是：等离子体去胶并氧化 SiARC→稀释的 HF(即 DHF)清洗→等离子体去除 SOC→毛刷清洗晶圆。毛刷清洗是使用毛刷、高压喷淋对晶圆正反面以及边缘做接触式的清洗。这种清洗方式要比去离子水冲淋更加有效。常用的毛刷清洗设备有 DNS 的 SS 系列和 TEL 的 NS300+™。

(2)先对需要返工的晶圆做边缘清理(bevel strip)。改动后的流程是：等离子体边缘清理→等离子体去胶→稀释的 HF 清洗→等离子体去除 SOC→毛刷清洗晶圆。由于应力和机械接触的原因，晶圆的边缘存在许多颗粒。在工艺过程中，这些颗粒会迁移到晶圆表面，形成污染，降低器件的良率。特别是在浸没式光刻工艺中，曝光头(exposure head)必须带着水从晶圆边缘拖过，边缘处的颗粒物很容易被曝光头带到晶圆中间。因此，边缘清理非常重要。常用的等离子体边缘清理设备有 Lam Research 的 Coronus™ 系列。图 9.4 是经等离子体边缘清理后晶圆切片的电镜照片，可见 Coronus™ 清理的区域是从边缘开始，停止在 600～800μm 处。

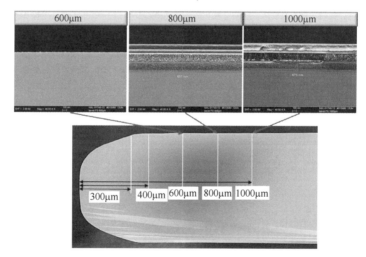

图 9.4 使用 Coronus™ 等离子清理晶圆边缘后的电镜切片照片(图中的长度数据是指到边缘的距离)

(3)还可以使用 CF_4/O_2 混合的等离子体，"干法"同时去除三层材料。这样返工的流程简化为两步：等离子(CF_4/O_2)去除三层材料→毛刷清洗晶圆。在等离子体的辅助下，CF_4 可以有效地去除三层材料中的硅成分，O_2 可以去除碳等成分。这一工艺的关键是避免对衬底造成损伤，特别是不能损伤衬底上的低介电材料。基于精确控制 CF_4/O_2 等离子体过程的需要，可以选用 Lam Research 或 AMAT 的刻蚀设备来完成 CF_4/O_2 三层材料去除工艺。

9.2.2　去除空白晶圆上的 SiARC 或 SOC

"干/湿" 法工艺中，位于最底层的 SOC 在氧等离子体环境下反应生成 CO_2，挥发掉，导致 SiARC 裂开、起皮。这实际上是 "干/湿" 法能成功清除三层材料的关键原因。然而，在 Fab 中，SiARC 需要被独立地旋涂在空白晶圆上，用来检测其厚度与缺陷情况。在检测完成后，这一类晶圆表面的 SiARC 也需要被清除掉，以便晶圆能重复使用。由于烘烤后 SiARC 与 SiO_2 结构的类似性，选择性的去除 SiARC 而不损伤硅衬底不是一件容易的事情。文献[1]对此做了系统性的探索。

9.2.2.1　使用稀释的 HF 酸

稀释的酸(buffered oxide etchants，BOE)是已知的去除 SiO_2 非常有效的化学药液。文献[1]中选用 Baker 提供的 50∶1 的 BOE，它是 NH_4F 和 HF 的水溶液。旋涂了 SiARC 的晶圆烘烤、冷却后，浸泡在 BOE 中(室温)1min，然后取出，用去离子水冲洗，晾干。使用的 SiARC 样品的 Si 含量分别是 17%、27% 和 36%。图 9.5 是清洗前后晶圆的切片电镜照片。结果显示，在 Si 含量较小的情况下，SiARC 中含有较多的有机成分，BOE 清除的效果很差(见图 9.5(a))。BOE 可以很有效地去除含 Si 量较大的 SiARC(见图 9.5(c))。中间硅含量(约 27%)的 SiARC，清洗后有较大的残留颗粒(见图 9.5(b))。

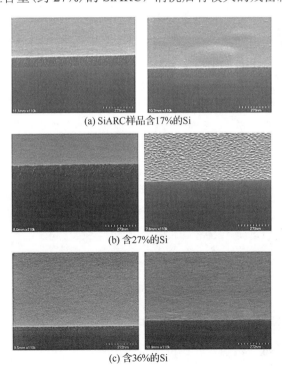

(a) SiARC 样品含 17% 的 Si

(b) 含 27% 的 Si

(c) 含 36% 的 Si

图 9.5　使用 BOE 和去离子水清洗前后晶圆的切片电镜照片[1]

对旋涂有 SOC 的晶圆使用同样的 BOE 清洗工艺。结果表明，BOE 清除后，晶圆表面的 SOC 厚度基本不变。当 SOC 表面覆盖有 SiARC 时，BOE 可以有效地去除 SiARC 层，但是对 SOC 层几乎没有影响。这一结果预示着，可以使用 BOE 溶液选择性地去除 SiARC，而保留晶圆表面的 SOC。

9.2.2.2 使用对低介电材料无害的剥离液

90nm 节点以下低介电常数的材料(low-κ)和超低介电常数的材料(ultra low-κ)被广泛地用于集成电路工艺中，特别是在 BEOL 工艺中，这些低介电材料通常是多孔的，很容易被强酸损伤。为此，Baker 专门设计了对低介电材料无害的光刻胶剥离液(low-κ compatible stripper)，并被集成电路 Fab 广泛使用。文献[1]测试了这种剥离液对清洗 SiARC(硅含量 36%)、SOC 以及 SiARC/SOC 双层膜的有效性。覆盖有 SiARC 的晶圆被浸没在 55℃ 的剥离液(CLK^{TM}-888 stripper)中 10min，然后取出，用去离子水冲洗、晾干。实验结果归纳在图 9.6 中，电镜照片清楚地显示 CLK^{TM}-888 剥离液(55℃，10min)可以有效地清洗掉 SiARC，但是对 SOC 几乎没有影响。

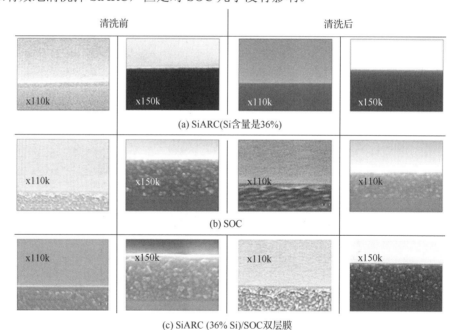

图 9.6 使用 CLK^{TM}-888 剥离液清洗前后，晶圆的切片照片

9.2.2.3 使用硫酸和双氧水的混合物清洗

硫酸和双氧水的混合液(sulfuric peroxide mixture，SPM)是 98% 的 H_2SO_4 与 30% 的 H_2O_2 按 4:1 的体积比混合的，又叫"Piranha"，是半导体工业中用得很普遍的强清洗液。其清洗有机物(如光刻胶)的机理是：H_2SO_4 先把有机物中的水去除，使其迅速

碳化；然后，H_2O_2 和 C 反应形成 CO_2 或 CO。SPM 通常被用于清洗前道(FEOL)光刻工艺后的晶圆。文献[1]也探讨了用 SPM 清洗 SiARC、SOC 覆盖的晶圆。实验中发现 SPM 可以非常有效地清除晶圆表面的 SOC 层；但是，SiARC(36% Si)在 SPM 中的溶解速率却远小于 SOC。SiARC 在 SPM 中的溶解速率与 SPM 的组分、浸泡的时间和温度以及晶圆在旋涂 SiARC 前表面的预处理有关。在室温下 SPM 可以很有效地溶解 Si 含量较低(≤24%)、C 含量较高的 SiARC。但是，如果 SiARC 中的 Si 含量很高，分子结构越接近 SiO_2，就越不能被 SPM 去除。当 SiARC 中 Si 含量达到 42%时，SPM 清洗完全无效。即使使用接触式清洗，SPM 也无法保证清洗后晶圆表面的颗粒数少于 300 个(直径大于 0.12μm)。

使用加热的 H_2SO_4/H_2O_2 和 NH_4OH/H_2O_2 轮番清洗，并辅助以去离子水冲洗的办法可以有效地去除旋涂在 Si 衬底上的 SiARC(Si 含量达 42%左右)。这一清洗流程分为四步：第一步，把有 SiARC 的晶圆浸泡在 30:1 组分的 H_2SO_4/H_2O_2 中 9min，H_2SO_4/H_2O_2 的温度是 110℃。第二步，使用去离子水冲洗 3min。第三步，晶圆在 75℃的 NH_4OH/H_2O_2 中浸泡 9min。最后是去离子水冲洗 5min。

9.2.3　三层材料中只去除光刻胶

SiARC 和 SOC 中有热致酸发生剂(thermal acid generator，TAG)。高温烘烤(约 200～250℃)时产生的酸使聚合物发生交联反应(cross-linking)，形成致密的薄膜。交联可以发生在硅聚合物的侧链之间(cross-linking between side chains of the silicone resin)，也可以是侧链与硅烷醇基之间(between a side chain and a silanol group of the silicone resin)等。随后做光刻胶的旋涂与烘烤，烘烤使光刻胶中的溶剂挥发，原则上并不激发任何化学反应。因此，烘烤后的光刻胶仍然可以溶解于溶剂中，这一特性就使得选择性地去除光刻胶成为可能。本节探讨这种只去除光刻胶的返工工艺，这一工艺的特殊优点是节省花费，因为晶圆上的 SiARC/SOC 仍然可以重复使用。

文献[4]介绍了一组实验结果。实验中使用的溶剂是丙二醇单甲醚(propylene glycol methyl ether，PGME)与含有 5 个或更多碳原子的饱和烷基酮。这一溶剂可以有效地溶解 SiARC 上的光刻胶，而对 SiARC 膜几乎没有损伤。实验中使用的 SiARC 的分子结构如图 9.7 所示，其中，R^{1a} 代表一个有机基团(organic group)，它至少包含有一个 C-O 单键或 C=O 双键；R^2 是一个能吸收光线的单价有机基团(monovalent organic group)；X 代表一个含有卤素原子、一个 H 原子、一个羟基(hydroxy group)、一个包含 1～6 个 C 原子的烷氧基(alkoxy group)和一个包含 1～6 个 C 原子的烷基羰基(alkylcarbonyloxy group)；m 和 n 是 0～3 的整数，且 $0 < (4 - m - n) \leqslant 4$。

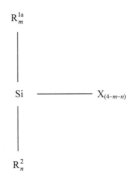

图 9.7　文献[4]使用的 SiARC 样品的分子结构

9.2.4　工艺失败后晶圆返工的分流处理

三层材料光刻工艺包含很多工艺步骤，晶圆可能在其中某一道工艺处失败，需要返工。也就是说，需要返工的晶圆表面可能会有不同的材料。以 BEOL 光刻层为例，图 9.8 归纳了四种情况：①晶圆表面只有 SOC，即旋涂的碳；②晶圆表面有旋涂的碳和含硅的抗反射涂层。这两种情况的晶圆通常是在旋涂时发生了问题，导致工艺失败。③晶圆表面有旋涂的碳、含硅的抗反射涂层以及光刻胶，晶圆可能没有经历过曝光，也可能经历了曝光但尚没有显影。这种晶圆通常是在光刻机中遇到了问题，导致工艺失败。④晶圆表面有完整的 SOC/SiARC/光刻胶，完成了曝光显影。这种晶圆通常是线宽或套刻精度不符合要求。

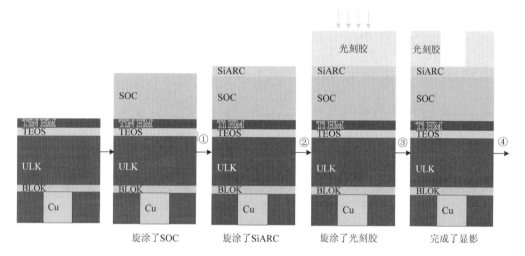

图 9.8　使用三层材料光刻工艺时，晶圆可能在其中某一道工艺处失败，需要返工

第一类晶圆的返工使用"SOC 返工程序"。SOC 返工程序是专门设计用来去除 SOC 的，它不具备去除 SiARC 的能力。但是，这个程序相对简单，花费也低。第二至第四类晶圆的返工使用"SiARC 返工程序"。SiARC 返工程序中专门设计有去除 SiARC 的步骤。如果在没有 SiARC 的晶圆上使用这一程序，会导致衬底的损伤。

9.3　后道(BEOL)低介电常数材料上光刻层的返工

在 90nm 节点以下的后道(BEOL)工艺中，低介电常数或超低介电常数材料被广泛使用。这些低介电材料通常是多孔的，很脆弱，在清除光刻胶的工艺中容易受到破坏。后道的金属和与之对应的通孔层是使用所谓的"双大马士革"(dual-damescene)工艺建在同一层介电材料中的。图 9.9 是 BEOL 中一个 Mx/Vx−1 模块结构的示意图，其中，x=1～5。介电层是按低介电材料/TEOS/TiN/TEOS 的顺序用 CVD 沉积在低介电材料的保护层上的，其中的 TEOS 与 TiN 主要是作为刻蚀掩模用的(etch mask)。Mx 与 Vx 的光刻工艺就是在此介电层上进行的。

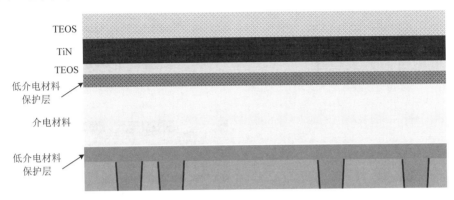

图 9.9　20nm 技术节点 BEOL 中一个 Mx/Vx-1 (x=1~5)介电层结构的示意图

9.3.1　双大马士革工艺流程

在讨论返工工艺对低介电常数材料的影响之前，首先要了解 BEOL 的"双大马士革"工艺流程。这里介绍在 32nm 技术节点以下用得最多的先做沟槽并使用金属硬掩模(trench first metal hard mask，TFMHM)的"双大马士革"工艺。工艺流程如图 9.10 所示：

(1)首先是在图 9.9 中的绝缘层上做 Mx 光刻，光刻采用光刻胶/SiARC/SOC 三层材料工艺(见图 9.10(a))。

(2)经过一系列刻蚀后，光刻胶上的图形被一步一步地转移到 SiARC、SOC、TEOS 上，最终 Mx 图形被转移到 TiN 上(见图 9.10(b)和(c))。TiN 就是前面提到的"金属硬掩模"。

(3)做 Vx-1 光刻，仍然使用光刻胶/SiARC/SOC 三层材料工艺(见图 9.10(d))。SOC 层较厚，可以把 Mx 刻蚀形成的沟槽填平，使得 Vx-1 的光刻工艺有较好的工艺窗口。

(4)对 Vx-1 图形做刻蚀。Vx-1 刻蚀透过 Mx 的底部直达底部的低介电材料保护层(见图 9.10(e))。打开保护层，使 Mx-1 层暴露出来(见图 9.10(f))。

(5)物理沉积(PVD)TaN/Ta/Cu 薄膜(liner/seed layer)，然后电镀 Cu，见图 9.10(g)。TaN/Ta 均匀地覆盖在 Mx/Vx-1 的侧壁上，作为一个壁垒防止 Cu 向介电材料中扩散。

(6)化学研磨把多余的 Cu 磨掉，TiN 和 TEOS 也被研磨掉。最后再沉积一层低介电材料保护层(见图 9.10(h))。

原则上来说，BEOL 就是通过重复 Mx/Vx-1 建立起来的。32nm 技术节点以下，一般至少支持 5 对 Mx/Vx-1，即 M1/V0，M2/V1，…，M5/V4。在 45nm 技术节点以前，大多采用先做通孔(via first)的"双大马士革"工艺。

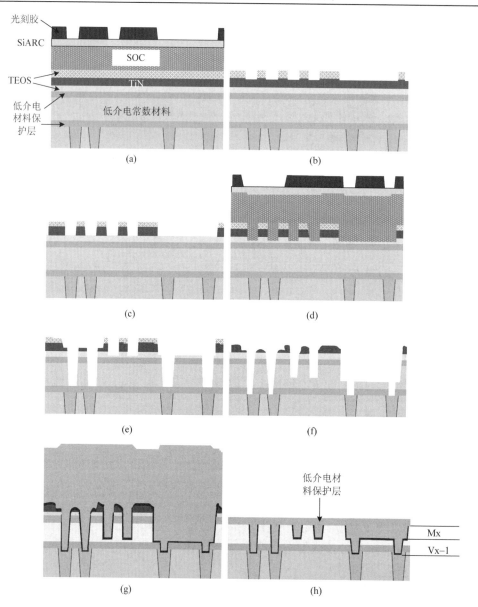

图 9.10　先做沟槽并使用金属硬掩模的"双大马士革"工艺(见彩图)

(a) Mx 光刻；(b) (c) 一系列刻蚀把光刻胶图形转移到 TiN(金属硬掩模)上；(d) Vx-1 光刻；(e) Vx-1 刻蚀直达 low-κ 保护层；(f) 打开 low-κ 保护层，使 Mx-1 金属暴露出来；(g) 沉积 TaN/Ta/Cu，并电镀 Cu；(h) 化学研磨去除多余的 Cu、TiN/TEOS 层，最后沉积低介电材料保护层

9.3.2　返工导致 SiO_2(TEOS) 损失

上述"双大马士革"工艺流程中的光刻层(Mx 和 Vx-1)大多使用"干/湿/干/湿"

的返工工艺，如图 9.3 所示。第一个"干"是指用等离子体在 O_2 气体环境下(也可以加 H_2 和 N_2)"干法"清除光刻胶，并使 SiARC 氧化。然后，使用稀释的 HF 清洗掉 SiARC 的残留(主要是 SiO_2)。第二个"干"是指用等离子体"干法"去除 SOC。最后是去离子水清洗掉晶圆表面的颗粒。Mx 层返工时的顾虑是，TiN 上面的 TEOS 层会在返工时损伤。Vx-1 层返工时的顾虑是，TiN 下面的 TEOS 层会在返工时损伤。实验结果表明，返工一次会使 TEOS 的厚度减少大约 2～5nm。因此，Mx/Vx-1 光刻层一般不建议重复返工三次以上。

9.3.3　高偏置功率的等离子体会导致衬底受伤

高偏置功率(high bias power)的等离子体对衬底有溅射，会损伤衬底上已有的结构。偏置功率越大，这种损失就越明显。图 9.11 (a) 是接触层(contact)刻蚀完成后的电镜照片。工艺的顺序是先做 A 层的光刻和刻蚀，然后做 B 层的光刻和刻蚀。A 层和 B 层的图形分别做了标示，B 层的图形具有较高的对比度。图 9.11 (b) 是光刻层 B 作了三次返工后，再做刻蚀，得到的电镜照片。可以看到，三次返工严重损伤了 A 层的图形。

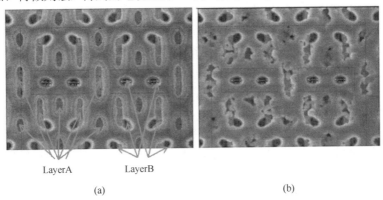

LayerA　　　LayerB

(a)　　　　　　　　　　　(b)

图 9.11　(a)接触层 A 和 B 刻蚀完成后的电镜照片和(b)B 层光刻做了
三次返工后，再做刻蚀后的电镜照片

这种情况的出现通常和设备的选用有关。有些刻蚀设备本来在设计中就有较大的偏置功率，例如，TEL 的 etcher。使用无偏置功率的专用灰化设备(asher)，可以解决这个问题。使用灰化设备带来的新问题是刻蚀腔体内容易形成颗粒沉积，因此必须经常清理。

9.4　光刻返工原因的分析

光刻返工导致巨大的浪费，必须尽量避免。因此，晶圆厂光刻部门必须定期分析导致晶圆返工的原因，并提出整改报告。图 9.12 是一个晶圆厂光刻部门每周晶圆返工的报告。其中列出了随着时间的推移，每一周、每一个技术节点返工的晶圆占整个晶圆的比例。可以看到，32nm 产品的返工率不断下降，这说明其工艺技术不断成熟；

28nm 和 20nm 产品返工率的增大表明了这两个产品(研发阶段)晶圆的投入量在增大。14nm 研发晶圆的投入量也在逐步增加。

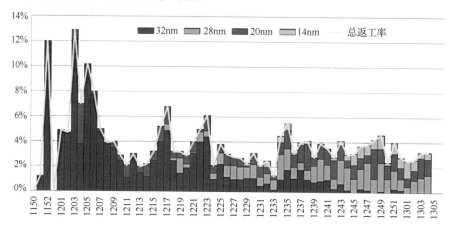

图 9.12　一个晶圆厂光刻部门每周晶圆返工率的报告(横轴是每周的序号,
如"1150"表示 2011 年第 50 个星期,以此类推)(见彩图)

　　图 9.12 只是一个总的统计数据。图 9.13 是两周内 20nm 晶圆返工的详细分析:图 9.13(a)是这两周中每一天 20nm 晶圆返工的数目,它能显示哪一天是"bad day"。这一天是否有什么特别的事情发生? 例如,光刻机台有问题,或是厂务的去离子水出了问题。图 9.13(b)是这两周中返工的晶圆数按导致返工的原因分类。很明显,套刻误差不符合要求(图中返工原因代码是"OVL")是导致晶圆返工的第一原因。光刻部门必须组成一个专门小组来找出原因,并解决这个问题。图 9.13(c)是返工晶圆在各光刻层的分布,它能告诉我们 20nm 产品晶圆在哪一个光刻层返工最多。该结果表明 B2R1 和 I1 光刻层有问题,负责这些光刻层的工程师要引起注意,寻找原因并提出解决方案。图 9.13(d)是返工的晶圆在光刻设备上的分布,它告诉我们这些返工的晶圆是由哪些光刻机曝光的。结果表明,返工的晶圆大部分是在光刻机 A2351 和 A2441 曝光的,光刻工程师必须调查这两台光刻机在这两周中的运行参数,找出原因。

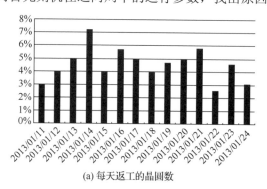

(a) 每天返工的晶圆数

图 9.13　两周内 20nm 晶圆返工的详细分析

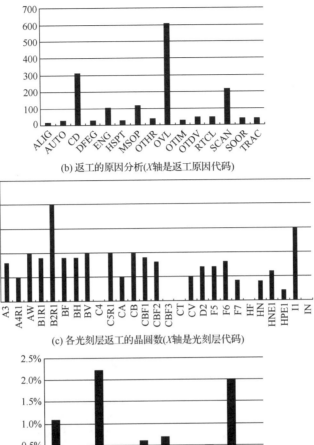

(b) 返工的原因分析(X轴是返工原因代码)

(c) 各光刻层返工的晶圆数(X轴是光刻层代码)

(d) 返工晶圆在光刻机上的分布(X轴是光刻机代码)

图 9.13　两周内 20nm 晶圆返工的详细分析（续）

9.4.1　返工常见原因的分类

对光刻返工原因的分类分析是光刻部门一项非常重要的日常工作。管理者通常根据导致返工的原因来设置工作的改进计划（continuous improvement plan，CIP）、分配资源。表 9.1 列出了光刻返工的常见原因。但是，不同 Fab 中这些原因所占的返工比重是不一样的，必须具体分析。图 9.14 是一个 Fab 中 193i 光刻机上各种返工原因所占的比重。这些返工的原因，在 Fab 中都有特别的英文代码（code），便于工程师了解。

表 9.1　光刻返工的常见原因分类

晶圆返工的原因	英文代码	分析
套刻误差大于规定值	OVL OOS	由于缩小了几个关键光刻层(CA, Mx/Vx)的套刻误差指标
等待时间超出规定值	Q-time over	最近 WIP 较高, 许多晶圆等待工程师处理
线宽在规定范围之外	CD OOS	
晶圆停留在了匀胶显影机中	wafer delayed in track	匀胶显影机故障
显影后图像不正常	abnormality found @DI	光刻机、匀胶显影机故障
L-图形倒塌	L-bar lifting	晶圆表面问题导致光刻胶脱落
晶圆在光刻机中对准失败	wafer rejected due to alignment failure	晶圆对准标识损坏
实验用晶圆	experiment wafer	工程师实验完毕
FEM 晶圆	FEM wafer	FEM 测量完毕
晶圆上有坏点	hotspot found	晶圆有较大颗粒的污染, 导致聚焦失败
"特殊原因"拒绝的晶圆	wafer rejected due to exception	光刻机故障

注: OVL = overlay, OOS=out of spec, WIP = wafer in process

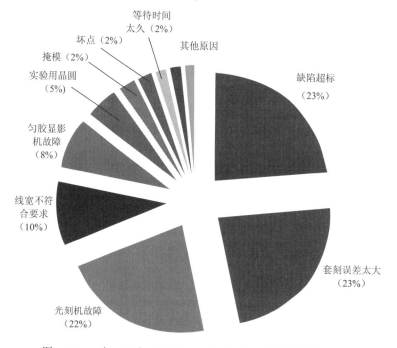

图 9.14　一个 Fab 中 193i 光刻机上各种返工原因所占的比重

9.4.2　快速热处理和激光退火导致晶圆变形

在半导体工艺中需要对晶圆做快速热处理(rapid thermal processing, RTP), 即在几秒或更短的时间内把晶圆加热到 1000℃左右。降温过程则比较缓慢, 以避免晶圆破裂。晶圆的加热一般使用大功率的灯泡或激光。高功率激光束按一定的路径在晶圆表面扫描，快速加热晶圆(laser scanning annealing，LSA)。这种快速热处理工艺主要用来激活掺杂(dopant activation)、热氧化(thermal oxidation)等。

　　然而，RTP 和 LSA 工艺的快速升温经常导致晶圆翘曲(warpage)，给随后的光刻对准增加了困难。光刻工程师经常观察到，快速热处理工艺后晶圆的套刻误差增大，不能符合工艺指标的要求。图 9.15 是沿工艺流程，每一个光刻层的套刻误差测量值。套刻误差(mean+3σ)经修正后的残余(residual)保持在 4/6nm(X/Y方向)，一直到 PG 层。在 PG 光刻之前，晶圆必须经过一次 LSA 工艺，PG 光刻后的套刻误差升高到 8/12nm 增大了一倍。快速热处理导致的晶圆套刻误差的增大是工艺中的一个棘手问题，优化热处理工艺是目前努力的方向。

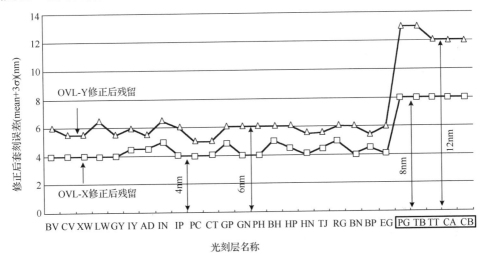

图 9.15　每一个光刻层(20nm 逻辑器件)的套刻误差测量值(X轴是沿工艺流程
顺序列出的光刻层，Y轴是修正后测量得到的套刻误差 mean+3σ)

9.5　晶圆返工的管理

　　一盒晶圆中，光刻工艺完成后，可能只有几片不符合要求。通常把这几片晶圆分离出来，形成一个子批(child lot)送去返工。好的晶圆就是母批(mother lot)，它可以继续下一道工序。子批晶圆返工完成后，沿着工艺流程继续，追赶母批晶圆。母批晶圆应该停(hold)在哪里等待子批为最有效呢？这个问题的回答直接影响到生产线的产能(throughput)与晶圆工艺周期(cycle time)。

　　返工晶圆与母批合并的方法有四种：第一种是"等待"的办法(wait strategy)，即母批就在原地等待返工的子批，等返工的晶圆成功完成光刻后，合并一起送到下一步工序。第二种是"分开"的办法(split strategy)，即母批不再等待返工的晶圆，返工后，子批独立地沿工艺流程继续。第三种办法是"指定地点汇合"(rendezvous strategy)，即先让母批完成下一步工序(如刻蚀)，停在那里等待返工的晶圆汇合。第四种办法是母批在"瓶颈"工艺处等待子批的汇合(bottleneck strategy)。"瓶颈"工艺是指后续工艺步骤中出现的第一个产能瓶颈。

假设整个流程中每一个光刻层晶圆返工的比例分别可能是 1%、5% 和 10%，文献[5]对整个流程的平均工艺周期(average cycle time)及其标准偏差做了系统的统计分析。分析的结果显示，让母批停留在"瓶颈"工艺处等待子批的办法可以获得最大的产能。

9.6 离子注入后光刻胶的清除

集成电路前道制程(FEOL)中有许多光刻层之后的工艺是离子注入(implantation)，这些光刻层被称为离子注入光刻层(implant layer)。离子注入完成后，晶圆表面的光刻胶必须被清除掉，清除离子注入后的光刻胶是光刻工艺中的一个难点。对清除工艺的要求包括：①干净、彻底地去除衬底上的光刻胶；②尽量避免损伤衬底表面，特别是离子注入区域(即没有光刻胶的区域)；③尽量避免对器件(如栅极的金属)造成伤害。

9.6.1 技术难点

离子注入的能量一般是 $1\sim50$keV，剂量是 $10^{14}\sim10^{16}$atoms/cm^2。在离子束的轰击下，光刻胶表面会逐步转化为类似金刚石或石墨一样(diamond-like or graphitic)的分子结构。这一层类似金刚石或石墨分子结构的表皮，极难溶于一般的化学溶剂。它们包裹在光刻胶表面，使得光刻胶的清除非常困难。在离子注入能量和剂量都较小的情况下，炭化的表面是多孔的，并且较薄。化学溶剂(stripping solution)可以扩散进入光刻胶内部，先溶解光刻胶的内部，表皮随之脱落(lift off)。在离子注入的能量和剂量都较大的情况下，炭化的表皮就较厚，光刻胶清除的难度就很大。这时，光刻胶就像牢牢粘在衬底上一样。

炭化的光刻胶表皮可以在一定的等离子体环境中被剥离，但是，剥离的速率与温度有关。文献[2]报道了光刻胶和炭化的光刻胶表皮在等离子体中的剥离速率与温度的曲线，实验结果如图 9.16 所示。根据这一实验结果，可以估算出：光刻胶与等离子体反应的激活能(activation energy of the plasma reaction)只有 0.17eV 左右，而光刻胶外皮与等离子体反应的激活能竟高达 2.6eV。

在做离子注入时，晶圆衬底上已经有了一些结构。特别是栅极已经制备完成的晶圆，衬底上的三维结构中均填充有光刻胶，离子注入后清除的难度更大。图 9.17 是光刻完成后的电镜照片，多晶硅(Poly-Si)栅极的高度是 150nm 左右；与多晶硅栅极垂直的是光刻胶线条，光刻胶厚度是 240nm 左右。离子注入完成后，栅极线条两侧缝隙中的光刻胶很难去除。

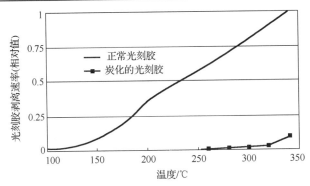

图 9.16　光刻胶和炭化的光刻胶表皮在等离子体中的剥离速率与温度的曲线[2]
实验使用的是 248nm 波长的胶，离子(P⁻)注入的剂量是 5×10^{15} atoms/cm², 等离子体中的气体是 $O_2 + H_2/N_2$

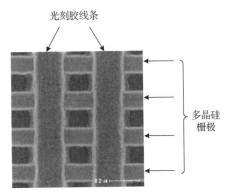

图 9.17　离子注入光刻层的电镜照片(多晶硅栅极的高度是 150nm
左右；光刻胶线条厚度是 240nm 左右)

9.6.2　"干/湿"法去除光刻胶

这种方法是先用等离子体("干")把光刻胶及其外皮"烧掉"(ashing)，然后使用"Piranha"($H_2SO_4 + H_2O_2$)或 SC1 清洗。这一传统的方法虽然有效，但是在等离子体烧光刻胶的过程中会损伤 Si 衬底。在 45nm 以下技术节点，器件的源和漏极(source and drain)使用外延的 Si 和 GeSi，氧环境下的等离子体会导致源和漏处 Si 及 GeSi 的氧化。特别是在离子注入后，这种氧化更加严重。氧化后的 Si 和 GeSi，在随后的"Piranha"或 SC1 清洗时，被腐蚀掉。图 9.18 是实验测量得到的离子注入前后 Si 在 SC1 中的腐蚀速率曲线[6]。离子注入使得 Si 在 SC1 中的腐蚀速率增大了 4 倍有余。

这种源和漏位置处 Si 或 GeSi 的损失导致返工后晶圆上器件接触电阻(series resistance)增大、电学性能下降。特别是对于 3D 器件，如 Fin FET，返工工艺对器件性能的负面影响更加明显[2]。ITRS 要求，在轻掺杂的漏(lightly doped drain，LDD)处，每次返工只允许 0.2～0.3Å 的厚度损失。因此，业界的一个趋势是，避免使用等离子体"干"

法去胶，而改用全"湿"的工艺。通过加热至 200℃，"Piranha"清洗的效果可以大幅提高；但是，高温的"Piranha"也会氧化衬底和栅极的金属。优化"湿"法工艺，使之尽量少的损伤衬底，一直是光刻界追求的目标。另外一直尝试的是，在等离子体中不使用 O_2，改用 N_2 和 H_2。在等离子体辅助下，H 和 N 把光刻胶分解成小分子量的有机物，被真空抽走。由于这些反应生成物并不是气体，它们会沉积在真空腔和管道内壁[2]。

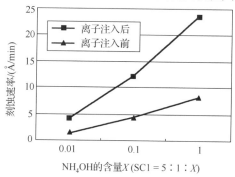

图 9.18　离子注入前后 Si 在 SC1 中的腐蚀速率随 SC1 中 NH_4OH 浓度的变化曲线[6]
SC1 中各成分的体积比是 $5:1:X$（$H_2O:30\% H_2O_2:29\%NH_4OH$），离子注入的剂量是 5×10^{15} As 离子/cm²

9.6.3　"湿"法去除光刻胶

全"湿"法去除光刻胶的努力主要从两个方面入手。第一，通过力学的手段使得炭化的光刻胶表皮破裂。这些力学手段包括粒子/离子轰击(particle/ion bombardment)、高压水流(high force spray)[7]、毛刷(brushing)以及超声(sonication)。一旦外壳破碎后，清洗液很容易清洗掉内部的光刻胶。破碎的外壳一般不易溶于清洗液，因此要及时冲洗掉它们，使之不能吸附在晶圆表面。第二，寻找新的清洗药液，并优化清洗工艺，使之能同时溶解炭化的外壳和光刻胶。这方面的工作聚焦在寻找能与 C-H 化合物或无机碳(inorganic carbon)反应的(非 Piranha 类)药液。文献[8]报道了一种新的清洗液，它是两种成分的混合。一种成分在 90℃ 以上的温度时能与碳化物(carbon-based materials)反应，使之溶解；另一种成分是有机溶剂，它负责溶解光刻胶内部。

在选择清洗液体时要回避对衬底上结构有损害的化学品。例如，双氧水(H_2O_2)对 TiN 和钨(W)都有较强的腐蚀作用(腐蚀的速率与 H_2O_2 的浓度有关)；SC1 对外延的 SiGe 有较强的腐蚀作用[9]。ITRS 在 2011 年规定，在 65nm 技术节点以下，清洗对衬底的损伤必须控制在 0.1～1.5Å 之内。

9.6.4　一些新进展

Kim 等专门设计了一个集"干法"和"湿法"于一体的光刻胶清除系统[10]。这个设备工作的原理如图 9.19 所示，它包括常压下的等离子体(atmospheric-pressure plasma，APP)预处理和随后的湿法清洗。等离子体反应器和湿法清洗喷嘴都安装在一个腔体内，晶圆被放置在一个转台上。APP 预处理用来去除光刻胶表面的硬壳，随后的化学液体(SPM)清洗掉光刻胶。在"干/湿"工艺切换时，机械手分别把 APP 反应器与液体喷嘴移动到相应的位置，并调节好晶圆的高度。

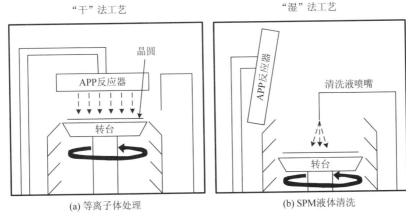

图 9.19　集成的"干/湿法"光刻胶去除系统[10]

湿法清洗光刻胶时，药液的温度对清洗的效果影响很大。但是，一般清洗槽中药液的温度只能设置在 110℃～150℃，以尽量减少 H_2O_2 的分解。使用喷淋系统(dispense system)，H_2O_2 的分解可以得到有效控制，但是，药液传送系统的材质是氟聚合物(fluoropolymer)，它能承受的温度也只有 150℃～180℃。文献[11]报道在使用端(point of use，POU) 混合 H_2O_2/H_2SO_4，混合时释放的热量可以使喷射到晶圆表面的药液达到 200℃以上。这一技术既可以用于槽式清洗中药液的喷淋，也可以用于单片晶圆的清洗。文献[12]试验了处于不同相的混合液体(phase fluids) 做光刻胶的清洗，发现其清除光刻胶的效果也不错。不同相混合的液体实际上就是在微乳液(enhanced micro-emulsion)中加入了催化剂(activators)。催化剂使得微乳液更加稳定，清洗效果更好。

参 考 文 献

[1] Zhang R, Timko A G, Zook J, et al. Reworkable spin-on trilayer materials: Optimization of rework process and solutions for manufacturability. Proc of SPIE, 2009, 72732O-72732O12.

[2] Berry III I L, Waldfried C, Roh D, et al. Photoresist strip challenges for advanced lithography at 20nm technology node and beyond. Proc of SPIE, 2012, 83280J-83280J11.

[3] Savas S. Inductively coupled plasma for highly efficient and low damage resist stripping. 1st International Symposium on Plasma Process Induced Damage, 1996, 127-130.

[4] Ogihara T, Ueda T. Rework process for photoresist film: US, 7642043, 2010.

[5] Kuhl M E, Laubisch G R. A simulation study of dispatching rules and rework strategies in

semiconductor manufacturing. IEEE, 2004, 325-329.

[6]　Kern W, Puotinen D. RCA Annual Review, 1970, 31: 187.

[7]　Sanada T, Watanabe M, Hayashida A, et al. Post ion-implant photoresist stripping using steam and water: Pre-treatment in a steam atmosphere and steam-water mixed spray. Solid State Phenomena, 2009, 145: 273-276.

[8]　Westwood G, Chang C, Covington J. Ion-Implanted photoresist strippers: With metal compatibility. Semiconductor international, 2009, 32 (8): 20-22.

[9]　Tan Y, Lai C, Han J, et al. Semiconductor fabrication process including an SiGe rework method: US, 7955936, 2011.

[10]　Kim Y, Lee J, Seo K, et al. Stripping and cleaning of high-dose ion-implanted photoresists using a single-wafer, single-chamber dry/wet hybrid system. Solid State Phenomena, 2009, 145: 269-272.

[11]　DeKraker D, Pasker B, Butterbaugh J W, et al. Steam-injected SPM process for all-wet stripping of implanted photoresist. Solid State Phenomena, 2009, 145: 277-280.

[12]　Rudolph M, Thrun X, Schumann D, et al. Introduction of an innovative water based photoresist stripping process using intelligent fluids. Proc of SPIE, 2014, 90510T-90510T10.

第10章 双重和多重光刻技术

1.35NA 的 193nm 浸没式光刻机能够提供 36～40nm 的半周期(half-pitch)分辨率，能满足 28nm 逻辑技术节点的要求。小于这个尺寸，就需要双重曝光甚至多重光刻技术。多重光刻技术的核心就是把原来一层光刻的图形拆分到两个或多个掩模上，用多次光刻和刻蚀来实现原来一层设计的图形。双重曝光已经被广泛应用于 22nm、20nm、16nm 和 14nm 技术节点；三重或多重光刻技术将被用于 10nm 节点的工艺。在 EUV 成熟之前，只有依靠多重光刻技术来实现技术节点之间的收缩。实现多重光刻的方法有很多，本章分类介绍这些技术。双重和多重光刻技术虽然是在 193nm 浸没式光刻基础上发展起来的，但是它们适用于任何波长的光刻技术，包括 EUV。理论分析表明，在 7nm 技术节点以下，即使使用 EUV 光刻机也无法满足分辨率的要求，必须使用多重 EUV 曝光。

10.1 双重曝光技术

双重曝光(double exposure, DE)是指在光刻胶覆盖的晶片上分别进行两次曝光。两次曝光是在同样的光刻胶上进行的，但使用不同的掩模版。两次曝光之后，晶片做烘烤和显影。工艺流程简写为：光刻胶旋涂—曝光 1—曝光 2—显影—刻蚀(litho-litho-etch, LLE)。所以，双重曝光是在同一层光刻胶上曝光两次，两次曝光光强的叠加产生所需要的图形。例如，采用双重曝光来实现 50nm 1∶1 的线条：第一次曝光实现 50nm 的沟槽(周期是 200nm)；第二次曝光相同的图案，但是曝光图形整体移动 100nm。烘焙及显影之后，将得到 50nm/50nm 的致密图形。该方案的优势是每次曝光只需要分辨周期为 200nm 的图案，每一次曝光的照明条件可根据掩模图形优化；而且，相同的光刻胶层使用了两次，工艺简单。由于两次曝光之间晶圆在工件台上不移动，因此两次曝光之间的对准误差较小。但是，双重曝光也有缺点，如果两次曝光成像的空间对比度较低或者散射光(flare)非常强，那么对于不需要曝光的区域而言，其接受到的总光强将可能高于光阻的脱保护阈值 E_0，导致所有光刻胶被显影掉，如图 10.1(a)所示。因此，曝光系统需要提供较高的空间图像对比度，如图 10.1(b)所示。另外，光刻胶对曝光能量的反应必须是高度非线性的，叠加效应几乎为零，即曝光能量小于某一个值时，光刻胶的损耗几乎为零。

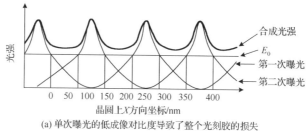

(a) 单次曝光的低成像对比度导致了整个光刻胶的损失

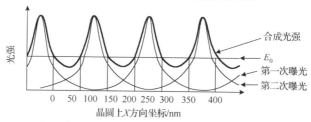

(b) 需要更高的空间图像对比度以确保总的图像对比度符合需求

图 10.1　单层光刻胶上两次曝光的空间像光强示意图

10.1.1　X/Y 双极照明的双重曝光

目前集成电路工艺中普遍采用 X-双极和 Y-双极照明来实现两次曝光。双极照明是最极端的离轴照明。相比其他照明条件，其在垂直于双极方向上提供了最好的成像对比度：X-双极照明对垂直线条提供了最好的分辨率（见图 10.2(a)），而 Y-双极照明

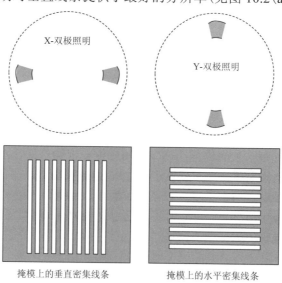

(a) X-双极照明对垂直密集线条提供了最好的分辨率

(b) Y-双极照明对水平密集线条提供了最好的分辨率

图 10.2　X/Y 双极照明实现双重曝光

对水平线条提供了最好的分辨率(见图 10.2(b))。但是，X-双极照明对于水平线条的分辨率并不好，同样，Y-双极照明对于垂直线条的分辨率也较差。因此，提出了使用两次曝光来分别实现水平线条和垂直线条。包含有水平线条和垂直线条图形的版图可以分成两个掩模版，其中一个只含有垂直线条，而另一个只含有水平线条。第一次曝光采用掩模 1 和 X-双极照明条件，第二次曝光则采用掩模 2 和 Y-双极照明条件。

图 10.3 是采用 X-双极和 Y-双极照明的双重曝光后的实验结果[1]。原设计的版图既含有水平线条，又含有垂直线条，之后该图形被分成了两个掩模版。一个包含所有的水平线条，使用 Y-双极照明曝光；另一个包含所有的垂直线条，使用 X-双极照明曝光。两次曝光的结合实现了原设计所要的图形。对于比较复杂的设计图形，按 X/Y-双极照明拆分后的图形必须做 OPC 处理，以保证两次曝光的叠加符合设计要求[2]。

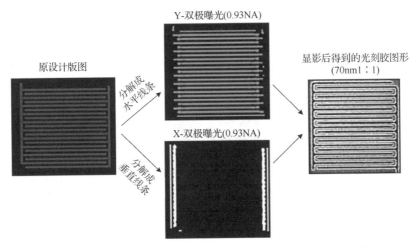

图 10.3 原设计版图按线条的取向被分解到两个掩模上，两个掩模分别
使用双极照明做曝光，两次曝光的结合得到所要的图形[1]

10.1.2 使用反演计算设计双重曝光

双重曝光使用两个掩模版，并可能使用两种照明条件。总的空间图像是两次曝光之后形成的图像强度的叠加，叠加后的空间图像必须接近设计要求。基于这一思路，开发出了反演光刻技术(inverse lithography technique，ILT)来做掩模版的设计和光照条件的选取[3]，其原理如图 10.4 所示。与将掩模图形简单拆分为垂直线和水平线的做法不同，图形反演算法只是保证两次曝光后重叠的结果达到设计图形要求，单独一次曝光的结果可能和目标图形完全不一样。这里要注意的是，图形反演方法的解可能不是唯一的。

图 10.5 给出了一个使用图形反演技术实现双重曝光的实例[4]。在该实验中，通孔 A 和 B 必须成像于同一层光刻胶上。首先是仿真计算，第一次曝光(第一个掩模版+环

形照明)后得到的结果显示，通孔 A 的图像光强分布弱于通孔 B。通过设计第二个掩模版和照明条件，调整孔 B 的成像，使总的图像对比度得到增强、符合要求。

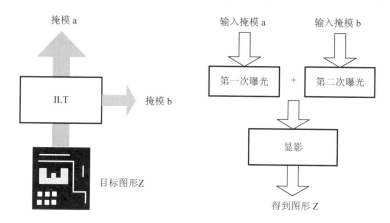

图 10.4 双重曝光设计掩模版时使用反演计算方法的流程图，及其与正常曝光工艺流程的对比[3]

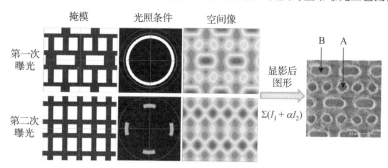

图 10.5 使用反演计算设计双重曝光[4]

文献[4]还对两次曝光位置偏差的影响进行了评估。该实验是在第二次曝光时，通过调整 X 和 Y 方向的对准偏差，观察通孔的电镜照片和尺寸，来评估套刻误差的影响。他们故意引入−15nm 到+15nm 的对准偏差，观测通孔的形状和尺寸。结果显示，双重曝光之间套刻误差的范围可以允许在±10nm 之内。

模拟和实验结果均表明，进一步优化两次曝光能量 (E_1, E_2) 之间的比例，能够得到更好的图像质量。文献[4]指出，E_1 和 E_2 的选取必须使得"有效一阶效率"(effective first order efficiency)最大。有效一阶效率定义为

$$有效一阶效率 = \frac{A_1 + (E_2/E_1)A_2}{1 + (E_2/E_1)} \tag{10.1}$$

式中，A_1 和 A_2 分别表示第一次曝光和第二次曝光的一阶效率。假设只有 0 阶和±1 阶衍射光通过透镜，则 A_1 表示第一次曝光时 0 阶衍射光强度与±1 阶衍射光强度比值；而 A_2 表示第二次曝光时 0 阶衍射光强与±1 阶衍射光强的比值。

10.2　固化第一次图形的双重曝光(LFLE)工艺

为了减少第二次光刻工艺对第一次光刻胶图形的影响,提出了在第二次曝光之前"冻结"(freeze)第一次光刻图形的技术方案。该工艺流程简写为:光刻胶 1—曝光 1—显影 1—冻结光刻胶 1 图形—光刻胶 2—曝光 2—显影 2—刻蚀,即"litho-freeze-litho-etch(LFLE)"工艺。LFLE 成功的关键是"固化"工艺。有各种固化的方法,这些方法包括高温烘焙、化学试剂喷淋或离子注入。固化之后的光刻胶图形应不再受第二次光刻工艺的影响。根据光刻胶的不同,固化的机制可以是去除光刻胶图形中的光活性成分,也可以是在光刻胶图形表面形成一个保护层。第二次曝光工艺之后,第二层光刻胶图形和被固化的第一层光刻胶图形将共同作为刻蚀掩模,用于转移图形到衬底。本节介绍固化光刻胶图形的各种方法,固化后的光刻胶将不再具有光敏感性。

10.2.1　形成表面保护层的固化技术

该方法是在第一层光刻胶图形上覆盖非常薄的保护层,使其不受第二次光刻工艺的影响,工艺流程如图 10.6 所示。第一次光刻制程之后,将化学固化材料涂覆在光刻

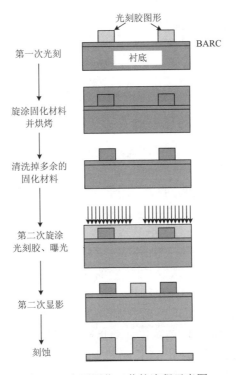

图 10.6　表面固化工艺的流程示意图

胶图形上。该固化材料由树脂、交联剂和溶剂组成。晶片经过烘焙和冲洗后，在光刻胶图形的外部剩下一个极薄的交联层。交联反应是由光刻胶表面的酸催化所致，而光刻胶图形表面的酸是高温烘烤下酸产生剂（PAG）分解产生的，也有一部分来自于初始曝光阶段。第一层光刻胶图形被固化之后，涂覆第二层光刻胶。在第二次光刻制程中，交联固化材料始终保护着第一次的光刻胶图形。

图 10.7 为采用保护层方法的双重曝光在每一阶段的电镜照片[5]。该制程用于形成 40nm 和 32nm 两种尺寸的密集线条。第一次曝光时分别形成周期为 160nm、线宽为 40nm 的线条，以及周期为 128nm、线宽为 32nm 的线条。随后，将该光刻胶线条固化，并使用第二次曝光产生目标尺寸图形。光刻胶线条的量测结果标示于图上。

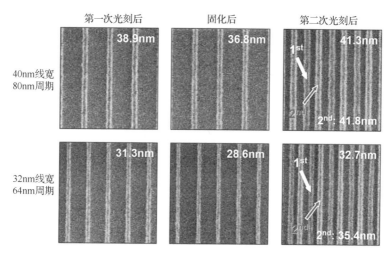

图 10.7　双重曝光两阶段的电镜照片[5]

固化工艺最大的难点是如何使两次曝光产生的线条宽度一致。首先，交联层使线宽增大。其次，固化烘焙温度约 150℃，在该温度下光刻胶图形开始收缩，导致第一次的光刻胶图形尺寸减小。这两种效应综合的结果，可以观察到光刻胶图形尺寸经过固化工艺后有约 2nm 的减小。第三，第二次曝光对第一层光刻胶图形的线宽也有影响。图 10.7 中已经观察到第一次光刻图形的尺寸增大了约 4nm。显然，固化工艺并不能完全固化第一次光刻的图形。目前人们正在寻求解决线宽变化的方法，努力的方向是选择合适的固化材料和烘焙的温度。如果线宽的变化是可控和固定的，那么还可以通过 OPC 来补偿。

表面保护层的固化工艺也可以用于制备通孔层[5]，如图 10.8（a）所示。首先形成垂直的 1:1 线条，之后固化该图形，随后曝光形成水平的 1:1 线条。两次曝光的线条垂直交错，形成通孔阵列。通孔的尺寸和周期由两次曝光形成的线条尺寸决定。图 10.8（b）是使用该方法得到的通孔图形的电镜照片。70nm 的线条用于形成

51nm 直径和 120nm 周期的通孔，而 60nm 的线条用于形成 46nm 直径和 104nm 周期的通孔。

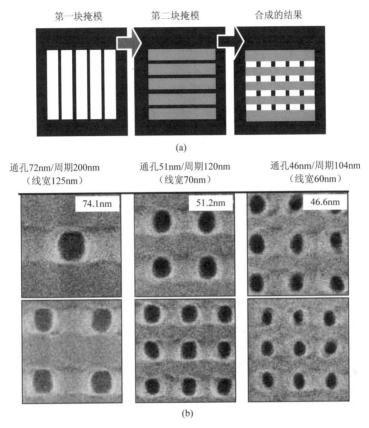

(a)

通孔72nm/周期200nm　　　　通孔51nm/周期120nm　　　　通孔46nm/周期104nm
（线宽125nm）　　　　　　　（线宽70nm）　　　　　　　（线宽60nm）

(b)

图 10.8　(a) 双重曝光制备通孔的流程示意图和 (b) 形成的通孔电镜照片 (通孔的大小和周期由两次曝光的线宽和间距尺寸决定)[5]

10.2.2　使用高温交联光刻胶的固化技术

高温烘焙 (显影后烘焙) 固化第一层光刻胶图形是另一种保护光刻胶图形的方法。例如，在第一层光刻胶中加入温度活化交联剂，其活化温度必须高于光刻胶软烘 (PAB) 和曝光后烘烤 (PEB) 的温度。第一次显影后，光刻胶图形在更高温度进行烘焙并发生交联反应。交联后的光刻胶图形不受第二次光刻工艺的影响。

该工艺成功实现的关键是开发可用的新光刻胶，使其在显影后的高温烘焙 (PDB) 中可以被固化。这种光刻胶已经有报导，其显影后的烘焙温度为 200℃[6]。烘焙之后，光刻胶在光刻胶溶剂和 TMAH 显影溶液中冲洗，以确认其具有最小的损失。通过比较烘焙前和烘焙后光刻胶曝光图形，探究烘焙对光刻胶光敏感性下降程度的影响 (见图 10.9)。在该实验中，胶厚是 140nm，第一次曝光的剂量是 20mJ/cm²。显影后的晶

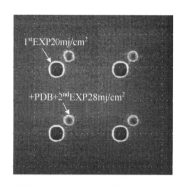

图 10.9　同一层光刻胶上两次
光刻后的电镜照片[6]

片在 150℃～200℃进行高温烘焙。之后，在第一次曝光形成接触孔附近进行第二次曝光，显影产生第二个接触孔。然而，第二次只能形成较小的孔，即使此时使用的曝光剂量为 28mJ/cm²。该结果意味着光刻胶经烘焙后光敏感性大幅下降。通过继续增加烘焙温度，可以进一步降低光敏感性。

采用高温固化的双重曝光技术，文献[6]实现了周期为 70nm、宽度为 35nm 的光刻胶图形。第二层光刻胶旋涂在固化后的第一层光刻胶图形之上，曝光后与第一层图形结合共同产生宽度为 35nm、周期为 70nm 的线条。研发能被高温固化的光刻胶是很困难的，因为该光刻胶必须同时具备优越的光刻性能和高温固化性能。在光刻胶中添加的高温交联剂不应降低图形的光刻性能，不能增加缺陷，更不能降低光刻胶的抗蚀性。此外，使用的材料和工艺应与原有的匀胶显影设备相兼容。

10.2.3　通孔的合包与分包

合包与分包(pack and unpack，PAU)工艺被用于制备通孔阵列。图 10.10 显示了该方法的工艺流程。第一步，使用经过优化后的光刻工艺实现通孔阵列。之后在晶片上覆盖第二层光刻胶，使其完全覆盖之前的图形。第二次曝光只选择性地对需要的通孔部位进行曝光。因此，该工艺被称为合包与分包。第二次光刻用的光刻胶也可以为负性光刻胶。与其他双重曝光工艺不同，PAU 工艺并不直接提供额外的图形分辨率。图形分辨率只在第一次曝光时获得，第二次曝光(unpack 曝光)只是在密集阵列中选择所需要的通孔。因此，通过选择最优的第一次曝光照明条件，可以获得最好的通孔分辨率，而不用再考虑在相同工艺窗口时如何形成孤立的通孔。

第一次光刻　　——→　　再次旋涂光刻胶　　——→　　曝光显影

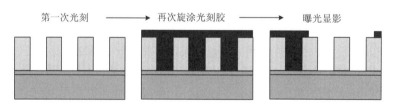

图 10.10　PAU 工艺制备通孔的流程示意图

该方法的主要困难是如何固化第一层光刻胶，即必须避免旋涂第二层光刻胶时对第一层胶的损伤，以及在第二次显影时对第一层胶的影响。为此提出了两种解决方法：其一，两种光刻胶使用不同的溶剂，且第一层光刻胶不溶于第二层光刻胶的溶剂。例如，分别用乙醇和 PGMEA 作为溶剂。第一层光刻胶可溶于乙醇，而不溶于 PGMEA。

其二，使用紫外固化工艺固定第一层光刻胶图形，固化工艺使第一层光刻胶非常牢固，使其不被第二层光刻胶溶剂所溶解。

10.2.4　其他的固化方案

除了化学和高温固化之外，紫外固化方法也被用于双重曝光，如 172nm 紫外固化方法。该方法中，第一次光刻形成的光刻胶图形，先经 172nm 紫外光照射，然后进行烘焙。172nm 的光在 193nm 光刻胶中只有有限的穿透深度，曝光时的所有能量被光刻胶表面吸收。这些能量将导致光刻胶表面的有机聚合物发生分裂，产生自由基。这些自由基重新反应形成交联键，固化光刻胶图形。然而，172nm 的紫外光照射和随后的烘烤会导致光刻胶图形收缩，拐角变形。此外，该工艺还需要一个额外的 172nm 波长紫外光源，使得双曝光工艺不能在光刻设备中一次完成。

氩离子注入也可以破坏光刻胶的光敏感性，使之不溶于溶剂。这种离子注入固化的效果受到注入离子能量的影响。为了使厚度为 150nm 的 193nm 光刻胶层完全固化，离子束的能量必须超过 100keV。该工艺伴随的问题是：第一，在离子注入过程中光阻图形发生收缩，且随着注入剂量增大收缩增加；第二，高能离子束会损坏衬底材料；第三，离子注入工艺需要在光刻机台之外完成。

10.3　双重光刻(LELE)工艺

LELE 工艺是指把设计版图拆分放置在两块掩模上。第一次光刻使用第一块掩模版，光刻完成后，做刻蚀，把光刻胶上的图形转移到下面的硬掩模上。硬掩模通常是 CVD 生成的无机薄膜材料。这样，第一块掩模上的图形就被存储在硬掩模上，不受第二次光刻工艺的影响。旋涂光刻胶使用第二块掩模完成第二次光刻工艺(曝光和显影)，刻蚀把第二次的光刻胶图形转移到硬掩模上。这时，硬掩模上就结合了两次光刻的图形。最后，把硬掩模上的图形刻蚀转移到衬底上。尽管 LELE 的工艺流程比较复杂，但是它并不需要开发任何新的材料；在过去技术节点得到了验证的材料和工艺基本上均可以使用。LELE 可以采用多种方法来实现，它们各有利弊，本节进行详细介绍。

10.3.1　双沟槽光刻技术

双沟槽光刻技术是指每次光刻和刻蚀的过程是在硬掩模上产生沟槽。图 10.11 显示了双沟槽光刻技术的工艺流程。首先，硬掩模层(如 SiN)被沉积在衬底上。光刻胶材料(PR/BARC)被旋涂在硬掩模之上。第一次光刻之后，在光刻胶上形成沟槽密度为设计时一半的图形，即占空比(沟槽与线条比值)为 1:3。之后采用刻蚀工艺将图形转移到硬掩模层。剥离残余光刻胶之后，做第二次光刻。第二次光刻可以使用不同的光刻材料。第二次光刻的图形，同样通过刻蚀被转移到硬掩模上。最后，把硬掩模上的图形刻蚀到衬底上。

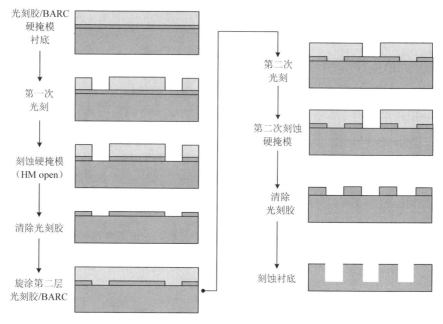

图 10.11　双沟槽光刻工艺流程示意图(使用暗场掩模版和正性光刻胶)

双沟槽工艺中的两次光刻都需要使用正胶和暗场掩模版。不幸的是，这种暗场曝光的光刻工艺窗口非常小。仿真结果显示，在窄槽曝光时，暗场掩模提供的图像对比度很差，导致曝光的分辨率不够。解决的办法之一是增大掩模上透光区域的线宽(即掩模版上透光部分的线宽必须比设计要求的尺寸更大)。这样，显影后光刻胶上沟槽的宽度必然太大。为了补偿这种变化，随后对光刻胶上的沟槽做收缩处理，即减小沟槽的宽度，使之符合设计要求的尺寸。

文献[7]在两次显影之后，使用 RELACS^{TM}(一种减小光刻胶沟槽宽度的工艺)来收缩沟槽尺寸达到目标值。曝光的工艺条件为: 0.85NA 的 193i 光刻机，光刻胶厚度 150nm，BARC 厚度 33nm。通过调整 RELACS^{TM} 烘焙的温度，光刻胶上的沟槽宽度的收缩范围可达 20～40nm。衬底上的硬掩模是 TaN。目标尺寸为 50nm 的 1∶1 密集线条。实验对掩模线宽的添加值与 RELACS^{TM} 工艺的收缩值做了调整优化，以使得光刻的工艺窗口为最大。为了在光刻胶上实现周期为 200nm、沟槽宽度为 50nm 的图形，掩模上的图形周期是 200nm，但对应沟槽的线宽则是 104nm。光刻显影后，光刻胶上沟槽的宽度是 76nm；RELACS^{TM} 工艺可以收缩 24nm，最终达到 50nm。图 10.12 是整个工艺完成后衬底的电镜照片。

收缩工艺的引入，使得双重图形的制程更加复杂。作为替代的方法，提出了使用亮场掩模版和负光刻胶来制备沟槽图形(见图 10.13)。相同特征尺寸时，亮场掩模的成像对比度远好于暗场掩模的，因此具有更大的工艺窗口。该方法的挑战在于需要在负性光刻胶上曝光，而 193nm 负性光刻胶的性能(如分辨率、膨胀系数、边缘粗糙度等)尚远差于正性光刻胶。

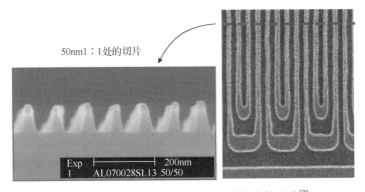

图 10.12 经过刻蚀后图形在衬底上的电镜照片[7]

该图形为 50nm 1:1 密集线条，经过两次曝光和 RELACS™ 制程后得到

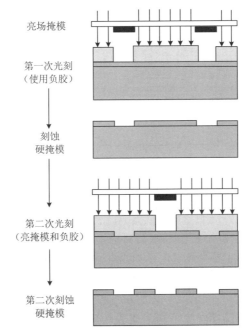

图 10.13 使用亮掩模和负性光刻胶来实现 LELE 的工艺流程示意图

文献[8]使用 0.85NA 光刻机和亮场掩模版对负光刻胶进行了评估。沟槽的目标尺寸为 50nm 宽、220nm 周期。图 10.14 给出了这一光刻工艺的工艺窗口和电镜照片。在 5% EL 处，DOF 约为 0.17μm（见图 10.14(a)）。经过等离子体刻蚀后，光刻胶上的沟槽图形被转移到厚度为 35nm 的 SiN 硬掩模层（见图 10.14(b)）。使用相同的工艺做第二次光刻和等离子体刻蚀，最终在硬掩模层上得到周期为 110nm 线宽为 50nm 的沟槽（见图 10.14(c)）。

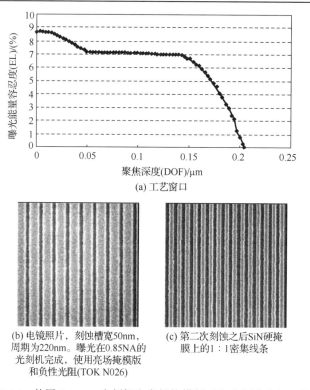

(a) 工艺窗口

(b) 电镜照片，刻蚀槽宽50nm，周期为220nm。曝光在0.85NA的光刻机完成，使用亮场掩模版和负性光阻(TOK N026)

(c) 第二次刻蚀之后SiN硬掩膜上的1:1密集线条

图 10.14 使用 0.85NA 光刻机和亮场掩模版对负光刻胶进行评估[8]

10.3.2 使用负显影实现双沟槽

在 20nm 以下技术节点的逻辑器件中，使用得最多的是负显影技术(negative tone develop)。该技术仍然使用亮场掩模版(具有更好图像对比度)和正胶(比负胶更成熟，性能更好)；但是，使用负性显影液对正光刻胶进行反向显影。正胶在负性显影液中，曝光的部分保留下来，而不曝光的部分则溶解在显影液中。正性显影液(常规的 TMAH 水溶液)和负性显影液功能的区别如图 10.15 所示，图中的胶都是正胶。

负性显影液是极性有机溶剂。光刻胶曝光和烘烤后，激发了去保护反应(de-protection reaction)，使聚合物的极性发生了变化，不溶于负显影液。因此，显影液的极性参数是控制溶解对比度的关键。几种有机溶剂已经被评估作为负性显影液。一个好的负性显影液必须能快速溶解受保护的聚合物，但是对未受保护的聚合物则具有非常低的溶解速度。此外，显影液不应使光刻胶发生膨胀，且显影速率对聚合物中的分子比重相对不敏感。图 10.16 显示光刻胶在标准水溶显影液与负性有机显影液中的显影速率[9]。其对比了经过曝光和未经过曝光的显影速率(曝光剂量为 15mJ/cm^2)。相同的光刻胶在负性显影液中具有 1.3×10^3 的显影对比度，而在正性显影液中则具有 1.3×10^5 的显影对比度。

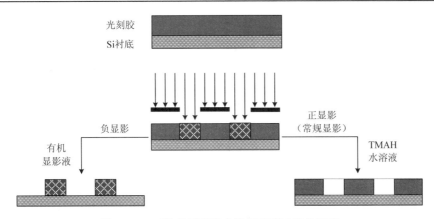

图 10.15　正性显影液和负性显影液功能的区别

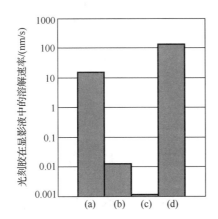

图 10.16　ArF 光刻胶显影对比度((a)不经过曝光，负性显影液；(b)经过曝光(剂量 15mJ/cm²)，负性显影液；(c)不经过曝光，TMAH 显影液；(d)经过曝光(剂量 15mJ/cm²)，TMAH 显影液)[9]

对暗场掩模版+正胶+正显影(常规显影)与亮场掩模版+正胶+负显影的曝光结果做了对比。曝光使用相同的光刻机，相同的光照设置(0.85NA)，相同的光刻胶。掩模上图形的周期是 240nm；沟槽的宽度是 60nm，分别添加 0、15、30nm 的偏置值。实验得到的结果如图 10.17 所示。对不同曝光条件下图像的对比度也做了计算，结果分别列在对应的电镜照片下面。理论和实验结果都说明，负显影工艺可以为沟槽曝光提供更大的工艺窗口。

对于通孔层的曝光，NTD 工艺同样比常规显影(正显影)工艺提供更大的工艺窗口。使用 1.35NA 的光刻机，相同的光照条件和光刻胶，进行常规显影和负显影的对比实验。掩模上的图形尺寸是 45nm，周期是 90nm。实验结果如图 10.18 所示。亮场掩模+负显影工艺不仅能提供更好的成像对比度，而且 MEEF 也较小。

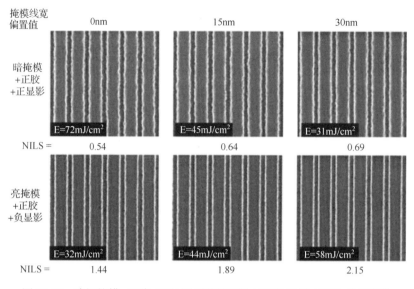

图 10.17 暗场掩模+正胶+正显影(常规显影)与亮场掩模+正胶+负显影的
曝光结果(图中的 NILS 是计算获得的结果)

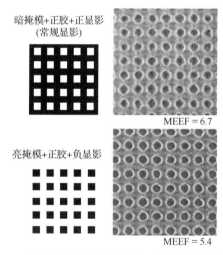

图 10.18 常规显影工艺与负显影工艺在通孔层的对比[10]
掩模图中黑色代表不透光区域,白色代表透光区域

10.3.3 双线条光刻技术

在双线条制程中,硬掩模层只能用于传递第一次光刻胶图形,因为第一次刻蚀完成后,硬掩模只剩下与第一次光刻对应的图形了。第二次刻蚀的掩模就是第二层光刻胶自身图形(见图 10.19)。与双重沟槽(见图 10.11)相比,本工艺省略了第二次硬掩模的等离子体刻蚀。

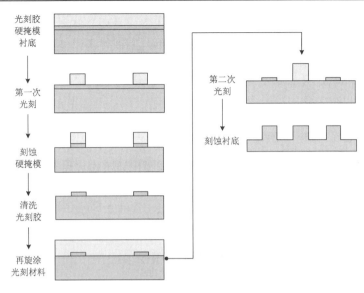

图 10.19　双重线条技术的工艺流程示意图

双线条工艺首先在多晶硅上演示成功(见图 10.20)[11]。使用 0.85NA 的 193nm 浸没式光刻机以及双极照明条件制备了周期为 65nm 的 1∶1 线条。制程中每个步骤后的电镜照片和切片照片如图 10.20 所示。在第一次图形成像过程中，衬底是平的，但在第二次曝光时，衬底上已经有硬掩模图形，表面不再平坦。该工艺的另一个特征是刻蚀在硬掩模上的图形(第一次光刻产生的)必须经历第二次刻蚀。最终，衬底上具有成倍的线条密度，一套线条来自于硬掩模，是第一次光刻产生的；而另一套来自于第二次光刻的图形。这两套线条在电镜中具有不同的对比度，如图 10.20 所示。

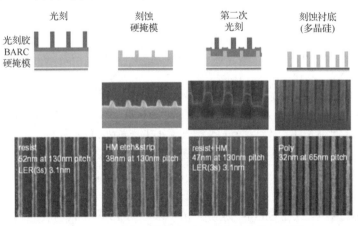

图 10.20　双线条工艺的步骤及对应的电镜照片[11]

为了避免这两套图形的不一致，可以使用双硬掩模技术。在该方法中，衬底表面有两层硬掩模（HM1 和 HM2）。第一次光刻的线条被等离子体刻蚀转移 HM1 上；第二次光刻工艺之后，光刻胶图形和 HM1 上的图形一同被等离子体刻蚀转移到 HM2 上。最后，HM2 上的图形（两次曝光图形的叠加）再经等离子体刻蚀转移到衬底上。使用该方法可以得到更好的线宽均匀性，制程控制更加容易。

10.3.4　含 Si 的光刻胶用于双线条工艺

在双线条工艺中，硬掩模上的图形和第二次光刻胶上的图形一同构成了所要的目标图形，被等离子体刻蚀转移到衬底上。一般硬掩模通常为含硅薄膜（SiN 或 SiO₂），而光刻胶通常为有机聚合物。在相同条件下，这两种材料的刻蚀速率完全不同。为了解决该问题，含硅的光刻胶被开发，用于第二次光刻。含硅光刻胶在等离子体中的刻蚀速率与含硅硬掩模材料基本相同，能够保证第二次等离子体刻蚀得到的线宽的均匀性。

10.3.5　双线条工艺中 SiARC 作为硬掩模层

在 193i 的光刻工艺中，旋涂的 SiARC 和旋涂碳（SOC）结合已经被用于代替 CVD 生长的 DARC/a-C（APF^{TM}）。SiARC/SOC 也可以用于双线条工艺，代替 CVD 生成的硬掩模。图 10.21 给出了该工艺的流程示意图。经过第一次曝光和等离子体刻蚀之后，图形被存储在 SiARC 上。第二次光刻所需要的 SiARC/SOC 被涂覆于第一次的 SiARC 层上。在第二次曝光后的图形经等离子体刻蚀之后，与第一次 SiARC 上的图形一同转移至最下面的 SOC 层上。该流程已经得到了实验验证[12]：实验中，第一次光刻用 SiARC 和 SOC 的厚度分别为 82nm 和 160nm，第二次光刻用 SiARC 和 SOC 的厚度分别为 82nm 和 90nm。这些厚度经过了优化，以获得最佳的光反射控制。曝光使用 1.35NA 光刻机、双极照明条件，最终线条的周期是 75nm。图 10.22 给出了各阶段的电镜照片，并包含了最终图形的切片照片。

该工艺具有两个挑战。首先，SiARC 必须与光刻胶兼容，SOC/SiARC/光刻胶的组合必须具有非常好的光刻性能。其次，第二次旋涂的光刻胶及烘烤工艺不能导致已经存在的 SiARC 线宽改变。

针对 SiARC 的一些缺点，文献[13]提出了使用 PVD 生成的氮氧化硅（silicon oxynitride，SiO$_x$N$_y$，也叫 DARC）作为记忆图形的硬掩模。不选用 CVD 来生成 SiO$_x$N$_y$ 的原因是：CVD 使用 SiH₄ 作为反应气体之一，生成的 SiO$_x$N$_y$ 硬掩模中含有大量的 H-N[14]。H-N（即胺）对光刻胶有毒害作用，导致光刻胶图形的 "footing"。PVD 生成的氮氧化硅中不含 H，所以对光刻胶没有毒副作用。文献[13]使用美国应用材料（Applied Materials）的 Endura® PVD 设备，溅射 Si 靶时通入 O₂/N₂ 反应气体，可以生成 n=1.7、k=0.05 不含 H 的 SiO$_x$N$_y$ 薄膜。这一 SiO$_x$N$_y$ 薄膜的光学常数与 193nm 光刻胶的相同，也就是说，光刻胶/SiO$_x$N$_y$ 的界面处不存在光学参数的跃变。在光学上，SiO$_x$N$_y$ 薄膜是看不见的，因此，又被称为 I-mask（invisible mask）。图 10.23 是这种 SiO$_x$N$_y$ 薄膜作为 LELE 工艺中存储图形的硬掩模示意图。SiO$_x$N$_y$ 硬掩模下的材料是 SiARC 和 SOC。文献[13]中的

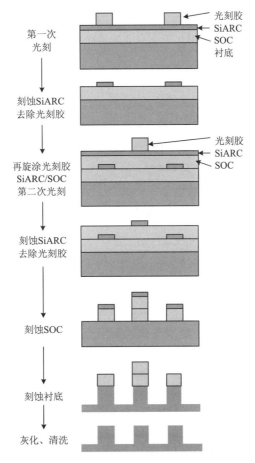

第一次光刻

刻蚀SiARC
去除光刻胶

再旋涂光刻胶
SiARC/SOC
第二次光刻

刻蚀SiARC
去除光刻胶

刻蚀SOC

刻蚀衬底

灰化、清洗

光刻胶
SiARC
SOC
衬底

光刻胶
SiARC
SOC

图 10.21　SiARC 作为双线条工艺的硬掩模流程示意图

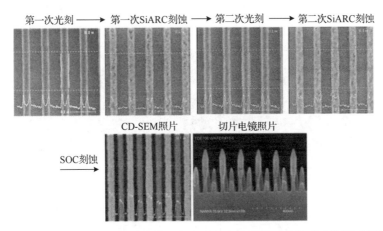

第一次光刻 —— 第一次SiARC刻蚀 —— 第二次光刻 —— 第二次SiARC刻蚀

CD-SEM照片　　　切片电镜照片

SOC刻蚀

图 10.22　使用 SiARC 做刻蚀掩模的双线条成像各阶段电镜照片，最终形成的图形周期为 75nm[12]

光刻材料结构为 100nm 光刻胶/40nm SiO$_x$N$_y$/35nm SiARC/100nm SOC/Si 衬底。使用 193i 负显影和 LELE 工艺，成功实现了周期为 64nm 的密集图形。

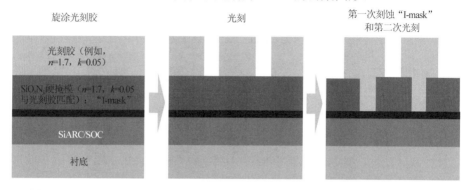

图 10.23　PVD 生成的 SiO$_x$N$_y$ 薄膜作为 LELE 工艺中存储图形的硬掩模示意图[13]

10.3.6 "LE+Cut" 工艺

这一节专门介绍 "LE+Cut" 工艺：先使用光刻 (L) 和刻蚀 (E) 形成一维的线条，然后再使用另一次光刻和刻蚀对一维线条做切割，实现所要的图形 (见图 10.24 (a))。显然，"LE+Cut" 工艺比较适用于光刻层图形是一维的线条。第二次光刻和刻蚀只对线条做切割，并不增加线条的分辨率；"LE+Cut" 实现的图形分辨率由第一次光刻提供，这是 "LE+Cut" 与 "pitch splitting" 的主要差别。1.35NA 的 193i 光刻可以实现最小为 38nm 1 : 1 (线宽/间距) 的一维线条，所以 "LE+Cut" 工艺可以支持周期大于 76nm 的一维设计。第二次光刻 (cut) 的难度主要在于保持与第一次图形的对准，它们之间的套刻误差必须小于线条之间距离 (S) 的一半[15]。详细分析如图 10.24 (b) 所示：基于分辨率的考虑，切割图形的长度 (L_{cut}) 一般设计为密集线条周期的一半，即 ($L+S$)/2；这也是为了保证切割图形与被切割的线条之间有较大的重叠。切割图形与相邻线条边缘之间的最大距离就是 S/2，因此，切割图形曝光时的套刻误差必须小于 S/2。

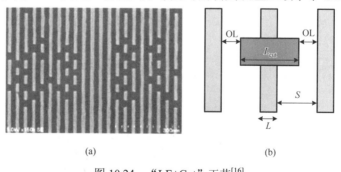

(a)　　　　　　　　　　　　　(b)

图 10.24　"LE+Cut" 工艺[16]

随着网格化设计规则 (gridded design rules，GDR) 的采用，"LE+Cut" 工艺得到了

广泛的应用，特别是在逻辑器件中的浅沟槽绝缘层(shallow trench insulation)和栅极层(gate)。32nm 至 14nm 逻辑技术节点的浅沟槽绝缘层和栅极层光刻基本上都是依靠"LE+Cut"工艺来实现的。

这里介绍的一维线条是由光刻和刻蚀产生的(即 LE 工艺)，而实际上一维线条也可以由其他办法来产生。特别是当要求一维线条的半周期小于 38nm 时，一维线条就必须用 LELE 或 SADP 来产生，然后再做切割。

10.3.7　光刻机对准偏差和分辨率对 LELE 工艺的影响

LELE 依靠两次曝光来实现所需要的图形，这两次曝光的相对位置必须严格控制。两次曝光之间的对准偏差会直接影响线宽及其均匀性。如图 10.25 所示，假设第二次曝光与第一次曝光产生的套刻误差是 Δ，第二层图形在硬掩模上偏移 Δ，其所产生的直接结果是使线条尺寸从目标尺寸 CD 变为 CD±Δ。对于 45nm 半周期节点，最小的线条尺寸为 45nm，如果可以接受的 CD 变化范围为 10%，那么套刻误差必须被控制在小于 4.5nm 的范围内。目前，光刻机供应商正在不断提高 193nm 浸没式光刻机的对准精度，以满足双重曝光工艺的要求。

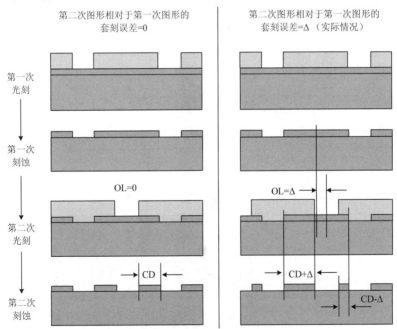

图 10.25　双重光刻工艺中，套刻误差使线条 CD 变化，并使图形的放置位置发生错误

仔细分析双重光刻技术的流程可以发现，无论使用哪种双重光刻技术，都将得到两组线条。其中，一组由第一次光刻工艺获得，而另一组则由第二次光刻工艺获得。两组线条可能具有不同的平均宽度、高度和线宽分布。图 10.26 给出了同一晶片上的

线条宽度分布测量结果，可以看到第一组线条和第二组线条的宽度分布存在偏差，该偏差导致硅片线条宽度均匀性的退化。这一偏差可能来源于：①两次曝光形成的线条宽度不同；②两次曝光的对准偏差；③两组图形不同的刻蚀流程。光刻工程师必须对工艺步骤进行适当调整，尽量减少这些偏差。

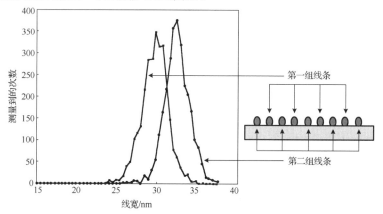

图 10.26　经双线条光刻工艺得到的同一晶片上的线条宽度分布测量结果[17]

　　除了严格的对准误差控制外，双重光刻制程还要求光刻机有更好的图像质量。双重光刻工艺制程的使用虽然使得每次曝光图形的周期增大了一倍，但是对线宽的要求并没有降低。例如，制备周期是 64nm 的密集线条(32nm/32nm)，每次光刻图形的周期增大为 128nm，然而图形的线宽仍为 32nm 左右，即每次光刻必须实现 32nm/96nm 的稀疏图形(1:3)。因此，用于双重光刻制程的光刻机除了必须有较小的对准偏差外，还必须具有更小的图形畸变、更好的图像质量和更高的稳定性[18]。

　　如果光刻工艺控制不够严格，那么每次曝光的线宽偏差和第二次曝光相对于第一次图形的套刻误差都将导致最终图形局部周期的起伏。这种情况被业界称为周期移动(pitch walk)[19]。图 10.27 说明了第二次曝光套刻误差对周期移动的影响。

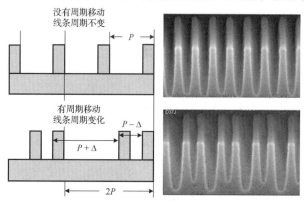

图 10.27　第二次曝光套刻误差对周期移动的影响[20]

10.4　三重光刻技术(LELELE)

10nm 节点逻辑器件的第一层金属(Metal 1)中图形的最小周期是 44~48nm，必须使用三重图形叠加，因为两重图形的叠加(LELE)已经不能满足分辨率的要求。10nm 节点的其他关键光刻也需要三重成像，才能满足分辨率的要求。考虑到逻辑器件图形的复杂性，LELELE 工艺是首选。从工艺流程来说，LELELE 与 LELE 差别不大，无非是再增加一次光刻和刻蚀(LE)；LELELE 的难度主要是如何做图形的拆分(pattern decomposition)，即如何把图形拆分到三张掩模上可以得到最佳的工艺窗口。目前用得比较多的是对双重光刻获得的线条(两次 LE)再做切割的技术，即"LELE+Cut"。

双重线条再加切割技术是指先用 LELE 来实现高分辨的密集线条，然后再用 LE 来切割这些线条，得到所要的图形。如图 10.28 所示，第一次光刻的图形(使用亮掩模)经刻蚀被记录在硬掩模(在 HM)上；第二次光刻(也是使用亮掩模)生成的光刻胶图形与 HM 上的图形一起被刻蚀到衬底上。第三次光刻(使用暗掩模)把线条上需要被切割的部分露出，刻蚀后得到最终的图形。

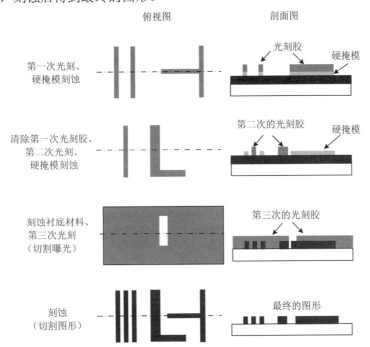

图 10.28　双重线条再加切割技术示意图[21]

第一次和第二次光刻都使用亮掩模，第三次光刻使用暗掩模

这种双重线条再加切割的三重光刻技术非常适用于 10nm 逻辑器件的栅极层。栅极是一系列平行的多晶硅线条，这些线条必须在指定的位置处断开。前面两次 LE 被

用来生成平行的多晶硅线条，第三次 LE 在指定的位置处切断这些线条。图 10.29 表示了 10nm 逻辑器件栅极层图形的拆分方法(三个掩模)，这种拆分方法使得双重线条再加切割技术的应用成为可能。

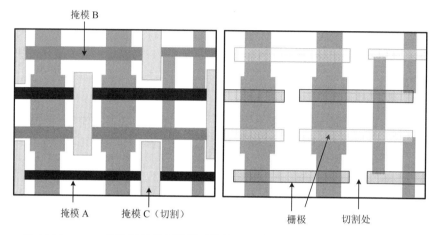

掩模 B

掩模 A　　　　　掩模 C (切割)　　　　　　　　　栅极　　　　切割处

图 10.29　10nm 逻辑器件栅极层图形的拆分示意图(图中的黄色区域是由前序工艺完成的 "active area")(见彩图)[21]

10.5　自对准双重成像技术(SADP)

多重曝光或光刻制程使用多次独立的曝光，每次曝光产生图形的一部分。这些图形最终通过刻蚀一起转移到衬底上，实现空间图形的叠加。相比较而言，自对准双重成像技术(self-aligned double patterning，SADP)具有完全不同的思路：一次光刻完成后，相继使用非光刻工艺步骤(薄膜沉积、刻蚀等)实现对光刻图形的空间倍频。最后，使用另外一次光刻和刻蚀把多余的图形去掉。因此，SADP 工艺的难度主要是如何对光刻、刻蚀和薄膜沉积等工艺做集成。对设计工程师也有新的挑战，设计的版图必须符合一定的规则；换言之，只有符合一定规则的设计才适合使用 SADP 工艺。

SADP 的关键工艺流程如图 10.30 所示：先在衬底表面沉积一层牺牲材料(sacrifice layer)，一般是 CVD 材料；然后进行光刻和刻蚀，把掩模上的图形转移到牺牲材料层上。牺牲材料上的图形又被称为"mandrel"或"core"。使用原子层沉积技术(atomic layer deposition，ALD)在"mandrel"的表面和侧面沉积一层厚度相对比较均匀的薄膜(称为"spacer"材料)。使用反应离子刻蚀工艺把沉积的"spacer"材料再刻蚀掉，这个步骤被称为"etch back"。由于"mandrel"侧壁的几何效应，沉积在图形两侧的材料会残留下来，形成所谓的"spacer"。使用选择性强的腐蚀液把"mandrel"去掉，只留下"spacer"在衬底表面。"spacer"图形的周期是光刻图形的一半，实现了空间图形密度的倍增。最后，再使用等离子刻蚀把"spacer"图形转移到衬底里的硬掩模上。有些文献又把这种技术叫做侧壁成像工艺(sidewall imaging process，SIP)。

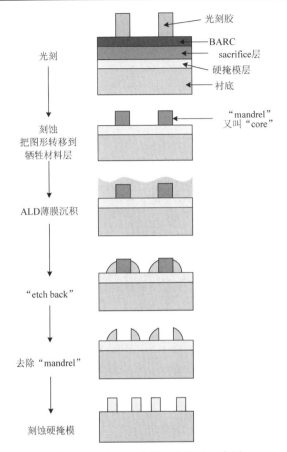

图 10.30　SADP 关键工艺流程示意图

　　"mandrel"、"spacer"和硬掩模材料的选取是工艺成功的关键，它们必须保证有较好的刻蚀选择性。例如，"mandrel"材料可以是多晶硅，"spacer"材料可以是 SiO$_2$，而衬底上的硬掩模可以是 SiN。掩模上的图形可以设计成占空比(线宽：间距)为 1:3 的图形；通过精确调整 ALD 和"etch back"的工艺参数，可以使得"spacer"的宽度与"mandrel"线宽一样，最后在硬掩模上形成 1:1 的图形，实现空间频率加倍。

　　文献[22]系统研究了 SADP 工艺中光刻胶线宽对最终图形尺寸的影响，其结果绘制于图 10.31 中。该图显示，衬底上图形的线宽($L1$ 和 $L2$)与曝光剂量无关；而衬底上线条之间的间距($S1$ 和 $S2$)对曝光剂量的变化很敏感。这个结果是在预期中的，因为 $S1$ 和 $S2$ 是由"mandrel"两边的"spacer"产生的，它们的大小主要受"mandrel"侧壁的高度和形状、ALD 沉积的厚度和"etch back"的参数影响，而对"mandrel"的宽度不敏感。$S1$ 对应"mandrel"的宽度，它是由光刻胶的线宽决定的，当然对曝光剂量很敏感。$S2$ 对应相邻的两个"spacer"之间的距离。$L1+S1+L2+S2$ 应该等于掩模上图形的周期，$S1$ 的减小必然导致 $S2$ 的增大。

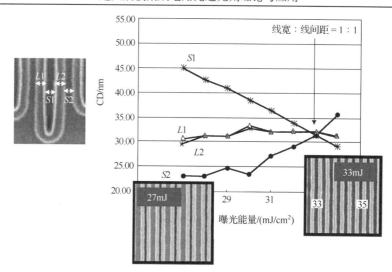

图 10.31　SADP 工艺得到的线条宽度不受曝光能量影响,而线条之间的间距与曝光能量呈线性关系[22]

　　从光刻角度来说,占空比(线宽:线间距)1:3 图形的工艺窗口较小。例如,使用 1.35NA 的 193i 光刻几乎无法实现 20nm 线宽:60nm 间距图形。实际工艺中,一般把 "mandrel" 掩模设计成接近 1:1 的图形(这样可以有较大的光刻工艺窗口),然后对线条做 "瘦身"(trim)刻蚀,得到 "mandrel" 所要的宽度。这一 "trim" 刻蚀可以是直接对光刻胶进行,也可以是对 "mandrel" 进行。因此, "trim" 也是 SADP 中常用的工艺。

　　SADP 工艺的另一个关键是 "spacer" 材料的沉积。与传统的光刻工艺不同,SADP 的线宽及其均匀性与 "spacer" 沉积的条件有关。 "spacer" 的厚度直接影响到刻蚀后的线宽。因此, "spacer" 沉积的工艺必须稳定可靠。高温对 "mandrel" 和衬底上已经存在的结构可能存在危害,所以 "spacer" 沉积时的温度必须低于一个临界值,这个临界温度与 "mandrel" 的材质相关联。特别是在 BEOL,器件已经完全制备在衬底中,高于 300℃的烘烤就可能对器件性能产生损伤。 "spacer" 是紧贴在 "mandrel" 侧壁的,因此希望薄膜是随着晶圆表面微结构的起伏而均匀沉积,即各向同性的沉积(conformal deposition)。然而,大部分薄膜沉积技术(如 PVD、PECVD)都具有各向异性的特征,即面对材料源的微结构表面(mandrel 的顶部和底部)有较厚的材料沉积,而侧壁处则只有少量材料沉积。而且,材料沉积的厚度还与衬底上图形的密度(即线宽/线间距)等有关,即所谓的 "micro-loading effect"。目前最常用的 "spacer" 沉积是低温原子层沉积技术。ALD 技术使得原子一层一层的缓慢堆积在衬底上,它可以在较低的温度下实现非常均匀的薄膜沉积。ALD 技术的缺陷是产能较低,成本较高。ALD 设备供应商不断改进,最近推出了各种提高产能降低成本的新技术,如催化作用下的 ALD(catalytic ALD)。

　　值得注意的是,SADP 工艺完成后必须有一个切割的工艺,因为 SADP 产生的图形中有一些无用的部分,这些无用的图形必须被去掉。图 10.32(a)是一个 "mandrel"

图形，SADP 工艺制备的"spacer"环绕"mandrel"四周，形成闭环(见图 10.32(b))。显然，闭环图形的两头必须被去掉，才能实现所需要的 1:1 密集线条。切割工艺是通过使用一个切割掩模(cut mask)光刻来实现的。把需要的图形用光刻胶覆盖上，不需要的图形裸露出来，然后刻蚀掉。

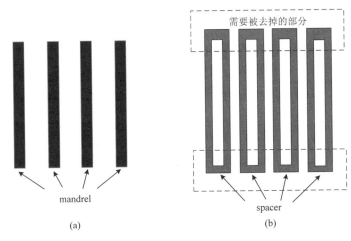

图 10.32 (a)为 SADP "mandrel"设计的版图和(b)SADP 工艺产生的"spacer"图形

SADP 制程已经被用于量产，特别是在存储器件制备中。存储单元是由规则密集线条构成的，非常适合 SADP 工艺的使用。各个晶圆厂也对 SADP 的工艺做了各种改动，以降低成本提高良率。图 10.33 是所谓的"负 SADP"工艺，它对标准的 SADP 工艺(见图 10.30)做了改动。负 SADP 流程是在"spacer"形成后回填"sacrifice"材料，磨平后(CMP)再把"spacer"刻蚀掉，留下的"mandrel"就实现了周期的倍频。

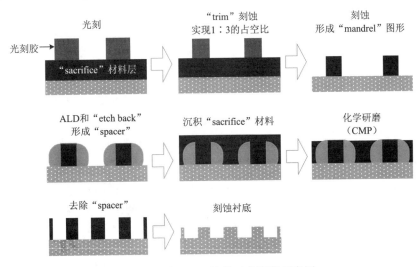

图 10.33 "负 SADP"的工艺流程示意图

文献[23]对 SADP 工艺做了进一步改动，提出了一个 ASDP（anti-spacer double patterning）工艺流程，如图 10.34 所示。ASDP 可以看成是 SADP 的反向操作：①第一次光刻（L1）完成，形成光刻胶图形；②在光刻胶图形表面旋涂上一层 ASG（anti-spacer generator）材料；③烘烤，使得 ASG 的成分扩散到光刻胶中，在光刻胶表面形成一个去保护层（a de-protected shell），又叫 DAS（de-protected-anti-space）；④把多余的 ASG 材料冲洗掉；⑤旋涂另外一种聚合物材料（L2），然后烘烤；⑥使用标准的 TMAH 显影液对 DAS 层和 L2 材料表面层做显影，得到最终的图形。本工艺可行性的关键是这些新材料的设计和工艺参数的优化：ASG 材料必须使得光刻胶 L1 表面形成能溶解于 2.38% TMAH 的 DAS 层；DSA 的厚度可以由 ASG 的浓度和烘烤温度来调节。

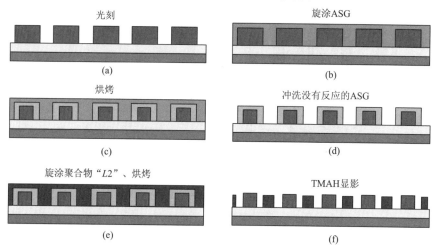

图 10.34　"ASDP" 工艺流程的示意图[23]

10.5.1　a-C 做 "mandrel" /SiN 或 SiO_2 做 "spacer" /SiO_2 或 SiN 做硬掩模

该工艺基于 CVD 沉积的 DARC 和 a-C 薄膜，如图 10.35 所示。DARC（dielectric anti-reflection coating）是用 CVD 技术沉积的主要含有 Si 和 O 的薄膜，其功能既可以作为刻蚀硬掩模，也可以作为曝光时的抗反射层。在衬底表面（有待刻蚀的介电材料层）使用 CVD 技术按顺序沉积 SiO_2（作为刻蚀用掩模，即 "etch mask"）、a-C 和 DARC；然后旋涂 BARC 和光刻胶，完成光刻工艺。对衬底上的光刻胶图形做一系列的刻蚀处理，包括 "trim"、"BARC open"、"DARC open"、"a-C open"，最后清除残留的 DARC。在 a-C 的图形（mandrel）上使用 ALD 技术沉积 "spacer" 材料（SiN），可以是低温沉积工艺（low temperature ALD）。对 "spacer" 材料做 "etch back"；再使用湿法工艺把 a-C "mandrel" 去掉。"spacer" 作为 "etch mask"，把图形转移到 SiO_2 硬掩模上，最终完成对介电材料的刻蚀。这个工艺也可以用另一种材料的组合，即先沉积 SiN 在衬底上做刻蚀的硬掩模，ALD 技术沉积 SiO_2 作为 "spacer"。

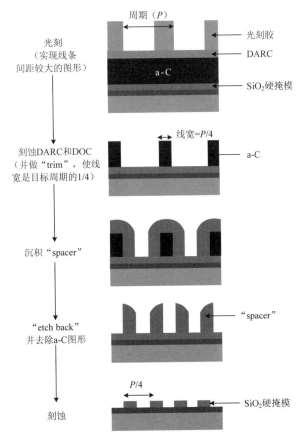

图 10.35 基于 CVD 沉积的 DARC/a-C 薄膜的 SADP 工艺流程

最近的发展趋势是使用 SiARC 和 SOC 取代上述工艺中的 DARC 和 a-C，因为 SiARC 和 SOC 是旋涂的材料，工艺便宜，厚度容易调整。文献[24]发表了有关实验结果，他们的材料结构如图 10.36 (a) 所示。由于光刻胶与 SiARC 具有良好的匹配性，BARC 层被省略了。与图 10.35 中的工艺对照，SiARC 取代 DARC，SOC 取代 a-C (又叫 APF)，其余工艺步骤均不变。由于 SOC 是旋涂的有机材料，需要考虑在沉积 "spacer" 材料(SiN)时的 $300 \sim 400^{\circ}C$ 高温是否会损伤 "mandrel" 图形。文献[24]选用一种典型的 SOC 材料(JSR HM8014™)，SiN 的沉积温度在 $300 \sim 400^{\circ}C$，"mandrel" 的变形可以忽略(见图 10.36 (b))。

10.5.2 光刻胶图形做 "mandrel"/SiO₂ 做 "spacer"/a-C 做硬掩模

不使用牺牲层，"spacer" 材料直接沉积在光刻胶图形上，"etch back" 后，在光刻胶线条的侧壁形成 "spacer"。"spacer" 材料为 SiO_2，通过低温工艺进行沉积。文献[25]发表了实验结果，衬底上用 CVD 沉积了 a-C 作为最后刻蚀的硬掩模。90nm 光刻胶和 80nm BARC 直接旋涂于 a-C 上。图 10.37 给出了该制程的切片电镜照片。这个工艺的关

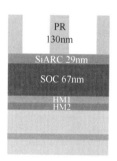 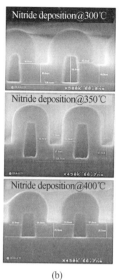

(a)　　　　　　　　　　　(b)

图 10.36　（a）用于 SADP 的 PR/SiARC/SOC 多层材料结构示意图
和（b）不同 SiN 沉积温度下的切片电镜照片[24]

键是必须对光刻胶图形做"瘦身"刻蚀和低温沉积 SiO_2。"trim"不仅可以使光刻胶线宽达到"mandrel"的要求，还可以大大改善光刻胶线条的边缘粗糙度（LER 减少 1/2 左右）。由于光刻胶是有机材料，SiO_2 沉积的温度必须小于 120℃，否则光刻胶会软化变形。

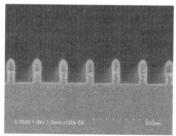 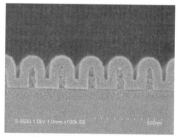

(a) 光刻与BARC open/Trim之后(光刻胶厚度90nm，BARC厚度80nm，光刻胶线宽50nm，周期200nm)　　(b) 在光刻胶图形上进行氧化物沉积(氧化物厚度55nm，衬底温度不高于100℃)

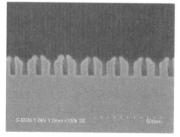 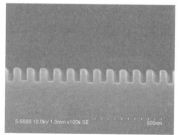

(c) "etch back"和去除光刻胶"mandrel"后的"spacer"图形　　(d) 经最终刻蚀后形成的图形(图形高度120nm，线条宽度50nm，周期100nm)

图 10.37　光刻胶用作"mandrel"材料的电镜照片[25]

TEL 对光刻胶"mandrel"和 SOC"mandrel"的 SADP 工艺做了对比,如图 10.38(a)所示。光刻材料从上到下依次是 75nm 厚的 FAiRS-E15B^{TM}(光刻胶)、30nm 厚的 SHB-A940^{TM}(SiARC)、100nm 厚的 ODL101^{TM}(SOC)旋涂在沉积有 50nm a-Si 薄膜的 Si 衬底上。"mandrel"曝光首先得到 40nm 1∶1 线条,SADP 工艺后衬底上实现 20nm 1∶1 线条。显然,光刻胶作为"mandrel"更加节省整个流程的时间和成本,如图 10.38(b)所示。实验结果还显示,光刻胶"mandrel"的工艺窗口比 SOC"mandrel"的工艺窗口大 30%左右;但是,光刻胶"mandrel"("trim"后)的线宽粗糙度(LWR)比 SOC"mandrel"的线宽粗糙度大 10%左右。

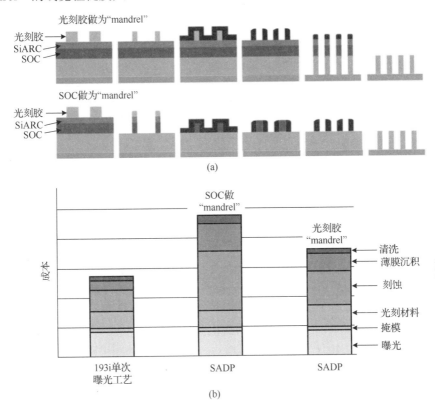

图 10.38　(a)光刻胶 mandrel 和 SOC mandrel 的 SADP 工艺流程对比和(b)这两种 SADP 工艺流程的成本对比

10.5.3　SiO$_2$ 做"mandrel"/TiN 做"spacer"/SiN 做硬掩模

TiN 是 BEOL 制程中常用的一种 CVD 材料。文献[26]提出了在 BEOL 光刻层中使用 SiO$_2$ 做"mandrel"、TiN 做"spacer"、SiN 做硬掩模的 SADP 工艺。图 10.39 是该工艺的基本流程,其中使用了两层硬掩模(SiN 和 TiN)以增加刻蚀时的选择性。文献[26]给出了刻蚀后图形的切片照片,但看起来并不理想,还需要进一步改善工艺。

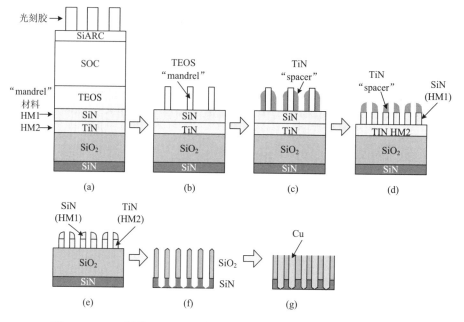

图 10.39　TiN 用着"spacer"的 SADP 流程（SiARC 可以使用 SHB^TM 系列产品，SOC 可以使用 ODL^TM 系列产品）

10.5.4　自对准技术在 NAND 器件中的应用

NAND 存储器件的栅极是由非常小的密集线条构成的，这些线条分别连接到较大的"pad"上，形成所谓的"christmas tree"结构（见图 10.40（d））。这种图形非常适合 SADP 工艺[27]。图 10.40（a）是"mandrel"的掩模示意图，经 SADP 工艺后，得到（b）中的"spacer"图形。使用切割掩模（又叫"trim"或"cut"掩模）把不需要的部分去除，如图 10.40（c）所示。最后使用"pad"掩模实现"landing pad"和周边的结构（periphery）。

SADP 比 LELE 方案的突出优点在于其对于套刻误差的容差更大。按照 ITRS 定义，SADP 允许的套刻误差上限为（34.4%×半周期），而 LELE 所允许的套刻误差上限是（12%×半周期）。显然，SADP 对光刻机对准精度的要求比 LELE 要低。但是，SADP 工艺带来的另一个问题是光刻机对准标识和套刻误差测量标识的畸变[28]。例如，"mandrel"掩模上的 BiB（bar-in-bar）标识，在 SADP 工艺完成后，其边框也变成了双线结构。在随后的套刻误差测量时，这些双线结构的标识会造成图形识别困难，引入附加的测量误差。为此，测量程序必须有针对性地优化；甚至需要设计"SADP-friendly"的标识。

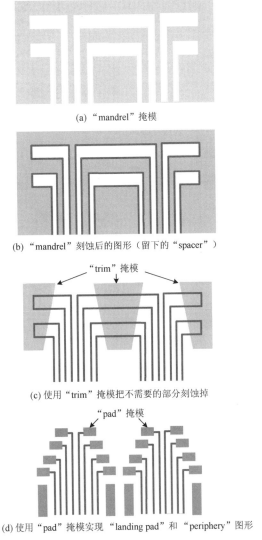

(a) "mandrel" 掩模

(b) "mandrel" 刻蚀后的图形（留下的 "spacer"）

(c) 使用 "trim" 掩模把不需要的部分刻蚀掉

(d) 使用 "pad" 掩模实现 "landing pad" 和 "periphery" 图形

图 10.40　使用 SADP 实现 NAND 栅极光刻的示意图[27]

10.5.5　自对准的重复使用（SAQP，SAOP）

　　把 SADP 产生的线条作为 "mandrel" 重复 SADP 的工艺可以把掩模版上图形的周期缩小 4 倍。这种连续两次 SADP 的工艺又叫 SAQP（self-aligned quadruple patterning），如图 10.41 所示。图 10.41 中，最后在衬底上得到的线条之间的间距 1 和 3 对应第一次 SADP 中的 "spacer"，它们应该具有相同的平均值和分布特征，并对光刻曝光的剂量不敏感。间距 2 对应第一次 SADP 的 "mandrel"，而第一次 SADP 的 "mandrel" 是由对光刻胶刻蚀而产生的,因此它对曝光的剂量很敏感。同时,第二次 SADP 中的"spacer"

沉积参数也对间距 2 有影响。间距 4 对应第一次 SADP 中"mandrel"之间的间距，它对光刻的剂量也很敏感。

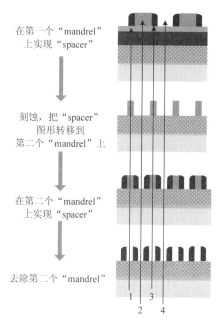

在第一个"mandrel"上实现"spacer"

刻蚀，把"spacer"图形转移到第二个"mandrel"上

在第二个"mandrel"上实现"spacer"

去除第二个"mandrel"

图 10.41　SAQP 的工艺流程示意图(最后得到的图形之间的间距 1～4 分别对应于第一次
SADP 的"左 spacer"、"mandrel"、"右 spacer"、"spacer 之间的间距")

SAQP 工艺已经被使用在小于 37nm 周期的 NAND 器件中。ITRS 定义了不同 NAND 节点所需要的 SADP 或 SAQP 工艺，以及它们对"mandrel"和"spacer"线宽与均匀性的要求(见表 10.1)[29]。表中 MTT 是指晶圆上线宽平均值与目标值之间的偏差(mean-to-target)；CDU 是线宽的 3σ 值。图 10.42(a)是使用光刻胶作为"mandrel"的 SAQP 的一个典型实验结果。第一次曝光得到"mandrel"图形的半周期是 44nm，经过两次 SADP 工艺之后，最终得到半周期 11nm 的密集线条(<15nm hp)。测量了整个流程中每一个工艺步骤完成后线条的 CDU 和 LWR，结果如图 10.42(b)所示。

表 10.1　不同技术节点(由器件中线条的最小周期来定义)NAND 所需要使用的 SADP/SAQP 工艺

目标周期/nm	43.7	40.1	36.8	33.7	30.9	28.3	26.0	23.8	21.9	20.0
收缩的因子	2×	2×	4×	4×	4×	4×	4×	4×	4×	4×
工艺要求/nm										
"mandrel"的线宽	21.9	20.0	55.1	50.6	46.4	42.5	39.0	35.8	32.8	30.1
"mandrel"的 CDU(3s)	1.3	1.2	1.1	1.0	0.9	0.9	0.8	0.7	0.7	0.6
"mandrel"的 MTT	0.9	0.8	0.7	0.7	0.6	0.6	0.5	0.5	0.4	0.4
"spacer"的 CDU	0.7	0.6	0.4	0.3	0.3	0.3	0.3	0.2	0.2	0.2
"spacer"的 MTT	0.7	0.6	0.4	0.3	0.3	0.3	0.3	0.2	0.2	0.2

光刻 ⟶ "trim" ⟶ 沉积SiO$_2$ ⟶ 刻蚀 ⟶ 沉积SiO$_2$ ⟶ 形成 "spacer" ⟶ 刻蚀硬掩模

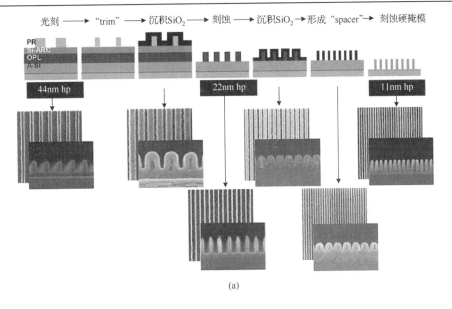

(a)

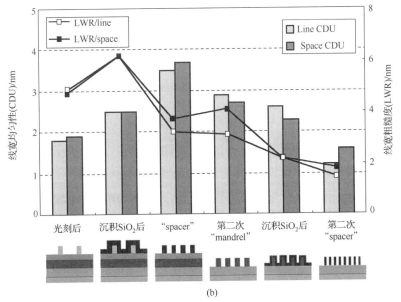

(b)

图 10.42　(a) 使用光刻胶作为 "mandrel" 的 SAQP 实验结果和 (b) 整个流程中每一个
工艺步骤完成后的线条的 CDU 和 LWR

　　用 SAQP 形成的图形做 "mandrel"，再来一次 SADP，可以把最初掩模上图形的
周期缩小 8 倍，这一工艺被称为 SAOP (self-aligned octuple patterning)，其流程示意图
如图 10.43 所示。"mandrel" 光刻完成后，光刻胶线宽是周期的 5/8；第一次 SADP 完
成后，在第一层硬掩模上形成的线条的宽度是最初光刻图形周期的 3/8；第二次 SADP

完成后，在第二层硬掩模上形成的线条的宽度是最初光刻图形周期的 1/8；第三次 SADP 完成后，形成的 "spacer" 的宽度是最初光刻图形周期的 1/16，即最终图形的周期是最初光刻图形周期的 1/8。整个工艺流程至少需要衬底上有两层刻蚀硬掩模（HM1 和 HM2），才可以把图形最终转移到衬底上[30]。

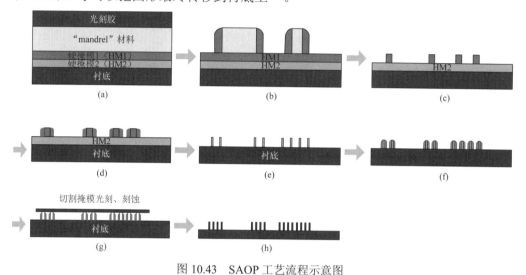

图 10.43　SAOP 工艺流程示意图

10.5.6　SADP 和 LE 结合实现三重成像

这个工艺的流程是先使用 SADP 实现线条密度的倍频（"mandrel" 曝光和刻蚀）和切割（"cut" 掩模曝光和刻蚀），然后再使用一次光刻和刻蚀（LE）对 SADP 图形做修补。图 10.44

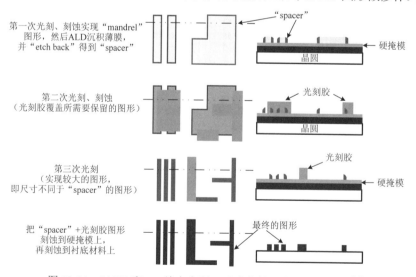

图 10.44　SADP 和 LE 结合实现三重成像的工艺流程示意图[21]

是该工艺流程的一个示意图。首先是"mandrel"的曝光，经 ALD 和刻蚀工艺后，得到所要的"spacer"图形。第二步是使用"cut"掩模曝光，然后刻蚀，实现对"spacer"图形做切割。第三次曝光得到的光刻胶图形与"spacer"图形一起构成所需的图形，经硬掩模刻蚀后，把图形传递到衬底上。

10.5.7　自对准实现三重图形叠加

对掩模上的图形周期做三倍缩小(self-aligned triple patterning，SATP)需要一个特殊的流程，简单的重复 SADP 得到的是四倍缩小(SAQP)，而不是 SATP。1.35NA 的 193i 光刻的有效分辨率是 40nm 半周期，使用 SATP 可以实现 40nm/3≈13.3nm(<15nm) 半周期的图形。图 10.45(a)是一个使用两次曝光(两个掩模)实现 SATP 的流程[31]，其

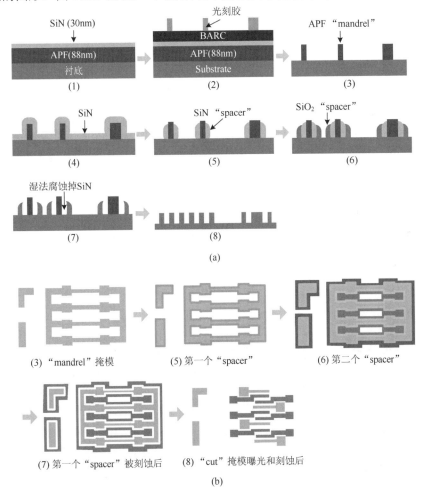

图 10.45　(a)使用两次曝光(两层掩模)实现 SATP 的流程以及(b)与图(a)中工艺步骤相对应的晶圆表面俯视示意图(见彩图)[31]

中"mandrel"材料可以是多晶硅、a-C(或叫 APF™)或 SiO₂;第一次的"spacer"可以是 SiN;第二次的"spacer"可以是多晶硅或 SiO₂。实验中发现,采用多晶硅作为"mandrel"可能导致线条 CDU 和 LWR 非常大。两次曝光分别是用来实现"mandrel"和最后切割掉不需要的图形。图 10.45(b)是与(a)中工艺步骤相对应的晶圆表面的俯视示意图,两次光刻分别发生在步骤(3)和(7)。

10.5.8 "SAMP+Cut"工艺

在前面 LELE 部分介绍了"LE+Cut"的工艺,在那里第一次 LE 实现一维的线条,第二次 LE 对线条做切割实现所需要的图形。这个思路也可以在 SADP 工艺中来实现[32],即使用 SADP、SAQP 甚至 SAOP 来实现密集的一维线条(这里通称为 SAMP),然后使用一次光刻和刻蚀对线条做切割,如图 10.46 所示。实际上,10.5.6 节中的 SADP 和 LE 结合实现三重成像就是这个思路的初步尝试。与"LE+Cut"类似,"SAMP(M=D、Q、O)+Cut"工艺只适用于按网格化设计(gridded design rules)的光刻图形。

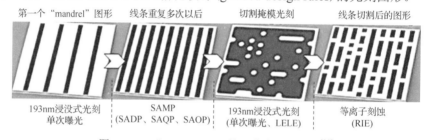

图 10.46　"SAMP+Cut"的工艺流程示意图[33]

文献[33]和文献[34]使用 SAQP 实现了 12nm 半周期的一维线条(见图 10.47),使用 SAOP 实现了半周期为 6nm 左右的密集线条(虽然线条的质量不够好)。因此,使用

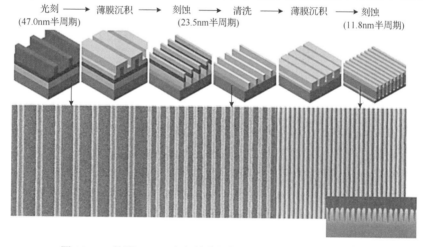

图 10.47　使用 SAQP 实现的半周期约为 12nm 的一维线条[33]

SAMP 来实现满足 7nm 逻辑节点需要的一维密集线条在技术上是可行的。然而，难度在于如何切割这些线条：以 SAQP 实现的一维线条为例，其周期是 24nm；切割图形的 CD 必须是 24nm，套刻误差必须小于 12nm。考虑到工艺中的其他因素，这对切割图形的曝光和刻蚀要求极高。如何实现 CD=24nm 的切割，文献[33]提出了在刻蚀时做原位收缩(in-situ shrinking)的办法，如图 10.48 所示。光刻材料是"tri-layer"结构(光刻胶/SiARC/SOC)，光刻胶上的图形宽度是 41.9nm，完成 SOC 刻蚀后的线宽只有 17.5nm，最终实现 18.7nm 宽的切割。刻蚀过程中收缩可以有两种办法来实现(见图 10.49)：第

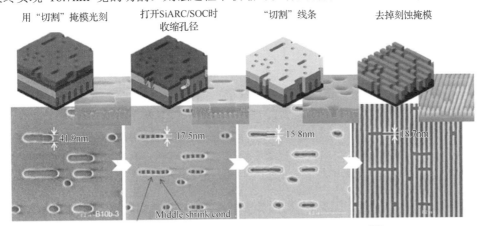

图 10.48　在刻蚀时使用原位收缩的办法来实现切割[33]

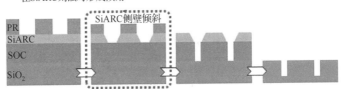

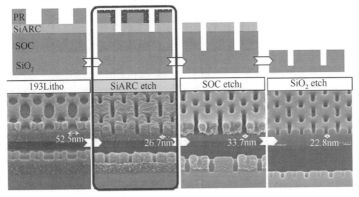

图 10.49　两种办法可以实现切割图形的收缩[33]

一种是调节刻蚀参数,在打开 SiARC 时形成倾斜的侧壁,使 CD 缩小;第二种是在刻蚀 SiARC 之前,先在光刻胶图形上沉积一层聚合物,使光刻胶图形的线宽缩小。当然,对于更小或者是密度更大的切割图形,只有使用两次曝光和刻蚀(LELE)来解决。

10.6　掩模图形的拆分

双重或多重光刻技术需要与之相匹配的掩模,即根据工艺流程的要求设计两个或多个掩模。通常设计公司会提供一个版图(光刻所要实现的目标图形),因此,工程师所需要做的就是对该图形做拆分,以满足多重曝光工艺的要求。对于 LELE 来说,就需要把设计图形拆分到两个掩模上去;而对于 SADP 来说,就是要根据目标图形来设计"mandrel"和"cut"掩模。关于图形拆分(pattern split)的任务到底应该由谁来完成,在这个问题上仍然有争议。一部分晶圆厂认为,图形的拆分应该在设计时完成。设计公司提供给晶圆厂的版图就应该是对应每一块掩模的。晶圆厂收到版图文件后直接做"OPC+SRAF"处理。另一些晶圆厂愿意提供图形拆分服务。晶圆厂收到版图文件后,根据自己的工艺,把设计图形拆分到两个或多个掩模上去。然后,再对拆分后的图形分别做"OPC+SRAF"处理。

10.6.1　适用于 LELE 工艺的图形拆分

一个完整的 LELE 图形拆分设计流程图如图 10.50 所示。它是将一套高密度电路设计版图分解成两套独立的低密度图形,采取两次曝光两次刻蚀的工序,将电路转移至目标晶圆上,从而实现释放线宽,增强分辨率的目的。图形拆分工作的顺序是,先按照规则将小于光刻工艺分辨率的线条和间距按相邻相隔的方式分开,在两块图形连接处加缝合图形,并进行拆分后的邻近效应修正,仿真出曝光后的结果。由于放在不同掩模上图形标示的颜色不一样,所以这个图形拆分的过程又叫"着色"(coloring)。

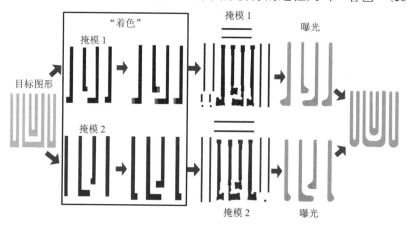

图 10.50　LELE 图形拆分流程示意图(见彩图)

　　图形拆分可以被认为是有条件的间距问题，基于设计规则(DRC)定义一系列拆分规则，依据拆分规则完成图形分解[35]。拆分规则会对版图上的多边形尺寸、间距提出要求，如图 10.51 所示，包括最小允许周期(minPitch)、最小允许线间距(minSpace)、最小允许拐角至拐角距离(min corner-to-corner，minC2C)等。违反规则的位置定义为"冲突"，拆分过程即消除冲突的过程。对于不同类型、不同环境下的多边形，拆分规则可以制定得更加详细，如在 14nm 节点下，两相邻长线之间最小间距可以低至 40nm，而长线与线端，以及线端与线端之间最小间距至少需要大于 50nm。拆分规则定义完成后，可以借助专用 EDA 工具完成拆分。EDA 软件往往会将拆分问题转化成有约束条件的着色问题来进行计算求解。

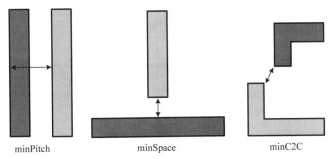

图 10.51　图形拆分规则的一些例子

　　实际上，结构复杂的版图，多边形相邻约束要求较多，必须对多边形引入切割才能完成拆分规则要求[36]。当相邻多边形违背拆分规则的间距(冲突)形成奇数周期时，就必须引入切割才能解决冲突，如图 10.52 所示。将原本连续的多边形分成两部分，分割处称为缝合点(stitch)。在多边形切割处，对切割后形成的位于两张掩模上的线端都需要进行线端缩进补偿。切割处对套刻误差以及工艺窗口变量格外敏感，并且还会由于线端缩进补偿过量导致新的违规冲突出现，因此需要严格选择切割位置以及控制切割补偿量，图 10.52 中的深色即为线端补偿。如果线端补偿过少则会导致线条颈缩缺陷(pinching)，如图 10.53 (a)所示；图 10.53 (b)是由于缝合过量导致产生新的冲突。

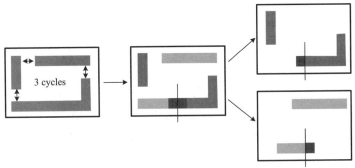

图 10.52　对图形做切割以消除奇数周期

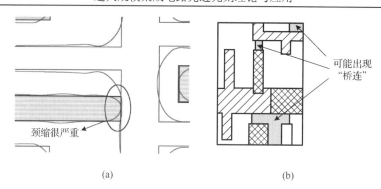

图 10.53　(a)线端补偿不够导致颈缩(pitching)和(b)线端补偿过量导致桥连(bridging)

引入切割是一个解决奇数周期冲突的方法，但仍存在即使引入切割还是无法顺利拆分版图的情况(见图 10.54)，这种无解的剩余冲突只能通过重新更改设计，消除奇数周期来解决，但往往以增加原版图面积为代价。实际上对于那些在设计阶段没有考虑双重图形工艺兼容问题的版图，很容易出现引入过多切割，或剩余无解冲突，不得不重新更改设计的情况。如何做到冲突个数以及引入缝合点数目最少，成为近年来业界主要研究热点，研究者们依此提出了很多拆分优化算法。但是，不管使用什么算法，其基本出发点是相同的，可以归纳在表 10.2 中。

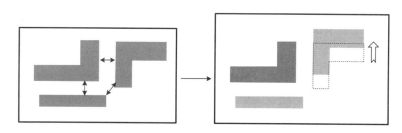

图 10.54　更改设计以消除奇数周期

表 10.2　图形拆分的准则及其来源和对工艺的影响[37]

拆分依据	拆分时的考虑因素	拆分结果对器件性能的影响
掩模图形密度平衡	光刻工艺窗口、 图形密度对刻蚀的影响	器件功能失败(短路和断路)、 可靠性和稳定性
缝合处的大小	掩模之间对准	器件功能失败(断路)
缝合区域的密度	掩模之间对准	器件功能失败(断路)、可靠性(电流导致的 材料迁移)、电阻值变化
缝合区域的规则性	掩模之间对准	器件电阻值变化、可靠性

基于拆分过程，业界有将拆分定义为两种拆分模式的说法。一种称为缝合(stitch)模式，即允许引入切割解决冲突的拆分；一种称为非缝合(non-stitch)模式，即不允许引入切割，只能自然分解或者重改设计的拆分过程。对于缝合模式，正如前文所述，

可以通过引入切割解决大部分违规冲突,但面临的问题就是切割处容易出现成像缺陷,如桥联和颈缩,即线端补偿过少、过量都容易引发问题,应该尽量减少切割数目;而对于非缝合模式,如果拆分前版图不存在奇数周期违规,即可以很顺利地完成自然分解,否则还是需要对违规处重新更改设计完成拆分。因此,对于采用非缝合模式的双重图形技术,往往要求设计提供的版图是双重曝光兼容的。设计者会在设计初期就考虑设计出来的电路要更兼容双重曝光拆分,尽量消除二维复杂结构,否则在后期拆分时,就要权衡选择采用工艺上容易出现缺陷的缝合模式还是采用需要重新修改设计的非缝合模式。

当对版图完成拆分后,就可以接着对两张掩模版进行光源-掩模协同优化,光学邻近效应修正等分辨率增强技术,进一步提高光刻成像质量。图 10.55 是目标图形、拆分后的图形(蓝色对应掩模 1,红色对应掩模 2,黄色是两个掩模上都有的缝合部分)、经过 OPC 处理后的掩模图形。

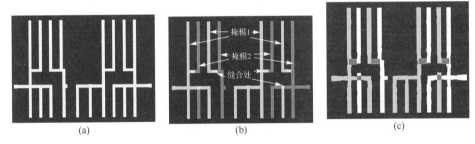

图 10.55 (a)目标图形、(b)进行 LELE 拆分后的结果和(c)经过 OPC 处理后的掩模图形(见彩图)

在 20nm 及以下技术节点,LELE 被广泛应用于关键光刻层中。这对设计也提出了新要求,即设计的版图必须方便图形拆分。图形拆分的有效性最终必须由晶圆数据来检验。图 10.56 是目前业界普遍采用的版图数据处理流程。

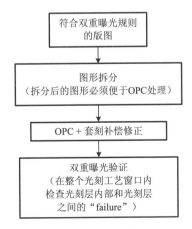

图 10.56 适用于 20nm 节点以下的版图数据处理流程

　　图形拆分极其重要，因为一旦拆分不合理，最终会导致晶圆上有太多的坏点，OPC 是没有办法修正的，唯一的出路是重新拆分，而重新拆分就意味着 SMO 和 OPC 等工作必须全部重做。有时，不管如何拆分，总是无法满足工艺的要求，这就需要对原设计版图做修改使之便于拆分[38]。

10.6.2　适用于 LELELE 工艺的图形拆分

　　从工艺流程来说，LELELE 与 LELE 差别不大，无非是再增加一次 LE；LELELE 的难度主要在于如何做图形的拆分。首先初始版图的设计要适合做三重拆分，这就要求设计版图时必须遵守一定的规则。图 10.57 是金属层的一个设计规则[39]。假设设计版图上图形的最小周期是 48nm，即 L24nm/S24nm；刻蚀导致的线宽偏差是−21nm；那么，要求光刻胶图形的线宽必须是 69nm。也就是说拆分后(三重拆分)掩模上图形的周期是 144nm、线宽是 69nm。这样的图形一次光刻完全可以分辨了(1.35NA 的 193i 光刻可以提供 40nm/40nm 的分辨率)。图形拆分完成后，随后的 SMO 和 OPC 处理与双重图形拆分后的方法一样。

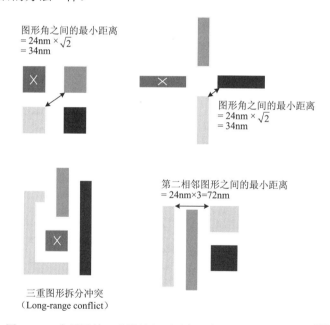

图 10.57　金属层的一个设计规则以保证版图适合做三重拆分[39]
这个版图所要实现的是 48nm 最小周期的图形，图中×表示可能出现的拆分冲突

　　三重拆分的规则还在进一步完善之中。目前用得比较多的方法是借用两重拆分的规则，如图 10.58 所示。首先，把原始版图按两重拆分的规则拆分成两个版图，显然，拆分后存在着许多冲突(conflict)；然后，把有冲突的多边形放置在第三块掩模上。这种做法并不能保证放置在第三块掩模上的图形之间没有冲突。借用两重拆分规则来做

三重拆分的优点是：两重拆分规则已经比较成熟，可以比较快的开始三重拆分的工作；缺点是：拆分完的版图并不一定符合 LELELE 工艺的要求，而且，它很可能把一个按三重拆分要求设计的原始版图(TPT-compliant)拆成不符合光刻要求的掩模；拆分后也不能保证掩模之间图形密度的均衡，这对光刻 CD 和 CDU 的控制极为不利。

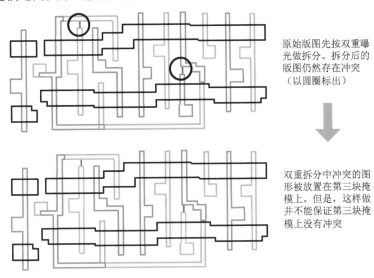

原始版图先按双重曝光做拆分。拆分后的版图仍然存在冲突（以圆圈标出）

双重拆分中冲突的图形被放置在第三块掩模上。但是，这样做并不能保证第三块掩模上没有冲突

图 10.58　使用两重拆分的规则来做三重拆分示意图(见彩图)[39]

最佳的解决办法还是要研发完整的三重拆分规则，其必须保证拆分后的图形占据较小的面积，而且光刻工艺更容易实现。三重拆分规则必须能做图形的缝合，并且能找出最佳的缝合位置，如图 10.59 所示。目前的 EDA 软件和服务器的计算能力还不足以支持一个完整芯片版图(full-chip design)的三重拆分，一般是把完整的初始版图按功能先分割成小块，对每一个小块做拆分，然后把拆分后的图形按掩模拼凑到一起[39]。

图 10.59　一个理想的三重拆分规则必须能做图形的缝合，并且能找出最佳的缝合位置[39]

文献[40, 41]也研究了三重拆分的方法，他们的方法基于进化算法(evolutionary algorithms)的原理：首先对版图做初始的着色，这样得到的三个掩模图形中肯定会有冲突；然后分别在三个掩模图形中寻找冲突位置，对其做调整和优化。这个过程需要反复很多次，直到获得符合要求的拆分图形。

10.6.3　适用于 SADP 的图形拆分

SADP 光刻数据准备主要分为两大部分，一部分是做图形拆分，根据目标图形的要求，结合 SADP 的工艺，把设计图形转换成"mandrel"、"cut"以及"pad"版图。另一部分是对拆分后的图形分别做 SMO、OPC，以得到光源以及经过修正后的掩模图形。根据拆分后图形光刻的困难程度，有时"cut"和"pad"图形不一定需要做 SMO 和 OPC。图 10.60 是光刻数据准备的流程图。

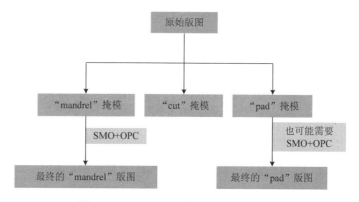

图 10.60　SADP 光刻数据准备的流程图

对初始设计的版图按 SADP 工艺拆分的具体流程如图 10.61 所示。图 10.61(a)中的图形是初始设计版图，即需要在晶圆上最终实现的图形。根据这个初始版图，首先生成"mandrel"掩模(标示在图 10.61(a)中)，"mandrel"掩模曝光后的图形用来产生"spacer"(见图 10.61(b))。设计第二张掩模(cut)把不需要的部分去掉(见图 10.61(c)所示)。最后设计第三张掩模把图 10.61(a)中其他的图形(这些图形较大，不需要进行 SADP 工艺)添加到晶圆上(见图 10.61(d))，实现初始的设计。

图 10.62 是使用 Mentor Calibre®软件进行 SADP 拆分的一个实际例子。左边绿色的是必须在晶圆上实现的目标图，右边是拆分后的三块掩模图形，其中蓝色的是"mandrel"版图，斜线填充的区域是"cut"版图，红色的比较大的区域不做 SADP 拆分，通过第三块掩模生成("pad"版图)。目标图形中密集线条(1:1)的周期是 43nm。对拆分后"mandrel"图形进行 SMO 仿真的计算，使用 1.35NA 的 193i 光刻技术，DOF 可以达到 275nm@EL=5%, MEEF=1.26。图 10.63 是对"mandrel"图形进行 OPC 后的结果，从仿真结果可以看出曝光后的轮廓可以很好的贴近目标图形。

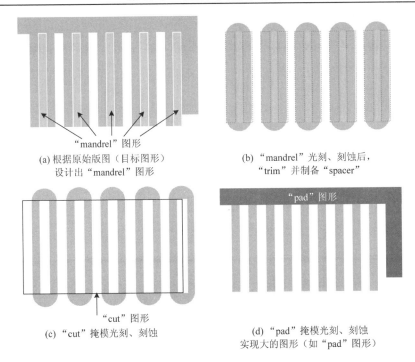

(a) 根据原始版图（目标图形）
设计出"mandrel"图形

(b) "mandrel"光刻、刻蚀后，
"trim"并制备"spacer"

(c) "cut"掩模光刻、刻蚀

(d) "pad"掩模光刻、刻蚀
实现大的图形（如"pad"图形）

图 10.61 对初始设计的版图按 SADP 工艺拆分的具体流程（较大的不需要使用
SADP 工艺生成的图形，归纳到"pad"图形中）（见彩图）

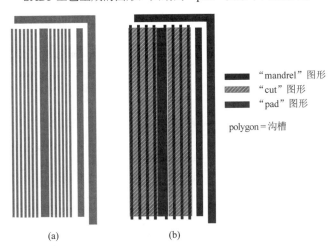

"mandrel"图形
"cut"图形
"pad"图形

polygon＝沟槽

(a) (b)

图 10.62 使用 Mentor Calibre®软件进行 SADP 拆分的一个实际例子（见彩图）

文献[42]建议了一种用 SAQP 实现 NAND 器件字线（word line）的图形拆分方
法，如图 10.64 所示。这个图形包含密集的一维线条，这些一维线条与相同大小的矩形
相连（见图 10.64(g)）。掩模 2 上的图形与第一次 SADP 产生的图形重叠（见图 10.64(c)），
使得第二次 SADP 后的线条能分开，便于与较大尺寸矩形的连接。第三次掩模负责把

不需要的部分去掉，第四次掩模用来实现矩形。如何能根据最终的目标图形来自动地生成这些掩模图形一直是业界努力的方向，文献[43]提出了一种新的自动流程(a new routing method for feasible SAQP layout)。

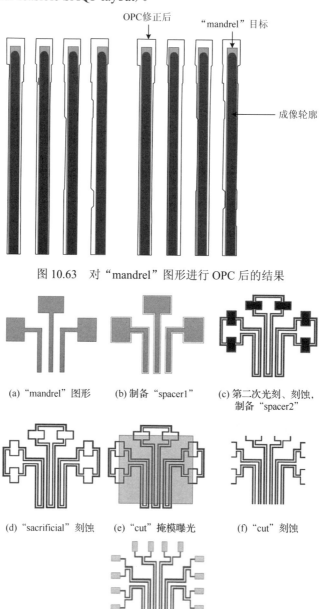

图 10.63　对"mandrel"图形进行 OPC 后的结果

(a)"mandrel"图形　　(b)制备"spacer1"　　(c)第二次光刻、刻蚀，制备"spacer2"

(d)"sacrificial"刻蚀　　(e)"cut"掩模曝光　　(f)"cut"刻蚀

(g)"pad"掩模光刻实现矩形图形

图 10.64　使用 4 个掩模的 SAQP 工艺实现 NAND 器件的字线(word line)图形[42]

10.7　双重显影技术

由于多重光刻比传统单次曝光具有更多的工艺步骤，因此简化这些工艺步骤是工艺开发的重要目标。创新的工艺流程和材料已经被提出，并得到发展。一种新的想法是使用双重显影技术(dual-tone development)。标准水溶显影液(TMAH)的溶解去保护阈值不同于负性有机显影液(NTD)的溶解去保护阈值，可以通过将光刻胶薄膜首先在水溶显影液显影，然后在负性显影液显影，实现图形周期的加倍(见图 10.65)。曝光光强从空隙中心的最大值逐渐过渡到线条中心的最小值。在负性显影液中，具有较小剂量的区域被显影；而在 TMAH 显影液中，较大剂量的区域被显影。因此，掩膜上的一条线条在光刻胶上产生了双线条。

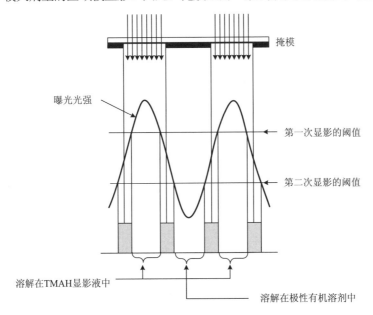

图 10.65　双显影工艺的示意图(对应成像对比度中倾斜部分的光刻胶被保留下来)

这种思路的可行性已经被实验证实[9]。使用 0.75NA 的 ArF 光刻设备，掩模版的 1 : 1 线条周期为 120nm。第一次在负性显影液显影 15s，第二次显影在含 TMAH 0.048% 的显影液中进行；最终获得了周期为 60nm 的致密线。该工艺仍然存在一些问题，必须得到解决。首先，正性和负性工艺的显影阈值必须被小心匹配，如果正性和负性显影对比度曲线重叠非常小(见图 10.66(a))，经过两次显影步骤之后，几乎所有的光阻被显影(见图 10.66(b))。需要充分的曲线重叠才能够产生正确的特征尺寸(见图 10.66(c)和图 10.66(d))。由于每条光刻胶线条的边缘来自于不同的显影工艺，因此线条两边的粗糙度看起来将不同。由于负性有机显影液与标准 TMAH 显影液是不兼容的；喷淋杯罩和排废系统必须独立分开设计。

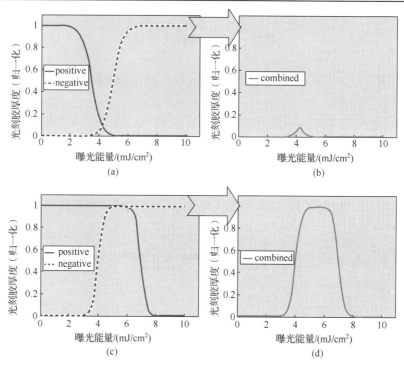

图 10.66　双显影工艺中的正性和负性显影对比度曲线必须严格匹配(见彩图)[44]
对比度曲线重叠非常小(a)导致了光阻薄膜的完全溶解(b)，需要足够的曲线重叠(c)来产生正确的尺寸(d)

　　其实，实现双重曝光或多重曝光的方法可以很灵活。选择哪种制程工艺，不仅要考虑到材料的可用性、制程的简单性和成熟度，还需要考虑到图形的复杂性。例如，一个典型的 DRAM 设计可以划分为"cell"、"core"和"peripheral"区域。"cell"区域具有致密的线条和空隙，采用 SADP 工艺最为合适。在"core"区域，尺寸比"cell"区域大 1.2 到 1.6 倍，存在线条和方块图形，使用 LELE 比较合适。

参 考 文 献

[1]　Hsu S, Burkhardt M, Park J, et al. Dark field double dipole lithography（DDL）for 45nm node and beyond. Proc of SPIE, 2006, 62830U-62830U12.

[2]　Schellenberg F M. Managing RET complexity under immersion. SEMATECH Litho Forum, 2006.

[3]　Poonawala A, Borodovsky Y, Milanfar P. ILT for double exposure lithography with conventional and novel materials. Proc of SPIE, 2007, 65202Q-65202Q14.

[4]　Kim S J, Park J S, Kim T Y, et al. Era of double exposure in 70 nm node DRAM cell. Proc of SPIE, 2005, 368-376.

[5]　Hori M, Nagai T, Nakamura A, et al. Sub-40-nm half-pitch double patterning with resist freezing

process. Proc of SPIE, 2008, 69230H-69230H8.

[6] Chen K J R, Huang W S, Li W K, et al. Resist freezing process for double exposure lithography. Proc of SPIE, 2008, 69230G-69230G10.

[7] de Beeck M, Versluijs J, Wiaux V, et al. Manufacturability issues with double patterning for 50-nm half-pitch single damascene applications using RELACS shrink and corresponding OPC. International Society for Optics and Photonics, 2007, 65200I-65200I13.

[8] Kim R, Wallow T, Kye J, et al. Double exposure using 193nm negative tone photoresist. International Society for Optics and Photonics, 2007, 65202M-65202M8.

[9] Tarutani S, Tsubaki H, Kanna S. Development of materials and processes for double patterning toward 32-nm node 193-nm immersion lithography process. Proc of SPIE, 2008, 69230F-69230F8.

[10] Ronse K, Jansen P, Gronheid R, et al. Lithography options for the 32nm half pitch node and beyond. IEEE Custom Integrated Circuits Conference, 2008, 56(8): 371-378.

[11] Wiaux V, Hendrickx E, Bekaert J, et al. 193nm immersion lithography towards 32nm hp using double patterning. 3rd International Symposium on Immersion Lithography, 2006.

[12] Liu H J, Hsieh W H, Yeh C H, et al. Double patterning with multilayer hard mask shrinkage for sub-0.25 k1 lithography. Proc of SPIE, 2007, 65202J-65202J8.

[13] Jang L, Moon Y J, Kim R H, et al. Novel and cost-effective multiple patterning technology by means of invisible SiOxNy hardmask. Proc of SPIE, 2014, 90510Y-90510Y13.

[14] Wörhoff K, Hilderink L, Driessen A, et al. Silicon oxynitride a versatile material for integrated optics applications. Journal of the Electrochemical Society, 2002, 149(8): F85-F91.

[15] Zhang P, Hong C, Chen Y. An edge-placement yield model for the cut-hole patterning process. Proc of SPIE, 2014, 90521Q-90521Q12.

[16] Axelrad V, Mikami K, Smayling M, et al. Characterization of 1D layout technology at advanced nodes and low k1. Proc of SPIE, 2014, 905213-9052138.

[17] Vleeming B, Quaedackers J, van der Heijden E, et al. Sub-32 nm half pitch imaging with high, NA immersion exposure systems using double patterning techniques. 4th International Symposium on Immersion Lithography, 2007.

[18] Tzai W J, Lin C C, Chen C H, et al. Metrology of advanced N14 process pattern split at lithography. Proc of SPIE, 2014, 90502R-90502R10.

[19] Holmes S J, Tang C, Burns S, et al. Optimization of pitch-split double patterning phoresist for applications at the 16nm node. IEEE, 2011, 1-8.

[20] Chao R, Kohli K, Zhang Y, et al. Novel in-line metrology methods for fin pitch walking monitoring in 14nm node and beyond. Proc of SPIE, 2014, 90501E-90501E10.

[21] Lin J. Scope and limit of lithography to the end of Moore's Law. ISPD12, 2012.

[22] Flagello D. Evolution of optical lithography towards 22nm and beyond. Presentation at SEMATECH Workshop on Approaching the Optical Limit: Practical Methods for Patterning 22nm HP and Beyond,

2008.

[23] Hyatt M, Huang K, DeVilliers A, et al. Anti-spacer double patterning. Proc of SPIE, 2014, 905118-9051189.

[24] Laperyre C, Barnola S, Mage L, et al. Cost effective SADP based on Spin on carbon. 7th Isle-SADP based on SOC, 2010.

[25] Shamma N, Chou W B, Kalinovski I, et al. PDL oxide enabled pitch doubling. Proc of SPIE, 2008, 69240D-69240D10.

[26] Chiu Y, Yu S, Hsu F, et al. A self-aligned double patterning technology using TiN as the sidewall spacer. SEMI Advanced Semiconductor Manufacturing Conference, 2012.

[27] Cui B. Recent advances in nanofabrication techniques and applications. Double Patterning for memory ICs. http://www.intechopen.com.

[28] Yao S, Dong X, Yuan W, et al. The study of overlay mark in self aligned double patterning and solution. IEEE, 2015, 1-3.

[29] Lithographyitrs Working Group. International Technology Roadmap for Semiconductors. http://www. itrs. net, 2011.

[30] Yu J, Xiao W, Kang W, et al. Understanding the critical challenges of self-aligned octuple patterning. Proc of SPIE, 2014, 90521P-90521P15.

[31] Chen Y, Xu P, Miao L, et al. Self-aligned triple patterning for continuous IC scaling to half-pitch 15nm. Proc of SPIE, 2011, 79731P-79731P8.

[32] Yaegashi H, Oyama K, Hara A, et al. Recent progress on multiple-patterning process. Proc of SPIE, 2014, 90510X-90510X7.

[33] Oyama K, Yamauchi S, Natori S, et al. Robust complementary technique with multiple-patterning for sub-10 nm node device. Proc of SPIE, 2014, 90510V-90510V9.

[34] Natori S, Yamauchi S, Hara A, et al. Innovative solutions on 193 immersion-based self-aligned multiple patterning. Proc of SPIE, 2014, 90511E-90511E6.

[35] Yu B, Gao J R, Xu X, et al. Bridging the gap from mask to physical design for multiple patterning lithography. Proc of SPIE, 2014, 905308-90530811.

[36] Kohira Y, Yokoyama Y, Kodama C, et al. Yield-aware decomposition for LELE double patterning. Proc of SPIE, 2014, 90530T-90530T10.

[37] Madhavan S, Malik S, Chiu E, et al. Decomposition-aware layout optimization for 20/14nm standard cells. Proc of SPIE, 2014, 90530W-90530W9.

[38] Yokoyama Y, Sakanushi K, Kohira Y, et al. Localization concept of re-decomposition area to fix hotspots for LELE process. Proc of SPIE, 2014,90530V-90530V8.

[39] Lucas K, Cork C, Yu B, et al. Triple patterning in 10nm node metal lithography. Proc of SPIE, 2012.

[40] Fang W, Arikati S, Cilingir E, et al. A fast triple-patterning solution with fix guidance. Proc of SPIE, 2014, 90530A-90530A9.

[41] Yu B, Garreton G, Pan D Z. Layout compliance for triple patterning lithography: An iterative approach. Proc of SPIE, 2014, 923504-92350413.

[42] Chen Y, Zhou J, You J, et al. Benchmarking process integration and layout decomposition of directed self-assembly and self-aligned multiple patterning techniques. Proc of SPIE, 2014, 90530B-90530B10.

[43] Nakajima F, Kodama C, Ichikawa H, et al. Self-aligned quadruple patterning-aware routing. Proc of SPIE, 2014, 90530C-90530C7.

[44] Maenhoudt M, Gronheid R, Stepanenko N, et al. Alternative process schemes for double patterning that eliminate the intermediate etch step. Proc of SPIE, 2008, 69240P-69240P12.

第 11 章　极紫外(EUV)光刻技术

极紫外(extreme ultraviolet wavelength, EUV)光刻是指使用波长为 13.5nm 的极紫外光线完成曝光。根据瑞利公式(分辨率 $= k_1 \cdot \lambda /$ NA)，这么短的波长可以提供极高的光刻分辨率。换个角度讲，使用 193i 与 EUV 光刻机曝光同一个图形，EUV 工艺的 k_1 因子要比 193i 大。k_1 越大对应的光刻工艺就越容易；k_1 的极限是 0.25，小于 0.25 的光刻工艺是不可能的。图 11.1 列出了不同技术节点(这是半周期节点)所使用的主流光刻机及其对应的 k_1 因子。从 32nm 半周期节点开始(对应 20nm 逻辑节点)，即使使用 1.35NA 的 193nm 浸没式光刻机，k_1 因子也小于 0.25。一次曝光无法分辨 32nm 半周期的图形，必须使用双重光刻技术。使用 0.32NA 的 EUV 光刻，即使是 11nm 半周期的图形，k_1 仍然可以大于 0.25。

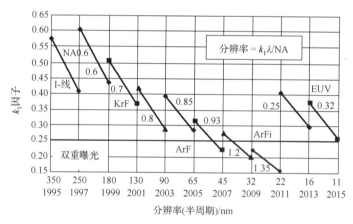

图 11.1　不同技术节点使用的光刻技术及其对应的 k_1 因子

值得指出的是，EUV 光刻技术的研发始于 20 世纪 80 年代。最早希望在半周期为 70nm 的节点(对应逻辑器件 130nm 节点)就能用上 EUV 光刻机。可是，这一技术一直达不到晶圆厂量产光刻所需的技术指标和产能要求。一拖再拖，直到 2016 年，EUV 光刻机仍然没能投入量产。晶圆厂不得不使用 193nm 浸没式光刻机，依靠双重光刻的办法来实现 32nm 存储器件、20nm 和 14nm 逻辑器件的生产。不断延误，对 EUV 技术来说，有利也有弊。一方面，它可以获得更多的时间来解决技术问题，提高性能参数；另一方面，下一个技术节点会对 EUV 提出更高的要求。EUV 光刻技术的发展能否赶得上集成电路制造技术的要求？这仍然是一个问题。当然，EUV 光刻技术的进步也是巨大的。截至 2016 年，用于研发和小批量试产(pilot production)的 EUV 光刻机，如 ASML 的 NXE：3100 和 3300，已经被安装在晶圆厂，并投入使用。

EUV 光刻所能提供的高分辨率已经被实验所证实。光刻机供应商 ASML 使用 EUV 光刻(研发机台 NXE：3100)，分别实现了 20nm 和 14nm 节点的 SRAM 曝光，并与 193i 曝光的结果做了对比。显然，即使是使用研发机台，EUV 曝光的分辨率也远好于 193i。14nm 节点图形曝光的聚焦深度能达到 250nm 以上。

11.1　极紫外光刻机

几乎所有的光学材料对 13.5nm 波长的极紫外光都有很强的吸收，因此 EUV 光刻机的光学系统只有使用反射镜。从光源发射出的光经过反射镜投射在掩模上；掩模版也是反射式的，从掩模表面反射的光包含有掩模版上的图形信息；这些光线经过一系列的反射镜被投射在晶圆表面，实现曝光。EUV 光刻机的核心光学部件是反射镜。

11.1.1　EUV 反射镜

EUV 反射镜表面镀有 Mo/Si 多层膜结构，如图 11.2(a)所示。Mo 层厚度是 2.8nm，Si 层厚度是 4.1nm，一个 Mo/Si 的周期是 6.9nm。在 13.5nm 波长时，Mo 的 n 和 k 分别是 0.9227 和 0.0062；Si 的 n 和 k 分别是 0.9999 和 0.0018。入射光在每一个 Mo/Si 界面处发生反射和折射，这样的膜厚设计就使得反射光之间是相长干涉(constructively interference)，对 13.5nm 波长的光有最大的反射率。图 11.2(b)是一个 EUV 反射镜多层膜结构剖面的电子显微镜照片，在多层膜表面有一层 Ru 保护层[1]。图 11.3 是 50 个周期 Mo/Si 上测量得到的反射率随入射光波长变化的曲线[2]。实验结果显示，反射率在 13.5nm 波长处达到极大(约 69%)；波长偏离 13.5nm，反射率下降。反射率峰值的半高宽(FWHM)是 0.53～0.54nm。图 11.3 的实验中也包括添加了 Ru 的保护层，测得的反射率比没有保护层略有增大，峰值处的反射率约 70%。

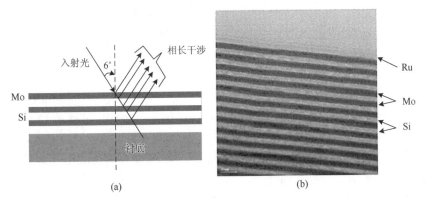

图 11.2　(a)EUV 反射镜的多层膜结构(入射角是 6°)和(b)一个 EUV 反射镜剖面的 TEM 照片[1]

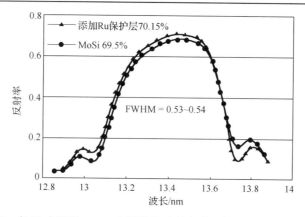

图 11.3　在 50 个周期 Mo/Si 上测得的反射率随入射光波长变化的曲线[2]

EUV 光学系统环境中的水分子和碳氢化合物是导致反射镜表面反射率损失的主要原因。尽管 EUV 光学系统是在真空中工作，系统中仍然会有残留的水分子和碳氢化合物。这些水分子和碳氢化合物可能来源于材料表面的放气、泄漏和真空系统自身。在高能量的 EUV 光子照射下，水分子会氧化 Mo/Si，碳氢化合物会分解，在反射镜表面沉积一层碳膜。镜子表面的氧化和碳污染都导致其反射率损失，严重影响使用寿命。测量数据显示，镜子表面 0.3nm 厚的氧化层就导致约 1%的反射率损失[3]。图 11.4 是反射镜上氧化和碳沉积污斑的光学显微镜照片。而且，每次安装和卸载反射镜都会添加颗粒污染。

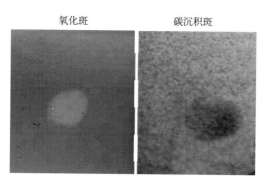

图 11.4　EUV 反射镜上氧化和碳沉积导致的污斑照片[4]

在 Mo/Si 多层膜表面添加一个 2～3nm 的 Ru 层可以有效地延缓 Mo/Si 的氧化，降低 C 在表面沉积的速率。Ru 的 n 和 k 分别是 0.8898 和 0.0165，不仅对 13.5nm 波长的光线有较高的透射率，而且化学性质很稳定。文献[5]计算了 Ru 保护层厚度的变化对反射率的影响，结果如图 11.5 所示。结果显示，Ru 保护层对 Mo/Si 多层膜的反射率有增强作用，虽然这种增强作用较小，只有 1%左右。Ru 的厚度在 2nm 时，反射率为最大。作为对比，图 11.5 中还计算了使用 Si 做 Mo/Si 保护层的反射率。

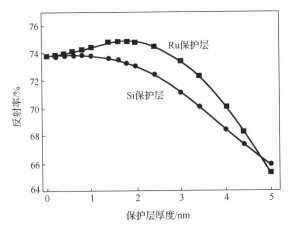

图 11.5 理论计算得到的反射率随保护层厚度变化的曲线[5]

文献[6]研究了如何清洗 EUV 反射镜。他们分别测试了化学液体"湿法"清洗和等离子体"干法"清洁。化学清洗液包括 $H_2SO_4+H_2O_2$(SPM)、加了臭氧的水和加了臭氧的 H_2O_2;等离子体清洁是在氧气和臭氧环境下进行的。使用 SEM 和 AFM 来检测清洁前后镜面的粗糙度;使用 X 射线光电子谱(X-ray photoelectron spectroscopy,XPS)来测定 Ru 表面在清洗前后的氧化状态。研究结果表明,等离子体"干法"清洁会氧化和损伤 Ru 的表面,而 SPM 液体清洗对 Ru 表面的损伤很小。

目前业界通用的 EUV 反射镜表面都使用 Ru 作为保护层的 Mo/Si 多层膜结构。许多研究组也探讨过其他的多层膜,以便能进一步的提高反射率[7]。这些新探索如下:

(1) 在 Mo/Si 层中添加其他材料(Rh,Ru 或 Sr);

(2) 对每一层材料的厚度做优化;

(3) 使用 B_4C 作为保护层[8];

(4) 选择更加不容易氧化的材料做保护层,因为氧化物对 EUV 有较强的吸收。

11.1.2 EUV 光刻机的曝光系统

EUV 光刻机中的曝光系统是由一系列反射镜构成的,如图 11.6 所示。光源发出的 13.5nm 波长的光线被收集后,通过几个反射镜,形成所需要的光照方式,照射在掩模上。这一组放置在光源和掩模版之间的反射镜称为照明光学系统(illumination optics)。掩模版也是反射式的,从掩模反射出的光包含了掩模上图形的信息,它通过另一组反射镜投影在晶圆上,实施曝光。这一组放置在掩模版和晶圆之间的反射镜称为投影光学系统(projection optics)。

投影光学系统的透光率是描述 EUV 曝光系统性能的一个重要技术指标。EUV 光源本身的输出功率就不够高,每反射一次又损失大约 30%。图 11.6 中的投影光学系统有 6 个反射镜,最大透光率只有 $(70\%)^6$=11.7%。然而,投影光学系统中可以允许的反射镜数目直接影响到光学系统的设计和能达到的最大数值孔径。使用 6 个反射镜可以实现 0.33NA，进一步增大 NA 就需要添加更多的反射镜；使用 8 个反射镜可以实现 0.5NA[9]。如果使用中心有孔的反射镜，那么在 6 个反射镜的配置下也可以实现 0.5NA；但是，使用中心有孔的反射镜所带来的问题是曝光区域的缩小，无法实现 26mm×33mm 的曝光区域(这是 193i 光刻机所能实现的曝光面积)。

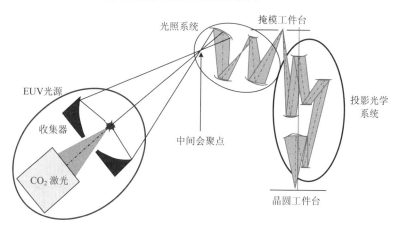

图 11.6 EUV 光刻机曝光系统示意图[10](图中分别圈出了 EUV 光源、光照光学系统、投影光学系统)

11.1.3 光照条件的设置

与其他光刻机类似，使用离轴照明可以进一步提高极紫外光刻机的分辨率。以 ASML NXE:3300 为例，除了常规的照明方式外，还提供了六种离轴照明的方式，如图 11.7 所示。这些照明方式所对应的参数也列在图 11.7 里的表中。随着极紫外光刻机技术的不断成熟，可以预期更加复杂的照明方式(如自由形状的光照)会很快出现。

NA = 0.33		σ_{in}	σ_{out}	打开角度/(°)
常规照明		—	0.9	—
离轴照明	较大的环形	0.65	0.9	—
	较小的环形	0.2	0.65	—
	Quasar-45°	0.2	0.9	45
	cQuad-45°	0.2	0.9	45
	X-双极 90°	0.2	0.9	90
	Y-双极 90°	0.2	0.9	90

图 11.7 ASML NXE:3300 光刻机提供的照明方式

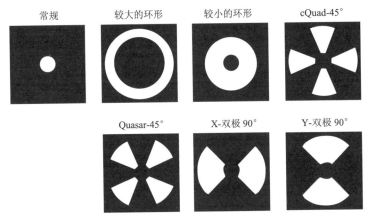

图 11.7　ASML NXE:3300 光刻机提供的照明方式（续）

使用相同的光刻胶，但是不同的照明条件，EUV 光刻的分辨率是不一样的。这也得到了实验的验证[11]，结果如图 11.8 所示。为了考察不同光照条件对工艺窗口的影响，图 11.8 中聚焦值从 −0.16μm 变化到 0.16μm。双极照明可以为 22nm 密集线条提供足够的分辨率，聚焦深度大于 160nm，而常规照明只能为 27nm 密集线条提供类似的工艺窗口。

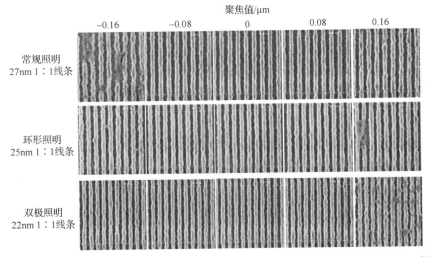

图 11.8　不同的照明条件(常规、环形、双极)曝光后得到的光刻胶图形的电镜照片[11]

11.1.4　EUV 光刻机研发进展及技术路线

目前承诺研发量产用 EUV 光刻机的供应商只有荷兰的 ASML 和日本的 Nikon。ASML EUV 光刻机的研发已经经历了三代机型。最早是 ADT (alpha demo tool)，于 2007年左右投入使用；随后是 NXE:3100，这是所谓的试量产机台(beta tool 或 pre-production tool)，于 2011 年左右投入使用；最后是 NXE:3300，这是作为量产用的机台，于 2013 年底开始陆续安装在晶圆厂，但仍被晶圆厂认为不足以满足量产需求。表 11.1 是 ASML NXE:3100 和 3300 的性能参数，其中，DCO(dedicated chuck overlay) 是指使用单一晶圆工作台做曝光所存在的套刻误差；MMO(matched machine overlay) 是指 EUV 曝光层与浸没式(ASML NXT 1950i)曝光层之间存在的套刻误差。

表 11.1　ASML NXE:3100 和 3300 的性能参数[12-13]

	NXE：3100	NXE：3300B
最大数值孔径(NA)	0.25	0.33
光照条件	常规(σ=0.8)	常规(σ=0.9)
分辨率/nm	27	22
套刻误差(DCO/MMO)/nm	4.0/7.0	3.0/5.0
产能/wph	6～60	50～125
光刻胶所需剂量/(mJ/cm²)	10	15
线宽均匀性(CDU)/nm	2.5	1.5
散射光强/%	8	6

　　Nikon 公司也向市场推出了类似的 EUV 光刻机，被称为 EUV1[14]。EUV1 的投影光学系统也是只有 6 个反射镜，NA=0.25。经过多年的连续努力，系统的散射光已经被控制在 6%左右，能够提供 28nm 1：1 图形的分辨率。与其他光刻机之间的套刻误差被控制在 10nm 左右。

　　从目前研发的进展来看，0.33NA 的极紫外光刻机可以实现 22 至 13nm 半周期图形的曝光，也就是说可以满足 22nm/16nm 存储器件技术节点或 14nm/10nm 逻辑器件技术节点分辨率的需求。更小的技术节点则需要使用更高 NA 的极紫外光刻机或采用 0.33NA 加多次曝光的办法来实现。

11.1.5　更大数值孔径 EUV 光刻机的技术挑战

　　0.33NA 的 EUV 光刻机可以提供 11nm 的分辨率(半周期是 11nm 的线条)，半周期小于 11nm 的图形就必须依靠更大数值孔径的 EUV 光刻机，或者是继续使用 0.33NA 的光刻机加多次曝光。本节讨论更大数值孔径 EUV 光刻机(NA>0.33)研发的技术问题，及其业界的共识。为了实现 NA>0.33 的 EUV 光刻机，其光学系统的设计必须要考虑到如下问题[15]：

　　(1)会聚在掩模上的入射光形成的锥体不能与掩模上反射光形成的锥体有重叠。

　　如图 11.9 所示，会聚在掩模上的入射光形成的锥体的顶角是 $\sigma \cdot NA/M$，其中，σ 表示光源照明的部分相干系数(Partial coherence of illumination)，σ 的数值介于 0.1 与 1 之间；会聚在晶圆上光束形成的锥体的顶角即为投影系统的数值孔径 NA，NA 假设为 0.33～0.6；M 是成像的缩小倍数，可以是 4～8 倍。所以，$\sigma \cdot NA/M$ 的最大值应该是 1×0.6/4=0.15。掩模上反射光形成的锥体的顶角是 NA/M，其最大值也是 0.15。随着

NA 的增大，为了保证掩模上入射光锥体与反射光锥体的不重叠，必须增大光线在掩模上的入射角，即增大主入射光的入射角(chief ray angle)，或者是增大成像时的缩小倍数 M。

(2)EUV 掩模对入射光的反射率只能在一定入射角的范围内保持不变(finite angular bandwidth)；入射角超出一定的范围，掩模的反射率会发生变化。图 11.10 是 EUV 掩模反射率随入射角的变化曲线；图中的方框表示不同 NA 曝光时，掩模上光线的入射角范围(M = 4)及其对应的反射率变化的范围。在增大 NA 时，同时增大 M，可以使掩模上的入射角不至于增大太多。

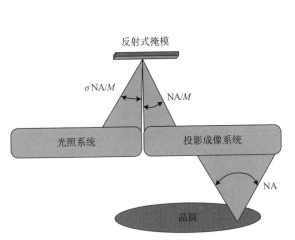

图 11.9　大数值孔径极紫外光刻机
光路示意图(M = 4)

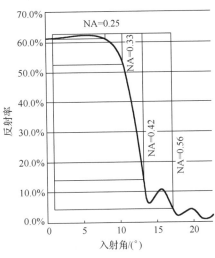

图 11.10　标准 EUV 掩模反射率随入
射角的变化曲线[15]

(3)EUV 掩模也存在三维效应(3D)，三维效应导致反射光束与衍射光束之间强度的不匹配(intensity mismatch between the diffracted and reflected beams)，使得成像质量下降。当 NA 增大到 0.5 时，保持 M = 4 无法实现所需要的成像对比度，必须增大 M。

综上所述，增大 EUV 光刻机数值孔径(NA)的技术途径是增大成像的缩小倍数 M，这样做带来的问题是曝光区域必须缩小，或者使用更大的掩模版。表 11.2 列出了掩模尺寸、成像的缩小倍数 M 以及曝光区域尺寸之间的关系。较大的曝光区域有利于产能的提高。目前 EUV 光刻机采用 M=4 的成像缩小倍数和 6 英寸的掩模，能实现的曝光区域大小为 26mm×33mm。这一曝光区域的尺寸与 193i 光刻机一样，即通常所说的 FF(full field)。在 M=8 时，如需要实现 FF，那么掩模的尺寸必须是 12 英寸；如只需要实现一半的曝光区域(half field，HF)，即 16.5mm×26mm，那么掩模的尺寸可以减小到 9 英寸。在 M=8 时，如果仍然使用 6 英寸掩模，那么曝光区域就必须减少到 1/4(quarter field，QF)。

表 11.2　掩模尺寸、成像的缩小倍数 M 以及曝光区域尺寸之间的关系

曝光区域面积	缩小倍数 M			
	4×	5×	6×	8×
FF(26mm×33mm)	6 英寸	9 英寸	9 英寸	12 英寸
HF(16.5mm×26mm)	6 英寸	6 英寸	9 英寸	9 英寸

综合以上分析，文献[16]提出了一种 X/Y 方向采用不同成像缩小倍数的设计：X 方向(slit 方向)仍保持 4 倍的缩小，Y 方向(扫描方向)则选用 8 倍的缩小。这种光刻设计又被称为"anamorphic litho"。仍然使用 6 英寸的掩模，曝光区域的面积可以达到 26mm×16.5mm。增大 Y 方向的缩小倍数，可以有效地减少掩模上 Y 方向的入射角，使"shadow effect"对成像对比度的影响控制在可以接受的范围。

11.2　极紫外光源

11.2.1　EUV 光源的结构

光源是光刻设备的关键部分。基于产能的要求(>100wph)，EUV 光源输出给光刻机的功率必须达到 115W。除此之外，对 EUV 光源还有一些其他的要求，这些要求归纳在表 11.3 中。EUV 光源的一般结构如图 11.11 所示，结合光源的结构图就容易理解表 11.3 中的参数。EUV 光源的功率是指光源输出在中间会聚点(intermediate focus, IF)处的功率，这里是 EUV 光刻机照明系统的入口。对于光刻机来说，用什么方式来产生 EUV 光不重要，重要的是光源必须在 IF 处提供稳定的功率。光源中的收集系统(collector)用于收集 EUV 光子发生器释放的颗粒物质(debris)，尽量避免其扩散到照明系统，污染光刻机光学系统。如果光子发生器工作时产生大量的颗粒物质，收集系统很快就饱和，需要更换。频繁地更换收集系统会增加 EUV 的使用成本，因此清洁高效的 EUV 光源是研发的重点。

表 11.3　对 EUV 光源的一般要求[17]

光源的特征参数	指标
波长	13.5nm
在 IF 处的 EUV 功率(inband)	115W
脉冲频率	>7～10kHz(与设计相关)
输出能量的稳定性	±0.3%(50 个脉冲的 3s)
光源的洁净度	光照系统(IF 后的)使用时间>30000 小时
光源发射的光学扩展量(etendue)	<3.3mm²sr(与设计有关)
入射到光照系统的最大立体角	0.03～0.2sr(与设计有关)
130～400nm 波长范围的强度	<3%～7%(与设计有关)

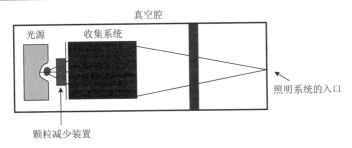

真空腔

光源　　收集系统

照明系统的入口

颗粒减少装置

图 11.11　EUV 光源结构示意图

目前的 EUV 光源有两种：一种是用放电产生的等离子体来发射 EUV 光子(discharge-produced plasma，DPP)；另一种是用激光激发的等离子来发射 EUV 光子(laser-produced plasma，LPP)。这两个技术的共同点都是先激发产生 20～50eV 能量的等离子体，等离子体辐射 EUV 光子。在 DPP 技术中，如图 11.12(a)所示，注入的材料(如 Xe 或 Sn)在电场的作用下生成等离子体，磁场对其进一步压缩，达到高温度和高密度，产生 EUV 辐射。在 LPP 技术中，使用激光加热工作材料(如 Xe 或 Sn)激发等离子体，辐射 EUV 光，如图 11.12(b)所示。衡量 EUV 光源的性能有两个重要指标：一是转换效率(conversion efficiency，CE)，定义为在 13.5nm 附近 2%带宽内输出的能量占总输入能量的百分比；另一个是输出功率，是指在中间会聚点(IF)处测得的功率。等离子体发光几乎是各向同性的，光学收集系统只能收集大约 10%～15%的等离子体产出的 EUV 光[18]。中间会聚点位于收集系统之后、照明系统反射镜组之前，如图 11.6 所示。目前 EUV 光刻研发的瓶颈就在于无法提供足够强的光源，导致 EUV 光刻机的产能不能符合量产要求。

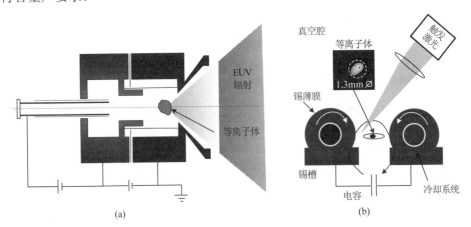

EUV 辐射

等离子体

真空腔

触发激光

等离子体

1.3mm Ø

锡薄膜

锡槽

电容

冷却系统

(a)　　　　　　　　　　　　　　　(b)

图 11.12　(a)DPP 技术产生 EUV 光子的示意图和(b)LPP 技术产生光子的示意图

使用 Xe 作为 EUV 光源的工作材料时，只有 Xe^{10+} 离子才能发射 13.5nm 波长的光子。因此，Xe 光源的 CE 一般小于 1%，绝大多数输入能量变成了热能。显然 Xe 光源的效率太低，而且光源的散热也不容易解决，不符合量产机台的要求。目前的 EUV 光源集中在使用 Sn 作为工作材料，也有文献研究使用 Li 作为工作材料来产生 EUV 光[19]。

因为几乎所有的材料对 EUV 都有较强的吸收，所以整个 EUV 的光路必须放置在真空中。这就使得 EUV 和通常 DUV 光刻机的设计完全不同，EUV 光刻机的光源必须和曝光光学系统放置在同一个真空腔体中。光源中的高温锡(Tin)分子团有可能扩散到光学系统部分，沉积在反射镜表面，污染光学系统。为此，光源中必须加装过滤装置，阻挡 Sn 的扩散。等离子体发射出的光子在各个方向都有，因此需要系统把它们收集起来，会聚在中间会聚点。图 11.13 是光子收集系统的示意图。DPP 系统结构相对简单、造价低，但是，其配件的使用寿命较短，稳定性也不够，进一步增大输出功率比较困难。LPP 系统的结构比较复杂、造价也高，但是，比较容易实现输出功率的进一步提高。

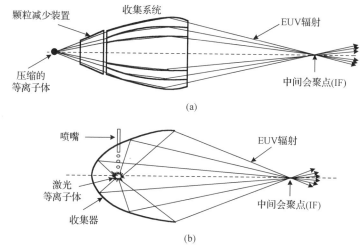

图 11.13 (a)DPP 光源收集系统示意图和(b)LPP 光源收集系统示意图

11.2.2 光源输出功率与产能的关系

决定光刻机产能的主要因素是光刻机光源的输出功率和光刻胶的敏感度。曝光功率越大、光刻胶越敏感，晶圆曝光所需要的时间就越短，产能就高；反之，产能就低。EUV 光线沿光路从光源传输到晶圆表面，其能量是不断衰减的。按照现有 EUV 光刻机光学系统的设计，IF 处 60W 的功率，到达掩模处只有 3.5W，到达晶圆表面则只有 140mW[20]。基于这个简单的模型和光刻胶的敏感度，可以计算出实现一定的产能所需要的光源功率，结果如图 11.14 所示。模型中假设投影光学系统只有 6 个反射镜，光照系统有 5 个反射镜，每个反射镜的反射率是 68%。2014 年报道的 LPP 光源的稳定最大输出功率在 70W 左右(在中间会聚点处)，能量的稳定性小于±0.5%[21]；这对应 EUV 光刻机的产能约是 50 片/小时(WPH)。120WPH 甚至 150WPH 是量产机台对产能的最低要求。如何进一步提高 EUV 光源的输出功率一直是光源供应商努力的方向[22]。

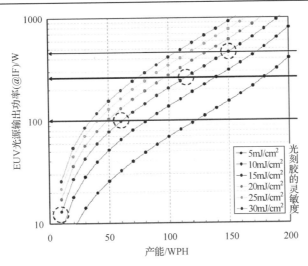

图 11.14　实现一定产能所需要的光源功率(见彩图)

图中计算假设：投影光学系统只使用 6 个反射镜；照明系统使用 5 个反射镜；反射镜对 EUV 光线的
反射率是 68%；光照系统使用的频谱过滤器(spectral purity filter, SPF)的透过率是 90%

提高 EUV 光源输出功率的最终目标是要达到 250W。目前的努力主要集中在四个方面：第一个方面是增大 CO_2 激光的激发功率，包括增大激光器功率放大的能力和提高脉冲的频率(repetition rate)；第二个方面是提高转换效率(CE)，争取 CE 达到 3%；第三个方面是提高对发光的控制，包括提高激光与 Sn 滴(droplet)之间的稳定性(laser-to-droplet stability)和提高 Sn 滴的动量；第四个方面是提高收集系统(collector)的使用寿命[21]。

11.2.3　波段外的辐射

光源输出到光刻机中的 EUV 光具有一定的频谱范围，绝大多数是 13.5nm 波长，但也有其他波长的光。这种非 13.5nm 波长的成分被称为波段外的辐射(out of band radiation，OOB)。有测量结果表明，目前 EUV 光源的输出光强中大约有 1%的辐射对应波长 175～310nm，约 7%的辐射对应波长 310nm～2μm[21]。175～310nm 的辐射是深紫外(DUV)波段的，可以造成 EUV 光刻胶曝光，影响 EUV 曝光的分辨率，导致工艺窗口缩小。以 ASML NXE：3300B 作为模型，仿真计算了 22nm 1∶1 密集线条的工艺窗口和线条均匀性随波段外辐射中 DUV 成分的变化，结果如图 11.15 所示。EUV 光源中 DUV 波段的成分增大 3.6%，导致线宽对曝光剂量的容忍度(exposure latitude，EL)减少 1%左右，而曝光区域内部的线宽不均匀性(CDU)会升高 0.1nm。

目前主要有三个办法来解决 OOB 对曝光的影响：第一个办法是在 EUV 光刻机的光学系统中添加谱线过滤器(spectral purity filter，SPF)。这个谱线过滤器可以是 Zr/Si 的多层膜，它可以使 DUV 成分下降 1000 倍。但是，谱线过滤器也会导致 EUV 光子的损失，降低 EUV 光源的输出功率。第二个办法是在 EUV 胶上面添加一个顶盖涂层(top coat)来吸收 OOB，也可以研发对 DUV 不敏感的 EUV 胶。第三个办法是改进掩模，把掩模边缘的 Mo/Si 多层材料完全刻蚀掉，使之不反射 DUV 光，变成黑色的边界（black boarder，BB），如图 11.16 所示。这三种办法的利弊都归纳在了表 11.4 中。

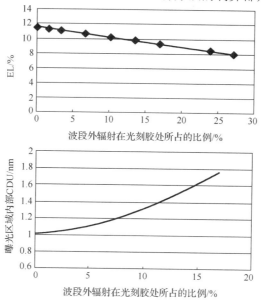

图 11.15　EUV 波段外辐射中 DUV 成分对 EUV 光刻工艺窗口和线宽均匀性影响的仿真结果

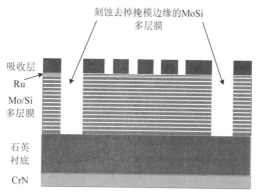

图 11.16　把掩模边缘的 Mo/Si 多层材料完全刻蚀掉，使之不反射 DUV 光，变成黑色的边界[23]

表 11.4　解决 OOB 对曝光影响三种办法的利弊分析[23]

	方　法	优　点	缺　点
光学系统	使用吸收 DUV 的过滤膜 使用光栅	消除整个曝光区域的 OOB	损失 EUV 光子
材料	使用吸收 OOB 的涂层材料	吸收整个曝光区域的 OOB 阻挡光刻胶的放气	损失 EUV 光子 增加工艺时间和材料花费
掩模	去掉掩模边缘的多层膜	减少散射光	减少掩模上标识的空间 增加掩模工艺时间和花费

11.3　EUV 掩模版

EUV 的掩模是反射式的,其结构如图 11.17 所示。衬底是 6.35mm 厚的低热膨胀系数材料(low thermal expansion material, LTEM),一般要求其热膨胀系数小于±5ppb/K[24]。最常使用的是掺 Ti 的石英玻璃(SiO$_2$-TiO$_2$ glass)。在衬底表面沉积有 40～50 周期的 2.8nm Mo/4.1nm Si 多层膜,多层膜上面有 11nm 的 Si 覆盖(capping layer)或 4nm 的 Ru 覆盖。然后是 10nm 的 SiO$_2$ 缓冲层(buffer)和 67nm 的 TaN 吸收层(absorber)。在衬底的背面还有一层 60nm 左右的 Cr 导电层,这个导电层是为将来掩模安装在工件台上准备的,因为 EUV 光刻机的掩模工件台是通过静电来夹持掩模的(electrostatic chucking)。这种没有图形的底板被称为 EUV 空白基板(EUV mask blank)。

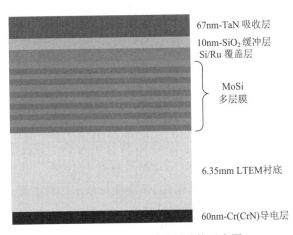

67nm-TaN 吸收层
10nm-SiO$_2$ 缓冲层
Si/Ru 覆盖层

MoSi
多层膜

6.35mm LTEM衬底

60nm-Cr(CrN)导电层

图 11.17　EUV 掩模基板结构示意图

对 EUV 空白基板,SEMI 确定了详细规格[25],如表 11.5 所示。表中首先对制作 EUV 基板的衬底做了要求,主要是衬底材料的热膨胀系数(coefficient of thermal expansion, CTE)、衬底正面和背面的平整度(起伏值,即 peak-to-valley, PV)。由于光刻机曝光时,光线是从掩模表面扫过的(scanning),掩模的局域或长程起伏对光刻的影响是不一样的,掩模表面的长程起伏可以通过调整光学系统与掩模之间的距离来补偿。为此,表 11.5 中对不同空间频率的表面不平整度都做了规定。对制备好了的 EUV 基板,必须满足洁净度和反射性能的指标。反射性能包括反射率峰值(peak reflectivity)、反射率在基板各处的均匀性(peak reflectivity uniformity)、反射峰对应的波长与目标值的差别(centroid wavelength)及其在基板各处的偏差(centroid wavelength uniformity)。EUV 掩模基板性能参数测量的方法可以参见文献[26]。

表 11.5　SEMI 对 EUV 掩模基板规定的标准[25]

参　数		标　准	现有的状况
衬底	平均热膨胀系数	±0.5°	±0.4°
	热膨胀系统的变化	<6ppb/℃	4ppb/℃
	正面的平整度(PV)	≤30nm	50nm
	背面的平整度(PV)	≤30nm	84nm
	正面的粗糙度(≤10μm 的范围内)	≤0.05nm RMS	0.15nm RMS
	正面的局部斜率(400nm～100mm 区域)	<1 mrad	正在测量中
	背面的粗糙度(50nm～10μm 区域)	≤0.50nm RMS	—
掩模基板	缺陷密度(50nm 尺寸)	≤0.008/cm²	0.121/cm²
	反射率峰值	>63.8%	64.1%
	反射率峰值的均匀性	0.30%	0.30%
	反射峰所在的波长与目标波长(13.5nm)的偏差	±0.03nm	0.00nm
	反射峰的波长偏差在基板上的分布	0.06nm	0.02nm

　　EUV 掩模的结构和材质的选取对其性能的影响是很大的。虽然图 11.17 中的结构参数为业界所广泛接受,仍然有报道对 EUV 掩模的结构做进一步的优化。文献[27] 的实验结果发现:晶圆上的线宽随掩模上吸收层的厚度变化而振荡起伏;密集线条与独立线条之间宽度的差别也与吸收层的厚度有关。根据目前 EUV 掩模制造的工艺水平,吸收层厚度的偏差可以被控制在 0.5nm 之内。对应晶圆上线宽的变化小于 0.5nm, 密集线条与独立线条之间宽度的差别小于 0.3nm。对掩模版上材质的选取和优化的努力一直就没有停止过,文献[28]尝试了使用 Ni 代替 TaN 作为吸收层。使用离子溅射的方法沉积了 35nm 厚的 Ni 层,这样的厚度足以吸收 EUV 光。使用 Ni 的好处是,Ni 的氧化是自饱和的(self-limiting),氧化在 Ni 表面形成一个厚度是 1.5nm 的 NiO 层, NiO 层很致密,它保护 Ni 不再进一步被氧化。但是,在清洗工艺时,经常用到的清洗液是 APM,APM 对 Ni 有较强的腐蚀作用。

　　与 193nm 掩模的制备类似,EUV 掩模上的图形也是用电子束曝光,然后刻蚀得到的。刻蚀时把吸收层和缓冲层选择性的去掉,暴露出下面的 Mo/Si。有吸收层的地方不反射 EUV 光(暗区),没有吸收层的地方反射 EUV 光(亮区)。图 11.18 是 EUV 掩模版制备的流程示意图。掩模厂一般直接使用基板供应商提供的 Mo/Si 多层膜基板,而不需要自己制备。在吸收层刻蚀完成后,对掩模做缺陷检测,并修补发现的缺陷。随后刻蚀缓冲层,清洗后再做一次检测。在刻蚀过程中要尽量避免引入缺陷[29]。修补在缓冲层刻蚀之前进行,就是为了尽量避免损伤 Mo/Si 多层膜。

　　在 EUV 光刻机中,入射光线是以 6° 的入射角照射在掩模版上,如图 11.19 所示。照明光线会被吸收层的边缘遮挡而达不到底部的反射层上,产生所谓的掩模版阴影效应(mask shadowing effect)。掩模的阴影效应会导致 CD 偏差和图形的平移。解决阴影效应的办法有两个:一是减低吸收层的厚度,较薄的吸收层可以有效地减少阴影区域。二是通过图形修正,即在设计掩模图形时就考虑到阴影效应,有意的引入修正。

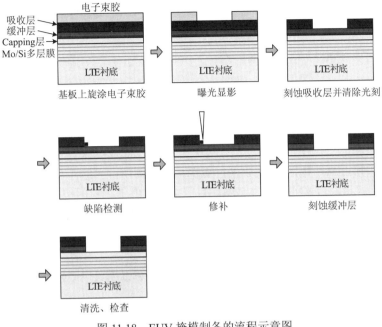

图 11.18　EUV 掩模制备的流程示意图

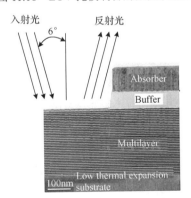

图 11.19　入射光线是以 6°的入射
角照射在掩模版上

　　EUV 掩模的平整度对成像的套刻误差有直接的影响,它们之间的关系可以用以下公式表示:

$$\Delta x = \frac{\alpha}{m} \cdot \Delta z \cdot \tan \theta \tag{11.1}$$

式中, m 是光刻机成像的缩小倍数(现有的 EUV 光刻机, $m=4$); θ 是主光线的入射角 (chief ray angle), $\theta = 6°$; Δz 是 EUV 掩模表面的平整度(长程的)。如果要求 EUV 的套刻误差小于 1.5nm(7nm 技术节点的要求),而总套刻误差的 $1/\sqrt{2}$ 是来源于掩模,那么

$\Delta z \approx 20\text{nm}$。即，对于 7nm 节点，掩模的平整度必须小于 20nm。而对于 5nm 节点，则要求掩模的平整度达到 13.5nm[30]。

11.3.1　EUV 掩模缺陷的控制

EUV 掩模上的缺陷直接影响到光刻工艺的良率，必须严格控制。控制掩模缺陷的第一步就是如何减少掩模基板中的缺陷。在诸多 EUV 技术问题中，基板的缺陷一直被列为第二个必须解决的关键技术问题，仅次于光源。基板中的缺陷有两个来源，一是原来衬底上残留的，二是在多层膜沉积过程中引入的。SEMATECH 报道，多层膜沉积过程中引入的颗粒占总基板缺陷的 25%；衬底带来的颗粒占 25%；衬底上的凹陷(pit)占 50%[31]。可见，衬底带来的缺陷占多数。目前减少衬底上颗粒的努力方向是改进衬底清洗工艺；减少衬底凹陷的研究方向是使用化学研磨(chemical mechanical polishing，CMP)。截至 2013 年掩模基板的缺陷水平是：尺寸大于 80nm 的缺陷已经能完全消除；尺寸在 35～80nm 的缺陷数密度是 0.13/cm^2。2014 年又有了新的进展，通过改进 MoSi 多层膜沉积设备(Ion beam sputter deposition)，文献[32]报道可以大幅度减少基板上 Fe 和 AlOx 的数目(stainless steel/aluminum oxide particles)。截止 2014 年底，EUV 基板上大于 23nm 的缺陷数已经能控制在 34 之内，且大部分缺陷可以通过 "pattern shift" 来回避[30]。然而，22nm 存储器件的光刻工艺要求，EUV 掩模基板上 30nm 尺寸的缺陷密度必须在 0.06/cm^2 以下；而 22nm 逻辑器件要求，掩模上 30nm 左右的缺陷不能在晶圆上成像[33]。

EUV 掩模基板上缺陷的检测要求有极高的灵敏度，它必须能有效地检测出 30nm 以下的缺陷。目前是采用多种方法相结合，首先是暗场检测设备，如图 11.20 所示。暗场检测使用 EUV 光源垂直照射在基板上，其反射光通过一个 Schwarzchild 光学系统被 CCD 相机接收[34]。深埋在基板多层膜中的缺陷，会导致局部反射率的损失，也会

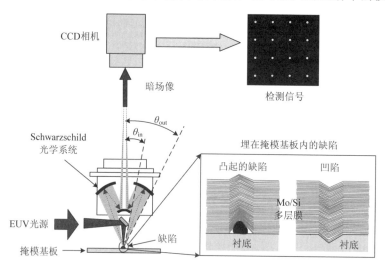

图 11.20　EUV 掩模基板缺陷的暗场检测示意图[34]

被探测出来。这种 EUV 照明下的检测设备比传统的表面颗粒检测设备(如 SP3[TM])更有针对性。传统设备只能检测表明的颗粒,而无法探测出反射率的损失。对 EUV 基板上缺陷(反射率损失的区域)的定位可以为随后的掩模制造提供信息,掩模制造时可以尽量使吸收层与缺陷位置重叠,使缺陷对掩模性能的影响降到最小[35]。在向掩模基板上放置图形时,我们可以从三个方面来调整图形位置,尽量回避基板上的缺陷[36]。第一是图形平移(pattern shift);第二是整个图形旋转(Rotation);第三是重新安排图形在掩模上的相对位置(mask floor planning)。

除了调整掩模上图形的位置使缺陷对掩模性能的影响降到最小外,业界也研发了掩模上缺陷的修补技术[37]。使用聚焦的 He 或 Ne 离子束,可以把掩模上多余的材料溅射掉,局部地清除缺陷。在真空腔中引入含 Ru 的有机气体,然后把电子束聚焦在掩模表面,在电子束的作用下,Ru 可以在掩模表面沉积 Ru,填补 Ru 的缺失。这一修补技术的关键是控制好离子或电子束的能量,在修补过程中不能对基板造成其他损伤。

根据检测系统提供的缺陷位置,可以使用电镜(SEM)对缺陷做形貌和成分(EDX)的分析。结合聚焦的离子束(focused ion beam),还可以做原位切割(local cross section),使深埋在多层膜中的缺陷显露出来。图 11.21 是掩模基板上常见的两类缺陷(凹陷和颗粒)的电镜俯视和切片照片。还可以使用原子力显微镜(atomic force microscopy,AFM)对缺陷的形貌做高精度的分析,从而帮助分析缺陷的来源。

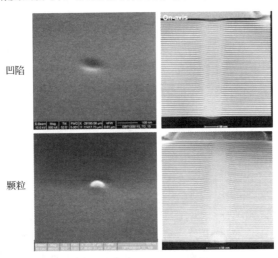

图 11.21　掩模基板上常见的两类缺陷(凹陷和颗粒)的电镜俯视和切片照片[31]

原则上来讲,可以使用 193nm 掩模缺陷检测设备来做 EUV 掩模(EUV patterned mask)缺陷的检测,这也是目前业界的普遍做法[38]。但是,由于 EUV 掩模是不透明的,而且图形的尺寸更小,其缺陷的检测需要更高的灵敏度。为此,掩模缺陷检测设备供应商正在不断改进,文献[39]设计了电子束检测设备,如图 11.22 所示。来自于一个光电子发生器(a photo-electron source)的电子束,经分束器(beam separator)和电子透镜,会聚在掩模表面。掩模表面的反射束，经过电子光学系统，在传感器上成像。在做掩模检测时，电子束在掩模表面按一定的路径扫描，掩模表面的图形被探测系统收集。最后把收集到的图形与参考图形对比，可以确定缺陷的位置和形貌。这一系统能够探测掩模上半周期为 64nm 图形里的缺陷。这种基于电子束的缺陷检测设备可以在半周期为 100nm 的线条上检测出小于 25nm 的缺陷，在半周期为 140~160nm 的通孔图形上检测出小于 21nm 的缺陷[40]。

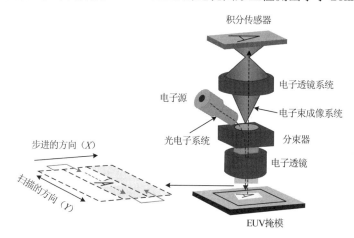

图 11.22　一种 EUV 掩模缺陷检测设备的示意图[39]

　　EUV 掩模在使用过程中也会产生新的缺陷，这些缺陷主要是两类，一是环境中的有害气体在 EUV 光子的作用下对掩模表面的损害，例如，来自真空泵的 C-H 化合物，在 EUV 光子的作用下在掩模表面沉积一层 C，导致反射率下降；另一类是在储存、搬运和使用过程中颗粒的污染。对 C 污染的 EUV 掩模做 TEM 分析发现：C 在掩模表面的沉积并不是均匀的；吸收层侧壁也有 C 沉积，但是比顶部和底部要少。倾斜的入射光导致阴影角落的 C 沉积比直接受光区域的少[41]。

11.3.2　EUV 掩模的清洗

　　这里讨论的是有图形的 EUV 掩模的清洗(EUV mask cleaning)，而不是基板的清洗。基板及其衬底的清洗是在掩模厂完成的，集成电路 Fab 中只需要对使用中的 EUV 掩模做清洗。EUV 掩模在使用中会有外来颗粒的吸附和沾污；在 EUV 光子的作用下，掩模表面会氧化生成污斑，导致反射率的下降。为此，与 193nm 掩模一样，EUV 掩模也需要定期清洗，清洗的目的有两个：一个是去除表面的颗粒(一般要求全部去除正面大于 20nm 的颗粒、背面大于 500nm 的颗粒)；另一个是去除表面的污斑，包括吸附的 C、氧化的斑痕、有机物等。EUV 掩模的清洗工艺不能对掩模的结构(包括 Mo/Si 多层膜和吸收材料)造成伤害，也不能有有害化学成分残留。

　　掩模版的传统清洗方法是使用 SC1(NH$_4$OH、H$_2$O$_2$、H$_2$O 的混合液)、加了 O$_3$ 的水以及 SPM(H$_2$SO$_4$ 和 H$_2$O$_2$ 的混合液)作为清洗剂[42]。然而，这些化学清洗剂对多层膜表面有损伤，清洗后掩模表面粗糙度增大、反射率下降。因此，清洗工艺要小心地选择配方和参数，既保证一定的清洗效率，又不能对掩模性能造成较大的损伤。

　　清洗是一个既有物理作用又有化学反应的过程。增大清洗喷淋的速度和施加兆频超声波可以大大地增强清洗中的物理作用。但是，太强的兆频超声波又会损伤正对喷嘴位置处的掩模，形成凹陷。实验观测到，随着超声波清洗次数的增大，30nm 直径的凹陷数目线性增大。解决的办法是增大兆频超声波能量在掩模上的覆盖面积，即降低能量密度。还有研究者提出使用激光代替超声波，与清洗液的射流一起作用在掩模上，实施清洗。从改进化学反应的角度，就是选用更加合适的清洗液。研究者发现，在去离子水中添加气体，然后使用兆频超声波喷嘴喷射到掩模上也有不错的清洗效果。添加的气体可以是 N_2、CO_2、Ar、O_2、O_3。

　　在 O_2 或 O_3 气体的环境中，使用紫外光(UV)可以去除掩模上的污斑。这种方法对于有机污斑的去除非常有效，其工作的机理是：在 UV 光子的作用下，O_2 或 O_3 分解成非常活泼的 O 原子；这些 O 原子与有机物中的 C 反应，生成挥发性的 CO 或 CO_2。沉积在掩模上沟槽里的 C 污染去除比较困难，文献[43]使用 0.2mbar 的 H_2 作为反应气体，在 1000W 的微波功率下，清除掩模上的 C 污染，效果也不错。类似于"干"法清洁，可以使用等离子体刻蚀来清除 EUV 掩模上的 C 污染[44]。然而，这些"干"清洁方法无法有效地去除颗粒污染。

　　EUV 掩模除了正面清洗之外，还需要对背面做清洗。SEMATECH 为此专门设计了一个装置：在做正面清洗时，有喷嘴对背面喷淋去离子水。正面清洗完成后，机械手将掩模翻转过来继续背面清洗。清洗背面时，有喷嘴对正面喷淋去离子水。一个完整的清洗流程包括多个工艺步骤，每一个步骤都有特定的目的，图 11.23 是一个 EUV 掩模清洗的流程，包括去除有机污染、去除颗粒、冲洗和甩干等步骤。

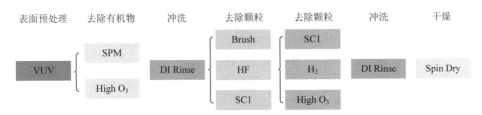

图 11.23　一个完整的 EUV 掩模清洗流程[45]

　　清洗会对掩模造成一定的损伤，由于 Mo/Si 多层膜的表面有 2～3nm 厚的 Ru，因此 EUV 掩模的损伤主要表现在 Ru 层的破坏。图 11.24 是 EUV 掩模上图形底部 Ru 层损伤的电镜照片。文献[46]的结果表明，在清洗过程中，氧吸附在 Ru 层上，并扩散进入下面的 Si 层，生成 SiO_2，导致 Si 层体积膨胀，与 Ru 层之间形成应力。在外力作用下，如清洗时的超声波，Ru 层从掩模表面脱落。文献[46]建议使用较厚的 Ru 或者是用 Ru-合金来防止氧的扩散，可以提高掩模耐清洗的次数。

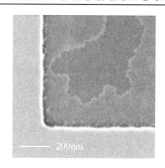

图 11.24　EUV 掩模上图形底部 Ru 损伤的电镜照片[46]

11.3.3　EUV 掩模保护膜的研发

掩模版在使用过程中，不可避免地会有外来颗粒的污染。如果这些外来颗粒吸附在掩模的反光区域，它们会导致该区域的反射率下降，在成像时形成缺陷。如果能在掩模的反射面加装一个保护膜(pellicle)，如图 11.25 所示，那么将大幅度降低颗粒对成像的影响。然而，实现这一设想的难度在于选择什么样的保护膜材料，因为目前已知的保护膜材料在EUV波段都是吸收的。基于有机薄膜的保护膜不仅会大量吸收EUV光，而且吸收后产生的热量也很难处理。

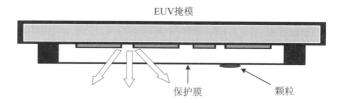

图 11.25　在 EUV 掩模上加装保护膜的示意图

在没有保护膜的情况下，为了避免颗粒污染，也曾经提出过其他解决办法，例如，热泳排斥法(thermophoretic protection)和可移动的保护膜(removable pellicle)[47-48]。热泳排斥是在掩模和周围环境之间产生一个 5～10K/cm 的温度梯度。掩模温度较高，激发周围的分子向外运动与周围的颗粒发生碰撞，给周围的颗粒一个向外的推力。可移动的保护膜是指在做 EUV 曝光时把保护膜拿开；掩模版储存和运输时有保护膜覆盖。这些办法也存在一些问题：①对 EUV 掩模版造成污染的外来颗粒的直径大小不一，最小的可达 20～30nm。对于这么小尺寸的颗粒，热泳法是否有效？②在曝光前撤去保护膜和曝光后覆盖保护膜的过程中是否会产生新的颗粒污染？

Intel 率先提出了一种 EUV 保护膜的设计[49]。这种保护薄膜是安装在一个网格(mesh)上的。薄膜材料对 EUV 光是透明的，网格安装在框架上距离掩模表面约 6mm，如图 11.26 所示。虽然网格是不透明的，但其线条很细，而且距离掩模较远，不会在晶圆表面成像，只导致整个光强的损失。光强的损失率与网格的透过率(open %)成反比。文献[49]中使用的网格是用 Ni 制备的,其线宽和网格大小的不均匀性均小于 2%。网格是六角形,能稳定地支撑薄膜。网格的透过率(即网格空隙部分与边缘部分面积之比)可达 91%以上。图 11.27 是一个 Ni 网格的照片。

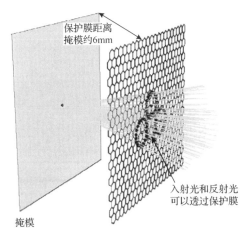

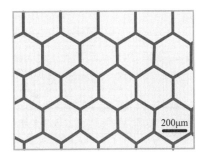

图 11.26　网格式 EUV 掩模保护膜的结构示意图[49]　　　图 11.27　使用 Ni 制备的网格的照片

薄膜材料可以选取 Si 或 Ru,它们通过离子溅射(sputter deposited)沉积在网格上。Si 对 EUV 有很小的吸收;Ru 化学性质稳定不易被氧化。考虑到 EUV 光线两次通过保护膜,EUV 掩模的透光率可以通过保护膜的透射率和网格的透过率计算出来,结果如图 11.28 所示。假设保护膜上 Si 膜的厚度是 20nm(或 Ru 膜的厚度是 15nm),网格的透过率(open %)是 95,这种保护膜导致的 EUV 能量损失就是 16%(或 33%)。

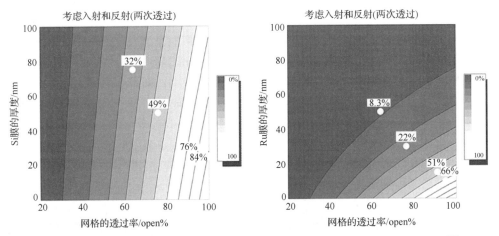

图 11.28　EUV 掩模保护膜的透光率随网格的透过率和薄膜厚度变化的计算结果[49]

EUV 光刻机供应商 ASML 也提出了 EUV 掩模保护膜性能的指导性参数,它是基于量产 EUV 工艺提出的，如表 11.6 所示[50]。保护膜的材质必须对 EUV 光线有较高的透射率，使用寿命长，对 EUV 成像的质量没有负面作用。ASML 聚焦在多晶硅材料做保护膜，他们用 Si 片来制备多晶硅薄膜，然后在多晶硅薄膜两面沉积 SiN 作为保护层[50]。这样制备的保护膜厚度在 70～74nm，EUV 透射率达 78%～82%。

表 11.6　量产 EUV 光刻机对掩模保护膜性能的要求[50]

	项　　目	要　　求
对保护膜材料的要求	EUV 透射率	单次通过的透射率大于90%（两次通过的透射率大于81%）
	EUV 透射率的空间均匀性	<0.2%
	EUV 透射率的角度均匀性	保护膜局部相对于掩模平面的倾斜角必须小于 300mrad
	能够承受 EUV 光强	5W/cm^2
	使用寿命	约 315h（EUV+H$_2$ 的环境）
保护膜+框架	保护膜与掩模的距离	(2±0.5) mm
	能承受的最大加速度	100m/s^2
	能承受的环境压力变化	<3.5mbar/s（安装时抽真空）
	保护膜安装的面积	框架内边：110.7mm×144.1mm框架外边：118.0mm×150.7mm
保护膜对晶圆上 CDU 的影响必须小于 0.1nm		

11.3.4　EUV 空间像显微镜

掩模上的缺陷不是全部都影响曝光结果的，有些缺陷并不在晶圆表面成像，或者所成的像太弱并不影响曝光结果。与 DUV 光刻类似，评估掩模上缺陷的最佳办法是检测其空间像，为此，业界专门研发了 EUV 空间像显微镜（aerial image metrology system，AIMS^{TM}）[51]，或者叫 EUV 显微镜（EUV microscope）[52]。AIMS^{TM} 的光学系统与光刻机类似，只是其曝光的像投影在一个 CCD 相机上，而不在晶圆上，如图 11.29 所示。AIMS 可以检测 16nm 半周期技术节点（或 7nm 逻辑技术节点）使用的 EUV 掩模，其光照条件可以与 ASML ADT、NXE：3100、NXE：3300 相一致，其 NA 的范围是 0.25～0.33。EUV 光线通过一个狭缝透射在反射镜 M_A 上，M_A 使光线折转照射在一个反射镜 M_B 上（folding mirror）。经反射镜 M_B 折转后，EUV 光线再经过 M_C 反射到掩模表面。M_C 是一个离轴的椭球反射镜（off-axis ellipsoid mirror），它可以使光线在离轴 19° 的范围内照射在掩模上。光线在掩模表面反射后经过一个波带片阵列（an array of zoneplate）被 CCD 相机接收。波带片阵列安装在距离掩模约几百微米处的一个可以沿三维移动的工件台上。波带片的作用是把放大了的掩模像直接透射到 CCD 相机。图 11.30 是有缺陷的 EUV 掩模的高分辨电镜照片及其在 AIMS^{TM} 上成的像。

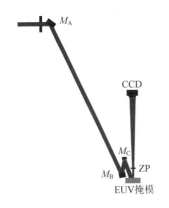

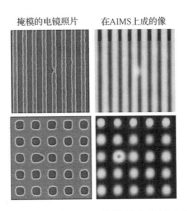

图 11.29　EUV 空间像显微镜的示意图(M_A 和 M_B 是反射镜，M_C 是椭球形反射镜，ZP 是波带片)[52]

图 11.30　有缺陷的 EUV 掩模的高分辨电镜照片 及其在 AIMS^{TM} 上成的像(掩模上线条的尺寸是 64nm1：1，通孔的尺寸是 80nm 1：1)[53]

11.3.5　EUV 相移掩模

EUV 相移掩模(EUV PSM)的设想已经被讨论了多年，其基本思路是：调节掩模上吸收层的光学参数(n、k、d)，使得吸收层具有一定的反射率。吸收层处反射光电场矢量与相邻区域反射光矢量的相位差是 180°，图形边缘区域发生相消干涉，获得分辨率增强[54]。

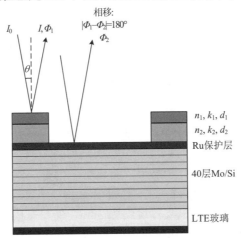

图 11.31　EUV 相移掩模原理示意图

EUV PSM 对相位的调制作用受吸收层折射率和厚度控制。EUV 光通过吸收层是一个光线入射、折射、吸收、和反射的过程(round trip reflection)。利用一阶近似，吸收层反射的光强可表示为

$$I \cong I_0 \cdot \left| \exp\left[-\left(\frac{2\pi}{\lambda}\right) \cdot \left(\frac{2k_1 d_1}{\cos\theta} + \frac{2k_2 d_2}{\cos\theta}\right) \right] \right|^2 \tag{11.2}$$

式中，I_0 表示入射光强，λ 为波长，k_1 和 k_2 分别为吸收层上下两层膜的 k 值，d_1 和 d_2 为相应的厚度，θ 为入射角。相位差可由光程差计算得到，若要形成 $180°$ 的相位差，则应满足以下条件：

$$\left| \frac{2\pi}{\lambda} \cdot \left(\frac{2\Delta n_1 d_1}{\cos\theta} + \frac{2\Delta n_2 d_2}{\cos\theta} \right) \right| = \pi \tag{11.3}$$

式中，$\Delta n_i = 1 - n_i \ (i = 1, 2)$。从中可看出，吸收层的厚度以及折射率实部对相移值起决定作用。根据上述两个公式，即可计算出为达到要求的移相值，所需的吸收层厚度为

$$d_1 = \cos\theta \cdot \frac{\left(\dfrac{-\lambda \cdot \Delta n_2 \cdot \ln(I/I_0)}{8\pi} + \dfrac{\lambda \cdot k_1}{4} \right)}{(\Delta n_1 \cdot k_2 - \Delta n_2 \cdot k_1)} \tag{11.4}$$

$$d_2 = \cos\theta \cdot \frac{\left(\dfrac{-\lambda \cdot \Delta n_1 \cdot \ln(I/I_0)}{8\pi} + \dfrac{\lambda \cdot k_2}{4} \right)}{(\Delta n_2 \cdot k_1 - \Delta n_1 \cdot k_2)} \tag{11.5}$$

任意满足上述要求的 d_1、n_1、k_1 以及 d_2、n_2、k_2 组合，都是合理的吸收层选择。

不同类型的相移掩模，其对相位调节的具体方式又有所区分。EUV 的衰减式相移掩模（Att. PSM）主要有三种结构：第一种是标准的 EUV Att. PSM 结构，该掩模结构与正常 EUV 掩模结构类似，但吸收层使用多层半透明材料。与原吸收层相比，反射率由 0 变为 5%～20% 之间（可调节），反射光较非吸收层区域产生了 $180°$ 的相移。例如，可以使用半透明的 TaN 和 TiN 取代 TaBO 和 TaBN；也可以使用半透明的 TaN/Al$_2$O$_3$/Mo 结构取代原来的两层的吸收层结构。第二种是对 Mo/Si 多层膜进行选择性刻蚀，并在刻蚀的区域填充一层半透明材料作为吸收层，调整刻蚀的深度与吸收层厚度，使得吸收层区域的 EUV 光与周围多层膜结构区域的 EUV 光形成 $180°$ 的相位差。这种掩模也被称为刻蚀的 Att. PSM（etched PSM）。在刻蚀掩模时，需要在多层膜结构中加入一层刻蚀停止层，以避免过度刻蚀。第三种是镶嵌式的 Att. PSM（embedded-shifter PSM），其在多层膜结构中嵌入一个 $\lambda/4$ 相移层，将该区域的多层膜结构分为上下两部分。这种结构使得嵌层的反射光与无嵌层的多层膜结构上的反射光形成 $180°$ 的相位差，进而形成相消干涉。该方法使用的嵌层厚度约为 3nm，使得掩模表面没有明显的突起，压缩了阴影效应等厚掩模结构对成像的影响。但嵌层厚度过薄很难对反射光强起到调制作用，即对 EUV 光的吸收作用相对较弱。

与 DUV 情况类似，EUV Att. PSM 能够有效地增大光刻工艺窗口。由于 EUV Att. PSM 上吸收层的厚度较一般 EUV 掩模更小，其对压制 "H-V bias" 有明显的效果。PSM 使用半透明吸收层，能够将更多地光子反射到成像光学系统中，增加照射到晶圆上的光子数。因此可以减少光子的散粒噪声（shot noise effect），改善图形的 CDU 和 LER。

11.4　极紫外光刻胶

11.4.1　光刻胶的放气检测

光刻胶必须首先做 EUV 曝光下的放气测试(outgassing test)，达到规定要求的光刻胶才能被用于进一步的光刻实验。这是因为 EUV 曝光系统和晶圆都是放置在真空腔中的，曝光时光刻胶放出的气体会导致光学系统的污染、降低掩模和光学系统的反射率。图 11.32(a) 是用于测试光刻胶放气的实验装置示意图。从光源发出的 EUV 光被引入到真空腔体中，首先透过一个 Zr 薄膜。Zr 薄膜可以让 7～17nm 波长的 EUV 光子透过、过滤掉 DUV 与可见光波长的光子。透过 Zr 薄膜的频谱如图 11.32(b) 所示。实际参与曝光的波长是 10.5～15.5nm[55]。光线透过 Zr 薄膜后，经 Mo/Si 反射镜反射后，

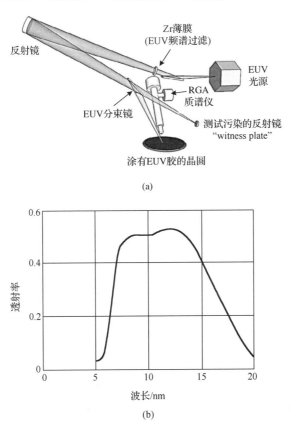

(a)

(b)

图 11.32　(a)用于测试 EUV 光刻胶放气的实验装置示意图[56]和(b)透过 Zr 薄膜后的频谱

Zr 的厚度是 0.2μm 来源于 www.cxro.lbl.gov，测试用光源可以采用小功率的 EUV 光源，
如美国 Energetiq 公司提供的 Xe 光源(10W)

照射在涂有 EUV 光刻胶的晶圆上。晶圆和反射镜之间的距离是 4.5cm 左右，和 EUV 光刻机中晶圆与反射镜之间的距离相当。

在 EUV 光子的照射下，光刻材料放出的气体分子团被连接在真空腔上的质谱仪探测到。质谱仪可以分析出这种光刻胶所放出的气体成分。通过监测真空腔压力的变化，也可以推算出光刻胶放气的速率及其与曝光剂量的关系。一部分放出的气体分子团会沉积在腔内的反射镜上形成污染，通过分析反射镜上污染层的厚度和成分可以知道这种光刻胶放出的气体对光刻机反射镜的危害程度[57]。对比反射镜受光与不受光部分的污染程度，可以知道 EUV 光照在污染过程中起的作用。这又叫做"witness plate"测试。

与 193nm 浸没式光刻胶成分在水中浸出(leaching)情况类似，EUV 光刻机供应商从保护光刻机的角度提出了对 EUV 光刻胶放气的限制，即"outgassing specification"。ASML 建议做覆盖整个 300mm 晶圆的曝光，如果由于光刻胶放气导致的"witness plate"的反射率下降 2%以下，那么这种涂在晶圆上的 EUV 胶是可以在光刻机上使用的[55]。ITRS 对 EUV 光刻胶的放气也做了规定。2006 年 ITRS 规定，在 EUV 曝光时胶的总放气速率必须小于 5×10^{13} 分子/$(cm^2 \cdot s)$[58]。

光刻胶放出的气体沉积在反射镜上，有些沉积物是可以被清洗的(cleanable contamination)，例如，C-H 污染物；而有些沉积物是无法清洗的(non-cleanable contamination)，这些污染物通常不是 C-H 化合物。文献[59]测量了不同光刻胶放气在反射镜上形成的沉积物的成分，并做了清洗效果的对比。他们的结论是：Cl 和 Br 的污染物是可以被清洗掉的；而 S 和 I 的污染物无法被完全清洗干净。他们建议，在 EUV 光刻胶中必须尽量避免使用含 S 和 I 的成分。

EUV 光刻胶曝光时的放气速率还与旋涂后软烘的温度(PAB)和烘烤后放置的时间有关。文献[60]测量了不同温度烘烤后光刻胶(MET2D^{TM})的放气速率，结果如图 11.33

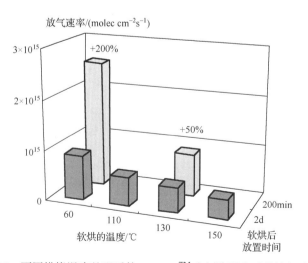

图 11.33   不同烘烤温度处理后的 MET2D^{TM} 光刻胶曝光时的放气速率[60]

所示。经较高温度烘烤的光刻胶，放气速率较低。光刻胶烘烤后，放置两天后，曝光时的放气速率大幅度下降。

11.4.2　EUV 胶的分辨率、图形边缘粗糙度和敏感性

EUV 光刻胶的性能主要用三个参数来表示：分辨率(resolution)、图形边缘的粗糙度(LER)与敏感度(photo-speed)。对这些参数的要求是和技术节点相对应的。虽然 EUV 没有被用于 14nm 逻辑节点的量产中，但光刻界的共识是，EUV 胶分辨率必须满足 10nm 逻辑节点或 16nm 半周期节点以下的工艺要求[61]。表 11.7 列出了 ITRS 对用于 16nm 半周期以下技术节点的光刻胶的要求[62]。光刻胶的厚度必须控制在 50nm 以下，这是为了保证显影后光刻胶图形的高宽比不超过 2(考虑到曝光时的光刻胶损失)。光刻胶图形边缘的粗糙度(3σ)在 8%×线宽(CD)以下，也就是小于 1.6nm。从产能的角度出发，要求 EUV 胶的曝光剂量不要超过 10mJ/cm²。

表 11.7　ITRS 对 16nm 半周期以下技术节点的光刻胶的要求[62]

DRAM 器件的半周期/nm	20	18	16	14	13	11	10
闪存器件(Flash)的半周期/nm	14	13	12	11	10	9	8
MPU/ASIC 器件第一层金属的半周期(Metal1 1/2 pitch)/nm	19	17	15	13	12	11	9
光刻胶厚度/nm	25～50	25～50	20～45	20～40	20～40	15～35	15～30
线宽均匀性(3s)/nm	1.6	1.5	1.3	1.2	1.1	1	0.9
对曝光后烘烤(PEB)温度的敏感性/(nm/℃)	0.8	0.6	0.6	0.6	0.6	0.4	0.4
旋涂后的缺陷密度/(#/cm²)	0.01	0.01	0.01	0.01	0.01	0.01	0.01
光刻胶上缺陷最大尺寸/nm	10	10	10	10	10	10	10
光刻胶线宽粗糙度(低空间频率区域)(3σ)/nm	1.6	1.4	1.3	1.1	1	0.9	0.8

目前 EUV 光刻胶基本上是以化学放大胶为主,其中的光致酸发生剂(PAG)可以是和树脂混合在一起的(PAG blended in polymer)，也可以作为一个基团悬挂在树脂的分子链上(PAG bound to polymer)。

11.4.2.1　光致酸扩散长度的测量

曝光时生成的酸在化学放大胶的光化学反应中起着关键作用。曝光后烘烤时，酸在光刻胶中扩散激发去保护反应(de-protection reaction)，使光刻胶能溶于显影液。酸在后烘时的扩散长度(diffusion length)是影响光刻胶分辨率和图形边缘粗糙度的关键参数[63]。测量酸扩散长度的方法如图 11.34 所示。旋涂在衬底上的光刻胶曝光后，其表面与没有曝光的同一种胶紧密接触。对两个紧贴在一起的光刻胶做曝光后的烘烤(PEB)，然后显影。烘烤时，曝光产生的酸在接触处会扩散到没有曝光的光刻胶薄膜中，激发光化学反应。显影后测量没有曝光的光刻胶薄膜的厚度损失，损失的厚度就是光刻胶中酸的扩散长度。

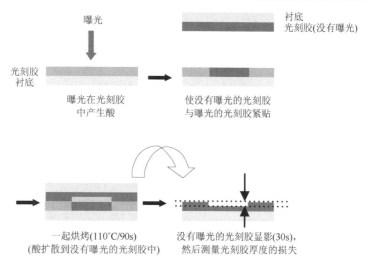

图 11.34　测量光致酸在光刻胶中扩散长度的方法

11.4.2.2　改善光刻胶边缘粗糙度

大量的实验结果表明，酸在胶中的扩散长度与光刻胶图形边缘粗糙度非常关联。增大光刻胶中酸中和剂(quencher)的浓度可以有效地控制酸在胶中的扩散，副作用是牺牲光刻胶的敏感度。文献[64]设计了一系列具有不同中和剂浓度的光刻胶样品，测量了它们的酸扩散长度和曝光后图形的线宽粗糙度，如图 11.35 所示。结果显示，胶中中和剂浓度越大，酸的扩散长度就越小，线宽的粗糙度就越小。曝光结果还显示，中和剂浓度较高的样品具有较好的分辨率。文献[65]还报道，使用玻璃转化温度较高的树脂(high Tg resin)可以降低 EUV 光刻胶图形边缘粗糙度，同时，光刻胶的灵敏度(sensitivity)也降低。

11.4.2.3　进一步提高 EUV 光刻胶的分辨率

EUV 光刻胶的研发还在进行中，努力的方向是同时提高光刻胶的敏感度、分辨率和改善边缘粗糙度，而不是牺牲一个参数来提高另一个参数。一个有趣的办法是把酸敏感的基团(acid-labile group)直接放在树脂的分子链中(backbone)。曝光激发光化学反应直接把分子链切断，显影后的边缘更加平滑，如图 11.36 所示。这种光刻胶又被称为分子胶(molecular resist)[66-67]。使用较低去保护激活能(Ea)和较高玻璃转化温度的树脂也可以提高光刻胶的分辨率，然而，用低去保护激活能树脂制备的光刻胶，在 EUV 曝光时通常伴随有较大的放气[68]。另外，显影时的图形倒塌也是限制 EUV 光刻胶分辨率的一个重要因素。虽然具有化学放大性能的分子胶是目前 EUV 光刻胶的主流，也有从另外方向入手的，例如，文献[69]报道了 EUV 非化学放大负胶(non-chemical amplified negative photoresist)的研发，样品可以实现 16nm 线宽和 32nm 的线间距。文献[70]报道了基于富勒烯衍生物的化学放大负胶(fullerene derivative-based negative tone chemically amplified resist)。关于无机 EUV 胶(inorganic photoresist)的研发参见文献[71]~文献[74]。

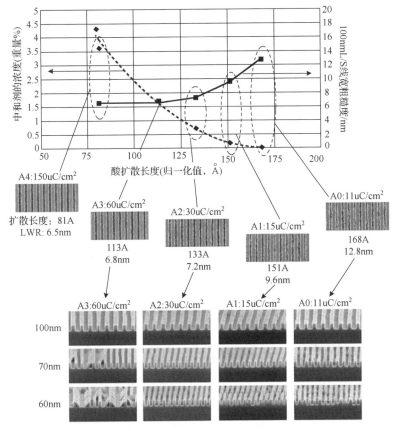

图 11.35　具有不同中和剂浓度的光刻胶的扩散长度和曝光后线宽的粗糙度(实验中使用的是电子束曝光)[64]

Selete 做了大量的 EUV 胶性能的评估[75]，他们使用的是 Selete 的 SFET 极紫外光刻机，环形照明，0.3NA。随着分子胶概念的引入，EUV 胶的整体性能不断在提高。这也可以从 ASML 的评估数据得到验证。图 11.37 是 2006 年~2014 年期间使用 ASML 极紫外机台评估的光刻胶数据。在这期间光刻机从 ADT 演化到 NXE：3300，光刻胶的分辨率也从 45nm 一直提高到 20nm 以下[76]。

为了打破光刻胶分辨率–边缘粗糙度–敏感度三者之间钳制的关系，进一步提高光刻胶的分辨率。文献[77]提出，先用 UV 光对 EUV 胶做开放式曝光(UV flood exposure)，然后再做 EUV 曝光实现图形。UV 曝光可以使 EUV 胶的敏感度提高 10 倍。

一般化学放大胶的工作原理

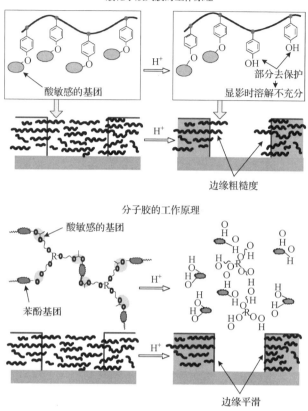

图 11.36　把酸敏感的基团直接放在树脂的分子链中与通常的化学放大胶的对比[64]

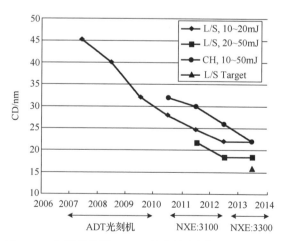

图 11.37　2006 年～2014 年期间使用 ASML 极紫外光刻机评估的光刻胶的分辨率[12-13]

11.4.2.4　干涉仪做光刻胶评估

在 EUV 光刻胶的评估过程中，极紫外干涉仪(EUV interferometer)起了非常重要的作用。极紫外干涉仪的工作原理如图 11.38 所示。两个 EUV 光束对称地照射在有周期图形的掩模版上，衍射光相互干涉，在晶圆表面形成周期性条纹，对光刻胶曝光。这样形成的图像不存在聚焦的问题，晶圆可以放置在距离掩模 0.3～10mm 的区域。选择掩模上不同周期的光栅，可以在晶圆表面形成不同周期的图形。干涉仪成像的对比度(aerial image contrast)比同样分辨率下光刻机成像的对比度高。EUV 干涉仪可以提供 7nm 的曝光图形,这远小于目前 EUV 光刻机的分辨率[78]。

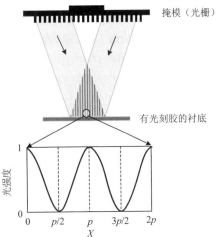

图 11.38　极紫外干涉仪的工作原理

EUV 干涉仪使用的光源都是来自于同步辐射。比较知名的是安装在瑞士 PSI(Paul Scherrer Institute)和美国 Wisconsin 大学的 EUV 干涉仪。图 11.39 是使用 PSI 的 EUV 干涉仪曝光的结果[78]。由于 EUV 干涉仪能提供非常好的空间像对比度，因此可以用来评估不同光刻胶的分辨率极限。目前在 EUV 干涉仪上分辨率最好的 EUV 化学放大胶可以实现 11nm 的半周期，然而其灵敏度(sensitivity)比较低(E_{size}约 60mJ/cm^2)，线条边缘粗糙度(LER)也比较高(3σ约 6nm)；实验中，线条倒塌也是限制光刻胶图形分辨率进一步提高的一个重要因素[79]。

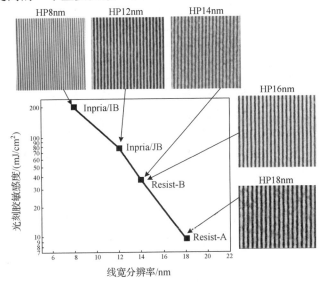

图 11.39　PSI 的 EUV 干涉仪曝光的结果[80]

11.4.3　吸收频谱外辐射的表面层材料

导致 EUV 光刻胶图形分辨率不够和边缘粗糙度较高的一个很重要的原因是曝光时光源中的非 13.5nm 波长的成分，也称为 OOB (out-of-band) 辐射[81-85]。而且，OOB 辐射还会导致光刻胶的放气量增大，增大光学系统被污染的概率。为此，光刻材料供应商专门设计了一种保护层材料 (OOB protection layer，OBPL)，它被涂覆在 EUV 光刻胶表面，既能吸收 OOB 辐射又能阻挡光刻胶放气[86-87]。

OOB 材料在化学性质上必须和 EUV 胶兼容，即 OOB 材料的溶剂不能溶解 EUV 胶。这样在它们的界面处就不会形成混合层。OOB 必须能很快地溶解于标准的 TMAH 显影液中，没有残留。文献[87]的实验数据表明，使用 30nm 厚的 OOB 层可以降低 EUV 胶 90%～70% 的放气率。使用飞行时间二次离子质谱仪 (time-of-flight secondary-ion mass spectrometry，TOF-SIMS) 分析曝光后 OOB/胶的剖面，结果表明放气的主要成分 (S 化合物) 被 OOB 阻挡积累在 OOB/胶的界面处。图 11.40 是在 ASML NXE : 3100 上曝光评估 OOB 的结果[87]。曝光图形的半周期是 28nm，有 OOB 保护的光刻胶图形有更好的 LWR 和陡峭的侧壁；聚焦深度也有了增大。

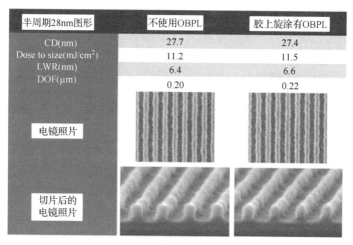

半周期28nm图形	不使用OBPL	胶上旋涂有OBPL
CD(nm)	27.7	27.4
Dose to size(mJ/cm²)	11.2	11.5
LWR(nm)	6.4	6.6
DOF(μm)	0.20	0.22
电镜照片		
切片后的电镜照片		

图 11.40　在 ASML NXE : 3100 上曝光评估 OOB 的结果 (OBPL 厚度=30nm)[87]

11.4.4　底层材料

为了与线宽相匹配，以避免线条倒塌，EUV 光刻胶的厚度很薄，一般都小于 60nm。对于这样薄的胶，衬底表面的粗糙度对光刻胶的性能影响较大，而且 EUV 光子在衬底激发的二次电子 (secondary electrons) 也会导致光刻胶二次曝光。为了降低表面效应和二次电子对光刻胶性能的影响，一般在 Si 衬底表面先涂一层底层材料 (underlayer)，

EUV 光刻胶旋涂在底层材料上。底层材料不是光敏感的，类似于 248nm 和 193nm 光刻中的抗反射涂层(BARC)。对 EUV 底层材料的要求可以归纳为如下几点：

(1) 厚度必须在 10nm 以下，与光刻胶厚度相匹配；

(2) EUV 曝光时的放气量较小；

(3) 适当的烘烤温度下就可以发生交联，而且具有较高的交联密度(high crosslinking density)，这样可以保证和光刻胶有较好的兼容性；

(4) 对 EUV 光子有较强的吸收；

(5) 具有较高的刻蚀速率，即在相同条件下其刻蚀速率应该是 EUV 光刻胶的 2 倍左右。

图 11.41 是底层材料设计的基本思路：选用刻蚀速率较高(即容易刻蚀)的聚合物作为基本材料，悬挂上对 EUV 光子吸收较强的基团(EPA，EUV photo absorbing unit)和发色基团(chromophore)。发色基团控制反射光。

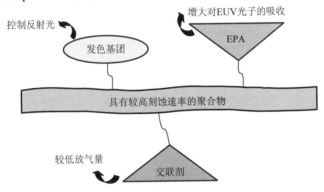

图 11.41　EUV 底层材料的设计思路[88]

文献[89]对比了不同的 EUV 胶，分别在有底层材料和没有底层材料情况下曝光、显影后线条的边缘粗糙度，结果如图 11.42 所示。其中，胶 09-24、A、B 分别在 Si 衬底和底层材料上做了对比实验。结果显示，相同的光刻胶在使用了底层材料后，其线条的边缘粗糙度减少了 15%~20%。底层材料供应商还测量了同样光刻胶旋涂在不同底层材料上的光刻胶对比度曲线(contrast curve)，发现选择合适的底层材料(105A 厚的 AZ® EXP EBL)可以使光刻胶的对比度提高 7%左右,他们的结果如图 11.43 所示。实验中还做了线宽 30nm 的曝光，这四种材料上光刻胶图形的电镜照片也附在图 11.43 中。

JSR 和 Nissan Chemical 都提出了含 Si 的底层材料,又叫含 Si 的硬掩模(Si-HM)[90-91]。Si-HM 不仅能降低表面效应和二次电子对光刻胶性能的影响，而且可以作为刻蚀的掩模把光刻胶图形刻蚀到 SOC 上，最终再转移到衬底上。Si-HM 的表面接触角是一个很重要的参数，较大的表面接触角可以减少光刻胶图形的倒塌(line collapse)。与 EUV 正胶配合使用，Nissan 的样品能分辨半周期 18nm 的密集线条和半周期 24nm 的通孔；与 EUV 负胶配合使用，可以分辨半周期 22nm 的密集线条[91]。

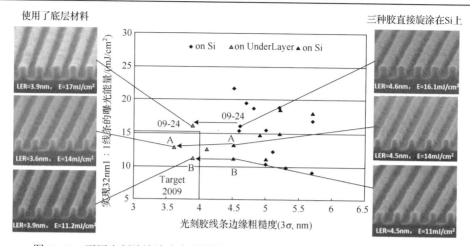

图 11.42　不同光刻胶旋涂在底层材料上，或直接旋涂在 Si 衬底上曝光，所得到
图形（32nm line/32nm space）边缘的粗糙度[89]

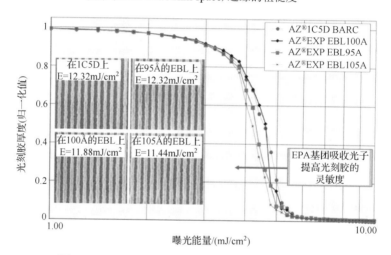

图 11.43　同样光刻胶在不同底层材料上的对比度曲线
EXP®EBL95A、EXP®EBL100A、EXP®EBL105A 是同一种材料，只是厚度分别为 95Å、100Å、105Å。
图中的电镜照片是 30nm 半周期线条的曝光结果

11.5　计算光刻在 EUV 中的应用

原则上来说，EUV 的引入只是添加了一种新型的光刻手段。光刻内部各部门的职能和工作流程并没有改变，光刻与工艺集成、掩模厂之间的合作关系也没有改变。因此，与 193nm 等其他光刻技术一样，EUV 光刻也需要对光照方式进行优化和对邻近效应做修正。设计公司的版图首先需要做 SMO 以便确定最佳光照条件，随后需要建立 EUV 模型对版图做邻近效应修正。EUV 与 193i 的差别主要体现在模型的不一致上，

EUV 采用反射式光学系统，而 DUV 采用的是透射式光学系统。照射在 EUV 掩模上主光线的入射角是 6°，这就使得掩模在 Z 方向离焦(off-focus)时，成像位置沿 X/Y 移动，如图 11.44 所示。这些特性使得 EUV 的光学模型具有特殊性。

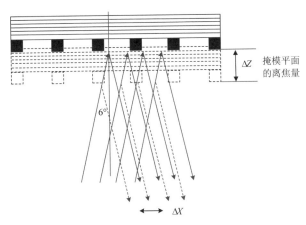

图 11.44　EUV 中掩模版的离焦(ΔZ)导致成像的平移(ΔX)

11.5.1　EUV 光源与掩模的协同优化

有关团队深入研究了 EUV 光刻的光源与掩模的协同优化(EUV SMO)[92-93]。除了用 EUV 光刻成像模型替换 DUV 光刻模型之外，针对 EUV 光刻的特殊效应，在 SMO 中引入反射式厚掩模三维效应，针对掩模离焦下导致的成像偏移引入了非对称的照明来补偿，并对评价函数做了必要的修正。

11.5.1.1　反射式掩模三维效应

EUV 掩模结构复杂，由吸收层和多层膜结构构成，且又是斜入射照明。改变曝光能量和聚焦值时，掩模上不同边缘在晶圆上像的移动(shift)实际是不一样的。图 11.45 考察了掩模上一个矩形图形在晶圆上成的像，及其随聚焦值的变化。在离焦量–40nm

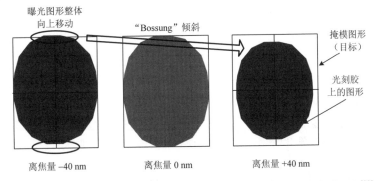

图 11.45　掩模上一个矩形图形在晶圆上成的像及其随聚焦值的变化[92]

到+40nm 时，像的上下两条横边的移动是不一样的，导致成像图形中心的偏移。这种成像图形的偏移(pattern shift)反映在 FEM 结果上就是"Bossung"曲线的不对称，又被称为"Bossung"倾斜。成像偏移值的大小还与掩模上图形的尺寸和形状有关，这就导致了掩模上不同的图形有不同的最佳聚焦值：在一个固定的聚焦值，一部分图形成像的中心(contour center)与目标中心(polygon center)重合，而另一部分图形的中心有偏差。最近的实验结果已经证实了图形随聚焦值变化而移动的现象[94]。

　　文献[94]提出，在 SMO 中添加掩模焦平面模型(物方焦平面)(modeling of mask defocus)和考虑边缘相互作用效应(edge-to-edge interaction effect)可以很好地仿真上述成像偏差。他们的计算结果与 FDTD 严格解一致。掩模焦平面模型模拟光刻机中掩模沿 Z 方向的移动，以找到最佳成像时的位置。模型中掩模的焦平面并不是固定在吸收层的顶部或底部(即反射层的顶部)，而是介于两者之间，通过优化成像来确定。从电磁场模型角度来看，光线在掩模的相互作用分为一级散射效应(primary scattering effect)和二级散射效应(secondary scattering effect)。一级效应是指只考虑掩模上图形边缘对入射光线的散射，也包括散射束之间的干涉效应；二级效应则进一步考虑到散射束再次被邻近图形边缘散射的结果，即边缘相互作用效应。通常这种二级效应比一级效应要弱很多，在图形边缘相距较远或图形高度较小的情况下，一般可以忽然不计。在 EUV 模型中必须考虑二级效应，因为 EUV 掩模吸收层的厚度远大于波长，与掩模上最小线宽接近。因此，EUV 掩模上的散射光被邻近图形再散射的程度较强。EUV 光线在掩模上的这种二次散射可以用图 11.46 来形象地描述。

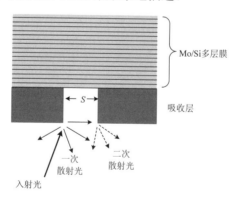

图 11.46　光线在 EUV 掩模上的二次散射示意图[95]
图中粗箭头表示入射光，细实线箭头表示第一次的散射光，虚线箭头表示散射光被邻近边缘再次散射后的二次散射光

　　使用这种新的 EUV SMO 模型，通过优化物方焦平面和引入非对称分布的照明，可以补偿离焦下的图形偏移[92]。图 11.47 是 EUV SMO 优化后的结果，新的照明分布是非对称的。EUV 的光源能量不足，若想保证照明光强，又要保证一定的光照形状，采用较少数目的复眼。因此，光照的像素在整个光瞳内形成离散分布，如图 11.48 所示。这与 DUV 的情况不同，DUV 采用的复眼数目多，因此光照的像素更加连续。

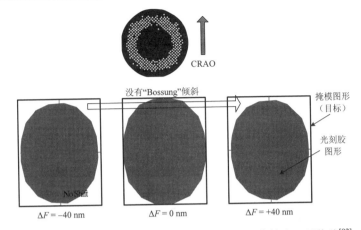

图 11.47　使用非对称式的光照可以保证离焦时像的中心不偏移[92]

图中也标出了入射光相对取向，即 CRAO(chief ray angle at object

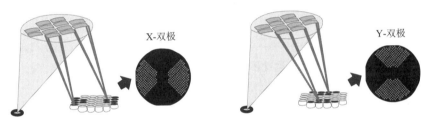

图 11.48　EUV 光照系统使用较少的复眼来实现所需要的光照方式

11.5.1.2　SMO 评价函数

　　传统的 DUV 评价函数(cost function)主要衡量成像结果与目标图形间差别，用边缘偏移误差表示(EPE)。EUV 波长极短，单光子能量很高，因此在有限的曝光剂量下其参与曝光成像的光子数仅为 DUV 的 1/15。曝光光子数很少带来严重的散粒噪声现象，造成成像 CDU 变差。同时，掩模的三维效应和倾斜入射光效应还会导致严重的图形偏移。这些在 EUV 的评价函数中都必须体现，所以 EUV 的评价函数是由传统的 EPE 和这些相关项加权平均构成的。图形偏移的计算是通过分别计算边缘的 EPE 来实现的，即 EPE1-EPE2。图形偏移以及 CDU 的计算方法如图 11.49 所示。在评价函数中还必须添加杂散光的影响。以下公式对比了 EUV 与 DUV 评价函数的异同：

$$
\begin{aligned}
\text{DUV cost function} = {} & \text{EPE1(defocus1,dose1,mask bias1)} \\
& + \text{EPE2(defocus2,dose2,mask bias2)} + \cdots
\end{aligned}
\tag{11.6}
$$

$$
\begin{aligned}
\text{EUV cost function} = {} & \text{EPE1(defocus1,dose1,mask bias1,flare1)} \\
& + \text{EPE2(defocus2,dose2,mask bias2,flare2)} + \cdots
\end{aligned}
\tag{11.7}
$$

式中，参数"defocus"、"dose"、"mask bias"分别表示曝光时的离焦量、曝光能量、掩模上图形线宽与目标值的偏差;在式(11.7)中还考虑了杂散光参数(flare)。在做 EUV 工艺窗口评估时，也必须把杂散光(flare)作为一个参量与聚焦值(focus)、曝光能量(dose)、掩模上线宽的误差并列考虑。

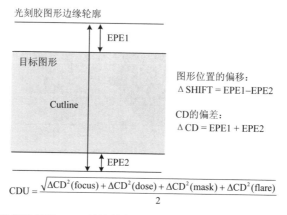

$$CDU = \frac{\sqrt{\Delta CD^2(focus) + \Delta CD^2(dose) + \Delta CD^2(mask) + \Delta CD^2(flare)}}{2}$$

图 11.49　图形偏移以及 CDU 的计算方法示意图(Cutline 表示计算时考察的位置)

11.5.2　OPC 方法在 EUV 与 DUV 中的区别

OPC 流程如图 11.50 所示。OPC 方法主要由成像模型、评价函数、修改规则三部分组成。不同 OPC 方法主要是由这三部分实现方法的不同造成的。

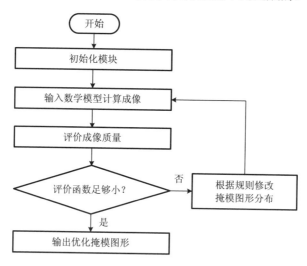

图 11.50　OPC 数据处理的流程

与 DUV 成像模型相比，EUV 模型必须添加阴影效应及杂散光效应模型。这是一种简化了的阴影效应模型，其中最主要的部分是仿真垂直-水平线条的偏差现象(horizontalvertical bias，H-V bias)。垂直与水平线条之间宽度的差别现象可以通过图 11.51 来说明：入射在掩模上的 EUV 光线沿一个方向倾斜 6°，与入射光平面垂直的线条具有最大的阴影效应(见图 11.51(a))；与入射光平面平行的线条几乎没有阴影效应(见图 11.51(b))。这就导致晶圆上垂直线条与水平线条线宽的差别，即"H-V bias"。此外，EUV 波长过短会造成严重的杂散光效应，需通过合理的建模进行仿真，而在 DUV 中杂散光影响可忽略不计。

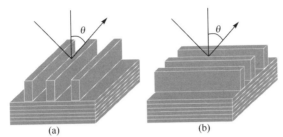

图 11.51 垂直线条和水平线条的阴影效应是不一样的

与 EUV SMO 中的评价函数类似，EUV OPC 的评价函数除了包含传统的 EPE 外，还必须包含曝光光子数的散粒噪声和倾斜入射导致的图形偏移。这些相关项加权平均构成 EUV OPC 的评价函数。同样，在做工艺窗口评估时，也必须把杂散光作为一个参量与聚焦值、曝光能量、掩模上线宽的误差并列考虑。

DUV 中，芯片在硅片上的位置不影响 OPC 的结果，因此只需要对目标图形中的类似结构做一次 OPC，即可将相同的 OPC 模型应用于芯片上的其他类似结构，也就是我们所说的"hierarchy"。而在 EUV 中，阴影效应造成的"HV-bias"以及杂散光效应都与芯片在硅片上的位置以及不同结构在曝光场中的位置相关。因此上述"hierarchy"结构不再有效，大大增加了 EUV OPC 的时间成本。EUV OPC 与 DUV OPC 数据处理过程的差别可以形象地用图 11.52 表示。

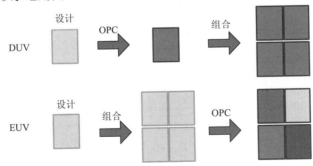

图 11.52 EUV OPC 与 DUV OPC 数据处理过程的差别示意图

综合上述因素，文献[94]提出了 EUV OPC 模型应该包括的内容，如表 11.8 所示。他们建议 EUV OPC 模型的建立应该分成三步：简单模型(simple model)、复杂模型

（advanced model）、所期望的模型（desired model）。简单模型包括：①阴影效应（shadowing effect）修正，即水平与垂直图形之间要加一个偏置值（H-V mask bias），这个偏置值的大小与其相对于曝光扫描缝隙（slit）的位置有关，可以根据图 11.53 中的结果来添加。②对掩模上所有图形添加偏置值（global bias）、对所有图形的拐角做修正，这是为了修正掩模制造中引入的误差（mask manufacturing errors）。这个模型中尚没有对光学系统的像差（aberration）做修正。③光刻胶模型的形式与 DUV OPC 模型中的相同。④最后是杂散光的修正模型，散射光强与图形的密度相关联，根据图形分布计算出来。复杂模型和期望的模型则包含更多的内容。表 11.8 中也标出了 10nm 技术节点的 EUV OPC 模型应该包含的内容，当然，这仅是文献[96]的观点。

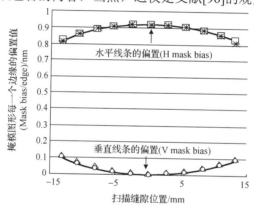

图 11.53　掩模上水平和垂直图形的偏置值与曝光时扫描缝隙位置的关系[96]

表 11.8　EUV OPC 模型应该包括的内容[96]

	简单模型	复杂模型	所期望的模型
掩模 3D 效应	"H-V bias" 是常数	简单的掩模 3D 模型 + "H-V bias" 修正	精确快速的掩模 3D 模型
曝光缝隙位置效应	掩模上线宽的偏置值是 "slit" 位置的函数	掩模上线宽的偏置值是 "slit" 位置的函数	偏置值是 "slit" 位置的复杂函数
像差	不考虑	只考虑典型像差	复杂的像差修正
掩模制备工艺	线宽修正值是常数 + "corner rounding" 修正	复杂的掩模工艺修正	基于模型的修正
光刻胶模型	与 DUV 光刻胶类似的模型	兼顾速度和准确度的光刻胶模型	考虑到 EUV 随机效应的光刻胶模型
杂散光	基于图形密度的杂散光分布图	杂散光与图形密度的模型	—
"锚定" 图形	用密集图形来 "锚定" 曝光能量	—	"锚定" 曝光能量和聚焦时兼顾到 CDU
"chip" 在掩模上的放置	用一个平均 "flare" 修正	复杂的 "flare" 模型 + 像差修正	

注：有灰色底的内容被认为是 10nm 技术节点可能会用到的

11.6 极紫外光刻用于量产的分析

11.6.1 极紫外光刻技术的现状

极紫外光刻用于量产,必须要满足以下几个条件:首先是产能,2015 年极紫外光刻机的产能只有 80WPH,这一数字必须乘以 2 才能达到量产要求。也就是说,极紫外光刻机曝光时的功率必须增大一倍。其次是掩模上的缺陷密度必须降低到使用要求,这些缺陷主要来源于空白掩模基板和掩模版使用时的外来颗粒。第三是光刻胶必须满足分辨率、图形边缘粗糙度以及敏感性要求。表 11.9 归纳了目前这几个方面的现状并与 14nm 技术节点的工艺要求做了对比。显然,EUV 光源的功率和空白掩模上的缺陷不符合工艺要求,必须改进提高。

表 11.9 EUV 光刻技术的现状与 14nm 技术节点的工艺要求

		目前状态	14nm 量产的要求
掩模	基板缺陷	53nm 缺陷密度约 0.04/cm^2	25nm 缺陷密度 0.003/cm^2
	掩模搬运	每一个搬运循环平均添加约 0.1 个 45nm 的颗粒	每一个搬运循环添加 1 个 25nm 的颗粒
光源	输出能量 (@IF)	60W	125W
	使用寿命	1 年(1000 亿个脉冲)	1 年(1000 亿个脉冲)
光刻胶	分辨率	26nm 1:1 线条, DOF>250nm; 28nm 通孔, DOF>150nm	28nm 1:1 线条, DOF>150nm; 30nm 通孔, DOF>150nm
	敏感度	12mJ/cm^2(26nm1:1 线条)	<20mJ/cm^2
	边缘粗糙度 (LER,3σ)	2.5nm(32nm 1:1 线条) 曝光能量 15mJ/cm^2	1.1nm
光学系统	质量	波前误差(WFE)约 0.4nm rms; 中空间频率粗糙度(MSFR) 约 0.07nm rms	WFE<0.7nm rms MSFR<0.1nm rms
	使用寿命	>1000 亿脉冲	500 亿脉冲

11.6.2 EUV 光刻中的随机效应

由于光子的量子效应,入射在光刻胶上的光子数是起伏不定的。根据泊松定律,光子数的起伏值是 $\sqrt{N}$(N 是入射光子的平均数),被称为散粒噪声(shot noise)。散粒噪声导致曝光能量的相对起伏是 $\sqrt{N}/N=1/\sqrt{N}$,即入射的光子数越少,对应曝光能量的起伏越明显。由于 EUV 光子的能量远高于 193nm 的光子,散粒噪声导致的曝光能量起伏在 EUV 光刻中必须考虑。Bristol 等做了计算,假设曝光的图形是一个 30nm

的通孔，曝光剂量是 10mJ/cm²，散粒噪声导致的局部剂量起伏为±16%[97]。显然，这将导致通孔直径的起伏，影响线宽的均匀性。

文献[98]对此做了较为系统的实验研究，他们在 ASML NXE:3100 光刻机上做了 EUV 光刻实验，曝光条件是 σ = 0.81 的常规照明。图 11.54(a) 是相邻区域中 SRAM 的电镜照片，曝光剂量(14.5mJ/cm²)和聚焦值固定。图中还附上了 OPC 仿真计算预测的图形，垂直沟槽图形的最小周期是 62nm。掩模上这些 SRAM 图形及其周围环境完全一致，可是曝光后晶圆上的图形存在差异，而且这些差异似乎是随机的。图 11.54(b) 是不同能量的曝光结果，为了回避曝光能量对 CD 的影响，他们选择了三种不同敏感度的 EUV 胶，分别选取曝光能量使之能实现所需的目标 CD。可以看到，能量较小时图形之间的差异(特别是小的通孔部分)较大，这种图形之间的差异随曝光能量的增大而逐步消失。图 11.54 中的实验结果证实了散粒噪声对 EUV 曝光的影响。在仿真软件中也可以引入随机过程，即假设投射在光刻胶上的光强只代表了光子被光刻胶吸收的概率。引入了随机过程后，EUV 的仿真模型将更加精确。

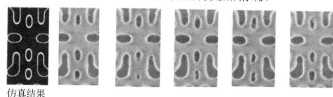

仿真结果

(a) SRAM的电镜照片(曝光能量和聚焦值固定)

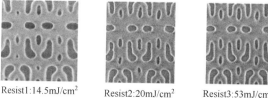

Resist1:14.5mJ/cm²　　Resist2:20mJ/cm²　　Resist3:53mJ/cm²

(b) 不同能量的曝光结果，为了回避曝光能量对CD的影响，选择了三种不同敏感度的EUV胶，分别选取曝光能量使之能实现所需的目标CD

图 11.54　ASML NXE:3100 光刻机上曝光后获得的 SRAM 光刻胶图形[98]

对于 EUV 来说，光子散粒噪声对局部 CDU(LCDU)的影响是一个非常严重的问题。随着线宽的不断减小，局域的曝光能量(如，在一个通孔区域)会很小，光子数起伏导致的曝光能量起伏就非常明显。文献[99]也确认了光子散粒噪声对 EUV 光刻 CDU 的影响，并提出可以通过优化刻蚀工艺来降低其对刻蚀结果的影响。刻蚀后图形的 CDU 可以有较大改善。

文献[88]报道，使用底层材料可以提高 EUV 胶 30%的敏感度和降低 13.4%的散粒噪声。底层材料中含有大量吸收 EUV 光子的成分，把 EUV 光子的能量转换成二次电子释放出来，二次电子再对 EUV 曝光。底层材料经过优化，它产生的二次电子数随入射光子数的起伏变化很小，降低了光子数起伏对曝光效果的影响。文献[100]提出了

使用负显影工艺 (NTD) 来回避光子散粒噪声效应，亮掩模和较大剂量的曝光可以降低光子散粒噪声对 CDU 的影响。

11.6.3　EUV 与 193i 之间的套刻误差

　　EUV 一旦被引入到集成电路制造工艺中，它必须和 193i 混合使用，即最关键的几个光刻层使用 EUV，而其他的光刻层仍然使用 193i。因此，EUV 与 193i 之间的混合套刻误差 (mix-and-match overlay，MMO) 的改进是不可避免的。

　　文献[101]的实验结果表明，在启用了曝光区域之间和曝光区域内部的高阶对准修正 (HOPC+iHOPC) 之后，ASML NXT：1950i 光刻机 (193i) 的 DCO 可达 2.0nm；而 ASML NXE：3100 光刻机 (EUV) 的 DCO 可达 1nm；然而，NXE：3100 与 NXT：1950i 之间的 MMO 却有 6nm。图 11.55 是经修正后残留 (residual) 的套刻误差矢量图。显然，这么大的混合套刻误差是不符合工艺要求的。

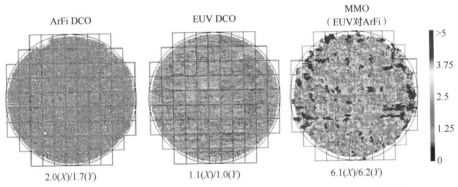

図 11.55　经修正后残留的套刻误差 (mean+3σ)（单位：nm）（见彩图）[101]

　　对 MMO 数据做详细分析，发现 MMO 由三部分构成：曝光区域之间的套刻误差、曝光区域内部的套刻误差和随机项。把不同曝光区域中相同位置处测得的套刻误差做平均就得到了曝光区域之间的套刻误差；把曝光区域内部测得的套刻误差做平均就得到了曝光区域内部的套刻误差；随机项等于总残留的套刻误差减去曝光区域之间的套刻误差和曝光区域内的套刻误差。分析结果显示，随机项最大，其次是曝光区域之间的套刻误差。使用了 6 个参数的 CPE 做修正可以有效地降低随机项的影响，MMO 可以达到 5nm 左右。结合 SMO 和 OPC 对图形移动的修正，EUV 与 193i 之间的 MMO 可望被控制在 3nm 以下[102]。

11.6.4　实例分析

　　文献[103]和文献[104]以 14nm 逻辑技术节点为例，分析了如何把 EUV 用于 SRAM 的生产，以及 EUV 光刻的引入对工艺的影响。表 11.10 列出了 14nm SRAM 制造流程中的关键光刻层及其线宽和图形周期。

表 11.10　14nm SRAM 工艺流程中的关键光刻层及其线宽和周期要求

光刻层	目标线宽/nm	图形最小周期/nm
FIN	10	42
Gate	20	62
IM1	28	62
IM2	20	62
V0	35	70
M1	23	45
V1	35	70
M2	23	45

　　前道(FEOL)中的关键光刻层是 FIN 和栅极(gate)，它们的图形周期分别是 42nm和 62nm。在逻辑器件中，这两层图形的线条都是被设计成单一取向的(unidirectional orientation)。因此，193i 加 SADP(self-aligned double patterning)工艺能提供所需要的分辨率，也被业界广泛接受。为了去掉图形的端点和一些不需要的结构，这两层都需要做切割曝光(使用另外的切割掩模)。EUV 当然能一次曝光实现 42nm 周期的图形，但是其线条的边缘粗糙度比 SADP 工艺产生的要大。

　　中道(Middle of line，MOL)的关键光刻层是 IM1(inter-metal 1)和 IM2(inter-metal 2)，其中 IM2 层的图形结构最复杂，相邻图形之间的间距最小。如果使用 193i 工艺，IM2层必须被拆分成三次曝光(LELELE)，如图 11.56 所示。如果使用 EUV 曝光，那么就可以不做图形拆分，一次曝光就可以，如图 11.57 所示。仿真计算结果表明，EUV 一次曝光可以提供充分的分辨率。

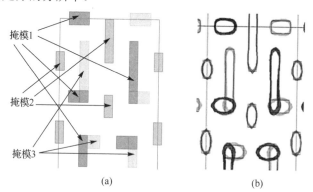

掩模1

掩模2

掩模3

(a)　　　　　　　　　　　　(b)

图 11.56　(a)使用 193i 来实现 IM2，那么原设计版图必须被拆分成三种不同颜色
(三次曝光)和(b)仿真计算的曝光结果(见彩图)[103]

　　后道(BEOL)的关键光刻层是 V0/M1/V1/M2，其中 V0/V1 是通孔层，M1/M2 是金属层。与 IM2 层类似，如果使用 193i，那么这些光刻层必须要被拆分成三种颜色(三次

曝光,LELELE)。而使用 EUV,则一次曝光就能实现。从以上分析可以看出,如果把
EUV 光刻应用于 14nm 逻辑器件的工艺中,可以避免图形拆分和多次曝光,大幅度减少
掩模版的数目(见图 11.58(a))。考虑到掩模版的花费和其他工艺的花费,使用 EUV+193i
光刻来制造 14nm 器件要比全部使用 193i 光刻节省 20%左右(见图 11.58(b))。

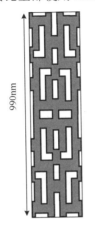

(a) IM2 做完 OPC 后的图形   (b) 仿真的曝光结果

图 11.57   使用 EUV 一次曝光实现 IM2 层[103]

光刻层	关键掩模数 (只用193i)	关键掩模数 (193i+EUV)	
	193nm	193nm	EUV
FEOL	6	6	–
MOL	6	3	1
BEOL	10	4	2
Total	22	13	3

(a)

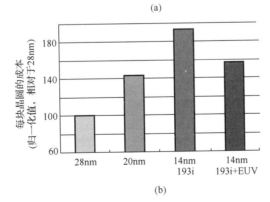

(b)

图 11.58   (a)14nm 逻辑器件关键光刻层全部使用 193i 或使用 193i+EUV 光刻工艺所需要的掩模
数目的对比和(b)每一片晶圆的制造成本(14nm 使用 EUV+193i 光刻、14nm
全部使用 193i、现有的 28nm 和 20nm)[103]

参 考 文 献

[1] Wu B, Kumar A. Extreme ultraviolet lithography mask etch study and overview. J Micro/Nanolith MEMS MOEMS, 2013, 12(2): 021007.

[2] Louis E, Muellender S, Bijkerk F. Developing reflective multilayer coatings-an enabling component of extreme ultraviolet lithography and beyond. EUVL Symposium, 2011.

[3] Bajt S, Dai Z R, Nelson E J, et al. Oxidation resistance and microstructure of ruthenium -capped extreme ultraviolet lithography multilayers. Journal of Micro/Nanolithography, MEMS, and MOEMS, 2006, 5(2): 023004-02300413.

[4] Wood O, Gallagher E, Kindt L, et al. Impact of frequent particle removal on EUV mask lifetime. EUVL Symposium, 2010.

[5] Kim T, Lee S, Kim C, et al. Characterization of Ru layer for capping/buffer application in EUVL mask. Microelectronic engineering, 2006, 83(4): 688-691.

[6] Belau L, Park J, Liang T, et al. Chemical effect of dry and wet cleaning of the Ru protective layer of the extreme ultraviolet lithography reflector. Journal of Vacuum Science & Technology B, 2009, 27(4): 1919-1925.

[7] Singh M, Braat J. Improved theoretical reflectivities of extreme ultraviolet mirrors. Proc of SPIE, 2000.

[8] Iida S, Hirano R, Amano T, et al. Impact of B4C capping layer for EUV mask on the sensitivity of patterned mask inspection using projection electron microscope. Proc of SPIE, 2014, 9235.

[9] Kürz P, Boehm T, Müllender S, et al. Optics for EUV lithography. International Symposium on Extreme Ultraviolet Lithography, 2009.

[10] Kemp K, Wurm S. EUV lithography. C R Physique, 2006, 7(8): 875-886.

[11] Hendrickx E, Gronheid R, Hermans J, et al. Readiness of EUV lithography for insertion into manufacturing: The IMEC EUV program. Journal of Photopolymer Science and Technology, 2013, 26(5): 587-593.

[12] Pirati A, Peeters, et al. Performance overview and outlook of EUV lithography systems. Proc of SPIE, 2015, 9422-94221P.

[13] Peeters R, Lok S, Mallman J, et al. EUV lithography: NXE platform performance overview. Proc of SPIE, 2014: 90481J-90481J18.

[14] Murakami K, Oshino T, Kondo H, et al. Development of EUV lithography tools at Nikon. Proc of SPIE, 2008, 7140-71401C.

[15] Kearney P, Wood O, Hendrickx E, et al. Driving the industry towards a consensus on high numerical aperture (high-NA) extreme ultraviolet (EUV). Proc of SPIE, 2014, 90481O-90481O9.

[16] Kneer B, Migura S. EUV lithography optics for sub 9nm resolution. Proc of SPIE, 2015, 9422-

94221G.

[17] Bakshi V. EUV source technology: Challenges and status. EUV Sources for Lithography, 2006, 1: 3-25.

[18] Schriever G, Zink P. EUV Sources for lithographic applications. Optik & Photonik, 2008, 3(2): 40-43.

[19] Fomenkov I, Partlo W, Birx D. Characterization of a 13.5 nm Source for EUV lithography based on a dense plasma focus and lithium emission. Sematech International Workshop on Extreme Ultraviolet Lithography, 1999.

[20] Stuik R, Constantinescu R, Hegeman P, et al. Portable diagnostics for EUV light sources. International Society for Optics and Photonics, 2000, 121-127.

[21] Brandt D, Fomenkov I, Farrar N, et al. LPP EUV source readiness for NXE 3300. Proc of SPIE, 2014, 90480C-90480C8.

[22] Mizoguchi H, Nakarai H, Abe T, et al. Sub-hundred Watt operation demonstration of HVM LPP-EUV source. Proc of SPIE, 2014, 90480D-90480D12.

[23] Park C, Kim I, Kim S, et al. Prospects of DUV OOB suppression techniques in EUV lithography. Proc of SPIE, 2014, 90480S-90480S10.

[24] Shiota Y, Shimojima S, Hosoya M, et al. Development of EUV mask substrates with low thermal expansion. EUVL Symposium. http://www.sematech.org/meetings/archives/litho/8059/poster/MA-P02-Shiota.pdf, 2007

[25] Seidel P, van Peski C, Wurm S. EUV substrate, blank and mask flatness current specifications and issues overview. Sematech EUV Workshop, 2006.

[26] Seidel P. EUV mask blank fabrication & metrology. AIP, 2003, 683(1): 371-380.

[27] van Setten E, Oorschot D, Man C W, et al. EUV mask stack optimization for enhanced imaging performance. Proc of SPIE, 2010, 78231O-78231O12.

[28] Rastegar A, House M, Tian R, et al. Study of alternative capping and absorber layers for extreme ultraviolet (EUV) masks for sub-16nm half-pitch nodes. Proc of SPIE, 2014, 90480L-90480L11.

[29] Jun J, Ha T, Kim S, et al. Particle reduction and control in EUV etching process. Proc of SPIE, 2014, 9235.

[30] Lin B J. Optical lithography with and without NGL for single-digit nanometer nodes. Proc of SPIE, 2015, 9426-942602.

[31] Rastegar A. Overcoming mask blank defects in EUV lithography. Proc of SPIE, 2014, 92351B-92351B12.

[32] Antohe A, Kearney P, Godwin M, et al. Production of EUV mask blanks with low killer defects. Proc of SPIE, 2014, 90480H-90480H8.

[33] Rastegar A. Overcoming mask blank defects in EUV lithography. Proc of SPIE, 2009, 24.

[34] Terasawa T, Yamane T, Tanaka T, et al. Development of actinic full-field EUV mask blank inspection tool at MIRAI-Selete. Proc of SPIE, 2009, 727122-7271228.

[35] Lawliss M, Gallagher E, Hibbs M, et al. Repairing native defects on EUV mask blanks. Proc of SPIE, 2014, 923516-9235169.

[36] Kagalwalla A, Gupta P. Comprehensive defect avoidance framework for mitigating EUV mask defects. Proc of SPIE, 2014, 90480U-90480U11.

[37] Gonzalez C, Slingenbergh W, Timilsina R, et al. Evaluation of mask repair strategies via focused electron, helium, and neon beam induced processing for EUV applications. Proc of SPIE, 2014, 90480M-90480M7.

[38] Morgan P, Rost D, Price D, et al. Computational techniques for determining printability of real defects in EUV mask pilot line. Proc of SPIE, 2014, 90501C-90501C7.

[39] Hirano R, Iida S, Amano T, et al. EUV patterned mask inspection with an advanced projection electron microscope (PEM) system. Proc of SPIE, 2014, 90480Z-90480Z7.

[40] Naka M, Yoshikawa R, Yamaguchi S, et al. Capability of particle inspection on patterned EUV mask using model EBEYE M. Proc of SPIE, 2014, 92350M-92350M11.

[41] Fan Y, Murray T, Goodwin F, et al. Direct measurement of carbon contamination topography on patterned EUV masks. Proc of SPIE, 2014, 90480O-90480O8.

[42] Singh S, Dietze U, Dress P. Extending Ru capping layer durability under physical force cleaning. Proc of SPIE, 2013, 86791E-86791E8.

[43] Koster N B, Geluk C, Versloot T W, et al. Carbon removal from trenches on EUV reticles. Proc of SPIE, 2014, 923517-9235176.

[44] Matsushima D, Demura K, Nakamura S, et al. The study on EUV mask cleaning without Ru surface damage. Proc of SPIE, 2014, 923518-9235187.

[45] Rastegar A, Samayoa M, House M, et al. Particle control challenges in process chemicals and ultra-pure water for sub-10nm technology nodes. Proc of SPIE, 2014, 90480P-90480P14.

[46] Lee S, Kim J, Koh S, et al. Durability of Ru-based EUV masks and the improvement. Proc of SPIE, 2014, 90480J-90480J7.

[47] Hector S, Mangat P. Review of progress in extreme ultraviolet lithography masks. Journal of Vacuum Science & Technology B, 2001, 19(6): 2612-2616.

[48] Dedrick D, Beyer E, Rader D, et al. Verification studies of thermophoretic protection for extreme ultraviolet masksa). Journal of Vacuum Science & Technology B, 2005, 23(1): 307-317.

[49] Shroff Y, Goldstein M, Rice B, et al. EUV pellicle development for mask defect control. Proc of SPIE, 2006, 615104-61510410.

[50] Zoldesi C, Bal K, Blum B, et al. Progress on EUV pellicle development. Proc of SPIE, 2014, 90481N-90481N10.

[51] Weiss M, Hellweg D, Peters J, et al. Actinic review of EUV masks: First results from the AIMS EUV system integration. Proc of SPIE, 2014, 90480X-90480X9.

[52] Goldberg K, Benk M, Wojdyla A, et al. Actinic mask imaging: Recent results and future directions

from the SHARP EUV microscope. Proc of SPIE, 2014, 90480Y-90480Y10.

[53] Garetto A, Capelli R, Magnusson K, et al. AIMS™ EUV first light imaging performance. Proc of SPIE, 2014, 92350N-92350N8.

[54] Jeong C, Lee S, Doh J, et al. The suggestion of novel attenuated phase shift mask structure in extreme ultraviolet lithography. International Symposium on Extreme Ultraviolet Lithography, 2010.

[55] http://www.sematech.org/meetings/archives/litho/7870/proceedings/oral/D1/1RE04%20Denbeaux.pdf

[56] Pollentier L. EUV resist related outgassing and contamination: relationships with resist chemistry. 2011 EUV Workshop, 2011.

[57] Pollentier I, Venkata A T, Gronheid R. Relationship between resist outgassing and EUV witness sample contamination in NXE outgas qualification using electrons and EUV photons. Proc of SPIE, 2014, 90481B-90481B9.

[58] Wu W, Prabhu V M, Lin E K. Identifying materials limits of chemically amplified photoresist. Proc of SPIE, 2007, 6519-651901.

[59] Shiobara E, Takahashi T, Sugie N, et al. Contribution of EUV resist components to the non-cleanable contaminations. Proc of SPIE, 2014, 904819-90481911.

[60] Pollentier I, Berger M, Gronheid R, et al. Characterization of EUV resist related outgassing and contamination. EUVL Symposium Prague, 2009.

[61] de Simone D, Mao M, et al. Demonstration of an NT integrated fab process for metal oxide EUV photoresist. Proc of SPIE, 2016, 9776-97760B.

[62] International Technology Roadmap for Semiconductors, 2011.

[63] Komuro Y, Yamamoto H, Utsumi Y, et al. Electron and hole transfer in anion-bound chemically amplified resists used in extreme ultraviolet lithography. Applied Physics Express, 2013, 6(1): 014001.

[64] Yukawa H, Takasu R, Suzuki T, et al. The design of chemically amplified resist for EUV lithography. EUVL Symposium, 2006.

[65] Shiratani M, Naruoka T, Maruyama K, et al. Novel EUV resist materials for 16nm half pitch and EUV resist defects. Proc of SPIE, 2014, 90481D-90481D7.

[66] Yamamoto H, Kudo H, Kozawa T. Study on resist performance of chemically amplified molecular resist based on noria derivative and calixarene derivative. Proc of SPIE, 2014, 90511Z-90511Z9.

[67] Echigo M, Yamakawa M, Ochiai Y, et al. Development of new xanthendiol derivatives applied to the negative-tone molecular resists for EB/EUVL. Proc of SPIE, 2013, 86821V-86821V8.

[68] Tarutani S, Tsubaki H, Fujimori T, et al. Novel EUV resist materials design for 14 nm half pitch and below. Journal of Photopolymer Science and Technology, 2014, 27(5): 645-654.

[69] Singh V, Satyanarayana V, Sharma S, et al. Novel non-chemically amplified (n-CARs) negative resists for EUVL. Proc of SPIE, 2014, 905106-9051068.

[70] Frommhold A, Yang D X, McClelland A, et al. Optimization of fullerene-based negative tone

chemically amplified fullerene resist for extreme ultraviolet lithography. Proc of SPIE, 2014, 905119-9051199.

[71] Amador J, Decker S, Lucchini S, et al. Patterning chemistry of HafSOx resist. Proc of SPIE, 2014, 90511A-90511A6.

[72] Cardineau B, Del R R, Al-Mashat H, et al. EUV resists based on tin-oxo clusters. Proc of SPIE, 2014, 90511B-90511B12.

[73] Singh V, Kalyani V, Satyanarayana V S V, et al. Organic-inorganic hybrid resists for EUVL. Proc of SPIE, 2014, 90511W-90511W6.

[74] Krysak M, Blackwell J, Putna S, et al. Investigation of novel inorganic resist materials for EUV lithography. Proc of SPIE, 2014, 904805-9048057.

[75] Matsunaga K, Shiraishi G, Santillian J, et al. Development status of EUV resist materials and processing at Selete. Proc of SPIE, 2011, 796905-7969059.

[76] Thackeray J, Cameron J, Jain V, et al. Understanding EUV resist mottling leading to better resolution and linewidth roughness. Proc of SPIE, 2014, 904807-90480710.

[77] Tagawa S, Oshima A, Enomoto S, et al. High-resist sensitization by pattern and flood combination lithography. Proc of SPIE, 2014, 90481S-90481S6.

[78] Mojarad N, Vockenhuber M, et al. Patterning at 6.5nm wavelength using interference lithography. Proc of SPIE, 2013, 8679-867924.

[79] Ekinci Y, Vockenhuber M, Mojarad N, et al. EUV resists towards 11nm half-pitch. Proc of SPIE, 2014, 904804-90480410.

[80] Ekinci Y, Vockenhuber M, Wang L, et al. Evaluation of EUV resist performance with Interference lithography in the range of 22-7nm HP. Proc of SPIE, 2012, 8322-8322OW.

[81] Lorusso G, Davydova N, Eurlings M, et al. Deep ultraviolet out-of-band contribution in extreme ultraviolet lithography: Predictions and experiments. Proc of SPIE, 2011, 79692O-79692O8.

[82] George S, Naulleau P. Out of band radiation effects on resist patterning. Proc of SPIE, 2011, 796914-79691411.

[83] Jain V, Coley S, Lee J, et al. Impact of polymerization process on OOB on lithographic performance of a EUV resist. Proc of SPIE, 2011, 796912-79691210.

[84] Shimizu M, Maruyama K, Kimura T, et al. Development of chemically amplified EUV resist for 22nm half pitch and beyond. Extreme Ultraviolet Lithography Symposium, 2011.

[85] Inukai K, Sharma S, Nakagawa H, et al. Effects of out-of-band radiation on EUV resist performance. Proc of SPIE, 2012, 83220X-83220X7.

[86] Onishi R, Sakamoto R, Fujitani N, et al. The novel top-coat material for RLS trade-off reduction in EUVL. Proc of SPIE, 2012, 83222D-83222D6.

[87] Fujitani N. Micro/Nano lithography topcoat solution for outgassing and out-of-band light in extreme-UV lithography. International Society for Optics and Photonics, 2000, 412-419.

[88] Li J, Yasuaki I, Nakasugi S, et al. A chemical underlayer approach to mitigate shot noise in EUV contact hole patterning. Proc of SPIE, 2014, 905117-90511711.

[89] Goethals A, Niroomand A, Ban K, et al. EUV resist material performance,progress and process improvements at imec. International EUVL Symposium, 2010.

[90] Kimura T. EUV Resist Development status toward sub-20nm half-pitch. International Workshop on EUV Lithography, 2012.

[91] Shibayama W, Shigaki S, Fujitani N, et al. EUV lithography & etching performance enhancement by EUV sensitive Si hard mask（EUV Si-HM）for 1Xnm hp generation. Proc of SPIE, 2014, 9051.

[92] Liu P, Xie X, Liu W, et al. Fast 3D thick mask model for full-chip EUVL simulations. Proc of SPIE, 2013, 86790W-86790W16.

[93] Liu X, Howell R, Hsu S, et al. EUV source-mask optimization for 7nm node and beyond. Proc of SPIE, 2014, 90480Q-90480Q11.

[94] Philipsen V, Hendrickx E, Verduijn E, et al. Imaging impact of multilayer tuning in EUV masks, experimental validation. Proc of SPIE, 2014, 92350J-92350J13.

[95] Liu P, Xie X, Liu W, et al. Fast 3D thick mask model for full-chip EUVL simulations. Proc of SPIE, 2013, 86790W-86790W16.

[96] Coskun T, Wallow T, Chua G, et al. EUV OPC modeling and correction requirements. Proc of SPIE, 2014, 90480W-90480W14.

[97] Bristol R, Shell M, Younkin T, et al. EUV at 22nm node: Tolerance for shot noise. EUV resist TWG, 2008.

[98] de Bisschop P, van de Kerkhove J, Mailfert J, et al. Impact of stochastic effects on EUV printability limits. Proc of SPIE, 2014, 904809-90480915.

[99] Kim S, Koo S, Park J, et al. EUV stochastic noise analysis and LCDU mitigation by etching on dense contact-hole array patterns. Proc of SPIE, 2014, 90480A-90480A9.

[100] Oh C, Seo H, Park E, et al. Comparison of EUV patterning performance between PTD and NTD for 1Xnm DRAM. Proc of SPIE, 2014, 904808-9048088.

[101] Lee B, Lee I, Hyun Y, et al. EUV overlay strategy for improving MMO. Proc of SPIE, 2014, 90480R-90480R8.

[102] Mulkens J, Karssenberg J, Wei H, et al. Across scanner platform optimization to enable EUV lithography at the 10-nm logic node. Proc of SPIE, 2014, 90481L-90481L9.

[103] Ronse K, de Bisschop P, Vandenberghe G, et al. Opportunities and challenges in device scaling by the introduction of EUV lithography. IEEE, 2012.

[104] Mallik A, Horiguchi N, Bömmels J, et al. The economic impact of EUV lithography on critical process modules. Proc of SPIE, 2014, 90481R-90481R12.

中英文光刻术语对照

193i, 193-nm immersion lithography	193nm 浸没式光刻技术
193i+, high refractive index 193-nm immersion lithography	高折射率的 193nm 浸没式光刻技术
Adhesion	粘附性
Adhesion enhancement	粘附增强
Adhesion unit	增粘单元
Advanced technology using high order enhancement of alignment, ATHENA	ASML 开发的一种对准系统
Aerial image, AI	空间像
Aerial image contrast	空间像对比度
After development inspection, ADI	显影后检测
After etching inspection, AEI	刻蚀后检测
Aggressive decomposition	强制性拆分
Alignment and exposure	对准及曝光
Alignment marks	对准标识
Alignment precision:	对准精度
Alignment system	对准系统
Alternating phase-shift mask, Alt. PSM	交替型相移掩模
Amine contamination	胺污染
Amines	胺
Amorphous carbon	无定型碳(非晶碳)
Angular spectrum	角频谱
Anisotropic etch	各向异性的刻蚀
Annular illumination	环形照明
Applications support	应用支持
ArF	氟化氩
Aspect ratio	深宽比/高宽比
Assistant features, AF	辅助图形
Astigmatism	像散，像差的一种
Attenuated phase-shift mask, Att. PSM	衰减型相移掩模

Back end of line, BEOL	后道工序
Back rinse	晶圆背面冲洗
Back side cleaning	晶圆背面清洗
Backside	晶圆背面
Best energy	最佳曝光能量
Best Focus	最佳聚焦位置，最佳聚焦值
Best known method, BKM	目前所掌握的最佳方法
Bias	偏差，偏置值
Biasing	版图预偏移
Bilayer，Tri-layer，Multi-layer	双层、三层、多层膜
Binary intensity mask, BIM	双极型掩模版，掩模上由透光和不透光两种结构组成
Bottom anti-reflective coating, BARC	底层抗反射涂层
Bridge	桥联，桥接
Bridging	跨接，不应接触的相邻线跳接触，与线条截断相反
Bright field inspection, BFI	亮场探测
Buried layer	埋层，嵌层
Buried oxide layer, BOX	氧化埋层，埋在衬底里的氧化层
Carbon spin-on hard mask, C-SOH	旋涂一种富碳材料作为硬掩模
Carrier	载流子
CD-SEM	特征尺寸测量用扫描电子显微镜
Charging	充电效应
Chemical mechanical polishing, CMP	化学机械抛光
Chemical vapor deposition, CVD	化学气相沉积
Chemically amplified resist	化学放大光刻胶
Chemical-mechanical planarization, CMP	化学机械研磨技术
Chilled plate	冷却板，冷盘
Chip	芯片：按照设计具有电路功能的产品的最小单元
Chuck mark	卡盘痕迹：在晶圆片背面发现的由机械手、卡盘或托盘造成的痕迹
Cleavage plane	解理面
Clustering	团聚
Coarse alignment	粗对准
Coating	涂胶

Coating defects	旋涂缺陷
Coma	彗形畸变，像差的一种
Common/total DOF	共同的聚焦深度：多个图形结构各自的 DOF 的交集
Complementary metal-oxide-semiconductor field-effect transistor, CMOSFET	互补式金属氧化物半导体场效应晶体管
Computational lithography	计算光刻
Computer aided design, CAD	计算机辅助设计技术
Condenser lens	聚光透镜
Conductivity	导电性
Conductivity type	导电类型，晶圆片中载流子的类型，N 型或 P 型
Conformal ARC	保形化抗反射涂层：对于表面不平整的衬底，旋涂后表面形貌基本保持不变的抗反射涂层
Contact angle	接触角
Contaminant	污染物
Contamination area	沾污区域
Contamination particles	沾污颗粒
Conventional illumination	传统照明，常规照明
Corner to corner, C2C	对角区域
Crack	裂纹
Critical dimension uniformity, CDU	关键尺寸均匀性
Critical dimension, CD	关键尺寸，指半导体器件中的最小尺寸
Crystal defect	晶格缺陷
Data correction and mask tapeout	设计修正和向掩模厂交付 GDS 文件
Data mining	数据挖掘
Dual dipole Lithography, DDL	使用两次双极曝光的光刻技术
Deep ultraviolet, DUV	深紫外光
Dehydration bake	脱水烘烤
Dense line	密集线条
Dense line ends	密集线端
Depletion layer	耗尽层
Deposition	沉积
De-protection reaction	去保护反应
Depth of focus, DOF	焦深，聚焦深度

Design for manufacturability, DFM	可制造性设计，面向可制造性的辅助设计
Design rule check, DRC	设计规则检查
Detail routing	详细布线
Developer dispense	喷淋显影液
Developer-soluble BARC, DBARC	可溶于显影液的抗反射涂层
Development	显影
DI water	去离子水
DI water rinse	晶圆表面的去离子水冲洗
Diffractive optical elements, DOE	衍射光学元件
Diffusion length	扩散长度
Dimple	表面凹坑：在合适的光线下通过肉眼可以发现的晶圆片表面凹陷
Dipole illumination	双极照明
Direct alignment	直接对准
Directed self-assembly, DSA	定向自组装技术
Distortion	畸变，像差的一种
Distributed computing	分布式计算
Donor	施主
Dopant	掺杂剂
Doping	掺杂
Dose	光照剂量
Double exposure, DE	双重曝光技术
Double patterning, DP	双重图形技术，双重光刻技术
Double puddle	二次覆盖式显影
Dry etch resistance	对干法刻蚀的抵抗力
Dummy pattern	冗余图形：不是电路需要的，是辅助工艺实现的
Dynamic coating/developing	动态旋涂/显影：喷嘴喷涂光刻胶或显影液时，硅片保持旋转
Dynamic dispense	动态喷胶
EBR nozzle	去边溶剂喷嘴
Edge bead	边缘隆起，又称边珠
Edge bead removal, EBR	去除边缘隆起，又称除边珠
Edge bias calculation	边缘偏移量计算
Edge exclusion area	边缘排除区域：位于质量保证区和晶圆边缘之间的区域

Edge placement error, EPE	边缘放置误差
Edge profile	边缘轮廓，边缘侧壁
Effective diffusion length	有效扩散长度
Electronic design automation, EDA	电子设计自动化技术
Enhanced global alignment, EGA	增强的晶圆对准
Etch bias	刻蚀偏差
Etch hard mask	刻蚀硬掩模
Etching	刻蚀
E_{th}, threshold energy	阈值能量
Exposure	曝光
Extreme ultraviolet lithography, EUVL	利用波长 13.5nm 的极紫外光波作为照明光源的光刻技术
Fab	集成电路生产线，晶圆厂
Fiducial mark	基准符号，准标
Field image alignment, FIA	空间图像识别对准
Field size	光刻机视场尺寸，光刻机透镜和工件台决定的最大曝光单元的尺寸
Fill jog	凸边填充
Filter	过滤器
Fine alignment	精细对准
Flat	定位边：晶圆片圆周上的小平口，作为晶向定位的依据
Flat diameter	定位边直径：由小平面的中心通过晶圆片中心到对面边缘的直线距离
Focus	成像焦距，聚焦值
Focus-energy matrix, FEM	焦距-能量矩阵：常用的检查光刻工艺窗口和确定最佳曝光条件的测试方法
Footing	光刻胶图形底部太宽
Forbidden pitch	禁止周期：这一周期图形的光刻工艺窗口太小
Fragmentation	图形边缘分段，多边形切割
Front end of line, FEOL	前道工序
Front side	正面
Full chip	全芯片
Furnace and thermal processes	炉管和热处理
Gap	空隙，间隙

Gate length	栅极的长度
Gaussian diffusion model	高斯扩散模型
Ghost image	鬼影：因为光学衍射效应产生的非设计需要的图形
G-Line	汞灯的光谱中，波长为 436nm 辐射光线
Global pattern density	整体图形密度，掩膜版整体的图形密度
Graded bottom antireflection coating, GBARC	光学参数变化的抗反射涂层
Graphic data system, GDS	图形数据系统：一种存储掩模版图信息的工业化标准的文件格式
Graphic design system, version 2, GDSII	图形设计系统第二版：一种存储掩模版图信息的工业化标准的文件格式
Groove	凹槽或沟槽
Hard bake	坚膜烘烤：光刻完成后的烘烤，以增强光刻胶图形的抗刻蚀强度
Hard mask	硬掩模
Haze	霾斑缺陷：表面缺陷呈雾状
H-Line	汞灯的光谱中，波长为 465nm 辐射光线
HMDS	六甲基二硅胺，一种增粘剂
Hole	空穴
Hot plate	热板，热盘
Hot spots	坏点：指光刻图形中不符合要求的区域
Hotspot detection	坏点检测
Hotspot fixing	坏点处理
Hydrophilic	亲水
Integrated circuit computer aided design, ICCAD	集成电路计算机辅助设计
I-Line	汞灯的光谱中，波长为 365nm 辐射光线
Illumination condition	光照条件
Illumination mode	光照模式
Illumination optimization	光源优化，光照条件优化
Illumination settings	光照条件的设置
Image contrast	空间图像对比度
Image log slope, ILS	成像光强的对数斜率
Indirect alignment	间接对准
Inline	在线

Inline metrology	在线检测
Inorganic ARC	无机抗反射涂层
Inspection region, IR	检测区域
Inspection window, IW	检测窗口，检测区域
Integrated circuit, IC	集成电路
Inverse lithography technology, ILT	反演光刻技术，逆向光刻技术
Ion implantation	离子注入
Iso-dense bias	孤立-密集图形之间线宽的偏差
Isolated line ends	孤立线条的端点
International technology roadmap for semiconductors, ITRS	国际半导体技术发展路线图
Krypton fluoride, KrF	氟化氪
Laser stimulation alignment, LSA	激光光栅衍射识别对准
Lateral image	潜像：掩模版上的图像通过光学系统形成的光强分布被传递到光刻胶中引起的光致反应产生的活性物质的分布图像
Layer	层，常指光刻层
Lens aberration	透镜像差
Leveling	水平校准，水平位置测量
Line end, LE	线条端点
Line width roughness, LWR	线条宽度粗糙度
Line-edge roughness, LER	线条边缘粗糙度
Litho cell	光刻系统，指光刻机与匀胶显影机联机系统
Litho-etch-litho-etch, LELE	光刻-刻蚀-光刻-刻蚀，双重光刻技术的一种实现方式
Litho-friendly design, LFD	光刻友好的设计，便于光刻的设计
Lithography	光刻
Lithography manufacturability checker, LMC	光刻可制造性检查
Lithography rule check, LRC	光学规则验证，光刻规则检查
Loading effect	负载效应
Local pattern density	局部图形密度，局部某一区域内的图形密度
Localized light-scattering	局部光散射
logic devices	逻辑器件
Lot	晶圆盒(批次)，最多有 25 片晶圆
Lot to lot uniformity	批与批之间的质量均匀性

Low *k* material	低介电材料
Majority carrier	多数载流子
Manufacturing	生产
Mask	掩模，掩模版，光罩
Mask bias	掩模版上线宽的偏置值
Mask error enhancement factor, MEEF	掩模误差增强因子
Mask house, mask shop	掩模版生产厂
Mask rule check, MRC	掩模规则检查
Mask rule constraints, MRC	掩模规则约束
Mask three dimensional effects, M3D	掩模版的三维效应
Maskless lithography	无掩模光刻
Metrology engineer	计量工程师
Micro/nanoelectro-mechanical systems, M/NEMS	微米/纳米机电系统
Minimum spacing	最小间距
Minority carrier	少数载流子
Missing pattern	图形丢失
Model residual	模型修正后的残留值，即模型无法修正的部分
Model-based OPC	基于模型的光学邻近效应修正
Moderate decomposition	相对保守的图形拆分
Module recipe	单元菜单，即控制单元运行的程序
Moore's law	摩尔定律
Multiple patterning, MP	多重图形，多重光刻技术
Nano-imprint lithography	纳米压印光刻
Natural split	自然拆分
Necking	颈缩：局部图形尺寸较目标图形尺寸缩减的缺陷
Negative resist	负性光刻胶
Next generation lithography, NGL	下一代光刻技术
Nominal condition, NC	名义上的最佳条件
Normalized image log-slope, NILS	归一化的成像光强对数斜率
Notch	晶圆边缘上用于晶向定位的小凹槽，常称为 V 槽
Notch alignment	基于硅片 V 槽的对准
Nozzle	喷嘴

Numerical aperture, NA	数值孔径
Off-Axis illumination, OAI	离轴照明
One lot	一盒晶圆
OPC learning cycle	光学邻近效应修正学习循环
Open artwork system interchange standard, OASIS	开放式原图系统交换标准：一种用于集成电路设计和制造过程中描述版图的计算机语言
Optical interaction radius	光学相干半径
Optical proximity correction, OPC	光学邻近效应校正
Optical proximity effect, OPE	光学邻近效应
Orange peel	桔皮状表面缺陷
Organic ARC	有机抗反射涂层
Overlap	重叠区域
Overlay	套刻误差，套刻精度
Overlay error	套刻误差
Overlay mark	套刻误差测量标识
Overlay tool	套刻误差测量仪
Particle	颗粒：晶圆片上的细小物质
Particle counting	颗粒计数
Particulate contamination	颗粒污染
Pattern density	图形密度
PEB delay	曝光后烘烤延迟
Peeling / collapse	剥离/倒塌
Phase shift mask, PSM	相移掩模版，相移掩模
Photo acid	光酸，光激发产生的酸
Photolithography	光刻
Pinch	颈缩，夹断
Pit	小坑
Pitch	图形周期
Pixelated illumination	像素化照明
Planarization ARC	平坦化抗反射涂层：对于表面不平整的衬底，旋涂后具有平坦效果的抗反射涂层
Plasma etch	等离子体刻蚀
Positive resist	正性光刻胶
Post coating delay	涂胶后延迟
Post exposure bake, PEB	曝光后烘烤

Post exposure delay, PED	曝光后延迟
Post-bake	后烘
Pre wet	预喷淋，预湿润
Pre-alignment	预对准
Pre-bake	前烘
Process flow	工艺流程
Process integration, PI	工艺集成
Process margin/window	工艺窗口
Process variation band, PV band	工艺变化带宽
Process window analysis, PWA	工艺窗口分析
Project manager	项目经理
Projection lens	投影透镜
Proximity effect	邻近效应
Puddle	停留在晶圆表面的显影液
Pump recipe	胶泵控制菜单，胶泵控制程序
Quadrupole	四级照明
Quasar	扇形照明
Rapid thermal process	快速热退火工艺
Reactive ion etch, RIE	反应离子刻蚀
Recipe	菜单，程序
Resist poisoning	光刻胶中毒
Resist stripping	去除光刻胶
Resist three dimensional effects, R3D	光刻胶的三维效应
Resistivity	电阻率
Resolution	分辨率
Resolution enhancement technology, RET	光刻分辨率增强技术
Retargeting	修改原设计图形的线宽
Reticle stage	掩模版工件台，承载掩模版的工件台
Rework	返工
Rinse	冲洗
Ripple effect	波纹效应
Roller coating	滚涂
Roughness	粗糙度
Rules-based OPC	基于经验（规则）的邻近效应修正
Sample point, SP	采样点
Sandwich	三层结构

Scan direction	扫描方向
Scanner	扫描式光刻机
Scanner job file	光刻机工作文件
Scanning electron microscope	扫描电子显微镜
Scattering bar, S-bar	散射条
Scratch	擦伤，擦痕
Scribe lane	划片槽
Secondary effects	二阶效应
Self-aligned double patterning, SADP	自对准的双重图形技术
Shadowing effect	遮蔽效应，阴影效应
Shifting	漂移误差
Shot	曝光单元，曝光区域
Shot orthogonality	曝光单元正交误差
Shot rotation	曝光单元偏转误差
Shot size	曝光区域的尺寸：光刻机单次曝光区域的尺寸
shot to shot uniformity	曝光区域之间的均匀性(同片内的均匀性)
Side lobe	边峰：因为光学衍射效应在主图形外产生的非设计需要的图形
Side wall angle	剖面侧壁角
Sigma	相干度，照明系统 NA 与透镜系统 NA 的比值，表征光的相干度
Silicon-containing bottom antireflection coating, Si-BARC	含 Si 的抗反射涂层
Single puddle	显影液一次覆盖晶圆表面：将显影液滴在晶圆表面，并保持完全覆盖，静止数秒后甩干
Soft bake	前烘烤，软烘
Source mask optimization, SMO	光源-掩模协同优化
Spherical	球差，像差的一种
Spin coating	旋涂
Spin dry	甩干
Spin-on-carbon, SOC	旋涂的有机碳
Spray coating	喷涂
Standalone track	独立机台
Standing wave effect	驻波效应

Static coating/developing	静态旋涂/显影：喷嘴喷涂光刻胶或显影液或其他材料时，硅片保持静止
Static dispense	静态喷胶
Stepper	步进式光刻机
Stitching location	拼接位置
Sub-resolution assist features, SRAF	亚分辨率辅助图形
Substrate	衬底
Substrate preparation	衬底准备
Surface texture	表面形貌，表面纹理
Surfactant	表面活性剂
System on chip	系统芯片，将整个系统的功能完全集成在单一芯片上
Target bias	目标偏置：对目标线宽加偏置值
Target thickness	目标厚度
Technology development, TD	技术研发
Test wafer	测试晶圆片：用于生产中监测和测试的晶圆片
Throughput	产能
Top Anti-reflective coating, TARC	顶部抗反射涂层
Topcoat	顶部涂层，顶部抗水涂层
Topography	表面粗糙度
Track	涂胶显影机，匀胶显影机
Track flow recipe	匀胶显影机流程菜单
Transmission and phase, T&P	掩模图形的光波透射系数和相位调制系数
T-top	T 型图形缺陷：由于弱碱性气体污染，导致表面的感光剂不足而造成表层光刻胶的图形尺寸变窄的现象
Turn around time, TAT	周转时间
Twin stage	双工件台：一种使用两个工件台的曝光系统，其中一个工件台进行对准，另一个工件台进行曝光，从而大大提高了光刻系统的产能
Uniformity	均匀性
Unit process	单元工艺
Unpatterned wafer inspection system	裸片检测系统
Very large scale integrated circuit	超大规模集成电路

Via	通孔
Virgin test wafer	新测试晶圆片：还没有用过的新晶圆片
Viscosity	粘度
Void	空洞
Wafer	晶圆
Wafer edge exposure, WEE	晶圆边缘曝光
Wafer orthogonality	晶圆正交误差
Wafer rotation	晶圆旋转误差
Wafer scaling	晶圆伸缩误差
Wafer stage	晶圆工件台，承载晶圆的工件台
Wafer three dimensional effects, W3D	晶圆上图形的三维效应
Wafer to wafer uniformity	晶圆和晶圆之间的均匀性
Wafer translation	晶圆平移误差
Wet etch resistance	对湿法刻蚀的抵抗力
Within shot uniformity	曝光区域内不同位置的均匀性
Yield	良率
Zernike	泽尼克系数：由泽尼克提出的通过一组数学公式对透镜像差进行描述的方法，其中各展开项对应的系数被统称为泽尼克系数，不同的泽尼克系数可以表征不同的光学透镜像差
Zero level alignment	零层对准

彩　　图

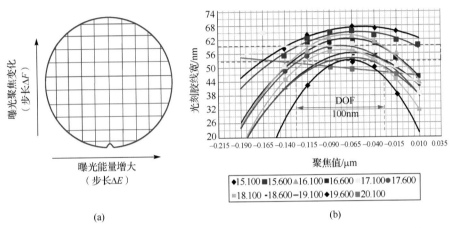

(a)

(b)

图 1.13　(a) 聚焦-能量矩阵曝光设置以及 (b) 关键线宽随曝光能量和聚焦值的
变化曲线——"Bossung"图(图中能量的单位是 mJ/cm^2)

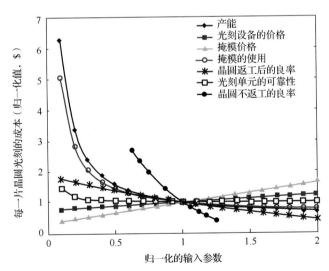

图 1.16　光刻工艺的成本(做一次光刻的成本)与光刻设备价格、掩模版价格及产能等的关系[25]

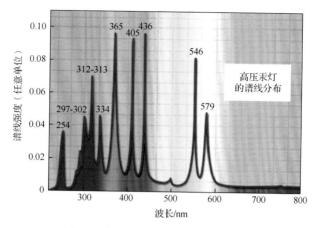

图 3.6　高压汞灯谱线强度低的分布[3]

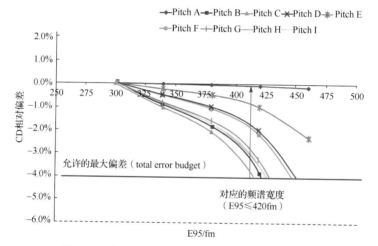

图 3.7　不同周期线条的宽度随光源频宽的变化[8]
掩模上线条自身的宽度不变：Pitch A 是 1：1 的密集线条，从 Pitch A 到 Pitch I 周期不断增大，Pitch I 是独立线条

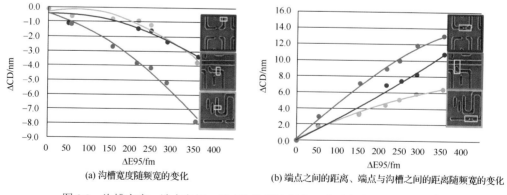

(a) 沟槽宽度随频宽的变化　　　　(b) 端点之间的距离、端点与沟槽之间的距离随频宽的变化

图 3.8　沟槽宽度、端点之间、端点与沟槽之间的距离随频宽 (E95) 的变化[9]

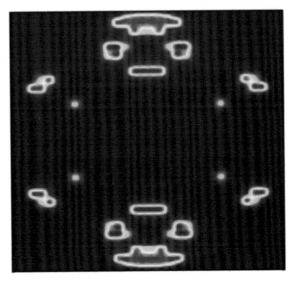

图 3.26 用 SMO 方法计算出的一个像素化的光照强度分布图

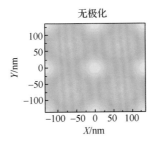

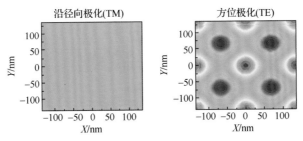

图 3.31 三种极化光照射下在晶圆表面成的像

无极化时成像的对比度是 0.453021，径向极化(radial polarization)时得到的成像对比度是 0.000005，
方位极化(azimuthal polarization)时得到的成像对比度是 0.906036[17]

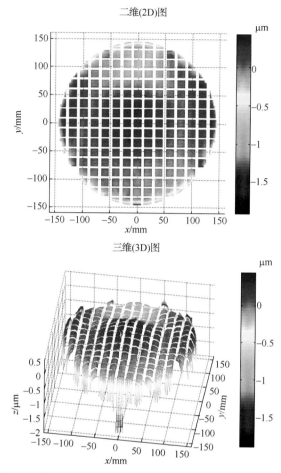

图 3.54　光刻机表面水平传感器(leveling sensor)测量得到的晶圆表面的形貌(wafer map)

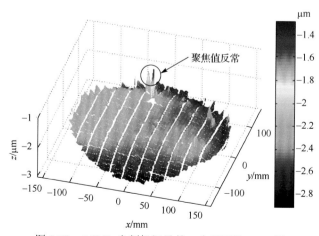

图 3.78　ASML 光刻机记录的一个晶圆的 FSM 图

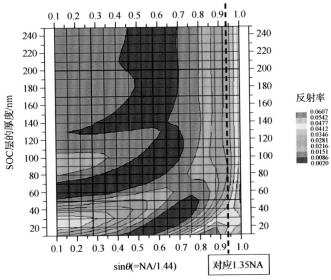

图 4.84　光刻胶底部反射率随光线入射角和 SOC 厚度的变化(假设光刻胶厚度是 105nm，SiARC 厚度是 35nm，材料的光学参数见图 4.83)[76]

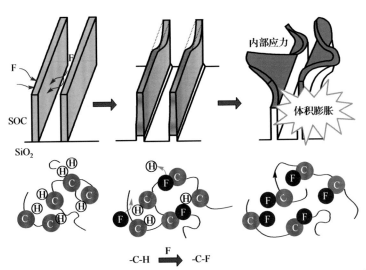

图 4.86　等离子体中的 F 取代 SOC 中的 H，使 SOC 线条膨胀，导致扭曲[78]

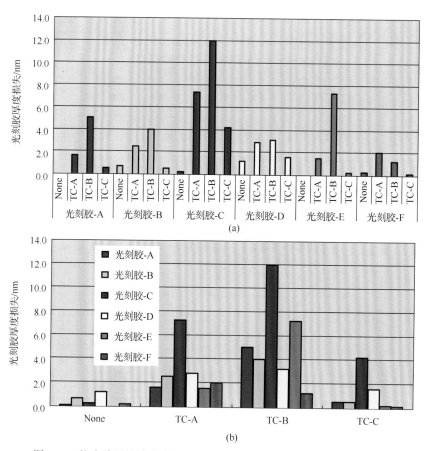

图 4.88　抗水涂层旋涂在光刻胶表面导致光刻胶厚度的损失(dark loss)

所有的抗水涂层(TC-A，TC-B，TC-C)都是能溶于显影液的(developer-soluble)。
为了对比，也测量了没有抗水涂层时的厚度损失

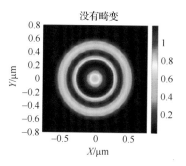

图 5.27　系统存在不同的像差时的成像结果[30]

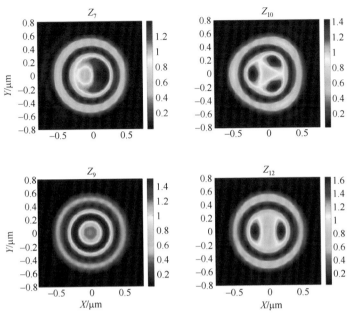

图 5.27 系统存在不同的像差时的成像结果(续)[30]

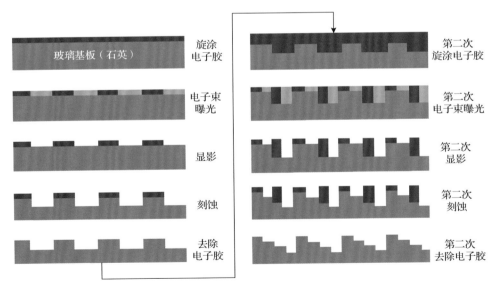

图 5.36 在石英衬底上使用两次曝光和两次刻蚀来制备四台阶相移掩模的流程示意图[47]

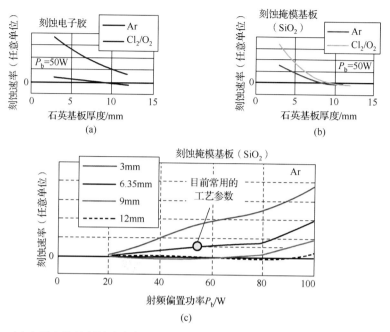

图 5.38 (a)电子束胶的刻蚀速率与掩模基板厚度的关系(刻蚀时的偏置功率 P_b 是 50W)、(b)掩模基板的刻蚀速率与其厚度的关系(刻蚀时的偏置功率 P_b 也是 50W)和(c)不同厚度掩模基板(3~12mm)的刻蚀速率与偏置功率 P_b 的关系[47]

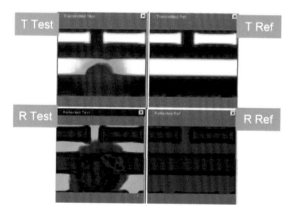

图 5.47 掩模版图形的透射(T)和反射(R)照片
图中 "Ref" 是没有损伤时的掩模参考照片; "Test" 是有损伤的掩模

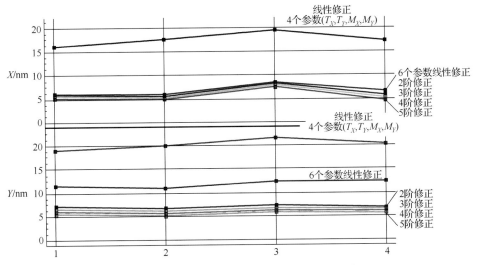

图 6.8　不同修正模型下的修正结果（X 轴是晶圆序号）

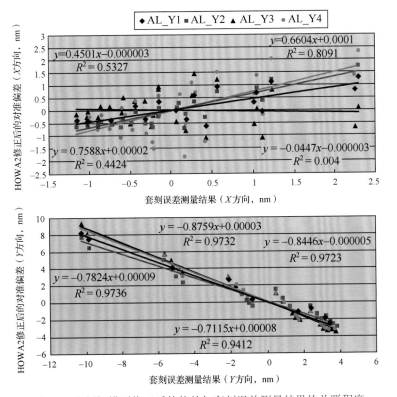

图 6.9　光刻机模型修正后的偏差与套刻误差测量结果的关联程度

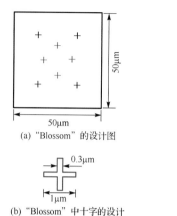

(a) "Blossom" 的设计图

(b) "Blossom" 中十字的设计

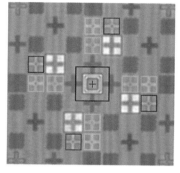

(c) 晶圆上 "blossom" 标识区域的显微镜照片

图 6.15 "Blossom" 的设计图

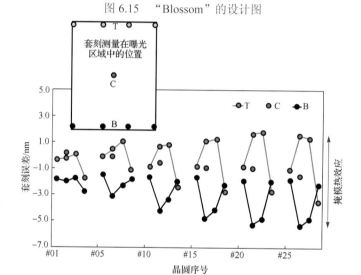

图 6.34 掩模受热形变导致曝光区域不同位置套刻误差的变化[24](图中标出了套刻误差测量位置)

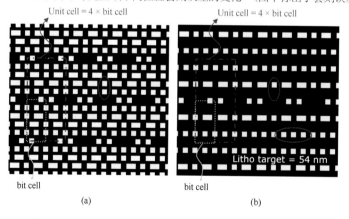

(a) (b)

图 7.17 (a)22nm SRAM 接触层版图和(b)拆分后的图形

(a) 电镜照片(绿色线条是设计
版图，红色线条是光刻胶
图形顶部的轮廓线)

(b) 从电镜照片中提取的
光刻胶图形轮廓线

(c) 电镜照片(绿色线条是设计
版图，红色线条是光刻胶图
形底部的轮廓线)

图 7.29　边缘轮廓线提取的示意图[21]

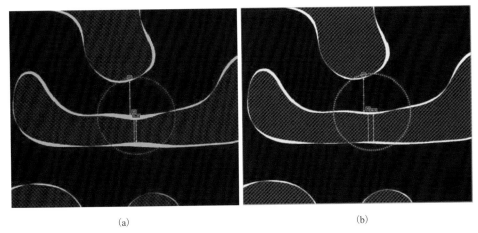

(a)　　　　　　　　　　　　　　　　(b)

图 7.38　(a) 正常 OPC 后的结果(图中绿色区域表示工艺参数变化导致的 CD 变化)和(b) PWOPC 处
理后的结果(图中黄色区域表示工艺参数变化导致的 CD 变化)[24]

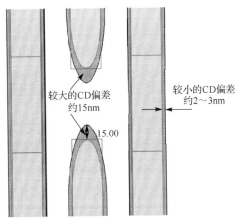

较大的CD偏差
约15nm

15.00

较小的CD偏差
约2～3nm

图 7.39　OPC 计算出的光刻工艺变化带宽(图中粉色部分)

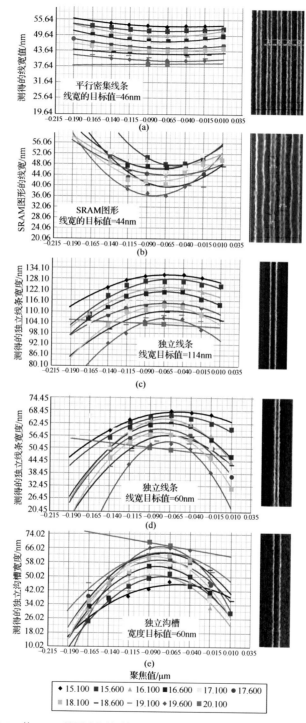

图 8.6 从 FEM 晶圆上测得的"Bossung"曲线及其对应的电镜照片

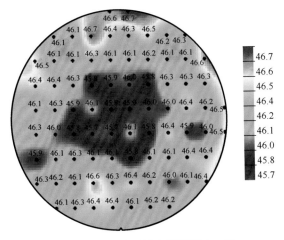

图 8.11　晶圆表面光刻胶图形(XLS)
线宽的分布(单位：nm)

(a)

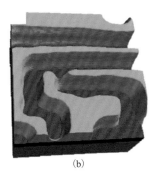

(b)

图 8.15　(a) S-Litho™ 仿真计算的结果(绿色线代表光刻胶图形底部轮廓，紫色线
代表光刻胶顶部轮廓)和(b)光刻胶图形的 3D 计算结果[13]

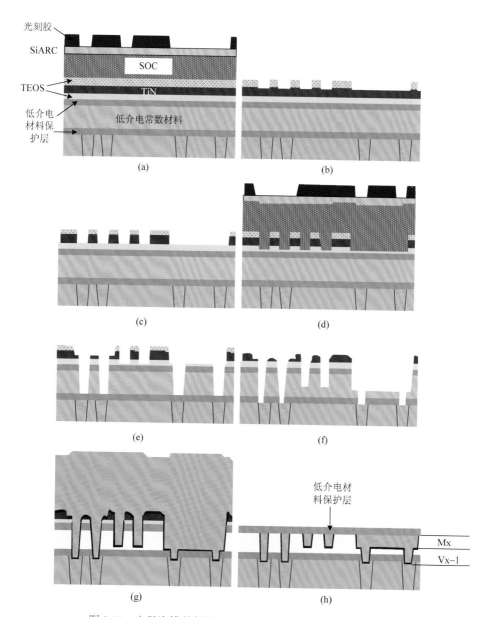

光刻胶
SiARC
SOC
TEOS
TiN
低介电材料保护层
低介电常数材料

(a)

(b)

(c)

(d)

(e)

(f)

(g)

低介电材料保护层

Mx
Vx-1

(h)

图 9.10　先做沟槽并使用金属硬掩模的"双大马士革"工艺

(a) Mx 光刻；(b) (c) 一系列刻蚀把光刻胶图形转移到 TiN (金属硬掩模) 上；(d) Vx-1 光刻；(e) Vx-1 刻蚀直达 low-κ 保护层；(f) 打开 low-κ 保护层，使 Mx-1 金属暴露出来；(g) 沉积 TaN/Ta/Cu，并电镀 Cu；(h) 化学研磨去除多余的 Cu、TiN/TEOS 层，最后沉积低介电材料保护层

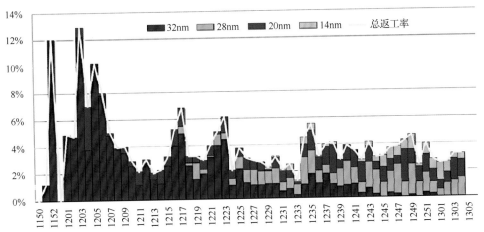

图 9.12 一个晶圆厂光刻部门每周晶圆返工率的报告(横轴是每周的序号,
如"1150"表示 2011 年第 50 个星期,以此类推)

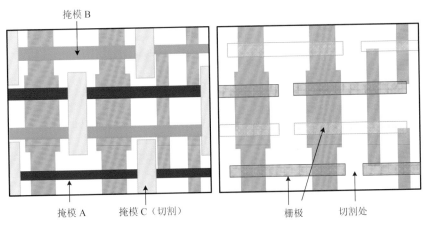

图 10.29 10nm 逻辑器件栅极层图形的拆分示意图(图中的黄色区域是由前序
工艺完成的"active area")[21]

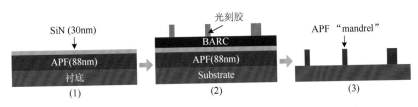

图 10.45 (a)使用两次曝光(两层掩模)实现 SATP 的流程以及
(b)与图(a)中工艺步骤相对应的晶圆表面俯视示意图[31]

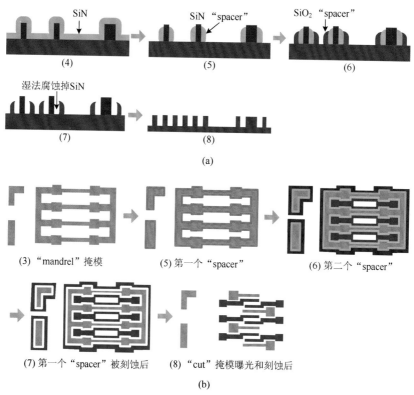

图 10.45 (a)使用两次曝光(两层掩模)实现 SATP 的流程以及
(b)与图(a)中工艺步骤相对应的晶圆表面俯视示意图[31]

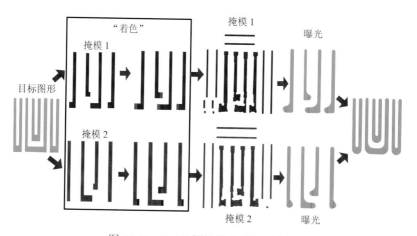

图 10.50 LELE 图形拆分流程示意图

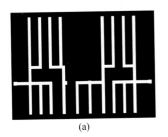 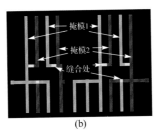 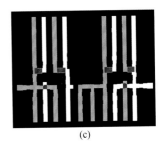

(a)   (b)   (c)

图 10.55   (a)目标图形、(b)进行 LELE 拆分后的结果和(c)经过 OPC 处理后的掩模图形

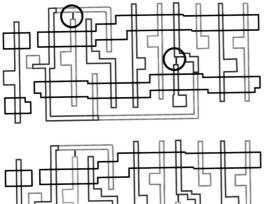

原始版图先按双重曝光做拆分。拆分后的版图仍然存在冲突（以圆圈标出）

双重拆分中冲突的图形被放置在第三块掩模上。但是，这样做并不能保证第三块掩模上没有冲突

图 10.58   使用两重拆分的规则来做三重拆分示意图[39]

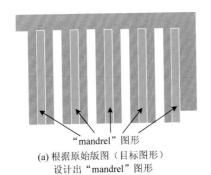

"mandrel" 图形

(a) 根据原始版图（目标图形）设计出 "mandrel" 图形

(b) "mandrel" 光刻、刻蚀后，"trim" 并制备 "spacer"

图 10.61   对初始设计的版图按 SADP 工艺拆分的具体流程(较大的不需要使用 SADP 工艺生成的图形，归纳到 "pad" 图形中)

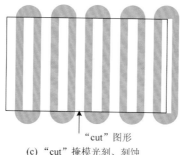

"cut" 图形

(c) "cut" 掩模光刻、刻蚀

"pad" 图形

(d) "pad" 掩模光刻、刻蚀
实现大的图形（如"pad"图形）

图 10.61　对初始设计的版图按 SADP 工艺拆分的具体流程(较大的不需要使用
SADP 工艺生成的图形，归纳到"pad"图形中)

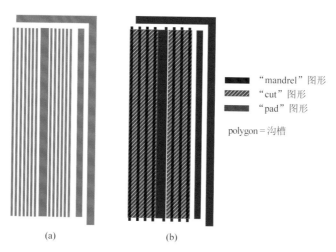

"mandrel" 图形
"cut" 图形
"pad" 图形

polygon＝沟槽

(a)　　　　(b)

图 10.62　使用 Mentor Calibre® 软件进行 SADP 拆分的一个实际例子

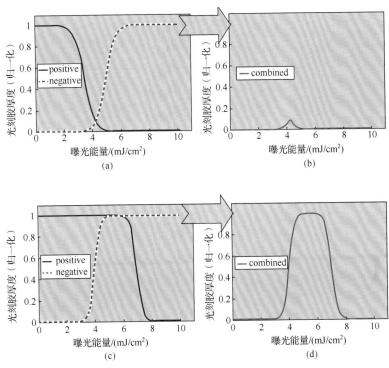

图 10.66 双显影工艺中的正性和负性显影对比度曲线必须严格匹配[44]

对比度曲线重叠非常小(a)导致了光阻薄膜的完全溶解(b)，需要足够的曲线重叠(c)来产生正确的尺寸(d)

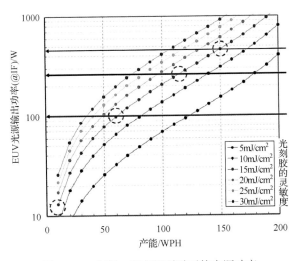

图 11.14 实现一定产能所需要的光源功率

图中计算假设：投影光学系统只使用 6 个反射镜；照明系统使用 5 个反射镜；反射镜对 EUV 光线的
反射率是 68%；光照系统使用的频谱过滤器(spectral purity filter, SPF)的透过率是 90%

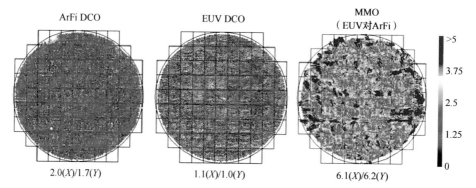

2.0(X)/1.7(Y)   1.1(X)/1.0(Y)   6.1(X)/6.2(Y)

图 11.55　经修正后残留的套刻误差(mean+3σ)(单位：nm)[101]

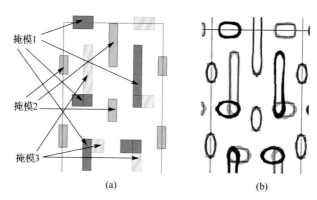

掩模1

掩模2

掩模3

(a)   (b)

图 11.56　(a)使用 193i 来实现 IM2，那么原设计版图必须被拆分成三种不同颜色（三次曝光）和(b)仿真计算的曝光结果[103]